ENERGIA E CIVILIZAÇÃO

O autor

VACLAV SMIL ocupa a cátedra de Professor Emérito de Destaque na University of Manitoba. Ele é autor de 40 livros, incluindo *Power Density: a Key to Understanding Energy Sources and Uses* e *Made in the USA: The Rise and Retreat of American Manufacturing*, ambos publicados pela MIT Press. Em 2010, ele foi nomeado pela *Foreign Policy* como um dos 100 Maiores Pensadores Globais. Em 2017, Bill Gates escreveu em seu *website*: "Eu leria sobre absolutamente qualquer assunto que ele achasse interessante e quisesse dissecar".

S641e   Smil, Vaclav.
             Energia e civilização : uma história / Vaclav Smil ; tradução: Ronald Saraiva de Menezes ; revisão técnica: José Goldemberg. – Porto Alegre : Bookman, 2024.
             xi, 548 p. ; 23 cm.

         ISBN 978-85-8260-639-1

         1. Energia – Consumo. 2. Recursos energéticos – Aspectos sociais. I. Título.

                                                        CDU 621.317.38

Catalogação na publicação: Karin Lorien Menoncin – CRB 10/2147

ENERGIA E CIVILIZAÇÃO
UMA HISTÓRIA

VACLAV SMIL

Tradução:
Ronald Saraiva de Menezes

Revisão técnica:
José Goldemberg
Membro da Academia Brasileira de Ciências.
Ex-reitor da Universidade de São Paulo.
Ex-ministro de Ciência e Tecnologia.

Porto Alegre
2024

Obra originalmente publicada sob o título *Energy and Civilization: A History*
ISBN *9780262536165*

Copyright © 2017 Massachusetts Institute of Technology
All rights reserved. No part of this book may be reproduced in any form by any
electronic or mechanical means (including photocopying, recording, or information
storage and retrieval) without permission in writing from the publisher.

Gerente editorial: *Letícia Bispo de Lima*

Colaboraram nesta edição:

Editora: *Arysinha Jacques Affonso*

Capa: *Paola Manica/Brand&Book*

Leitura final: *Denise Weber Nowaczyk*

Editoração: *Matriz Visual*

Reservados todos os direitos de publicação ao
GRUPO A EDUCAÇÃO S.A.
(Bookman é um selo editorial do GRUPO A EDUCAÇÃO S.A.)
Rua Ernesto Alves, 150 – Bairro Floresta
90220-190 – Porto Alegre – RS
Fone: (51) 3027-7000

SAC 0800 703 3444 – www.grupoa.com.br

É proibida a duplicação ou reprodução deste volume, no todo ou em parte, sob
quaisquer formas ou por quaisquer meios (eletrônico, mecânico, gravação, fotocópia,
distribuição na *web* e outros), sem permissão expressa da Editora.

IMPRESSO NO BRASIL
PRINTED IN BRAZIL

Apresentação à edição brasileira

Vaclav Smil é um profícuo e talentoso historiador e um analista da área de energia que já escreveu nove livros tratando especificamente dessa área e uma dúzia de livros sobre temas interdisciplinares, com fortes componentes de energia.

Este que o leitor tem em mãos é o resultado de uma revisão substancial e da ampliação de um livro publicado em 1994 sob o título *Energia na história do mundo*.

O que caracteriza as publicações de Smil é a sua habilidade de tornar simples cálculos complicados e de lidar com números e ordens de grandeza com grande maestria. Só para dar um exemplo, ele calcula em poucas linhas a quantidade de energia necessária para construir as grandes pirâmides e o número de operários utilizados para tal. Analisa também as razões pelas quais as torres gêmeas de Nova York desabaram, em 11 de setembro de 2001, quando atingidas por um Boeing 767-200; as torres foram desenhadas para resistir apenas ao impacto de aviões mais leves, com o Boeing 707.

O livro tem uma curta introdução intitulada "Energia e sociedade", seguida por quatro capítulos que descrevem o papel da energia na pré-história, a agricultura tradicional, máquinas e combustíveis pré-industriais, combustíveis fósseis, eletricidade primária e renováveis e a civilização dos combustíveis fósseis, sempre adotando a visão do historiador, com descrições objetivas do que ocorreu.

No último capítulo, "Energia na história mundial", ele pinta um quadro maior e tenta explicar o papel da energia na evolução da humanidade nos últimos 10 mil anos. Neste capítulo, ele contrapõe as visões conflitantes de diferentes analistas. Uma delas é que é uma realidade indiscutível que maior complexidade socioeconômica requer quantidades de energia mais e mais eficientes. A outra é que, a cada avanço dos fluxos de energia, ocorre um refinamento dos mecanismos culturais.

Até mesmo Braudel, conhecido pela importância que dá ao mundo material e a fatores econômicos, não menciona energia em qualquer de suas formas na sua definição do que é a civilização.

A solução desse conflito é discutida por Vaclav numa seção intitulada "Os limites das explicações energéticas", em que aborda de forma geral o problema do papel da energia no crescimento econômico, nos índices que medem o desenvolvimento humano ou no índice de satisfação.

vi Apresentação à edição brasileira

O que inúmeras análises estatísticas mostram é que não existe uma relação de causalidade simples entre consumo de energia e PIB, relação essa que depende dos recursos naturais de cada país e de sua história. Apenas nos países em que os preços da energia são controlados, o crescimento do consumo de energia resulta em crescimento do PIB.

Existem estudos que indicam que, em países em desenvolvimento, o crescimento do consumo de energia resulta em crescimento do PIB e que o inverso ocorre em países desenvolvidos. Mas essas conclusões são frágeis ou ambíguas.

Vaclav é bastante cético sobre as possibilidades das novas energias renováveis (como etanol da cana e do milho), mas tem esperanças na energia nuclear. O que se pode concluir é que o futuro energético dos países não parece ser uma questão de destino, mas de escolhas, sobretudo em países em desenvolvimento, onde a infraestrutura energética ainda está para ser instalada.

O livro de Vaclav é uma leitura útil para todos aqueles que se interessam pela história da energia, sejam profissionais liberais, professores ou alunos das nossas universidades.

Professor José Goldemberg
Universidade de São Paulo

Prefácio e agradecimentos

Terminei de escrever *Energy in world history* em julho de 1993; o livro foi lançado em 1994 e seguiu sendo editado por duas décadas. Desde 1994, estudos sobre energia passaram por um período de grande expansão, para o qual eu mesmo contribuí, ao publicar nove livros abordando explicitamente questões energéticas, mais uma dúzia de livros interdisciplinares com componentes significativos sobre o tema. Como consequência, assim que decidi revisitar esse assunto fascinante, ficou óbvio que uma atualização superficial não bastaria. Como resultado, este é um livro substancialmente novo e com um título diferente: o texto ficou 60% mais longo que o original, e há 40% mais imagens e mais que o dobro de referências. Quadros espalhados ao longo desta obra contêm alguns cálculos surpreendentes, além de muitas explicações detalhadas sobre tópicos importantes e tabelas essenciais. Também incluí citações de fontes que vão desde os clássicos — Apuleio, Lucrécio, Plutarco — até observadores dos séculos XIX e XX, como Braudel, Eden, Orwell e Senancour. Imagens foram atualizadas e criadas pela Bounce Design, de Winnipeg; mais de duas dezenas de fotos de arquivo foram adquiridas junto à Corbis, de Seattle, por Ian Saunders e Anu Horsman. Como sempre em estudos interdisciplinares desse tipo, este livro não teria sido possível sem o trabalho de centenas de historiadores, cientistas, engenheiros e economistas.

Winnipeg, agosto de 2016

Sumário

1	**Energia e sociedade**	**1**
	Fluxos, armazenamentos e controles	4
	Conceitos e medidas	8
	Complexidades e ressalvas	17
2	**Energia na pré-história**	**21**
	Sociedades caçadoras-coletoras	28
	Origens da agricultura	41
3	**Agricultura tradicional**	**49**
	Semelhanças e peculiaridades	52
	Lides do campo	53
	O domínio dos grãos	57
	Ciclos de cultivo	62
	Rotas para a intensificação	65
	Tração animal	66
	Irrigação	76
	Fertilização	82
	Diversidade de cultivos	85
	Persistência e inovação	87
	Egito Antigo	88
	China	90
	Culturas mesoamericanas	97
	Europa	99
	América do Norte	106
	Os limites da agricultura tradicional	110
	Realizações	111
	Nutrição	118
	Limites	120

x Sumário

4 Forças motrizes e combustíveis pré-industriais — 127

Forças motrizes	130
Potência humana e animal	132
Potência hídrica	146
Potência eólica	157
Combustíveis de biomassa	163
Madeira e carvão vegetal	164
Resíduos de lavoura e esterco	169
Necessidades domésticas	171
Preparação de alimentos	172
Aquecimento e iluminação	174
Transporte e construção	177
Deslocamento por terra	178
Barcos a remo e a vela	187
Edifícios e estruturas	197
Metalurgia	207
Metais não ferrosos	208
Ferro e aço	211
Conflitos bélicos	217
Energias humanas e animais	217
Explosivos e armas de fogo	222

5 Combustíveis fósseis, eletricidade primária e renováveis — 225

A grande transição	228
Os primórdios e a difusão da extração de carvão	229
Do carvão vegetal ao coque	234
Motores a vapor	235
O petróleo e os motores de combustão interna	245
Eletricidade	254
Inovações técnicas	267
Carvões	271
Hidrocarbonetos	274
Eletricidade	281
Energias renováveis	284
Forças motrizes no transporte	289

Sumário **xi**

6 Civilização movida a combustíveis fósseis **295**

Poder sem precedentes e suas aplicações 296

Energia na agricultura 306

Industrialização 313

Transporte 324

Informação e comunicação 333

Crescimento econômico 344

Consequências e preocupações 351

Urbanização 352

Qualidade de vida 355

Implicações políticas 364

Armas e guerras 368

Mudanças ambientais 381

7 A energia na história mundial **385**

Padrões gerais do uso de energia 385

Eras energéticas e transições 387

Tendências a longo prazo e custos decrescentes 397

O que não mudou? 407

Entre determinismo e escolha 417

Imperativos das necessidades e usos de energia 418

A importância dos controles 425

Os limites das explicações energéticas 430

Adendos **443**

Medidas básicas 443

Unidades científicas e seus múltiplos e submúltiplos 445

Cronologia de desenvolvimentos relacionados com energia 446

Potência na história 456

Notas bibliográficas **459**

Referências **463**

Índice onomástico **531**

Índice **535**

1

Energia e sociedade

Energia é a única moeda de troca universal: alguma de suas muitas formas precisa ser transformada para que qualquer ação aconteça. Manifestações universais dessas transformações vão desde as descomunais rotações das galáxias até as reações termonucleares nas estrelas. Na Terra, elas abrangem desde as forças geológicas das placas tectônicas que separam leitos oceânicos e formam novas cordilheiras até os impactos erosivos cumulativos de minúsculas gotas de chuva (como bem sabiam os romanos, *gutta cavat lapidem non vi, sed saepe cadendo* — uma gota d'água perfura uma pedra não pela força, mas pelo pingar constante). A vida na Terra — apesar de décadas de tentativas de identificar algum sinal extraterrestre reconhecível, ainda a única vida de que temos notícia no universo — seria impossível sem a conversão fotossintética de energia solar em fitomassa (biomassa vegetal). Os humanos dependem dessa transformação para sua sobrevivência, e de muitos outros fluxos de energia para sua existência civilizada. Nas palavras de Richard Adams (1982, p. 27):

> Podemos ir longe em nossos pensamentos, mas se não dispusermos dos meios para transformá-los em ação, não passarão de ideias. [...] A história atua de modos imprevisíveis. Porém, eventos históricos necessariamente assumem uma estrutura ou organização que deve estar de acordo com seus componentes energéticos.

A evolução das sociedades humanas resultou em populações mais numerosas, numa complexidade crescente de arranjos sociais e produtivos e numa melhor qualidade de vida para cada vez mais pessoas. De uma perspectiva biofísica, tanto a evolução humana pré-histórica quanto o curso da história podem ser vistos como a busca por controlar maiores quantidades e fluxos de formas de energia mais concentradas e versáteis, e por convertê-las a custos mas acessíveis e com maior eficiência em calor, luz e movimento. Essa tendência foi generalizada por Alfred Lotka (1880–1949), matemático, químico e estatístico norte-americano,

2   Energia e Civilização: Uma História

em sua lei da máxima energia: "Em toda e qualquer instância considerada, a seleção natural irá operar de modo a aumentar a massa total de um sistema orgânico, a aumentar a taxa de circulação de matéria através do sistema e a aumentar o fluxo energético total através do sistema enquanto houver um resíduo não utilizado de matéria e energia disponível" (Lotka, 1922, p. 148).

A história de sucessivas civilizações, os maiores e mais complexos organismos da biosfera, seguiu esse caminho. A dependência humana de fluxos cada vez maiores de energia pode ser encarada como uma continuação inevitável da evolução organísmica. Wilhelm Ostwald (1853–1932, ganhador do Prêmio Nobel de Química por seu trabalho em catálise) foi o primeiro cientista a expandir explicitamente "a segunda lei da energética para toda e qualquer ação e em particular para a totalidade das ações humanas. [...] Nem todas as energias estão prontas para essa transformação, apenas certas formas que receberam, por isso mesmo, o nome de energias livres. [...] Energia livre é, portanto, o capital consumido por todas as criaturas de todos os tipos, e a partir de sua conversão tudo é feito" (Ostwald, 1912, p. 83). Isso o levou a formular seu imperativo energético: "*Vergeude keine Energie, verwerte sie*" — "Não desperdice energia alguma, tire proveito dela" (Ostwald 1912, p. 85).

Três citações ilustram como os seguidores de Ostwald vêm reafirmando suas conclusões e como alguns deles tornaram o elo entre energia e todas as questões humanas ainda mais deterministicamente explícito. No início dos anos 1970, Howard Odum (1924–2002) ofereceu uma variação do tema principal de Ostwald: "A disponibilidade de fontes de potência determina a atividade laboral que pode existir, e o controle desses fluxos de potência determina o poder nas questões humanas e em sua influência relativa sobre a natureza" (Odum, 1971, p. 43). No fim da década de 1980, Ronald Fox concluiu um livro sobre energia em evolução escrevendo que "a cada refinamento no acoplamento de fluxos energéticos ocorreu um refinamento em mecanismos culturais" (Fox, 1988, p. 166).

Não é preciso ser um cientista para estabelecer um elo entre suprimento de energia e avanços sociais. Eis a seguir um trecho de Eric Blair (George Orwell, 1903–1950), escrito em 1937 no segundo capítulo de O *caminho para Wigan Pier*, após ter visitado uma mina subterrânea de carvão:

> Nossa civilização, que me desculpe Chesterton, é fundada no carvão, e mais completamente do que se percebe até que se pare para refletir a respeito. As máquinas que nos mantêm vivos, e as máquinas que fazem máquinas, são todas direta ou indiretamente dependentes do carvão. No metabolismo do mundo ocidental, o mineiro de carvão só perde em importância para o lavrador de terras. Ele é uma espécie de cariátide que suporta nos ombros praticamente tudo que não é encardido. Por esse motivo, o próprio processo de extração do carvão vale muito ser observado, caso você tenha a oportunidade e se dê o trabalho. (Orwell, 1937, p. 18)

Porém, reafirmar aquele elo fundamental (como fez Orwell) e sustentar que novos refinamentos culturais ocorreram a cada refinamento em fluxo de energia (como fez Fox) são duas coisas diferentes. A conclusão de Orwell é irretocável. Já a formulação de Fox é uma clara reafirmação de uma visão determinista expressa duas gerações antes pelo antropólogo Leslie White (1900–1975), que a considerava a primeira lei importante do desenvolvimento cultural: "Tudo mais permanecendo igual, o grau de desenvolvimento cultural varia em proporção direta com a quantia de energia *per capita* aproveitada por ano e transformada em trabalho" (White, 1943, p. 346). Embora não haja o que contestar na formulação fundamental de Ostwald, nem quanto ao efeito onipresente da energia sobre a estrutura e a dinâmica evolutiva das sociedades (na linha de Orwell), uma vinculação determinista entre o nível de aproveitamento energético e as conquistas *culturais* é uma proposição altamente discutível. Examinarei essa causalidade (ou sua ausência) no capítulo final deste livro.

Já quanto à natureza fundamental do conceito, não resta dúvida. Conforme afirmou Robert Lindsay (1975, p. 2):

> Quando conseguimos encontrar uma palavra isolada capaz de representar uma ideia que se aplica a todo e cada elemento em nossa existência nos dando a sensação genuína de compreensão, conseguimos algo econômico e poderoso. Foi isso que aconteceu com a ideia expressa pela palavra energia. Nenhum outro conceito unificou de tal forma nossa compreensão da existência.

Mas o que é energia? Surpreendentemente, até mesmo ganhadores do Prêmio Nobel têm dificuldade em dar uma resposta satisfatória a essa pergunta aparentemente simples. Em suas famosas *Lições de física*, Richard Feynman (1918–1988) destacou que "É importante perceber que, na física atual, não temos conhecimento do que é a energia. Não temos uma visão de que a energia vem em pequenas gotas de magnitude definida." (Feynman, 2019, p. 36).

O que sabemos é que toda a matéria é energia em repouso, que a energia se manifesta das mais diversas formas e que essas formas distintas de energia estão ligadas por inúmeras conversões, muitas delas universais, onipresentes e incessantes, outras altamente localizadas, infrequentes e efêmeras (Figura 1.1). A compreensão desses armazenamentos, potenciais e transformações se ampliou e foi rapidamente sistematizada sobretudo durante o século XIX, e esse conhecimento foi aperfeiçoado durante o século XX, quando — exemplificando as fortes complexidades das transformações energéticas — aprendemos a liberar energia nuclear (em teoria no fim dos anos 30, na prática em 1943, quando o primeiro reator começou a operar) antes de compreendermos como a fotossíntese funciona (suas sequências foram descobertas somente durante a década de 1950).

4 Energia e Civilização: Uma História

DE \ PARA	ELETRO-MAGNÉTICA	QUÍMICA	NUCLEAR	TÉRMICA	CINÉTICA	ELÉTRICA
ELETRO-MAGNÉTICA		Quimiluminescência	Bombas nucleares	Radiação térmica	Cargas em aceleração	Radiação eletromagnética
QUÍMICA	Fotossíntese	Processamento químico		Ebulição	Dissociação por radiólise	Eletrólise
NUCLEAR	Reações gama--nêutron					
TÉRMICA	Absorção solar	Combustão	Fissão Fusão	Troca de calor	Fricção	Aquecimento por resistência
CINÉTICA	Radiômetros	Metabolismo	Radioatividade Bombas nucleares	Expansão térmica Combustão interna	Engrenagens	Motores elétricos
ELÉTRICA	Células solares	Células de combustível Baterias	Baterias nucleares	Termo-eletricidade	Geradores de eletricidade	

FIGURA 1.1
Matriz de conversões energéticas. Onde mais possibilidades existem, no máximo duas transformações principais estão identificadas.

Fluxos, armazenamentos e controles

Todas as formas conhecidas de energia são cruciais para a existência humana, uma realidade que impede qualquer tentativa de classificá-las por sua importância. No curso da história, muito foi determinado e circunscrito tanto pelo fluxo universal e planetário de energia quanto pelas suas manifestações regionais ou locais. As características fundamentais do universo são governadas pela energia gravitacional, que ordena incontáveis galáxias e sistemas estelares. A gravidade também mantém nosso planeta orbitando na distância exata em relação ao Sol e retém uma massa atmosférica suficientemente grande para tornar a Terra habitável (Quadro 1.1).

Assim como ocorre com todas as estrelas ativas, a fusão alimenta o Sol, e o produto dessas reações termonucleares chega à Terra na forma de energia eletromagnética (solar e radiante). Seu fluxo se dá ao longo de um amplo espectro de comprimentos de onda, incluindo luz visível. Cerca de 30% desse fluxo enorme são refletidos pelas nuvens e superfícies, outros 20% são absorvidos pela atmosfera e pelas nuvens e o restante, aproximadamente metade do influxo total, é absorvido pelos oceanos e continentes, convertido em energia térmica e rerradiado para o espaço (Smil, 2008a). A energia geotérmica da Terra contribui com

QUADRO 1.1
Gravidade e a habitabilidade da Terra

Tolerâncias extremas de metabolismo baseado em carbono são determinadas pela temperatura de congelamento da água, cuja forma líquida é necessária para a formação de moléculas orgânicas (na faixa inferior) e por temperaturas e pressões que desestabilizam aminoácidos e desmembram proteínas (na faixa superior). A zona continuamente habitável em que Terra se encontra — a faixa de raios orbitais onde estão garantidas condições ideais para um planeta suportar vida — é bastante estreita (Perkins, 2013). Um cálculo recente concluiu que estamos ainda mais próximos desse limite do que imaginávamos: Kopparapu e colaboradores (2014) concluíram que, tendo em vista sua composição atmosférica e pressão, a Terra orbita a borda interior da zona habitável, logo além do raio em que o efeito estufa descontrolado geraria temperaturas intoleravelmente altas.

Cerca de 2 bilhões de anos atrás, uma quantia suficiente de dióxido de carbono (CO_2) foi sequestrada pelos mares e por arqueas e algas para impedir esse efeito na Terra, mas se o planeta se encontrasse apenas 1% mais longe do Sol, praticamente toda a sua água teria ficado presa em geleiras. E mesmo com temperaturas dentro de uma faixa ideal, o planeta não teria suportado formas altamente diversificadas de vida sem sua atmosfera singular, dominada por nitrogênio, enriquecida por oxigênio proveniente da fotossíntese e contendo inúmeros traços de gases importantes que regulam a temperatura em sua superfície — mas esse fino envelope gasoso não teria persistido se o planeta não fosse grande o suficiente para exercer gravidade o bastante para manter a atmosfera no lugar.

um fluxo de calor muito menor: ela é resultante da atração gravitacional original da massa planetária e do decaimento de matéria radioativa, e alimenta grandes processos tectônicos, o que leva ao rearranjo contínuo de oceanos e continentes e causa erupções vulcânicas e terremotos.

Apenas uma parte ínfima da energia que chega na forma de radiação, menos de 0,05%, é transformada pela fotossíntese em novos armazenamentos de energia química nas plantas, proporcionando a base insubstituível para todas as formas superiores de vida. O metabolismo animal reorganiza nutrientes em tecidos em crescimento e mantém funções corporais e temperatura constante em todas as espécies superiores. A digestão também gera a energia mecânica (cinética) responsável pelo trabalho muscular. Em suas conversões energéticas, os animais estão inerentemente limitados pelo tamanho de seus corpos e pela disponibilidade de nutrição acessível. Uma característica fundamental que distingue a nossa espécie sempre foi a ampliação desses limites físicos pelo uso mais eficiente dos músculos e pelo aproveitamento de energias externas aos nossos corpos.

Desencadeadas pelo intelecto humano, essas energias extrassomáticas foram usadas para uma variedade cada vez maior de tarefas, tanto em dispositivos mais poderosos quanto na forma de combustíveis para produzir calor. O melhor uso de suprimentos energéticos depende do fluxo de informação e de uma imensa variedade de artefatos. Tais dispositivos vão desde ferramentas simples, como martelos de pedra e alavancas, até motores complexos à base de queima de combustível e reatores que liberam a energia da fissão nuclear. A sequência evolutiva e histórica básica desses avanços é fácil de ser esboçada em amplos termos qualitativos. Assim como qualquer organismo não fotossintético, a necessidade energética mais fundamental do ser humano é o alimento. A busca de forragem e carcaças pelos hominídeos era muito similar às práticas que seus ancestrais primatas usavam para encontrar alimentos. Embora alguns primatas — bem como alguns outros mamíferos (incluindo lontras e elefantes), algumas aves (corvos e papagaios) e até mesmo alguns invertebrados (cefalópodes) — tenham desenvolvido um pequeno repertório de uso de ferramentas rudimentares (Hansell, 2005; Sanz, Call, Boesch, 2014; Figura 1.2), somente os hominídeos transformaram a produção de ferramentas numa marca registrada de seu comportamento.

Ferramentas nos deram uma vantagem mecânica na aquisição de alimento, abrigo e vestimenta. O domínio do fogo estendeu em muito a nossa capacida-

FIGURA 1.2
Chimpanzé (*Pan troglodytes*) no Gabão, usando ferramentas para quebrar nozes (Corbis).

Capítulo 1 Energia e sociedade 7

de habitacional e nos separou ainda mais dos animais. Novas ferramentas nos levaram a explorar animais domesticados, a construir máquinas mais complexas movidas a músculos e a converter uma pequena fração das energias cinéticas do vento e da água em trabalho útil. Essas novas forças motrizes multiplicaram a potência sob o comando humano, mas por muitíssimo tempo seu uso ficou circunscrito à natureza e à magnitude dos fluxos capturados. Mais obviamente, esse foi o caso das velas marítimas, ferramentas antigas e eficientes cujas capacidades ficaram restritas durante milênios aos ventos predominantes e a correntes oceânicas persistentes. Esses grandes fluxos guiaram as viagens transatlânticas do final do século XV da Europa rumo ao Caribe. Eles também impediram que os espanhóis descobrissem o Havaí, muito embora os navios comerciais da Espanha, os chamados galeões de Manila, navegassem uma ou duas vezes ao anos através do Pacífico, desde o México (Acapulco) até as Filipinas, durante 250 anos entre 1565 e 1815 (Schurz, 1939).

A combustão controlada em lareiras, fornos e fornalhas transformou a energia química das plantas em energia térmica. Esse calor vem sendo usado diretamente em lares e na fundição de metais, cocção de tijolos e processamento e acabamento de incontáveis produtos. A queima de combustíveis fósseis disseminou e elevou a eficiência de todos esses usos tradicionais diretos do calor. Inúmeras invenções fundamentais permitiram converter energia térmica da queima de combustíveis fósseis em energia mecânica. Isso foi feito pela primeira vez em motores a vapor e a combustão, depois em turbinas a gás e foguetes. Desde 1882 geramos energia elétrica pela queima de combustíveis fósseis, assim como pelo aproveitamento da energia cinética da água, e desde 1956 pela fissão de isótopos de urânio.

A queima de combustíveis fósseis e a geração de eletricidade criaram uma nova forma de civilização de alta energia cuja expansão agora abrange todo o planeta e cujas fontes primordiais de energia agora incluem parcelas pequenas mas rapidamente crescentes de fontes renováveis, sobretudo a solar (captada por dispositivos fotovoltaicos ou pela concentração de usinas solares) e a eólica (convertida por imensas turbinas). Por sua vez, esses avanços se baseiam numa concatenação de outros desenvolvimentos. Fazendo uma analogia com um modelo de fluxo, uma combinação de portas (válvulas) precisou ser preparada e ativada na sequência certa para permitir que a engenhosidade humana fluísse.

As portas mais notáveis necessárias para liberar grandes potenciais energéticos incluem oportunidades educacionais básicas, arranjos legais previsíveis, regras econômicas transparentes, disponibilidade adequada de capital e condições propícias à pesquisa básica. Não surpreende, portanto, que normalmente sejam necessárias gerações para alcançar grandes saltos ou melhorias qualitativas nos fluxos de energia ou para captar fontes energéticas inteiramente novas numa escala significativa. O *timing*, a potência total e a composição dos fluxos energéticos resultantes são

8 Energia e Civilização: Uma História

extremamente difíceis de prever, e durante as fases iniciais de tais transições é impossível aferir todos os impactos eventuais da substituição das principais forças motrizes e bases combustíveis sobre a agricultura, a indústria, o transporte, a habitação, as guerras e o meio ambiente da Terra. Abordagens quantitativas são essenciais para avaliar as limitações de nossas ações e a extensão de nossas conquistas, e exigem conhecimentos sobre conceitos e medidas científicas básicas.

Conceitos e medidas

Diversos princípios básicos determinam todas as conversões energéticas. Todas as formas de energia podem ser transformadas em calor, ou seja, em energia térmica. Nenhuma energia é perdida em qualquer dessas conversões. A conservação de energia, a primeira lei da termodinâmica, é uma das realidades universais mais fundamentais. Contudo, à medida que avançamos por cadeias de conversão, o potencial para aproveitamento útil diminui paulatinamente (Quadro 1.2). Essa realidade inexorável define a segunda lei da termodinâmica, e a entropia é a medida associada a essa perda de energia útil. Embora o conteúdo energético do universo seja constante, conversões de energia aumentam sua entropia (diminuem sua utilidade). Uma saca de grãos ou um barril de petróleo bruto representa uma reserva energética de baixa entropia, capaz de muito trabalho útil assim que metabolizada ou queimada, e acaba transformada no movimento aleatório de moléculas de ar aquecidas, um estado irreversível de alta entropia que representa uma irrecuperável perda de utilidade.

Essa dissipação entrópica unidirecional leva a uma perda de complexidade e à maior desordem e homogeneidade em qualquer sistema fechado. Contudo, todos os organismos vivos, seja a menor das bactérias ou uma civilização global, temporariamente desafiam essa tendência ao importar e metabolizar energia. Isso significa que todos os organismos vivos precisam ser um sistema aberto, mantendo um fluxo contínuo de entrada e saída de energia e matéria. Contanto que estejam vivos, esses sistemas não podem estar num estado de equilíbrio químico e termodinâmico (Prigogine, 1947, 1961; von Bertalanffy, 1968; Haynie, 2001). Sua negentropia — seu crescimento, renovação e evolução — resulta em maior heterogeneidade e numa complexidade estrutural e sistêmica crescente. Assim como tantos outros avanços científicos, uma compreensão coerente dessas realidades só se deu durante o século XIX, quando as disciplinas em acelerada evolução da física, química e biologia encontraram uma preocupação comum em estudar transformações de energia (Atwater and Langworthy, 1897; Cardwell, 1971; Lindsay, 1975; Müller, 2007; Oliveira, 2014; Varvoglis, 2014).

Esses interesses fundamentais exigiam uma codificação de padrões de mensuração. Duas unidades se tornaram comuns para medir *energia*: caloria, uma unidade métrica, e a unidade térmica britânica (*british thermal unit* — Btu). Atual-

Capítulo 1   Energia e sociedade   **9**

> ## QUADRO 1.2
> ## A utilidade decrescente da energia convertida
>
> Qualquer conversão energética ilustra o princípio. Se um leitor norte-americano usar luz elétrica para iluminar esta página, a energia eletromagnética dessa luz será apenas uma pequena parte da energia química contida no pedaço de carvão usado para gerá-la (em 2015, o carvão foi usado para produzir 33% da eletricidade gerada nos Estados Unidos). Pelo menos 60% da energia desse pedaço de carvão foram perdidos como calor pela chaminé da usina e na água usada para resfriamento, e se o leitor usar uma antiga luz incandescente, então mais de 95% da eletricidade produzida acabam como calor gerado à medida que o metal do filamento enrolado da lâmpada resiste à passagem da corrente elétrica. A luz que chega até a página ou é absorvida por ela ou é refletida e absorvida pelo seu entorno e reirradiada como calor. O insumo inicial de energia química de baixa entropia do carvão foi dissipado na forma de calor difundido de alta entropia que aqueceu o ar acima da estação geradora, os fios ao longo do caminho e o entorno da lâmpada, e causou um aumento imperceptível de temperatura acima de uma página. Nenhuma energia foi perdida, mas uma forma muito útil foi degradada a ponto de perder toda utilidade prática.

mente, a unidade científica básica de energia é o joule, batizado em homenagem a um físico inglês, James Prescott Joule (1818–1889), responsável por publicar o primeiro cálculo preciso da equivalência entre trabalho e calor (Quadro 1.3). *Potência*, por sua vez, denota a taxa de fluxo de energia. Sua primeira unidade-padrão, o cavalo-vapor, foi estabelecida por James Watt (1736–1819). Ele queria cobrar por seus motores a vapor de um modo prático e compreensível, e assim escolheu a comparação óbvia com a força motriz que eles substituiriam, um cavalo usando arreios para mover um moinho ou uma bomba (Figura 1.3, Quadro 1.3).

Outra taxa importante é a ***densidade energética***, a quantidade de energia por unidade de massa de uma fonte de energia (Quadro 1.4). Esse valor é de importância crucial para a produção de alimentos: mesmo onde são abundantes, alimentos de baixa densidade energética jamais poderiam se tornar itens básicos da dieta. Os habitantes pré-hispânicos da bacia do México, por exemplo, sempre comeram opúncias, frutos facilmente colhidos de muitas das espécies de cactos pertencentes ao gênero *Opuntia* (Sanders; Parsons; Santley, 1979). Porém, como a maioria das frutas, grande parte da polpa de uma opúncia é água (cerca de 88%), com menos de 10% de carboidratos, 2% de proteína e 0,5% de lipídeos, com uma densidade energética de apenas 1,7MJ/kg (Feugang *et al.*, 2006). Isso significa que mesmo uma mulher pequena sobrevivendo à base apenas de carboidratos de opúncias (o que assume a hipótese irreal de não carecer dos outros dois macronu-

10 Energia e Civilização: Uma História

QUADRO 1.3
Mensuração de energia e potência

A definição oficial de joule é o trabalho realizado quando uma força de um newton atua por uma distância de um metro. Outra opção é definir uma unidade básica de energia a partir de exigências de calor. Uma caloria é a quantia de calor necessária para elevar a temperatura de 1 cm^3 de água em 1°C. Essa é uma quantia minúscula de energia; para fazer o mesmo com 1 kg de água, seriam necessárias mil vezes mais energia, ou uma quilocaloria (para uma lista completa de prefixos multiplicadores, consulte "Medidas básicas", na seção Adendos). Considerando-se a equivalência entre calor e trabalho, para converter calorias em joules basta lembrar que uma caloria representa aproximadamente 4,2 joules. A conversão é igualmente simples para a medida inglesa e não métrica ainda comum, a unidade térmica britânica. Um Btu equivale a cerca de 1.000 joules (1.055, para ser exato). Um bom padrão de comparação é a necessidade diária de alimentação. Para a maioria dos adultos moderadamente ativos, fica entre 2 e 2,27 Mcal, ou cerca de 8–11 MJ, e 10 MJ podem ser obtidos ao se comer 1 kg de pão integral.

Em 1782, James Watt calculou em seu *Livro de rascunhos e cálculos* que um cavalo usado para tracionar moinhos trabalhava a uma taxa de 32.400 pés-libras por minuto — e no ano seguinte ele arredondou esse valor para 33.000 pés-libras (Dickinson, 1939). Ele supôs uma velocidade média de caminhada de 3 pés por segundo, mas não sabemos de onde ele tirou sua cifra para uma tração média de cerca de 180 libras. Alguns animais de grande porte eram possantes assim, mas a maioria dos cavalos da Europa no século XVIII não era capaz de sustentar a taxa de um cavalo de potência. A unidade-padrão atual de potência, um watt, é igual ao fluxo de um joule por segundo. Um cavalo-vapor equivale a cerca de 750 watts (745,699, para ser exato). O consumo de 8 MJ de alimento por dia corresponde a uma taxa de potência de 90 W (8 MJ/24 h × 3.600 s), o que é inferior à taxa de consumo de uma lâmpada-padrão (100 W). Uma torradeira dupla requer 1.000 W, ou 1 kW; carros de pequeno porte requerem cerca de 50 kW; uma grande usina nuclear ou a carvão produz eletricidade a uma taxa de 2 GW.

---

trientes) teria de comer 5 kg desses frutos todos os dias — mas ela poderia obter a mesma quantidade de energia de apenas 650 g de milho moído consumido na forma de tortilhas ou *tamales*.

Densidade de potência é a taxa com que energias são produzidas ou consumidas por unidade de área, sendo, portanto, um determinante estrutural crucial de sistemas energéticos (Smil, 2015b). Em todas as sociedades tradicionais, o tamanho das cidades, por exemplo, dependia de lenha e carvão vegetal, e era claramente limitado pela densidade de potência inerentemente baixa da produção de fitomassa (Quadro 1.5, Figura 1.4). Em climas temperados, a densi-

Capítulo 1   Energia e sociedade   **11**

FIGURA 1.3
Dois cavalos puxando um cabrestante usado para bombear água de poço numa fábrica francesa de tapetes em meados do século XVIII (reprodução da *Encyclopédie* [Diderot e d'Alembert, 1769–1772]). Um cavalo médio daquele período não era capaz de sustentar uma taxa constante de trabalho de um cavalo-vapor. James Watt usou uma taxa exagerada para garantir a satisfação dos clientes com seus motores a vapor instalados para substituir animais de tração.

12 Energia e Civilização: Uma História

QUADRO 1.4
Densidades energéticas de produtos alimentares e combustíveis

Ranking	Exemplos	Densidade energética (MJ/kg)
Produtos alimentares		
Muito baixa	Vegetais, frutas	0,8–2,5
Baixa	Tubérculos, leite	2,5–5,0
Média	Carnes	5,0–12,0
Alta	Grãos de cereais e legumes	12,0–15,0
Muito alta	Óleos, gorduras animais	25,0–35,0
Combustíveis		
Muito baixa	Turfa, madeira verde, gramíneas	5,0–10,0
Baixa	Resíduos de lavoura, madeira seca a ar	12,0–15,0
Média	Madeira seca	17,0–21,0
	Carvões minerais betuminosos	18,0–25,0
Alta	Carvão vegetal, antracito	28,0–32,0
Muito alta	Óleos crus	40,0–44,0

Fontes: densidades específicas para produtos alimentares e combustíveis estão listadas em Merrill e Watt (1973), Jenkins (1993) e USDA (2011).

---

dade de potência do crescimento anual sustentável de árvores é, na melhor das hipóteses, equivalente a 2% da densidade de potência do consumo energético tradicional em cidades voltado para calefação, preparação de alimentos e fabricação. Como consequência, as cidades precisavam recorrer a áreas próximas 30 vezes maiores que elas próprias para suprimento de combustível. Essa realidade restringiu seu crescimento mesmo onde outros recursos, como alimento e água, eram adequados.

Outra taxa, a qual ganhou grande importância com o avanço da industrialização, é a *eficiência das conversões energéticas*. Este índice de rendimento/insumo descreve o desempenho dos conversores de energia, quer se tratem de fornos, motores ou lâmpadas. Embora nada possamos fazer quanto à dissipação entrópica, podemos melhorar a eficiência das conversões ao reduzir a quantidade de energia necessária para cumprir tarefas específicas (Quadro 1.6). Existem restrições fundamentais (termodinâmicas, mecânicas) a essas melhorias, mas conseguimos levar alguns processos até perto dos limites práticos de eficiência. De todo modo, na maioria dos casos, incluindo conversores de energia tão comuns quanto motores de combustão interna, ainda há boa margem para mais aprimoramentos.

QUADRO 1.5
Densidades de potência e combustíveis de fitomassa

A fotossíntese converte menos de 0,5% da radiação solar recebida em nova fitomassa. As melhores produtividades anuais de espécies tradicionais de crescimento acelerado (álamos, eucaliptos, pinheiros) não passavam de 10 t/ha, e, em regiões mais secas, as taxas ficavam entre 5 e 10 t/ha (Smil 2015b). Como a densidade energética da madeira seca é, em média, 18 GJ/t, a colheita de 10 t/ha se traduziria numa densidade de potência de cerca de 0,6 W/m^2: (10 t/ha × 18 GJ)/3,15 × 107 (segundos em um ano) = ~5.708 W; 5.708 W/10.000 m^2 (ha) = ~0,6 W/m^2. Uma cidade de grande porte do século XVIII exigia no mínimo 20–30 W/m^2 de sua área construída para calefação, preparação de alimentos e fabricações artesanais, e seu abastecimento de lenha teria de vir de uma área entre 30 e 50 vezes seu próprio tamanho.

Mas as cidades exigiam bastante carvão vegetal, o único combustível pré-industrial que não liberava fumaça, preferido para aquecimento de interiores por todas as civilizações tradicionais, e a preparação desse tipo de carvão envolvia uma perda substancial de energia ainda maior. Mesmo em meados do século XIX, o índice típico de carvão vegetal produzido para madeira queimada nessa produção ainda era alto, de 1:5, o que significa que em termos de energia (com a madeira seca em 18 GJ/t e carvão vegetal (praticamente carbono puro) em 29 GJ/t), essa conversão tinha uma eficiência de apenas 30% (5 × 18/29 = 0,32), e a densidade de potência das colheitas de madeira destinada à produção de carvão era de apenas 0,2 W/m^2, aproximadamente. Como consequência, grandes cidades pré-industriais localizadas num clima temperado setentrional e altamente dependentes de carvão vegetal (Xi'an ou Pequim, na China, seriam bons exemplos) teriam exigido uma área de bosque no mínimo 100 vezes seu tamanho a fim de assegurar um suprimento contínuo desse combustível.

FIGURA 1.4
Produção de carvão vegetal na Inglaterra do século XVII, conforme representada em *Silva* (1607), de John Evelyn.

14 Energia e Civilização: Uma História

QUADRO 1.6
Melhorias de eficiência e o paradoxo de Jevons

Avanços técnicos trouxeram muitos ganhos impressionantes de eficiência, e a história da iluminação oferece um dos melhores exemplos (Nordhaus, 1998; Fouquet; Pearson, 2006). Velas convertem apenas 0,01% da energia química de sebo ou cera em luz. As lâmpadas de Edison da década de 1880 era cerca de dez vezes mais eficientes. Em 1900, usinas de geração de energia elétrica à base de carvão tinham eficiências de 10%; lâmpadas transformavam no máximo 1% da eletricidade em luz, de modo que cerca de 0,1% da energia química do carvão aparecia como luz (Smil, 2005). As melhores usinas de turbina a gás de ciclo combinado (que usam o gás ejetado por uma turbina a gás para produzir vapor para uma turbina a gás) alcançaram atualmente 60% de eficiência, enquanto lâmpadas fluorescentes têm eficiências de até 15%, assim como os diodos emissores de luz (USDOE, 2013). Isso significa que cerca de 9% da energia no gás natural acabam na forma de luz, um ganho de 90 vezes desde o fim dos anos 1880. Tais ganhos pouparam capital e custos operacionais e reduziram os impactos ambientais.

No passado, porém, o aumento da eficiência de conversão não necessariamente resultou em economias reais de energia. Em 1865, Stanley Jevons (1835–1882), um economista inglês, observou que a adoção de motores a vapor mais eficientes era acompanhada de grandes aumentos no consumo de carvão, e concluiu: "É uma absoluta confusão de ideias supor que o uso econômico de combustíveis é equivalente a uma diminuição do consumo. O exato contrário é verdadeiro. Como regra, novos modos de economia levam a um aumento do consumo, de acordo com um princípio reconhecido em muitas instâncias paralelas" (Jevons, 1865, p. 140). Essa realidade foi confirmada por muitos estudos (Herring, 2004, 2006; Polimeni *et al.*, 2008), mas em países ricos, aqueles cujo uso *per capita* de energia se aproximou, ou mesmo já alcançou, níveis de saturação, o efeito vem ficando cada vez menor. Como resultado, repiques de consumo na ponta final atribuíveis a uma maior eficiência muitas vezes são pequenos e diminuem com o tempo, e repiques específicos na economia como um todo podem ser triviais, e até mesmo positivos (Goldstein; Martinez; Roy, 2011).

Quando as eficiências são calculadas em termos de produção de alimentos (energia nos alimentos/energia em insumos para cultivá-los), combustíveis ou eletricidade, elas costumam ser chamadas de **retornos energéticos**. Retornos energéticos líquidos em toda cultura agrícola tradicional que dependia exclusivamente de força animal precisavam ser consideravelmente maiores que um: colheitas comestíveis precisavam conter mais energia do que aquela consumida como alimento não apenas por animais e pessoas responsáveis diretamente por sua produção, mas também por seus dependentes não envolvidos no trabalho.

Um problema insuperável surge quando tentamos comparar retornos energéticos em agriculturas tradicionais que dependiam exclusivamente de energias animais (e, portanto, que envolviam apenas transformações de radiação solar recentemente recebida) com aqueles de fazendas modernas, que são subsidiadas direta (combustível para operações de campo) e indiretamente (as energias necessárias para sintetizar fertilizantes e pesticidas e para construir maquinário agrícola) e que, portanto, têm retornos energéticos invariavelmente mais baixos do que lavouras tradicionais (Quadro 1.7).

Por fim, ***intensidade energética*** mede o custo de produtos, serviços e até mesmo produção econômica agregada em unidades padronizadas de energia — e de energia em si. Entre os materiais mais usados, o alumínio e os plásticos são altamente intensivos em termos de energia, enquanto vidro e papel são relativamen-

---

QUADRO 1.7
Comparação de retornos energéticos na produção de alimentos

Desde o início dos anos 1970, índices energéticos vêm sendo usados para ilustrar a superioridade da agricultura tradicional e os baixos retornos energéticos da agricultura moderna. Tais comparações são enganosas, devido a uma diferença fundamental entre os dois índices. Aqueles da agricultura tradicional são simplesmente quocientes da energia alimentar colhida nas safras *versus* energia na forma de comida e ração consumida pela mão de obra humana e animal. Em contraste, na agricultura moderna o denominador é composto quase que exclusivamente por insumos não renováveis de combustíveis fósseis para abastecer maquinário de campo e produzir máquinas e substâncias químicas; os insumos laborais são negligenciáveis.

Se os índices fossem calculados meramente como quocientes da produção energética comestível *versus* a mão de obra aplicada, a agricultora moderna, com sua minúscula quantia de esforço humano e sem qualquer trabalho animal, pareceria superior a qualquer prática tradicional. Caso o custo para produzir uma lavoura moderna incluísse todos os combustíveis fósseis convertidos e eletricidade convertida num denominador comum, então os retornos energéticos da agricultura moderna ficariam substancialmente abaixo dos retornos tradicionais. Tal cálculo é possível por causa da equivalência física das energias. Tanto alimentos quanto combustíveis podem ser expressos em unidades idênticas, mas segue restando um problema óbvio do tipo "maçãs e laranjas": não existe uma maneira satisfatória de comparar, de um modo simples e direto, os retornos energéticos dos dois sistemas agrícolas, que dependem de dois tipos fundamentalmente diferentes de insumos energéticos.

16 Energia e Civilização: Uma História

> **QUADRO 1.8**
> **Intensidades energéticas de materiais comuns**
>
> | Material | Custo energético (MJ/kg) | Processo |
> | --- | --- | --- |
> | Alumínio | 175–200 | Metal extraído de bauxita |
> | Tijolos | 1–2 | Cocção de argila |
> | Cimento | 2–5 | De matérias-primas |
> | Cobre | 90–100 | De minério |
> | Explosivos | 10–70 | De matérias-primas |
> | Vidro | 4–10 | De matérias-primas |
> | Brita | < 1 | Escavada |
> | Ferro | 12–20 | De minério de ferro |
> | Madeira | 1–3 | De árvores |
> | Papel | 23–35 | De árvores |
> | Plásticos | 60–120 | De hidrocarbonos |
> | Compensado | 3–7 | De árvores |
> | Areia | < 1 | Escavada |
> | Aço | 20–25 | De ferro-gusa |
> | Aço | 10–12 | De sucata metálica |
> | Pedra | < 1 | De pedreiras |
>
> *Fonte:* dados de Smil (2014b).

te baratos, e a madeira (excluindo seus custos fotossintéticos) é o material que menos exige energia dentre aqueles mais amplamente usados (Quadro 1.8). Os avanços técnicos dos dois últimos séculos trouxeram muitas quedas substanciais em intensidades energéticas. Talvez o melhor exemplo disso seja a fundição de ferro-gusa alimentada por coque em grandes fornalhas, que agora requer menos de 10% da energia por unidade de massa de metal quente que nos tempos pré--industriais dessa produção, à base de carvão (Smil, 2016).

O custo energético da energia (muitas vezes chamado de "retorno energético sobre o investimento", abreviado em inglês como Eroi, embora o termo mais correto seja "retorno energético sobre o investimento energético" — Eroei) é uma medida reveladora apenas se compararmos valores que foram calculados por métodos idênticos usando concepções-padrão, com limites analíticos claramente identificados. Sociedades modernas de alta energia preferiram desenvolver recursos de combustíveis fósseis com os mais altos retornos energéticos líquidos, e é por isso que favorecemos óleo cru em geral, e os ricos campos do Oriente Médio em particular; a alta densidade energética do petróleo, e portanto sua transporta-bilidade, é outra vantagem óbvia (Quadro 1.9).

> **QUADRO 1.9**
> **Retornos energéticos sobre investimento energético**
>
> Diferenças na qualidade e acessibilidade de combustíveis fósseis são enormes: finos veios subterrâneos de carvão de baixa qualidade *versus* uma camada espessa de bom carvão betuminoso que pode ser extraído em minas a céu aberto, ou campos hipergigantes de hidrocarbonos no Oriente Médio *versus* poços de baixa produtividade que exigem bombeamento constante. Como resultado, os valores específicos de Eroei variam substancialmente — e podem mudar a partir do desenvolvimento de técnicas mais eficientes de extração. As faixas de valor a seguir são meros indicadores aproximados, ilustrando as diferenças entre os principais métodos de extração e conversão (Smil, 2008a; Murphy; Hall, 2010). Para produção de carvão, o Eroei fica entre 10 e 80, enquanto para óleo e gás os valores ficam entre 10 e bem acima de 100; para grandes turbinas eólicas nos locais mais ventosos, podem se aproximar de 20, mas no mais das vezes ficam abaixo de 10; para células solares fotovoltaicas, não passam de 2; e para os biocombustíveis modernos (etanol, biodiesel), chegam no máximo a 1,5, mas sua produção frequentemente envolve uma perda de energia ou nenhum ganho líquido (um Eroei de apenas 0,9–1,0).

Complexidades e ressalvas

O uso de unidades padronizadas para mensurar armazenamentos e fluxos de energia é algo simples e direto em termos físicos e impecável do ponto de vista científico; no entanto, essas reduções a um denominador comum também são enganosas. Acima de tudo, elas não conseguem captar diferenças qualitativas cruciais entre várias energias. Dois tipos de carvão podem ter uma densidade energética idêntica, mas um pode ter uma queima bastante limpa e deixar como resíduo uma pequena quantidade de cinzas, enquanto o outro pode produzir bastante fumaça, emitir grande quantidade de dióxido de enxofre e deixar vastos resíduos não combustíveis. Uma abundância de carvão de alta densidade energética ideal para motores a vapor (que em termos relativos era considerado "livre de fumaça") claramente contribuiu para o domínio britânico sobre o transporte marítimo no século XIX, já que nem a França nem a Alemanha tinham vastos recursos carboníferos de qualidade comparável.

Além do mais, unidades energéticas abstratas são incapazes de distinguir biomassa comestível de não comestível. Massas idênticas de trigo e de palha seca de trigo contêm praticamente a mesma quantidade de energia térmica, mas a palha, composta sobretudo de celulose, hemicelulose e lignina, não pode ser digerida por humanos, ao passo que o trigo (formado por cerca de 70% de carboidratos na forma de amidos complexos e por até 14% de proteína) é uma fonte excelente de nutrientes básicos. Elas também ocultam a origem específica da energia alimen-

18 Energia e Civilização: Uma História

tar, uma questão de grande importância para nutrição apropriada. Muitos alimentos altamente energéticos contêm pouquíssimo ou zero lipídeo e proteína, dois nutrientes obrigatórios para o crescimento e a manutenção normais do corpo, e às vezes não oferecem quaisquer micronutrientes essenciais — vitaminas e minerais.

Há outras qualidades importantes ocultadas por medidas abstratas. O acesso a reservatórios de energia é obviamente uma questão crucial. Madeira de caule e madeira de galhos de árvore têm as mesmas densidades energéticas, mas sem bons machados e serras, em muitas sociedades pré-industriais, as pessoas só conseguiam coletar este último combustível. Isso ainda é a norma nas partes mais pobres da África e da Ásia, onde crianças e mulheres catam fitomassa lenhosa; e sua forma, e, portanto, sua transportabilidade, também importa, pois elas precisam carregar a madeira (galhos e ramos) para casa sobre a cabeça, muitas vezes por distâncias consideráveis. A facilidade de uso e a eficiência de conversão podem ser decisivas na escolha de um combustível. Uma residência pode ser aquecida a madeira, carvão, óleo combustível ou gás natural, mas os melhores aquecedores a gás alcançaram uma eficiência de até 97%, sendo, portanto, bem mais baratos de operar do que qualquer outra opção.

A queima de palha em fornos simples exige um atiçamento constante, enquanto grandes toras podem ser deixadas queimando sem supervisão por horas a fio. A preparação de alimentos em locais fechados sem ventilação (ou pouco ventilados, através de um orifício no teto) a partir da queima de estrume seco produz mais fumaça do que a queima de madeira seca num bom fogão, e a combustão de biomassa dentro de casa continua sendo uma das principais fontes de doenças respiratórias em muitos países de baixa renda (McGranahan; Murray, 2003; Barnes, 2014). E a menos que suas origens sejam especificadas, densidades ou fluxos de energia não distinguem aquelas renováveis das fósseis, ainda que essa distinção seja fundamental para compreender a natureza e a durabilidade de um sistema energético. A civilização moderna foi criada pela massiva, e crescente, queima de combustíveis fósseis, mas essa prática é claramente limitada por sua abundância na crosta, bem como pelas consequências ambientais da queima de carvões e hidrocarbonos, e sociedades de alto insumo energético só podem assegurar sua própria sobrevivência a partir de uma eventual transição para fontes não fósseis.

Ainda outras dificuldades emergem quando comparamos as eficiências de conversões energéticas humanas e não animais. Neste último caso, trata-se simplesmente de uma razão entre o insumo na forma de combustível ou eletricidade e a produção final de energia útil, mas no caso anterior o consumo diário de alimento (ou ração) não deve ser computado como insumo energético da mão de obra humana ou animal, já que a maior parte dessa energia é necessária para o metabolismo basal — ou seja, para sustentar o funcionamento dos órgãos corporais vitais e para manter constante a temperatura corporal — e o metabolismo basal opera quer as pessoas ou os animais descansem ou trabalhem. O cálculo do custo energético líquido talvez seja a solução mais satisfatória (Quadro 1.10).

Capítulo 1 Energia e sociedade **19**

QUADRO 1.10
Cálculo do custo energético líquido da mão de obra humana

Não existe uma forma universalmente aceita de expressar o custo energético da mão de obra humana, mas a melhor opção talvez seja calcular o custo energético líquido: trata-se do consumo de energia de uma pessoa além da necessidade existencial que teria de ser satisfeita mesmo que trabalho algum fosse realizado. Essa abordagem aloca como mão de obra seu custo energético apenas incremental. O gasto energético total é o produto da taxa metabólica basal (ou de descanso) pelo nível de atividade física (GET = TMB × NAF) e o custo energético incremental será obviamente a diferença entre GET e TMB. A TMB de um homem adulto de 70 kg gira em torno de 7,5 MJ/dia, enquanto para uma mulher de 60 kg, cerca de 5,5 MJ/dia. Se supormos que um trabalho duro aumenta a exigência energética diária em cerca de 30%, então o custo energético líquido será de aproximadamente 2,2 MJ/dia para homens e de 1,7 MJ/dia para mulheres; sendo assim, usarei 2 MJ/dia em todos os cálculos aproximados de gastos energéticos diários em forrageio, agricultura tradicional e trabalho industrial.

O consumo alimentar diário não deve ser computado como um insumo energético para a mão de obra: o metabolismo basal (para sustentar órgãos vitais, circular o sangue e manter a temperatura corporal constante) opera quer descansemos ou trabalhemos. Estudos sobre fisiologia muscular, sobretudo o trabalho de Archibald V. Hill (1886–1977, ganhador do Prêmio Nobel de Fisiologia em 1922), permitiram quantificar a eficiência do trabalho muscular (Hill, 1922; Whipp; Wasserman, 1969). A eficiência líquida de desempenhos aeróbicos constantes é de cerca de 20%, e isso significa que 2 MJ/dia de energia metabólica atribuível a uma tarefa física produziriam um trabalho útil equivalente a cerca de 400 kJ/dia. Usarei essa aproximação em todos os cálculos relevantes. Em contraste, Kander, Malanima e Warde (2013) usaram o consumo alimentar total, em vez do gasto de energia útil real, em sua comparação histórica de fontes de energia. Eles assumiram um consumo alimentar anual médio de 3,9 GJ/*capita*, imutável entre 1800 e 2008.

Porém, mesmo em sociedades bem mais simples que a nossa, uma grande parcela do trabalho foi sempre mental em vez de físico — decidir como abordar uma tarefa, como executá-la com a força limitada disponível, como reduzir gastos energéticos — e o custo metabólico de pensar, mesmo quebrando a cabeça ao máximo, é bem pequeno se comparado ao esforço muscular extenuante. Por outro lado, desenvolvimentos mentais exigem anos em aquisição de linguagem, socialização, aprendizado junto a mentores e acúmulo de experiência, e conforme as sociedades progrediram, esse processo didático se tornou mais exigente e demorado, na forma de escolas e treinamento, serviços que passaram a exigir consideráveis insumos energéticos indiretos para sustentar as infraestruturas físicas necessárias e saberes humanos.

Um círculo se fechou. Destaquei a necessidade de avaliações contínuas, mas a verdadeira compreensão da energia na história requer bem mais do que reduzir tudo a contas numéricas em joules e watts e tratá-las como explicações totalmente abrangentes. Abordarei o desafio de duas maneiras: levarei em consideração requisitos e densidades de energia e potência e indicarei saltos em eficiência, mas isso sem jamais ignorar os muitos atributos qualitativos que restringem ou promovem aproveitamentos energéticos específicos. E embora os imperativos das necessidades e usos de energia tenham deixado uma marca indelével na história, muitos detalhes, sequências e consequências desses determinantes evolutivos fundamentais só podem ser explicados recorrendo-se a motivações e preferências humanas, e ao reconhecer aquelas escolhas surpreendentes, e muitas vezes aparentemente inexplicáveis, que moldaram a história da nossa civilização.

2

Energia na pré-história

Compreender as origens do gênero *Homo* e elucidar os detalhes de sua evolução subsequente é uma busca sem fim, já que novas descobertas fazem retroceder no tempo muitos antigos marcadores e complicam o quadro geral com a revelação de espécies que não se encaixam facilmente numa hierarquia existente (Trinkaus, 2005; Reynolds; Gallagher, 2012). Em 2015, os restos do mais antigo hominídeo confiavelmente datado eram os do *Ardipithecus ramidus* (4,4 milhões de anos atrás, encontrados em 1994) e do *Australopithecus anamensis* (4,1–5,2 milhões de anos atrás, encontrados em 1967). O acréscimo notável em 2015 foi o *Australopithecus deyiremeda* (3,3–3,5 milhões), da Etiópia (Haile-Selassie *et al.*, 2015). A sequência de hominídeos mais jovens inclui *Australopithecus afarensis* (desenterrado em 1974 em Laetoli, Tanzânia, e em Hadar, Etiópia), *Homo habilis* (descoberto em 1960 na Tanzânia) e *Homo erectus* (a partir de 1,8 milhão de anos atrás, com muitas descobertas na África, Ásia e Europa se estendendo até cerca de 250 mil anos atrás).

Reanálises dos primeiros ossos de *Homo sapiens* — as famosas descobertas de Richard Leakey na Etiópia a partir de 1967 — os datam de 190 mil anos atrás (McDougall Brown; Fleagle, 2005). Nossos ancestrais diretos, portanto, passavam suas vidas como simples caçadores e coletores, e foi somente há cerca de 10 mil anos que as primeiras pequenas populações da nossa espécie começaram uma existência sedentária baseada na domesticação de plantas e animais. Isso significa que durante milhões de anos as estratégias dos hominídeos foram semelhantes àquelas de seus ancestrais primatas, mas atualmente temos indícios isotópicos da África Oriental de que há cerca de 3,5 milhões de anos as dietas dos hominídeos começaram a divergir das desses primatas de então. Sponheimer e colaboradores (2013) mostraram que a partir daí diversos ramos taxonômicos de hominídeos passaram a incorporar alimentos enriquecidos com ^{13}C (produzido por plantas C_4 ou crassuleáceas de metabolismo ácido) em suas dietas, e tinham uma composição altamente variável de isótopos de carbono, atípica de mamíferos africanos. A dependência de plantas C_4 tem, portanto, uma origem antiga, e na agricultura

22 Energia e Civilização: Uma História

moderna dois cultivares C_4, milho e cana-de-açúcar, têm produtividades médias mais altas que qualquer outra espécie cultivada por seus grãos ou teor de açúcar.

O primeiro desvio evolutivo que acabou conduzindo à nossa espécie não foi um cérebro maior ou a capacidade de fabricar ferramentas, e sim o bipedalismo, uma adaptação estruturalmente improvável, mas de imensas consequências, cujos primórdios podem ser rastreados há cerca de 7 milhões de anos (Johanson, 2006). Humanos são os únicos mamíferos cujo modo normal de locomoção é o caminhar ereto (outros primatas o fazem apenas ocasionalmente). Desse modo, o bipedalismo pode ser encarado como o avanço adaptativo crucial que nos tornou humanos. Ainda assim, o bipedalismo — que em essência não passa de uma sequência de quedas interrompidas — é inerentemente instável e desajeitado: "O caminhar humano é um negócio arriscado. Sem um sincronismo de fração de segundos, o homem cairia de cara no chão; na verdade, a cada passo que dá, ele cambaleia à beira da catástrofe" (Napier, 1970, p. 165). E além de nos tornar propensos a lesões musculoesqueléticas, com o avançar da idade o bipedalismo também nos leva à perda óssea, osteopenia (densidade óssea abaixo da normal) e osteoporose (Latimer, 2005).

Muitas respostas já foram oferecidas para a pergunta óbvia de por que, então, se locomover assim, e algumas delas, conforme Johanson (2006) resumidamente argumenta, parecem bem pouco persuasivas. Parecer mais alto a fim de intimidar predadores não teria efeito algum sobre cães-selvagens, guepardos ou hienas, que não se deixam intimidar por espécies mamíferas bem maiores. Tornar-se ereto apenas para enxergar por sobre a grama teria o efeito colateral de atrair predadores; para alcançar frutas pendentes de galhos baixos bastaria abrir mão da corrida quadrúpede acelerada; e o resfriamento corporal poderia ser assegurado descansando à sombra ou forrageando somente durante períodos mais frescos da manhã ou do entardecer. Diferenças no gasto geral de energia podem oferecer a melhor explicação (Lovejoy, 1988). Os hominídeos, similarmente a outros mamíferos, despendiam a maior parte da sua energia se reproduzindo, se alimentando e garantindo sua segurança, e se o bipedalismo ajudava em tudo isso, então acabaria sendo adotado.

Segundo Johanson (2006, p. 2): "A seleção natural não tem como *criar* um comportamento como o bipedalismo, mas pode atuar para selecionar esse comportamento uma vez que ele venha a emergir". De uma perspectiva mais estrita, não está claro se o bipedalismo oferecia vantagem biomecânica suficiente para promover sua seleção com base meramente no custo energético de caminhar (Richmond *et al.*, 2001), muito embora Sockol, Raichlen e Pontzer (2007), após medirem gastos energéticos em chimpanzés e humanos adultos, tenham concluído que o caminhar humano despende cerca de 75% menos energia que o caminhar tanto quadrúpede quanto bípede em chimpanzés. A discrepância se deve às diferenças biomecânicas em anatomia e marcha, e sobretudo ao quadril mais estendido e ao membros traseiros mais longos nos humanos.

Capítulo 2   Energia na pré-história   **23**

O bipedalismo deu início a uma cascata de enormes ajustes evolutivos (Kingdon, 2003; Meldrum; Hilton, 2004). O caminhar ereto liberou os braços dos hominídeos para carregar armas e para transportar alimentos até áreas comunitárias, não sendo preciso consumi-los no próprio local. Mas acima de tudo o bipedalismo foi necessário para desencadear a destreza manual e o uso de ferramentas. Hashimoto e colaboradores (2013) concluíram que adaptações subjacentes ao uso de ferramentas evoluíram independentemente daquelas necessárias para o bipedalismo humano, uma vez que tanto em humanos quanto em macacos cada dedo é representado separadamente no córtex sensoriomotor primário, assim como dedos são separados fisicamente na mão. Isso proporciona a capacidade de usar cada dígito de modo independente em manipulações complexas exigidas para o uso de ferramentas.

Porém, sem o bipedalismo seria impossível usar o tronco como alavanca para acelerar a mão durante a fabricação e o uso de ferramentas. O bipedalismo também libertou a boca e os dentes para desenvolverem um sistema mais complexo como prerrequisito da linguagem (Aiello, 1996). Esses desenvolvimentos demandaram cérebros maiores, cujo custo energético acabou alcançando três vezes o nível daquele dos chimpanzés, respondendo por até um sexto da taxa metabólica basal (Foley; Lee 1991; Lewin, 2004). O quociente médio de encefalização (massa cerebral real/esperada para o peso corporal) é de 2 a 3,5 para primatas e primeiros hominídeos, enquanto para os humanos é de pouco mais de 6. Três milhões de anos atrás, o *Australopithecus afarensis* tinha volume cerebral inferior a 500 cm^3; 1,5 milhão de anos atrás, o volume havia dobrado no *Homo erectus*, e então aumentou em cerca de 50% no *Homo sapiens* (Leonard, Snodgrass, Robertson 2007).

Um maior quociente médio de encefalização foi crucial para a ascensão da complexidade social (que aumentou as chances de sobrevivência e destacou os hominídeos dos demais mamíferos) e teve forte relação com mudanças na qualidade dos alimentos consumidos. A demanda energética específica do cérebro é cerca de 16 vezes maior que a dos músculos esqueléticos, e o cérebro humano despende 20 a 25% da energia metabólica de repouso, comparados a 8 a 10% em outros primatas e apenas 3 a 5% em outros mamíferos (Holliday, 1986; Leonard *et al.*, 2003). A única maneira de acomodar um cérebro tão grande sem elevar a taxa metabólica geral (o metabolismo humano de repouso não é maior que o de outros mamíferos de massa similar) foi reduzir a massa de outros tecidos metabolicamente dispendiosos. Aiello e Wheeler (1995) sustentam que a redução do tamanho do trato gastrointestinal foi a melhor opção, já que sua massa (ao contrário da massa de corações e rins) pode variar substancialmente, dependendo da dieta.

Fish e Lockwood (2003), Leonard, Snodgrass e Robertson (2007), e Hublin e Richards (2009) confirmaram que a qualidade da dieta e a massa cerebral exibem uma correlação positiva significativa em primatas, e dietas melhores para os hominídeos, incluindo carne, deram suporte a cérebros maiores, cuja alta demanda ener-

24 Energia e Civilização: Uma História

gética foi em parte contrabalançada por um trato gastrointestinal reduzido (Braun *et al.*, 2010). Ao passo que os primatas não humanos atuais têm mais de 45% de suas massas viscerais no cólon e apenas 14–29% no intestino delgado, nos humanos essas proporções são invertidas, com mais de 56% no intestino delgado e somente 17–25% no cólon, uma clara indicação de adaptação voltada a alimentos de alta qualidade e densos em energia (carnes, nozes) que podem ser digeridos no intestino delgado. O aumento do consumo de carne também ajuda a explicar os ganhos humanos em massa corporal e altura, bem como as mandíbulas e dentes menores (McHenry, Coffing, 2000; Aiello, Wells, 2002). Contudo, um maior consumo de carne não foi capaz de mudar a base energética dos hominídeos em evolução: para assegurar qualquer alimento, eles tinham que confiar apenas em seus músculos e em estratagemas simples para coletar alimentos, buscar por carcaças, caçar e pescar.

É impossível rastrear a gênese das primeiras ferramentas de madeira (varas e tacapes), já que apenas aqueles artefatos que foram preservados em ambientes anóxicos, mais comumente em pântanos, conseguiram sobreviver por longos períodos. A desintegração não é um problema para as duras pedras usadas para confeccionar ferramentas simples, e novas descobertas jogam cada vez mais para o passado os primeiros vestígios verificáveis de ferramentas líticas de hominídeos. Por muitas décadas, o consenso datava as primeiras dessas ferramentas em cerca de 2,5 milhões de anos atrás, no Período Olduvaiense. Feitos de seixos, esses relativamente pequenos e simples martelos de pedra (núcleos com um gume), talhadores e lascas tornaram muito mais fácil carnear animais e quebrar seus ossos (de la Torre, 2011). Porém, as descobertas mais recentes no sítio de Lomekwi, Turcana Ocidental, no Quênia, anteciparam a data da mais antiga confecção de ferramentas de pedra para cerca de 3,3 milhões de anos atrás (Harmand *et al.*, 2015).

Cerca de 1,5 milhão de anos atrás, hominídeos começaram a extrair lascas maiores para fabricar machadinhas bifaciais, picaretas e cutelos de estilo acheuliano (1,2–0,1 milhão de anos atrás). Lascando-se um único núcleo, era possível produzir gumes afiados com menos de 20 cm de comprimento, e essas práticas produziram uma grande variedade de ferramentas manuais de pedra especiais (Figura 2.1). Lanças de madeira foram essenciais para a caça de animais de maior porte. Em 1948, uma lança quase completa encontrada dentro de um esqueleto de elefante na Alemanha foi datada como sendo do último período interglacial (115 mil a 125 mil anos atrás), e em 1996 longos dardos encontrados numa mina de lignito a céu aberto em Schöningen foram datados entre 400 mil e 380 mil anos atrás (Thieme, 1997), e pontas de pedra começaram a ser afixadas em lanças de madeira a partir de aproximadamente 300 mil anos atrás.

Contudo, novas descobertas na África do Sul situam as primeiras ferramentas multicomponentes cerca de 200 mil anos antes do que previamente reportado: Wilkins e colaboradores (2012) concluíram que pontas de pedra de Kathu Pan, fabri-

FIGURA 2.1
Ferramentas de pedra acheulianas, confeccionadas pela primeira vez pelo *Homo ergaster*, foram formadas pela remoção de lascas de pedra para criar lâminas de corte especializadas (Corbis).

cadas há cerca de 500 mil anos, funcionavam como pontas de lança. Armamentos com projéteis verdadeiramente de longa distância evoluíram na África entre 90 mil e 70 mil anos atrás (Rhodes, Churchill 2009). Outra descoberta sul-africana recente mostrou que uma vantagem técnica significativa — a produção de pequenas lamelas (micrólitos), principalmente a partir de pedras tratadas a calor, a serem usados na fabricação de ferramentas compostas — ocorria já há 71 mil anos (Brown *et al.*, 2012). Ferramentas compostas maiores se tornaram comuns cerca de 25 mil anos atrás (Período Gravetiano europeu) com a produção de enxós e machados polidos e munidos de cabo, e com lascas mais eficientes de sílex, gerando muitas ferramentas afiadas; arpões, agulhas, serras, cerâmica e itens de fibras tecidas (vestimentas, redes, cestos) também foram inventados e adotados durante essa época.

26 Energia e Civilização: Uma História

Técnicas magdalenianas (entre 17 mil e 12 mil nos atrás; o nome dessa era é uma homenagem a um abrigo lítico em La Madeleine, no sul da França, onde as ferramentas foram descobertas) produziam até 12 m de gumes em microlâminas a partir de uma única pedra, e experimentos com suas réplicas modernas (afixadas em lanças) revelam sua eficácia na caça (Pétillon *et al.*, 2011). Uma lança com ponta de pedra tornou-se uma arma ainda mais poderosa após a invenção de arremessadores de lanças durante o fim do Paleolítico. Um arremesso alavancado facilmente dobrava a velocidade da arma e reduzia a necessidade de uma aproximação maior. Lanças com pontas de pedra levaram essas vantagens ainda mais longe, com um ganho adicional na precisão.

Jamais saberemos as datas mais antigas do uso controlado do fogo para aquecer e cozinhar; a céu aberto, qualquer indício relevante viria a ser removido por eventos subsequentes, e em cavernas ocupadas, destruído por gerações posteriormente assentadas. A datação mais antiga de um uso bem atestado de fogo controlado cada vez retrocede mais no tempo; Goudsblom (1992) a situa em cerca de 250 mil anos atrás; e pouco mais de uma década depois Goren-Inbar e colaboradores (2004) a fizeram retroceder para 790 mil anos atrás, enquanto o registro fóssil sugere que o consumo de alimentos cozidos já ocorria há 1,9 milhão de anos. Mas sem sombra de dúvida, no Paleolítico Superior — entre 30 mil e 20 mil anos atrás, quando o *Homo sapiens sapiens* tomou o lugar dos neandertais da Europa — o uso do fogo já estava disseminado (Bar-Yosef, 2002; Karkanas *et al.*, 2007).

A preparação de alimentos sempre foi vista como um componente importante da evolução humana, mas Wrangham (2009) acredita que ela teve um efeito "monstruoso" sobre nossos ancestrais, já que expandiu enormemente a gama e a qualidade dos alimentos disponíveis, e também porque sua adoção suscitou muitas mudanças físicas (incluindo dentes menores e um trato digestivo menos volumoso) e ajustes comportamentais (como a necessidade de defender estoques de comida, o que promoveu laços protetivos femininos–masculinos) que acabaram levando a uma socialização complexa, a vidas sedentárias e à "autodomesticação". Na pré-história, os alimentos eram sempre preparados com fogueiras abertas, com carne suspensa sobre as chamas, enterrada em brasas, disposta sobre rochas quentes, envolvida em pele grossa, coberta por argila ou colocada junto com pedras quentes dentro de bolsas de couro cheias de água. Devido à variedade de assentamentos e métodos, é impossível citar as eficiências típicas de conversão de combustível. Experimentos mostram que entre 2 e 10% da energia da madeira acabam como calor útil para cozinhar, e pressupostos plausíveis indicam um consumo máximo anual de madeira de 100–150 kg/*capita* (Quadro 2.1).

Além de aquecimento e cocção, o fogo também era usado como ferramenta de engenharia: humanos modernos já tratavam pedras com calor a fim de melhorar

QUADRO 2.1
Consumo de madeira na preparação de carne com fogueiras abertas

Os pressupostos realistas para determinar o consumo máximo plausível de madeira na preparação de carne em fogueiras abertas durante o final do Paleolítico são os seguintes (Smil, 2013a): consumo médio diário de energia alimentar de 10 MJ/*capita* (adequado para adultos, maior que a média para populações inteiras), com a carne respondendo por 80% (8 MJ) do consumo alimentar total; uma densidade energética alimentar de carcaças animais de 8–10 MJ/kg (típica para mamutes, geralmente de 5–6 MJ/kg para grandes ungulados); uma temperatura ambiente média de 20°C em climas quentes e de 10°C naqueles mais frios; carne cozida a 80°C (77°C bastam para uma carne bem passada); uma capacidade térmica da carne de cerca de 3 kJ/kg °C; eficiência de cocção de uma fogueira aberta de apenas 5%; e uma densidade energética média de madeira seca a ar de 15 MJ/kg. Esses pressupostos implicam um consumo médio diário *per capita* de quase 1 kg de carne de mamute (e de cerca de 1,5 kg de carne de grandes ungulados) e uma necessidade diária de aproximadamente 4–6 MJ de madeira. O total anual seria de 1,5–2,2 GJ, ou 100–150 kg de madeira (em parte fresca, em parte seca a ar). Para 200 mil pessoas que viviam 20 mil anos atrás, a necessidade global seria de 20 mil a 30 mil t, uma parcela negligenciável (na ordem de 10^{-8}) da fitomassa pré-agrícola então existente na forma de madeira.

as propriedades de suas lascas há 160 mil anos (Brown *et al.*, 2009). E Mellars (2006) sugere que há indícios da queima controlada de vegetação na África do Sul há 55 mil anos. A queima de bosques como ferramenta de gestão ambiental por caçadores e coletores no início do Holoceno teria servido para ajudar em caçadas (ao promover o recrescimento de plantas alimentares para atrair animais, bem como para melhorar a visibilidade), para facilitar a mobilidade humana ou para aprimorar ou sincronizar a coleta de alimentos vegetais (Mason, 2000).

A grande variabilidade espacial e temporal do registro arqueológico impede que generalizações simples sejam feitas em relação aos balanços energéticos de sociedades pré-históricas. Descrições de primeiros contatos com caçadores-coletores sobreviventes e seus estudos antropológicos fornecem analogias incertas: informações sobre grupos que sobreviveram em ambientes extremos por tempo suficiente para serem estudados por métodos científicos modernos oferecem vislumbres limitados de caçadores-coletores pré-históricos em climas mais regulares e áreas mais férteis. Ademais, muitas sociedades caçadoras-coletoras estudadas já tinham sido afetadas por contato prolongado com pastoralistas, agricultores ou migrantes estrangeiros de outros continentes (Headland, Reid 1989; Fitzhugh,

28 Energia e Civilização: Uma História

Habu 2002). Contudo, a ausência de um padrão típico não impede o reconhecimento de inúmeros imperativos biofísicos que governam fluxos de energia e que determinam o comportamento de grupos caçadores-coletores.

Sociedades caçadoras-coletoras

As coleções mais abrangentes de indícios confiáveis mostram que as densidades populacionais médias de populações modernas de caçadores-coletores — refletindo uma variedade de *habitats* naturais e habilidades e técnicas de aquisição de alimentos — variavam ao longo de três ordens de magnitude (Murdock, 1967; Kelly, 1983; Lee, Daily 1999; Marlowe 2005). A mínima era de menos de uma pessoa/100 km^2 até algumas centenas de pessoas/100 km^2, com a média global de 25 pessoas/100 km^2 para 340 culturas estudadas, baixas demais para sustentar sociedades mais complexas com crescente especialização funcional e estratificação social. As densidades médias de caçadores-coletores eram mais baixas que as densidades de mamíferos herbívoros de massa similar que eram capazes de digerir abundante fitomassa celulósica.

Embora equações alométricas prevejam cerca cinco mamíferos de 50 kg/km^2, as densidades de chimpanzés ficam entre 1,3 e 2,4 animais/km^2, e as densidades de caçadores-coletores que sobreviveram até o século XX ficavam bem abaixo de uma pessoa/km^2 em climas quentes, em apenas 0,24 no Velho Mundo e em 0,4 no Novo Mundo (Marlowe, 2005; Smil, 2013a). As densidades populacionais eram significativamente maiores para grupos que combinavam a coleta de plantas abundantes com a caça (exemplos bem estudados incluem grupos da Europa pós--glacial e, mais recentemente, da bacia do México) e para sociedades litorâneas que dependia bastante de espécies aquáticas (com sítios arqueológicos bem documentados na região do Báltico e estudos antropológicos mais recentes na costa do Pacífico entre Estados Unidos e Canadá).

A coleta de moluscos, a pesca e a caça de mamíferos marinhos perto da costa sustentaram as maiores densidades de caçadores-coletores e levaram a assentamentos semipermanentes e até mesmo permanentes. Os vilarejos na costa do Pacífico entre Estados Unidos e Canadá, com suas grandes casas e caçadas comunitárias organizadas de mamíferos marinhos, eram excepcionais em seu sedentarismo. Essas grandes variações em densidade não eram uma simples função de fluxos biosféricos de energia: não diminuíam uniformemente rumo aos polos e aumentavam rumo ao equador (em proporção à maior produtividade fotossintética), nem correspondiam à massa total de animais disponíveis para caça. Na verdade, eram determinadas por variáveis ecossistêmicas, por uma dependência relativa de alimentos vegetais e animais e pelo uso de estoques sazonais. De modo similar a primatas não humanos, todos os caçadores-coletores era onívoros, mas o abate de animais de maior porte representava um grande desafio energético,

Capítulo 2   Energia na pré-história   **29**

pois visava uma reserva bem menor de recursos comestíveis do que a coleta de plantas, uma consequência natural da decrescente transferência de energia entre níveis tróficos.

Herbívoros consomem apenas 1–2% da produtividade líquida primária em florestas decíduas e até 50–60% em algumas savanas tropicais, sendo a faixa de 5–10% a mais representativa para o pastoreio terrestre (Smil, 2013a). Geralmente menos de 30% da fitomassa ingerida é digerida; a maior parte é expirada, e em mamíferos e aves somente 1–2% dela é convertida em zoomassa. Como resultado, os herbívoros mais caçados incorporavam menos de 1% da energia inicialmente armazenada na fitomassa dos ecossistemas em que habitavam. Essa realidade explica por que caçadores preferiam abater animais que combinavam uma massa corporal adulta relativamente grande com alta produtividade e alta densidade territorial: javalis (90 kg) e veados e antílopes (geralmente 25–500 kg) eram alvos comuns.

Em locais onde esses animais eram relativamente comuns, como em pradarias tropicais ou temperadas ou em bosques tropicais, a caça era mais compensadora; porém, ao contrário da percepção comum de uma abundância de espécies animais, florestas tropicais eram um ecossistema inferior a ser explorado pela caça. A maioria dos animais de florestas tropicais são espécies de pequenos folívoros e frutívoros arbóreos (macacos, aves) que são ativos e inacessíveis nas altas copas das árvores (muitos também são noturnos), e sua caça rende baixos retornos energéticos. Sillitoe (2002) concluiu que custa caro coletar e caçar numa floresta pluvial tropical nas serras de Papua Nova Guiné, em que os caçadores-coletores gastam até quatro vezes mais energia nas caçadas do que obtêm em alimentos. Obviamente, um retorno energético tão baixo não permitiria que a caça se tornasse um meio primordial de provimento alimentar (o retorno energético negativo só poderia ser explicado pela captura de proteína animal), e algumas formas de agricultura itinerante eram necessárias para prover comida suficiente.

Bailey e colaboradores (1989) concluíram que não há relatos etnográficos inequívocos de caçadores-coletores que viviam em florestas tropicais pluviais sem depender em parte de plantas e animais domesticados. Mais tarde, Bailey e Headland (1991) modificaram essa conclusão, quando indícios arqueológicos da Malásia indicaram que altas densidades de porcos e palmeiras produtoras de sagu permitiriam exceções. De modo similar, a coleta muitas vezes era surpreendentemente pouco compensadora em trópicos ricos em espécies, bem como em florestas temperadas. Esses ecossistemas armazenam a maior parte da fitomassa do planeta, mas sobretudo na forma de tecidos mortos de longos caules de árvores, cuja celulose e lignina os humanos não são capazes de digerir (Smil, 2013a). Frutas e sementes ricas em energia são uma pequeníssima parcela da massa vegetal total e muitas vezes ficam inacessíveis em copas altas; sementes costumam ser protegidas por cascas grossas e requerem alto gasto energético para serem processadas antes do consumo. A coleta em florestas tropicais também exigia mais buscas: uma grande variedade de espécies significa que pode haver distâncias consideráveis entre árvores e cipós cujas partes estão prontas para serem coletadas (Figura 2.2). A coleta de castanha-do-pará é um exemplo perfeito dessas restrições (Quadro 2.2).

Em contraste com a caça frequentemente frustrante em florestas tropicais e boreais, pradarias e bosques abertos ofereciam oportunidades excelentes para caça e coleta. Essa vegetação armazena bem menos energia que uma floresta densa, mas uma maior parcela dela se dá na forma de sementes e frutas facilmente coletáveis e altamente nutritivas, ou como terrenos concentrados com grandes raízes e tubérculos ricos em amido. Sua alta densidade energética (de até 25 MJ/kg) tornou as nozes alvos preferidos, e algumas delas, como bolotas de carvalho e castanhas, também eram fáceis de colher. E ao contrário do que ocorre em florestas, muitos animais que pastoreiam em pradarias podem atingir grandes dimensões, frequentemente se deslocam em vastas manadas e rendem retornos excelentes em termos de energia investida na caça.

E os hominídeos eram capazes de obter carne em pradarias e bosques mesmo sem armas, apenas procurando por carcaças, como corredores sem igual, ou mesmo como espertos estrategistas. À luz dos dotes físicos pouco impressionantes dos primeiros humanos e da ausência de armas eficientes, o mais provável é que nossos ancestrais tenham sido inicialmente melhores carniceiros do que caçadores (Blumenschine, Cavallo, 1992; Pobiner, 2015). Grandes predadores — leões, leopardos, tigres dente-de-sabre — costumam deixar para trás carcaças parcialmente

FIGURA 2.2
Florestas pluviais tropicais são ricas em espécies, mas relativamente pobres em plantas capazes de sustentar populações maiores de caçadores-coletores. Essa imagem mostra copas em La Fortuna, Costa Rica (Corbis).

QUADRO 2.2
Coleta de castanhas-do-pará

Devido a seu alto teor de lipídeos (66%), castanhas-do-pará contêm cerca de 27 MJ/kg (comparadas a apenas 15 MJ/kg dos grãos de cereais), têm cerca de 14% de proteína e também são fonte de potássio, magnésio, cálcio, fósforo e altos níveis de selênio (Nutrition Value, 2015). A coleta de nozes é ao mesmo tempo exigente e perigosa. A *Bertholletia excelsa* chega aos 50 m de altura, com árvores individuais bastante espalhadas entre si. Entre oito e 24 nozes ficam contidas em cápsulas pesadas (de até 2 kg) recobertas por um endocarpo duro como o de um coco. Os coletores de nozes precisam escolher o momento certo: cedo demais, as bagas ainda estarão inacessíveis nas copas e os coletores precisarão gastar energia em outra viagem; tarde demais, as cutias (*Dasyprocta punctata*), que são grandes roedores e os únicos animais capazes de abrir as bagas caídas, comerão as sementes no ato ou as enterrarão em esconderijos de comida (Haugaasen *et al.*, 2010).

devoradas de herbívoros. Essa carne, ou ao menos o tutano nutritivo, podia ser alcançada por antigos humanos alertas antes de ser devorada por abutres, hienas e outros necrófagos. Contudo, Domínguez-Rodrigo (2002) sustenta que a necrofagia não teria provido carne suficiente e que apenas a caça poderia assegurar proteína animal suficiente em pradarias. Seja como for, o bipedalismo humano e a capacidade de suar com mais eficiência que qualquer outro mamífero tornaram possível também a perseguição até a exaustão inclusive dos herbívoros mais velozes (Quadro 2.3).

Carrier (1984) acredita que as taxas excepcionais de dissipação de calor em humanos proporcionaram uma notável vantagem evolutiva que serviu bem para que nossos ancestrais se apropriassem de um novo nicho, aquele de predadores diurnos sob altas temperaturas. A capacidade humana de suar profusamente e assim trabalhar de modo árduo em ambientes quentes foi retida por populações que migraram para climas mais frios: não existem diferenças importantes na densidade de glândulas sudoríparas entre populações de diferentes zonas climáticas (Taylor, 2006). Povos de latitudes médias e altas são capazes de apresentar as mesmas taxas de transpiração de nativos de climas quentes após um breve período de aclimatação.

Contudo, assim que ferramentas adequadas foram inventadas e adotadas, a caça com elas tornou-se preferível à perseguição de presas. De fato, Faith (2007) confirmou, depois de examinar 51 assembleias faunísticas do Mesolítico e 98 do Neolítico, que caçadores africanos antigos eram totalmente competentes no abate de grandes animais ungulados, incluindo búfalos. Os imperativos energéticos da caçada de grandes animais também fizeram uma contribuição incalculável para

32 Energia e Civilização: Uma História

QUADRO 2.3
A corrida e a dissipação de calor em humanos

Todos os quadrúpedes têm velocidades ideais para diferentes marchas, como caminhada, trote e galope em cavalos. O custo energético da corrida humana é relativamente alto em comparação ao de mamíferos de massa similar, mas, ao contrário deles, os humanos podem dissociar esse custo a partir de velocidades de corrida comuns entre 2 e 6 m/s (Carrier, 1984; Bramble; Lieberman, 2004). O bipedalismo e a dissipação eficiente de calor explicam esse feito. A ventilação quadrúpede é limitada a uma respiração por ciclo locomotor. Os ossos e músculos torácicos precisam absorver o impacto nos membros frontais, enquanto a união dorsoventral comprime e expande ritmicamente o tórax. Em contraste, a frequência respiratória humana pode variar com relação à frequência de passada: humanos podem correr a diversas velocidades, enquanto a velocidade quadrúpede ideal é estruturalmente determinada.

A extraordinária capacidade humana de se termorregular está baseada nas altas taxas de transpiração. Cavalos perdem água a uma taxa horária de 100 g/m^2 de sua pele, e camelos perdem até 250 g/m^2, enquanto as pessoas perdem mais de 500 g/m^2, com picos superiores a 2 kg/hora (Torii, 1995; Taylor; Machado-Moreira 2013). A taxa de transpiração se traduz numa perda de calor de 550–625 W, suficiente para regular a temperatura até mesmo durante um trabalho extremamente árduo. As pessoas também são capazes de beber menos do que transpiram, compensando horas mais tarde essa desidratação parcial temporária. A corrida transformou os humanos em predadores diurnos sob alta temperatura, capazes de perseguir animais à exaustão (Heinrich, 2001; Liebenberg, 2006). Perseguições documentadas incluem indígenas tarahumaras do norte do México correndo atrás de veados e indígenas paiutes e navajos vencendo no cansaço antílopes-americanos. Os basarwas, do Kalahari, eram capazes de perseguir até a exaustão bâmbis, órix e, durante a estação seca, até mesmo zebras, assim como alguns aborígenes australianos faziam com cangurus. Corredores descalços tinham custos energéticos 4% inferiores (e menos lesões agudas de tornozelo e crônicas na parte inferior da perna) aos de corredores modernos com calçados atléticos (Warburton, 2001).

---

a socialização humana. Trinkaus (1987, p. 131–132) concluiu que "a maioria das características que distinguem os humanos, como bipedalismo, destreza manual, tecnologia elaborada e encefalização ressaltada, pode ser vista como promotora das demandas de um sistema oportunista de forrageamento".

O papel da caça na evolução de sociedades humanas é autoevidente. O sucesso individual na caçada de grandes animais com armas primitivas era inaceitavelmente baixo, e grupos caçadores viáveis precisavam manter tamanhos cooperativos mínimos para rastrear animais, abatê-los, transportar sua carne e então dividir os ganhos. A caça em comunidade trouxe de longe as maiores recompensas, com o pastoreio

Capítulo 2   Energia na pré-história   **33**

bem planejado e bem executado de animais para estouros de manada rumo a locais confinados (usando varas e bretes de pedra, cercas de madeira ou rampas), sendo então capturados em cercados preparados ou armadilhas naturais, ou então — talvez a solução mais simples e engenhosa — ao fazê-los disparar em massa e despencar de desfiladeiros (Frison, 1987). Muitos herbívoros de grande porte — mamutes, bisões, veados, antílopes, carneiros-selvagens — podiam ser abatidos de tais formas, gerando estoques de carne congelada ou processada (defumada, *pemmican*).

O precipício de bisontes Head-Smashed-In, perto de Fort Mcleod, estado de Alberta, no Canadá, um Patrimônio Mundial da Unesco, é um dos mais espetaculares locais dessa estratégia inventiva de caça, que foi usada ali durante cerca de 5.700 anos. "Para começar a caçada [...] jovens [...] atraiam a manada a segui-los ao imitarem o balido de um bezerro perdido. Conforme os búfalos se aproximavam dos bretes [longas linhas de pedras empilhadas eram construídas para ajudar os caçadores a direcionar os búfalos para o penhasco mortal], os caçadores formavam um semicírculo contra o vento por trás e assustavam os animais, gritando e agitando mantos", causando um estouro da manada rumo ao despenhadeiro (UNESCO, 2015a). O retorno energético líquido em proteína e gordura animal era alto. Caçadores do final do Pleistoceno talvez tenham se tornado tão habilidosos que muitos estudiosos do Quaternário concluíram que a caça foi a responsável principal (ou mesmo total) do rápido desaparecimento da megafauna no fim do Paleolítico, formada por animais com uma massa corporal superior a 50 kg (Martin, 1958, 2005; Fiedel; Haynes 2004), mas o veredito ainda é incerto (Quadro 2.4).

QUADRO 2.4
Extinção da megafauna no final do Pleistoceno

O abate persistente de animais de reprodução lenta (que geram uma única cria após longa gestação) podia levar à sua extinção. Se assumirmos que os caçadores-coletores do fim do Pleistoceno tinham uma alta exigência diária de 10 MJ/*capita*, que comiam sobretudo carne e que a maior parte dela (80%) vinha da megafauna, então sua população de dois milhões de pessoas teria precisado de quase 2 Mt de carne (peso fresco) (Smil, 2013a). Se mamutes fossem a única espécie caçada, isso teria exigido uma matança anual de 250–400 animais. A caça de mega-herbívoros também visou outros mamíferos de grande porte (elefantes, veados gigantes, bisões, auroques) e a aquisição de 2 Mt de carne de uma mistura dessas espécies teria exigido um abate anual de cerca de 2 milhões de animais. Uma explicação mais provável para as extinções do final do Pleistoceno é uma combinação de fatores naturais (mudanças climáticas e vegetais) e antropogênicas (caçadas e queimadas) (Smil, 2013a).

34 Energia e Civilização: Uma História

Todas as sociedades pré-agrícolas eram onívoras; elas não podiam se dar ao luxo de ignorar quaisquer recursos alimentares disponíveis. Embora os caçadores-coletores comessem uma ampla variedade de espécies vegetais e animais, o mais comum era que poucos tipos de alimentos dominassem suas dietas. Uma preferência por sementes entre os coletores era inevitável. Além de serem facilmente coletadas e armazenadas, as sementes combinam alto teor energético com parcelas relativamente altas de proteína. Sementes de gramíneas selvagens têm tanta energia alimentar quanto grãos cultivados (o trigo fica em 15 MJ/kg), enquanto nozes e amêndoas em geral têm uma densidade energética até cerca de 80% maior (a semente da nogueira contém 27,4 MJ/kg).

Todas as carnes selvagens são fonte excelente de proteína, mas como em sua maior parte contêm pouquíssima gordura, apresentam densidade energética muito baixa — menos de metade daquela dos grãos, no caso de mamíferos pequenos e magros. Não chega a surpreender que houvesse uma preferência generalizada por espécies grandes e relativamente ricas em gordura. Um único mamute pequeno fornecia tanta energia comestível quanto 50 renas, enquanto um bisão era facilmente equivalente a 20 veados (Quadro 2.5). Era por isso que nossos ancestrais neolíticos se dispunham a emboscar mamutes descomunais com suas armas simples com ponta de pedra, e por isso que os indígenas das planícies da América do Norte, atrás de carne gordurosa para preparação de *pemmican* (carne seca) durável, gastavam tanta energia na perseguição de bisões.

No entanto, as considerações energéticas por si só não podem explicar por completo comportamentos de forrageio. Se fossem sempre dominantes, então o forrageio ideal — em que os caçadores-coletores tentam maximizar seu ganho energético líquido ao minimizar o tempo e o esforço despendidos forrageando — teria sido sua estratégia universal (Bettinger, 1991). O forrageio ideal explica a preferência por caçar mamíferos grandes e gordos ou por coletar partes vegetais menos nutritivas que não exigem processamento, em vez de nozes densas em energia, que podem ser difíceis de abrir. Muitos caçadores-coletores sem dúvida se comportavam de modo a maximizar seu retorno energético líquido, mas outros imperativos existenciais muitas vezes trabalhavam contra tal comportamento. Entre os mais importantes, estavam a disponibilidade de abrigos noturnos seguros, a necessidade de defender territórios contra grupos competidores e as demandas por fontes d'água confiáveis e por vitaminas e minerais. As preferências alimentares e as atitudes relativas ao trabalho também eram importantes (Quadro 2.6).

Nossa incapacidade de reconstruir balanços energéticos pré-históricos provocou algumas generalizações inadmissíveis. Para alguns grupos, o esforço total de forrageio era relativamente baixo, apenas de algumas horas por dia. Essa conclusão fez com que os caçadores-coletores fossem retratados como "a sociedade abastada original", vivendo numa espécie de abundância material repleta de ócio e sono

Capítulo 2   Energia na pré-história   **35**

QUADRO 2.5
Massas corporais, densidades energéticas e conteúdo energético alimentar dos animais caçados

Animais	Massa corporal (kg)	Densidade energética (MJ/kg)	Energia alimentar por animal (MJ)
Baleias	5.000–40.000	25–30	80.000–800.000
Grandes proboscídeos (elefantes, mamutes)	500–4.000	10–12	2.500–24.000
Grandes bovídeos (auroques, bisões)	200–400	10–12	1.000–2.400
Grandes cervídeos (alces, renas)	100–200	5–6	250–600
Focas	50–150	15–18	500–1.800
Pequenos bovídeos (veados, gazelas)	10–60	5–6	25–180
Grandes macacos	3–10	5–6	5–30
Lagomorfos (lebres, coelhos)	1–5	5–7	3–17

Obs.: parto do princípio de que a porção comestível é de dois terços a massa corporal de baleias e focas e metade da massa corporal de outros animais. Calculei a densidade energética média de baleiras assumindo que 25% de sua massa corporal é banha.
Fontes: baseado em dados de Sanders, Parsons e Santley (1979), Sheehan (1985) e Medeiros e colaboradores (2001).

(Sahlins, 1972). Mais notadamente, o povo Dobe !Kung, do deserto do Kalahari, em Botswana, subsistindo a partir de vegetais e carnes selvagens, chegaram a ser considerados uma excelente janela para as vidas de caçadores-coletores pré-históricos, que supostamente desfrutavam de vidas satisfeitas, saudáveis e vigorosas (Lee; DeVore, 1968). Essa conclusão, baseada em indícios bastante limitados e dúbios, precisa ser — e já foi — contestada (Bird-David, 1992; Kaplan, 2000; Bogin, 2011).

Teorizações simplistas sobre caçadores-coletores abastados ignoravam tanto a realidade da maior parte do trabalho duro e muitas vezes perigoso de forrageio quanto a frequência com que estresses ambientais e doenças infecciosas assolavam a maioria dessas sociedades. A escassez sazonal de comida forçava o consumo de tecidos vegetais impalatáveis e levava a perda de peso, e muitas vezes a fomes devastadoras de todo um povo. Também resultava em alta mortalidade infantil (incluindo infanticídio) e promovia baixas taxas de fertilidade. E, o que não chega a surpreender, uma reanálise de dados de gasto energético e demográficos coletados nos anos 1960 descobriu que o estado nutricional e a saúde dos Dobe !Kung "eram na melhor das hipóteses precários e na pior, indicativos de uma sociedade sob risco de extinção" (Bogin, 2011, p. 349). De acordo com Froment (2001, p.

36 Energia e Civilização: Uma História

QUADRO 2.6
Preferências alimentares e atitudes relativas ao trabalho

As preferências alimentares são ilustradas de modo convincente ao compararmos dois grupos de caçadores-coletores afora isso bastante similares. Os basarwas !Kung (em Botswana) ganharam notoriedade na literatura antropológica por dependerem de uma abundância de nozes de mongongo altamente nutritivas, que lhes proporcionavam os melhores retornos energéticos já documentados na coleta de comida. Mas os /Aise, outro grupo basarwa com acesso a essas nozes, não as consumiam porque consideravam seu gosto ruim (Hitchcock; Ebert 1984). De modo similar, grupos litorâneos no sul da Austrália obtinham altas densidades energéticas por meio da pesca, mas do outro lado do estreito indícios arqueológicos revelam que restos de escamas de peixe estão ausentes em sambaquis na Tasmânia (Taylor, 2007).

Um exemplo excelente de realidades culturais que destoam daquilo que seria esperado a partir de modelos energéticos simplistas é a comparação de Lizot (1977) entre dois grupos vizinhos de indígenas ianomâmis (norte da Amazônia). O grupo cercado por floresta consumia menos da metade da quantidade de energia alimentar e proteína animal que seus vizinhos, os quais viviam num ambiente menos rico em porcos-do-mato, tapires e macacos e que possuíam as mesmas habilidades e ferramentas de caça. A explicação do estudioso: pessoas do primeiro grupo eram simplesmente mais preguiçosas, caçavam infrequentemente e, em resumo, preferiam comer menos bem. "Durante uma das semanas [...] os homens não saíram para caçar uma vez sequer, apenas coletaram seu alucinógeno favorito (*Anadenanthera peregrina*) e passaram dias inteiros tomando drogas; as mulheres reclamaram que não havia carne, mas os homens se fizeram de surdos" (Lizot, 1977, p. 512).

Isso representa um caso comum de uma grande variação de energia proporcionada pela caça que não tem relação alguma nem com a disponibilidade de recursos (a presença de animais) nem com o custo energético da caçada (tendo em vista as armas simples e praticamente idênticas), sendo exclusivamente uma função da atitude relativa ao trabalho. Outro exemplo de ações que não obedecem a explicações energéticas vem de uma análise de dados de compartilhamento de carne entre os hadzas da Tanzânia (Hawkes; O'Connell; Jones 2001). A melhor explicação para o disseminado compartilhamento de carne de grandes animais é reduzir o risco inerente na caça de presas de grande porte — mas o compartilhamento entre os hadzas não era motivado pela expectativa de reciprocidade na redução de riscos, mas acima de tudo para elevar o *status* de um caçador como um vizinho desejável.

Capítulo 2 Energia na pré-história **37**

259): "Enfrentando perigos e um pesado fardo de doenças, os caçadores-coletores não vivem — e jamais viveram — no Jardim do Éden; eles não são abastados, e sim pobres, com necessidades limitadas e satisfação limitada".

Cálculos aproximados referentes a grupos menos numerosos de caçadores--coletores do século XX mostram que os mais altos retornos energéticos líquidos se dão com a coleta de algumas raízes. Até 30–40 unidades de energia alimentar eram adquiridas para cada unidade despendida. Em contraste, muitas incursões de caça, sobretudo aquelas visando pequenos mamíferos arbóreos e terrestres em florestas pluviais, rendiam uma perda energética líquida ou uma quase equivalência (Quadro 2.7). Os retornos típicos advindos da coleta eram 10 a 20 vezes maiores, similares àqueles da caça de grandes mamíferos. Os retornos pré-históricos sem dúvida eram bem maiores em muitos ambientes ricos em biomassa, permitindo um aumento gradual da complexidade social.

Na verdade, muitas sociedades caçadoras-coletoras alcançaram níveis de complexidade costumeiramente associados apenas a sociedades agrícolas posteriores. Elas contavam com assentamentos permanentes, altas densidades populacionais, estoques alimentares em larga escala, rituais elaborados e um cultivo incipiente de lavouras. Caçadores de mamutes do Paleolítico Superior na região de loess da Morávia tinham casas de pedra bem construídas, produziam uma variedade de ferramentas excelentes e eram capazes de tratar argila ao fogo (Klima, 1954). A complexidade social de grupos do Paleolítico Superior no sul da França foi promovida pela forte influência do Atlântico, que resultava em verões bem frescos, mas também em invernos excepcionalmente agradáveis, e estendia a estação de crescimento vegetal e intensificava a produtividade da tundra aberta e da vegetação de estepe mais meridional do continente, o que sustentava manadas de herbí-

---

QUADRO 2.7
Retornos energéticos líquidos no forrageio

Empreguei o método descrito no Quadro 1.10 e assumi estaturas mais baixas de caçadores-coletores pré-históricos (peso adulto médio de apenas 50 kg). Isso teria exigido cerca de 6 MJ/dia (aproximadamente 250 kJ/h) para metabolismo basal e uma demanda energética alimentar mínima para adultos de cerca de 8 MJ, ou aproximadamente 330 kJ/h. A coleta de vegetais exigia na maior parte mão de obra de leve a moderada, enquanto tarefas de caça e pesca iam de leves a altamente extenuantes. Atividades forrageiras típicas demandavam cerca de quatro vezes a taxa metabólica basal para homens e cinco vezes para mulheres, ou quase 900 kJ/h. Subtraindo a necessidade existencial básica, temos um insumo líquido de energia em forrageio de aproximadamente 600 kJ/h. A produção energética é simplesmente o valor das porções comestíveis de vegetais coletados e animais abatidos.

voros maiores que em qualquer outro local na Europa periglacial (Mellars, 1985). A complexidade dessas culturas paleolíticas é bem atestada por suas admiráveis esculturas, entalhes e pinturas rupestres (Grayson; Delpech 2002; French; Collins 2015) (Figura 2.3).

As produtividades mais altas no forrageio complexo foram associadas à exploração de recursos aquáticos (Yesner, 1980). Escavações em sítios mesolíticos no sul da Escandinávia revelaram que, assim que os caçadores pós-glaciais exauriram as reservas de grandes herbívoros, eles se tornaram caçadores de botos e baleias, pescadores e coletores de mariscos (Price, 1991). Eles viviam em assentamentos maiores, muitas vezes permanentes, que incluíam cemitérios. Tribos da costa do Pacífico entre Estados Unidos e Canadá que dependiam da pesca formavam assentamentos de centenas de pessoas vivendo em lares de madeira bem construídos. Piracemas regulares de espécies de salmão garantiam um recurso confiável e facilmente explorável que podia ser armazenado com segurança (defumado) a fim de fornecer excelente nutrição. Graças a seu alto teor de gordura (cerca de 15%), o salmão tem uma densidade energética (9,1 MJ/kg) quase três vezes maior que a do bacalhau (3,2 MJ/kg). O caso de mais alta densidade populacional dependente de caça marítima é o dos inuítes do noroeste do Alasca, cujos

FIGURA 2.3
Pinturas a carvão de animais numa parede na caverna de Chauvet, no sul da França. A datação dessas admiráveis reproduções indica entre 32,9 mil e 30 mil anos atrás (Corbis).

Capítulo 2   Energia na pré-história   **39**

retornos energéticos líquidos no abate de baleias-de-barbatana chegavam a mais de 2 mil vezes (Sheehan, 1985) (Quadro 2.8).

Um suprimento alimentar dependente de poucos fluxos energéticos sazonais exigia armazenamento extensivo, e às vezes elaborado. Práticas de estocagem incluíam resfriamento em gelo permanente; secagem e defumação de frutos do mar, frutas vermelhas e carnes; armazenamento de sementes e raízes; preservação em óleo; e fabricação de linguiças, bolos de amêndoa moída e farinhas. A estocagem de alimentos em larga escala e a longo prazo alterou as atitudes dos caçadores-coletores em relação ao tempo, ao trabalho e à natureza, e ajudou a estabilizar populações em densidades mais altas (Hayden, 1981; Testart, 1982; Fitzhugh, Habu 2002). A necessidade de planejar e orçar o tempo talvez tenha sido o mais importante benefício evolutivo. Esse novo modo de existência impedia a mobilidade frequente e introduziu uma maneira diferente de subsistência baseada no acúmulo de excedentes. O processo era autoamplificador: a busca pela manipulação de uma parcela cada vez maior de fluxos de energia solar direcionou as sociedades rumo a uma maior complexidade.

QUADRO 2.8
Baleeiros do Alasca

Em menos de quatro meses de caça de baleias-de-barbatana perto da costa, cujas rotas migratórias corriam paralelamente ao litoral do Alasca, homens em *umiak* (barcos feitos de troncos trazidos pela corrente ou de ossos de baleia cobertos por pele de foca, com capacidade para oito tripulantes) acumulavam comida suficiente para assentamentos cujas populações pré-contato alcançavam quase 2.600 pessoas (Sheehan, 1985; McCartney, 1995). As maiores baleias-de-barbatana adultas chegam a pesar 55 t, mas mesmo os animais imaturos de dois anos mais comumente abatidos pesavam em média quase 12 t. A alta densidade energética da banha de baleia (cerca de 36 MJ/kg) e do *muktuk* (pele e banha, que também tem um teor de vitamina C comparável ao de um pomelo) resultava num ganho energético de mais de 2 mil vezes na caçada.

Retornos energéticos mais baixos, mas ainda excepcionalmente altos, resultavam da exploração anual da piracema de salmão por tribos litorâneas da costa do Pacífico entre Estados Unidos e Canadá: a densidade dos peixes retornando a montante era às vezes tão alta que os pescadores podiam simplesmente colhê-los e jogá-los para dentro de barcos ou para as margens. Esses altos retornos energéticos sustentavam grandes assentamentos permanentes, complexidade social e criatividade artística (grandes totens de madeira). Eventuais limites acabavam sendo impostos ao crescimento populacional desses assentamentos litorâneos devido à necessidade de caçar outras espécies marinhas e presas terrestres, a fim de assegurar matérias-primas para vestimentas, confecção de leitos e equipamentos de caça.

40 Energia e Civilização: Uma História

Ainda que nossa compreensão da evolução dos hominídeos tenha dado um salto impressionante nas últimas duas gerações, uma área-chave de incerteza permanece: ao contrário de afirmações populares quanto aos benefícios das dietas paleolíticas, ainda não somos capazes de reconstruir a composição representativa da subsistência pré-agrícola. Isso não deveria surpreender (Henry; Brooks; Piperno 2014). Restos vegetais facilmente degradáveis de consumo alimentar muito raramente sobrevivem por dezenas de milhares de anos e quase nunca por milhões, dificultando enormemente a quantificação de parcelas de alimentação vegetal em dietas típicas. Ossos muitas vezes sobrevivem, mas seus acúmulos a partir de predações animais devem ser distinguidos com cuidado de ações por hominídeos, e mesmo assim é impossível interpretar o quanto eram representativos de dietas específicas.

Conforme observam Pryor e colaboradores (2013), a imagem amplamente aceita de caçadores-coletores europeus do Paleolítico Superior como proficientes caçadores de grandes mamíferos habitando paisagens quase sem árvores advém da má preservação de restos vegetais em tais sítios antigos. O estudo deles mostrou que o potencial de tais locais oferecerem restos macrofósseis de plantas consumidas por humanos foi subestimado, e que "a capacidade de explorar alimentos vegetais pode ter sido um componente vital na colonização bem-sucedida desses *habitats* frios europeus" (Pryor *et al.*, 2013, p. 971). Por sua vez, Henry, Brooks e Piperno (2014) analisaram microrrestos vegetais — grãos de fécula e fitolitos — deixados em cálculos dentais e em ferramentas de pedra e concluíram que tanto os humanos modernos quanto neandertais contemporâneos consumiam uma gama similarmente ampla de alimentos vegetais, incluindo rizomas e sementes de gramíneas.

Mudanças em altura e massa corporal e em características cranianas (gracilização da mandíbula) são indicadores indiretos de dietas predominantes e podem ter surgido a partir de uma variedade de misturas alimentares. A descoberta de ferramentas de pedra usadas para abater e carnear animais não pode ser prontamente relacionada ao consumo de carne *per capita* por longos períodos. Portanto, somente indícios diretos de isótopos estáveis (proporções de $^{13}C/^{12}C$ e $^{15}N/^{14}N$) fornecem uma determinação precisa de fontes proteicas a longo prazo, seus níveis tróficos e suas origens terrestres e marinhas. Também apenas esses indícios distinguem fitomassa sintetizada pelas duas vias principais (C_3 e C_4) e heterótrofos se alimentando dessas plantas, além de nos informar sobre a composição básica da dieta total. Porém, nem mesmo esses estudos podem ser traduzidos em padrões confiáveis de consumo médio de macronutrientes (carboidratos, proteínas e lipídeos), mas dados de isótopos indicam que durante o Período Gravetiano na Europa a proteína animal era a principal fonte de proteína alimentar, com espécies aquáticas contribuindo com cerca de 20% do total, e ainda mais que isso em sítios litorâneos (Hublin; Richards 2009).

Capítulo 2 Energia na pré-história **41**

Antes de deixar para trás a ciência energética do forrageio, devo observar que a caça e a coleta desempenharam um papel importante em todas as primeiras sociedades agrícolas. Em Çatalhöyük, um grande assentamento agrícola neolítico na planície turca de Konya, datado de cerca de 7.200 a.C., agricultores antigos tinham dietas dominadas por grão e plantas selvagens, mas escavações também revelam os ossos de animais caçados, incluindo auroques, raposas, texugos e lebres (Atalay; Hastorf, 2006). E em Tell Abu Hureyra, no norte da Síria, a caça seguiu sendo uma fonte crucial de alimentos por mil anos depois do início da domesticação de plantas (Legge; Rowley-Conwy, 1987). No Egito pré-dinástico (antes de 3.100 a.C.), o cultivo de trigo *einkorn* e cevada era complementado pela caça de aves aquáticas, antílopes, javalis, crocodilos e elefantes (Hartmann, 1923; Janick, 2002).

Origens da agricultura

Por que alguns caçadores-coletores começaram a plantar? Por que essas novas práticas se difundiram tão amplamente, e por que sua adoção avançou num ritmo tão acelerado, em termos evolutivos? Essas perguntas espinhosas podem ser evitadas concordando-se com Rindos (1984), para quem a agricultura não tem uma causa única, tendo ascendido a partir de uma profusão de interações interdependentes. Ou, nas palavras de Bronson (1977, p. 44), "Estamos lidando com um sistema adaptativo complexo e multifacetado, e em sistemas adaptativos humanos [...] 'causas' singulares absolutamente eficientes não podem existir". Porém, muitos antropólogos, ecologistas e historiadores vêm tentando encontrar precisamente tais causas principais, e há muitas publicações sondando teorias explanatórias diversas sobre a origem da agricultura (Cohen, 1977; Pryor, 1983; Rindos, 1984; White; Denham 2006; Gehlsen, 2009; Price; Bar-Yosef 2011).

Indícios preponderantes em favor do caráter evolutivo dos avanços agrícolas permitem restringir as possibilidades. A explicação mais persuasiva para as origens da agricultura recai na combinação de crescimento populacional e estresse ambiental, ao reconhecer que a transição para culturas agrícolas permanentes foi motivada por fatores tanto naturais quanto sociais (Cohen, 1977). Como o clima era frio demais e os níveis de CO_2 estavam muito baixos durante o fim do Paleolítico e como essas condições mudaram com o aquecimentos subsequente, Richerson, Boyd e Bettinger (2001) argumentam que a agricultura era impossível durante o Pleistoceno, mas obrigatória durante o Holoceno. Esse argumento é reforçado pelo fato de que entre 10 mil e 5 mil anos atrás, o cultivo de lavouras evoluiu independentemente em ao menos sete locais espalhados em três continentes (Armelagos; Harper 2005).

Fundamentalmente, como o cultivo de plantações é um esforço para assegurar suprimento adequado de comida, as origens da agricultura poderiam ser totalmente explicadas como apenas mais uma instância de imperativo energético. Retornos decrescentes advindos da caça e da coleta levaram à ampliação gradual de cultivos incipientes já presentes em muitas sociedades de caçadores-coletores. Como já observado, o forrageio e as plantações coexistiram em várias proporções de produção alimentar por períodos bastante longos. Mas nenhuma explicação sensata das origens da agricultura pode ignorar suas muitas vantagens sociais. O cultivo sedentário de plantações era uma maneira eficiente de mais pessoas permanecerem juntas, pois facilitava a formação de famílias maiores, o acúmulo de posses materiais e a organização de meios de defesa e ataque.

Orme (1977) chegou a concluir que a produção alimentar talvez não tenha sido importante como um fim em si mesmo, mas não resta dúvida de que tanto a gênese quanto a difusão da agricultura teve cofatores sociais cruciais. Qualquer explicação simplista das origens da agricultura centrada na energia também é enfraquecida pelo fato de que os retornos energéticos líquidos dos primórdios agrícolas eram muitas vezes inferiores àqueles das atividades anteriores ou contemporâneas de forrageio. Em comparação com o forrageio, as plantações primordiais demandavam maiores insumos energéticos humanos — mas podiam sustentar densidades populacionais maiores e fornecer um suprimento alimentar mais confiável. Isso explica por que tantas sociedades caçadoras-coletoras mantiveram uma interação contínua (e muitas vezes de bastante comércio) com grupos agrícolas vizinhos por milhares, ou no mínimo centenas, de anos antes de adotarem também plantações permanentes (Headland; Reid, 1989).

Nunca existiu um centro único de domesticação a partir do qual plantas cultivadas e animais usados na produção de leite e carne se espalharam, mas no Velho Mundo a região mais importante de origem agrícola não foi, ao contrário do que já se supôs, o sul do Levante, e sim as porções superiores dos rios Tigre e Eufrates (Zeder, 2011). Isso significa que a produção alimentar teve início ao longo das margens, e não nas áreas centrais, das zonas ideais. O registro botânico de Chogha Golan, nos sopés das montanhas iranianas de Zagros, fornece a confirmação mais recente dessa realidade (Riehl; Zeidi; Conard 2013): o cultivo de cevada selvagem (*Hordeum spontaneum*) teve início ali há cerca de 11,5 mil anos, sendo mais tarde acompanhada do cultivo de trigo selvagem e lentilha selvagem.

Em termos processuais, é essencial ressaltar que não há limiares claros ou divisores nítidos entre o forrageio e a agricultura, já que longos períodos de gestão de plantas e animais selvagens precederam sua verdadeira domesticação, o que é caracterizado por mudanças morfológicas claramente identificáveis. E, refutando entendimentos anteriores, a domesticação de plantas e animais avançou quase em paralelo e produziu uma combinação eficiente em relativamente pouco tempo

(Zeder, 2011). As mais remotas datas aproximadas para o primeiro aparecimento ficam entre 11,5 mil e 10 mil anos antes do presente para as espécies vegetais de trigos farro (*Triticum dicoccum*) e *einkorn* (*Triticum monococcum*) e cevada (*Hordeum vulgare*) no Oriente Médio (Figura 2.4), 10 mil anos para painço (*Setaria italica*) e 7 mil anos para arroz (*Oryza sativa*) na China, 10 mil anos para abóbora (espécies de *Cucurbita*) e 9 mil anos para milho (*Zea mays*) no México, e 7 mil anos para batatas dos Andes (*Solanum tuberosum*) (Price; Bar-Yosef 2011). As primeiras domesticações de animais remontam a 10,5–9 mil anos, começando com cabras e ovelhas, seguidas de vacas e porcos.

As duas principais explicações para a transição do Neolítico na Europa rumo à agricultura envolvem a ação de nativos motivados pela imitação (difusão cultural) ou a dispersão de populações (difusão dêmica). Datação por radiocarbono de material de sítios do início do Neolítico por Pinhasi, Fort e Ammerman (2005) gerou resultados consistentes com a hipótese de difusão dêmica, irradiada mais provavelmente a partir do norte do Levante e da área mesopotâmica e avançando no rumo nordeste a um ritmo médio de 0,6–1,1 km/ano. Essa conclusão é corroborada por comparações de sequências de DNA mitocondrial entre esqueletos antigos de caçadores-coletores europeus com aqueles dos primeiros agricultores e com europeus modernos: elas revelam persuasivamente que os primeiros agricultores não eram descendentes de caçadores-coletores locais, e sim que haviam imigrado no início do Neolítico (Bramanti *et al.*, 2009).

FIGURA 2.4
Os primeiros cereais domesticados. a–c. Trigo farro (*Triticum dicoccum*), trigo *einkorn* (*Triticum monococcum*) e cevada (*Hordeum vulgare*) alicerçaram as origens da agricultura no Oriente Médio (Corbis).

44 Energia e Civilização: Uma História

A agricultura primeva muitas vezes assumia a forma de cultivo itinerante (Allan, 1965; Spencer, 1966; Clark; Haswell, 1970; Watters, 1971; Grigg, 1974; Okigbo,1984; Bose, 1991; Cairns, 2015). Essa prática alternava períodos geralmente curtos (1–3 anos) de cultivo com intervalos bastante prolongados de pousio (uma década ou mais). Apesar das muitas diferenças (determinadas por ecossistemas, climas e culturas dominantes), havia similaridades, em sua maioria motivadas por esforços para minimizar gastos energéticos. O ciclo começava com a limpeza da vegetação natural, e geralmente bastava derrubá-la ou queimá--la para preparar o terreno para plantação. A fim de minimizar as caminhadas, campos ou jardins eram abertos o mais perto possível dos assentamentos, e a limpeza do crescimento secundário era a opção preferida. Rappaport (1968), por exemplo, descobriu que apenas um dentre 381 jardins do povo Tsembaga (Nova Guiné) foi aberto em floresta virgem. Alguns terrenos tinham de ser cercados para que animais não os danificassem. Nesse caso, a derrubada de árvores para construção de cercas demandava os maiores insumos de mão de obra. O nitrogênio vegetal era na maior parte perdido na combustão, mas nutrientes minerais enriqueciam o solo.

Os homens faziam o trabalho duro (na ausência de boas ferramentas, a vegetação era simplesmente queimada; algumas árvores precisavam ser cortadas para produção de cercas), enquanto a mão de obra feminina era dominada pela monda e pela colheita, e, devido a suas produtividades relativamente altas, cereais e tubérculos eram as culturas básicas (Rappaport, 1968). Em todas as regiões mais quentes, havia muito plantio conjunto, sobretudo em jardins cultivados intensivamente, além de plantio intercalar e colheita escalonada. A agricultura itinerante foi importante em todos os continentes, exceto na Austrália. Na América do Sul, sua prática antiga (sobretudo entre 500 a.C. e 1000 d.C.) deixou suas marcas por toda a Bacia Amazônica na forma da chamada "terra preta", solos escuros com até 2 m de profundidade contendo madeira e resíduos agrícolas carbonizados, dejetos humanos e ossos (Glaser, 2007; Junqueira; Shepard; Clement, 2010). Na América do Norte, a prática avançou rumo ao norte até o Canadá, onde os hurons cultivavam milho e feijões em longos ciclos de rotação (35–60 anos) e sustentavam 10–20 pessoas/ha (Heidenreich, 1971).

Em áreas de baixa densidade populacional e disponibilidade abundante de terras, a prática foi uma parte propícia da sequência evolutiva do forrageio à agricultura permanente. Uma oferta decrescente de terras, a degradação ambiental e pressões crescentes por plantações mais intensivas reduziram paulatinamente sua importância. Os retornos energéticos líquidos variavam enormemente. A horticultura dos tsembagas, nas serras de Nova Guiné, gerava um retorno energético de aproximadamente 16 vezes (Rappaport, 1968). Outro estudo em Nova Guiné encontrou retornos de no máximo seis a dez vezes (Norgan *et al.*, 1974), mas a colheita de milho dos maias quiché (Guatemala) rendia um retorno energético

Capítulo 2 Energia na pré-história **45**

de no mínimo 30 vezes (Carter, 1969). A maioria dos retornos líquidos era de 11–15 para grãos pequenos e de 20–40 para a maior parte das raízes, para bananas e também para o milho, enquanto o máximo ficava perto de 70 para algumas raízes e legumes (Quadro 2.9). Para alimentar uma única pessoa, em geral era preciso que 2–10 ha de terras fossem limpas periodicamente, com a área cultivada em si indo de apenas 0,1 a 1 ha/*capita*. Mesmo um cultivo itinerante moderadamente produtivo sustentava densidades populacionais uma ordem de magnitude maior que o melhor forrageio.

Em locais onde a escassez de precipitação, ou sua longa ausência sazonal, tornava a agricultura pouco compensadora ou impossível, o pastoralismo nômade foi uma alternativa eficaz (Irons; Dyson-Hudson, 1972; Galaty; Salzman, 1981; Evangelou, 1984; Khazanov, 2001; Salzman, 2004). A gestão de pastagens para o gado foi a base energética de inúmeras sociedades do Velho Mundo, e embora algumas delas tenham permanecido pobres e isoladas, outras estavam entre os invasores de longa distância mais temidos da história: os xiongnus travaram conflitos com as primeiras dinastias chinesas por centenas de anos, e a invasão mongol de 1241 avançou rumo a oeste até partes atuais da Polônia e da Hungria.

A pecuária é uma forma de conservação de presas, uma estratégia de colheitas proteladas cujos custos de oportunidade são maiores no caso de animais de maior

---

QUADRO 2.9
Custos energéticos e densidades populacionais em cultivo itinerante

O custo energético líquido é usado para calcular retornos da agricultura itinerante. Assumo que um insumo médio de mão de obra demanda 700 kJ/h. A produção final se dá na forma de colheitas comestíveis, sem correção para perdas de estoque e exigências de sementes.

Populações	Principais culturas	Insumos energéticos (horas)	Retornos energéticos	Densidades populacionais (pessoas/ha)
Sudeste Asiático	Tubérculos	2.000–2.500	15–20	0,6
Sudeste Asiático	Arroz	2.800–3.200	15–20	0,5
África Ocidental	Painço	800–1.200	10–20	0,3–0,4
Mesoamérica	Milho	600–1.000	25–40	0,3–0,4
América do Norte	Milho	600–800	25–30	0,2–0,3

Fontes: calculado a partir de dados de Conklin (1957), Allan (1965), Rappaport (1968), Carter (1969), Clark e Haswell (1970), Heidenreich (1971), Thrupp e colaboradores (1997) e Coomes, Girmard e Burt (2000).

porte, especialmente os bovídeos (Alvard; Kuznar, 2001). Grandes animais são preferíveis, mas taxas mais aceleradas de crescimento favorecem ovelhas e cabras. Animais são capazes de converter pastagens em leite, carne e sangue a partir de insumos incrivelmente baixos de energia humana (Figura 2.5). O trabalho dos pastores se resumia a tocar os animais em rebanho, protegê-los contra predadores, dar água a eles, ajudá-los em partos, ordenhá-los regularmente e carneá-los infrequentemente, e às vezes construir currais temporários. As densidades populacionais sustentáveis de tais sociedades não eram maiores que a de grupos caçadores-coletores (Quadro 2.10).

Durante milênios, o deslocamento nômade atrás de pastagens para rebanhos dominou partes da Europa e do Oriente Médio, bem como grandes regiões da África e da Ásia. Em todos esses locais, às vezes ocorria uma mescla de agropastoralismo seminômade, sobretudo em partes da África com um componente significativo de forrageio. Às vezes encurralados por agricultores mais produtivos, e geralmente dependentes de escambo com sociedades assentadas, alguns desses nômades tinham pequeno impacto fora de seus universos confinados. Porém, muitos grupos exerceram grande influência na história do Velho Mundo por meio de suas repetidas invasões e conquistas temporárias de sociedades agrícolas (Grousset, 1938; Khazanov, 2001). Alguns pastores puros e agropastoralistas sobrevivem ainda hoje — sobretudo na Ásia Central e na região do Sahel e leste da África — mas essa tem sido uma existência cada vez mais marginal.

FIGURA 2.5
Pastor massai com seu gado (Corbis).

QUADRO 2.10
Pastores nômades

Helland (1980) ilustrou as baixas exigências de mão de obra em sociedades pastorais ao chamar a atenção para as inúmeras cabeças de gado de espécies preponderantes que podem ser cuidadas por um único pastor em ambientes da África Oriental: até 100 camelos, 200 vacas e 400 ovelhas e cabras. Khazanov (1984) lista cifras similarmente grandes para sociedades pastoris asiáticas: dois pastores montados para cada 2 mil ovelhas na Mongólia, um pastor adulto e um garoto para cuidar de 400–800 vacas na Turcomênia. O apelo da baixa exigência de mão de obra foi um dos motivos-chave para a relutância de muitos povos pastoris abandonarem suas peregrinações e se assentarem como agricultores. Como resultado, muitas sociedades nômades passaram gerações na vizinhança de agricultores sedentários e abandonaram seus rebanhos somente por causa de secas devastadoras ou de perdas substanciais de pastagens disponíveis.

O mínimo de cabeças de gado *per capita* para subsistência pastoral era de 5–6 vacas, de 2,5–3 camelos ou 25–30 cabras ou ovelhas. A posse de rebanhos bem maiores entre os tradicionais massais (13–16 cabeças/*capita*) é explicada pelas exigências mínimas para a coleta de sangue, realizada através de um orifício feito na veia jugular para a retirada de 2–4 L a cada 5–6 semanas. Durante as épocas de seca, um rebanho de 80 vacas era necessário para fornecer sangue para uma família de 5–6 pessoas, ou seja, 13–16 animais/*capita* (Evangelou, 1984). De modo mais geral, as densidades populacionais nômades eram baixas comparadas às de agricultores sedentários, na África Oriental quase sempre entre 0,8 e 2,2 pessoas/km^2, e 0,03–0,14 cabeças/ha (Helland, 1980; Homewood, 2008).

3

Agricultura tradicional

Embora a transição da caça e coleta para a plantação não possa ser explicada exclusivamente por imperativos energéticos, a evolução da agricultura pode ser encarada como um esforço contínuo para elevar a produtividade territorial (aumentar a produção de energia digerível) a fim de acomodar populações maiores. Mesmo sob essa perspectiva mais estrita, considerações não energéticas importantes (como um suprimento adequado de micronutrientes, vitaminas e minerais) não devem ser esquecidas. Contudo, tendo em vista as dietas preponderantemente vegetarianas de todas as sociedades camponesas tradicionais, não chega a ser uma simplificação distorcida concentrar o foco na produção final de energia digestível em lavouras básicas em geral e em grãos em particular.

Somente os grãos combinam rendimentos bastante altos — inicialmente, cerca de 500 kg/ha; mais tarde, nas agriculturas tradicionais mais intensivas, acima de 2 t/ha — com altos teores de carboidratos facilmente digeríveis e um teor de moderado a alto de proteínas (alguns, em especial o milho, também apresentam uma quantia significativa de lipídeos). Sua densidade energética na maturidade (15–16 MJ/kg) é cerca de cinco vezes maior que a de tubérculos frescos, e seu teor de umidade quando secos a ar é baixo o bastante para permitir estocagem a longo prazo (quer em recipientes contíguos a residências ou em silos de grande porte). Os grãos básicos também amadurecem depressa o bastante — variedades tradicionais amadurecem em 100–150 dias — para permitir maior produtividade alimentar mediante rotações anuais com outras culturas (sobretudo sementes oleaginosas e grãos de legumes) ou cultivo duplo de cereais.

Boserup (1965, 1976) conceitualizou o vínculo entre energia alimentar e a evolução de sociedades camponesas como uma questão de escolhas. Assim que um sistema agrícola específico alcança os limites de sua produtividade, as pessoas podem optar por migrar, por permanecer e estabilizar sua população, por permanecer e deixar sua população diminuir — ou então por adotar uma maneira mais produtiva de plantar. Esta última opção talvez não seja necessariamente mais atraente ou mais provável que as demais, e sua adoção é às vezes postergada ou escolhida com grande relutância, pois um salto desse tipo quase invariavelmente requer insumos

50 Energia e Civilização: Uma História

energéticos maiores — na maioria dos casos na forma de mão de obra humana e animal. Um aumento da produtividade garante o sustento de populações maiores cultivando-se as mesmas áreas (ou ainda menores), mas o retorno energético líquido do cultivo intensificado talvez não aumente, e pode até declinar.

A relutância em ampliar as terras permanentemente cultivadas (uma escolha que implicava maiores insumos energéticos, a começar pelo desmatamento de florestas primevas, a drenagem de pântanos ou o terraceamento) levou a muitas reivindicações tardias por terrenos marginais. Os vilarejos da Europa carolíngia eram superpovoados,e seus suprimentos de grãos eram cronicamente inadequados, mas somente em partes da Alemanha e de Flandres novos campos foram criados em áreas facilmente cultiváveis (Duby, 1968). A Europa medieval testemunhou ondas de camponeses alemães migrando de regiões ocidentais densamente povoadas para abrir novas áreas de plantio em bosques ou pradarias da Boêmia, Polônia, Romênia e Rússia que eram consideradas indesejáveis por agricultores próximos. De modo similar, a China iniciou sua colonização do fértil mas frio nordeste (Manchúria) apenas durante o século XVIII, e ainda hoje o cultivo em ilhas indonésias periféricas é de baixa intensidade comparado às altas produtividades na densamente povoada ilha de Java. E por toda parte levou milênios para substituir práticas extensivas de pousio regular pelas plantações anuais e depois por cultivos múltiplos.

Não obstante muitas diferenças em práticas agronômicas e em culturas cultivadas, todas as agriculturas tradicionais compartilhavam a mesma base energética. Eram movidas pela conversão fotossintética da radiação solar, produzindo alimentos para pessoas, ração para animais, dejetos recicláveis para repor a fertilidade do solo e combustíveis para fundição de metais necessários para fabricar ferramentas agrícolas simples. Como consequência, a agricultura tradicional era, em princípio, totalmente renovável. Na realidade, ela muitas vezes levava ao esgotamento de estoques energéticos acumulados, sobretudo em seus estágios pioneiros, quando novos campos cultiváveis eram criados mediante a limpeza de florestas primevas. Seja como for, o empreendimento em geral dependia de conversões praticamente imediatas de fluxos de energia solar (com demoras típicas indo de apenas alguns meses para fazer colheitas até muitas décadas antes de derrubar árvores maduras).

Contudo, mesmo onde as plantações substituíram pradarias naturais (implicando uma perda muito menor de fitomassa armazenada), essa renovabilidade não era garantia de sustentabilidade. Más práticas agronômicas diminuíam a fertilidade do solo ou causavam excesso de erosão ou desertificação, resultando em queda de produtividade e até mesmo em abandono do cultivo. Na maioria das regiões, a agricultura tradicional progrediu de cultivo extensivo para intensivo: suas forças motrizes — músculos humanos e animais — permaneceram inalteradas por milênios, mas as práticas agronômicas, as variedades cultivadas e a organização do trabalho passaram por grandes transformações. Sendo assim, tanto a constância quanto a mudança marcaram a história da agricultura tradicional.

Capítulo 3   Agricultura tradicional   **51**

A intensificação cada vez maior da agricultura sustentava densidades populacionais crescentes, mas também demandava gastos energéticos maiores, não apenas para atividades agrícolas diretas, mas também para medidas complementares como perfuração de poços, construção de canais de irrigação, estradas e estruturas de estocagem e para terraceamento. Por sua vez, esses aprimoramentos exigiam mais energia para produzir uma variedade maior de ferramentas melhores e máquinas simples, propulsionadas por animais ou pela água e o vento. Um cultivo mais intensivo dependia do trabalho animal ao menos para a aração, quase sempre a tarefa que de longe demandava mais energia. As Américas eram exceções notáveis: nem os plantadores mesoamericanos nem os cultivadores incas de batata e milho contavam com tração animal. Para manter animais domésticos, era preciso plantar ainda mais intensivamente, a fim de produzir ração. Animais também eram usados extensivamente para muitas outras lides do campo, bem como na debulha e moenda de grãos, e eram indispensáveis para distribuir alimentos pela terra. A necessidade de cercá-los, alimentá-los e reproduzi-los, além de confeccionar arreios, ferraduras e implementos, introduziu novas complexidades e habilidades.

Porém, nem todos os passos rumo à agricultura intensiva consumiam tanta energia quanto o cultivo múltiplo, que colocava sob pressão contínua a mão de obra durante os períodos de plantação e colheita; que aumentava a dependência de animais mais possantes, o que acabava exigindo mais terras a fim de produzir ração; ou que precisava ser sustentado pela construção e manutenção de canais de irrigação, exigindo um trabalho pesado, repetido e exaustivo. Para usar uma analogia mecânica, algumas mudanças que permitiram explorar uma parcela maior do potencial fotossintético envolveram a abertura de válvulas não energéticas cruciais que estavam ou sufocando os fluxos existentes ou praticamente impedindo sua conversão em fitomassa digerível.

A disponibilidade de nitrogênio, o principal macronutriente vegetal, talvez seja o exemplo mais importante desse efeito, e a rotação de culturas leguminosas fixadoras de nitrogênio com cereais e tubérculos elevou a produção alimentar geral, além de trazer também benefícios agrossistêmicos relevantes. De modo similar, avanços no *design* de dispositivos de irrigação e a adoção de novos cultivares e novas variedades de plantio ajudaram a impulsionar as produtividades e as colheitas anuais. Por sua vez, o cultivo intensificado suscitou não apenas benefícios energéticos (mais alimento e ração) como também contribuiu com o avanço de civilizações pré-industriais, já que exigia planejamento e investimento a longo prazo e uma organização melhor da mão de obra, além de promover uma integração social e econômica mais ampla.

Sem dúvida, nem toda intensificação agrícola exigia organização e supervisão centralizadas. A escavação de canais ou poços curtos e rasos para irrigação ou a construção de alguns terraços ou terrenos elevados se originaram repetidamente

52 Energia e Civilização: Uma História

com famílias camponesas individuais ou vilarejos isolados. Mas a escala crescente de tais atividades cedo ou tarde demandava uma coordenação hierárquica e uma gestão supralocal. E a necessidade de fontes energéticas mais poderosas para processar vastas quantidades de grãos e sementes oleaginosas para cidades crescentes foi um estímulo importante para o desenvolvimento dos primeiros substitutos relevantes de músculos humanos e animais, na forma de moinhos hídricos e eólicos. Milênios de evolução agrícola resultaram numa ampla gama de modos operacionais e produtividades dentro dos limites de práticas agronômicas compartilhadas e imperativos energéticos comuns.

Os principais aspectos em comum incluíam operações básicas no campo e pós-colheita, uma predominância disseminada de cereais entre os cultivos e sequências de ciclos produtivos que eram determinadas em grande parte por condições ambientais. Quatro passos-chave rumo à intensificação da agricultura tradicional foram: uso mais eficiente do trabalho animal, avanços na irrigação, fertilização crescente e rotação de lavouras e cultivo múltiplo. Apesar das muitas restrições ambientais e técnicas, agriculturas tradicionais conseguiam sustentar densidades populacionais de ordens de magnitude maiores do que as de quase todas as sociedades de caçadores-coletores. Relativamente cedo em sua existência, elas começaram a criar excedentes energéticos que permitiram pela primeira vez que pequenos mas significativos contingentes de adultos participassem de atividades cada vez mais amplas longe do campo, o que acabou levando a sociedades pré-industriais bastante diversificadas e estratificadas. Os limites produtivos das agriculturas tradicionais só foram superados por insumos crescentes de combustíveis fósseis, um subsídio energético que reduziu a mão de obra exigida no campo a apenas uma fração do trabalho total e permitiu a ascensão das modernas sociedades urbanas de alta energia.

Semelhanças e peculiaridades

As exigências do cultivo de lavouras impuseram um padrão geral na sequência das lides de campo. O cultivo de culturas idênticas levou à invenção e à adoção de práticas agronômicas, ferramentas e máquinas simples bastante similares entre si. Algumas dessas inovações chegaram cedo, se difundiram depressa e então permaneceram inalteradas por milênios. Outras invenções se mantiveram restritas a suas regiões de origem por muito tempo, mas, uma vez difundidas, passaram rapidamente por aprimoramentos. A foice e o mangual estão na primeira categoria, enquanto a aiveca de ferro e a semeadeira estão na segunda. Ferramentas e máquinas simples facilitaram e aceleraram as lides do campo (proporcionando, assim, uma vantagem mecânica), elevaram a produtividade e permitiram que menos pessoas produzissem mais comida, e o excedente energético podia ser investido em estruturas e ações: sem a foice e o arado, não haveria catedrais, tampouco as viagens europeias de descobrimento. Começarei apresentando um breve apanhado das lides, ferramentas e máquinas simples usadas no campo, para então passar a descrever a predominância dos grãos de cereais e as peculiaridades dos ciclos de plantio.

Lides do campo

Boa parte da agricultura tradicional demandava trabalho duro, mas esses momentos muitas vezes eram seguidos de períodos extensos de atividades menos exigentes, um padrão existencial bem diferente da alta mobilidade quase constante da caça e coleta. A migração do forrageio para a agricultura deixou um registro físico em nossos ossos. Exames de restos esqueletais de quase 2 mil indivíduos na Europa cujas vidas se espalharam ao longo de 33 mil anos, do Paleolítico Superior até o século XX, revelaram um decréscimo na resistência ao arqueamento em ossos da perna conforme a população passou a adotar estilos de vida cada vez mais sedentários (Ruff *et al.*, 2015). Esse processo se completou há cerca de dois milênios, e não houve mais declínios desse marcador desde então, mesmo que a produção alimentar tenha se tornado mais mecanizada, confirmando que a passagem da caça e coleta para a agricultura, da mobilidade ao sedentarismo, foi um verdadeiro divisor de águas na evolução humana.

Imperativos ambientais ditavam a ordem e o ritmo das lides do campo na agricultura tradicional, uma exigência ressaltada em *De agri cultura*, o mais antigo compêndio ainda existente de conselhos agrícolas, escrito por Marco Catão durante o segundo século a.C.: "Certifique-se de cumprir cedo todas as operações no campo, pois esse é o certo na agricultura: se você se atrasar nalguma coisa, acabará se atrasando em todas". Durante milênios, a semeadura era feita a mão, mas todas as demais tarefas no campo exigiam ferramentas, cuja variedade aumentou com o tempo. E embora houvesse alguns *designs* antigos de máquinas agrícolas, tais implementos começaram a se difundir apenas durante o início da Era Moderna (1500–1800).

Análises de ferramentas, implementos e máquinas de cultivo tradicional estão disponíveis em livros sobre a história da agricultura em regiões ou países específicos, os quais são citados mais adiante neste capítulo, e em mais detalhes em volumes mais especializados de White (1967) sobre o mundo romano, Fussell (1952) e Morgan (1984) sobre a Grã-Bretanha, Lerche (1994) sobre a Dinamarca, Ardrey (1894) sobre os Estados Unidos e Bray (1984) sobre a China. Recorri a todas essas fontes para descrever nas próximas páginas implementos de grande importância e práticas e avanços-chave de cultivo; somente os arreios animais serão abordados na seção sobre tração animal tradicional.

Em todas as altas culturas do Velho Mundo, a sequência começava pela aração. Nas palavras de um clássico tratado chinês: "Nenhum rei ou chefe de Estado poderia prescindir dela". Sua indispensabilidade também se reflete na escrita antiga. Tanto os registros cuneiformes sumérios quanto os glifos egípcios possuem picto-

54 Energia e Civilização: Uma História

gramas para arados (Jensen, 1969). A preparação do solo para semeadura usando o arado é bem mais completa que com a enxada: ele quebra o solo compactado, remove ervas daninhas pela raiz e deixa o solo solto e bem aerado no qual as sementes podem germinar e prosperar. Os primeiros arados de arrasto (de cunha simples, sem aiveca), comumente usados após 4000 a.C. na Mesopotâmia, não passavam de varas pontudas de madeira com um cabo.

Mais tarde, a maioria ganhou ponteiras de metal, mas por séculos permaneceram simétricos (jogando solo para ambos os lados) e leves. Esses arados simples, que meramente abriam um sulco raso para sementes e deixavam ervas daninhas cortadas sobre o solo, representavam o alicerce da antiga agricultura grega e romana (*aratrum*, em latim). Foram usados em muitas partes do Oriente Médio, África e Ásia até o século XX. Nos locais mais pobres, eles chegavam a ser puxados pelos próprios agricultores. Somente em solos mais leves e arenosos tais esforços eram mais ágeis que a lavragem com enxada (Bray, 1984). A inclusão de uma aiveca foi de longe o aprimoramento mais importante. Uma aiveca guia o solo arado para um dos lados, revira-o parcial ou totalmente, soterra as ervas daninhas cortadas e limpa o fundo do sulco para a próxima passagem. O emprego de aiveca também permite a lavragem de um terreno numa única operação, dispensando a aração cruzada, necessária com arados simples. As primeiras aivecas não passavam de peças retas de madeira, mas antes do primeiro século a.C. o povo Han, da China, já havia introduzido placas metálicas curvadas unidas à relha (Figura 3.1).

Na Europa, arados medievais pesados tinham uma aiveca de madeira e um teiró que ia cortando o solo antes da passagem da relha de ferro forjado. Durante a segunda metade do século XVIII, arados ocidentais ainda possuíam pesadas rodas de madeira, mas contavam com aivecas de ferro bem curvadas (Figura 3.1). Esses arados de aiveca só se tornaram comuns na Europa e na América do Norte com a disponibilidade de aço a custos módicos, produzido pela primeira vez pelo processo de Bessemer durante a década de 1860, e logo em seguida em quantidades bem maiores em fornalhas abertas do tipo Siemens-Martin (Smil, 2016 (Figura 3.1). Na maioria dos solos, a aração deixa para trás torrões relativamente grandes, que precisam ser quebrados antes da semeadura. A lavragem com enxada é uma solução, mas é um processo lento e trabalhoso demais. Por isso, rastelos eram usados por todas as culturas que adotavam arados antigos. Seu desenvolvimento evoluiu dos rastelos primitivos em forma de vassoura a uma variedade de estruturas de madeira ou metálicas às quais eram afixadas estacas de madeira ou dentes ou discos de metal. Rastelos invertidos ou em forma de rolos eram muitas vezes usados para suavizar ainda mais a superfície.

Depois de arado, gradado e nivelado, o solo estava pronto para ser semeado. Embora semeadeiras já fossem usadas desde 1300 a.C. na Mesopotâmia, e arados semeadores fossem usados pelos Han na China, a semeadura a lanço — o que causava desperdício e resultava em germinação desigual — permaneceu comum

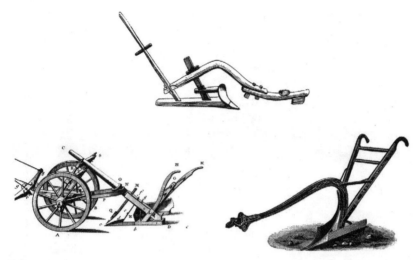

FIGURA 3.1
Evolução dos arados de aiveca encurvada. O tradicional arado chinês (no alto) contava com uma aiveca pequena, mas suavemente curvada, feita de ferro fundido não quebradiço. O pesado arado europeu medieval, ligado a um carreta frontal (embaixo, à esquerda), possuía um teiró adiante da relha para cortar raízes. O eficiente arado de apo norte-americano de meados do século XIX (embaixo, à direita) tinha sua relha e suas aivecas fundidas num formato metálico suavemente encurvado. *Fontes:* Hopfen (1969), Diderot e D'Alembert (1769–1772) e Ardrey (1894).

na Europa até o século XIX. Semeadeiras simples que faziam sementes cair por um tubo a partir de recipientes anexados a um arado começaram a se disseminar, primeiro na Itália setentrional, durante o fim do século XVI. Pouco depois, diversas outras inovações as transformaram em máquinas semeadeiras complexas. O cuidado das lavouras em crescimento era feito em grande parte com capina usando enxada. Estrume e outros dejetos orgânicos eram levados até os terrenos em carroças, cisternas de madeira ou baldes suspensos nas extremidades de vigas sustentadas nos ombros, uma prática comum no Extremo Oriente. Em seguida, os dejetos eram derramados ou espalhados no campo com forcado ou pá.

As foices foram as primeiras ferramentas de colheita a substituir os cortadores curtos de pedra afiada usados por muitas sociedades de caçadores-coletores, e grandes gadanhas com lâminas de até 1,5 m foram documentadas na Gália Romana (Tresemer, 1996; Fairlie, 2011). As foices têm gumes serrilhados (os modelos mais antigos) ou lisos e lâminas semicirculares, retas ou levemente curvadas. O corte a foice era lento, e as gadanhas, equipadas com coletores para a ceifa de grãos, eram preferíveis na colheita em grandes áreas (Figura 3.2). Porém, a colheita com foice gerava menos perdas de grãos, pois despedaçava menos espigas do que com os amplos golpes de gadanha, e a prática foi mantida na Ásia para a colheita delicada de arroz. Ceifadeiras mecânicas chegaram aos campos norte-americanos e europeus

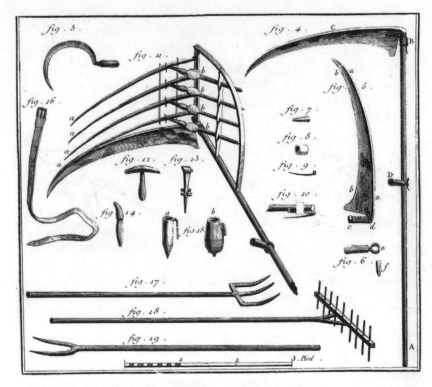

FIGURA 3.2
Foice e gadanhas ilustradas na *Encyclopédie* francesa (Diderot e d'Alembert 1769– 1772). A gadanha simples à direita era usada para aparar a grama, enquanto a gadanha com coletor era usada para colher cereais. Também são mostradas ferramentas para alinhar e afiar gadanhas, bem como um rastelo e forcados. As ilustrações na parte de baixo retratam a colheita de grãos por foice e gadanha com coletor no século XIX nos Estados Unidos.

somente no início do século XIX (Aldrich 2002). As colheitas eram transportadas para casa em feixes carregados sobre a cabeça, nas extremidades de varas sobre os ombros dos agricultores, em cangalhas nos flancos de animais ou em carrinhos de mão ou carroças empurrados ou puxados por pessoas ou tração animal.

Uma quantia considerável de energia era necessária para processar as colheitas. Grãos espalhados em piso de debulha eram batidos com varas e manguais; feixes eram esfregados em raladores ou puxados através de pentes especiais. Animais eram usados para pisotear grãos espalhados no chão ou para puxar pesadas rodas sobre eles. Antes da adoção de ventiladores a manivela, o joeiramento, ato de separar o joio e a sujeira do trigo, era feito manualmente com cestas e peneiras. Um trabalho manual tedioso também era necessário para moer os grãos, antes que animais e moinhos hídricos e eólicos fossem usados para mecanizar a tarefa. Óleo era extraído de sementes por prensas manuais ou a tração animal, assim como o caldo doce da cana-de-açúcar.

O domínio dos grãos

Embora todas as agriculturas tradicionais cultivassem uma variedade de lavouras voltadas a grãos, óleo, fibra e ração, a sequência descrita das lides do campo comuns era obedecida mais frequentemente no cultivo de cereais. Afora a aração, o domínio dos grãos de cereais na plantação anual era sem dúvida o traço em comum mais óbvio entre todas as agriculturas do Velho Mundo. Sociedades mesoamericanas que não usavam arado compartilhavam essa característica ao dependerem do milho, e mesmo os incas representavam uma exceção apenas parcial: em elevadas altitudes e em íngremes encostas eles plantavam uma ampla variedade de batatas, mas também cultivavam milho em altitudes mais baixas e grãos de quinoa no altiplano andino (Machiavello, 1991). Esse cultivo dependia da *chaki taklla*, um arado de pé, formado por uma haste de madeira com uma ponta curvada e aguda e por uma trave perpendicular a ser pressionada com o pé para fazer uma cova.

Muitos outros cereais tinham importância apenas local ou regional, incluindo a quinoa inca, recentemente em voga em dietas ocidentais veganas, mas os principais gêneros básicos de grãos se difundiram gradualmente pelo globo a partir de suas áreas de origem. O trigo se espalhou a partir do Oriente Próximo, o arroz, a partir do Sudeste Asiático, o milho, a partir da Mesoamérica, e o painço, a partir da China (Vavilov, 1951; Harlan, 1975; Nesbitt e Prance, 2005; Murphy, 2007). A importância dos grãos se deve a uma combinação de ajustes evolutivos e imperativos energéticos. Sociedades forrageadoras coletavam uma ampla variedade de plantas, e, dependendo do ecossistema explorado, ou tubérculos ou sementes forneciam a maior parte de sua energia alimentar. Em sociedades assentadas, a opção de tubérculos como um alimento básico era restrita.

58 Energia e Civilização: Uma História

O teor de água de tubérculos recém-colhidos é alto demais para armazenamento a longo prazo na ausência de controles eficientes de temperatura e umidade. Mesmo se esse desafio fosse superado, o grande tamanho deles exige vastos volumes de estocagem para manter o sustento de populações densamente assentadas em latitudes mais setentrionais (ou em altitudes mais elevadas) durante os meses de inverno. As sociedades andinas de elevada altitude solucionaram o problema ao preservarem batatas na forma de *chuño*. Essa reserva alimentar desidratada, produzida pelos quíchuas e aimarás por processos alternados de congelamento, pisoteio e secagem, pode ser armazenada por meses, ou até mesmo anos (Woolfe, 1987). Tubérculos têm pouca proteína (geralmente cerca de um quinto do teor dos cereais: algumas variedades de trigo duro têm até 13% de proteína, enquanto a batata branca tem apenas 2%). Legumes têm duas vezes mais proteína que os cereais (ervilhas cerca de 20%, feijões e lentilhas, entre 18 e 26%) e a soja tem até três vezes mais (35–38%, com alguns cultivares chegando a 40% do seu peso). Contudo, as produtividades médias das leguminosas são uma fração daquelas dos grãos básicos: nos Estados Unidos, as produtividades médias de cereais foram de 2,5 t/ha em 1960 e 7,3 t/ha em 2013, enquanto os rendimentos correspondentes de leguminosas foram de 1,4 t/ha e 2,5 t/ha, respetivamente (FAO, 2015a).

A dependência de grãos de cereais, portanto, é uma questão de claras vantagens energéticas. Sua primazia advém da combinação de rendimentos bastante altos, bom valor nutricional (alto em carboidratos saciantes, moderadamente rico em proteínas), uma densidade energética relativamente alta na maturidade (cerca de cinco vezes maior que a de tubérculos) e um baixo teor de umidade adequado para armazenamento a longo prazo (em estocagem bem ventilada, grãos com menos de 14,5% de água não apodrecem). O domínio de uma espécie em particular é em grande parte uma questão de circunstâncias ambientais (sobretudo a duração do período vegetativo, a presença de solos aptos e a disponibilidade adequada de água) e de preferências de paladar. Em termos de teor energético total, todos os cereais são incrivelmente similares: a maioria das diferenças entre sementes maduras de vários grãos fica abaixo de 10% (Quadro 3.1).

A maioria da energia alimentar dos cereais está nos carboidratos, presentes sobretudo na forma de polissacarídeos altamente digeríveis (amidos). A crescente parcela de amidos na dieta humana resultou numa incrível adaptação alimentar do primeiro animal domesticado: mutações genéticas melhoraram a digestão de amido em cães em comparação às dietas carnívoras dos lobos, um passo crucial na domesticação da espécie (Axelsson *et al.*, 2013). O teor de proteína dos cereais apresenta uma variação maior, de menos de 10% para cultivares do arroz, até 13% para trigo duro de verão e até 16% para a quinoa. As proteínas têm a mesma densidade energética que os carboidratos (17 MJ/kg), mas seu principal papel na nutrição humana não é como uma fonte de energia, e sim como fornecedora de nove aminoácidos

Capítulo 3   Agricultura tradicional   **59**

QUADRO 3.1
Densidade energética e teor de carboidrato e proteína dos principais grãos

Grãos de cereais	Conteúdo energético (MJ/kg)	Carboidratos (%)	Proteína (%)
Trigo	13,5–13,9	70–75	9–13
Arroz	14,8–15,0	76–78	7–8
Milho	14,7–14,8	73–75	9–10
Cevada	13,8–14,2	73–75	9–11
Painço	13,5–13,9	72–75	9–10
Centeio	13,3–13,9	72–75	9–11

Fontes: faixas compiladas a partir de USDA (2011) e Nutrition Value (2015).

essenciais cuja ingestão é indispensável para construir e reparar tecidos corporais (WHO, 2002). Só conseguimos sintetizar proteínas corporais mediante o consumo desses aminoácidos essenciais em alimentos vegetais e animais.

Todos os alimentos animais e todos os cogumelos fornecem proteínas perfeitas (com proporções adequadas dos nove aminoácidos essenciais), mas todos os quatro grãos principais de cultivo (trigo, arroz, milho e painço) e outros cereais importantes (cevada, aveia, centeio) são deficientes em lisina, enquanto os tubérculos e a maioria dos legumes carecem de metionina e cisteína. Proteínas completas podem ser supridas até mesmo nas mais estritas dietas vegetarianas ao combinar produtos alimentares com suplementos de aminoácidos específicos. Todas as sociedades agrícolas tradicionais que subsistem em grande parte de dietas vegetarianas dominadas por grãos de cereais descobriram de forma independente (e obviamente na ausência de qualquer conhecimento bioquímico: os aminoácidos e seu papel na nutrição só foram descobertos no século XIX) uma solução simples para essa deficiência fundamental ao incluir grãos e legumes em dietas mistas.

Na China, soja (um dos poucos vegetais alimentares com proteínas completas), feijão, ervilha e amendoim suplementam o painço e o trigo no norte e o arroz no sul. Na Índia, proteína de *dal* (um termo híndi genérico para vagens, incluindo lentilha, ervilha e grão-de-bico) sempre enriqueceu dietas com base em trigo e arroz. Na Europa, as combinações mais comuns de legumes e cereais envolvem ervilha e feijão com trigo, cevada, aveia e centeio. Na África Ocidental, amendoim e feijão-de-corda eram consumidos junto com painço. E no Novo Mundo, milho e feijão não apenas eram consumidos juntos numa variedade de pratos, como eram cultivados em paralelo, em fileiras alternadas no mesmo terreno.

60 Energia e Civilização: Uma História

Isso significa que mesmo dietas vegetarianas puras podem fornecer ingestão proteica adequada. Ao mesmo tempo, quase todas as sociedades valorizavam bastante a carne, e onde seu consumo era proibido as pessoas recorriam ou a laticínios (Índia) ou a peixe (Japão) para ingerir proteína animal de alta qualidade. Duas proteínas no trigo são únicas, não nutricionalmente, e sim devido a suas propriedades físicas (viscoelasticidade). Proteínas monoméricas do glúten (gliadinas) são viscosas; proteínas poliméricas do glúten (gluteninas) são elásticas. Quando combinadas com água, elas formam um complexo glutâmico que é elástico o bastante para permitir que uma massa lêveda cresça, mas resistente o suficiente para reter bolhas de dióxido de carbono formadas durante a fermentação pelas leveduras (Veraverbeke; Delcour, 2002).

Sem essas proteínas do trigo, não haveria pão feito com fermento natural, a comida básica da civilização ocidental. A levedura jamais foi um problema: *Saccharomyces cerevisiae* selvagem (de ocorrência natural) está presente nas cascas de muitas frutas, e várias cepas foram domesticadas, resultando em mudanças em expressões genéticas e na sua morfologia colonial (Kuthan *et al.*, 2003). O domínio dos cereais em dietas tradicionais torna os balanços energéticos da produção de grãos os indicadores mais reveladores de produtividade agrícola. Dados sobre exigências típicas de mão de obra na agricultura e seus custos energéticos estão disponíveis para uma ampla variedade de lides do campo individuais (Quadro 3.2).

Mas esse nível de detalhamento não é necessário para calcular balanços energéticos aproximados. Para isso, o uso de uma média representativa de custos energéticos líquidos em agricultura tradicional funcionam bem. As demandas energéticas típicas de atividades moderadas são cerca de 4,5 vezes maiores que as taxas metabólicas basais para homens, e de cinco vezes no caso das mulheres, ou 1 e 1,35 MJ/h (FAO, 2004). Subtraindo as respectivas necessidades existenciais básicas, obtemos custos energéticos de mão de obra de 670 e 940 kJ/h. A média simples é de aproximadamente 800 kJ/h, que é a cifra que usarei como o custo energético alimentar líquido de uma hora de trabalho na agricultura tradicional. Similarmente, a produção bruta de grãos é calculada multiplicando-se a massa colhida pelos equivalentes energéticos apropriados (geralmente por 15 GJ/t para grãos com menos de 15% de umidade que podem ser armazenados).

A razão dessas duas medidas indica o retorno energético bruto, e, portanto, a produtividade, dessas tarefas agrícolas cruciais. Retornos energéticos líquidos — após subtrair as exigências das sementes e as perdas na moagem e armazenamento — eram substancialmente mais baixos. Agricultores precisavam reservar uma porção de cada colheita para a semeadura do ano seguinte. A combinação de baixos rendimentos com alto desperdício de sementes ao serem lançadas no campo manualmente fazia com que até um terço ou mesmo metade das colheitas medievais de grãos precisassem ser reservadas. Com colheitas cada vez maiores, essas parcelas caíram gradualmente para menos de 15%. Alguns grãos são comi-

QUADRO 3.2
Exigências de mão de obra e energia na agricultura tradicional

Tarefas	Pessoas/ animais	Horas por hectare	Custo energético
Lavragem			M–P
Geral	1/—	100–120	M–P
Solo molhado	1/—	150–180	P
Aração			M–P
Arado de madeira	1/1	30–50	P
Arado de madeira	1/2	20–30	P
Arado de aço	1/2	10–15	M
Gradagem	1 /2	3–10	M
Semeadura			L–M
A lanço	1/—	2–4	M
Uso de semeadeira	1/2	3–4	L
Capina de ervas daninhas	1/—	150–300	M–P
Colheita			M–P
Foice (trigo)	1/—	30–55	P
Foice (arroz)	1/—	90–110	P
Gadanha	1/—	8–25	P
Junção de feixes	1/—	8–12	M–P
Empilhamento	1/—	2–3	P
Ceifadeira	1/2	1–3	M
Enfardadeira	1/3	1–2	M
Colheitadeira	4/20	2	M
Debulha			L–P
Pisoteio	1/4	10–30	L
Mangual	1/—	30–100	P
Debulhadoras	7/8	6–8	M

Obs.: trabalho leve (L) consome menos de 20kJ de energia alimentar por minuto, no caso de um homem adulto médio. Exaustão moderada (M) vai até 30 kJ/min, e pesada (P), até 40 kJ/min. Taxas análogas para mulheres são cerca de 30% mais baixas.
Fontes: as faixas foram compiladas e calculadas a partir de dados de Bailey (1908), Rogin (1931), Buck (1937), Shen (1951) e Esmay e Hall (1968). Indicadores de custo energético foram estimados a partir de estudos metabólicos revisados em Durnin e Passmore (1967).

62 Energia e Civilização: Uma História

> ## QUADRO 3.3
> ### Moagem de cereais
>
> Farinhas integrais incorporam o grão inteiro, mas farinha branca de trigo é feita apenas com o endosperma do grão (cerca de 83% do peso total), com o farelo (cerca de 14%) e o gérmen (cerca de 2,5%) sendo separados para outros usos (Wheat Foods Council, 2015). A produção de arroz branco envolve perdas ainda mais altas no processamento. A casca responde por 20% da massa de um grão de arroz; sua remoção produz o que chamamos de arroz integral. A camada de farelo responde por até 8–10% do grão, e diferentes gradações de sua remoção produzem arroz (branco) mais ou menos polido, que contém apenas 70–72% do peso inicial do grão (IRRI, 2015).
>
> Testemunhos japoneses sobre escassez de alimentos mencionam pessoas sendo forçadas a comerem arroz integral, e quando as coisas pioravam, arroz integral misturado com cevada, e por fim apenas cevada (Smil; Kobayashi, 2011). O processamento de milho remove a ponta da base, o farelo e o gérmen, deixando o endosperma, aproximadamente 83% do grão. Farinha de milho para fazer tortilhas e *tamales*, *masa harina*, é produzida por nixtamalização, ou a moagem úmida de grão embebidos numa solução à base de limão (Sierra-Macías *et al.*, 2010; Feast; Phrase, 2015). Isso afrouxa a casca dos grãos, amolece os grãos ao dissolver hemicelulose, reduz a presença de micotoxinas e eleva a biodisponibilidade de niacina (vitamina B_3).

dos inteiros, mas antes do preparo alimentar propriamente dito (ao serem cozidos ou assados) a maioria dos cereais passa por moagem primeiro, e nesse processo perde uma parcela significativa da massa do grão integral (Quadro 3.3).

Na agricultura tradicional, perdas no armazenamento — por infestações de fungos e insetos e por roedores capazes de acessar recipientes ou jarros — costumavam reduzir o total comestível de grãos entre poucos por cento até mais de 10%. Como já mencionado, grãos com menos de 15% de umidade podem ser estocados por longos períodos; umidades mais altas, sobretudo quando combinadas com altas temperaturas, proporcionam as condições perfeitas para germinação da semente e para o crescimento de insetos e fungos. Além disso, grãos armazenados de forma inapropriada podem ser consumidos por roedores. Até bem recentemente, em meados do século XVIII, uma combinação de reservas obrigatórias de sementes e de perdas no armazenamento podiam reduzir o ganho energético bruto de grãos europeus em cerca de 25%.

Ciclos de cultivo

As comunalidades dos ciclos anuais de cultivo e o domínio das lavouras de cereais obscureceram uma variedade impressionante de peculiaridades locais e regionais.

Capítulo 3   Agricultura tradicional   **63**

Algumas delas tinham origens culturais distintas, mas a maioria se desenvolveu como reações e adaptações a diferentes ambientes. Acima de tudo, condições ambientais determinaram a escolha das principais culturas, e, portanto, a composição das dietas típicas. Elas também moldaram o ritmo dos ciclos anuais de plantação, o que determinava a gestão da mão de obra agrícola. O trigo conseguiu se espalhar do Oriente Médio para todos os continentes por se adaptar bem em muitos climas (em semidesertos, bem como em zonas temperadas chuvosas, e é o principal cultivar alimentar na zona temperada entre 30 e 60°N), em muitas elevações (do nível do mar até 3 mil metros acima) e em muitos solos, contanto que tenham boa drenagem (Heyne, 1987; Sharma, 2012).

Em contraste, o arroz é originalmente uma planta aquática de várzeas tropicais e cresce em campos alagados até logo antes da colheita (Smith; Anilkumar, 2012). Seu cultivo também se espalhou bem além de seu berço original no sul da Ásia, mas os melhores rendimentos sempre se deram em regiões tropicais e subtropicais (Mak, 2010). A construção e a manutenção de campos sulcados úmidos, o transplante das mudas e o fornecimento de irrigação subsidiária resultam no todo numa exigência de mão de obra bem maior que aquela para o cultivo de trigo. Ao contrário do trigo, o milho gera as melhores colheitas em regiões com estações de crescimento quentes e chuvosas, mas também prefere solos bem drenados (Sprague; Dudley, 1988). Batatas crescem melhor onde os verões são quentes e as chuvas abundantes.

Ciclos anuais de plantação eram governados pela disponibilidade de água tanto em subtrópicos áridos quanto em regiões de monções, e também pela duração das estações de crescimento em climas temperados. No Egito, as cheias do Nilo determinavam o ciclo anual de cultivo até a adoção disseminada de irrigação perene na segunda metade do século XIX. A semeadura começava assim que as águas baixavam (geralmente em novembro), e nenhum trabalho podia ser feito no campo entre o fim de junho, quando as águas começavam a subir, e o fim de outubro, quando baixavam rapidamente, com colheitas ocorrendo 150–185 dias depois (Hassan, 1984; Janick, 2002). Esse padrão permaneceu em grande parte inalterado até o século XIX.

Nas regiões de monções da Ásia, o cultivo de arroz dependia da precipitação veranil, geralmente abundante, mas às vezes tardia. Nas lavouras intensivas da China, por exemplo, mudas jovens de arroz eram transplantadas de sementeiras para os campos em abril. A primeira colheita em julho era imediatamente seguida pelo transplante de arroz maduro, que era colhido no fim do outono e, por sua vez, seguido por uma safra de verão. As safras duplas em zonas temperadas funcionavam sob bem menos pressão. Na Europa Ocidental, as safras que atravessavam o inverno, plantadas no outono, eram colhidas de cinco a sete meses mais tarde. Eram seguidas por safras semeadas na primavera, que amadureciam em quatro ou cinco meses. Em regiões setentrionais frias, o solo degelava em abril, mas a plantação de qualquer cultura anual precisava esperar até o fim de maio,

64 Energia e Civilização: Uma História

quando o perigo das geadas era menor, e uma safra podia ter apenas cerca de três meses para amadurecer antes do retorno das geadas.

Um ritmo de cultivo ditado pelo clima impunha demandas altamente flutuantes sobre a mobilização e a gestão da mão de obra humana e animal. Regiões com uma única safra anual tinham longos meses de ociosidade invernal, tão características das lavouras de grãos no norte da Europa e nas planícies da América do Norte. Cuidar dos animais domésticos era, é claro, uma tarefa constante ao longo do ano, mas ainda assim deixava bastante tempo livre, parte do qual era gasta em trabalhos artesanais domésticos, em reparos de equipamentos agrícolas e em construções. Durante os invernos mais curtos no norte da China, muitos dias eram dedicados à manutenção e extensão dos trabalhos de irrigação.

Na primavera, a aração e a semeadura demandavam duas semanas de trabalho pesado, seguidas de alguns meses de rotina mais leve (embora a capina de ervas daninhas nos campos de arroz pudesse ser árdua). A época da colheita era a mais exaustiva, e a aração de outono podia se estender por um período bem mais longo. Onde climas menos extremos permitiam a plantação de uma safra de inverno — na Europa Ocidental, na planície setentrional da China, na maior parte da América do Norte Oriental — havia dois a três meses entre a colheita da safra de verão e a preparação da de inverno. Em contraste, em países com precipitação distribuída menos uniformemente, e sobretudo em zonas de monção na Ásia, havia janelas bastante limitadas para desempenhar as lides do campo. Era especialmente crucial não perder o momento certo de plantar e colher. Até mesmo uma semana de atraso além do período ideal de plantio podia levar a uma redução substancial na produtividade. Uma colheita precoce de grãos pode exigir bastante trabalho posterior para secagem devido a sua alta umidade, enquanto uma colheita tardia pode causar perdas devido à quebra de espigas.

Antes da introdução das ceifadeiras e enfardadeiras, a colheita manual de grãos era a tarefa que mais ocupava tempo, levando de três a quatro vezes mais que a aração, e impondo limites claros à área máxima administrável por uma única família. Quando uma safra precisava ser colhida logo para plantar a próxima, a exigência laboral disparava. Um antigo ditado chinês capturava essa necessidade: "Quando o painço e o trigo estão amarelo-maduro, até mesmo as meninas tecelãs precisam vir ajudar". Buck (1937) quantificou essa exigência em seus estudos abrangentes sobre a agricultura tradicional chinesa: a plantação e a colheita (entre março e setembro) na área de safras duplas na China recrutavam praticamente toda a mão de obra disponível (média de 94–98%). Em partes da Índia, os dois meses de pico de verão exigiam mais de 110% ou mesmo 120% da mão de obra verdadeiramente disponível, e uma situação similar predominava em outras regiões de monção na Ásia (Clark; Haswell, 1970). Esse gargalo energético comum só podia ser superado se todas as famílias trabalhassem arduamente de sol a sol — ou recorrendo-se ao trabalho de migrantes.

O uso de força animal, reservada em muitas agriculturas apenas às tarefas mais exigentes no campo, era ainda mais desigual. Os períodos de máximo trabalho dos búfalos-asiáticos no sul da China, por exemplo, eram dois meses de plantação, rastelagem e gradagem no início da primavera, seis semanas de colheita de verão e um mês de preparação do solo (mais aração e rastelagem) para uma safra de inverno, totalizando cerca de 130–140 dias, ou menos de 40% do ano (Cockrill, 1974). Em regimes de safra única na Europa setentrional, cavalos de tração cumpriam apenas 60–80 dias de trabalho extenuante durante a aração de outono e primavera e a colheita de verão, mas a maioria deles era usada extensivamente para transporte. Um dia típico de trabalho ia de apenas cinco horas no caso de bois em muitos locais da África até mais de dez horas no caso de búfalos-asiáticos em campos de arroz na Ásia e de cavalos durante as colheitas de grãos na Europa e América do Norte.

Rotas para a intensificação

Nenhuma busca por maiores produtividades teria sucesso sem três avanços essenciais. O primeiro foi uma substituição parcial da mão de obra humana pelo trabalho animal. No cultivo de arroz, isso geralmente eliminava apenas o trabalho humano mais exaustivo, com a tediosa lavragem com enxadas sendo substituída por aração profunda usando-se búfalos-asiáticos. No cultivo de terrenos secos, o trabalho animal substituiu o humano e acelerou consideravelmente muitas tarefas no campo e na fazenda em geral, liberando as pessoas para se dedicarem a outras atividades produtivas ou para trabalharem menos horas. Essa substituição de força motriz não apenas acelerou e facilitou o trabalho como também melhorou sua qualidade, quer fosse na aração, na semeadura ou na debulha. Em segundo lugar, a irrigação e a fertilização mitigaram, ou até removeram por completo, as duas principais limitações à produtividade das lavouras: a escassez de água e de nutrientes. Em terceiro lugar, uma variedade maior de safras, quer via safras múltiplas ou em rotações, tornou o cultivo tradicional mais resiliente e mais produtivo.

Dois ditados de camponeses chineses traduzem a importância da remoção dessas duas limitações e a diversificação da produção: "Para haver colheita, é preciso água; para ser grande, é preciso fertilizante" e "Se plantar painço depois de painço, você acabará chorando". O uso de tração animal foi uma vantagem energética fundamental, com implicações além do cultivo e da colheita no campo. Os animais de tração se tornaram indispensáveis para a fertilização, tanto como fonte de nutrientes na forma de estrume quanto como força motriz para distribuí-los nas plantações. Em muitos locais, eles também propulsionaram a irrigação. Uma força motriz mais poderosa e um melhor suprimento de água e nutrientes também garantiram mais safras múltiplas e rotações. Por sua vez, esses avanços garantiram o sustento de animais mais possantes, à medida que essas três rotas de intensificação foram associadas entre si por ciclos intensificadores de realimentação.

Tração animal

A domesticação resultou em muitas raças para trabalho com características distintas, com pesos variando uma ordem de magnitude, de pouco mais de 100 kg, no caso de asnos pequenos, até mais de 1.000 kg, no caso dos cavalos de tração mais pesados. Bois indianos pesavam menos de 400 kg; raças italianas Romagnola ou Chianina alcançavam facilmente o dobro disso (Bartosiewicz *et al.*, 1997; Lenstra; Bradley, 1999). A maioria dos cavalos na Ásia e em partes da Europa eram apenas pôneis, com menos de 14 palmos de altura e um peso no máximo equivalente ao de boi asiático. Um palmo, uma tradicional medida inglesa, equivale a 10,16 cm, e a altura de um animal era medida do solo até o garrote, o sulco entre as espáduas abaixo de seu pescoço e cabeça. Cavalos romanos tinham 11–13 palmos. As raças europeias mais pesadas do início da Era Moderna — Brabançons belgas, Boulonnais e Percherons franceses, Clydesdales escoceses, Suffolks e Shires ingleses, Rheinlanders alemães, Ardennes russos — se aproximavam e até superavam 17 palmos e pesavam perto ou pouco mais de 1.000 kg (Silver, 1976; Oklahoma State University, 2015). Búfalos-asiáticos podem ir de apenas 250 a 700 kg (Cockrill, 1974; Borghese, 2005).

Agriculturas tradicionais usavam animais para uma variedade de tarefas na plantação e pela fazenda, mas a aração era sem dúvida a atividade em que eles faziam a maior diferença (Leser, 1931). Em geral, a força de tração de animais de trabalho era aproximadamente proporcional ao seu peso, e outras variáveis que determinam seu desempenho real incluem sexo, idade, saúde e experiência, a eficiência dos arreios e as condições do solo e de terreno. Como todas essas variáveis podem flutuar bastante, é preferível resumir a potência útil de espécies comum de trabalho em termos de faixas típicas (Hopfen, 1969; Cockrill, 1974; Goe; Dowell, 1980). Uma carga típica fica em 15% do peso corporal do animal, mas no caso dos cavalos pode chegar a 35% durante breves esforços (cerca de 2 kW) e acima disso durante poucos segundos de esforço supremo (Collins; Caine, 1926). A combinação de grande massa e uma velocidade relativamente alta faz dos cavalos os melhores animais de tração, embora a maioria deles não consiga trabalhar constantemente a uma taxa de um cavalo de potência (745 W), geralmente entregando entre 500 e 800 W (Quadro 3.4, Figura 3.3).

Na prática, as exigências de carga variavam bastante conforme a tarefa (os extremos de trabalho duro e leve podem ser a aração profunda e a gradagem) e o tipo de solo (mais árduo em solos argilosos pesados, bem mais fácil em solos arenosos). A aração rasa (com relha única) e o corte de grama demandavam uma tração sustentada de 80–120 kg, a aração profunda exigia trações de 120–170 kg e uma tração de 200 kg era necessária para a passagem de uma ceifadeira e enfardadeira mecânica de grãos. Mesmo uma junta de cavalos médios é capaz de cumprir todas essas tarefas, mas uma junta de bois era inadequada para aração

QUADRO 3.4
Pesos, cargas, velocidades de trabalho e potências típicas de animais domésticos

| Animais | Pesos (kg) | | Carga típica (kg) | Velocidade usual (m/s) | Potência (W) |
	Faixa comum	Portes grandes			
Cavalos	350–700	800–1000	50–80	0,9–1,1	500–850
Mulas	350–500	500–600	50–60	0,9–1,0	500–600
Bois	350–700	800–950	40–70	0,6–0,8	250–550
Vacas	200–400	500–600	20–40	0,6–0,7	100–300
Búfalos	300–600	600–700	30–60	0,8–0,9	250–550
Asnos	200–300	300–350	15–30	0,6–0,7	100–200

Obs.: os valores de potência estão arredondados para os 50 W mais próximos.
Fontes: baseados em Hopfen (1969), Rouse (1970), Cockrill (1974) e Goe e Dowell (1980).

profunda e colheita com uma ceifadeira. Ao mesmo tempo, imperativos mecânicos favoreciam animais menores: tudo mais permanecendo igual, sua linha de tração é mais retilínea, resultando em maior eficiência, e na aração uma linha de tração mais baixa também reduz a tendência de elevação do arado, facilitando o trabalho do lavrador ao guiá-lo. Animais mais leves também são mais ágeis e às vezes compensam seu baixo peso com tenacidade e resistência.

O potencial de tração só pode ser traduzido em desempenho efetivo com arreios práticos (Lefebvre des Noëttes, 1924; Haudricourt; Delamarre, 1955; Needham, 1965; Spruytte, 1983; Weller, 1999; Gans, 2004). A tração precisa ser transferida até o ponto de trabalho — quer seja a relha do arado ou a extremidade da ceifadeira — por um equipamento que permita sua transmissão eficiente e também o controle dos movimentos animais por um humano. Tais *designs* podem parecer simples, mas levaram muito tempo para surgir. O gado bovino, os primeiros animais de trabalho, eram arreados em cangas, barras de madeira retas ou curvadas afixadas aos cornos ou ao pescoço do animal.

Os arreios mesopotâmicos mais antigo (mais adequados para animais fortes e de pescoço curto, e mais tarde comuns na Espanha e na América Latina) assumiam a forma de uma canga para duas cabeças, fixada ou na frente ou atrás da cabeça (Figura 3.4). Esse era um arreio primitivo: meramente uma longa haste de madeira cujas travas podem sufocar o animal durante trabalho intenso e cujo ângulo de tração é grande demais. Além do mais, para evitar sufocamento excessivo de um boi ou vaca, os animais precisam ter alturas idênticas, e uma junta precisa ser arreada mesmo quando um único animal seria capaz de cumprir um trabalho mais leve.

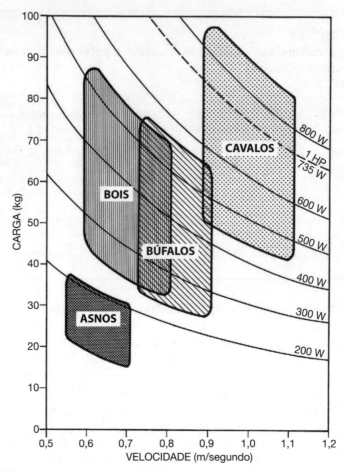

FIGURA 3.3
Comparações de potência de carga de animais, mostrando a clara superioridade dos cavalos. Plotado a partir de dados de Hopfen (1969), Rouse (1970) e Cockrill (1974).

Uma canga mais confortável para uma única cabeça foi usada em diversas partes da Europa (na região ocidental do Báltico, no sudoeste da Alemanha). A canga para um único pescoço, conectada a duas hastes ou a tirantes e um balancim, era comum por todo o leste da Ásia e também na Europa central (Figura 3.4). África, Oriente Médio e o sul da Ásia preferiam uma canga dupla de pescoço.

Os cavalos são os mais potentes animais de tração. Ao contrário dos bois e vacas, cuja massa corporal é quase igualmente dividida entre a traseira e a dianteira, as dianteiras dos cavalos são bem mais pesadas que suas traseiras (razão de 3:2), o que faz com que eles tirem melhor proveito do movimento inercial ao puxarem car-

Capítulo 3   Agricultura tradicional   **69**

FIGURA 3.4
A canga de cabeça foi o primeiro, e bastante ineficiente, arreio para bois de trabalho. A canga de pescoço se tornou a principal forma de aproveitar a tração animal por todo o Velho Mundo. Adaptada de Hopfen (1963) e de uma ilustração do fim da dinastia Ming (1637).

70 Energia e Civilização: Uma História

gas (Smythe, 1967). Exceto em solos pesados e molhados, cavalos são capazes de trabalhar no campo a velocidades constantes em torno de 1 m/s, entre 30% e 50% mais rápidos que bois. Trações máximas de duas horas por uma parelha de cavalos podem ser até duas vezes maiores que aquelas para as melhores parelhas de bois. Os maiores cavalos podem trabalhar assim por breves períodos a taxas superiores a 2 kW, ou mais que três unidades-padrão de cavalos de potência. Mas o gado zebu é superior nos trópicos, graças à sua regulação térmica eficiente; também são menos suscetíveis à infestação por carrapato. E os búfalos-asiáticos prosperam nos trópicos úmidos e convertem a matéria seca da ração mais eficientemente que o gado bovino, além de poderem pastar plantas aquáticas enquanto totalmente submersos.

As mais antigas imagens existentes de cavalos de trabalho não os mostra labutando no campo, e sim puxando carruagens cerimoniais leves ou de ataque. Durante a maior parte da Antiguidade, cavalos de carga usavam uma canga dorsal como arreio (Weller, 1999). A canga dorsal era um dispositivo bifurcado, de madeira ou metal, colocado no animal logo atrás de seu garrote e mantido preso por uma cinta peitoral que fazia a volta por baixo do animal e era afixada em ambos os lados da canga e por um cilhão (uma cinta circundando o dorso e a barriga). Uma reconstrução imprecisa dos arreios romanos por Lefebvre des Noëttes (1924) levou a uma conclusão equivocada, mas amplamente aceita por décadas, de que esse era um arranjo bastante ineficiente, pois estrangulava o animal, uma vez que a cinta peitoral tendia a subir (Quadro 3.5).

Os arreios com cinta peitoral, introduzidos na China mais tardar no início da dinastia Han, tinham seu ponto de tração distantes demais dos músculos peitorais mais possantes do animal (Figura 3.5). Ainda assim, o *design* se espalhou pela Eurásia, chegando à Itália no início do século V, mais provavelmente com a migração de ostrogodos, e ao norte da Europa uns 300 anos depois. Mas outra invenção chinesa foi necessária para transformar os cavalos em animais superiores de trabalho. Os arreios de pescoço foram usados pela primeira vez na China, talvez já no primeiro século a.C., na forma de um suporte macio para a canga dura, sendo gradualmente transformados num componente único. No século V d.C., sua variante simplificada já podia ser vista nos afrescos de Donghuang. Indícios filológicos sugerem que no século IX ela chegou à Europa, onde ficou em uso geral por cerca de três séculos, e o *design* permaneceu em grande parte inalterado até os cavalos serem substituídos por máquinas mais de 700 anos depois. Esse *design* ainda é usado na China em cavalos de trabalho, embora cada vez em menor número.

Os arreios de pescoço tradicionais consistem numa única armação oval (coelheira) de madeira (mais tarde também de metal), que é forrada para um encaixe mais confortável nos ombros do cavalo, às vezes com uma faixa de revestimento separada rente ao pescoço. Os tirantes de tração são conectados à coelheira logo abaixo das espáduas do cavalo (Figura 3.6). Os movimentos do animal são con-

---

QUADRO 3.5
Comparação de arreios e poder de tração

Por décadas, muitos escritos repetiram a afirmação de que os antigos arreios de pescoço e peito não eram adequados para lides pesadas no campo, devido a seu ponto excessivamente alto de tração e seu efeito estrangulador pela cinta de pescoço. Essa conclusão se baseava num experimento prático com arreios reconstruídos conduzido em 1910 por um oficial francês, Richard Lefebvre des Noëttes (1856–1936), e publicado em 1924 em seu livro *La force motrice à travers les âges*. Essas conclusões foram aceitas não apenas por muitos classicistas, mas também por três destacados historiadores do século XX especializados em avanços técnicos, Joseph Needham (1965), Lynn White (1978) e Jean Gimpel (1997).

Porém, eles se basearam numa reconstrução errônea: experimentos conduzidos por Jean Spruytte nos anos 1970 com uma canga dorsal apropriadamente reconstruída (colocada logo atrás do garrote e presa por cintas peitorais) não resultaram em qualquer enforcamento, e tais arreios se comportaram bem quando dois cavalos puxaram uma carga de quase 1 t (Spruytte, 1977). Isso refutou a ideia de que "culturas clássicas foram 'barradas' por um sistema defeituoso de arreios de tração animal" (Raepsaet, 2008, p. 581). Contudo, em seus testes Spruytte empregou uma carruagem leve do século XIX (bem mais leve que uma carroça romana). Portanto, mesmo se a diferença no tamanho dos cavalos for ignorada, seus testes não replicam com exatidão as condições comuns de dois milênios atrás. Seja como for, devido ao limite de peso (500 kg) imposto às carroças puxadas por cavalos pelo Código de Teodósio (439 d.C.) "parece certo que os romanos estavam cientes do sofrimento imposto aos cavalos ao puxarem cargas pesadas" (Gans, 2004, p. 179).

---

trolados pelo freio, que abrange um bridão de metal na sua boca ligado a rédeas e fixado por uma cabeçada. Os arreios de pescoço proporcionavam um ângulo de tração desejavelmente baixo e permitiam um esforço pesado pela mobilização dos potentes músculos do peito e ombros do animal. Os arreios de pescoço também permitiam o emparelhamento efetivo de animais em fileira simples ou dupla para trabalhos excepcionalmente pesados.

Arreios eficientes não eram a única pré-condição para o desempenho superior de um cavalo, e sua introdução por si só não bastou para desencadear uma revolução na agricultura (Gans, 2004). Cavalos empenhados em trabalho duro era alimentados com grãos, o que exigia um ciclo de plantação especial, além de arreios e ferraduras caras, ao passo que os bois, mesmo sendo mais fracos e lentos, podiam receber apenas palha e joio e usar arreios mais baratos. Ferraduras são placas metálicas estreitas em forma de U que são presas por pregos por baixo dos cascos dos cavalos, na borda insensível conhecida como muralha (Figura 3.6). Seu

FIGURA 3.5
Os arreios com cinta peitoral, em reprodução da *Encyclopédie* (Diderot; D'Alembert, 1769–1772), permaneceram em uso para tarefas mais leves até o século XX.

uso impedia o desgaste excessivo dos cascos macios do animal e melhorava sua tração e sua resistência. Isso era de especial importância no clima frio e úmido da Europa Ocidental e Setentrional. Os gregos não dispunham delas; eles envolviam os cascos em sandálias de couro revestidas de palha. Os romanos conheciam as ferraduras (embora suas *soleae ferreae* fossem fixadas por grampos e cordões), mas as ferraduras com pregos só se tornaram comuns após o século IX.

Os balancins — ligados aos tirantes, interconectados e então atrelados a implementos de campo — igualavam as tensões resultantes de uma tração desigual. Com eles, ficava mais fácil conduzir animais, permitindo a atrelagem de um número par ou ímpar de cavalos. Os cavalos também têm uma resistência maior (trabalhando 8–10 horas por dia, em comparação a 4–6 horas no caso dos bovinos) e vivem por mais tempo, e embora bois e cavalos começassem a trabalhar com 3–4 anos de idade, os bois costumavam durar apenas 8–10 anos, enquanto os cavalos seguiam na lida comumente por 15–20 anos. Por fim, a anatomia das pernas do cavalo confere ao animal uma vantagem singular, ao praticamente eliminar os custos energéticos de ficar em pé. O cavalo possui um ligamento suspensor bastante poderoso que corre por trás do osso da canela e um par de tendões (os flexores superficial e digital profundo) capazes de "travar" o membro sem recrutar os músculos. Isso permite que os animais descansem, e até mesmo cochilem, em pé, quase sem custo metabólico, e que gastem pouca energia ao pastarem

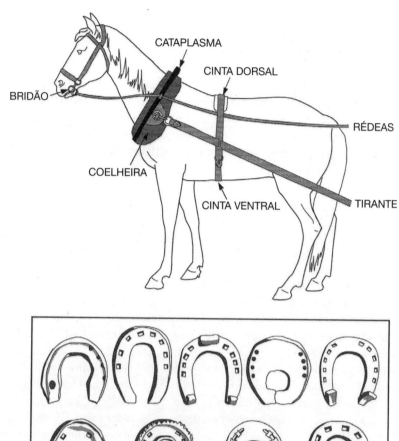

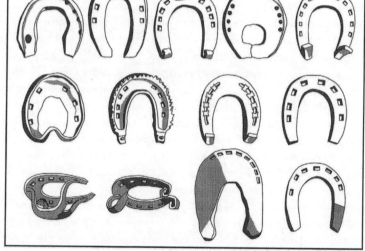

FIGURA 3.6
Componentes de um típico arreio de pescoço do final do século XIX (baseado em Telleen (1977) e Villiers (1976)) — e uma variedade de ferraduras de meados do século XVIII (Diderot; d'Alembert, 1769–1772). Seus formatos (a partir da esquerda) são típicos, respectivamente, de ferraduras inglesas, espanholas, alemãs, turcas e francesas.

74 Energia e Civilização: Uma História

(Smythe, 1967). Todos os outros mamíferos precisam de aproximadamente 10% mais energia para ficarem em pé do que para ficarem deitados.

Mesmo animais pequenos e com arreios longe do ideal fizeram uma grande diferença (Esmay; Hall, 1968; Rogin, 1931; Slicher van Bath, 1963). Um camponês trabalhando com uma enxada precisaria de ao menos 100 horas, e em solos pesados até 200 horas, para preparar um hectare de terra para a plantação de cereais. Mesmo com um arado arcaico de pau puxado por um boi, essa tarefa poderia ser cumprida em pouco menos de 30 horas. A agricultura dependente de enxadas jamais teria chegado à escala de cultivo possibilitada pela aração por tração animal. Além de acelerar a aração e a colheita, o trabalho animal também permitia puxar grandes volumes de água para irrigação de poços mais profundos. Animais eram usados para operar diversas máquinas de processamento de alimentos, como moinhos, trituradores e prensas a ritmos que superavam de longe as capacidades humanas. O alívio de longas horas de trabalho exaustivo era não menos importante que as taxas mais elevadas de produção, mas mais trabalho animal exigia o cultivo de mais terras para produzir ração. Isso era feito com alguma facilidade na América do Norte e em partes da Europa, onde o sustento alimentar dos cavalos respondia às vezes por até um terço de toda a área agrícola.

Não é de surpreender que na China e em outras nações asiáticas densamente povoadas búfalos e bois fossem preferidos para o trabalho no campo. Na condição de ruminantes, eles podiam ser mantidos à base apenas de forragem de palha e de pasto. E ao trabalharem, também não precisavam receber muitos grãos: ração concentrada pode vir de resíduos do processamento de colheitas, como farelo e tortas de bagaço. Estimei que na agricultura tradicional da China o cultivo de ração para animais de trabalho abarcava apenas 5% da área anualmente colhida. Na Índia, culturas de forragem também respondiam tradicionalmente por cerca de 5% de toda a terra cultivada, mas a maior parte dessa ração ia para animais leiteiros e parte dela acabava alimentando vacas sagradas (Harris, 1966; Heston, 1971). A ração para bois jovens de trabalho provavelmente abrangia menos de 3% de todas as terras aráveis. Nas partes mais densamente povoadas do subcontinente indiano, o gado bovino sobrevivia com uma combinação de pastagem na beira de estradas e canais e consumo de subprodutos da lavoura, desde palha de arroz e torta de óleo de mostarda até folhas picadas de bananeira (Odend'hal, 1972).

Os animais de carga indianos e chineses representavam claras pechinchas energéticas. Muitos deles não competiam em nada com as pessoas por colheitas, enquanto alguns reivindicavam no máximo uma área de terra cultivada capaz de produzir comida por um ano a uma pessoa. Ainda assim, seu trabalho útil anual era equivalente ao de três a cinco camponeses trabalhando 300 dias no ano. Um cavalo médio europeu ou americano do século XIX não era capaz de render um retorno relativo tão alto, mas também representava uma dádiva energética

Capítulo 3   Agricultura tradicional   **75**

QUADRO 3.6
Custo energético, eficiência e desempenho de um cavalo de carga

Um cavalo maduro de 500 kg precisa de aproximadamente 70 MJ de energia digerível por dia para manter seu peso (Subcommittee on Horse Nutrition, 1978). Se sua ração tiver alto teor de grãos, isso pode implicar apenas 80 MJ de ingestão bruta de energia; se for em sua maior parte feno menos digerível, pode subir para 100 MJ. Dependendo da tarefa, as necessidades de ração durante os períodos de trabalho eram 1,5 a 1,9 maiores que a necessidade de sobrevivência basal. Brody (1945) concluiu que um Percheron de 500 kg trabalhando a um ritmo aproximado de 500 W despende cerca de 10 MJ/h. Com seis horas de trabalho e 18 horas de repouso (a 3,75 MJ/h), isso totaliza cerca de 125 MJ/dia.

Não é de surpreender que as recomendações tradicionais de alimentação corroborem esses números: no início do século XX, agricultores norte-americanos eram aconselhados a alimentar seus cavalos de trabalho com 4,5 kg de aveia e 4,5 kg de feno por dia (Bailey, 1908), o que se traduz em cerca de 120 MJ/dia. Com uma potência média de 500 W, um cavalo cumpriria cerca de 11 MJ de trabalho útil durante seis horas. Enquanto um homem médio conseguiria contribuir com menos de 2 MJ e não manteria esforços constantes acima de 80 W e apenas breves picos acima de 150 W, um cavalo podia trabalhar constantemente a 500 W e ter breves picos de tração acima de 1 kW, um esforço equivalente ao produzido por 12 homens.

(Quadro 3.6). Seu trabalho útil anual era equivalente ao de seis agricultores, e as terras usadas para produzir sua ração (incluindo também os animais não usados para trabalho) podiam render alimentos para cerca de seis pessoas. Mesmo que o cavalo de carga do século XIX fosse encarado como um mero substituto para o trabalho humano enfadonho, já se faria valer, mas cavalos fortes e bem alimentados podiam cumprir tarefas além da capacidade e da resistência humanas.

Cavalos podiam arrastar toras e arrancar troncos pela raiz quando humanos convertiam florestas em terras aráveis, além de lavrarem solos ricos da planície com aração profunda e de puxarem maquinário pesado. Havia, é claro, custos energéticos adicionais do trabalho animal que iam além da manutenção e reprodução de um rebanho e do fornecimento de alimentação adequada para o trabalho no campo; esses custos incluíam acima de tudo a produção de arreios e ferraduras e a construção de estábulos. Mas também havia benefícios adicionais derivados da reciclagem do estrume e da produção de leite, carne e couro. A reciclagem de estrume foi importante em todas as agriculturas tradicionais intensivas como fonte de escassos nutrientes e matéria orgânica. Em sociedades quase vegetarianas, a carne (incluindo a de cavalo em partes de Europa) e o leite

76 Energia e Civilização: Uma História

eram fontes valiosas de proteína perfeita. O couro era usado na fabricação de uma grande quantidade de ferramentas essenciais na agricultura e em manufaturas tradicionais. E, é claro, os animais se reproduziam por conta própria.

Irrigação

A quantidade de água que as lavouras demandam depende de muitas variáveis ambientais, agronômicas e genéticas, mas a necessidade sazonal total costuma ser cerca de mil vezes a massa dos grãos colhidos. Até 1.500 t de água são necessárias para cultivar 1 t de trigo, e ao menos 900 t devem ser supridas para cada tonelada de arroz. Cerca de 600 t bastam para uma tonelada de milho, uma cultura C_4 mais eficiente e o grão básico com a maior eficiência de uso hídrico (Doorenbos *et al.*, 1979; Bos, 2009). Isso significa que, para rendimentos de trigo entre 1 e 2 t/ha, a necessidade total de água durante os quatro meses da temporada de crescimento são de 15–30 cm. Em contraste, a precipitação anual nas regiões áridas e semiáridas do Oriente Médio iam de insignificantes a não mais que 25 cm.

A plantação em tais locais exigia, portanto, irrigação assim que os campos eram estabelecidos além do alcance de cheias sazonais, que saturavam o solo dos vales e permitiam a maturação de uma safra, ou então assim que a população crescente demandava a plantação de uma segunda safra durante a temporada de baixa dos rios. A irrigação também era necessária para enfrentar faltas d'água sazonais. Elas são especialmente acentuadas nos confins mais setentrionais das zonas de monção na Ásia, no Punjab e na Planície Norte da China. E, é claro, o cultivo de arroz exigia seus próprios arranjos para inundação e drenagem dos campos.

A irrigação baseada na gravidade — usando canais, açudes, cisternas ou diques — dispensa qualquer elevação de reservas hídricas e tem o menor custo energético. Porém, em vales fluviais com gradientes mínimos de vazão e em vastas planícies cultivadas, sempre foi necessário elevar grandes volumes de águas superficiais ou subterrâneas. Muitos trabalhos de elevação precisavam superar apenas um aterro baixo, mas às vezes tinham de vencer barrancas íngremes ou buscar a água de poços profundos. Ineficiências inevitáveis, agravadas pelo acabamento grosseiro de partes móveis e às vezes pela ausência de lubrificantes, prolongavam a tarefa. A irrigação dependente de músculos humanos representava um pesado fardo laboral até mesmo em sociedades em que o trabalho tedioso era a norma. Muita engenhosidade ia para o desenho de dispositivos mecânicos usando tração animal ou fluxo de água para facilitar esse trabalho, bem como para transpor reservas hídricas por distâncias mais altas.

Uma variedade impressionante de dispositivos mecânicos foi inventada para elevar reservas hídricas para irrigação (Ewbank, 1870; Molenaar, 1956; Oleson, 1984, 2008; Mays, 2010). Os mais simples — conchas, cestos ou baldes de tramas finas ou revestidos — eram usados para elevar água menos de 1 m. Uma concha ou balde suspenso por uma corda presa a um tripé era um pouco mais eficaz. Esses dois dispositivos eram usados na Ásia Oriental e no Oriente Médio, mas o método mais antigo para erguer água de uso generalizado era o ascensor de contrapeso, comumente conhecido em árabe como *shaduf*. Reconhecível primeiro num selo babilônico cilíndrico de 2000 a.C. e amplamente usado no Egito Antigo, ele chegou à China por volta de 500 a.C. e mais tarde se espalhou pelo Velho Mundo. Um *shaduf*, basicamente uma longa vara pivotante como uma alavanca a partir de trave perpendicular, podia ser fabricado e reparado com facilidade (Figura 3.7).

Seu balde mergulhável ficava suspenso por um braço mais longo, estabilizado pelo contrapeso de uma pedra ou bola de lama seca. Sua capacidade de elevação tinha geralmente 1–3 m, mas a implementação em série dos dispositivos em dois a quadro níveis sucessivos era comum no Oriente Médio. Um único homem conseguia erguer cerca de 3 m^3/h a uma altura de 2–2,5 m. Ficar puxando uma corda podia ser bastante cansativo, mas torcer um parafuso de Arquimedes (*cochlea* para os romanos, *tanbur* para os árabes) para rotar uma hélice de madeira dentro de um cilindro era ainda mais exaustivo, e permitia elevar a água apenas por pequenas alturas (25–50 cm). Rodas de pás eram bastante usadas na Ásia. As escadas d'água chinesas (máquinas de espinha de dragão, *long gu che*) operavam como uma tripa de bombas quadradas de madeira, com uma série de pequenas pranchas passando por rodas dentadas e formando uma cadeia sem fim para elevar a água por uma calha de madeira. A roda dentada condutora ficava inserida numa trave horizontal pedalada por dois ou mais homens que se equilibravam

FIGURA 3.7
Gravura do século XIX retratando camponeses egípcios usando um *shaduf* (Corbis).

FIGURA 3.8
A antiga "máquina de espinha de dragão" chinesa era acionada por camponeses que se apoiavam em hastes e faziam um eixo dentado girar ao pedalarem para frente. Adaptada de uma ilustração do fim da dinastia Ming.

Capítulo 3 Agricultura tradicional **79**

escorando-se numa haste. Algumas escadas eram operadas por manivelas manuais ou por animais que andavam em círculo.

Todos os dispositivos a seguir sempre foram acionados ou por animais ou por água corrente. O ascensor de corda e balde, comum na Índia (*monte* ou *charsa*), era acionado por um ou dois bois caminhando por uma rampa enquanto erguiam um saco de couro preso a uma longa corda. Por sua vez, os gregos já usavam uma cadeia infinita de potes de barro em dois laços de corda que corriam de ponta cabeça por baixo de um tambor de madeira, os quais se enchiam de água na extremidade inferior e a descarregavam numa calha na parte de cima. Esse arranjo é mais conhecido por seu nome árabe, *saqiya*, e o dispositivo se disseminou por todo o Mediterrâneo. Quando acionado por um único animal vendado caminhando em círculo, ele elevava a água de poços geralmente com menos de 10 m de profundidade a um ritmo de no máximo 8 m^3/h. Uma versão egípcia aprimorada, a *zawafa*, transferia água a um ritmo mais acelerado (até 12 m^3/h, de um poço de 6 m de profundidade).

A *noria* (depois aportuguesada como nora), outro dispositivo amplamente usado tanto em países muçulmanos quanto na China (*hung che*), contava com potes de barro (alcatruzes), tubos de bambu ou baldes de metal afixados ao aro de uma única roda. As rodas podiam ser conduzidas por engrenagens em ângulo reto tracionadas por animais andando em círculo ou por água corrente, quando equipadas com pás. A necessidade de erguer os baldes por todo o raio de uma roda acima do nível da calha de coleta era uma fonte de considerável ineficiência, que foi eliminada pela *tabliya* egípcia. Esse dispositivo aprimorado, acionado por bois, incluía uma roda totalmente metálica de dois lados que apanhava a água em sua reborda e a despejava em seu centro num canal lateral. Comparações entre típicas demandas de potência, modelos de ascensores e produtividade horária de tradicionais dispositivos de elevação de água deixam óbvios os limites do desempenho humano (Quadro 3.7, Figura 3.9).

O custo energético da irrigação acionada por humanos era extraordinariamente alto. Um trabalhador podia cortar um hectare de trigo com uma gadanha com coletor em oito horas, mas precisaria de três meses (8 h/dia) para elevar a metade da necessidade hídrica dessa lavoura apenas 1 m acima de um canal ou fonte adjacente. Vastas diferenças em produção resultante de irrigação tornam impossível fazer generalizações quanto ao retorno energético da irrigação tradicional. Não apenas há variações substanciais entre culturas como a resposta produtiva também depende do momento certo de disponibilidade hídrica (o amendoim é bastante insensível a faltas d'água temporárias, enquanto o milho é bastante vulnerável). Um exemplo realista mostra que os retornos energéticos podem facilmente chegar a um fator de dez vezes ou mais (Quadro 3.8).

Em contraste, no caso de alguns projetos dos incas, os retornos energéticos líquidos só podiam ser baixos. Na irrigação por gravidade, não era preciso elevar a água a níveis mais altos, mas a escavação de canais longos e largos (com linhas

80 Energia e Civilização: Uma História

QUADRO 3.7
Demandas de potência, ascensores e capacidade de tradicionais dispositivos de elevação de água

Dispositivos	Pessoas/ animais	Ascensor (m)	Capacidade (m^3/h)	Trabalho (kJ)	Insumo energético (kJ)	Eficiência (%)
Conchas	2/—	0,6	5	30	440	7
Conchas suspensas	2/—	1	8	80	440	18
Shaduf	1/—	2,5	3	75	220	34
Parafuso de Arquimedes	2/—	0,7	15	100	440	23
Roda com pás	1/—	0,5	12	60	220	27
Escada d'água	2/—	0,7	9	60	440	14
Corda e balde	3/4	9	17	1500	5.690	26
Saqiya	1/2	6	8	470	2.740	17
Zawafa	1/2	6	12	710	2.740	26
Ascensor alto noria	1/2	9	9	790	2.740	29
Ascensor baixo noria	1/1	1,5	22	325	1.480	22
Tabliya	1/1	2,5	12	295	1.480	20

Obs.: os custos energéticos foram calculado pressupondo um insumo energético médio de 60 W para pessoas e de 350 W para animais de tração.
Fontes: compilado e calculado a partir de dados de Molenaar (1956), Forbes (1965), Needham e colaboradores (1965) e Mays (2010).

---

principais de até 10–20 m da largura) em rochas com ferramentas simples dava bastante trabalho. O canal arterial principal entre Parcoy e Picuy se estendia por 700 km para irrigar pastagens e campos (Murra 1980), e os conquistadores espanhóis ficaram embasbacados em ver canais bem construídos levando água a um pequeno grupo de campos de milho. Todos os projetos primordiais de irrigação exigiam planejamento e execução cuidadosos a fim de manter os gradientes apropriados, e inúmeros trabalhadores tinham de ser mobilizados. A recompensa — a produção de energia alimentar a partir dos campos irrigados que superava de longe o investimento imenso em mão de obra — só era recebida, obviamente, muitos anos, até décadas, mais tarde. Somente governos centrais bem estabelecidos capazes de deslocar recursos entre diferentes partes de seus domínios podiam empreender tais programas de construção pública. Na maioria dos casos, a gestão hídrica para maior rendimento das lavouras envolvia irrigação de campos, mas algumas agriculturas intensificaram suas safras por meio de um processo oposto.

Capítulo 3   Agricultura tradicional   **81**

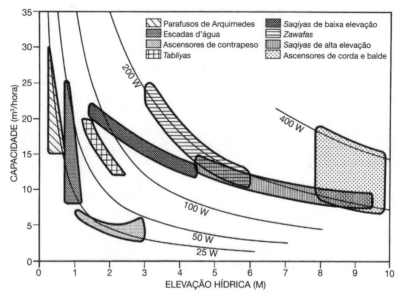

FIGURA 3.9
Comparações de ascensores, volumes e demandas energéticas de dispositivos e máquinas pré-industriais de elevação de água. Plotado a partir de dados de Molenaar (1956), Forbes (1965) e Needham e colaboradores (1965).

QUADRO 3.8
Retornos energéticos da irrigação de trigo

Um cálculo específico isolado demonstra os consideráveis retornos energéticos da irrigação tradicional. Estudos de campo indicam que o rendimento do trigo de inverno diminui pela metade quando uma queda de 20% no suprimento anual de água se concentra durante o período crítico da floração (Doorenbos *et al.*, 1979). No fim da dinastia Qin, uma boa colheita de 1,5 t/ha seria, portanto, reduzida em cerca de 150 kg num típico terreno pequeno de 0,2 ha. Para compensar o *deficit* de 10 cm de água por meio de irrigação, seriam necessários 200 t de água. Porém, como a irrigação por sulcos e calhas tinha uma eficiência de apenas 50% (devido à infiltração e evaporação), o suprimento real tirado de um canal precisaria ser duas vezes maior. Para elevar 400 t de água menos de 1 m por meio de uma escada hídrica operada por dois camponeses pedalantes, seriam necessárias 80 horas e cerca de 65 MJ em energia alimentar adicional, enquanto o aumento de produção de trigo conteria (após subtrair cerca de 10% por perdas em sementes e armazenamento) cerca de 2 GJ de energia digerível. Como consequência, o bombeamento de água com a escada retornaria cerca de 30 vezes mais energia alimentar que seu custo em comida.

82 Energia e Civilização: Uma História

Em muitas regiões, o cultivo contínuo teria sido inimaginável sem a drenagem de águas em excesso. O imperador Yu (2205–2198 a.C.), um dos sete grandes sábios pré-Confúcio, deve seu lugar na história chinesa em grande parte ao seu plano-mestre e à sua organização heroica de uma busca prolongada por drenar as águas das cheias (Wu, 1982). Por sua vez, os maias e sucessivos habitantes da bacia do México adotavam formas mais intensivas de cultivo de lavouras que exigiam uma gestão hídrica que ia do simples terraceamento e irrigação primaveril até sistemas elaborados de drenagem e a construção extensiva de campos elevados (Sanders; Parsons; Santley, 1979; Flannery, 1982; Mays; Gorokhovich, 2010). Um tipo singular de agricultura dependente de drenagem evoluiu por um período de muitos séculos numa parte da província do Cantão, na China (Ruddle; Zhong, 1988). Diques de cultivo intensivo separavam açudes repletos de diversas espécies de carpa. A reciclagem de dejetos orgânicos — excreção de humanos, porcos e bichos-da-seda, resíduos de lavouras, ervas daninhas e sedimento de açudes — sustentavam altas produtividades de amoras para bichos-da-seda, cana-de-açúcar, arroz e inúmeros vegetais e frutas, bem como uma elevada produção pesqueira.

Fertilização

O CO_2 atmosférico e a água fornecem carbono e hidrogênio, dois elementos que formam o grosso dos tecidos das plantas na forma de novos carboidratos. Mas outros elementos são absolutamente necessários para a fotossíntese. Dependendo da quantia necessária, são classificados como macronutrientes ou micronutrientes. Estes últimos são mais numerosos, incluindo sobretudo ferro, cobre, enxofre, sílica e cálcio. Já os macronutrientes são apenas três: nitrogênio, fósforo e potássio (N, P e K). O nitrogênio é de longe o mais importante: está presente em todas enzimas e proteínas e é o elemento mais propenso a escassear em solos cultivados continuamente (Smil, 2001; Barker; Pilbeam, 2007). A colheita de 1 t/ha de trigo (índice típico na França e nos Estados Unidos por volta de 1800) remove (em grãos e palha) cerca de 1 kg cada de cálcio e magnésio (Ca e Mg), 2,5 kg de enxofre (S), 4 kg de potássio, 4,5 kg de fósforo e 20 kg de nitrogênio (Laloux *et al.*, 1980).

Chuva, poeira, intempéries e a reciclagem de resíduos da lavoura bastavam, na maioria dos casos, para reabastecer as retiradas de fósforo, potássio e micronutrientes, mas o cultivo contínuo sem fertilização gerava *deficits* de nitrogênio. Assim, como a disponibilidade de nitrogênio determina em grande parte o tamanho dos grãos e seu teor de proteína, essas carências causavam crescimento atrofiado, baixos rendimentos e má qualidade nutricional. A agricultura tradicional conseguia substituir o nitrogênio de apenas três maneiras: ao reciclar diretamente resíduos indesejados da lavoura, isto é, ao devolver para o solo durante a aração a palha e os talos que não foram aproveitados como ração, combustível ou em outros usos domésticos; ao aplicar uma variedade de matérias orgânicas, sobretudo espalhando urina

Capítulo 3 Agricultura tradicional **83**

e fezes animais e humanas (geralmente compostadas) e outros dejetos orgânicos; e ao cultivar leguminosas para elevar o teor de nitrogênio no solo para a plantação subsequente de uma cultura não leguminosa (Smil, 2001; Berklian, 2008).

A palha de cereais representava uma fonte importante de nitrogênio, mas sua reciclagem direta era limitada. Ao contrário das modernas plantas de talo curto, as variedades tradicionais cultivadas rendiam bem mais palha do que grão, com índices comuns de 2 para 1. A lavragem de tanta massa vegetal de volta para o solo podia ser um grande fardo para muitos animais — mas essa situação quase nunca ocorria. Somente uma pequena fração dos resíduos da lavoura era devolvida diretamente para o solo, pois eles eram necessários como ração animal e camas em estábulos (e somente então reciclados em estrume), como combustível doméstico e como matéria-prima para construção e manufatura. Porém, em regiões arborizadas, palhas e talos muitas vezes eram simplesmente queimados no campo, com uma perda quase completa de nitrogênio.

A reciclagem de urina e excremento foi aperfeiçoada ao longo de séculos na Europa e na Ásia Oriental. Em cidades chinesas, altos índices de dejetos humanos (70–80%) eram reciclados. De modo similar, em meados do século XVII todos os dejetos humanos de Edo (atual Tóquio) eram reciclados (Tanaka, 1998). Contudo, a utilidade dessa prática era limitada pela disponibilidade de tais dejetos e por seu baixo teor de nutrientes, e a prática envolve muito trabalho repetitivo e pesado. Mesmo sem contar as perdas por armazenamento e manuseio, o rendimento anual de dejetos humanos ficava em média em apenas cerca de 3,3 kg N/*capita* (Smil, 1983). A coleta, o armazenamento e o transporte desses dejetos desde as cidades até as áreas agrícolas próximas criaram indústrias fétidas em larga escala, as quais mesmo na Europa persistiram pela maior parte do século XIX, até que o saneamento básico fosse completado. Barles (2007) estimou que em 1869 Paris estava gerando perto de 4,2 Mt N ao ano, cerca de 40% a partir de esterco de cavalo e cerca de 25% a partir de dejetos humanos; no fim do século XIX, aproximadamente metade dos excrementos da cidade era coletada e industrialmente processada para produzir sulfato de amônio (Barles; Lestel, 2007).

A reciclagem de dejetos animais bem mais copiosos — o que envolvia a limpeza de estábulos e chiqueiros, a fermentação líquida ou a compostagem de dejetos mistos antes das aplicações no campo e o transporte dos dejetos até as lavouras — consumia ainda mais tempo. Como a maioria dos estercos tem apenas cerca de 0,5% N, e como a pré-aplicação e as perdas no campo de nutrientes geralmente totalizavam até 60% do conteúdo inicial, aplicações massivas de dejetos orgânicos eram necessárias para alcançar altas produtividades. No século XVIII, os campos de Flandres recebiam em média 10t/ha, e alguns até 40 t/ha, de esterco, fezes humanas, bagaço e cinzas, e as taxas típicas na França pré-revolucionária giravam em torno de 20 t/ha (Slicher van Bath, 1963; Chorley, 1981). De modo similar, relatos detalhados dos anos 1920 na China revelam uma média geral no país

84 Energia e Civilização: Uma História

acima de 10 t/ha, e pequenas fazendas no sudoeste chinês alcançavam médias de quase 30 t/ha (Buck, 1937).

Todos os dejetos orgânicos concebíveis eram usados como fertilizante na agricultura tradicional. A obra *De agri cultura*, de Catão, lista dejetos de pombos, cabras, ovelhas, vacas "e todos os outros excrementos", bem como compostos de palha, tremoço, joio, talos de feijão e folhas de azevinho e carvalho. Ademais, os romanos sabiam que a rotação de plantação de grãos com legumes (eles recorriam a tremoço, feijão e ervilhaca) levava a aumentos na produtividade. O uso asiático de dejetos orgânicos era ainda mais eclético, abrangendo desde dejetos relativamente ricos em nitrogênio (tortas de oleaginosas, dejetos da pesca) até lama de canais e rios com um mero traço do nutriente. Conforme as cidades cresciam, dejetos alimentares, sobretudo restos de plantas, criavam uma nova fonte de matéria reciclável.

O fertilizante orgânico com o maior teor de nitrogênio (cerca de 15% nos melhores depósitos) é o guano, formado por excrementos de aves oceânicas preservados no clima seco de ilhas na costa do Peru. Os conquistadores espanhóis ficaram impressionados com seu uso pelos incas (Murra, 1980). Importações para os Estados Unidos começaram em 1824, e para a Inglaterra, em 1840; uma década depois, houve um aumento acentuado na extração, e em 1872 as exportações dos depósitos mais ricos, vindos das ilhas peruanas de Chincha, haviam se exaurido (Smil, 2001). Mais tarde, os nitratos chilenos se tornaram a mais importante fonte mundial de nitrogênio comercializado, à medida que as agriculturas dos países industrializados começaram a subsidiar suas colheitas com insumos de combustíveis, metais, máquinas e fertilizantes inorgânicos, um processo descrito em detalhes no Capítulo 5.

As aplicações práticas no campo variavam bastante dependendo das parcelas de esterco recuperável (bem altas com animais confinados, negligenciáveis no caso de animais soltos no pasto), da disposição ou não em lidar com dejetos humanos (indo da proibição total até a reciclagem rotineira) e da intensidade do cultivo. Qualquer estimativa teórica de nitrogênio em dejetos reciclados passa bem longe de sua contribuição final na prática, tendo em vista suas altíssimas perdas (sobretudo por volatilização de amônia e lixiviação para o lençol freático) nos processos de evacuação, coleta, compostagem, aplicação e absorção final de nitrogênio pelas lavouras (Smil, 2001). Essas perdas, geralmente ultrapassando dois terços do nitrogênio inicial, aumentavam ainda mais a necessidade de aplicar enormes quantidades de dejetos orgânicos. Como consequência, em todas as agriculturas tradicionais intensivas, grandes parcelas do trabalho eram dedicadas às tarefas desagradáveis e pesadas de coletar, fermentar, transportar e aplicar dejetos orgânicos.

A adubação verde era usada com eficácia na Europa desde os tempos dos antigos gregos e romanos, e também foi amplamente adotada na Ásia Oriental. Essa prática se baseava principalmente na plantação de leguminosas fixadoras de nitrogênio, inicialmente ervilhacas (*Astragalus, Vicia*) e trevos (*Trifolium, Melilo-*

tus), e mais tarde alfafa (*Mecdicago sativa*). Essas plantas são capazes de fixar até 100–300 kg N/ha por ano e, quando em rotação com outras culturas (geralmente plantadas como uma safra de inverno em climas mais amenos), adicionam ao solo 30–60 kg N nos três ou quatro meses antes de serem devolvidas ao solo por meio da aração, de modo a serem aproveitadas por um cereal subsequente ou por oleaginosas, elevando sua produtividade.

Densidades populacionais mais altas favorecem a plantação de mais uma safra durante os meses de inverno. Essa prática inevitavelmente diminui a disponibilidade total de nitrogênio e afeta a produtividade. A curto prazo, é energeticamente mais vantajosa, produzindo carboidratos e óleos adicionais. A longo prazo, o fornecimento adequado de nitrogênio é de tamanha importância que agriculturas intensivas não conseguem prescindir de legumes fixadores de nitrogênio e precisam plantá-los no lugar de variedades comestíveis. Essa prática desejável, repetida todos os anos como parte de sequências mais longas de rotação de culturas, representa talvez a mais admirável otimização energética na agricultura tradicional. Assim, não é de surpreender que tenha constituído a base de todos os sistemas agrícolas intensivos dependentes de rotações complexas de culturas. Porém, foi somente entre 1750 e 1880 que as rotações-padrão, incluindo culturas de cobertura de leguminosas (exemplificadas pela sucessão quadrienal de Norfolk de trigo, nabo, cevada e trevo), foram amplamente adotadas na Europa. Com isso, no mínimo triplicou-se a taxa de fixação simbiótica de nitrogênio, assegurando produtividades crescentes de culturas não leguminosas (Campbell; Overton, 1993).

Chorley (1981, p. 92) reconheceu que essa mudança foi verdadeiramente histórica, justificando o rótulo de Revolução Agrícola:

> Embora o avanço tenha se dado num amplo *front*, resultando de muitas mudanças pequenas, houve uma grande alteração de importância subjacente: a generalização das culturas leguminosas e o consequente aumento no suprimento de nitrogênio. Seria fantasioso sugerir que essa inovação negligenciada foi de significância comparável à da propulsão a vapor no desenvolvimento econômico da Europa no período de sua industrialização?

Wrigley (2002) ilustrou as conquistas resultantes da agricultura inglesa ao contrastar seu desempenho em 1300 e em 1800, e Muldrew (2011) documentou como as mudanças pós 1650 levaram a uma dieta cada vez mais variada e nutritiva e como esses aprimoramentos na dieta do trabalhador promoveram maior produtividade, empregabilidade constante e afluência crescente.

Diversidade de cultivos

A fazenda moderna é dominada por monoculturas, com plantações anuais da mesma variedade, refletindo a especialização regional da agricultura comercial.

86 Energia e Civilização: Uma História

No entanto, plantações repetidas da mesma espécie têm altos custos energéticos e ambientais. Elas requerem fertilizantes para substituir os nutrientes perdidos, bem como produtos químicos para controlar infestações, que prosperam em vastas plantações uniformes. Monoculturas formadas por fileiras de plantas como o milho, em que boa parte do solo permanece exposta à chuva antes que os vegetais se abram, promovem forte erosão quando plantadas em terrenos inclinados. E o cultivo constante de arroz em lotes inundados privados de oxigênio degrada a qualidade dos solos.

Antigos agricultores aprenderam com longa experiência os perigos das monoculturas. Em contraste, a rotação de cereais e leguminosas ou repõe o nitrogênio do solo ou ao menos diminui a drenagem de suas reservas. O cultivo de uma variedade de grãos, tubérculos, oleaginosas e fibrosas diminui o risco de fracasso total na colheita, previne o estabelecimento de infestações persistentes, reduz a erosão e mantém solos com melhores propriedades (Lowrance *et al.*, 1984; USDA, 2014). As culturas em rotação podem ser escolhidas para se adaptar a condições climáticas e de solo e para satisfazer preferências alimentares específicas. Esse método é altamente desejável de um ponto de vista agronômico, mas onde mais de uma cultura é cultivada por ano (cultivo múltiplo), mais trabalho é necessário, obviamente. Em locais com temporadas de seca, a irrigação acaba sendo necessária, e para cultivo múltiplo intensivo, com três ou até quatro espécies diferentes cultivadas a cada ano no mesmo campo, uma fertilização substancial também é necessária. Onde duas ou mais culturas são cultivadas no mesmo campo ao mesmo tempo (cultivo intercalar), a demanda laboral pode ser ainda maior. A recompensa fundamental do cultivo múltiplo é sua capacidade de sustentar maiores populações a partir da mesma área cultivada.

A variedade tradicional de culturas e seus esquemas de rotação eram enormes. O segundo levantamento de Buck da agricultura chinesa, por exemplo, contabilizou impressionantes 547 sistemas diferentes em 168 localidades (Buck, 1937). Ainda assim, diversas comunalidades-chave ficam claras. Nenhuma é mais notável do que a já mencionada prática quase global de vincular grãos leguminosos a cereais. Além de sua contribuição para a fertilidade do solo e para o suprimento proteico, alguns legumes, sobretudo a soja e o amendoim, também produzem óleos comestíveis que sempre foram bem-vindos em dietas tradicionais. As chamadas tortas de oleaginosas, o material compacto que resta depois que o óleo e extraído por prensagem, tornavam-se ou ração rica em proteína para os animais domésticos ou excelentes fertilizantes orgânicos.

O segundo aspecto em comum também já foi mencionado: rotações de adubação verde com culturas alimentares tinham um lugar de destaque em todas as agriculturas tradicionais intensivas. Uma terceira comunalidade, a rotação de culturas, refletia o desejo de cultivar lavouras voltadas a fibras juntamente com aquelas voltadas a carboidratos básicos (grão, tubérculos) e produção de óleo.

Como consequência, os inúmeros esquemas tradicionais na China incluíam rotação de trigo, arroz e cevada com soja, amendoim ou gergelim e com algodão e juta. Além de cereais básicos (trigo, centeio, cevada, aveia) e legumes (ervilha, lentilha, feijão), os camponeses europeus cultivavam linho e cânhamo por suas fibras. Os cultivos maias incluíam as três bases da agricultura do Novo Mundo — milho, feijão e abóbora — mas também tubérculos (batata-doce, mandioca, *jicama*) e agave e algodão por sua fibra (Atwood, 2009).

Persistência e inovação

A inércia das práticas agrícolas tradicionais era, em muitos casos, inequívoca mesmo com a passagem de vários milênios: a semeadura de grãos a mão em solos secos e o trabalho dolorosamente encurvado para transplantar mudas de arroz a campos úmidos; o arreio de bois lentos e a condução de arados simples de madeira; a colheita manual com foices e gadanhas e a debulha com maguais ou usando animais. Porém, essa aparente constância de processos recorrentes também ocultava mudanças diversas, embora quase sempre bastante graduais. Essas inovações iam da disseminação de melhores técnicas agronômicas até a adoção de novos cultivos.

A difusão de culturas agrícolas teve um efeito profundo ao introduzir novas bases de carboidratos (milho, batata) e novos vegetais e frutas ricos em micronutrientes. Algumas difusões foram relativamente lentas e avançaram por mais de uma rota. O pepino (*Cucumis sativus*), por exemplo, foi introduzido na Europa via duas difusões diferentes: primeiro (antes da ascensão do Islã) por terra desde a Pérsia (até o leste e o norte da Europa) e depois pelo mar, desembarcando na Andaluzia (Paris; Daunay; Janick, 2012). Sem dúvida, a difusão de novos cultivos de maior consequência acompanhou a conquista europeia das Américas, o que levou à adoção mundial de batata, milho, tomate e pimenta e ao cultivo pantropical de abacaxi, mamão, baunilha e cacau (Foster; Cordell, 1992; Reader, 2008). Talvez a melhor forma de apreciar a evolução agrícola seja examinar a fundo os quatro arranjos mais persistentes na agricultura tradicional, e então os acelerados avanços da agricultura pré-industrial da América do Norte.

Historicamente, o primeiro diz respeito à agricultura do Oriente Médio, exemplificada pelas práticas egípcias. Ali, as limitações naturais (uma disponibilidade restrita de terras aráveis e uma quase ausência de precipitação) e uma extraordinária dádiva ambiental (as cheia anuais do Nilo, que levavam suprimentos previsíveis de água e nutrientes) combinavam-se para produzir uma agricultura altamente produtiva já desde o início das épocas dinásticas. No início do século XX, após um longo período de estagnação, camponeses egípcios ainda obtinham algumas das maiores produtividades alcançáveis na agricultura solar (sem qualquer subsídio de insumos de energias fósseis).

88   Energia e Civilização: Uma História

A agricultura chinesa tradicional é ilustrativa da admirável produtividade da Ásia Oriental. Essas práticas sustentavam as maiores populações culturalmente coesas do mundo, e o mais surpreendente é que sobreviveram intactas até os anos 1950. Sua persistência tornou possível estudá-las com métodos científicos modernos, produzindo algumas quantificações confiáveis de seus desempenhos. Sociedades mesoamericanas complexas dependiam de um cultivo singular e altamente produtivo realizado sem aração e sem animais de tração. A partir de seus primórdios mediterrâneos simples, a agricultura europeia evoluiu em rápidos avanços durante os séculos XVII e XIX. A transferência de tradicionais técnicas europeias agrícolas para a América do Norte e o ritmo sem precedentes de inovação nos Estados Unidos nessa área durante o século XIX criaram o arranjo agrícola tradicional mais eficiente do mundo.

Egito Antigo

A agricultura do Egito pré-dinástico, rastreável a partir de pouco após 5000 a.C., coexistia com bastante caça (de antílopes, porcos, crocodilos, elefantes, gansos e patos), pesca (especialmente fácil em várzeas rasas) e coleta de plantas (ervas, raízes). O trigo farro e a cevada de duas fileiras foram os primeiros cereais, e as ovelhas (*Ovis aries*) foram os primeiros animais domesticados. A semeadura de outubro e novembro vinha logo após a baixa das águas do Nilo, a monda de ervas daninhas era rara e as colheitas ocorriam de cinco a seis meses depois. Cálculos baseados em registros arqueológicos indicam que a agricultura egípcia pré-dinástica podia alimentar talvez até 2,6 pessoas/ha de terra cultivada, mas uma média mais provável a longo prazo era de aproximadamente metade dessa taxa.

A agricultura egípcia sempre prosperou por causa da irrigação, mas tanto no Reino Antigo (2705–2205 a.C.) quanto no Reino Novo (1550–1070 a.C.) ela envolvia uma manipulação relativamente simples da água das cheias anuais. Para isso, eram construídos diques mais altos e mais resistentes, canais de drenagem eram bloqueados e as bacias alagáveis eram subdivididas. Ao contrário da Mesopotâmia e do vale do Indo, a irrigação perene por canais não era viável: o baixíssimo gradiente do Nilo (1:12.000) tornava a canalização impossível, e seu primeiro uso limitado se deu na depressão de Faium durante o período ptolemaico (após 330 a.C.).

De modo similar, a ausência de dispositivos efetivos para elevar reservas hídricas limitava em muito a irrigação dinástica de terras aráveis mais altas. Ascensores de contrapeso, usados desde o período de Amarna, no século XIV a.C., eram adequados somente para irrigar pequenos lotes de terra e jardins. A *saqiya* acionada por tração animal, necessária para trabalhos de elevação hídrica contínuos e de alta capacidade, foi adotada apenas na era ptolomaica.

Como consequência, não havia qualquer cultivo dinástico de safras veranis, somente safras mais extensivas de inverno. Trigo e cevada eram os grãos dominantes, a colheita era feita com foices de madeira com lâminas de sílex curtas e dentadas ou serrilhadas, e a palha era cortada alta acima do solo, às vezes logo abaixo das cabeças. Essa prática, também comum na Europa medieval, facilitava a colheita e o transporte da safra para o piso de debulha, tornando mais limpo este último processo. No clima seco do Egito, a palha restante de pé na plantação podia ser cortada mais tarde conforme a necessidade para a confecção de cestos e tijolos ou como combustível para cozinhar, e os talos serviam de pasto para os animais domésticos.

Pinturas em tumbas egípcias dão vida a essas cenas. Cenas da tumba de Unsou mostram camponeses capinando, jogando sementes, colhendo com foices e carregando grãos cortados em alforjes para serem debulhados por bois (Figura 3.10). Inscrições na tumba de Paheri expressam eloquentemente as limitações energéticas e as realidades da época (James, 1984). Um supervisor incita os trabalhadores: "Animem-se, mexam as pernas, a água está vindo e alcançando os feixes". A resposta deles — "O Sol está quente! Que o Sol receba o preço da cevada em peixes!" — resume perfeitamente tanto seu cansaço quanto sua consciência de que os grãos destruídos pela cheia podem ser compensados em peixes.

FIGURA 3.10
Cenas de atividades agrícolas egípcias na tumba de Unsou, da 18ª dinastia (Reino Novo), a leste de Tebas (Corbis).

90 Energia e Civilização: Uma História

E o garoto chicoteando os bois tenta animar os animais de carga: "Debulhem por si, debulhem por si. [...] Joio para vocês mesmos comerem, e cevada para seus mestres. Não deixem seus corações se fatigarem! Está fresco". Além de joio, os bois recebiam palha de cevada e de trigo e pastavam gramas selvagens das áreas alagáveis e ervilhacas cultivadas. Conforme o cultivo se intensificou, o gado passou a ser sazonalmente conduzido para pastar nos brejos do delta. Para aração, os bois recebiam cangas duplas de cabeça, os torrões eram quebrados por enxadas e marretas de madeira e as sementes espalhadas eram pisoteadas para dentro da terra por ovelhas. Registros do Reino Antigo indicam a existência não apenas de grandes quantidades de bois, mas também de rebanhos substanciais de vacas, asnos, ovelhas e cabras.

A reconstrução de Butzer (1976) da história demográfica do Egito indica uma densidade populacional no vale do Nilo crescendo de 1,3 pessoa/ha de terras aráveis em 2500 a.C. para 1,8 pessoa/ha em 1250 a.C. e 2,4 pessoas/ha na época que Roma destruiu Cartago (149–146 a.C.). Durante o domínio romano, a área cultivada total do Egito era de aproximadamente 2,7 Mha, com cerca de 60% dela no delta do Nilo. Essa área era capaz de produzir cerca de 1,5 vez mais alimento que o necessário para seus quase 5 milhões de habitantes. O excedente era uma questão de grande importância para a prosperidade do Império Romano em expansão: o Egito era seu maior fornecedor de grãos (Rickman, 1980; Erdkamp, 2005). Posteriormente, a agricultura egípcia declinou e estagnou.

Até recentemente, em plena segunda década do século XIX, o país cultivava apenas metade da área que durante o domínio romano. Porém, devido às maiores produtividades, essas terras sustentavam tantas pessoas quanto a área duas vezes maior alimentava, dentro e fora do território, quase dois milênios antes. A produtividade só foi crescer rapidamente com a disseminação da irrigação perene em 1843, quando as primeiras barragens no Nilo passaram a fornecer carga de água adequada para alimentar redes de canais. O índice nacional de cultivo múltiplo subiu de apenas 1,1 durante a década de 1830 para 1,4 em 1900, e durante os anos 1920 superou 1,5 (Waterbury, 1979). A agricultura ainda era dependente de energias animais, mas, já ajudados por fertilizantes não orgânicos, felás estavam alimentando seis pessoas para cada hectare de terra cultivada.

China

A China Imperial também atravessou longos períodos de agitação e estagnação, mas sua agricultura tradicional era consideravelmente mais inovadora que a egípcia (Ho, 1975; Bray, 1984; Lardy, 1983; Li, 2007). Assim como em outros locais, os estágios iniciais da agricultura na China não eram nem um pouco intensivos. Antes do século III a.C., não havia qualquer irrigação em larga escala e pouco ou nenhum cultivo duplo ou rotação de culturas. Painço de terras secas no norte e arroz alimentado pela chuva na bacia do baixo Yangtzé eram as culturas dominantes. Os porcos

Capítulo 3   Agricultura tradicional   **91**

foram os mais antigos animais domesticados — os primeiros indícios são de aproximadamente 8 mil anos antes do presente (Jing; Flad, 2002) — e também de longe os mais abundantes, mas indícios claros de estrumação só emergem após 400 a.C.

Enquanto o Egito estava fornecendo seu excesso de grãos ao Império Romano (durante a dinastia Han, 206 a.C.–220 d.C.), os chineses desenvolveram diversas ferramentas e práticas que a Europa e o Oriente Médio só iriam adotar séculos ou mesmo um milênio depois. Esses avanços incluíam, acima de tudo, arados com aiveca de ferro, arreios de pescoço para cavalos, semeadeiras e ventiladores rotativos para joeiramento. Todas essas inovações entraram em uso disseminado durante o início da dinastia Han (206 a.C.–9 d.C.). Talvez a mais importante tenha sido a adoção generalizada do arado de aivecas de ferro forjado.

Feitos de metal não quebradiço (cuja fundição foi aperfeiçoada no século III a.C.), esses arados de produção em massa estendiam as possibilidades de cultivo e ao mesmo tempo aliviavam o trabalho pesado. Embora pesassem mais que os arados de madeira, eles geravam bem menos fricção e podiam ser puxados por um único animal até mesmo em solos argilosos encharcados. Semeadeiras de tubos múltiplos reduziram o desperdício de sementes associado à semeadura por arremesso, e ventiladores de joeiramento acionados a manivela abreviaram bastante o tempo necessário para limpar os grãos debulhados. Arreios eficientes de pescoço para cavalos não faziam tanta diferença assim nas lides do campo, já que por todo o norte empobrecido os bois, de sustento mais fácil, seguiam sendo uma alternativa mais econômica ao cavalo (cuja alimentação exigia boa forragem ou grão), e somente os búfalos-asiáticos, com cangas de pescoço, podiam ser usados nos campos encharcados do sul.

Nenhum outro período dinástico pode se comparar com o Han em termos de mudanças fundamentais na agricultura (Xu; Dull, 1980). Os avanços subsequentes foram lentos, e após o século XIV d.C. as técnicas rurais ficaram praticamente estagnadas. Pouco mais de metade do aumento de grãos produzidos entre a dinastia Ming (1368–1644) e o início da dinastia Qing (1644– 1911) adveio da expansão da área cultivada (Perkins, 1969). Maiores insumos laborais — sobretudo mais irrigação e fertilização — responderam pela maior parte do aumento restante. Sementes melhores e novas culturas, principalmente o milho, fizeram alguma diferença regional.

Sem dúvida, a contribuição mais importante, e mais duradoura, ao cultivo intensificado na China foi o desenvolvimento, construção e manutenção de sistemas extensivos de irrigação (Figura 3.11). A antiguidade desses esquemas é mais bem demonstrada pelo fato de que quase metade de todos os projetos operando até o ano 1900 havia sido completada antes do ano 1500 (Perkins, 1969). As origens do talvez mais famoso deles, o Dujiangyan, de Sichuan, que ainda irriga campos que produzem alimentos para dezenas de milhões de pessoas, remontam ao século III a.C. (UNESCO, 2015b). O leito do Min Jiang foi cortado na em-

92 Energia e Civilização: Uma História

FIGURA 3.11
Pequena área de terraços de arroz do tipo *longji* (dorso de dragão) ao norte de Guilin, em Guangxi, cujas origens remontam à dinastia Yuan (1271–1368). *Fonte:* https://en.wikipedia.org/wiki/Longsheng_Rice_Terrace#/media.

bocadura do rio para a planície de Guanxian, e a vazão foi então repetidamente subdividida pela construção de triângulos de pedra no meio do fluxo.

A água era desviada para canais secundários e seu fluxo era regulado por diques e represas. Cestos de bambu trançado repletos de pedras eram o principal ingrediente construtivo. Dragagem e reparos dos diques durante estações de pouca vazão fluvial vêm mantendo os sistemas irrigatórios em funcionamento há mais de 2 mil anos. A construção e a manutenção incessante de tais projetos de irrigação (bem como a construção e a dragagem de longos canais navegáveis) exigiram planejamento a longo prazo, a mobilização massiva de mão de obra e investimentos substanciais de capital. Nenhuma dessas necessidades poderia ter sido satisfeita sem uma autoridade central efetiva. Houve claramente uma relação de sinergia entre os impressionantes projetos hídricos em larga escala da China e a ascensão, aperfeiçoamento e perpetuação das burocracias hierárquicas do país.

A elevação de água por tração humana era tediosa e demorada, e seus custos energéticos eram bem altos — mas altas também eram as recompensas na forma de maiores produtividades. Quando a irrigação supria água adicional para as lavouras durante os períodos críticos de crescimento, seu índice de retorno energético líquido direto na forma de alimento (excluindo o custo de construção e manutenção dos canais de irrigação) chegava facilmente a 30 (veja o Quadro 3.8). E quando compensava secas passageiras durante períodos menos críticos de crescimento, ainda retornava cerca de 20 vezes mais energia alimentar em colhei-

Capítulo 3   Agricultura tradicional   **93**

ta adicional do que os alimentos consumidos por camponeses dependentes de escadas hídricas movidas a pedal.

Nas áreas de rizicultura da China, aplicações de adubo animal e excrementos humanos costumavam totalizar em média 10 t/ha durante o fim do século XIX e o início do XX. Vastas quantidades de dejetos orgânicos eram coletadas em cidades e vilarejos e transferidas para campo, criando uma grande indústria de manuseio e transporte de dejetos (Quadro 3.9). Essa alta intensidade de adubação na China era admirada por viajantes ocidentais, que curiosamente não percebiam o quanto ela se assemelhava à experiência europeia anterior (King, 1927). Contudo, nenhuma cultura superou as maiores aplicações conhecidas de dejetos orgânicos que sustentaram a agricultura intensiva na região de diques e açudes da região de Cantão, no sul da China: entre 50 e 270 t de excrementos suínos e humanos por hectare (Ruddle; Zhong, 1988).

A compostagem e a aplicação regular de muitos outros dejetos orgânicos — incluindo pupas de bicho-da-seda, lama de canais e açudes, plantas aquáticas e tortas oleosas — elevavam ainda mais o fardo para coleta, fermentação e distribuição. Não chega a surpreender, portanto, que ao menos 10% de toda a mão de obra na agricultura tradicional chinesa eram dedicadas à gestão de fertilizantes.

QUADRO 3.9
Teor de hidrogênio de materiais reciclados na China

A escala da reciclagem tradicional (e, portanto, as energias voltadas a coleta, manuseio e aplicação de biomassa de dejetos) precisava ser muito vasta, já que os materiais orgânicos aplicados no campo ou misturados ao solo mediante a aração (como adubos verdes) tinham baixíssimo teor de nitrogênio; dejetos animais e humanos são em grande parte água, o mesmo valendo para os adubos verdes; somente as tortas oleosas (resíduos pós-prensagem oleaginosas) apresentam um teor relativamente alto de nitrogênio. Como comparação, a ureia, o principal fertilizante sintético moderno, contém 46% de nitrogênio.

Materiais	Teor de nitrogênio (% de N em peso fresco)
Esterco suíno	0,5–0,6
Excrementos humanos	0,5–0,6
Adubos verdes (ervilhaca e feijão)	0,5–0,3
Tortas oleosas (soja, amendoim, colza)	4,5–7,0
Sedimentos fluviais e lacustres	0,1–0,2

Fontes: faixas provenientes de dados compilados em Smil (1983, 2001) e citados numa variedade de fontes chinesas históricas e modernas.

94 Energia e Civilização: Uma História

Na Planície Norte da China, a fertilização pesada de trigo e cevada costumava ser a parte mais demorada do trabalho humano (perto de um quinto), respondendo também por cerca de um terço da tração animal dedicada a essas culturas. Porém, esse investimento era bastante compensador: seu índice de retorno energético costumava superar 50 (Quadro 3.10).

Os retornos gerais de energia alimentar em safras tradicionais chinesas não eram tão altos sequer durante o período de pico de seu desempenho nas primeiras décadas do século XX. O principal motivo era a mecanização mínima no campo, o que se traduzia no domínio continuado da mão de obra humana. Vastas informações quantitativas sobre praticamente todos os aspectos da agricultura chinesa tradicional dos anos 1920 e 1930 (Buck, 1930, 1937) permitem descrever o sistema em detalhes e fazer cálculos energéticos precisos. Em sua maioria, os terrenos eram bem pequenos (em torno de 0,4 ha) e ficavam a apenas cinco a dez minutos da sede da fazenda. Quase metade das terras cultiváveis era irrigada, um quarto delas na forma de terraços.

Mais de 90% das plantações eram de grãos, menos de 5% de batata-doce, 2% de fibras e 1% de vegetais. Em média, somente um terço de todos os campos setentrionais contava com ao menos um boi, e menos de um terço deles no sul contava com um búfalo-asiático. As lavouras exigiam a maior parte do trabalho de tração (90% para o arroz, 70% para o trigo), mas, exceto na aração e gradagem, as lides do campo na China dependiam quase exclusivamente de mão de obra humana. Como bois e búfalos-asiáticos quase não recebiam grãos em sua ração, os retornos energé-

---

QUADRO 3.10
Retorno energético líquido da fertilização

Uma boa safra de verão do fim da dinastia Qing de aproximadamente 1,5 t/ha exigia pouco mais de 300 horas de trabalho humano e 250 horas de trabalho animal. A fertilização respondia por respectivamente 17% e 40% desses totais. Assumo, de forma conservadora, que 10 t de fertilizantes aplicados por hectare continham apenas 0,5% de nitrogênio (Smil, 2001). Após perdas inevitáveis por lixiviação e volatização, somente metade disso, aproximadamente, ficaria de fato disponível para a lavoura. Cada quilograma de nitrogênio resulta numa produção adicional aproximada de 10 kg de grãos. Em comparação com uma lavoura não fertilizada, há um incremento produtivo de ao menos 250 kg de grãos. No máximo 3–4% desses grãos eram usados como ração animal. Depois da moagem, os grãos rendiam no mínimo 200 kg em farinha, ou cerca de 2,8 GJ de energia alimentar, comparados a um investimento aproximado de 40 MJ de alimento adicional para o trabalho humano. O retorno energético líquido da fertilização, portanto, ficava em torno de 70, um índice impressionante de benefício/custo.

Capítulo 3 Agricultura tradicional **95**

ticos podem ser calculados considerando somente a mão de obra humana. O trigo setentrional não irrigado costumava render no máximo 1 t/ha, com sua produção demandando mais de 600 horas de trabalho. Essa cultura retornava entre 25 e 30 unidades de energia alimentar em grãos não moídos para cada unidade de energia alimentar necessária para o trabalho no campo e para o processamento de safras.

As produtividades locais e regionais de arroz já eram bastante elevadas durante a dinastia Ming, e a média nacional ficava em torno de 2,5 t/ha durante as primeiras décadas do século XX, atrás apenas do Japão. Cerca de 2 mil horas de trabalho eram necessárias para produzir tais colheitas, gerando retornos energéticos brutos de 20 a 25 vezes. Os retornos energéticos brutos no caso do milho chegavam a 40, mas o fubá nunca foi um alimento muito apreciado na China. No caso dos grãos de leguminosas (soja, ervilha, feijão), os retornos raramente ultrapassavam 15, costumando ficar perto de 10. Este também era o retorno de óleos vegetais advindos de colza, amendoim ou gergelim. Os grãos supriam cerca de 90% de toda a energia alimentar, e o consumo de carne por famílias camponesas era insignificante (geralmente reservado a ocasiões festivas). No entanto, essas dietas vegetarianas monótonas acabaram sustentando altas densidades populacionais.

As densidades populacionais da China antiga não deviam ser muito diferentes das médias egípcias, indo de apenas 1 pessoa/ha nas regiões mais pobres ao norte até bem mais que 2 pessoas/ha nas áreas rizícolas ao sul. Havia também grandes diferenças intrarregionais, com o nordeste fechado para imigração chinesa durante os dois primeiros séculos da dinastia Qing governada pelos manchus, e com baixíssimas densidades em partes montanhosas do sul. A intensificação gradual do cultivo combinada com dietas simples acabou levando ao sustento de taxas bem mais altas. Uma reconstrução aproximada relativa às dinastias (1368–1644) e Qing (1644–1911) parte de aproximadamente 2,8 pessoas/ha de terras cultiváveis em 1400 e sobe para 4,8 pessoas/ha em 1600 (Perkins, 1969). Um leve declínio durante o próspero reinado de Qianlong (1736–1796) foi resultado da expansão das terras aráveis pela população. As densidades populacionais voltaram a subir durante o século XIX, e no seu final a taxa média estava acima de 5 pessoas/ha, maior que a média contemporânea em Java e ao menos 40% acima da média na Índia (Figura 3.12).

Os levantamentos de Buck (1937) relativos ao início da década de 1930 indicam uma média nacional de ao menos 5,5 pessoas/ha de terras cultivadas. Isso era quase equivalente à taxa contemporânea do Egito, mas todas as terras egípcias eram irrigadas, e fertilizantes inorgânicos já estavam em uso. Em contraste, a produtividade nacional média da China era rebaixada pelo cultivo das terras secas ao norte. Em 1800, a região rizícola ao sul já superava a taxa de 5 pessoas/ha, e vastas partes dela sustentavam mais de 7 pessoas/ha no final da década de 1920. Em comparação com o cultivo de trigo nas terras secas, os retornos energéticos

96 Energia e Civilização: Uma História

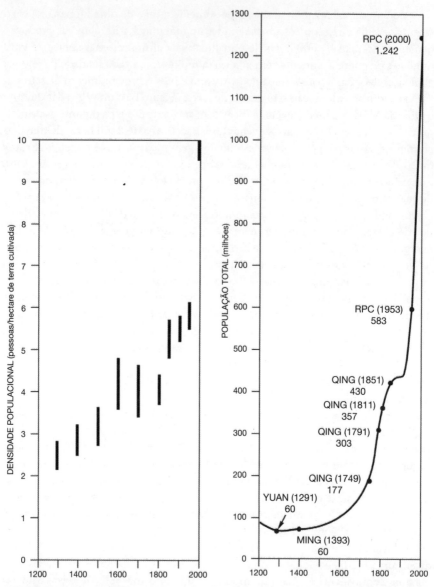

FIGURA 3.12
Densidade populacional da China em perspectiva a longo prazo. Uma expansão substancial da área cultivada durante a dinastia Qing foi logo atropelada pelo contínuo crescimento populacional do país. As barras de densidade indicam a incerteza das estimativas históricas. Baseada em dados de Perkins (1969) e Smil (2004).

líquidos eram invariavelmente mais baixos na rizicultura, mas isso era mais que contrabalançado pelos rendimentos maiores por hectare: o cultivo duplo de arroz e trigo nas áreas mais férteis era capaz de alimentar 12–15 pessoas/ha.

Culturas mesoamericanas

Sem quaisquer animais de tração (e, portanto, sem aração), as agriculturas das clássicas civilizações mesoamericanas diferiam bastante daquelas do Velho Mundo. Contudo, elas também acabaram desenvolvendo métodos intensivos de cultivo que sustentavam densidades populacionais impressionantemente altas. Além disso, domesticaram diversas culturas que são hoje cultivadas no mundo todo, acima de tudo milho, pimenta (*Capsicum annuum*) e tomate (*Solanum lycopersicum*). A cultura não alimentar mais importante originada na Mesoamérica é o algodão (*Gossypium barbadense*). Análises moleculares indicam a península de Yucatán como o local original da domesticação do algodão, enquanto o *pool* genético dos cultivares modernos da planta tem suas origens no sul do México e na Guatemala (Wendel *et al.*, 1999).

As planícies tropicais maias e a bacia do México bem mais seca e elevada foram as regiões de maiores feitos agrícolas. Embora houvesse bastante interação entre os povos dessas regiões, e embora compartilhassem o milho como sua cultura básica, as histórias deles são substancialmente diferentes. Os motivos para o declínio da primeira cultura seguem gerando polêmica (Haug *et al.*, 2003; Demarest, 2004), enquanto a outra foi destruída pela invasão espanhola (Leon, 1998). A sociedade maia se desenvolveu gradualmente por muito tempo antes do início do Período Clássico, por volta de 300 d.C. A região que abrangia partes atuais do México (Yucatán), Guatemala e Belize sustentava uma civilização complexa até por volta de 1000 d.C. Então, numa das viradas mais enigmáticas da história mundial, a sociedade clássica maia se desintegrou e sua população encolheu de cerca de 3 milhões durante o século VIII d.C. para apenas 100 mil quando da conquista espanhola (Turner, 1990).

Más práticas agrícolas — erosão excessiva e uma pane na gestão hídrica — foram sugeridas como algumas das razões para o colapso maia (Gill, 2000). Nos estágios iniciais de seu desenvolvimento, os maias eram plantadores itinerantes, mas gradualmente se voltaram a formas intensivas de cultivo (Turner, 1990). Os maias das terras altas construíram terraços extensivos com paredes de rocha, capazes de conservar a água e impedir a erosão pesada em aclives continuamente cultivados. Já os maias das terras baixas construíram algumas impressionantes redes de canais e elevaram campos acima das zonas alagáveis para impedir inundação sazonal. Antigos campos maias elevados e sulcados, alguns datando de até 1400 a.C., ainda são discerníveis em fotografias aéreas modernas. Sua clara identificação e data-

98 Energia e Civilização: Uma História

ção durante os anos 1970 refutou a noção há muito tempo predominante de que os maias se limitavam à agricultura itinerante (Harrison; Turner, 1978).

A bacia do México assistiu a uma sucessão de culturas complexas, a começar pelos teotihuacanos (100 a.C.–850 d.C.), seguidos pelos toltecas (960–1168), e desde o início do século XIV, pelos astecas (Tenochtitlan foi fundada em 1325). Houve uma longa transição desde a coleta de plantas e a caça de veados até a agricultura sedentária. A intensificação do cultivo por meio da regulação hídrica começou no início da era de Teotihuacan e gradualmente evoluiu a tal ponto que, quando da chegada da conquista espanhola, ao menos um terço da população regional dependia de gestão hídrica para se alimentar (Sanders; Parsons; Santley, 1979).

A irrigação permanente via canais em torno de Teotihuacan era capaz de sustentar quase 100 mil pessoas, mas o cultivo mais intensivo na Mesoamérica dependia das *chinampas* (Parsons, 1976). Esses campos retangulares eram elevados entre 1,5 e 1,8 metro acima das águas rasas dos lagos Texcoco, Xalco e Xochimilco. Lama escavada, resíduos de lavouras, grama e plantas aquáticas eram usados na sua construção. Seus ricos solos aluviais eram cultivados de modo contínuo, ou então com pousios de poucos meses, e suas bordas eram reforçadas com árvores. As *chinampas* transformavam pântanos improdutivos em campos e jardins de alto rendimento, e solucionaram o problema de encharcamento do solo. Além disso, a acessibilidade com embarcações facilitava o transporte de colheitas para os mercados das cidades. O cultivo em *chinampas* proporcionava um excelente retorno sobre o trabalho investido, e o alto índice benefício/custo explica a frequência dessa prática, iniciada em 100 a.C. e que chegou ao seu auge durante as últimas décadas do domínio asteca (Quadro 3.11).

QUADRO 3.11
Campos elevados na bacia do México

Uma *chinampa* era capaz de render até quatro vezes mais que terras não irrigadas. Uma colheita excelente de milho, na faixa de 3 t/ha, produzia, subtraindo-se cerca de um décimo em reserva de sementes e desperdício, aproximadamente 30 GJ mais energia alimentar que uma gleba não irrigada. Como os campos eram elevados no mínimo 1,5 m acima do espelho d'água, 1 hectare de *chinampa* exigia o acúmulo de aproximadamente 15.000 m^3 de sedimento e lama lacustre. Um homem trabalhando de cinco a seis horas por dia era capaz de levantar no máximo 2,5 m^3. Sendo assim, para elevar 1 hectare de campo eram necessários 6.000 homens-dia de trabalho. Com um custo de energia laboral de 900 kJ/h, a tarefa demandava cerca de 30 GJ de energia alimentar adicional — uma quantia ganha em colheita adicional em apenas um ano.

Capítulo 3   Agricultura tradicional   **99**

Na época da conquista espanhola, os lagos Texcoco, Chaco e Xochimilco tinham cerca de 10 mil hectares de campos de *chinampa* (Sanders; Parsons; Santley, 1979). Sua construção demandou no mínimo 70 milhões de homens-dia de mão de obra. Como o camponês médio precisava dedicar ao menos 200 dias por ano para cultivar comida suficiente para sua própria família, ele não podia trabalhar mais de 100 dias em grandes projetos hidráulicos. E como uma boa parcela desse tempo precisava ir para a manutenção de aterros e canais já existentes, uma mão de obra sazonal de no mínimo 60 e até 120 camponeses era necessária para adicionar cada novo hectare de *chinampa*. Os meios eram diferentes, mas a bacia do México pré-hispânico era claramente uma civilização tão hidráulica quanto a China Ming, sua grande contemporânea asiática. Esforços a longo prazo, bem planejados e centralmente coordenados e um enorme investimento em trabalho humano foram os ingredientes-chave de seu sucesso agrícola.

O milho irrigado é uma cultura de rendimento inerentemente maior do que a do trigo, e as densidades populacionais sustentadas pelos melhores cultivos mesoamericanos eram bem altas. Um hectare de *chinampa* de alto rendimento podia alimentar até 13–16 pessoas, tirando 80% de sua energia alimentar dos grãos. Naturalmente, as médias para a bacia do México como um todo eram consideravelmente menores, indo de menos de 3 pessoas/ha em áreas periféricas até 8 pessoas/ha em solos bem drenados com irrigação permanente (Sanders; Parsons; Santley, 1979). A população da bacia antes da Conquista (1519), de aproximadamente 1 milhão de pessoas e explorando todas as terras cultiváveis do vale, apresentava uma densidade média de cerca de 4 pessoas/ha. Densidades quase idênticas eram sustentadas pelo cultivo de batata em campos elevados nas várzeas em torno do lago Titicaca, a área nevrálgica dos incas, entre a fronteira atual do Peru e Bolívia (Denevan 1982; Erickson 1988).

Europa

Na Europa, assim como na China, períodos de aprimoramentos relativamente constantes alternavam-se com estagnação na produtividade, e períodos de fome localizada em época de paz persistiram até o século XIX. No entanto, até o século XVII a agricultura europeia era em geral inferior às conquistas chinesas, sempre adotando tardiamente inovações vindas do Oriente. A agricultura grega, sobre a qual pouco sabemos, certamente não era tão impressionante quanto suas contemporâneas pelo Oriente Médio. Por sua vez, os romanos desenvolveram uma agricultura moderadamente complexa cujas descrições sobreviveram nas obras de Catão (*De agri cultura*), Varrão (*Rerum rusticarum libri III*), Columela (*De re rustica*) e Paládio (*Opus agriculturae*). Esses escritos foram frequentemente reimpressos — talvez sua melhor compilação em vo-

100 Energia e Civilização: Uma História

lume único com comentários e notas tenha sido publicada por Gesner (1735) — e exerceram influência significativa até o século XVII (White 1970; Fussell, 1972; Brunner, 1995).

Ao contrário de regiões fulcrais densamente povoadas da China, onde a escassez de pastagens e a alta densidade populacional impediam a criação extensiva de animais, as fazendas europeias sempre tiveram um forte componente de pecuária. A agricultura mista romana incluía rotações de cereais e leguminosas, compostagem e a devolução dos legumes para a terra mediante sua aração como adubo verde. A reciclagem de todos os dejetos orgânicos possíveis era muitas vezes intensiva, abrangendo desde excrementos altamente valorizados de pombos até tortas oleosas. A calagem repetida (aplicações de calcário e marna) dos campos era feita para reduzir a acidez do solo. Pelo menos um terço dos campos permanecia em pousio.

Os bois, muitas vezes ferrados, eram os principais animais de tração. Os arados eram de madeira, a semeadura era feita a mão e a colheita era realizada com foices. Uma ceifadeira gaulesa mecânica, descrita por Plínio e retratada em alguns altos-relevos sobreviventes, era de uso limitado. A debulha era feita pelo pisoteio de animais ou com manguais, e a produção era baixa e bastante variável. A reconstrução de insumos no cultivo romano de trigo durante os primeiros séculos da Era Comum sugere entre 180 e 250 horas de trabalho humano (e cerca de 200 horas de trabalho animal) para produzir colheitas típicas que mal chegavam a 0,5 t/ha. Mesmo assim, os retornos em energia alimentar, girando em torno de 30 e 40, eram bem altos (Quadro 3.12).

A produtividade da agricultura na Europa mudou muito lentamente durante o milênio entre o declínio do Império Romano do Ocidente e os primórdios da grande expansão europeia. No início do século XIII, a produção de trigo seguia aferrada a métodos quase inalterados, e não era capaz de sustentar densidades populacionais maiores que a média pré-dinástica no Egito. Ainda assim, a Idade Média certamente não foi um período desprovido de inovações técnicas importantes (Seebohm, 1927; Lizerand, 1942; Slicher van Bath, 1963; Duby, 1968, 1998; Fussell, 1972; Grigg, 1992; Astill; Langdon, 1997; Olsson; Svensson, 2011). Uma das mudanças mais importantes foi a adoção dos arreios de pescoço para cavalos de tração.

Muito por causa desses arreios aprimorados, os cavalos começaram a substituir os bois como os principais animais de tração em todas as regiões mais abastadas do continente. Mas a transição foi bem lenta, levando geralmente séculos para se concretizar. Em regiões mais ricas da Europa, ela ocorreu entre o século XI, quando as ferraduras de cavalos e os arreios de pescoço se tornaram a regra, e o século XVI. O progresso bem documentado na Inglaterra mostra que os cavalos respondiam por 5% de todos os animais de tração em terras de suseranos na época

Capítulo 3 Agricultura tradicional **101**

QUADRO 3.12
Demandas laborais de colheitas europeias de trigo, 200–1800

	Horas de trabalho (pessoa/animais)/ha de trigo		
Tarefas	Itália, 200	Inglaterra, 1200	Países Baixos, 1800
Aração			
Bois	37/74	25/150	
Cavalos			15/30
Gradagem	8/16	7/14	5/10
Semeadura			
A lanço	4/—	4/—	
Semeadeiras			3/6
Adubação			40/60
Colheita			
Foice	50/—	50/—	
Gadanha			24/—
Transporte	15/30	10/20	7/14
Debulha			
Pisoteio (bois)	30/60		
Mangual		30/—	33/—
Joeiramento	25/—	25/—	30/—
Medição, ensacagem	8/—	7/—	10/—

Fontes: os cálculos se baseiam em informações de Baars (1973), Seebohm (1927), White (1970), Stanhill (1976) e Langdon (1986).

---

do levantamento de Domesday (1086), mas cerca de 35% nas terras de vassalos (Langdon, 1986). Em 1300, esses percentuais haviam crescido respectivamente para 20% e 45%, e após um período de estagnação os cavalos se tornaram a maioria dos animais de tração somente ao fim do século XVI.

A riqueza relativa dos dados ingleses também ilustra a complexidade dessa transição. Por muito tempo, os cavalos foram meros substitutos aos bois, servindo para dar o ritmo em parelhas mistas. Sua adoção obedeceu a um claro padrão regional (com a Ânglia Oriental bem à frente do restante da Inglaterra), e as pequenas propriedades eram muito mais progressistas ao empregá-los no campo. Diferenças nos tipos predominantes de solos (os argilosos favoreciam os bois), a disponibilidade de ração (pastagens extensas favoreciam os bois) e acesso a mercados para a compra de bons animais de trabalho e para a venda da carne (a proximidade aos vilarejos favorecia os cavalos) combinavam-se para produzir um resultado complexo. Além disso, o conservadorismo e a resistência a mudanças

102 Energia e Civilização: Uma História

atuavam como obstáculos, enquanto a busca por reduzir os custos operacionais e um espírito de pioneirismo eram fatores motivantes. E o que também ajudou a atravancar essa transição foram os arados mal projetados e a debilidade da maioria dos cavalos medievais.

Numa construção toda em madeira, a combinação de bases largas, rodas pesadas e grandes aivecas gerava uma fricção enorme. Em solos úmidos, não era incomum usar de quatro a seis animais, bois ou cavalos, para superar essa resistência. Apesar de sua relativa ineficiência, a combinação de arados de aivecas chatas e grandes grupos de animais (incluindo cada vez mais cavalos) foi essencial para ampliar as terras em cultivo. Ao dividir os campos em terras reviradas e sulcos fundos, a aração com aiveca criou um padrão de drenagem artificial eficiente. Ainda que não fosse nem de longe tão espetacular quanto as *chinampas*, essa forma de controlar o excesso de água no campo teve repercussões espaciais e históricas bem mais amplas. A aração com aiveca abriu extensas planícies encharcadas do norte da Europa para o cultivo de trigo e cevada, culturas nativas de ambientes secos do Oriente Médio.

No fim da Idade Média, a fronteira dos assentamentos alemães demarcava a extensão mais oriental da aração com aiveca. A técnica se espalhou por todas as terras planas europeias entre o Mar do Norte e os Urais somente no século XIX, e nos Balcãs também esteve ausente até essa época. Sem dúvida, seu uso representou tanto uma mudança revolucionária, garantindo avanços agronômicos no nordeste e centro da Europa e no Báltico, quanto um ingredientes-chave da prosperidade agrícola continuada de terras baixas, frias e úmidas. Cavalos de tração pesada, comuns em fazendas e estradas europeias durante o século XIX, foram um produto de muitos séculos de cruzamentos (Villiers 1976), mas o progresso foi lento, e os cavalos medievais eram pouco maiores que seus predecessores romanos (Langdon 1986). Mesmo no fim da Idade Média, a maioria dos animais chegava a no máximo 13–14 palmos, e a potência dos cavalos de tração começou a aumentar notadamente apenas quando animais medindo 16–17 palmos e pesando perto de 1 t se tornaram comuns na Europa Ocidental, durante o século XVII (Figura 3.13).

Isso explica as reclamações inglesas medievais de que cavalos são inúteis em solos argilosos pesados. Em contraste, os cavalos de tração pesada do século XIX se saíam muito bem em terrenos úmidos, em solos pesados e em terrenos irregulares. Durante o século XIX, uma parelha de bons cavalos cumpria facilmente 25–30% mais lides do campo em um dia do que um grupo de quatro bois. Dessa agilidade resultaram três ganhos na agricultura: um cultivo mais frequente de campos já existentes (sobretudo a aração de terrenos em pousio para matar ervas daninhas), a exploração de novas terras cultiváveis e a liberação da mão de obra para outras atividades no campo e na fazenda em geral. E na maioria das regiões

Capítulo 3   Agricultura tradicional   **103**

FIGURA 3.13
Cavalos europeus de tração iam de portes pequenos lembrando pôneis, com menos de 12 palmos (1,2 m), até bestas grandes e pesadas, com mais de 16 palmos e 1 t. As silhuetas animais, baseadas em Silver (1976), estão retratadas em escala.

europeias, a rotação de culturas podia fornecer facilmente ração concentrada para manter uma parelha de cavalos a um custo menor que um grupo de quatro bois. A combinação do baixo ritmo de transição de bois para cavalos, grandes flutuações regionais em produção agrícola e a persistência de baixíssimas colheitas de grão básicos torna impossível mostrar um avanço constante de produtividade atribuível ao crescimento no número de cavalos de tração.

Sua superioridade ficou óbvia somente quando animais mais possantes passaram a ser a maioria dos rebanhos, e quando eles começaram a atuar bem mais na intensificação dos cultivos durante os séculos XVII e XVIII. No transporte viário, suas vantagens foram reconhecidas muito antes. Cavalos de trabalho também impuseram um importante desafio em termos de suprimento energético. O trabalho pesado possibilitado por arreios e ferraduras eficientes precisava ser energizado por uma ração melhor do que apenas a forragem (gramas e palhas) suficiente para bois de trabalho. Cavalos de trabalho possantes precisavam de concentrados, grãos de cereais ou legumes. Como consequência, os agricultores tiveram de intensificar suas lavouras para sustentar tanto suas famílias quanto seus animais. Sendo assim, mesmo locais com densidades populacionais baixas e que não exigiam agricultura intensiva, ela acabou nascendo em virtude da demanda por ração animal.

104 Energia e Civilização: Uma História

A abundância de cifras históricas de preço possibilita reconstruir tendências a longo prazo de produção de inúmero países (Abel, 1962). Naturalmente, havia diferenças regionais substanciais, mas flutuações cíclicas em larga escala são inequívocas. Épocas de relativa prosperidade (sobretudo entre 1150 e 1330, no século XVI e entre 1750 e 1800) foram marcadas por extensivas conversões de várzeas e florestas em campos agrícolas. Elas também impulsionaram a colonização de áreas remotas e trouxeram uma variedade maior de alimentos para suplementar o pão, que era a comida básica por toda a parte. Períodos de acentuados declínios econômicos e guerras provocaram fomes localizadas, grandes perdas populacionais e amplo abandono de campos e vilarejos (Centre des Recherches Historiques, 1965; Beresford; Hurst, 1971). Epidemias e guerras geraram fortes quedas populacionais no século XIV. Nas primeiras décadas do século XV, a Europa tinha uma população quase um terço menor que em 1300, e a Alemanha perdeu cerca de dois quintos de seus camponeses entre 1618 e 1648.

A insegurança continuou sendo o atributo persistente da agricultura camponesa europeia até o fim do século XVIII, e a condição miserável do campesinato ficava evidente até mesmo em partes mais ricas do continente durante as primeiras décadas do século XIX. Cobbett (1824, p. 111), viajando pela França em 1823, ficou atônito em ver "mulheres espalhando bosta de vaca com as próprias mãos!", e observou que os implementos agrícolas usados nos campos franceses "pareciam ser os mesmos [...] usados na Inglaterra muito tempo atrás, talvez há mais de um século". Porém, logo em seguida um cultivo bastante intensivo finalmente tornou-se a norma na maior parte da Europa Atlântica.

Suas marcas registradas foram o abandono gradual do pousio e a adoção generalizada de diversas rotações-padrão de culturas. O cultivo de batatas se disseminou após 1770, a produção pecuária foi ampliada e a adubação pesada tornou-se regular. No século XVIII, as aplicações anuais médias em Flandres de adubo, excrementos humanos, tortas oleosas e cinzas chegava a facilmente 10 t/ha (Slicher van Bath, 1963). Os Países Baixos emergiram como um líder na produtividade agrícola. Por volta de 1800, as fazendas holandesas cultivavam trigo como a cultura principal, além de cevada, aveia, centeio, feijão, ervilha, batata, colza, trevo e forragem verde. Menos de 10% das terras cultiváveis ficavam em repouso, e havia uma integração íntima com a produção pecuária (Baars, 1973).

As horas de trabalho necessárias para cultivar um hectare de trigo holandês variaram pouco em comparação com as práticas medievais ou romanas. Mas, à medida que cavalos possantes substituíram os bois, as horas de trabalho animal diminuíram, e melhores cultivares e uma fertilização intensiva resultaram em rendimentos de trigo cerca de quatro vezes maiores que os da Idade Média. Como resultado, o retorno energético líquido das fazendas holandesas do início do século XIX era superior a 160 vezes, comparado ao ganho inferior a 40 vezes

Capítulo 3 Agricultura tradicional **105**

no cultivo medieval de trigo na Inglaterra e inferior a 25 vezes no cultivo de grãos pelos romanos na Itália por volta de 200 d.C. (Quadro 3.13).

A intensificação agrícola prosseguiu na maioria dos países europeus após a recuperação de uma depressão causada por excesso de produção no início do século XIX. Dois exemplos alemães ilustram essas mudanças (Abel, 1962). Em 1800, cerca de um quarto dos campos alemães ficavam em pousio, mas em 1833 essa parcela havia caído para menos de 10%. O consumo anual de carne *per capita* era inferior a 20 kg antes de 1820, mas chegou a quase 50 kg até o final do século. Rotações anteriores envolvendo três culturas foram substituídas por uma variedade de sequências de quatro culturas. No ciclo popular de Norfolk, o trigo era seguido por nabo, cevada e trevo, e rotações envolvendo seis culturas também estavam se espalhando. Aplicações de sulfato de cálcio, e de marna ou cal para corrigir a acidez excessiva do solo, tornaram-se comuns em áreas mais abastadas.

A adoção de implementos mais bem projetados também se acelerou durante o século XIX e foi acompanhada por um maior número de animais de tração: entre 1815 e 1913, o total de cavalos, bois e asnos (em termos relativos equestres) aumentou 15% no Reino Unido, 27% nos Países Baixos e 57% na Alemanha (Kander; Warde, 2011). Em 1850, as produtividades estavam aumentando em importantes regiões agrícolas, à medida que a intensificação passava a sustentar populações urbanas crescentes. Após séculos de flutuação, no ano 1900 as densidades populacionais nas regiões de cultivo mais intensificado do continente — Países Baixos, partes da Alemanha, França e Inglaterra — alcançaram 7–10 pessoas/ha de terras aráveis. Esses níveis já refletiam um suporte energético con-

---

QUADRO 3.13
Custos e retornos energéticos das colheitas de trigo na Europa entre 200–1800

	Custos e retornos energéticos do cultivo de trigo		
	Itália, 200	Inglaterra, 1200	Países Baixos, 1800
Horas de trabalho	177	158	167
Custo energético (MJ)	142	126	134
Rendimento em grãos (t/ha)	0,4	0,5	2,0
Rendimento alimentar (GJ)	3,3	4,9	22,2
Retorno energético líquido	23	39	166
Horas de trabalho animal	180	184	120

Fontes: cálculos baseados em informações de Seebohm (1927), White (1970), Baars (1973), Stanhill (1976), Langdon (1986) e Wrigley (2006).

106 Energia e Civilização: Uma História

siderável decorrente, indiretamente, de maquinário e de fertilizantes produzidos com carvão. A agricultura europeia do fim do século XIX se transformou num sistema híbrido: ainda criticamente dependente de força motriz animal, mas cada vez mais se beneficiando de muitos insumos de energia fóssil.

América do Norte

A história da agricultura dos Estados Unidos pós-revolução é notável, por seu ritmo de inovação cada vez mais acelerado. Essas mudanças resultaram no cultivo mais laboralmente eficiente do final do século XIX (Ardrey, 1894; Rogin, 1931; Schlebecker, 1975; Cochrane, 1993; Hart, 2004; Mundlak, 2005). Durante as últimas décadas do século XVIII, as safras nos estados do nordeste do país, e ainda mais no sul, estavam bem atrás dos avanços europeus. Arados de madeira com relhas de ferro forjado e aivecas de madeira parcamente cobertas com peças de metal causavam alta fricção, obstruções pesadas e sobrecarga nos bois com canga. A semeadura era feita a mão, a colheita, com foice, e a debulha, a golpes de mangual, embora no sul ainda se adotasse o pisoteio animal primitivo.

Tudo isso mudou rapidamente durante o novo século. Alterações na aração vieram primeiro (Ardrey, 1894; Rogin, 1931). Charles Neubold introduziu um arado de ferro moldado em 1797; as patentes de Jethro Wood (1814 e 1819) tornaram praticável sua versão intercambiável; e nos anos 1830 arados de ferro moldado começaram a ser substituídos por arados de aço. O primeiro deles foi feito com aço de lâmina de serra por John Lane em 1833, e a produção foi comercializada por John Deere, cuja publicidade original (1843) de aivecas feitas de ferro forjado prometiam que o metal, impecavelmente polido, "rasgaria perfeitamente qualquer solo, sem emperrar nem no terreno mais grosso"(Magee, 2005).

E a produção bem mais barata de aço pelo processo de Bessemer tornou as aivecas prontamente disponíveis: Lane introduziu seu arado de aço em camadas em 1868. Arados montáveis de duas ou três rodas também se tornaram comuns durante a década de 1860 (Figura 3.14). Arados múltiplos, de até dez relhas, e puxados por até doze cavalos, foram usados antes do fim do século para abrir novas terras nos estados setentrionais das Grandes Planícies e nas províncias da planície canadense de Manitoba, Saskatchewan e Alberta. Arados massivos com aivecas de aço permitiram rasgar solos densamente enraizados de pastagens e descortinar as vastas planícies da América do Norte para o cultivo de grãos.

Avanços em aração foram acompanhados por outras inovações. Semeadeiras e máquinas de debulha acionadas por cavalos estavam em uso disseminado em 1850. As primeiras ceifadeiras mecânicas de grãos foram patenteadas na Inglaterra entre 1799 e 1822, e dois inventores norte-americanos, Cyrus McCormick e Obed Hussey, partiram dessa base para desenvolver máquinas práticas de produção em massa a partir dos anos 1830 (Greeno, 1912; Aldrich, 2002). Eles come-

Capítulo 3 Agricultura tradicional **107**

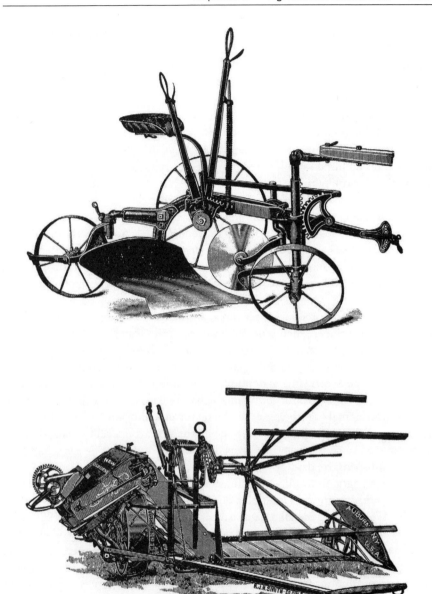

FIGURA 3.14
Arado montável de três rodas (feito por Deere & Co. em Moline, estado de Illinois, durante a década de 1880), e a colheitadeira de correia para grãos (feita durante as últimas décadas do século XIX em Auburn, estado de Nova York). Essas duas inovações abriram as planícies da América do Norte para o cultivo de grãos em larga escala. Reproduzido a partir de Ardrey (1894).

108 Energia e Civilização: Uma História

çaram a vender bastante durante os anos 1850, e 250 mil unidades estavam em uso ao final da Guerra Civil Americana. A primeira colheitadeira foi patenteada em 1858 por C. W. e W. W. Marsh, exigindo dois homens para enfardar os grãos cortados, e a primeira atadeira de barbante bem-sucedida foi introduzida por John Appleby em 1878.

Essa invenção foi o último ingrediente necessário para uma colheitadeira de grãos completamente mecanizada, que descarregava feixes de grãos já atados prontos para formarem moreias (Figura 3.14). A difusão acelerada dessas máquinas antes do fim do século XIX, juntamente com o arado de relhas múltiplas, possibilitou a exploração de vastas extensões de pastagens não apenas na América do Norte, mas também na Argentina e na Austrália. No entanto, o desempenho da melhor colheitadeira e atadeira logo seria superado pela introdução das primeiras colheitadeiras puxadas por cavalos, vendidas pela Stockton Works, da Califórnia, durante os anos 1880. O modelo Housers, o padrão de colheitadeira da empresa após 1886, cortava dois terços do trigo da Califórnia por volta de 1900, quando mais de 500 dessas máquinas estavam trabalhando nos campos do estado (Cornways, 2015).

As maiores delas precisavam ser puxadas por até 40 cavalos e podiam colher um hectare de trigo em menos de 40 minutos — mas testavam os limites de maquinário puxado por animais, já que era um desafio colocar arreios e guiar tantos cavalos assim. Contudo, sua implementação é a melhor ilustração da transferência de mão de obra ocorrida na agricultura norte-americana durante o século XIX. Em seu início, um agricultor (80 W) trabalhando no campo era ajudado por 800 W de tração animal (dois bois); ao seu final, um agricultor dispunha de 18.000 W (30 cavalos) ao conduzir uma colheitadeira por sua lavoura californiana de trigo, tornando-se um controlador de fluxos de energia e deixando de ser uma força-motriz indispensável das lides do campo.

Em 1800, agricultores da Nova Inglaterra (semeando a mão, com arados de madeira puxados por bois, munidos de rastelos, foices e manguais) precisavam de 150–170 horas de trabalho para realizar sua colheita de trigo. Em 1900, com aração com relhas múltiplas puxadas por cavalo, grade niveladora e colheitadeira mecanizada era possível produzir a mesma quantidade de trigo em menos de nove horas (Quadro 3.14). Em 1800, agricultores da Nova Inglaterra precisavam de mais de 7 minutos para produzir um quilograma de trigo, mas menos de um minuto era necessário no Vale Central da Califórnia em 1900, um ganho de produtividade laboral de aproximadamente 20 vezes em um século.

Em termos de gastos energéticos líquidos, essas diferenças eram um pouco maiores: a maioria dos turnos de trabalho mais longos em 1800 era dedicada a trabalho bem mais pesado — com arados manuais, foices e maguais — do que nas décadas posteriores. Além disso, as perdas em semeadura e armazenamento diminuíram consideravelmente. Em comparação com 1800, em 1900 cada

QUADRO 3.14
Demandas laborais (humanas/animais) em horas/hectare e o custo energético do trigo norte-americano, 1800–1900

Tarefas	1800	1850	1875	1900
Aração				
Arado de madeira	20/40			
Arado de ferro moldado		15/30		
Arado de aço			8/24	
Arado de relhas múltiplas				3/30
Gradagem				
Rastelo	7/14			
Grade niveladora		5/10	5/15	1/4
Semeadura				
A lanço	3/—			
Semeadeira		3/6	3/9	1/2
Colheita				
Foice	49/—			
Gadanha		25/—		
Enfardadeira			11/6	
Colheitadeira				3/17
Transporte	10/10	8/8	5/5	2/10
Debulha				
Mangual	33/—			
Debulhadoras		10/10	8/8	
Joeiramento	40/—			
Horas de trabalho	162	66	40	9
Custo energético (MJ)	145	56	32	7
Retorno bruto em energia alimentar	129	335	586	2.680
Retorno líquido em energia alimentar	90	270	500	2.400
Produtividade laboral (min/kg de grãos)	7,2	2,9	1,8	0,4

O primeiro caso representativo (1800) é de um cultivo típico da Nova Inglaterra em que a energia para todas as tarefas vem de dois bois e de um a quatro homens. A segunda sequência (1850) traça insumos de energia equestre na agricultura de meados do século em Ohio. O terceiro (1875) apresenta avanços em Illinois, e o último (1900) abrange a forma mais produtiva de cultivo de trigo a tração equestre na Califórnia. As cifras na tabela representam o total de horas (homens/animais) dispendidas por hectare no cultivo de trigo. Como os rendimentos de trigo nos Estados Unidos não demonstram qualquer tendência ascendente durante o século XIX, assumo um rendimento constante de 20 *bushels* por acre, ou 1.350 kg/ha (18,75 GJ/ha). Os cálculos se baseiam em grande parte nas taxas de desempenho compiladas por Rogin (1931).

110 Energia e Civilização: Uma História

unidade de energia alimentar dedicada ao trabalho no campo produzia em média cerca de 25 vezes mais energia comestível na forma de grãos de trigo. Naturalmente, esses imensos avanços se deveram apenas em parte às eficiências bem maiores resultantes do melhor maquinário. O outro motivo principal para o crescimento acelerado dos retornos energéticos do trabalho foi a substituição dos músculos humanos pela potência equestre. Inventores norte-americanos produziram uma vasta gama de implementos e máquinas eficientes, mas tiveram sucesso limitado em fazer com que a tração animal deixasse de ser a principal força motriz no campo.

A debulha foi a única operação-chave em que os cavalos foram gradualmente substituídos por motores a vapor. A agricultura em rápida expansão nos Estados Unidos dependia de rebanhos cada vez maiores de cavalos e mulas. Esses animais eram geralmente possantes, grandes e bem alimentados — e seus custos energéticos eram surpreendentemente altos. Em 1900, eles demandavam 50% mais energia em ração do que os bois da Nova Inglaterra de 1800, e além de feno e palha, precisavam também de aveia ou milho. O cultivo desses grãos para ração reduzia a produção de safras voltadas a humanos, e é possível quantificar esses custos com bastante precisão (USDA, 1959). Durante as duas primeiras décadas do século XX, a quantidade de cavalos e mulas nos Estados Unidos permaneceu em torno de 25 milhões. Para cultivar ração suficiente para sua manutenção e trabalho, era preciso dedicar cerca de um quarto das terras cultivadas no país (Quadro 3.15). Essa imensa área só era possível pela farta oferta de terras cultiváveis nos Estados Unidos. Em 1910, o país tinha quase 1,5 ha/*capita*, o dobro que em 1990 e cerca de dez vezes mais que a China contemporânea.

Durante as últimas décadas do século XIX, não foi apenas uma combinação de projetos engenhosos e potência equestre abundante que tornaram a agricultura norte-americana tão produtiva. Na década de 1880, o consumo de carvão no país ultrapassou o consumo de madeira, e o petróleo cru começou a ganhar importância. A produção e distribuição de ferramentas, implementos e máquinas e o transporte de produtos agrícolas tornaram-se dependentes de insumos de carvão e petróleo. Os agricultores norte-americanos deixaram de ser meros gestores habilidosos de fluxos de energia solar renovável; suas produções passaram a ser subsidiadas por combustíveis fósseis.

Os limites da agricultura tradicional

Os enormes contrastes socioeconômicos entre a vida durante a dinastia Qin — o primeiro período de unificação da China (221–207) — e as últimas décadas do Império Qing (1644–1911), ou entre a Gália céltica romana e a França pré-revolucionária, nos fazem esquecer da imutabilidade das forças motrizes e da constância de práticas básicas de cultivo ao longo de milênios de história pré-in-

QUADRO 3.15
A alimentação dos cavalos de tração nos Estados Unidos

Em 1910, os Estados Unidos tinham 24,2 milhões de cavalos e mulas de trabalho (e apenas mil tratores pequenos); em 1918, esse rebanho alcançou o pico de 26,7 milhões e o número de tratores cresceu para 85 mil (USBC, 1975). Com uma necessidade média diária de 4 kg de grãos para animais de tração e 2 kg de ração concentrada como complemento (Bailey, 1908), a demanda anual em ração era de uns 30 Mt de aveia e milho. Com os grãos rendendo cerca de 1,5 t/ha, isso exigia a plantação de ao menos 20 Mha para cultivo de ração em grãos. Como forragem suplementar, os cavalos de trabalho exigiam ao menos 4 kg/dia de feno, enquanto o restante podia ser mantido com cerca de 2,5 kg/dia, demandando um total anual de uns 30 Mt de feno. Com um rendimento médio de feno por volta de 3 t/ha, no mínimo 10 Mha de feno precisavam ser colhidos. A área dedicada à ração equestre precisava ser de no mínimo 30 Mha, comparada a cerca de 125 Mha de área total de colheita anual. Isso significa que o rebanho equestre nos Estados Unidos (de trabalho ou não) demandava quase 25% das terras cultivadas do país. Cálculos do USAD (1959) chegaram a um total quase idêntico de 29,1 Mha.

dustrial. Populações sustentadas apenas pelo esforço de pessoas e animais e pela reciclagem de dejetos orgânicos e plantação de legumes haviam crescido a partir de um aproveitamento mais eficiente da potência animal e da maior intensidade das práticas de cultivo.

Em regiões altamente produtivas, como o noroeste da Europa, o Japão central e as províncias litorâneas da China, ao final do século XIX as produtividades se aproximaram dos limites impostos pelas taxas máximas de energia disponível e fluxos de nutrientes. Ao mesmo tempo, as agriculturas pré-industriais fizeram avanços bastante limitados nas colheitas médias. Além disso, forneciam meras dietas de subsistência básica para a maioria do povo até mesmo nos melhores anos, e não conseguiam evitar desnutrição crônica e fomes generalizadas recorrentes. Aqueles arranjos produtivos que eram duráveis, resilientes e adaptáveis também eram frágeis, vulneráveis e inadequados para satisfazer as necessidades crescentes.

Realizações

Os avanços na agricultura tradicional foram lentos, e a adoção de novos métodos não garantia o desaparecimento de velhas práticas. Terrenos em pousio, gadanhas e bois com cangas ineficientes só foram desaparecer da Europa no fim do século XIX, quando o cultivo contínuo, ceifadeiras de grãos e bons cavalos trabalhando juntos na tração se tornaram comuns. A única maneira de reduzir a mão de obra humana num sistema cujas lides do campo dependiam exclusivamente de potência muscular foi pela maior disseminação de animais de tração. Essa migração exigiu não apenas melhores arreios, rações e cruzamentos, mas também inovação no *design* de ferramentas e máquinas do campo para operações específicas em substituição ao trabalho humano.

De início lentos, esses avanços se aceleraram durante o século XVII. Comparações no cultivo de trigo talvez sejam os melhores parâmetros desse progresso. Durante as primeiras décadas do século XVIII, o cultivo de um hectare de trigo na Europa e na América do Norte levava quase 200 horas, ou praticamente o mesmo tempo que na Idade Média. Em 1800, a média nos Estados Unidos havia caído para menos de 150 horas, e em 1850, abaixo de 100 horas. Em 1900, era de menos de 40 horas, e as práticas mais produtivas (arados de relhas múltiplas e colheitadeiras na Califórnia) exigiam menos de 9 horas para cumprir a mesma tarefa (Figura 3.15).

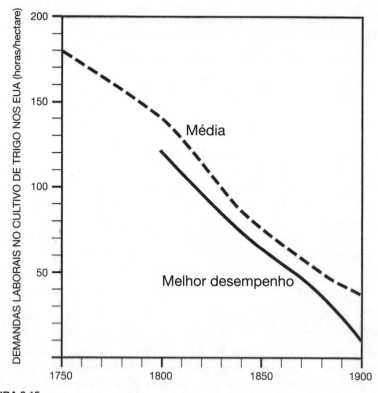

FIGURA 3.15
A eficiência crescente no cultivo de trigo nos Estados Unidos durante o século XIX pode ser plotada com boa precisão com base em dados compilados por Rogin (1931) e o USDA (1959).

Capítulo 3 Agricultura tradicional **113**

A intensificação gradual da agricultura tradicional atingida pela substituição do trabalho humano pela tração animal elevou a produtividade, mas por muito tempo isso teve um efeito quase indiscernível nas produtividades médias. A escassez e a imprecisão das informações disponíveis dificultam qualquer avaliação de longo prazo, mas fica claro que a estagnação e os ganhos marginais foram a norma tanto na Europa quanto na Ásia. Até as primeiras décadas do século XIX, não dispomos de qualquer média nacional ou regional confiável. A maioria das cifras mais antigas em fontes europeias é apresentada na forma dos retornos relativos das sementes plantadas, geralmente em volume, e não em termos de massa. Como aquelas sementes eram menores que as variedades atuais altamente selecionadas, conversões para massa são incertas. Além do mais, até mesmo os melhores registros monásticos ou patrimoniais têm lacunas frequentes, e praticamente todos eles exibem amplas flutuações de um ano para o outro. Durante a Idade Média, extremos climáticos chegavam a reduzir tanto as produtividades que não restavam sementes suficientes para a plantação seguinte.

As melhores estimativas indicam que os retornos no início da Idade Média era de apenas duas vezes no caso do trigo. As melhores reconstruções de longo prazo de uma tendência nacional pelos últimos sete séculos estão disponíveis para a Inglaterra (Bennett, 1935; Stanhill, 1976; Clark, 1991; Brunt, 1999). No século XIII, os retornos de sementes de trigo ficavam em geral em torno de três ou quatro, com o máximo registrado de até 5,8. Isso se traduz numa média pouco maior que 500 kg/ha. Análises cuidadosas de todos os inícios ingleses disponíveis mostram que esse baixíssimo rendimento só foi dobrar irreversivelmente cerca de cinco séculos mais tarde. A produtividade do trigo inglês manteve-se quase nos níveis medievais até 1600, mas daí em diante ela cresceu continuamente.

A média nacional em 1500 dobrou antes de 1800 e triplicou até 1900, em grande parte como resultado de uma ampla drenagem de terras e da adoção generalizada de rotação de culturas e adubagem intensiva (Figura 3.16). Em 1900, a agricultura britânica já se beneficiava bastante da melhoria do maquinário e ainda mais dos acelerados avanços da economia nacional impulsionados pela combustão cada vez maior de carvão. O efeito desses subsídios de energia fóssil também fica claramente discernível no caso das produtividades holandesas; em contraste, as produtividades de trigo na França exibiam uma tendência ascendente bem mais moderada até mesmo durante o século XIX, e chegou a haver uma queda no cultivo eficiente mas extensivo nos Estados Unidos (Figura 3.16). Usando as melhores médias disponíveis de produtividade, uma hora de mão de obra medieval produzia no máximo 3–4 kg de grãos. Em 1800, as taxas médias ficavam em torno de 10 kg. Um século mais tarde, chegavam perto de 40 kg, e os melhores desempenhos ficavam bem acima de 100 kg.

Os retornos energéticos aumentaram um pouco mais depressa quando uma hora média de trabalho no campo no fim do século XIX passou a exigir menos

114 Energia e Civilização: Uma História

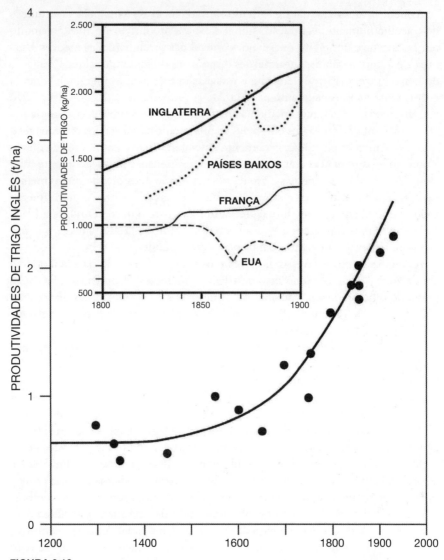

FIGURA 3.16
As produtividades de trigo inglês exibem um longo período de estagnação seguido por uma decolagem pós-1600. Os ganhos de produtividade durante o século XIX foram ainda mais impressionantes nos Países Baixos, mas pequenos na França, enquanto a expansão do cultivo de trigo para o oeste dos Estados Unidos e para o interior mais seco resultou numa queda das produtividades médias. Plotagens a partir de dados de USDA (1955), USBC (1975), Stanhill (1976), Clark (1991) e Palgrave Macmillan (2013).

Capítulo 3   Agricultura tradicional   **115**

dedicação física que os típicos esforços medievais: a aração a mão com arados pesados de aiveca de madeira puxados por bois exigia um esforço bem maior do que montar num arado de aço puxado por um grupo de cavalos possantes. Uma sequência completa de cultivo de trigo no final do Império Romano ou início da Idade Média renderia um ganho líquido aproximado de 40 vezes em energia em grão colhidos. No início do século XIX, boas colheitas na Europa Ocidental retornavam cerca de 200 vezes mais energia em trigo do que era gasta na sua produção. No final do século, essa taxa costumava ficar acima de 500, e os melhores retornos superavam 2.500 vezes.

Os ganhos energéticos líquidos (após subtrair reservas em sementes e perdas em armazenamento) eram necessariamente mais baixos, no máximo 25 para as colheitas medievais normais, 80–120 no início do século XIX e tipicamente 400–500 no seu final. No entanto, essa decolagem nas produtividades laborais se deveram à implementação crescente de tração animal, e portanto mediante um investimento energético substancial em produção de ração. No caso de Roma, cada unidade de potência útil disponível do trabalho humano era suplementada por cerca de oito unidades de capacidade laboral animal. Na Europa do início do século XIX, a razão típica de capacidade de potência humana/animal subiu para 1:15, mas nas fazendas mais produtivas dos Estados Unidos ficava bem acima de 1:100 durante a década de 1890. A mão de obra humana se tornou uma fonte insignificante de energia mecânica, e o trabalho do agricultor passou a valer mais na gestão e no controle, tarefas com baixa demanda energética, mas altas recompensas produtivas.

Os custos energéticos da potência animal cresceram ainda mais depressa. Como uma junta de bois romanos subsistindo de forragem não precisava consumir grão algum para desempenhar suas tarefas no campo, seu uso não reduzia o suprimento potencial de grãos dos camponeses. Por sua vez, uma junta de cavalos de porte médio do início do século XIX consumia quase 2 t de grãos na ração por ano, cerca de nove vezes o total de grãos consumidos pelos camponeses *per capita*. Durante a década de 1890, 12 cavalos norte-americanos possantes precisavam de umas 18 t de aveia e milho ao ano, cerca de 80 vezes o total consumido em grãos por seu proprietário. Somente alguns países com abundância de terras podiam se dar ao luxo de fornecer tanta ração. Cerca de 15 ha de terras eram necessárias para alimentar uma dúzia de cavalos. Uma fazenda média norte-americana tinha quase 60 ha de terra em 1900, mas somente um terço dela era cultivada. Claramente, até mesmo nos Estados Unidos somente os grandes produtores de grãos podiam se dar ao luxo de manter 12 ou mais animais de trabalho; a média em 1900 era de apenas três cavalos por fazenda (USBC, 1975).

Nem toda sociedade tradicional podia intensificar seu cultivo a partir de maiores insumos em trabalho animal. A intensificação baseada no cultivo mais elaborado de uma área limitada de terra arável tornou-se a norma nas regiões rizícolas da Ásia. Os exemplos mais notáveis desse desenvolvimento foram o Japão, partes da

116 Energia e Civilização: Uma História

China e Vietnã e Java, a ilha mais densamente povoada do arquipélago da Indonésia. Essa abordagem, pertinentemente batizada por Geertz (1963) como involução agrícola, baseava-se no alto potencial produtivo do arroz irrigado e em pesado investimento energético, que durante décadas e séculos tomou a forma de construção e manutenção de sistemas de irrigação, campos alagados e terraceamento.

Ao passo que a intensificação do cultivo em terras secas pode facilmente levar à degradação ambiental (sobretudo erosão e perda de nutrientes do solo), agroecossistemas de arrozais são bem mais resilientes. Contudo, seu cultivo assíduo é um enorme absorvedor de mão de obra humana. O processo começa com a nivelação cuidadosa dos campos e a germinação de mudas em sementeiras, e envolve técnicas de microgestão de plantio espaçado, semeadura a mão e colheita de plantas individuais. Uma vez estabelecida, é difícil fugir dessa tendência à introversão. O processo sustenta densidades populacionais cada vez maiores, mas acaba levando a um empobrecimento extremo. Primeiro a produtividade laboral entra em estagnação, depois começa a cair, à medida que populações maiores passam a depender de dietas cada vez mais marginais. Muitas regiões da China exibiram claros sinais de involução agrícola durante as dinastias Ming e Qing.

Após os conflitos da primeira metade do século XX, políticas maoístas baseadas em trabalho rural massivo em fazendas comunitárias perpetuaram a involução até o fim dos anos 1970. Nessa época, 800 milhões de camponeses ainda representavam mais de 80% da população total da China, e eles seguiam subsistindo de rações distribuídas de modo igualitário, mas apenas suficientes para sobreviver. Essa tendência só foi se reverter com a abolição das comunas por Deng Xiaoping e com a privatização propriamente dita das fazendas no início dos anos 1980. Inúmeros países rizícolas da Ásia permaneciam na espiral de involução mesmo após 1950. Em contraste, o Japão quebrou a tendência com a Restauração Meiji em 1868. Do início dos anos 1870 até os anos 1940, sua população total cresceu 2,2 vezes. Essa taxa foi acompanhada por aumentos nas produtividades médias de arroz, enquanto a população rural caía pela metade, para apenas 40% do total (Taeuber, 1958).

Apesar de suas diferenças fundamentais, os dois grandes padrões de intensificação agrícola — um baseado na substituição do trabalho humano por tração animal, o outro na maximização dos insumos laborais dos camponeses — impulsionaram a produção das lavouras na mesma direção, rumo a um lento aumento das densidades populacionais. Esse processo foi essencial para liberar uma parcela crescente da mão de obra para trabalhos alheios à agricultura, uma tendência que levou à especialização ocupacional, a assentamentos de grande porte e ao advento e à complexidade crescente das civilizações urbanas.

Essas mudanças podem ser reconstruídas somente em termos aproximados. Os totais das populações passadas são altamente incertos até mesmo para sociedades com uma longa tradição de contagens relativamente abrangentes (Whitmore *et al.*, 1990). Mas é ainda mais difícil encontrar dados confiáveis relativos a terras cultivadas, e ainda pior para as parcelas dessas terras que eram de fato exploradas com culturas anuais ou permanentes. Como consequência, é impossível apresentar tendências confiáveis de densidades populacionais. O que pode ser feito com confiança é contrastar os mínimos característicos de agriculturas antigas com inúmeros desempenhos típicos mais tardios (derivados de registros por escrito) e então com as melhores conquistas dos modos de cultivo pré-industriais mais intensivos (bem documentados por pesquisas modernas).

As taxas médias referentes a todas as civilizações antigas parecem começar em torno de 1 pessoa/ha de terra arável. Somente depois de muitos séculos de avanços lentos essa taxa acabou dobrando. No Egito, levou cerca de 2 mil anos para ela dobrar, e parece que um período de tempo similar foi necessário tanto na China quanto na Europa (Figura 3.17). Em 1900, as melhores médias nacionais estavam em torno de 5 pessoas/ha de terra cultivada, e as maiores conquistas regionais chegavam a um pico de mais de duas vezes esse nível (e durante o século XX, se aceleraram bem mais: no ano 2000 eram de quase 25 pessoas/ha no Egito, 12 na China e 3 na Europa). Mas comparações de densidades populacionais também devem levar em consideração a adequação nutricional e a variedade das dietas.

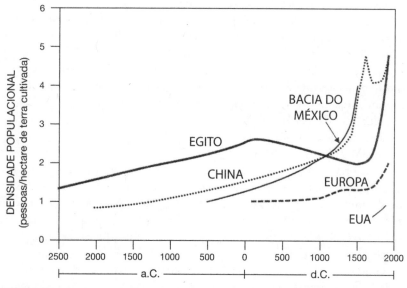

FIGURA 3.17
Tendências aproximadas de longo prazo de densidades populacionais por hectare de terra cultivada no Egito, China, bacia do México e Europa, 2500 a.C.–1900 d.C. Os cálculos se baseiam em estimativas e dados de Perkins (1969), Mitchell (1975), Butzer (1976), Waterbury (1979), Richards (1990) e Whitmore e colaboradores (1990).

Nutrição

Cifras que acompanham as densidades populacionais de sociedades pré-industriais pouco revelam sobre a adequação e a qualidade das dietas típicas. O cálculo das demandas alimentares médias de uma sociedade tradicional não pode ser feito com uma certeza razoável; pressuposições demais são necessárias para preencher as informações faltantes. Estimativas de produção precisam se fiar em pressuposições cumulativas, e o consumo real também era afetado por perdas consideráveis e altamente variáveis pós-colheita. Talvez a única generalização aceitável, baseada em indícios documentais e antropométricos, seja a inexistência de uma tendência ascendente em suprimento alimentar *per capita* ao longo de milênios de agricultura tradicional. Em certos aspectos, algumas sociedades agrícolas antigas encontravam-se em condições relativamente melhores, ou ao menos não piores, que as de suas sucessoras. A reconstrução de Ellison (1981) de listas de rações mesopotâmicas antigas, por exemplo, indica que os suprimentos energéticos diários entre 3000 e 2400 a.C. eram cerca de 20% maiores que a média do início do século XX na mesma região.

Cálculos baseados em registros da dinastia Han mostram que, durante o século IV a.C. no estado de Wei, um camponês típico devia fornecer para cada um de seus cinco familiares quase meio quilograma de grão por dia (Yates, 1990). Esse total é idêntico à média dos chineses setentrionais durante a década de 1950, antes da introdução das bombas de irrigação e dos fertilizantes sintéticos (Smil, 1981a). Cifras mais confiáveis referentes ao início da era moderna na Europa também mostram alguns notáveis declínios no consumo de alimentos básicos mesmo em cidades que desfrutavam de um fornecimento privilegiado de comida. O suprimento anual de grãos *per capita* na cidade de Roma, por exemplo, caiu de 290 kg durante o fim do século XVI para apenas 200 kg no ano 1700, e a disponibilidade média de carne *per capita* também diminuiu, de quase 40 kg para apenas cerca de 30 kg (Revel, 1979).

E na maioria dos casos, as dietas mais recentes também eram menos diversas. Elas continham menos proteína animal que as dietas antigas com mais alto consumo de animais selvagens, aves e espécies aquáticas. Esse declínio qualitativo não foi compensado por uma disponibilidade mais equânime de produtos alimentares básicos: acentuadas desigualdades de consumo, tanto regionais quanto socioeconômicas, eram comuns no fim do século XVIII e persistiram até o século XIX. Grandes parcelas do povo, e recorrentemente até maiorias, em todas as sociedades agrícolas tradicionais tinham de viver com suprimentos alimentares que ficavam abaixo do nível necessário para uma vida saudável e vigorosa. Em seu levantamento de 1797 sobre o estado dos pobres na Inglaterra, Frederick Morton Eden concluiu que, mesmo na parte sul mais rica do país, os alimentos

Capítulo 3 Agricultura tradicional **119**

básicos não passavam de pão seco e queijo, e na residência de um trabalhador de Leicestershire havia:

> raramente qualquer manteiga, mas ocasionalmente algum queijo e às vezes carne aos domingos. [...] O pão, porém, é o sustento básico da família, mas atualmente eles não têm o suficiente, e seus filhos estão quase nus e meio desnutridos. (Eden 1797, p. 227)

A reconstrução da ingestão alimentar por pobres ingleses e trabalhadores rurais galeses concluiu que entre 1787 e 1796 eles consumiam uma média de 8,3 kg ao ano (Clark; Huberman; Lindert, 1995), e entre a metade mais pobre da população inglesa esse consumo mal ultrapassava 10 kg na década de 1860 (Fogel, 1991). E no leste da Prússia, um terço da população rural não podia contar com pão suficiente até o ano de 1847 (Abel, 1962).

Mesmo durante épocas razoavelmente prósperas, as dietas típicas — suprindo nutrição mais do que adequada em termos de energia total e nutrientes básicos — eram bastante monótonas e pouco palatáveis. Em grandes partes da Europa, pão (quase sempre escuro, em regiões setentrionais com pouca ou nenhuma farinha de trigo), grãos rústicos (aveia, cevada, trigo-sarraceno), nabo, repolho e mais tarde batata eram os alimentos cotidianos básicos. Eles eram muitas vezes combinados com sopas e caldos ralos, e as refeições noturnas eram indistinguíveis do café da manhã e do almoço. As típicas dietas rurais da Ásia eram, na verdade, ainda mais dominadas por poucos cereais. Na China pré-moderna, painço, trigo, arroz e milho supriam mais de quatro quintos de toda a energia alimentar. Na Índia, a situação era quase idêntica.

Vegetais e frutas sazonais abundantes costumavam dar alguma vida a essa monotonia. Os preferidos da Ásia incluíam repolho, rabanete, cebola, alho e gengibre e pera, pêssego e laranja. O repolho e a cebola também figuravam entre os esteios do sustento europeu, ao lado de nabo e cenoura. Maçã, pera, ameixa e uva eram as frutas mais colhidas. As espécies mais importantes na Mesoamérica eram tomate, chuchu, pimenta e abacate. As dietas rurais típicas da Ásia sempre foram predominantemente vegetarianas, assim como aquelas das sociedades mesoamericanas, que, afora os cães, nunca tiveram qualquer animal doméstico considerável. No entanto, algumas partes da Europa desfrutavam de uma ingestão relativamente alta de carne durante períodos de prosperidade Ainda assim, as dietas típicas incluíam apenas pequenas porções ocasionais de carne. Proteínas animais eram obtidas em grande parte nos laticínios. Assados, cozidos, cerveja, bolos e vinho eram comuns apenas em ocasiões festivas como feriados religiosos, casamentos ou banquetes de associações profissionais (Smil, 2013d).

Mesmo quando as dietas cotidianas supriam energia e proteína suficiente, podia haver deficiências frequentes de vitaminas e minerais. As dietas mesopotâmicas, baseadas na alta produtividade da cevada, eram carentes em vitaminas A e C:

120   Energia e Civilização: Uma História

inscrições antigas trazem referências à cegueira e a uma doença similar a escorbuto (Ellison, 1981). Durante os milênios subsequentes, essas duas deficiências eram comuns na maioria das sociedades extratropicais. Em locais onde vegetais verdes eram raramente comidos, a baixíssima ingestão de carne causava deficiências crônicas de ferro. Dietas dominadas por arroz apresentavam grande *deficit* de cálcio, sobretudo para o crescimento infantil: no sul da China, a média era de menos de metade da ingestão diária recomendada (Buck, 1937). Dietas monótonas e inadequadas e desnutrição generalizada seguem sendo a norma atualmente em muitos países pobres cujas densidades populacionais ultrapassaram os limites sustentáveis até mesmo pelo cultivo tradicional mais intensivo.

Limites

Apesar do lento progresso na produtividade laboral e no rendimento das lavouras, a agricultura tradicional foi um enorme sucesso evolutivo. Não haveria culturas complexas sem as altas densidades populacionais sustentadas pelo cultivo permanente. Até mesmo uma colheita ordinária de grãos básicos era capaz de alimentar, na média, dez vezes mais pessoas que a mesma área usada por agricultores itinerantes. Mas havia limites claros para as densidades alcançáveis com a agricultura tradicional. Acima de tudo, o suprimento alimentar médio raramente ficava muito acima do mínimo para a sobrevivência, e fomes sazonais e recorrentes debilitavam até mesmo aquelas sociedades com baixas densidades populacionais, bons solos e técnicas agrícolas relativamente boas.

O suprimento energético era o limite mais comum no processo de substituição de trabalho humano por tração animal. Não se podia permitir que a produção de ração concentrada necessária para os animais de trabalho comprometesse colheitas adequadas de grãos alimentares. Mesmo em agriculturas de terras férteis com extraordinárias capacidades de produção de ração, a tendência de substituição não poderia ter continuado muito além das conquistas norte-americanas do fim do século XIX. Arados pesados de múltiplas relhas e colheitadeiras levaram o cultivo a tração animal até seus limites práticos. Além do fardo de alimentar grandes rebanhos usados por breves períodos de trabalho no campo, muita mão de obra precisava ser investida na construção e manutenção de estábulos, limpeza e colocação de ferraduras. Preparar os arreios e conduzir grandes grupos de cavalos também eram desafios logísticos. Havia uma demanda clara por uma força motriz bem mais potente — e ela logo foi introduzida na forma de motores de combustão interna.

Os limites à densidade populacional em sociedades passando por involução agrícola foram alcançados pela capacidade de subsistir à base de retornos *per capita* do trabalho humano gradualmente menores. Esses ganhos acabaram sendo limitados pelas possibilidades máximas de reciclagem de nitrogênio. A aplicação

Capítulo 3   Agricultura tradicional   **121**

mais intensiva de fontes tradicionais de nitrogênio — a partir da reciclagem de dejetos orgânicos e plantação de adubos verdes — fornecia o bastante desse nutriente para sustentar 12–15 pessoas/ha de terra cultivada. A produção de adubos não podia ser aumentada além do limite imposto pela disponibilidade de ração animal. Em regiões intensivamente cultivadas, eles podem vir apenas de resíduos da lavoura e do processamento de alimentos. Além do mais, a adubação pesada e o uso de dejetos humanos são bastante exigentes em termos de trabalho fatigante e repetitivo necessário para coletar, transportar e distribuir a matéria orgânica.

A única alternativa universalmente disponível e efetiva era fazer a rotação das lavouras dependentes de adubação com plantas leguminosas. No entanto, essa solução também é limitada. A plantação frequente de adubos verdes na forma de leguminosas de fato mantinha a alta fertilidade do solo — mas inevitavelmente baixava a produção anual média de cereais básicos. Grãos leguminosos podem ser cultivados amplamente sem um suprimento externo de nitrogênio, mas essas duas classes de alimentos são intercambiáveis somente em termos de seu teor de energia alimentar. Legumes têm bastante proteína, mas também são difíceis de digerir, e muitas vezes são pouco palatáveis. Acima de tudo, não podem ser usados para fazer pão nem, com poucas exceções, macarrão. Inescapavelmente, assim que as sociedades ficam ricas uma das transições nutricionais mais notáveis é sua queda de consumo de legumes.

Qualquer que fosse o período histórico, a situação ambiental ou o modo predominante de cultivo e intensificação, nenhuma agricultura tradicional era capaz de produzir consistentemente comida suficiente para eliminar uma ampla desnutrição. Todas elas eram vulneráveis a fomes generalizadas, e nem mesmo sociedades que praticavam o cultivo mais intensivo eram imunes a catástrofes recorrentes, com as secas e as inundações figurando como os gatilhos naturais mais comuns. Nos anos 1920, camponeses chineses recordavam em média de três safras perdidas durante suas vidas, a ponto da população não ter o que comer (Buck, 1937).

Essas fomes generalizadas duravam em média cerca de 10 meses, e forçavam um quarto da população afetada a comer casca de árvore e grama. Quase um sétimo das pessoas deixavam seus vilarejos em busca de comida. Um padrão similar era encontrado na maioria das sociedades da Ásia e da África. Algumas fomes eram tão excepcionalmente devastadoras que permaneciam na memória coletiva por gerações e levavam a grandes mudanças sociais, econômicas e agronômicas. Exemplos notáveis de tais eventos são as safras de milho perdidas por geada e seca na bacia do México entre 1450 e 1454 (Davies, 1987), o famoso colapso por infestação de *Phytophthora* nas safras de batata na Irlanda entre 1845 e 1852 (Donnelly, 2005) e a grande fome da Índia de 1876–1879 induzida pela seca (Seavoy, 1986; Davis, 2001).

122 Energia e Civilização: Uma História

Por que as sociedades pré-industriais não conseguiam se proteger melhor contra a recorrência de faltas tão drásticas de alimentos? Até podiam — ou ampliando as terras cultivadas ou intensificando seu cultivo, ou ambos — e estavam constantemente tentando fazer isso. Porém, na enorme maioria dos casos essas medidas eram tomadas com relutância, e costumavam ser adiadas por tanto tempo que desastres naturais repetidamente se traduziam em fomes generalizadas. Há um claro motivo energético para essa morosidade. Tanto a ampliação quanto a intensificação do cultivo exigiam um maior investimento em energia. Até mesmo em sociedades que podiam arcar com um grande número de animais de tração, a maior parte desses insumos adicionais de energia tinha de vir de turnos mais longos e mais estafantes de trabalho humano.

Além do mais, uma produção alimentar intensificada tinha uma razão menor de benefício/custo energético do que suas predecessoras menos intensivas. Assim, não é de surpreender que agricultores tradicionais tentassem postergar esses maiores fardos laborais e menores retornos relativos. Geralmente, eles ampliavam ou intensificavam suas lavouras somente quando forçados a suprir as necessidades básicas de populações gradualmente crescentes. A longo prazo, essa ampliação e intensificação relutante podia sustentar populações substancialmente maiores, mas as disponibilidades alimentares *per capita*, bem como a qualidade das dietas médias, permaneciam quase inalteradas com o passar de séculos ou até milênios.

Essa relutância na ampliação e intensificação se manifestou repetidamente por uma forte persistência em práticas agrícolas menos intensiva no uso de energia. Costumava haver uma transição bem longa entre o cultivo itinerante e o permanente, e os camponeses relutavam em ampliar suas fazendas para novas áreas ou em intensificar seu cultivo. Quando crescimentos populacionais graduais não podiam ser sustentados pela produção local ou regional, o mais comum é que fossem atendidos pela ampliação da área cultivada, e não tanto pela intensificação da exploração das terras já existentes. Como consequência, levava séculos, ou mesmo vários milênios, para que fosse adotado o cultivo anual no lugar de prolongados períodos de pousio.

O que não faltam são exemplos históricos para ilustrar cada um desses passos relutantes. O cultivo itinerante em ambientes florestais oferecia subsistência básica e parcas posses materiais, mas em muitas sociedades ele se manteve como o estilo de vida preferido mesmo muitas gerações após o contato com agricultores permanentes. Contrastes drásticos entre agricultores aluviais e habitantes serranos podiam ser vistos em pleno século XX em províncias meridionais da China, por todo o Sudeste Asiático e em muitas partes da América Latina e da África Subsaariana, mas a prática foi surpreendentemente persistente até mesmo na Europa.

Na Île-de-France, a região fértil em torno de Paris, o cultivo itinerante (com campos abandonados depois de apenas duas colheitas) ainda era comum no início do século XII (Duby, 1968). E nas margens do continente, no norte da Rússia e

Capítulo 3   Agricultura tradicional   **123**

FIGURA 3.18
Cultivo a partir de derrubada e queimada (coivara) no fim do século XIX na Europa. Nessa fotografia tirada por I. K. Inha em 1892 em Eno, Finlândia, mulheres desmatam e queimam uma encosta para que seja arada e plantada com culturas de grãos e raízes.

da Finlândia, ainda era praticado durante o século XIX e em certas partes em pleno século XX (Darby, 1956; Tvengsberg, 1995) (Figura 3.18). A relutância em ampliar a área de cultivo fica clara na aversão de camponeses das planícies em colonizar regiões montanhosas ou várzeas nas suas cercanias. Os vilarejos da Europa carolíngia eram superpovoados e enfrentavam constante insuficiência de grãos; porém, exceto em partes da Alemanha e de Flandres, havia pouco esforço em explorar novos campos além daqueles mais facilmente cultiváveis (Duby, 1968). Mais tarde, a história europeia está repleta de ondas de migrações alemãs a partir de regiões ocidentais densamente povoadas. Munidos de arados superiores com aivecas, eles abriram campos de cultivo em áreas consideradas inferiores por camponeses locais na Boêmia, Polônia, Romênia e Rússia — e prepararam o terreno para conflitos nacionalistas nos séculos subsequentes.

A expansão das lavouras exigia trabalho adicional para abrir novos campos, mas na maioria dos casos esse investimento isolado inicial era uma fração dos insumos adicionais necessários para cultivo múltiplo, adubação, terraceamento, irrigação, escavação ou elevação de campos na agricultura intensiva. Desse modo, até mesmo em regiões com populações relativamente densas da Ásia e Europa, levou milênios para o avanço gradual desde pousio extensivo até o cultivo anual e múltiplo. Na China, todas as dinastias adotavam nos seus primeiros anos uma política de ampliar as terras cultivadas como meio primordial de alimentar uma população crescente (Perdue, 1987). Na Europa, o pousio de 35–50% das terras ainda era comum no início do século XVII. E o sistema trienal mais intensivo coexistiu na Inglaterra com o bienal desde o século XII — e em geral só passou a prevalecer a partir do século XVIII (Titow, 1969).

Assim, não chega a surpreender que a transição para a agricultura permanente e para sua intensificação subsequente tenha acontecido geralmente em áreas com solos piores, espaço arável limitado, alta aridez ou precipitação irregular. Estresse ambiental e uma alta densidade populacional certamente não explicam todas as instâncias e o momento de adoção da intensificação agrícola, mas é inequívoco que existe aí uma forte correlação. Um excelente exemplo antigo vem de descobertas arqueológicas no noroeste da Europa. Há claros indícios de que a transição do Neolítico para a Idade do Bronze se iniciou em áreas com terras aráveis limitadas, nos territórios atuais da Suíça e da Grã-Bretanha (Howell, 1987).

Abundantes terras potenciais de cultivo na área central da cultura Seine-Oise-Marne simplesmente levaram a um cultivo ainda mais extensivo, em vez de à sua intensificação e consequente centralização. Indícios arqueológicos também indicam que a intensificação pelos maias em Yucatán começou pelos ambientes que eram ou mais marginais (mais secos) ou mais férteis (e, portanto, mais densamente povoados) do que os locais médios (Harrison; Turner, 1978). O registro histórico é claramente corroborador: a intensificação geralmente teve início em ambientes sob estresse (climas áridos e semiáridos, solos pobres) ou em regiões densamente habitadas.

Capítulo 3 Agricultura tradicional **125**

A província de Hunan, por exemplo, com bons solos aluviais e precipitação geralmente abundante, é hoje de longe a maior produtora de arroz na China. No início do século XV — mais de um milênio após o vale seco e propenso a erosão do rio Wei He (onde ficava Xi'an, a antiga capital dinástica) ter sido transformado em campos de agricultura intensiva — aquela ainda era uma fronteira quase inabitada. Por sua vez, os agricultores da densamente povoada Flandres estavam um ou dois séculos à frente de seus equivalentes alemães ou franceses em termos de aproveitamento de várzeas e fertilização intensa de seus solos (Abel, 1962). Essas realidades poderiam ser generalizadas como uma preferência fundamental das sociedades camponesas por minimizar o trabalho necessário para assegurar seu suprimento alimentar básico e suas posses essenciais. Deixando de lado as diferenças culturais, quase todos os camponeses tradicionais se comportavam como jogadores. Eles tentavam espremer as chances básicas de excedentes alimentares por tempo demais, apostando que o clima ajudaria a produzir outra safra razoável no próximo ano. Porém, tendo em vista os baixos rendimentos dos grãos básicos e as razões relativamente altas de sementes/safras, eles perdiam de modo regular, e muitas vezes de forma catastrófica.

Seavoy (1986) apelidou esse comportamento — de aquisição de níveis mínimos de segurança alimentar e bem-estar material com o menor gasto possível de trabalho físico — de compromisso de subsistência. Ele também via as altas taxas de natalidade como outra estratégia-chave para reduzir o esforço laboral *per capita*. O custo energético da gravidez e da criação de mais um filho é negligenciável se comparado à sua contribuição laboral, que pode começar já na tenra idade. De acordo com Seavoy (1986, p. 20), "Ter muitos filhos (em média de quatro a seis) e transferir o trabalho para eles na menor idade possível é um comportamento altamente racional em sociedades camponesas, onde a boa vida equivale a gastos laborais mínimos, e não à posse de bens materiais abundantes".

No entanto, a insistência de Seavoy numa preferência universal entre os camponeses para a indolência como um valor social primordial é inaceitável. De modo similar, Clark (1987), aparentemente alheio à hipótese de Seavoy, tentou explicar a diferença substancial entre, de um lado, a produtividade agrícola no século XIX nos Estados Unidos e na Grã-Bretanha e, de outro, na Europa Central e Oriental quase que exclusivamente pelas taxas mais aceleradas de trabalho nas duas nações anglófonas. Essas generalizações radicais ignoram a influência de muitos outros fatores cruciais. Condições ambientais — qualidade do solo, quantidade e confiabilidade da precipitação, disponibilidade de terra, fertilizante e alimento *per capita*, a capacidade de sustentar animais de tração — sempre fizeram muita diferença. O mesmo vale para peculiaridades socioeconômicas (posse de terras, corveia, arrendamento, propriedade de animais e acesso a capital) e para inovações técnicas (melhores métodos agronômicos, raças de animais, arados e implementos de cultivo e colheita).

126 Energia e Civilização: Uma História

Komlos (1988) levou em consideração alguns desses fatores em sua refutação persuasiva dos exageros de Clark. Sem dúvida, muitas culturas atribuíam um baixo valor social ao trabalho físico de cultivo, e havia diferenças importantes nas taxas laborais entre agriculturas tradicionais. No entanto, essas realidades vieram de uma combinação complexa de fatores sociais e ambientais, não meramente de uma distinção simplista entre, de um lado, camponeses indolentes que subsistiam desprovidos de qualquer motivação para acumular riqueza material e, de outro, agricultores que trabalhavam duro motivados pelo acúmulo de riquezas comerciais.

Uma generalização bem menos polêmica envolvendo o trabalho físico é que ele era distribuído entre os membros das sociedades tanto quanto possível. Na prática, isso significava a transferência de boa parte dele para mulheres e crianças, geralmente pessoas de menor *status* social em sociedades camponesas. As mulheres ficavam responsáveis por uma grande parcela das tarefas no campo e em casa em quase todas as sociedades tradicionais. E como nem mesmo a gravidez ou a lactação precisava impor um grande fardo em termos de alimentação adicional, e como as crianças muitas vezes começavam a trabalhar já aos quatro ou cinco anos de idade, famílias numerosas eram a saída mais energeticamente econômica de minimizar o trabalho adulto e assegurar alimentos na velhice, quando as enfermidades surgiam.

Nessas agriculturas tradicionais dependentes quase exclusivamente do trabalho humano, era sem dúvida racional minimizar as cargas laborais compondo grandes famílias. Ao mesmo tempo, com essa estratégia ficava bem mais difícil aumentar a disponibilidade de comida *per capita* e evitar fomes recorrentes e generalizadas. Naquelas agriculturas tradicionais em que os animais de tração cumpriam a maioria ou quase todas as tarefas pesadas, o elo entre o trabalho humano e a produtividade das lavouras se enfraqueceu. Porém, elas só podiam funcionar quando uma parcela significativa das terras (e das colheitas) era reservada para alimentar os animais de trabalho.

Somente o insumo das energias fósseis — diretamente como combustíveis e eletricidade, e indiretamente como produtos químicos e maquinário — era capaz de sustentar tanto uma população crescente quando um maior suprimento de comida *per capita*. Agriculturas híbridas — com os primeiros insumos (indiretos) de energia fóssil — começaram a emergir no Reino Unido, depois na Europa Ocidental e nos Estados Unidos, com a adoção de ferramentas de ferro e aço e maquinário feito de metal fundido (primeiro em 1709 na Inglaterra) usando coque no lugar de carvão vegetal. Mas ainda em 1850 a agricultura ocidental dependia enormemente da energia solar e, embora máquinas e dispositivos metálicos tenham se espalhado durante a segunda metade do século XIX, os subsídios fósseis começaram a fazer mesmo a diferença somente após 1910, com a difusão de tratores, caminhões e fertilizantes nitrogenados sintéticos, avanços que traçarei no Capítulo 5.

4

Forças motrizes e combustíveis pré-industriais

A maioria das pessoas em sociedades pré-industriais precisava passar a vida toda como camponeses, cumprindo trabalhos que em muitas sociedades permaneceram quase inalterados por milênios. Porém, os excendentes alimentares inconsistentes produzidos com a ajuda de poucas ferramentas simples e com o esforço de seus próprios músculos e o de animais de tração bastaram para sustentar o avanço acidentado da complexidade das sociedades urbanas. Fisicamente, esses feitos se refletiam acima de tudo na construção de estruturas notáveis (das antigas pirâmides do Egito até as igrejas barrocas do início da Era Moderna), na crescente capacidade e alcance dos meios de transporte (desde o deslocamento lento com rodas por terra até embarcações mais rápidas capazes de circunavegar o planeta) e em aprimoramentos nas mais diversas técnicas de fabricação, capitaneados principalmente por avanços na metalurgia.

Os combustíveis e as forças motrizes que energizavam esses avanços permaneceram inalterados por milênios, mas a engenhosidade humana aprimorou notavelmente seu desempenho de muitas maneiras. Cedo ou tarde, essas conversões se tornaram tão poderosas e eficientes que foram capazes de energizar os estágios iniciais da industrialização moderna. Duas trajetórias principais levaram a maiores rendimentos e eficiências. A primeira foi a multiplicação de forças pequenas, sobretudo a partir de uma organização superior e mediante a aplicação de energia animal. A segunda foi a inovação técnica, que introduziu novas conversões de energia ou incrementou as eficiências de processos já estabelecidos. Na prática, as duas abordagens muitas vezes se mesclaram. Estruturas monumentais, por exemplo, construídas por quase todas as elevadas culturas antigas exigiam ao mesmo tempo mão de obra massiva e aplicações extensas de dispositivos para facilitar o trabalho, a começar por alavancas simples e planos inclinados, e mais tarde incluindo polias, guindastes e rodas de tração humana ou animal.

As diferenças entre os primeiros conversores mecânicos de energia registrados e seus sucessores, usados no início da Era Industrial, costumam ser notáveis. *Designs*

128   Energia e Civilização: Uma História

primevos de martelos do tipo monjolo, as máquinas mais simples acionadas por água corrente, sequer envolviam movimento rotativo contínuo, tratando-se apenas de alavancas simples repetidamente acionadas (Figura 4.1). Mais tarde, rodas d'água verticais transformaram os monjolos em martinetes confiáveis usados em forjas asiáticas e europeias, e os martinetes hidráulicos do século XIX eram peças de maquinário impressionantes, complexas e de alto desempenho (Figura 4.1).

Comparações similares podem ser feitas para cada classe de forças motrizes hídricas e eólicas. Que diferença há entre as rodas d'água de madeira talhada e horizontais da Idade Média, cuja potência era de apenas alguns watts (menos de meio cavalo-vapor), as máquinas verticais de construção muito superior do século XVII, com potências dezenas de vezes maior, e a Lady Isabella, a maior roda de ferro sobreaxial da Inglaterra, capaz de gerar mais de 400 kW, potência equivalente à de quase 600 cavalos! Ou entre os moinhos de vento ineficientes e pesados da Idade Média europeia, que precisavam ser laboriosamente virados na direção do vento, apenas para perder mais de 80% de sua potência devido a hélices deficientes e engrenagens grosseiras, e seus equivalentes norte-americanos automaticamente regulados do século XIX, com hélices rebatíveis e transmissões suaves, cuja operação ajudou a obter recursos hídricos necessários para desbravar as Grandes Planícies.

Os contrastes são igualmente impressionantes entre as conversões à base de tração humana e animal e a combustão de combustíveis de fitomassa. Um cavalo de tração pesada do século XIX com ferraduras de ferro e arreios de pescoço atrelados a uma charrete leve de mesa plana percorrendo uma estrada pavimentada era capaz de puxar facilmente uma carga 20 vezes mais pesada do que seu ancestral muito mais leve, não ferrado, com arreios peitorais atrelados a uma carroça pesada de madeira por uma estrada elameada. E um alto-forno do século XVIII consumia menos de um décimo de carvão vegetal por unidade de metal quente produzido do que seu predecessor medieval (Smil, 2016). No entanto, a capacidade humana para trabalho pesado pouco mudou desde a Antiguidade até início da industrialização. Mesmo naquelas sociedade em que o peso corporal médio aumentou com o tempo, esse ganho teve um efeito apenas marginal sobre o esforço muscular máximo, e atividades pesadas sempre exigiam a potência combinada de muitos indivíduos.

FIGURA 4.1

Esses três martelos eram movidos por água corrente, mas suas complexidades e desempenhos eram muito diferentes. O monjolo chinês primitivo do início do século XIV era uma simples alavanca acionada pela água caindo (em cima). Os martinetes de forja europeus do século XVI eram acionados por rodas d'água, cuja potência rotativa era transferida por barras conectoras (meio). Já os martinetes usados em fundição na Inglaterra do século XIX eram máquinas ajustáveis de alto desempenho (embaixo). Reproduzido a partir de desenhos em Needham (1965) e Reynolds (1970).

Capítulo 4 Forças motrizes e combustíveis pré-industriais **129**

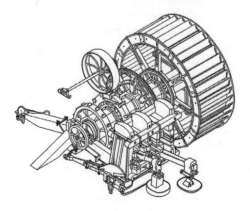

130   Energia e Civilização: Uma História

Para movimentar um obelisco egípcio de 327 t do local onde ele foi deixado pelos romanos (Calígula ordenou que fosse colocado na *spina* central de seu circo, espaço atualmente logo ao sul da Basílica de São Pedro) até 269 m para o leste, Domenico Fontana usou imensas alavancas de madeira (de até 15 m de comprimento) e polias para erguê-lo de sua base. E em 10 de setembro de 1586, quando colocou-o ereto no centro da Praça de São Pedro, em Roma, precisou de 900 homens e 75 cavalos para puxar as cordas guiadas por polias e depositá-lo sobre uma nova fundação (Fontana, 1590; Hemphill, 1990). O projeto inteiro foi realizado em 13 meses e a ereção levou um dia. Mais tarde, outras realocações famosas de obeliscos incluíram as estruturas agora situadas na Place de la Concorde, em Paris (completada em 1833), no Embankment do Tâmisa (1878) e (desde 1881) no Central Park de Nova York (Petroski 2011).

Quando a coluna mais pesada do mundo — 604 t de granito finlandês, erigida para comemorar a vitória russa sobre o exército napoleônico invasor — foi erguida em São Petersburgo em 30 de agosto de 1832, o arquiteto francês Auguste de Montferrand precisou de 2.400 homens (1.700 dedicados apenas a puxar), que concluíram a tarefa em menos de duas horas (Quadro 4.1). E os dois dispositivos essenciais que proporcionaram a vantagem mecânica necessária para esses dois erguimentos e que permitiram que homens executassem muitos transportes e erguimentos e colocações prodigiosas, os planos inclinados e as alavancas, acompanham a humanidade desde muito antes da época dos antigos impérios — caso contrário, como as pedras externas de Stonehenge teriam sido postas de pé?

Neste capítulo, começo fazendo um apanhado dos tipos, capacidades e limites de todas as forças motrizes tradicionais — músculos humanos e animais, vento e água. Esse exame geral também aborda a queima de combustíveis de fitomassa, sobretudo madeira e o carvão vegetal dela originado. No caso de regiões desflorestadas, muitos tipos de resíduos de lavoura (especialmente palha de cereais) entram nessa análise, assim como a queima de esterco seco em pradarias.

Em seguida, examino em algum detalhe o uso de forças motrizes e combustíveis em segmentos cruciais de economias tradicionais: na preparação de alimentos, na provisão de calor e iluminação, no transporte por terra e água, na construção e na metalurgia ferrosa e não ferrosa.

Forças motrizes

O trabalho humano e animal e as conversões de energia cinética da água e do vento (por meio de velas e moinhos) eram as únicas forças motrizes em sociedades tradicionais antes da difusão de motores a vapor. Embora o subsequente abandono das forças motrizes tradicionais tenha ocorrido com relativa rapidez, rodas d'água e moinhos de vento mantiveram (ou até mesmo aumentaram) sua importância durante a primeira metade do século XIX. Por sua vez, embarcações a vela se tor-

Capítulo 4   Forças motrizes e combustíveis pré-industriais   **131**

QUADRO 4.1
Como a Coluna de Alexandre foi erguida

A grande peça de granito vermelho que se tornou a Coluna de Alexandre foi retirada de uma pedreira de Virolahti, na Finlândia, e rolada até uma barcaça construída especialmente para transportar seus 1.100 de pedra bruta (a coluna quase caiu na água ao ser colocada na embarcação). Depois navegou 190 km até um cais central do rio Neva em São Petersburgo, foi descarregada num sólido deque de madeira, empurrada 10,5 m para cima num plano inclinado e posicionada numa plataforma em ângulo reto em relação ao pedestal no centro da Praça do Palácio. Um andaime de madeira maciça erigido acima do pedestal tinha 47 m de altura, com blocos de polias pendendo de cinco vigas duplas de carvalho. Montferrand havia construído um modelo em escala 1:12 para orientar os carpinteiros em sua construção (Luknatskii, 1936). Para erguer a peça, foi necessária a ajuda de 60 cabrestantes instalados no andaime em duas fileiras intercaladas. Como catracas, foram usados cilindros de ferro montados numa estrutura de madeira, os blocos superiores foram pendurados a partir das vigas duplas de carvalho e 522 cordas, cada uma testada para erguer 75 kg (o triplo da carga real), foram presas ao corpo da coluna. A massa total do monolito com todos os dispositivos era de 757 t.

O erguimento da coluna foi feito em 30 de agosto de 1832, com o emprego direto de 1.700 soldados e 75 oficiais, supervisionados por capatazes que coordenavam a velocidade e um ritmo constante para equilibrar as tensões das cordas. Assistentes de Montferrand permaneceram nos quatro cantos do andaime, junto a 100 marinheiros que observavam os blocos e as cordas e os mantinham retos; 60 trabalhadores permaneceram na torre em si; e carpinteiros, talhadores de pedra e outros artesãos ficaram de prontidão. A força de trabalho total para erguer a coluna foi de 2.400 pessoas, e a tarefa foi completada em apenas 105 minutos. Incrivelmente, a coluna vem mantendo sua posição ereta sem jamais ter sido afixada ao pedestal: a massa de 25,45 m de altura, levemente cônica (3,6 m de diâmetro na base, 3,15 no alto) simplesmente repousa sobre sua fundação.

---

naram meios secundários de transporte oceânico somente após 1880, e animais de tração dominavam até mesmo as agriculturas ocidentais mais avançadas até após a Primeira Guerra Mundial. As fases iniciais da industrialização tiveram até um aumento da demanda por trabalho humano, indo de alguns esforços extremamente estafantes em mineração de carvão e na indústria de ferro e aço até uma infinidade de tarefas cansativas envolvendo fabricação, com a mão de obra infantil comum em países ocidentais mesmo no início do século XX: em 1900, cerca de 26% dos meninos com idades entre 10–15 trabalhavam, e o percentual de crianças empregadas na agricultura chegava a 75% no caso das meninas (Whaples, 2005).

132   Energia e Civilização: Uma História

Atividades pesadas e trabalho infantil ainda são comuns na maioria das áreas rurais de países da África subsaariana e nas regiões mais pobres da Ásia. Na África, mulheres carregam sobre a cabeça pesados fardos de lenha; na Índia, Paquistão e Bangladesh, homens descarregam embarcações massivas em praias escaldantes (Rousmaniere; Raja, 2007); na China, camponeses escavam carvão em pequenas minas rurais. E milhões de pessoas ainda estão sujeitas a diferentes formas de trabalho forçado e escravo e a tráfico humano (International Labour Organization 2015). Uma permanente dependência do trabalho humano (incluindo suas variantes mais ofensivas) é um dos sinais mais claros do grande cisma entre os mundos dos ricos e dos pobres. Mas mesmo no Ocidente, tarefas pesadas (em minas subterrâneas de carvão, usinagem, exploração florestal, pesca) não eram incomuns antes de 1960, e o uso de forças motrizes humanas e animais não é um mero interesse histórico, pois se trata da fundação não tão distante de nossa atual afluência.

Esse apanhado das forças motrizes pré-industriais ficaria incompleto sem a menção da invenção, difusão e importância histórica da pólvora. Reverência pelo trovão e pelo relâmpago pode ser encontrada em toda alta cultura de antigamente. A aspiração por emular seus poderes destrutivos é recorrente em muitas narrativas e fantasias (Lindsay, 1975). Mas por milênios a única pálida imitação era prender materiais incendiários na ponta de lanças, ou arremessá-los em depósitos com a ajuda de catapultas. Enxofre, petróleo, asfalto e cal viva eram usados nessas misturas incendiárias. Somente a invenção da pólvora combinou força propulsiva com grande potência explosiva e inflamatória.

Potência humana e animal

Energias humanas e animais representaram as forças motrizes mais importantes para a maior parte da humanidade até meados do século XX. Sua potência limitada, circuscrita pelas exigências metabólicas e propriedades mecânicas de corpos animais e humanos, restringiu o alcance das civilizações pré-industriais. Sociedades que obtinham sua energia cinética exclusivamente (caso da Mesopotâmia ou do Egito Antigo, com velas de navegação representando a única exceção) ou em grande parte da potência animal — a Europa medieval é um exemplo excelente, com a potência hídrica e eólica limitada a apenas certas tarefas, e na China rural isso seguia valendo até duas gerações atrás — eram incapazes de fornecer um suprimento alimentar confiável e uma afluência material para a maioria de seus habitantes.

Havia apenas duas maneiras práticas de aumentar o aproveitamento útil da potência humana e animal: ou concentrando insumos individuais ou usando dispositivos mecânicos para redirecionar e amplificar esforços musculares.A primeira abordagem logo esbarra em limitações práticas, sobretudo com o emprego direto

Capítulo 4   Forças motrizes e combustíveis pré-industriais   **133**

de músculos humanos. Mesmo uma mão de obra ilimitada tem pouca utilidade ao tentar diretamente segurar e movimentar um objeto relativamente pequeno mas bastante pesado, já que um número limitado de pessoas cabe em torno de seu perímetro. E embora um grupo de pessoas consiga carregar um objeto pesado, erguê-lo em primeiro lugar para instalar tipoias e hastes pode ser um problema desafiador. As capacidades humanas de erguer e movimentar cargas são limitadas a pesos substancialmente menores que a massa de seus próprios corpos. Liteiras tradicionais, usadas pela maior parte das sociedades do Velho Mundo, eram carregadas por dois homens, cada qual suportando no mínimo 25 kg e até 40 kg, com cargas mais pesadas suportadas por traves pousadas sobre seus ombros.

Quando descarregavam e carregavam embarcações e carroças, os *saccarii* romanos erguiam e carregavam (por pequenas distâncias) sacos de 28 kg (Utley, 1925). Fardos mais pesados eram transportáveis apenas com a ajuda de dispositivos simples que conferiam vantagem mecânica significativa, geralmente ao aplicar uma força menor por uma distância maior. Cinco destes dispositivos foram aplamente adotados durante a Antiguidade no Velho Mundo. Conforme listados por Filão durante o século III a.C., eram eles: eixo e roda, alavanca, sistema de polias, cunha (plano inclinado) e parafuso sem fim. Suas variações e combinações comuns iam de parafusos a rodas de tração. Empregando essas ferramentas e essas máquinas simples, as pessoas podiam aplicar forças menores por distâncias maiores, ampliando o escopo da ação humana (Quadro 4.2). As três ajudas mais simples de proporcionar vantagem mecânica — alavancas, planos inclinados e polias — eram usadas por praticamente todas as altas culturas antigas (Lacey, 1935; Usher, 1954; Needham, 1965; Burstall, 1968; Cotterell; Kamminga, 1990; Wei, 2012).

Alavancas são pedaços rígidos e compridos de madeira ou metal. Quando apoiadas e articuladas em torno de um fulcro, elas proporcionam uma vantagem mecânica que é facilmente calculada como o quociente entre os comprimentos do braço de alavanca e do braço de carga (medidos a partir do eixo focal; quanto maior o resultado, mais fácil e mais rápida é a tarefa). As alavancas eram usadas antigamente para tarefas que iam da condução de barcos a remo até a movimentação de cargas pesadas (Figura 4.2). As alavancas são classificadas de acordo com a posição do fulcro (Figura 4.2). Na primeira classe de alavanca, o fulcro se encontra entre a carga e a força aplicada, a qual atua na direção oposta da carga deslocada. Na segunda classe de alavanca, o fulcro se encontra numa das extremidades e a força atua na mesma direção que a carga. Alavancas da terceira classe não proporcionam vantagem mecânica alguma, mas aumentam a velocidade da carga, como fica claro na operação de catapultas, enxadas e gadanhas.

Ferramentas manuais comuns que usam alavancas da primeira classe incluem pé-de-cabra, tesoura e alicate (uma alavanca dupla). Carrinhos de mão estão entre as ferramentas de segunda classe mais usadas (Needham, 1965; Lewis, 1994). As versões chinesas, em uso desde a dinastia Han, costumavam ter uma grande

134 Energia e Civilização: Uma História

QUADRO 4.2
Trabalho, força e distância

Trabalho é realizado quando uma força — quer de origem animada ou inanimada — altera o estado de movimento de um corpo. Sua magnitude é igual ao produto da força exercida pelo deslocamento na direção em que a força atua. Em termos formais, uma força de um newton e o deslocamento de um metro exigirão uma energia de um joule ($J = Nm$). Apenas para se ter uma ideia das ordens relevantes de magnitude, para erguer um livro de 1 kg de uma mesa (0,7 m acima do chão) e colocá-lo numa prateleira (1,6 m acima do chão), são necessários quase 9 J. Já para erguer uma pedra média (cerca de 2,5 t) da pirâmide de Quéops um andar acima, (cerca de 75 cm), eram necessários aproximadamente 18 mil J (18 kJ), ou 2 mil vezes mais energia que para colocar o livro na prateleira.

Naturalmente, a mesma quantia de trabalho pode ser realizada aplicando-se uma força maior por uma distância menor, ou uma força menor por uma distância maior. Assim, qualquer dispositivo que converta uma força inicial pequena numa força final maior proporciona uma vantagem mecânica cuja magnitude é medida simplesmente como uma razão adimensional das duas forças. Essa vantagem mecânica vem sendo explorada desde a era pré-histórica pelo uso de alavancas e planos inclinados, e mais tarde também pelo emprego de polias. Há incontáveis exemplos dessas ações na vida cotidiana, desde a abertura de fechaduras com uma chave (uma fileira de cunhas, ou seja, planos inclinados, movimentando pinos na parte interna) até a retirada de um prego de um pedaço de madeira usando a parte de trás de um martelo (uma ação de alavanca).

---

roda central (90 cm de diâmetro) cercada por uma armação de madeira. Com a carga exatamente acima do eixo, elas podiam transportar grandes pesos (geralmente por volta de 150 kg). Eram usadas por camponeses para levar seus produtos até os mercados e às vezes também para transportar pessoas, que iam sentadas nas laterais (Hommel, 1937). Pequenas velas podiam ser usadas para facilitar a propulsão. Já as primeiras versões bem documentadas de carrinhos de mão na Europa remontam à Alta Idade Média (fim do século XII e início do XIII), sendo em seguida adotadas sobretudo na Inglaterra e na França, geralmente em construção e mineração. Seu fulcro ficava bem na extremidade, o que aumentava o esforço dos seus usuários, mas ainda ofereciam uma vantagem mecânica considerável (tipicamente de três vezes).

A roda e o eixo formam uma alavanca circular, em que o braço de alavanca tem a distância do eixo até o aro externo da roda e o braço de carga equivale ao raio do eixo, o que produz uma grande vantagem mecânica, mesmo no caso de rodas pesadas sobre um terreno acidentado. As primeiras rodas (usadas na Mesopotâ-

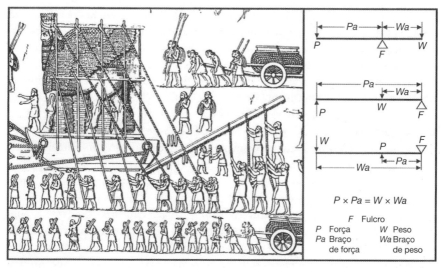

FIGURA 4.2
Três classes de alavanca são discriminadas conforme o ponto onde a força é aplicada em relação ao objeto (cujo peso,W, sempre atua para baixo) e ao fulcro (F). Em alavancas da primeira classe, a força atua na direção oposta àquela do objeto. Já em alavancas da segunda classe, a força atua na mesma direção que o objeto, mas esses dois tipos de alavanca conferem a mesma vantagem mecânica: ganho de potência com perda de distância percorrida. Em alavancas do terceiro tipo, a força atua por uma distância menor que a percorrida pelo objeto, resultando num ganho de velocidade. As duas primeiras classes de alavanca tiveram incontáveis aplicações no erguimento e movimentação de objetos e em construção de maquinário. Este detalhe de um baixo-relevo assírio parcialmente reconstruído encontrado em Kuyunjik (*circa* 700 a.C.) mostra uma grande alavanca usada para movimentar uma estatua gigantesca de um touro alado com cabeça de homem. Reproduzido a partir de Layard (1853).

mia antes de 3000 a.C.) eram de madeira maciça; rodas com raios só foram surgir por volta de mil anos mais tarde, primeiro em carruagens, e o atrito era reduzido pela inclusão de aros de ferro. A enorme importância da roda no Velho Mundo pode ser notada pela rápida difusão da invenção de veículos com rodas e por suas incontáveis aplicações mecânicas desde então. Curiosamente, as Américas jamais tiveram rodas nativas, e ambientes desérticos em muitos territórios muçulmanos tornaram os comboios de camelos mais importantes que o transporte com rodas e tração bovina (Bulliet, 1975; 2016).

Desconsiderando o atrito, a vantagem mecânica de um plano inclinado é igual ao quociente entre o comprimento do declive e a altura até onde o objeto é elevado. O atrito pode reduzir esse ganho de modo substancial, e é por isso que superfícies lisas e alguma forma de lubrificação (com a água representando o lubrificante mais fácil de obter e também o mais barato) eram necessárias para o melhor de-

136 Energia e Civilização: Uma História

sempenho prático. De acordo com Heródoto, um plano inclinado era o principal meio de transferir pedras pesadas das margens do Nilo até o canteiro de obras das grandes pirâmides. Na verdade, sempre houve muita especulação quanto a suas outras aplicações durante sua construção (mais adiante neste capítulo explicarei por que devemos colocar em dúvida essa escolha). O uso moderno mais comum de planos inclinados é na forma de rampas, desde sólidas placas metálicas para transferir cargas para dentro de veículos e embarcações até superfícies plásticas macias para que passageiros evacuem de uma aeronave em caso de emergência.

Por sua vez, as cunhas são meros planos inclinados duplos que exercem forças laterais por distâncias curtas. Elas sempre foram muito usadas para dividir pedras, mediante a inserção de peças de madeira e água em suas rachaduras, e como gumes de enxós e machados. Os tornos, usados pela primeira vez na Grécia em prensas de azeitona e uva, são simplesmente planos inclinados circulares circundando um cilindro central. Como já observado no capítulo anterior, um *design* de torno também foi usado para elevar recursos hídricos a pequenas alturas. Com sua grande vantagem mecânica, trabalhadores são capazes de gerar alta pressão com esforço mínimo. Em muitas apliações, parafusos pequenos (agora em produção em massa e geralmente presos com uma rotação em sentido horário) são usados como fixadores insubstituíveis.

A polia simples, consistindo numa roda com um sulco em sua borda para guiar uma corda ou um cabo, inventada durante o século VIII a.C., facilita o transporte de cargas ao redirecionar a força, mas não confere vantagem mecânica alguma, e seu uso pode resultar em quedas acidentais de carga. Este último problema é resolvido usando-se rodas dentadas que são automaticamente travadas num dos sentidos pela ação de um trinco. Já a primeira deficiência é superada pela ação de múltiplas polias, pois a força necessária para elevar um objeto é quase inversamente proporcional ao número de polias empregadas (Figura 4.3). *Mechanica*, obra erroneamente atribuída a Aristóteles (Winter, 2007), mostra um claro entendimento da vantagem mecânica proporcionada por tais dispositivos.

Os chineses antigos usavam polias com tamanha frequência que até mesmo entretenimentos palacianos dependiam delas, e uma certa feita todo um corpo de balé com 220 garotas em barcos foi puxado por um aclive a partir de um lago (Needham, 1965). Mas certamente o testemunho antigo mais famoso sobre a eficácia de polias comuns é a demonstração de Arquimedes ao rei Hierão, registrada na obra *Vidas*, de Plutarco. Quando Arquimedes "declarou que, se houvesse outro mundo e pudesse ir até ele, conseguiria mover este", Hierão pediu que ele fizesse uma demonstração de tais poderes.

> Portanto, Arquimedes olhou para um navio mercante de três mastros da frota real, que havia sido arrastado para terra firme mediante grande trabalho de muitos homens, e depois de colocar a bordo muitos passageiros e sua carga costumeira, sentou-se a certa

Capítulo 4   Forças motrizes e combustíveis pré-industriais   **137**

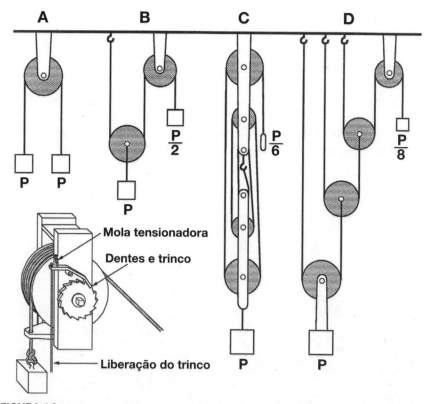

FIGURA 4.3
Forças de equilíbrio em polias são determinadas pela quantidade de cordas de suspensão. Não há qualquer vantagem mecânica em A. Em B, o peso P é suspenso por duas cordas paralelas, de tal modo que a extremidade livre só precisa receber uma carga $P/2$ para ficar em equilíbrio, em C, $P/6$, e assim por diante. Um trabalhador suspendendo materiais de construção com a ajuda de uma polia potencial de Arquimedes (D) é capaz de elevar (ignorando o atrito) uma pedra de 200 kg com uma força de apenas 25 kg, mas para suspendê-la 10 m ele precisaria puxar 80 m de corda. O sistema de dentes e trinco pode ser usado para interromper esse esforço a qualquer momento.

distância da embarcação, e sem grande esforço colocou tranquilamente em movimento com sua mão um sistema de polias compostas, puxando-a em sua direção suave e constantemente, como se ela singrasse o mar. (Plutarco, 1961, iv:78–79)

Três classes de dispositivos mecânicos — molinetes e cabrestantes, rodas de tração humana e rodas dentadas — tornaram-se cruciais para a aplicação de potência humana para elevar, esmagar e esmerilhar (Ramelli, 1976 [1588]). Molinetes eram comumente usados não apenas para elevar água de poços e suspender materiais de construção com guindastes, mas também para deixar tensionadas as armas mais destrutivas da Antiguidade, as grandes catapultas usadas para sitiar vilarejos e fortes (Soedel; Foley 1979). Molinetes horizontais (guinchos), precisando ser girados quatro vezes a cada revolução (Figura 4.4, esquerda), e cabrestantes verticais (Figura 4.5) possibilitaram a transmissão de potência com cordas ou correntes a partir de um simples movimento rotatório. As manivelas, usadas pela primeira vez na China durante o século II d.C. e introduzidas na Europa sete séculos mais tarde (Figura 4.4, direita), facilitaram ainda mais essa tarefa, ainda que sua velocidade de rotação com as mãos (ou com o caminhar) precisasse casar com a velocidade de uma máquina propulsora (geralmente um torno mecânico).

Essa limitação foi eliminada usando-se uma manivela para acionar uma grande roda de madeira ou ferro (a roda grande) que era afixada independentemen-

FIGURA 4.4
Mineiros usando um molinete horizontal (esquerda) e uma manivela (direita) para erguer água usando um coluna. Uma roda pesada de madeira, às vezes com peças de chumbo afixadas em seus aros, ajudava a conservar o momento de inércia e facilitava o trabalho. Reproduzida de Agrícola, *De re metallica* (1912 [1556]).

Capítulo 4   Forças motrizes e combustíveis pré-industriais   **139**

FIGURA 4.5
Oito homens rotando um grande cabrestante vertical numa oficina francesa em meados do século XVIII. O cabrestante enrola uma corda presa a tenazes, passando um fio de ouro através de um molde. Reproduzida da *Encyclopédie* (Diderot; d'Alembert, 1769–1772).

te num eixo pesado e cuja rotação era transmitida por um torno mecânico por uma cinta cruzada. Isso permitiu o uso de muitas relações entre engrenagens, e o momento de inércia de uma roda grande ajudava a manter rotações constantes mesmo com a potência muscular aumentando ou diminuindo. Essa inovação medieval possibilitou a confecção de partes precisas de madeira e metal, usadas para construir uma ampla variedade de mecanismos de precisão, desde relógios até os primeiros motores a vapor, embora não chegasse a eliminar o trabalho árduo necessário para cortar metais duros (Figura 4.6). Os trabalhadores de George Stephenson, que usavam uma roda grande para fabricar partes para a primeira locomotiva a vapor, precisavam descansar a cada 5 minutos (Burstall, 1968).

FIGURA 4.6
A roda grande acionada por uma manivela, usada para dar corda num torno mecânico de metalurgia. A roda menor era usada para trabalhar com diâmetros maiores, e vice-versa. No fundo dessa imagem, um homem trabalha num torno acionado com os pés preparando peças de madeira. Reproduzida da *Encyclopédie* (Diderot; d'Alembert, 1769–1772).

O uso dos maiores músculos corporais das costas e pernas em rodas de tração gerava muito mais potência útil do que rodas giradas a mão. As rodas de tração de maior porte eram formadas, na verdade, por duas rodas cujos aros, conectados por tábuas, formavam um piso sobre o qual os trabalhadores caminhavam. Um baixo-relevo encontrado na tumba romana da família Hateri (100 d.C) é o registro mais antigo de uma roda de tração interna (em grego *polyspaston*). As grandes rodas de tração romanas eram capazes de erguer até 6 t, e máquinas desse porte se tornaram uma visão comum na Europa medieval e pré-moderna em grandes canteiros de obras e docas, bem como em minas, onde eram usadas para bombear água (Figura 4.7).

A diferença entre o raio da roda e o raio do cilindro do eixo conferia a essas rodas de tração uma grande vantagem mecânica, e elas eram capazes de erguer até mesmo pedras angulares, toras massivas e sinos do alto de catedrais e outras edificações altas. Em 1563, Pieter Bruegel, o Velho, pintou um guindaste desse tipo erquendo uma grande pedra até o segundo andar de sua imaginária Torre de Babel (Parrott, 1955; Klein, 1978). Seu dispositivo, com rodas de tração nos dois lados, era acionada por seis a oito homens. Rodas verticais acionadas externamente eram menos comuns, mas permitiam o torque máximo ao trabalhar no mesmo

Capítulo 4 Forças motrizes e combustíveis pré-industriais **141**

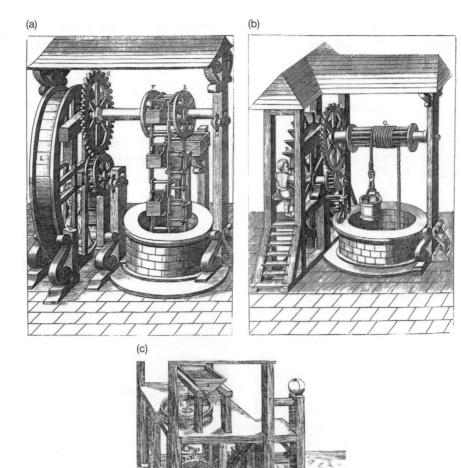

FIGURA 4.7
Detalhes de rodas de tração com diferentes torques. a. Roda de tração interna. b. Roda de tração externa (torque máximo). c. Roda inclinada de tração. Reproduzida de Agrícola, *De re metallica* (1912 [1556]).

142 Energia e Civilização: Uma História

nível que o eixo (Figura 4.7). Havia também rodas inclinadas, que os trabalhadores acionavam ao caminharem apoiados numa barra (Figura 4.7), e em prisões inglesas essas rodas de tração humana se tornaram comuns no início do século XIX (Quadro 4.3, Figura 4.8).

Todos os tipos de roda de tração também podiam ser projetados ou adaptados para operação animal. Todos os dispositivos em forma de cilindro tinham a vantagem extra de serem transportados com relativa facilidade: podiam ir de tarefa em tarefa rolando sobre uma superfície lisa. Até o advento dos guindastes ferroviários a vapor, eles eram a única alternativa prática para suspender cargas pesadas. Os insumos máximos de potência em rodas de tração eram limitados por seu tamanho e desenho. Com um único trabalhador, a geração de potência não passava de 150–200 W durante breves intervalos de esforço pesado, e chegava a 50–80 W durante períodos de esforço sustentado com músculos já cansados, enquanto as maiores rodas do tipo, acionadas por oito homens, podiam operar brevemente a cerca de 1.500 W.

No extremo do espectro de esforço ficavam as tarefas acionadas por um único trabalhador usando manivelas, pedais ou parafusos. Essas máquinas acionadas pelas mãos ou pelos pés incluíam desde pequenos tornos mecânicos para girar peças de madeira até máquinas de costura, cujos primeiros modelos comerciais (acionados manualmente ou com pedais) foram lançados nos anos 1830, mas que se difundiram somente a partir dos anos 1850 (Godfrey, 1982). Durante esse mesmo período, inúmeros meninos e homens continuavam a abanar (usando polias) *punkha* (*pangkha* em híndi), ventarolas de teto feitas de tecido ou folhas de palmeira, a única maneira de tornar o calor das monções na Índia um pouco mais suportável para todos aqueles que podiam se dar ao luxo de pagar um *punkhawallah*, responsável por operar o dispositivo.

Por muito tempo não se chegou a um consenso sobre quanto trabalho útil um homem poderia realizar em um único dia, e comparações desse padrão com o trabalho cumprido por cavalos são bastante díspares, com valores extremos diferindo em até sete vezes (Ferguson, 1971). A definição de Watt para cavalo-vapor — igual a 33 mil pés-libras por minuto, ou 745,7 W (Dickinson, 1939) — implicava uma equivalência de aproximadamente sete trabalhadores. A primeira medição confiável foi feita por Guillaume Amontons (1663–1705), que computou o trabalho de polidores de vidro durante um turno de 10 horas, continuamente levantando um peso de 25 libras (11,3 kg) a uma velocidade de 3 pés/s (0,91 m/s) (Amontons, 1699). Em unidades científicas modernas, isso equivaleria a um total de trabalho útil de 3,66 MJ a uma taxa de 102 W.

Qual é a potência das pessoas e qual é sua eficiência como forças motrizes? A primeira pergunta foi respondida com bastante precisão muito antes do início dos estudos sistemáticos sobre energia no século XIX. As primeiras estimativas comparavam o trabalho de um cavalo com o esforço de dois até 14 homens (Ferguson,

Capítulo 4   Forças motrizes e combustíveis pré-industriais   **143**

QUADRO 4.3
Trabalho em rodas de tração

Os maiores dispositivos para pedalar operaram durante o século XIX em prisões inglesas, onde William Cubitt (1785–861) introduziu-os como forma de punição, mas logo passaram a ser empregados para moer grãos e bombear água, e às vezes eram usados simplesmente para exercícios (Mayhew; Binney 1862). As grandes rodas penais inclinadas contavam com degraus de madeira em torno de uma armação cilíndrica de ferro e podiam acomodar até 40 prisioneiros caminhando lado a lado, apoiados num gradil horizontal para estabilidade e sendo forçados a marchar no mesmo ritmo. O uso dessas rodas penais foi banido somente em 1898.

Mas escrevendo em 1823, um diretor prisional do condado de Devon, em resposta a uma averiguação, afirmou: "Considero que o trabalho na Roda de Marcha não é nocivo, e sim propício à saúde dos prisioneiros" (Hippisley, 1823, p. 127). Milhões de entusiastas modernos das esteiras ergométricas talvez concordem, e Landels (1980, p. 11–12), observando que não conseguimos deixar de lado nossas emoções ao falar ou pensar sobre essas máquinas, ressaltou que, ainda assim, uma roda de marcha bem projetada era não apenas um dispositivo mecânico bastante eficiente, mas também bastante confortável ao operador, "se é que algum trabalho físico contínuo e monótono pode ser confortável".

FIGURA 4.8
Prisioneiros caminhando numa roda de tração na Casa de Correção de Brixton (Corbis).

144 Energia e Civilização: Uma História

1971). Antes de 1800, as taxas convergiram para o máximo correto de 70–150 W para a maioria dos adultos trabalhando por várias horas. Ao trabalharem constantemente a um ritmo de 75 W, dez homens seriam necessários para igualar a potência de um único cavalo-padrão.

Em 1798, Charles-Augustin de Coulomb (1736–1806) fez um exame mais sistemático das diferentes maneiras pelas quais os homens usavam sua força durante seu trabalho cotidiano (Coulomb, 1799). Essas experiências iam da escalada de Tenerife (2.923 m) nas Canárias em pouco menos de 8 horas até um dia de trabalho de transportadores de madeira que subiam 12 m 66 vezes por dia com fardos de 68 kg. O primeiro esforço perfaz um trabalho total de 2 MJ e uma potência de 75 W, e este último, cerca de 1,1 MJ e uma potência aproximada de 120 W. Todas as avaliações subsequentes só fizeram confirmar a faixa de potência estabelecida pelas investigações de Coulomb: a maioria dos homens adultos é capaz de sustentar trabalho útil de 75 a 120 W (Smil, 2008a). No início do século XX, estudos da taxa metabólica basal (TMB) humana, liderados por Francis G. Benedict (1870–1957), da Carnegie Institution, em Boston, possibilitaram formular equações de gastos energéticos esperados e estabelecer multiplicadores típicos de TMB para diferentes níveis de atividade física (Harris; Benedict 1919), válidos para uma ampla gama de tipos corporais e idades (Frankenfield; Muth; Rowe, 1998).

Como já mencionado, a comparação do trabalho de pessoas e animais gera uma faixa ampla de índices homens/cavalo. Nicholson (1825, p. 55) concluiu que "a pior maneira de aplicar a força de um cavalo é fazê-lo carregar ou puxar um fardo morro acima, pois se o aclive for acentuado, três homens superam um cavalo. [...] Por outro lado, [...] num plano horizontal [...] um homem [...] não chega a aplicar um sétimo da força de um cavalo empregado para o mesmo propósito". E o emprego de animais nem sempre era algo prático. Como Coulomb (1799) observou, pessoas requerem menos espaço para trabalhar do que os animais, além de ser mais fácil transportá-las e combinar seus esforços.

O desempenho de bestas pequenas e muitas vezes mal alimentadas na Antiguidade e no início da Idade Média ficava bem mais próximo do desempenho humano do que do desempenho de possantes cavalos de tração do século XIX. Os animais eram frequentemente vendados (ou cegados) e atrelados diretamente na almanjarra, que era afixada a um eixo central cuja rotação era usada para moagem (sobretudo grãos, mas também argila para azulejos), para extração (óleos de sementes, caldo de cana e de frutas) ou para tração uma corda presa a uma carga (puxando para cima água, carvão, minério ou homens de dentro de minas). Em alguns empreendimentos, os animais também rotavam grandes cabrestantes ligados a caixas de transmissão para multiplicar a vantagem mecânica.

Era comum que esses animais forçados a caminhar por horas num pequeno círculo ainda sofressem abusos e má alimentação, conforme atestado por Lúcio

Capítulo 4   Forças motrizes e combustíveis pré-industriais   **145**

Apuleio em seu O *asno de ouro*, século II d.C, na clássica tradução de William Adlington, 1566:

Dos meus companheiros cavalos que moíam, o que poderia dizer? Quão cansados e fracos; perto dos estábulos, cabisbaixos, roendo restos de palha, os cangotes esfolados e cheios de chagas podres, as narinas abertas, que de cansados não podiam tomar fôlego; os peitos de doença tossindo e dos parapeitos que lhes punham para moer, todos cortados e ulcerados, que quase lhes apareciam os ossos; os cascos desgastados de andar ao redor; toda a pele sarnenta de magreza e fraqueza. Quando vi aquele quadro pavoroso, comecei a temer que eu mesmo pudesse me encontrar em tal estado.

O uso de cavalos continuou por boa parte do século XIX. Na década de 1870, era a força equestre que propelia milhares de engenhos em estados da serra dos Apalaches e sul dos Estados Unidos, tanto em fazendas (moendo grãos, extraindo óleo, compactando fardos de algodão) quanto em bombas d'água e elevadores em minas subterrâneas (Hunter; Bryant 1991). Eles caminhavam em círculos muitas vezes com menos de 6 m de diâmetro (vide Figura 1.3; círculos de 8–10 m eram mais confortáveis), e antes da adoção dos bondes elétricos, cidades ocidentais contavam com muitos cavalos para puxar ônibus e carroças (Quadro 4.4; veja também a Figura 4.18).

O uso de cavalos para transporte ou construção era limitado pelos mesmos fatores impeditivos ao seu uso como animais de tração em fazendas. Em países secos do Mediterrâneo e em planícies altamente povoadas da Ásia, não havia nem boas pastagens nem um suprimento suficiente de grãos, e para piorar muitos arreios eram pouco eficientes ao converter a potência equestre. Em regiões áridas da Eurásia, os camelos, bem menos exigentes, eram usados em muitas tarefas cumpridas por bois ou cavalos na Europa atlântica, mas na Ásia elefantes domesticados (usados na coleta de toras pesadas, na construção e em guerras) também impunham um fardo considerável sobre os recursos alimentares (Schmidt, 1996). Uma fonte clássica de folclore indiano exalta sua eficiência, mas também prescreve o fornecimento de uma alimentação cara para elefantes recém capturados, com arroz cozido e bananas-da-terra misturados com cana-de-açúcar (Choudhury, 1976). Caso os animais permanecessem saudáveis, esses altos custos energéticos eram mais do que compensados por sua potência e incrível longevidade.

Animais usados para transporte e trabalho estacionário iam de asnos pequenos a elefantes imensos, e em alguns lugares cães giravam espetos sobre fogões ou puxavam pequenos trenós ou carrinhos de mão. Não chega a surpreender, porém, que as demandas nutricionais modestas de bovinos e bubalinos — bois, búfalos-asiáticos e iaques — tenham feito deles os animais preferidos para trabalho no campo e fora dele. Os iaques eram inestimáveis como animais de carga não por causa de sua potência extraordinária, mas por sua capacidade de caminhar por montanhas elevadas e na neve. O desempenho típico dos bovinos no transporte de cargas não passava de moderado. Por breves períodos e por boas estradas, eles

146 Energia e Civilização: Uma História

QUADRO 4.4
Cavalos de tração no transporte urbano

Cavalos de tração eram empregados em grandes cidades para transportar alimentos, combustível e materiais (puxando carroças de vários tamanhos) e para transporte pessoal, puxando carruagens de aluguel e, desde 1834, suas versões modernizadas, patenteadas por Joseph Hansom (1803–1882), dando origem à noção de táxis, conhecidos como *hansons*. Contudo, à medida que as cidades ocidentais cresciam, a demanda por transporte público mais eficiente levou à introdução de lotações puxadas por cavalos. Seu uso começou em Paris em 1828; um ano depois, elas apareceram em Londres, e em 1833 em Nova York, difundindo-se em seguida para a maioria das cidades grandes do oeste dos Estados Unidos (McShane; Tarr, 2007). Em Nova York, o pico foi de 683 veículos como esse em 1853.

Bondes puxados por cavalos sobre trilhos tornaram o transporte mais eficiente, e linhas assim eram comuns antes da introdução dos bondes elétricos durante os anos 1880. Ônibus leves (para apenas uma dúzia de passageiros) eram puxados por apenas dois cavalos, mas quatro também eram comuns, e carruagens feitas para até 28 passageiros ficavam frequentemente superlotadas. As partidas eram de hora em hora, e muitas linhas percorriam trajetos suburbanos costumeiros para diligências, alcançando destinos a 8–10 km dos centros em cerca de 1 hora. Trabalhando tão duro, os cavalos precisavam ser bem alimentados, e dados coletados por McShane e Tarr (2007) mostram que uma típica ração diária por animal era de 5–8 kg de aveia e uma massa similar de feno. O suprimento de cavalos urbanos com essa ração era um serviço importante em todas as grandes cidades no século XIX.

---

conseguiam puxar cargas de até três ou quatro vezes seu próprio peso, mas seu trabalho constante produzia no máximo 300 W. Cavalos velhos e debilitados, muito usados para puxar almanjarras ligadas a um eixo central para trabalho em fabriquetas que exigiam potência rotacional constante, não conseguiam produzir muito mais do que isso, e antes da introdução dos motores a vapor muitos deles foram substituídos por moinhos d'água ou de vento, que eram bem mais potentes.

Potência hídrica

Antípatro de Tessalônica, escrevendo durante o século I a.C., deixou a primeira referência literária a um moinho d'água simples que eliminou o duro trabalho manual exigido até então para moer grãos (Brunck 1776, p. 119):

> Não ponha suas mãos no moinho, ó mulher que gira a mó! Durma bem até o galo anunciar o raiar do dia, pois Ceres encarregou às ninfas o labor que empregava seus braços. Elas, caindo do alto de uma roda, fazem seu eixo girar, acionando o peso de quatro moi-

Capítulo 4   Forças motrizes e combustíveis pré-industriais   **147**

nhos. Provamos novamente a vida dos primeiros homens, pois aprendemos a desfrutar os produtos de Ceres sem fadiga.

E com a notável exceção dos antigos navios a vela, o domínio do vento começou ainda mais tarde. O relato de Al-Masudi, datado de 947, é um dos primeiros registros confiáveis de simples moinhos de vento verticais (Forbes, 1965; Harverson, 1991). A descrição dele retratava Seistan (atualmente no leste do Irã) como uma terra ventosa e arenosa onde o vento movia moinhos e elevava a água de fontes e irrigava jardins. Os sucessores quase idênticos desses moinhos primitivos — com velas de junco trançado por trás de aberturas estreitas em altas paredes de taipa, criando um fluxo eólico acelerado —- podiam ser vistos na região em pleno século XX. Ambos tipos de máquinas se difundiram rapidamente por todo o mundo medieval, mas os moinhos d'água eram bem mais abundantes.

Sua onipresença é atestada no censo do Domesday Book de 1086, quando havia 5.624 moinhos no sul e leste da Inglaterra, ou um para cada 350 pessoas (Holt, 1988). As primeiras rodas d'água horizontais são referidas muitas vezes como rodas gregas ou nórdicas, mas a origem de seu *design* ainda é incerta. Elas se tornaram comuns em muitas regiões da Europa e por todo o leste da Síria. O impacto do fluxo d'água, geralmente direcionado através de uma calha inclinada de madeira até pás também de madeira que ficavam muitas vezes presas a uma roda situada num aclive, fazia rodar um eixo sólido diretamente ligado a uma mó giratória logo acima (Figura 4.9). Esse *design* simples e relativamente ineficiente era mais adequado para moagem em pequena escala. *Designs* posteriores, com a água passando através de um orifício afunilado (Wulff 1966), alcançavam eficiências 50% maiores e uma potência máxima acima de 3,5 W.

Rodas verticais suplantaram as máquinas horizontais devido à sua eficiência superior. Elas rodavam as mós por meio de engrenagens em ângulo reto, e na literatura ocidental ficaram conhecidas como moinhos vitruvianos, depois que o construtor romano Vitrúvio fez a primeira descrição clara de *hydraletae*, datada de 27 a.C. No entanto, Lewis (1997) considera que o moinho movido a água se originou durante a primeira metade de século III a.C., mais provavelmente na Alexandria ptolomaica, e que no século I d.C. a potência hídrica já estava em uso mais difundido. Seja como for, devido a sua subsequente onipresença e persistência, temos um vasto *corpus* literário tratando de sua história, *design*, desempenho e aplicações (Bresse, 1876; Müller, 1939; Moritz, 1958; Forbes, 1965; Hindle, 1975; Meyer, 1975; White, 1978; Reynolds, 1983; Wölfel, 1987; Walton, 2006; Denny, 2007).

Ainda assim, é impossível estimar com segurança a contribuição das rodas d'água para o suprimento energético primordial em geral das sociedades antigas e medievais. Wikander (1983) mostra que as rodas d'água eram mais comuns durante a era romana do que se costuma supor, e, embora somente 20 sítios medievais com esse tipo de moinho tenham sido identificados até hoje, cerca de 6.500

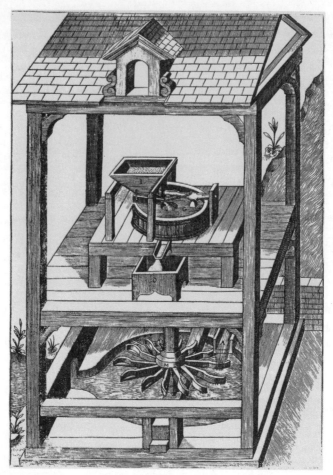

FIGURA 4.9
A roda d'água horizontal, também chamada de roda grega ou nórdica. A roda era acionada pelo impacto da água corrente e fazia rodar diretamente a pedra de moagem logo acima. Reproduzida de Ramelli (1976 [1588]).

Capítulo 4 Forças motrizes e combustíveis pré-industriais **149**

localidades contavam com eles na Inglaterra do século XI (Holt, 1988). Porém, minhas próprias estimativas mostram que, mesmo com hipóteses bem liberais quanto à potência unitária e à adoção de rodas d'água pelo Império Romano, a potência hídrica contribuía com uma fração de apenas 1% da energia mecânica útil produzida por pessoas e por animais de tração (Smil, 2010c).

Rodas d'água verticais são classificadas de acordo com o ponto de impacto. Rodas acionadas pelo fluxo na sua parte inferior, também chamadas de rasteiras, eram propelidas pela energia cinética da água em movimento (Figura 4.10). Elas até funcionavam bem com um fluxo lento e constante, mas era especialmente preferível que se encontrassem em correntes rápidas, já que a potência teórica máxima das rodas rasteiras é proporcional ao cubo da velocidade da água: quando essa velocidade dobra, a capacidade se multiplica em oito vezes (Quadro 4.5). Onde o fluxo d'água passava antes por um reservatório, as rodas rasteiras eram usadas somente com desníveis baixos, entre 1,5 e 3 m. Mais tarde, placas radiais passaram a ser afixadas nas laterais da roda, para evitar que a água escapasse pelas bordas do fluxo inferior.

A eficiência de uma roda rasteira podia ser melhorada ao rebaixar a roda inteira, passando a ser alimentada a meia altura (sendo chamada de meocopeira) através de canal hermético ao longo de um arco de 30° da lateral para baixo, a fim de aumentar a retenção de água. Seu projeto mais eficiente, introduzido por volta de 1800 por Jean-Victor Poncelet (1788–1867), tinha lâminas encurvadas, e era capaz de converter cerca de 20% da energia cinética da água em potência útil. Mais adiante nesse mesmo século, o melhor desempenho chegou a 35–45%. Os diâmetros das rodas eram cerca de três vezes maiores que os desníveis no caso de rodas com pás e quatro vezes maiores em rodas de Poncelet.

As rodas meocopeiras eram propelidas por uma combinação de fluxo hídrico e queda gravitacional, em cursos com desníveis entre 2 e 5 m. Canais herméticos de

---

QUADRO 4.5
Potência das rodas rasteiras

A energia cinética da água corrente (em joules) é $0,5\rho v^2$, ou seja, metade do produto de sua densidade ($\rho = 1.000$ kg/m^3) pela sua velocidade ao quadrado (v, em m/s). A quantidade de volumes unitários de água impactando as aletas de uma roda d'água por unidade de tempo é igual à velocidade do fluxo; portanto, a potência teórica da corrente é igual à sua energia multiplicada pela velocidade. Idealmente, um curso d'água fluindo a uma velocidade de 1,5 m/s e empurrando aletas com uma seção transversal de aproximadamente 0,15 m^2 (cerca de 50 × 50 cm) pode desenvolver pouco mais de 400 W de potência — mas uma roda rasteira medieval ineficiente feita de madeira chegava a produzir no máximo um quinto dessa taxa, ou cerca de 80 W de movimento rotatório útil.

150 Energia e Civilização: Uma História

FIGURA 4.10
Gravuras de uma grande roda d'água rasteira acionando uma máquina de papel da realeza francesa (em cima) e uma roda acionada pelo alto (copeira) propelindo uma máquina de lavagem de minério numa forja também francesa (embaixo). Reproduzida da *Encyclopédie* (Diderot; d'Alembert, 1769–1772).

Capítulo 4   Forças motrizes e combustíveis pré-industriais   **151**

alimentação, que impediam qualquer vazamento, eram essenciais para um bom desempenho. Nas rodas em que esses canais herméticos ficavam abaixo do eixo central, as eficiências não superavam aquelas das rodas rasteiras bem projetadas. Máquinas meocopeiras com alto desnível, em que a água era alimentada acima do eixo central, alcançavam potências similares às das rodas alimentadas pelo alto, ou copeiras. Máquinas copeiras tradicionais, propelidas em grande parte pela energia potencial gravitacional, operavam com desníveis de no mínimo 3 m, e seus diâmetros geralmente equivaliam a três quartos desse desnível (Figura 4.10). A água era alimentada por calhas até compartimentos similares a baldes a taxas que iam de menos de 100 L/s até mais de 1.000 L/s, a velocidades de 4–12 rpm. Como a maior parte da potência rotacional era gerada pelo peso da água em queda, as rodas copeiras podiam ser instaladas em cursos com fluxo lento (Quadro 4.6).

Essa vantagem era em parte mitigada pela necessidade de um suprimento hídrico bem direcionado e cuidadosamente regulado, o que exigia a construção frequente de açudes de contenção e canais. Rodas copeiras operando acima de sua capacidade, isto é, com vazamento reduzido dos baldes, podiam ser mais eficientes, embora menos potentes, do que máquinas sob fluxo integral. Até as primeiras décadas do século XVIII, as rodas copeiras eram consideradas menos eficientes que as rasteiras (Reynolds, 1979). Esse erro foi refutado durante os anos 1750, nos escritos de Antoine de Parcieux e Johann Albrecht Euler, e acima de tudo pelos experimentos cuidadosos com modelos em escala conduzidos por John Smeaton (1724–1792), que comparou as capacidades das rodas d'água com aquelas de outras forças motrizes (Smeaton, 1759).

A promoção subsequente que Smeaton passou a fazer das rodas copeiras ajudou a desacelerar a difusão dos motores a vapor, e seus experimentos (quando concluiu corretamente que a potência de uma roda aumenta com o cubo da velocidade da água) estabeleceram a eficiência das rodas copeiras na faixa de

---

QUADRO 4.6
Potência das rodas d'água copeiras

A energia potencial da água (em joules) é igual a mgh, ou seja, o produto de sua massa (em kg), pela sua aceleração (9,8 m/s^2) e seu desnível (altura em m). Como consequência, um balde de roda d'água copeira contendo 0,2 m^3 de água (200 kg) situado 3 m acima do canal de descarga tem uma energia potencial de aproximadamente 6 kJ. Com um fluxo hídrico de 400 kg/s, a roda teria uma potência teórica de quase 12 kW. A potência mecânica útil de uma máquina dessas seria de menos de 4 kW para uma grande roda de madeira até bem mais de 9 kW para uma máquina metálica bem fabricada e lubrificada do século XIX.

152   Energia e Civilização: Uma História

52–76% (média de 66%), em comparação a 32% para as melhores rodas d'água rasteiras (Smeaton, 1759). A análise moderna de Denny (2004) da eficiência das rodas d'água produziu resultados bem similares: 71% para rodas copeiras, 30% para rodas rasteiras (e cerca de 50% para as rodas de Poncelet). Na prática, rodas copeiras do século XX bem projetadas e mantidas tinham eficiências potenciais em seus eixos de quase 90% e podiam converter até 85% da energia cinética da água em trabalho útil (Muller; Kauppert, 2004). No entanto, uma taxa geralmente realista ficava em 60–70%, enquanto as melhores rodas copeiras alemãs feitas de metal, projetadas e fabricadas durante os anos 1930, eram até 76% eficientes (Müller, 1939).

As rodas rasteiras podiam ser instaladas diretamente num curso d'água, mas essa localização naturalmente aumenta suas chances de danos por enchentes. Rodas meocopeiras e copeiras precisavam de um suprimento hídrico regular. O desvio hídrico geralmente consistia na barragem de um curso d'água e na construção de um canal para redirecionar o fluxo até a roda. Em regiões de precipitação baixa ou irregular, era comum acumular a água em açudes ou atrás de represas baixas. Não menos atenção tinha de ser dedicada ao retorno da água para o curso. Esse retorno impedia a rotação da roda, e canais de fuga suaves também eram necessários para prevenir assoreamento do canal de alimentação. Mesmo na Inglaterra, rodas, eixos e engrenagens eram quase todos de madeira até o início do século XVIII. Mais tarde, tornou-se mais comum o uso de ferro fundido nos aros e eixos. A primeira roda totalmente de ferro foi construída no início do século XIX (Crossley, 1990). Além das rodas d'água fixas, havia também as bem menos comuns rodas flutuantes, instaladas em barcaças, e os moinhos maremotores. Moinhos flutuantes para processamento de grãos foram usados com sucesso pela primeira vez no rio Tibre no ano 537, quando Roma foi sitiada pelos godos, que bloquearam o fluxo do aqueduto que acionava os moinhos d'água.

Eles eram uma visão comum em cidades, vilarejos e seus arredoreas na Europa medieval, com muitos ainda em pé no século XVIII. O uso do poder intermitente do mar foi documentado pela primeira vez em Basra durante o século X. Durante a Idade Média, pequenos moinhos maremotores foram construídos na Inglaterra, nos Países Baixos, na Bretanha e no litoral atlântico da Península Ibérica; mais tarde vieram as instalações na América do Norte e Caribe (Minchinton; Meigs, 1980). O maquinário talvez mais importante e duradouro propelido pela força das marés fornecia água potável para Londres. As primeiras grandes rodas d'água verticais maremotoras, construídas após 1852, foram destruídas pelo incêndio de 1666, mas suas substitutas funcionaram até 1822 (Jenkins, 1936). Três rodas, acionadas pela água que passava através dos arcos estreitos da antiga Ponte de Londres, giravam nos dois sentidos (outras rodas costumavam funcionar somente com a maré vazante) e propeliam 52 bombas d'água, forçando 600 mil L de água a uma altura de 36 m.

Capítulo 4 · Forças motrizes e combustíveis pré-industriais **153**

A moagem de grãos continuou sendo a aplicação dominante da potência hídrica: na Inglaterra medieval, ela era responsável por cerca de 90% de toda a atividade de moenda, com a maior parte do restante aproveitada para avolumar e amaciar tecidos de lã grossa e somente 1% para outras atividades industriais (Lucas, 2005). No final da Idade Média, houve uma grande difusão do aproveitamento do poder hídrico na britagem e fundição de minério (foles de alto-fornos), bem como para serrar pedras e madeira, tornear madeira, extrair óleo em prensas, em curtumes, na produção de arame, no corte e trituração de metal, em serralheria e funilaria e para esmaltar e polir faiança. Rodas d'água inglesas também eram usadas para bobinagem e bombeamento de água em minas subterrâneas (Woodall, 1982; Clavering, 1995).

Todas essas tarefas eram cumpridas por rodas d'água com uma eficiência superior à fornecida por pessoas ou animais, e, portanto, com uma produtividade laboral bem maior. Ademais, a magnitude, a continuidade e a confiabilidade sem precedentes da potência proporcionada por rodas d'água descortinaram novas possibilidades produtivas. Isso valia sobretudo na mineração e na metalurgia. De fato, os alicerces energéticos da industrialização ocidental repousam em grande parte nessas aplicações especializadas das rodas d'água. Músculos humanos e animais jamais poderiam converter energia a taxas tão altas, concentradas, contínuas e confiáveis — e somente tamanho suprimento foi capaz de aumentar a escala, a velocidade e a qualidade de incontáveis tarefas industriais e de processamento alimentar. No entanto, levou muito tempo para que as rodas d'água alcançassem capacidades superiores à potência de vários animais de tração trabalhando em conjunto.

Por séculos, a única maneira de alcançar maior produção de potência era instalar uma série de unidades menores em locais adequados. O exemplo mais conhecido dessa concentração é a famosa linha de moinhos romanos em Barbegal, perto de Arles, na França, que contava com 16 rodas, cada qual com uma capacidade aproximada de 2 kW, para um total de pouco mais de 30 kW (Sellin, 1983). Greene (2000, p. 39) a chamou de "a maior concentração conhecida de potência mecânica do mundo antigo", e Hodge (1990, p. 106) a descreveu como "algo que, segundo todos os livros-texto, jamais chegou a existir — uma autêntica fábrica romana antiga com a potência de uma linha de montagem". Um exame mais detalhado revela uma realidade menos impressionante (Quadro 4.7).

Seja como for, moinhos d'água de maior porte seguiram raros por muito séculos. Mesmo nas primeiras décadas do século XVIII, rodas d'água europeias alcançavam uma média inferior a 4 kW. Poucas máquinas conseguiam superar 7 kW, e um acabamento grosseiro e engrenagens com bastante atrito resultavam em baixas eficiências de conversão. Até mesmo as máquinas mais admiradas da época — 14 rodas d'água de grande porte (12 m de diâmetro) contruídas no Sena, na cidade francesa de Marly, entre 1680 e 1688 — não conseguiram cumprir seu objetivo de bombear água para as 1.400 fontes e cascatas em Versalhes. O potencial desse complexo era de quase 750 kW, mas uma transmissão ineficiente do movimento

QUADRO 4.7
As rodas d'água de Barbegal

A alimentação hídrica para as 16 rodas d'água copeiras de Barbegal (provavelmente construídas durante o século II d.C.) era desviada de um aqueduto próximo em dois canais paralelos num declive de 30° (Benoit, 1940). Sagui (1948) partiu de suposições pouco realistas (um fluxo hídrico de 1.000 L/s, a uma velocidade de 2,5 m/s, com uma produtividade média de 24 t de farinha por dia) para concluir que o estabelecimento produzia farinha suficiente para produzir pães para cerca de 80 mil pessoas. Por sua vez, Sellin (1983) partiu de cifras mais realistas (um fluxo hídrico de 300 L/s, a uma velocidade aproximada de 1 m/s), e estimou que cada roda tinha cerca de 2 kW de potência útil, somando um total de 32 kW e (com um fator de capacidade de 50%) uma produção diária de 4,5 t de farinha.

Porém, Sellin adotou a suposição de Sagui de que 65% da energia cinética da água eram convertidos na energia cinética de uma mó em rotação — embora os cálculos cuidadosos de Smeaton (1759) indicassem 63% como a eficiência máxima das rodas copeiras do século XVIII, com projetos muito superiores. A combinação de um fluxo mais baixo — Leveau (2006) defendeu algo entre 240 e 260 L/s — e uma eficiência mais baixa (55%, digamos) se traduziria em 1,5 kW/unidade. Isso equivaleria à potência combinada de três cavalos romanos (ou quatro fracos) atrelados a um engenho, suficiente para produzir diariamente cerca de 3,4 t de farinha para alimentar umas 11 mil pessoas, certamente um desempenho bem superior ao de moinhos típicos do século II d.C., mas menor que um protótipo de produção em massa.

rotacional (pelo uso de longas bielas reciprocantes) fazia a produção útil despencar para cerca de 52 kW, insuficientes para suprir todas as fontes (Brandstetter, 2005).

No entanto, até mesmo rodas d'água de pequeno porte tinham um impacto econômico importante. Mesmo assumindo que a farinha supria metade da ingestão energética diária de uma pessoa média, um pequeno moinho d'água, tocado por menos de dez trabalhadores, era capaz de produzir o suficiente em um dia (10 horas de moagem) para alimentar umas 3.500 pessoas, um vilarejo medieval de bom tamanho, ao passo que a moagem a mão exigiria no mínimo 250 trabalhadores. E quando combinadas com projetos industriais inovadores, as rodas d'água do fim do século XVIII faziam uma enorme diferença em produtividade. Um exemplo perfeito é a introdução de maquinário movido a água voltado a produzir 200 mil pregos por dia, patenteado nos Estados Unidos em 1795 (Rosenberg, 1975). A adoção generalizada dessas máquinas fez o preço dos pregos cair quase 90% nos 50 anos subsequentes.

As rodas d'água eram os conversores tradicionais de energia mais eficientes. Na verdade, eram mais eficientes até do que os melhores motores a vapor, cuja

Capítulo 4   Forças motrizes e combustíveis pré-industriais   **155**

operação por volta de 1780 convertia menos de 2% do carvão em potência útil, e geralmente no máximo 15% no fim do século XIX (Smil, 2005). Nenhuma outra força motriz tradicional podia gerar tanta potência contínua. Rodas d'água foram indispensáveis durante os estágios iniciais da industrialização na Europa e na América do Norte. Elas alcançaram seu apogeu — quer avaliado em termos de capacidades individuais ou totais ou em termos de eficiência de projeto — durante o século XIX, ao mesmo tempo em que os motores a vapor estavam sendo adotados para novas aplicações estacionárias e móveis, e a ascensão e ulterior domínio da nova força motriz suplantou a importância da potência hídrica.

Contudo, mais capacidade de potência hídrica foi adicionada durante as seis primeiras décadas do século XIX do que nunca, e a maioria dessas máquinas continuou a operar mesmo enquanto a potência a vapor, e mais tarde a eletricidade, passava a conquistar os mercados de forças motrizes. Daugherty (1927) estimou que em 1849 nos Estados Unidos a capacidade total instalada de rodas d'água era de quase 500 MW (menos de 7% de todas as forças motrizes, incluindo animais de trabalho, mas excluindo a mão de obra humana), comparados a cerca de 920 MW de capacidade instalada na forma de motores a vapor. A comparação entre os trabalhos desempenhados na prática é mais reveladora: Schurr e Netschert (1960) calcularam que em 1850 as rodas d'água norte-americanas geravam cerca de 2,4 PJ, ou 2,25 vezes o total gerado pelos motores a vapor alimentados por carvão; que elas ainda estavam à frente (em cerca de 30%) em 1860; e que seu trabalho útil foi superado pelo trabalho a vapor somente no fim da década de 1860. Ainda em 1925, 33.500 rodas d'água seguiam em operação na Alemanha (Muller; Kauppert 2004), e algumas rodas europeias funcionavam após 1950.

As novas fábricas têxteis de grande porte do século XIX eram especialmente dependentes da potência hídrica. A Merrimack Manufacturing Company, por exemplo, a primeira fabricante de panos (sobretudo de algodão calicô) totalmente integrada nos Estados Unidos, foi fundada em 1823 em Lowell, Massachusetts, e consumia cerca de 2 MW de potência hídrica oriunda de uma grande queda (10 m) no rio Merrimack (Malone, 2009). Em 1840, a maior instalação britânica — a usina hídrica Shaw, de 1,5 MW, em Greenock, perto de Glasgow, às margens do rio Clyde — contava com 30 rodas construídas em duas fileiras num aclive íngreme, alimentadas por um grande reservatório. As maiores rodas d'água individuais tinham diâmetros na casa dos 20 m, com largura de 4–6 m, e capacidades bem acima de 50 kW (Woodall, 1982).

A maior roda do mundo era a Lady Isabella, projetada por Robert Casement e construída em 1854 pela Great Laxey Mining Company na ilha de Man, a fim de bombear água das minas de Laxey. A roda era uma máquina copeira invertida (2,5 rpm) com 21,9 m de diâmetro e 1,85 m de largura; seus 48 raios (com 9,75 m cada) eram de madeira, mas o eixo e as bielas diagonais eram de ferro fundido (Reynolds, 1970). Todos os córregos no barranco acima da roda eram canalizados para tanques de coleta, e a água era direcionada por tubulação até a base de uma torre de alvenaria e subia até uma calha de madeira. A potência era transmitida para a barra de bombeamento, que descia 451 m até a base de um poço de mineração feito de chumbo e zinco, por meio da manivela do eixo-mestre e por 180 m de bielas de madeira conectoras. O pico teórico de potência da roda era de aproximadamente 427 kW. Em operação normal, ela gerava cerca de 200 kW de potência útil. A roda funcionou até 1926 e foi restaurada a partir de 1965 (Manx National Heritage, 2015) (Figura 4.11).

Mas a era das rodas d'água gigantes durou pouco. Exatamente quando essas máquinas estavam sendo construídas durante a primeira metade do século XIX, o desenvolvimento de turbinas hídricas trouxe o primeiro avanço radical em forças motrizes acionadas pela água desde a introdução das rodas verticais séculos antes. A primeira turbina de reação (sobrepressão) de Benoît Fourneyron com fluxo radial de saída foi construída em 1832 para alimentar uma forja de martelos na cidade francesa de Fraisans. Mesmo com um desnível mínimo de 1,3 m e um rotor com diâmetro de 2,4 m, a turbina tinha uma capacidade de 38 kW. Cinco anos depois, duas máquinas aprimoradas trabalhando no moinho fabril de Saint Blaisien geravam cerca de 45 kW sob desníveis de 108 e 114 m (Smith, 1980).

FIGURA 4.11
A grande roda d'água de Laxey já restaurada (Corbis).

Capítulo 4   Forças motrizes e combustíveis pré-industriais   **157**

O desempenho da máquina de Fourneyron foi logo ultrapassado por um projeto inovador de turbina de influxo, um desenvolvimento que Layton (1979) chamou de prototípico produto de pesquisa industrial, mas que atualmente é mais conhecido como a turbina de Francis, em homenagem a James B. Francis (1815–1892), um engenheiro anglo-americano. Em seguida, vieram as turbinas a jato de Lester A. Pelton (patenteadas em 1889) e as turbinas de fluxo axial a la Viktor Kaplan (em 1920). Em muitas indústrias, novos projetos de turbina substituíram as rodas d'água como forças motrizes. Em Massachusetts, por exemplo, as turbinas respondiam por 80% da potência instalada em 1875. Essa também foi a época da maior importância das máquinas acionadas pela água numa sociedade em franca industrialização.

Todos os três centros principais de moinhos têxteis no baixo rio Merrimack, em Massachusetts e sul de New Hampshire — Lowell, Lawrence e Manchester — contavam com máquinas hídricas que totalizavam aproximadamente 7,2 MW. Como um todo, a bacia do rio tinha cerca de 60 MW de capacidade instalada, com uma média de uns 66 kW por estabelecimento fabril (Hunter, 1975). Mesmo em meados dos anos 1850, o vapor ainda era cerca de três vezes mais caro como força motriz que a água na Nova Inglaterra. A era das turbinas hídricas como forças motrizes diretas para a rotação de colunas com marchas e correias acabou de modo abrupto. Em 1880, a mineração de carvão em larga escala e motores mais eficientes tornaram o vapor mais barato que a potência hídrica em praticamente todo o Estados Unidos. Antes do fim do século XIX, a maioria das turbinas hídricas já não entregava potência direta, passando em vez disso a propelir geradores de eletricidade.

Potência eólica

A história do domínio do vento para potência estacionária (em contraste com a história bem mais longa da conversão do vento em movimento pelo uso engenhoso de velas de navegação) e a evolução dos projetos de moinhos de vento rumo a máquinas complexas e poderosas no início da era industrial são bem cobertas por revisões tanto gerais quanto de países específicos. Contribuições notáveis da primeira categoria incluem aquelas de Freese (1957), Needham (1965), Reynolds (1970), Minchinton (1980) e Denny (2007). Levantamentos nacionais importantes incluem Skilton (1947) e Wailes (1975) a respeito de moinhos britânicos, Boonenburg (1952), Stockhuyzen (1963) e Husslage (1965) a respeito dos celebrados *designs* holandeses, e Wolff (1900), Torrey (1976), Baker (2006) e Righter (2008) a respeito das máqunas norte-americanas, que cumpriram um papel-chave, mas pouco apreciado, na abertura do oeste. Os moinhos de vento se tornaram as forças motrizes mais poderosas da era pré-industrial em planícies onde a ausência quase completa de quedas d'água inviabilizava a construção de pequenas rodas d'água (nos Países Baixos, na Dinamarca e em partes da Inglaterra) e em inúmeras regiões áridas da Ásia e Europa com ventos sazonalmente intensos.

158 Energia e Civilização: Uma História

A contribuição dos moinhos de vento para a intensificação da economia mundial foi menos decisiva que a das rodas d'água, sobretudo porque seu uso acabou se tornando comum apenas em partes da Europa Atlântica. Os primeiros registros claros de moinhos de vento europeus remontam às últimas décadas do século XII. De acordo com Lewis (1993), seu uso se disseminou da Pérsia para o território bizantino, onde eles se transformaram em máquinas verticais, encontradas pelos Cruzados. Ao contrário das máquinas orientais, cujas velas rodavam num plano horizontal em torno de um eixo vertical, esses moinhos eram instalados verticalmente sobre bases giratórias cujo eixo condutor podia ser orientado na direção do vento. Com a exceção dos moinhos ibéricos com velas octogonais funcionando com tecido triangular (importadas do Mediterrâneo oriental), as primeiras máquinas europeias eram todas moinhos pivotantes. Sua estrutura em madeira, em cujo interior ficavam as engrenagens e mós, girava num massivo pivô central que era sustentado por quatro escoras diagonais (Figura 4.12). Como não podiam se realinhar sem ajuda assim que a direção do vento mudava, precisavam ser girados de frente para a nova direção. Também eram instáveis sob ventos intensos e vulneráveis a danos causados por tempestades, e seu peso relativamente leve limitava seu máximo desempenho (Quadro 4.8).

Embora os moinhos pivotantes tenham continuado a operar em partes da Europa Oriental até o século XX, na Europa Ocidental eles foram gradualmente substituídos por moinhos de torre e por moinhos de base larga (*smock mills*). Nesses dois *designs*, somente a cúpula era voltada na direção do vento, desde o chão ou, com auxílio de torres altas, de galerias. Os moinhos de base larga tinham uma estrutura de madeira, geralmente octagonal, que era coberta com ripas ou telhas. Os moinhos de torre costumavam ser estruturas arredondadas recobertas por lajotas. Somente após 1745, com a introdução inglesa de um cata-vento traseiro para acionar um rolamento-piloto, as velas começaram a se voltar automaticamente de frente para o vento. Curiosamente, os holandeses, com a maior quantidade de moinhos de vento na Europa, adotaram essa inovação somente no início do século XIX.

Os holandeses, porém, foram os primeiros a introduzir *designs* mais eficientes para as pás. Eles começaram a adicionar placas encurvadas nas bordas em pás que eram totalmente planas até por volta de 1600. O arqueamento resultante (cambagem) deu às pás mais tração, reduzindo ao mesmo tempo o atrito com o ar. Inovações posteriores incluíram melhorias na estrutura das velas, rolamentos de metal fundido e limitadores centrífugos de regulação. Este último dispositivo eliminou a árdua e muitas vezes perigosa tarefa de ajustar a lona para diferentes velocidades do vento. Ao final do século XIX, os ingleses tinham começado a instalar verdadeiros aerofólios, pás de contorno aerodinâmico com rebordos grossos. A moagem de grãos e o bombeamento de água (também em embarcações, com pequenas máquinas portáteis) foram as aplicações mais comuns. Moinhos de vento também eram usados tanto na Europa quanto no mundo islâmico para moagem e trituração (de giz, cana-de-açúcar, mostarda, cacau), fabricação de papel, serragem e metalurgia (Hill, 1984).

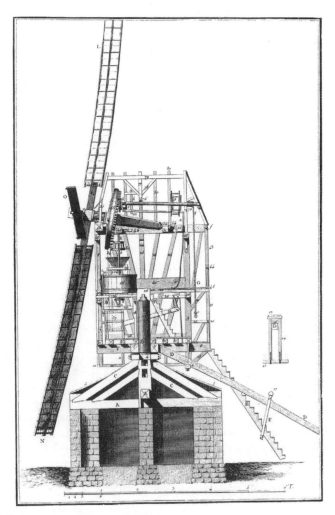

FIGURA 4.12
Moinho de vento pivotante. O pivô principal de madeira, quase sempre de carvalho, em que a estrutura se equilibrava era sustentado por quatro escoras apoiadas em grandes vigas em cruz. As rotações do moinho de vento eram transferidas para a mó por uma engrenagem de gaiola e pinhão, e o único acesso era por uma escada. Reproduzida da *Encyclopédie* (Diderot; d'Alembert, 1769–1772).

QUADRO 4.8
Energia e potência eólicas

A velocidade do vento aumenta cerca de um sétimo com a potência da altura. Isso significa, por exemplo, que ela será aproximadamente 22% maior 20 m acima do solo do que a uma altura de 5 m. A energia cinética de 1 m³ de ar (em joules) é igual a $0,5\rho v^2$, onde ρ é a densidade do ar (cerca de 0,12 kg/m³ perto do solo) e v é sua velocidade média do vento (em m/s). A potência eólica (em watts) é o produto entre a energia eólica, a área perpendicular à direção do vento incidente sobre as hélices da máquina (A, em m²) e o cubo da velocidade do vento: $0,5\rho AV^3$. Como a potência eólica aumenta com o cubo da velocidade média, quando a velocidade dobra, a potência disponível aumenta em oito vezes. Moinhos mais antigos (relativamente pesados e com engrenagens deficientes) também precisavam de ventos de no mínimo 25 km/h (7 m/s) a fim de começar sua moagem ou bombeamento; a velocidades mais baixas, eles simplesmente giravam devagar, mas as velas precisavam ser aparadas sob ventos acima de 10 m/s (e recolhidas a velocidades maiores que 12 m/s), proporcionando uma faixa bastante estrita (5–7 horas de rotação diária) de trabalho útil (Denny, 2007).

Essas realidades obviamente favoreciam localidades com ventos vigorosos e sustentados. Mais tarde, projetos mais eficientes, com engrenagens suaves e apropriadamente lubrificadas, passaram a funcionar bem com ventos acima de 4 m/s, gerando 10–12 horas de operação útil por dia. Sociedades pré-industriais conseguiam aproveitar somente os ventos próximos do solo, já que o alcance da maioria dos moinhos de vento não passava de 10 m. Os fluxos eólicos também têm grande variação temporal e espacial. Mesmo em locais ventosos, as médias anuais de velocidade do vento flutuam até 30%, e a transferência do local de uma máquina em meros 30–50 m pode facilmente cortar ou aumentar a média de velocidade em 50%. As capacidades limitadas do transporte pré-industrial por terra impediam instalações nos locais mais ventosos, e os moinhos eram muitas vezes estáticos. Nenhuma máquina eólica é capaz de extrair toda a potência disponibilizada pelo vento: isso exigiria uma interrupção completa do fluxo de ar! A máxima potência extraível é igual a 16/27, ou quase 60%, do fluxo de energia cinética (Betz, 1926). Na prática, o desempenho dos moinhos de vento pré-industriais ficava em 20–30%. Desse modo, um moinho de torre do século XVIII com um diâmetro de pás de 20 m tinha uma potência teórica aproximada de 189 kW sob um vento com velocidade de 10 m/s, mas jamais entregava mais do que 50 kW.

Capítulo 4   Forças motrizes e combustíveis pré-industriais   **161**

Na Holanda, eles faziam tudo isso, mas sua maior contribuição era na drenagem das terras rasas chamadas pôlderes para transformá-las em terrenos cultiváveis. Os primeiros moinhos holandeses de drenagem datam do início do século XV, mas se tornaram comuns somente no século XVI. Os vastos moinhos *wipmolen* faziam girar grandes rodas munidas de conchas coletoras, e os menores e móveis *tjasker* rotavam parafusos de Arquimedes, mas somente os eficientes moinhos de base larga (*smock mills*) eram capazes de gerar a potência necessária para dragar pôlderes em larga escala. Zaanse Schans, na Holanda Setentrional, teve 600 moinhos de vento construídos a partir de 1574, alguns dos quais seguem preservados (Zaanse Schans, 2015). Os moinhos holandeses mais altos (33 m) ficavam em Schiedam (cinco dos 30 originais seguem de pé), moendo grãos para a produção de *jenever* (gin holandês).

Antigos moinhos de vento norte-americanos, como aqueles do litoral de Massachusetts, eram muitas vezes usados para extração de sal, mas nunca foram usados em grande quantidade. Versões mais novas apareceram nos Estados Unidos na segunda metade do século XIX, com a expansão para o oeste através das Grandes Planícies, onde a escassez de pequenos córregos e a precipitação errática impediam a adoção de pequenas rodas d'água, mas onde a falta de fontes naturais exigia o bombeamento de água de poços. Em vez de aproveitar a potência eólica como os holandeses, com seus moinhos pesados (e caros) que empregavam poucas velas bastante amplas, os moinhos de vento norte-americanos eram menores, mais simples e mais baratos, mas ainda eram máquinas eficientes que atendiam estações ferroviárias e fazendas individuais.

Geralmente consistiam em inúmeras pás ou aletas bem estreitas presas a rodas sólidas ou seccionais, equipadas com um limitador centrífugo ou de palhetas laterais e lemes independentes. Instalados no alto de torres treliçadas com 6–25 de altura, esses moinhos eram usados para bombear água para residências, gado ou locomotivas a vapor (Figura 4.13). Somados ao arame farpado e às ferrovias, moinhos desse tipo eram os artefatos icônicos que ajudaram a abrir as Grandes Planícies (Wilson, 1999). Estimativas de Daugherty (1927) mostram que a capacidade nacional dos moinhos de vento subiu de 320 MW em 1849 para quase 500 MW em 1899, alcançando pico de 625 MW em 1919.

Não temos informações sobre as capacidades dos primeiros moinhos de vento. As primeiras mensurações experimentais confiáveis datam dos anos 1750, quando John Smeaton equiparou a potência de um moinho holandês comum com velas de 9 m à potência de dez homens ou dois cavalos (Smeaton, 1759). Esse cálculo, baseado em mensurações com um modelo pequeno, foi corroborado pelo desempenho prático na prensagem de oleaginosas. Enquanto os rotores propelidos por um moinho giravam sete vezes por minuto, dois cavalos mal conseguiam fazer 3,5 voltas no mesmo tempo. Um típico moinho holandês de grande porte do século XVIII com 30 m de alcance era capaz de desenvolver cerca de 7,5 kW

FIGURA 4.13
Moinho de vento de Halladay. Na última década do século XIX, os chamados moinhos de Halladay eram a marca mais popular nos Estados Unidos. Eram uma visão comum em estações ferroviárias do oeste, onde bombeavam água para locomotivas a vapor. Reproduzida de Wolff (1900).

Capítulo 4   Forças motrizes e combustíveis pré-industriais   **163**

(Forbes, 1958). Mensurações modernas num moinho de drenagem holandês de 1648 bem preservado capaz de elevar 35 m^3 de água com ventos de 8–9 m/s indicam uma potência aproximada de 30 kW, mas grandes perdas em transmissão baixavam a geração útil para menos de 12 kW.

Todos esses resultados confirmam a comparação entre as forças motrizes tradicionais conduzida por Rankine. Ele creditou os moinhos pivotantes com 1,5–6 kW de potência útil e os moinhos de torre com 4,5–10,5 kW (Rankine, 1866). Mensurações junto a moinhos de vento norte-americanos situam sua potência de meros 30 W para máquinas de 2,5 m até 1.000 W para aquelas de 7,6 m (Wolff, 1900). Cotações típicas (em termo de potência útil) são de 0,1–1 kW para projetos norte-americanos do século XIX, 1–2 kW para pequenos e 2–5 kW para grandes moinhos pivotantes, 4–8 kW para moinhos comuns de base larga e moinhos de torre e 8–12 kW para as maiores máquinas do século XIX. Isso significa que os típicos moinhos de vento medievais eram tão potentes quanto as rodas d'água contemporâneas, mas as rodas do início do século XIX eram até cinco vezes mais potentes que os maiores moinhos de torre, e que a diferença só fez aumentar com o desenvolvimento subsequente de turbinas hídricas.

Como no caso das rodas d'água, o pico de contribuição dos moinhos de vento como fornecedores de potência estacionária ocorreu durante o século XIX. No Reino Unido, seu total alcançou 10 mil em 1800; já no fim do século XIX, 12 mil operavam nos Países Baixos e 18 mil na Alemanha; e em 1900, cerca de 30 mil moinhos (com uma capacidade total de 100 MW) estavam instalados em países da região do Mar do Norte (De Zeeuw, 1978). Nos Estados Unidos, diversos milhões de unidades foram erigidas entre 1860 e 1900 durante a expansão rumo ao oeste, e sua quantidade começou a diminuir somente no início dos anos 1920. Em 1899, havia 77 fabricantes, com destaque para as marcas Halladay, Adams e Buchanan (Baker, 2006). Grandes quantidades de moinhos de vento de bombeamento d'água ao estilo norte-americano foram usados durante o século XX na Austrália, África do Sul e Argentina.

Combustíveis de biomassa

Quase todas as sociedades tradicionais só eram capazes de produzir calor e luz mediante a queima de combustíveis de biomassa. A fitomassa na forma de madeira, de carvão dela derivado, de resíduos de lavoura e de esterco seco fornecia toda a energia necessária para calefação residencial, preparo de alimentos e iluminação, bem como para fábricas artesanais em pequena escala. Mais tarde, em empreendimentos maiores protoindustriais, aqueles combustíveis passaram a ser usados para cozer tijolos e cerâmicas, para produzir vidro e para fundir e moldar metais. As únicas exceções notáveis são encontradas na China antiga, onde o carvão era usado no norte para produzir ferro e o gás natural era queimado em Sichuan para evaporar água salobra e produzir sal (Adshead, 1997), e também na Inglaterra medieval (Nef, 1932).

164 Energia e Civilização: Uma História

A provisão de combustíveis de biomassa podia ser fácil e envolver um curto deslocamento até uma floresta, mato ou colina próxima a fim de coletar galhos caídos e quebrar ramos secos, ou colher gramas secas ou coletar palha seca após uma colheita de grãos, estocando-se o material no forro de casa. Mais comumente, porém, isso exigia longas caminhadas, sobretudo por parte de mulheres e crianças, a fim de coletar biomassa combustível; a derrubada laboriosa de árvores; a produção extenuante de carvão; e o transporte por longas distâncias de combustível em carros de boi ou em caravanas de camelos até cidades situadas no meio de planícies deflorestadas ou em regiões desérticas. A abundância ou escassez de combustível afetava o desenho das residências, bem como práticas de vestimenta e preparação de alimentos. A provisão dessas energias era um dos principais motivadores do desmatamento tradicional.

Em países da Europa Ocidental, essa dependência despencou após 1860. As melhores reconstruções do suprimento energético primordial mostram que na França o carvão começou a fornecer mais da metade de toda a energia combustível a partir de meados dos anos 1870, e nos Estados Unidos, carvão e óleo (e um pequeno volume de gás natural) ultrapassaram o teor energético da lenha em 1884 (Smil, 2010a). Em outros lugares, porém, a dependência de combustíveis de fitomassa se manteve em pleno século XX: nos países mais populosos da Ásia, eles seguiram dominantes até os anos 1960 ou 1970, e na África subsaariana continuam sendo a fonte primordial de energia.

Esse uso duradouro permitiu que estudássemos as modalidades e consequências da queima ineficiente de combustíveis tradicionais e seu amplo impacto sobre a saúde. Desse modo, observações e análises conduzidas nas últimas décadas (Earl, 1973; Smil, 1983; RWEDP, 2000; Tomaselli, 2007; Smith, 2013) nos ajudam a entender a longa história da combustão pré-industrial de fitomassa. Muitas das descobertas recentes são perfeitamente aplicáveis a ambientes pré-industriais, já que as necessidades básicas não se alteraram: para a maioria das pessoas em sociedades tradicionais, as demandas energéticas sempre disseram respeito à preparação de duas ou três refeições por dia, à calefação de no mínimo um recinto em climas frios e, em certas regiões, também ao preparo de ração para animais e à desidratação de alimentos.

Madeira e carvão vegetal

A madeira era usada em qualquer forma que estivesse disponível: galhos, ramos, cascas e raízes caídos, quebrados ou podados; porém, toras de caules cortados por inteiro eram produzidas somente onde boas ferramentas de corte — enxós, machados e, mais tarde, serras— eram comuns. Surpreendentemente, a variedade da madeira pouco fazia diferença. Milhares de plantas produzem madeira, e embora suas diferenças físicas sejam substanciais — a densidade específica de alguns carvalhos é quase duas vezes maior que a de alguns choupos — sua composição

Capítulo 4 Forças motrizes e combustíveis pré-industriais 165

química é incrivelmente uniforme (Smil, 2013a). Cerca de dois quintos da madeira são celulose, cerca de um terço é hemicelulose e o restante é lignina; em termos de elementos, o carbono responde por 45–56% e o oxigênio por 40–42% da massa total. O teor energético da madeira cresce em proporção direta com seu conteúdo de lignina e resinas (que contêm, respectivamente, 26,5 MJ/kg e até 35 MJ/kg, em comparação com 17,5/kg da celulose), mas as diferenças entre espécies comuns produtoras de lenha são bem pequenas, sobretudo na faixa de 17,5–20 MJ/kg para madeiras duras de folhosas, devido a seu teor mais alto de resina, e 19–21 MJ/kg para madeiras macias de coníferas (Quadro 4.9).

A densidade energética da madeira sempre deve dizer respeito à matéria absolutamente seca, mas a madeira queimada em sociedades tradicionais apresentava uma faixa amplamente variável de teor de umidade. Madeira de folhosas maduras recém cortada tem tipicamente 30% de água, enquando a madeira de coníferas tem bem mais de 40%. A queima dessas madeiras é ineficiente, já que uma parte significativa do calor liberado é consumido na vaporização da umidade liberada, e não no aquecimento de uma panela ou de um recinto. Quando a madeira tem mais de 67% de umidade, ela simplesmente não inflama. É por isso que galhos e ramos caídos ou pedaços arrancados de árvores mortas sempre foram preferíveis à madeira fresca, e por isso que a madeira costuma ser arejada ao ar seco antes da combustão. A madeira cortada era empilhada, abrigada e deixada para secar por no mínimo alguns meses, mas mesmo em climas secos ela ainda retinha cerca de 15% de umidade. Em contraste, o carvão vegetal contém apenas um traço de umidade, e sempre foi um combustível de biomassa preferido por aqueles que podiam arcar com seu preço.

Esse combustível de alta qualidade praticamente não gera fumaça, e seu teor energético, equivalente ao de um bom carvão betuminoso, é uns 50% maior que o

---

QUADRO 4.9
Teor energético de combustíveis de biomassa

Biomassa combustível	Conteúdo de água (%)	Conteúdo energético de matéria seca (MJ/kg)
Madeira de folhosas	15–50	16–19
Madeira de coníferas	15–50	21–23
Carvão vegetal	< 1	28–30
Resíduos de lavoura	5–60	15–19
Palha seca	7–15	17–18
Esterco seco	10–20	8–14

Fonte: baseado em Smil (1983) e Jenkins (1993).

da madeira arejada em ar seco. Outra vantagem do carvão vegetal é sua alta pureza. Como é quase carbono puro, contém pouquíssimo enxofre ou fósforo. Isso faz dele o melhor combustível possível não apenas para uso em ambientes fechados, mas também em fornos de produção de tijolos, azulejos e cal e na fundição de minério. Mais uma vantagem na fundição é a alta porosidade do carvão vegetal (com uma densidade específica de apenas 0,13–0,20 g/cm^3), facilitando a ascenção de gases redutores em fornalhas (Sexton, 1897). Contudo, havia muito desperdício envolvido na produção tradicional desse excelente combustível.

A combustão parcial de madeira empilhada dentro de fornos primitivos enterrados ou em fossos gera o calor necessário para carbonização. Como consequência, não há necessidade de combustível adicional, embora seja difícil controlar tanto a qualidade quanto a quantidade dos produtos finais. A produtividade típica de carvão vegetal em tais fornos era de apenas 15 a 25% aquela da madeira seca a ar. Isso significa que aproximadamente 60% da energia original eram perdidas durante a produção de carvão vegetal, e em termos volumétricos até 24 m^3 de madeira (e no mínimo 9–10 m^3) eram necessários para produzir 1 t de carvão vegetal (Figura 4.14). Mas a compensação estava na qualidade do combustível: sua combustão era capaz de produzir uma temperatura de 900 °C, e com um fornecimento suplementar de ar, alcançado mais eficientemente com o uso de foles, ela podia chegar a quase 2.000 °C, mais que o suficiente para fundir até mesmo minério de ferro (Smil, 2013a).

A coleta de madeira para servir de combustível (bem como para construção de casas e embarcações) levou a um deflorestamento massivo, e o efeito cumulativo chegou a níveis preocupantes em regiões com forte histórico de produção de lenha. No início do século XVIII, cerca de 85% do estado de Massachusetts era coberto por florestas, mas em 1870 meros 30% ainda eram cobertos por árvores (Foster; Aber, 2004). Assim, não chega a surpreender que, em 6 de março de 1855, Henry David Thoreau (1817–1862) tenha escrito em seu diário:

> [...] nossas madeiras estão agora tão reduzidas que sua derrubada nesse inverno foi algo lacerante. Ao menos é assim que nós que fazemos trilhas nos sentimos. Praticamente não resta qualquer terreno arborizado de consequência que não tenha ouvido o golpe do machado nessa estação. Eles foram infringidos fatalmente até mesmo em White Pond, no sul do Fair Haven Pond, dizimados no alto dos Cliffs, na fazenda ColburnBeck Stow's, etc., etc. (Thoreau 1906, p. 231)

Estudos em sociedades tradicionais que permaneciam dependentes de combustíveis de biomassa em plena segunda metade do século XX indicam demandas anuais inferiores a 500 kg/*capita* nos vilarejos mais pobres de regiões tropicais. Até cinco vezes mais biomassa era usada em latitudes com invernos pronunciados e com uma produção substancial de tijolos, vidro, ajulejos e metais à base de madeira, bem como evaporação de água salobra. Na Alemanha, até 2 t de madeira

Capítulo 4   Forças motrizes e combustíveis pré-industriais   **167**

FIGURA 4.14
A produção de carvão vegetal começava pelo nivelamento do solo e pela instalação do poste central; a madeira cortada era empilhada ao seu redor e coberta com argila antes da ignição. Reproduzida da *Encyclopédie* (Diderot; d'Alembert, 1769–1772).

168 Energia e Civilização: Uma História

(quase toda queimada para obter potássio, em vez de produzir calor) eram necessárias para produzir 1 kg de vidro, enquanto a evaporação de água salobra em panelas de ferro consumia até 40 kg de madeira para 1 kg de sal (Sieferle, 2001).

Não há registros do consumo típico de combustíveis de biomassa durante a Antiguidade, e somente quantidades esporádicas foram registradas referentes a algumas sociedades medievais. Estimo que a média das demandas energéticas anuais no Império Romano em torno de 200 d.C. chegasse a 650 kg/*capita*, ou seja, cerca de 10 GJ, ou 1,8 kg/dia (Quadro 4.10). A melhor reconstrução disponível da demanda de lenha na Londres medieval (por volta de 1300) indicou uma média anual aproximada de 1,75 t de madeira, ou cerca de 30 GJ/*capita* (Galloway; Keene; Murphy, 1996). Estimativas para a Europa Ocidental e para a América do Norte logo antes da transição para o carvão revelam necessidades médias ainda mais altas.

Comunidades do século XIX da Europa setentrional, Canadá, Nova Inglaterra ou meio-oeste dos Estados Unidos que se aqueciam e cozinhavam somente à base de madeira consumiam ao ano algo em torno de 3 a 6 t de combustível *per capita*.

QUADRO 4.10
Consumo de madeira no Império Romano

Minha estimativa conservadora contempla todas as principais categorias de consumo de madeira (Smil, 2010c). Pão e ensopados eram comidas básicas dos romanos, e as *pistrinae* e *tabernae* urbanas precisavam de ao menos 1 kg de madeira por dia *per capita*. No mínimo 500 kg de madeira por ano eram necessários para aquecimento espacial, uma exigência básica para quase um terço da população do império que vivia longe dos climas temperados mediterrâneos. A isso é preciso somar um consumo médio anual *per capita* de 2 kg em metais, o que exigia cerca de 60 kg de madeira por quilograma de metal. Isso totaliza 650 kg/*capita* (cerca de 10 GJ, ou 1,8 kg/dia), mas como as eficiências de combustão romanas eram uniformemente baixas (< 15%), a energia útil entregue a partir da queima de madeira ficava apenas na ordem de 1,5 GJ/ano, equivalente a quase 50 L, ou um tanque cheio, de gasolina.

Como comparação, quando Allen (2007) construiu suas duas cestas de consumo por residência romana, ele assumiu um consumo médio de quase 1 kg de madeira *per capita* ao dia para o que chamou de alternativa respeitável, e somente 0,4 kg/*capita* para um orçamento apertadíssimo, mas essas taxas excluíam combustível usado em metalurgia e em fabricação artesanal. Por sua vez, Malanima (2013a) calculou o consumo médio de madeira *per capita* no início do Império Romano entre 4,6 e 9,2 GJ/ano, metade do uso total de energia, com a outra metade dividida grosseiramente em 2:1 entre comida humana e ração animal. Seu total mais alto foi de 16,8 GJ/*capita*, enquanto minha estimativa para alimento, ração e madeira ficou em 18–19 GJ/*capita* (Smil, 2010c).

Capítulo 4   Forças motrizes e combustíveis pré-industriais   **169**

Essa também era a faixa de consumo por residência na Alemanha durante o século XIX (Sieferle 2001). A média austríaca em 1830 ficava perto de 5 t/*capita* (Krausmann; Haberl 2002), e o mesmo valia para a média nacional dos Estados Unidos em meados do século XIX (Schurr; Netschert 1960). Embora essa cifra incluísse também usos crescentes na indústria (sobretudo carvão vegetal metalúrgico) e no transporte, o consumo residencial ainda respondia pela maior parte da madeira consumida no país durante os anos 1850.

Resíduos de lavoura e esterco

Resíduos de lavoura eram combustíveis indispensáveis em planícies agrícolas desmatadas e densamente povoadas, bem como em regiões áridas de arborização esparsa. Palha e talos de cereais costumavam ser os mais abundantes, mas muitos outros resíduos eram local e regionalmente importantes. Isso incluía palha de legumes e vinhas de tubérculos, talos e raízes de algodão, palitos de juta, folhas de cana-de-açúcar e ramos e gravetos podados de árvores frutíferas. Alguns resíduos de lavoura precisavam passar por secagem antes de serem queimados. Palha madura tem somente entre 7 e 15% de água, e seu teor energético é comparável ao de árvores decíduas (de madeira dura).

Porém, como sua densidade é obviamente bem menor, era bem mais difícil armazenar palha para durar todo o inverno do que empilhar lenha cortada. Também devido à baixa densidade dos resíduos de lavoura, fogueiras abertas e fornos simples precisavam ser alimentados quase constantemente. E tendo em vista inúmeras outras aplicações alternativas não energéticas, muitas vezes havia baixo suprimento de resíduos de lavoura. Resíduos de legumes ricos em proteína eram excelente ração e fertilizante. Palha de cereal rende boa ração para ruminantes e bom forro para leitos animais; muitas sociedades (incluindo Inglaterra e Japão) também a aproveitava para confeccionar telhados residenciais, além de ser uma matéria-prima para fabricar ferramentas simples e artigos domésticos.

Como consequência, cada fração de fitomassa combustível costumava ser aproveitada para uso doméstico. Durante toda a Idade Média, arbustos espinhosos costumavam ser queimados, e caroços de tâmara eram usados para fazer carvão vegetal. Na planície setentrional da China, mulheres e crianças munidas de rastelos, foices, cestos e sacos coletavam ramos e folhas caídos e grama seca (King, 1927). E no interior da Ásia, bem como por todo o subcontinente indiano, em partes do Oriente Médio, África e nas Américas, esterco seco representava a fonte mais importante de calor para preparação de alimentos. O valor calorífico do esterco seco a ar quente é comparável ao de resíduos de lavoura e gramas (Quadro 4.9).

Uma realidade pouco apreciada é a contribuição essencial do esterco para a expansão rumo ao oeste dos Estados Unidos (Welsch, 1980). O esterco de búfalo selvagem e de gado possibilitou os primeiros cruzamentos continentais e a subsequente colonização das Grandes Planícies durante o século XIX. Viajantes desbravando a Trilha do Óregon e a Trilha Mórmom coletavam "madeira de bufalo", e os primeiros colonos empilhavam suprimentos para o inverno em forma de iglu ou escorados na parede das casas. Também conhecido como madeira de vaca ou carvalho do Nebraska, o combustível queimava de modo uniforme e com pouca fumaça ou odor, mas sua combustão acelerada exigia a alimentação contínua do fogo. Na América do Sul, o esterco de lhama era o principal combustível no altiplano dos Andes, bem como o alicerce do Império Inca no sul do Peru, leste da Bolívia e norte do Chile e da Argentina (Winterhalder; Larsen; Thomas, 1974). Esterco de gado e camelo era usado na região africana do Sahel, bem como em vilarejos egípcios. Esterco de gado era coletado em grandes quantidades tanto em regiões áridas quanto monçonais da Ásia, e os tibetanos sempre dependeram de esterco de iaque. Somente o esterco de ovelha costumava ser evitado, já que sua queima produz uma fumaça acre.

Na Índia, onde a queima de esterco ainda é comum em muitas áreas rurais, excrementos de vaca e búfalo-asiático são coletados regularmente, sobretudo por mulheres e crianças *harijan* (intocáveis), tanto para seu próprio lar quanto para venda (Patwardhan, 1973). O esterco era (e segue sendo) coletado ou na forma de bolachas secas ou como biomassa fresca. Esterco fresco é misturado com palha ou joio e moldado a mão em bolinhos, que são postos para secar ao Sol em fileiras, emplastrados nas paredes ou empilhados (Figura 4.15). Uma pesquisa recente sobre o uso rural de energia no sul da Ásia concluiu que 75% dos lares indianos, 50% dos nepaleses e 46% dos bangladeshianos ainda estão usando esterco para cozinhar (Behera et al., 2015).

FIGURA 4.15
Fileiras e pilhas de bosta de vaca deixados para secar em Varanasi, Uttar Pradesh, Índia (Corbis).

Necessidades domésticas

Um antigo provérbio chinês enumerava na ordem certa as coisas das quais as pessoas não podem prescindir no dia a dia: lenha, arroz, óleo, sal, condimento, vinagre e chá. Em sociedades agrícolas tradicionais em que os grãos forneciam a maior parte da energia alimentar, sua preparação (quer vaporizados, cozidos ou assados) era necessária para tornar suas sementes duras comestíveis. Porém, antes que os grãos (armazenados em cestos, jarros ou recipientes) pudessem ser preparados, precisavam ser processados, e a moagem de grãos era algo praticamente universal, e historicamente quase sempre a primeira etapa de processamento; a extração de óleos pela prensagem de uma variedade de sementes, frutas e nozes veio mais tarde. Já os tubérculos eram processados para remover fatores antinutritivos ou para permitir seu armazenamento a longo prazo, e a cana-de-açúcar era triturada para extrair seu caldo doce. Em todas essas tarefas, a energia humana foi paulatinamente reforçada pelo trabalho animal.

Como já observado, a primeira aplicação de potência inanimada na moagem de grãos — rodas d'água horizontais acionando pequenas mós — ocorreu há cerca de dois milênios.

A preparação de alimentos exigia relativamente pouco calor na Ásia oriental, onde costumavam ser refogados e vaporizados. Em contraste, consideráveis insumos combustíveis eram necessários para produzir pão, o alimento básico por todo o resto do Velho Mundo, e para o estilo de assado na brasa comum no Oriente Médio, Europa e África. Em algumas sociedades, também era necessário combustível para preparar ração para animais domésticos, sobretudo porcos. Calefação sazonal era necessária em latitudes médias, mas (exceto para regiões subárticas) os domicílios pré-industriais costumavam ser aquecidos somente por breves períodos e a temperaturas relativamente baixas.

Em algumas regiões carentes de combustíveis, não havia calefação alguma durante o inverno, mesmo com meses de bastante frio. Não havia, por exemplo, aquecimento algum em planícies desmatadas na China Ming e Qing ao sul do Yangtzé. Ocorre que as partes mais setentrionais de Jiangnan (a China ao sul do Yangtzé) têm temperaturas médias em janeiro e fevereiro em torno de 2 a 4 °C, com as mínimas alcançando -10 °C. E o frio costumeiro tradicionalmente encontrado em locais fechados na Inglaterra, mesmo após a introdução dos fornos a carvão, é proverbial. As demandas energéticas totais em residências de sociedades da Ásia oriental ou do Oriente Médio eram, portanto, bem baixas. A demanda absoluta por combustíveis em algumas sociedades setentrionais da Europa e coloniais da América do Norte era bastante alta, mas ineficiências de combustão resultavam em parcelas relativamente baixas de calor útil. Como consequência, mesmo nos Estados Unidos do século XIX, riquíssimo em lenha, um domicílio médio consumia somente uma pequena fração dos fluxos de energia útil que ficaram disponíveis em suas versões do século XX.

172 Energia e Civilização: Uma História

Preparação de alimentos

Tendo em vista o domínio dos cereais na nutrição em todas as altas culturas, a moagem de grãos foi sem dúvida a mais importante necessidade de processamento alimentar na história. Grãos integrais não são muito palatáveis; são difíceis de digerir e, obviamente, não podem ser usados na preparação de pães e bolos. A moagem produz farinhas de várias finuras que podem ser usadas para preparar comidas bastante digeríveis, sobretudo pãos e massas. A sequência evolutiva da moagem de grãos começou com pedras de fricção levemente abauladas e combinações de pilão e almofariz. Uma pedra oblonga e ovalada esfregada sobre uma bandeja côncava de pedra por alguém de joelhos era comum em antigas sociedades do Oriente Médio, bem como na Europa pré-clássica.

Moedores cilíndricos com tremonhas e pedras basais nervuradas representaram a primeira grande inovação. O moinho grego em forma de ampulheta tinha uma tremonha em V e um moedor também cônico ao inverso. A produtividade do processamento à base de músculos era bem baixa (Moritz, 1958). O tedioso trabalho esfregando pedras ou pilões em almofarizes gerava no máximo 2–3 kg de farinha grossa por hora. Dois escravos romanos moendo farinha com uma *mola manualis* rotativa (usada desde o século III a.C.) conseguiam produzir no máximo 7 kg de farinha grossa por hora. A mais eficiente *mola asinalis* (conhecida como moinho de Pompeia, restrita a cidades e vilarejos) era feita de pedra vulcânica áspera, com sua *meta* (a parte cilíndrica inferior) coberta pelo *catillus*, a pedra interna em forma de ampulheta, que era girada por um asno atrelado caminhando em pequenos círculos, embora em locais confinados escravos fossem usados. Escravos também propeliam máquinas de preparar massa de pão em grandes padarias, e desse modo o alimento básico de todo o império era fruto de terrível sofrimento (Quadro 4.11).

QUADRO 4.11
Lúcio Apuleio (*Metamorfoses* IX, 12, 3.4) comentando os moinhos romanos movidos por escravo

Ó deuses, que grupo de homens eu vi! Suas peles todas talhadas com marcas de chicote, e as cicatrizes nas suas costas mal eram cobertas por batas esfarrapadas. Alguns usavam apenas aventais, e todos estavam tão parcamente vestidos que suas peles eram visíveis através de seus trapos! Suas testas eram marcadas com letras, suas cabeças raspadas pela metade. Ferros prendiam suas pernas. Sua tez era de um amarelo medonho. Seus olhos estavam turvos e castigados pela fumaça dos fornos. Estavam cobertos por farinha como atletas por poeira! (Tradução de J. A. Hanson)

Capítulo 4   Forças motrizes e combustíveis pré-industriais   **173**

Um moinho acionado por asno (com taxa de insumo energético de 300 W) produzia no máximo 10 a 25 kg/h (Forbes, 1965), enquanto mós acionadas por pequenas rodas d'água (1,5 kW) moiam farinha a taxas entre 80 e 100 kg/h. A farinha era usada para preparar o pão que supria no mínimo metade da ingestão média de energia alimentar, e essa parcela ultrapassava muitas vezes os 70%. Como consequência, um único moinho produzia farinha suficiente num turno de 10 horas para alimentar 2.500–3.000, um vilarejo medieval de tamanho razoável. As mós podiam ser giradas diretamente por rodas d'água horizontais, mas todas as rodas verticais e todos os moinhos de vento exigiam a transmissão razoavelmente eficiente da potência rotacional por meio de engrenagens de madeira. E nenhum moinho era capaz de produzir boa farinha sem a instalação precisa de mós, que giravam por sobre uma pedra de base estacionária (Freese, 1957). No século XVIII, essas mós costumavam ter de 1 a 1,5 m de diâmetro, com até 30 cm de espessura, pesando perto de 1 t e rodando 125–150 vezes por minuto. Os grãos eram alimentados da tremonha por uma abertura (olho) até a mó, e eram esmagados e moídos entre as faces das pedras.

Essas pedras imensas tinham de ser equilibradas com precisão. Caso se esfregassem uma contra a outra, podiam ser gravemente danificadas, e também podiam gerar fagulhas para um incêndio. Se ficassem apartadas demais entre si, produziam uma farinha grossa demais. Os limites de tolerância eram de no máximo a espessura de um papel pardo grosso entre as pedras na altura do olho e a espessura de papel higiênico na outra extremidade. A farinha pronta e subprodutos da moagem eram canalizados para fora através de sulcos. Artesãos habilidosos usavam ferramentas afiadas para aprofundar esses sulcos. Isso era feito a intervalos regulares determinados pela qualidade da pedra e o ritmo de moagem, geralmente a cada duas ou três semanas. Granitos sólidos ou arenitos duros, ou então pedaços de quartzo celular unidos por cimento e por aros de ferro, eram os tipos de pedra preferidos como mós, mas nenhum era capaz de fazer um trabalho perfeito numa única passada. Depois que o farelo grosso era separado da farinha fina, as partículas intermediárias era remoídas. O processo inteiro era repetido diversas vezes. A peneiração final separava a farinha do farelo e as farinhas em diferentes gradações.

Por séculos, a moagem propelida por água ou vento ainda exigia bastante trabalho pesado. Com a ajuda de polias, os grãos precisavam ser suspensos e jogados dentro das tremonhas; a farinha moída fina precisava ser resfriada com a ajuda de um rastelo, para então ser separada por peneiração e ensacada. Peneiras movidas por potência hídrica foram introduzidas no século XVI. O primeiro moinho totalmente automatizado foi projetado somente em 1785 por Oliver Evans, um engenheiro norte-americano, que propôs o uso de uma correia rolante munida de baldes para suspender os grãos, além de brocas (parafusos de Arquimedes) para transportá-los horizontalmente e para espalhar a farinha recém-moída a fim de

174   Energia e Civilização: Uma História

ser resfriada. A invenção de Evans não foi um sucesso comercial imediato, mas seu livro autopublicado a respeito de moagem tornou-se um clássico do gênero (Evans, 1795).

Até o início da era industrial, a história da preparação de alimentos é marcada por pouquíssimos avanços. Fogões abertos e lareiras eram usados para assar (junto ao fogo ou em espetos e grelhas), aferventar, fritar e cozer. Braseiros eram usados para ferver água e para grelhar, e fornos simples de barro ou pedra eram usados para assar massas. Pães achatados eram emplastrados nas paredes de fornos de barro (ainda o único modo apropriado de preparar o *naan* indiano) e pães com fermento eram postos em superfícies lisas. A escassez de combustíveis contribuiu para a introdução de métodos de cocção a baixa energia. Os chineses já usavam panelas sobre três pernas vazadas (*li*) antes de 1500 a.C. Frigideiras abauladas — *kuali* na Índia e Sudeste Asiático e *kuo* na China, mais conhecidas no Ocidente como a *wok* cantonesa — aceleraram os processos de fritura, cozimento e vaporização (E. N. Anderson, 1988).

A origem dos fogões de cozinha continua incerta, mas sua ampla adoção obviamente exigia a construção de chaminés. Mesmo nas partes mais ricas da Europa, eles ainda eram incomuns antes do século XV, enquanto as pessoas seguiam dependentes das esfumaçadas e ineficientes lareiras (Edgerton, 1961). Durante as primeiras décadas do século XX, muitos fornos chineses de barro ou tijolo não tinham chaminés (Hommel, 1937). Fornos de ferro totalmente herméticos começaram a substituir as lareiras abertas para cozinhar e aquecer o ambiente durante o século XVIII. O famoso forno de Benjamin Franklin, concebido em 1740, não era um aparelho isolado, e sim um forno dentro de uma lareira, capaz de cozinhar e aquecer o ambiente com uma eficiência muito maior (Cohen, 1990). Em 1798, Benjamin Thompson (Conde de Rumford, 1753–1814) projetou um fogão de tijolo com aberturas superiores para a colocação de panelas, além de contar com um forno cilíndrico logo abaixo; o fogão foi primeiramente adotado por grandes cozinhas (Brown, 1999).

Aquecimento e iluminação

A natureza primitiva e a ineficiência aplicadas tradicionalmente em aquecimento e iluminação ficam mais patentes quando constrastadas com as diversas invenções mecânicas impressionantes das civilizações antigas. O contraste fica ainda mais nítido no contexto da ampla gama de avanços técnicos na Europa pós-Renascença. Fogueiras abertas e lareiras simples costumavam proporcionar aquecimento inadequado durante a maior parte do início da Era Moderna (1500–1800). O brilho do fogo e o tímido bruxulear dos lampiões de óleo (geradores de fumaça) e das velas (frequentemente caras) proporcionaram má iluminação por milênios pré-industrialização.

Capítulo 4 Forças motrizes e combustíveis pré-industriais **175**

Em termos de calefação, a tão necessária transição das dispendiosas e não regularizadas fogueiras abertas para arranjos mais eficientes foi bastante lenta. O mero deslocamento de uma fogueira aberta para dentro de uma lareira de três lados proporcionou um ganho de eficiência apenas marginal. Lareiras bem fornidas conseguiam manter uma fogueira acesa de um dia para o outro sem ninguém cuidando, mas com baixas eficiências caloríficas. As melhores taxas ficavam perto de 10%, mas desempenhos mais típicos eram de apenas 5%. E muitas vezes uma lareira gerava uma perda líquida de calor num recinto: embora aquecesse sua vizinhança imediata com calor irradiado, empurrava o aquecimento interno para o lado de fora. Quando essa vazão de ar era impedida, a combustão produzia níveis perigosos, às vezes letais, de monóxido de carbono.

As eficiências de fornos tradicionais de barro ou tijolo variavam não somente conforme o *design* (frequentemente imposto por preferências culinárias), mas também conforme o combustível dominante. Mensurações modernas em fornos rurais na Ásia, cujo *design* segue inalterado há séculos, permitem estabelecer as maiores eficiências práticas. Grandes fornos de grelha feitos de tijolo e munidos de longos canos de exaustão e coberturas herméticas, alimentados por lenha cortada, tinham eficiências na faixa dos 20%. Em fornos menores, mais vazados e com canos de exaustão mais curtos, alimentados por palha ou gramas, o desempenho típico ficava mais perto de 15%, ou até mais para 10%. Mas nem todos os arranjos tradicionais de calefação geravam tanto desperdício. Ao menos três sistemas de aquecimento de ambientes usavam madeira e resíduos de lavoura de modos engenhosamente eficientes e ao mesmo tempo proporcionavam ótimo grau de conforto.

Eram eles: o hipocausto romano, o *ondol* coreano e o *kang* chinês. Os dois primeiros *designs* conduziam os gases quentes da combustão através de pavimentos elevados antes de escaparem por uma chaminé. O hipocausto era uma invenção grega, cujos registros mais antigos foram encontrados na própria Grécia e na Magna Grécia, que abrange o litoral sul italiano colonizado pelos gregos, datando do século III a.C. (Ginouvès 1962). Os romanos o usaram primeiramente em câmaras quentes (*caldaria*) de seus banhos públicos (*thermae*) e mais tarde para aquecer casas de pedra em províncias mais frias do império (Figura 4.15). Experiências em hipocaustos preservados mostram que bastava 1 kg de carvão vegetal por hora para manter uma temperatura de 22 °C num recinto de 5 × 4 × 3 m quando a temperatura externa era de 0 °C (Forbes, 1966). O terceiro arranjo de calefação ainda é encontrado por todo o norte da China. O *kang*, uma grande plataforma de tijolo (de pelo menos 2 × 2 m e 75 cm de altura), é aquecido pelo calor dissipado pela fornalha adjacente, servindo de cama à noite e como local de descanso durante o dia (Hommel, 1937).

Yates (2012) conduziu uma detalhada análise de engenharia dessa fornalha tradicional para leitos (ou trocador de calor) e ofereceu sugestões para melhorar sua eficiência. Esses arranjos conduziam calor lentamente por áreas relativamente amplas. Em contraste, aquecedores em estilo braseiro, comuns na maioria das sociedades do

FIGURA 4.16
Parte de um hipocausto romano (com o esqueleto de um cão morto pela fumaça) exibido no Museu Romano Homburg-Schwarzenacker, no estado alemão do Sarre. Fotografia cortesia de Barbara F. McManus.

Velho Mundo, ofereciam áreas restritas de aquecimento, mas podiam produzir altas concentrações de monóxido de carbono. Os japonenes, grandes exploradores das invenções chinesas e coreanas, não tinham como introduzir o *ondol* ou o *kang* em suas frágeis casinhas de madeira. Em vez disso, apelavam para braseiros a carvão vegetal (*hibachi*) e a aquecedores de pés (*kotatsu*). Seus recipientes pequenos para carvão, mantidos no chão e cobertos por tecido acolchoado, continuavam sendo usados em pleno século XX. Eles sobrevivem até hoje na forma de um *kotatsu* elétrico, um pequeno aquecedor embutido numa mesa baixa. E até mesmo a Câmara dos Comuns do Reino Unido era aquecida por panelões de carvão vegetal até 1791.

Combustíveis de biomassa também eram as principais fontes de iluminação tradicional em todas as sociedades pré-industriais. O brilho de fogueiras, tochas com madeira resinosa e a queima de farpas eram as soluções mais simples, mas também as menos eficientes e convenientes. Os primeiros lampiões de queima de gordura apareceram na Europa durante o Paleolítico Superior, quase 40 mil anos atrás (de Beaune; White 1993). Velas passaram a ser usadas no Oriente Médio somente após 800 a.C. Tanto os lampiões a óleo quanto as velas oferecem uma iluminação ineficiente, fraca e esfumaçada, mas ao menos eram portáteis e mais seguras de usar. Elas queimavam uma variedade de gorduras e ceras animais e

Capítulo 4   Forças motrizes e combustíveis pré-industriais   **177**

vegetais — óleos de oliva, castor, colza e linhaça e banha de baleia, sebo de vaca e cera de abelha — com pavios de papiro, talo de junco, linho ou cânhamo. Até o fim do século XVIII, a iluminação artificial em ambientes fechados se dava apenas em unidades de vela. Uma iluminação mais intensa só era possível mediante a multiplicação massiva dessas ínfimas fontes.

Velas convertem apenas cerca de 0,01% de sua energia química em luz. O ponto brilhante em sua chama tem uma irradiância (a taxa de energia incidente numa área unitária) média somente 20% maior do que o céu sem nuvens. A invenção do palito de fósforo, que remonta ao fim do século VI na China, facilita muito o acendimento de chamas e lampiões em comparação à ignição de estopa. Os primeiros eram palitos compridos feitos de madeira de pinheiro impregnados com enxofre; eles chegaram à Europa somente no início do século XVI. Os palitos modernos mais seguros, que incorporam fósforo vermelho a ser raspado na superfície de ignição, foram introduzidos em 1844, e logo tomaram quase todo o mercado (Taylor, 1972). Em 1794, Aimé Argand apresentou lampiões que podiam ser regulados para máxima luminosidade usando prendedores de pavio, com um suprimento central de ar e pequenas chaminés para sugar o ar (McCloy, 1952).

Pouco tempo depois veio o primeiro gás para iluminação, produzido a partir do carvão. Longe das grandes cidades, até a segunda metade do século XIX dezenas de milhões de domicílios pelo mundo seguiam dependendo de um exótico combustível de biomassa para iluminação: banha de baleia cachalote. As caçadas mal pagas, exaustivas e perigosas desses mamíferos gigantescos — retratadas tão inesquecivelmente no grande livro de Herman Melville, *Moby-Dick* (1851) — chegaram ao seu apogeu pouco antes de 1850 (Francis, 1990). A frota norte--americana de baleeiros, de longe a maior do mundo, alcançou um pico de mais de 700 navios em 1846. Durante a primeira metade daquela década, cerca de 160 mil barris de óleo de baleia eram desembarcados a cada ano nos portos da Nova Inglaterra (Starbuck, 1878). O diminuição subsequente da quantidade de cachalotes e a concorrência com gás de carvão e querosene levaram a um rápido declínio dessa indústria de caça.

Transporte e construção

A evolução pré-industrial do transporte e da construção revela um padrão bastante irregular de avanços e estagnação, ou mesmo declínio. Velas de navegação comuns do fim do século XVIII eram bem superiores às das melhores embarcações da Antiguidade clássica, quer em termos de velocidade ou de capacidade de velejar quase contra o vento. De modo similar, carruagens bem estofadas, com bom sistema de molas e puxadas por cavalos atrelados de modo eficiente ofereciam deslocamentos incomparavelmente mais confortáveis do que viajar monta-

178 Energia e Civilização: Uma História

do a cavalo ou em carroças sem amortecimento. Por outro lado, mesmo nos países mais ricos da Europa, as estradas típicas eram pouquíssimo melhores, ou às vezes bem piores, que durante os últimos séculos do Império Romano. E as habilidades dos arquitetos atenienses que projetaram o Partenon, ou dos pedreiros romanos que finalizaram o Panteão, não deviam em nada para as de seus sucessores que viriam a construir palácios e igrejas barrocas. Tudo mudou, e de uma hora para outra, simplesmente com a difusão de uma força motriz bem mais poderosa e de um material de construção superior. O motor a vapor e o barateamento da forja de ferro e aço revolucionaram o transporte e a construção.

Deslocamento por terra

Caminhar e correr, os dois modais naturais de locomoção humana, responderam pela maior parte dos deslocamentos pessoais em sociedades pré-industriais. Os custos energéticos, as velocidades médias e as distâncias máximas diárias sempre dependeram acima de tudo do preparo físico individual e do terreno predominante (Smil, 2008a). O custo de eficiência da caminhada aumenta tanto abaixo quanto acima das velocidades ideais de 5–6 km/h, e superfícies irregulares, lama e neve profunda elevam os custos de caminhar no plano em até 25–35%. O custo de caminhar morro acima é uma função tanto do gradiente quanto da velocidade, e estudos detalhados mostram um aumento quase linear em demandas energéticas ao longo de uma ampla faixa de velocidades e inclinações (Minetti et al., 2002).

A corrida requer gerações de potência sobretudo na faixa de 700 a 1.400 MW, o equivalente a 10–20 vezes a taxa metabólica básica. Um homem de 70 kg correndo devagar produz 800 W; a potência de um maratonista de mão cheia completando a prova (42,195 km) em 2,5 horas dá uma média de 1.300 W (Rapoport, 2010); e quando Usain Bolt estabeleceu o recorde mundial dos 100 m em 9,58 segundos, sua potência máxima (nos primeiros segundos da prova, quando sua velocidade ainda era metade da máxima) foi de 2.619,5 W, ou seja, 3,5 cavalos-vapor (Gómez; Marquina; Gómez, 2013). O custo energético da corrida para os humanos é relativamente alto, mas, como já observado (Capítulo 2), nós temos uma capacidade singular de praticamente dissociar esse custo do fator velocidade (Carrier, 1984). Arellano e Kram (2014) mostraram que o suporte do peso corporal e a propulsão para a frente respondem por cerca de 80% do custo total da corrida; o movimento das pernas responde por uns 7% e a manutenção do equilíbrio lateral, por cerca de 2% — mas o balançar dos braços corta o custo geral em aproximadamente 3%.

Os recordes em provas modernas de corrida caíram progressivamente durante o século XX (Ryder; Carr; Herget, 1976) e estão sem dúvida bem além das melhores conquistas históricas. No entanto, o que faltam são exemplos de feitos em corrida de longa distância em muitas sociedades tradicionais. A corrida infrutífera

Capítulo 4   Forças motrizes e combustíveis pré-industriais   **179**

de Feidípides de Atenas até Esparta pouco antes da batalha de Maratona em 490 a.C. é, sem dúvida, o protótipo da grande corrida de resistência. Ele percorreu a distância de 240 km em apenas dois dias (sua geração média de potência, supondo que pesava cerca de 70 kg, teria sido de uns 800 W, pouco mais de um cavalo--vapor), apenas para descobrir que os espartanos se recusavam a ajudar.

A domesticação do cavalo não somente introduziu um meio de transporte pessoal mais poderoso e mais rápido como também veio a se somar com a difusão das línguas indo-europeias, a metalurgia em bronze e novas modalidades bélicas (Anthony, 2007). Durante muito tempo os cavalos foram montados antes que começassem a receber arreios; os primórdios da montaria foram situados nas estepes asiáticas em meados do segundo milênio a.C. Contudo, Anthony, Telegin e Brown (1991) concluíram que pode ter começado muito antes, por volta de 4000 a.C., entre o povo da cultura Sredni Stog na atual Ucrânia.

Eles basearam sua hipótese em indícios ainda inconclusivos sobre as diferenças entre os pré-molares de cavalos selvagens e domésticos: animais que portam freios na boca exibem fraturas e sulcos distintivos em micrografias de seus dentes. De modo similar, Outram e colaboradores (2009) usaram sinais de danos pelo uso de freios (e outros indícios) para concluir que a primeira domesticação de cavalos ocorreu entre o povo da cultura Botai, e que alguns desses animais usavam arreios e talvez fossem montados. Ao caminharem, animais portando freios são tão rápidos quanto os humanos, mas as velocidades de trote (acima de 12 km/h) e de galope (até 27 km/h) cobriam facilmente uma distância que exigiria um enorme esforço humano. Cavalos galopantes apresentam uma grande vantagem mecânica: seu trabalho muscular é diminuído pela metade ao armazenarem e devolverem tensão elástica em seus músculos e tensões, que atuam como molas (Wilson et al., 2001).

Cavaleiros experientes montando um animal em forma não tinham dificuldade em percorrer 50–60 km/dia, e ao trocarem de cavalo conseguiam cobrir mais de 100 km/dia em emergências. As maiores distâncias percorridas rotineiramente em um único dia durante a era medieval cabiam a cavaleiros mongóis do serviço *yam* (entrega de mensagens) (Marshall, 1993). Na Era Moderna, William F. Cody (1846–1917) afirmou que, quando jovem, trabalhando para o serviço de correios do Velho Oeste conhecido como Pony Express, ele percorreu (depois que seu cavaleiro substituto foi morto) 515 km em 21 horas e 40 minutos, usando 21 cavalos (Carter, 2000). Minetti (2003) mostrou que os desempenhos típicos de serviços de longa distância foram cuidadosamente otimizados. Sistemas postais de revezamento preferiam uma velocidade média de 13–16 km/h e uma distância diária de 18–25 km/animal a fim de minimizar o risco de dano aos cavalos. De fato, essa faixa de desempenho ideal era seguida pelo antigo serviço persa estabelecido por Ciro entre Susa e Sardis a partir de 550 a.C., pelos cavaleiros *yam* no século XIII e pelo Overland Pony Express, que atendia a Califórnia antes da construção do telégrafo e das conexões ferroviárias.

180 Energia e Civilização: Uma História

Mas andar a cavalo sempre foi um árduo desafio físico. Como a dianteira de um cavalo contém cerca de três quintos do seu peso corporal, a única maneira de fazer coincidir os planos verticais intersectantes dos centros de gravidade do cavaleiro e do animal é com o cavaleiro sentando-se para a frente. Mas uma posição ereta pendendo para frente deixa o centro de gravidade do cavaleiro bem mais alto que o do cavalo. Isso pode produzir um golpe de alavanca nas costas do cavaleiro quando o cavalo anda para a frente, pula ou para de repente. Como consequência, a posição mais eficiente requer que o cavaleiro situe seu centro de gravidade não apenas para frente, mas também para baixo. A posição encurvada dos jóqueis ("macaco sobre um galho") é a melhor forma de garantir isso. Curiosamente, esse ideal só acabou estabelecido de modo irrefutável já no fim do século XIX, por Federico Caprilli (Thomson, 1987).

Pfau e colaboradores (2009) calcularam que os tempos e os recordes dos cavalos nas provas mais importantes melhoraram em até 7% por volta do ano 1900, quando a postura encurvada foi adotada pela primeira vez. A postura isola o cavaleiro do movimento de sua cavalgadura; inevitavelmente, o cavalo sustenta o peso corporal do cavaleiro, mas não precisa mover o jóquei ao longo de cada movimento cíclico de passada. Para manter essa postura, é preciso um esforço substancial, o que se reflete nas frequências cardíacas quase máximas dos jóqueis durante as provas. A posição abaixada e para frente, adotada na sua versão mais exagerada no hipismo moderno, difere radicalmente dos estilos de montaria retratados em esculturas e imagens históricas. Por diversos motivos, os cavaleiros sentavam muito para trás e ficavam eretos demais para fazerem o movimento mais eficiente possível. Os cavaleiros clássicos estavam em ainda maior desvantagem, pois não contavam com estribos. Foi somente com a adoção universal dos estribos na Europa que os torneios medievais conhecidos como justas, disputados entre cavaleiros de armaduras, se tornaram possíveis.

A maneira mais fácil de transportar cargas é carregá-las. Onde não havia estradas, as pessoas frequentemente se saíam melhor que os animais: seu desempenho mais débil era muitas vezes mais do que compensado pela flexibilidade em preparar a carga, descarregar, avançar por caminhos estreitos e escalar aclives íngremes. De modo similar, asnos e mulas com cangalhas eram muitas vezes preferidos a cavalos: estáveis em caminhos estreitos, com cascos mais duros e menos necessidade de beber água, eles eram mais resilientes. O método mais eficiente para transportar uma carga é colocar seu centro de gravidade acima do de quem a está carregando — mas equilibrar uma carga nem sempre é algo prático. Traves sustentadas sobre um ombro ou cangas de madeira com cargas ou baldes nas extremidades são preferíveis a carregar o mesmo peso com a força das mãos ou dos braços. Transportes de longa distância em terreno acidentado são mais facilmente realizados com mochilas presas com boas alças nos ombros ou na testa. Os *sherpas* do Nepal, que carregam suprimentos para expedições no Himalaia,

Capítulo 4 Forças motrizes e combustíveis pré-industriais **181**

costumam ser universalmente reconhecidos como os melhores transportadores de cargas. Eles são capazes de transportar entre 30 e 35 kg (perto de metade do seu peso corporal) até um acampamento-base, e menos de 20 kg por aclives mais acentuados e em altitudes mais rarefeitas.

Como já mencionado, os *saccarii* romanos que transferiam grãos egípcios no porto de Óstia de navios para barcaças carregavam sacos de 28 kg por distâncias curtas. Na versão leve das tradicionais liteiras chinesas, dois homens carregavam um único cliente, cada qual sustentando um quinhão de até 40 kg. Essas cargas correspondiam a até dois terços do peso corporal de um transportador, que costumava se deslocar a no máximo 5 km/h. Em termos relativos, as pessoas eram melhores transportadoras do que os animais. Cargas típicas representavam no máximo uns 30% do peso de um animal (ou seja, 50–120 kg) em terreno plano e 25% em subidas. Homens ajudados por uma roda eram capazes de movimentar cargas bem superiores a seu próprio peso. Os máximos registrados são de mais de 150 kg com carrinhos de mão chineses, em que a carga era centralizada bem acima do eixo da roda. Carrinhos de mão europeus, com sua roda central excêntrica, costumavam carregar no máximo 60–100 kg.

Aplicações em massa de mão de obra humana, auxiliada por dispositivos mecânicos simples, conseguiam cumprir algumas tarefas espantosamente exigentes. Sem dúvida, as tarefas de transporte mais penosas em sociedades tradicionais eram as entregas de pedras de construção de grande porte ou componentes acabados em canteiros de obras. Em todas as altas culturas antigas, pedras grandes eram extraídas de pedreiras, transferidas e colocadas em seu destino (Heizer, 1966). Algumas imagens antigas oferecem vislumbres em primeira mão de como esse trabalho era realizado. Certamente a mais impressionante é representada numa pintura egípcia já mencionada, encontrada na tumba de Djehutyhotep, em el-Bersheh, datada de 1880 a.C. (Osirisnet, 2015). A cena retrata 166 homens arrastando um bloco colossal sobre um trenó, que avança por um trajeto lubrificado por um trabalhador que derrama um líquido de um recipiente (Figura 4.17). Com a lubrificação diminuindo o atrito pela metade, seu trabalho conjunto, alcançando um pico de potência de mais de 30 kW, era capaz de movimentar uma carga de 50 t. Mas até mesmo tamanhos esforços viriam a ser superados de longe por inúmeras sociedades pré-industriais.

Construtores incas usavam enormes pedras poligonais irregulares cujas laterais polidas eram encaixadas entre si com incrível precisão. Para puxar uma pedra de 140 t, o bloco mais pesado em Ollantaytambo, no sul do Peru, por uma rampa, foi necessária a força coordenada de cerca de 2.400 homens (Protzen, 1993). O breve pico de potência desse grupo deve ter ficado por volta de 600 kW, mas nada sabemos da logística de tal empreitada. Como mais de 2 mil homens foram amarrados de modo a puxar em sincronia? Como foram organizados de modo a caberem dentro das estreitas rampas incas (6–8 m)? E como o povo na Bretanha

FIGURA 4.17
A movimentação de uma imensa estátua de alabastro (6,75 m de altura, pesando mais de 50 t) de Djehutyhotep, Grande Chefe do Hare Nome (Osirisnet, 2015). O desenho reconstrói uma pintura danificada numa parede da tumba de Djehutyhotep, no sítio de el-Bersheh, Egito (Corbis).

antiga movimentou o Grand Menhir Brisé (Niel, 1961), com 340 t, a maior pedra erigida por uma sociedade megalítica europeia?

A superioridade dos cavalos podia ser conseguida somente com a combinação de ferraduras e um arreio eficiente. O desempenho no transporte por terra também dependia do sucesso na redução do atrito e de condições para maiores velocidades. O estado das estradas e o *design* dos veículos foram, portanto, fatores decisivos. As diferenças nas exigências energéticas entre movimentar uma carga por uma estrada lisa, compacta e seca e por uma superfície de cascalhos soltos são enormes. No primeiro caso, uma mera força aproximada de 30 kg é necessária para fazer uma carga de 1 t avançar com a ajuda de rodas; já no segundo, seria preciso uma força cinco vezes maior, e em estradas arenosas ou lamacentas,, o múltiplo pode ser de sete a dez vezes maior. Lubrificantes de eixos (sebo e óleos vegetais) eram usados desde no mínimo o segundo milênio a.C. Durante o século I d.C., rolamentos celtas feitos de bronze tinham ranhuras internas que continham miolos rolantes cilíndricos feitos de madeira (Dowson, 1973). Rolamentos chineses com esferas talvez sejam ainda mais antigos, mas registros de modelos que usavam esferas em seu interior iriam aparecer com certeza somente no início do século XVII na Europa.

Em sociedades antigas, as estradas não passavam de pistas planas que sazonalmente se transformavam em trilhos em meio à lama ou trilhas empoeiradas. Os romanos, a começar pela Via Appia (de Roma a Cápua) em 312 a.C., investiam bastante em mão de obra e na organização de uma extensa malha de estradas pa-

Capítulo 4 Forças motrizes e combustíveis pré-industriais **183**

vimentadas (Sitwell, 1981). As *viae* romanas bem construídas era pavimentadas com brita compactada, paralelepípedo ou lajes pousadas sobre argamassa. No reinado de Diocleciano (285–305), o sistema romano de estradas principais, os *cursus publicus*, tinha alcançado uns 85 mil km. O custo energético geral dessa empreitada foi equivalente a no mínimo um bilhão de dias de trabalho. Esse grande total reparte-se em parcelas facilmente administráveis ao longo dos séculos de construção ininterrupta (Quadro 4.12). Na Europa Ocidental, as conquistas romanas na construção viária foram suplantadas somente durante o século XIX e, nas regiões orientais do continente, durante o século XX.

O mundo muçulmano não tinha uma malha viária comparável aos *cursus publicus* romanos, embora estabelecessem intensa comunicação entre si (Hill, 1984). Suas partes mais distantes eram conectadas por rotas bastante percorridas por caravanas, que, tecnicamente, não passavam de trilhas. Isso resultou da substituição de veículos com rodas por camelos de carga pela região árida entre Marrocos e Afeganistão. Esse desenvolvimento, que precedeu a conquista muçulmana, foi motivado em grande parte por imperativos econômicos (Bulliet, 1975). Em comparação com bois, camelos de carga não apenas são mais possantes e mais velozes como são mais resistentes e longevos. Eles são capazes de percorrer terrenos acidentados, de subsistir com forragem inferior e de tolerar períodos mais longos de escassez de água e alimento. Essas vantagens econômicas foram reforçadas pela introdução da sela da Arábia setentrional em algum momento entre 500 e 100 a.C. A sela proporcionava um arranjo excelente de montaria e capacidade de

---

QUADRO 4.12
Custos energéticos das estradas romanas

Se supusermos que uma estrada romana média tinha apenas 5 m de largura e 1 m de profundidade, a construção de 85 mil km de vias principais teria exigido a colocação de aproximadamente 425 Mm^3 de areia, brita, concreto e pedra, isso depois de remover no mínimo uns 800 Mm^3 de terra e rocha para os leitos, aterros e valas. Supondo que um trabalhador lidava com apenas 1 m^3 de materiais de construção por dia, as tarefas de extrair pedras de pedreiras, cortá-las e transportá-las, escavar areia para fundações, valas e leitos de via, preparar concreto e argamassa e pavimentar a estrada totalizavam cerca de 1,2 bilhão de dias de trabalho. Mesmo que as demandas de manutenção e reparo acabassem triplicando essa exigência, o parcelamento desse total ao longo de 600 anos de construção resultaria numa média anual de 6 milhões de dias de trabalho, o que equivaleria a uns 20 mil homens trabalhando em tempo integral. Isso representaria (a 2 MJ/dia) um investimento anual de energia de quase 12 TJ de mão de obra.

184 Energia e Civilização: Uma História

carga, e permitiu que as caravanas tomassem o lugar das carroças na região árida do Velho Mundo antes da expansão árabe.

Os incas, consolidando seu império entre os séculos XIII e XV, construíram uma malha viária impressionante empregando mão de obra sob a modalidade de corveia. Sua extensão totalizava cerca de 40 mil km, incluindo 25 mil km de estradas abertas em todas as estações, cruzando passagens inferiores e pontes e equipadas com marcadores de distância. Das duas principais estradas reais, a que serpenteava pelos Andes era pavimentada com pedra. Sua largura variava de 6 m em terraços fluviais até 1,5 m ao atravessar passagens por rochas sólidas (Kendall, 1973). Já a estrada litorânea sem pavimento tinha cerca de 5 m de largura. Nenhuma delas precisava suportar veículos com rodas, apenas caravanas de pessoas e lhamas de carga, cada qual carregando 30–50 kg, cobrindo menos de 20 km/dia.

Durante as dinastias Qin e Han, os chineses construíram um extenso sistema viário que totalizava cerca de 40 mil km (Needham et al., 1971). Os *cursus* romanos contemporâneos eram mais extensivos, tanto em comprimento total quanto em densidade viária por unidade de área, além de serem construídos com mais solidez. Eis como Estácio (Mozley 1928, p. 220), em sua obra *Silvae*, descreveu a construção da Via Domitiana em 90 d.C.:

> O primeiro trabalho era preparar sulcos e marcar as bordas da estrada, e retirar a terra com escavação profunda; depois preencher a trincheira escavada com outros materiais, e preparar uma base para o topo arqueado da estrada, para que o solo não cedesse e um leito traiçoeiro não proporcionasse uma fundação duvidosa para as pedras sobrecarregadas; depois unir tudo com blocos enfileirados de cada lado e cunhas frequentes. Ó, quantos bandos trabalham juntos! Alguns derrubam a floresta e desmatam os barrancos, alguns aplainam vigas e pedregulhos com ferro; outros unem as pedras entre si e assentam sobre o trabalho areia tostada e tufa calcárea; outros com muito esforço secam os açudes sedentos e levam para longe os córregos menores.

As estradas chinesas eram construídas assentando-se entulho e brita com compactadores de metal. Isso gerava uma superfície mais elástica, mas menos durável que as das melhores estradas romanas. Um serviço de mensagens excelente sobreviveu ao declínio da dinastia Han, mas o transporte em geral de bens e pessoas por terra se deteriorou. Somente em certas partes do país esse declínio foi mais do que compensado pelo desenvolvimento do transporte eficiente via canais. Carro de boi e carrinhos de mão transportavam a maior parte das mercadorias. Pessoas ainda costumavam ser transportadas em carroças de duas rodas e em liteiras em pleno século XX. Os primeiro veículos documentados vieram de Uruk, datando de aproximadamente 3200 a.C. Contavam com rodas pesadas e sólidas em forma de disco, com até 1 m de diâmetro, feitas de pranchas encaixadas com cavilhas. Sua difusão subsequente por diferentes culturas europeias foi incrivelmente acelerada (Piggott, 1983). Algumas rodas primevas giravam em torno de um eixo

Capítulo 4 Forças motrizes e combustíveis pré-industriais **185**

fixo, outras giravam junto com ele. Desenvolvimentos subsequentes foram na direção de rodas bem mais leves, munidas de aros e com giro livre (no início do seguindo milênio a.C.) e com uso de um eixo frontal pivotante em veículos de quatro rodas, possibilitanto guinadas em ângulos agudos.

Cavalos com arreios ineficientes percorrendo estradas acidentadas avançavam devagar mesmo quando puxavam cargas relativamente leves. Nas estradas romanas do século IV, as especificações máximas restringiam as cargas a 326 kg para carroças postais puxadas por cavalos e a 490 kg àquelas mais lentas puxadas por bois (Hyland, 1990). As baixas velocidades desse método de transporte limitavam seu alcance diário a 50–70 km para charretes de passageiros puxadas por cavalos em boas estradas, a 30–40 km para carroças mais pesadas puxadas também por cavalos e até à metade dessas distâncias para veículos puxados por bois. Homens empurrando carrinhos de mão conseguiam cobrir cerca de 10–15 km/dia. Obviamente, distâncias bem maiores eram cobertas por mensageiros montando cavalos velozes. Os percursos máximos pelas estradas romanas chegavam a 380 km/dia. Baixas velocidades e pequenas capacidades de transporte por terra se traduziam em custos excessivos, conforme ilustrados pelas cifras no *edictum de pretiis* de Diocleciano. Em 301 d.C., era mais caro transportar grãos por 120 km via estradas do que trazê-los do Egito até Óstia, o porto de Roma. E depois que os grãos egípcios chegavam a Óstia, a uns 20 km de Roma, eram transferidos para barcaças e transportados contra a corrente pelo rio Tibre, em vez de serem levados em carros de boi.

Limitações similares persistiram na maioria das sociedades até o fim do século XVIII. De início, era mais barato importar muitas mercadorias para a Inglaterra por mar desde a Europa do que transportá-las com animais de carga desde o interior do país. Viajantes descreveram as condições das estradas inglesas como bárbaras, execráveis, abomináveis e infernais (Savage, 1959). Chuva ou neve tornavam as estradas de terra ou saibro intransitáveis; em muitos casos, sua largura limitada permitia apenas o tráfego de cargas. Estradas na Europa continental eram similarmente precárias, e cavalos trabalhando em grupos de quatro a seis animais para puxar carruagens duravam na média menos de três anos. Melhorias básicas só vieram após 1750 (Ville, 1990). Inicialmente, incluíram o alargamento e a melhoria da drenagem das estradas, e posteriormente sua pavimentação com acabamento durável (brita, asfalto, concreto). Cavalos europeus pesados podiam finalmente demonstar seu grande desempenho na tração. Em meados do século XIX, a carga máxima permitida em estradas francesas aumentou para quase 1,4 t, cerca de quatro vezes o limite romano.

No transporte urbano, os cavalos alcançaram o apogeu de seu desempenho somente durante a era ferroviária, entre os anos 1820 e o fim dos séculos XIX (Dent, 1974). Embora as ferrovias passassem a dominar as viagens e o deslocamento de cargas a longa distância, o transporte de mercadorias e pessoas era dominado pela tração animal em todas as cidades em rápido crescimento na América do Norte. Na verdade, o motor a vapor acabou ampliando a utilização de cavalos (Greene, 2008). A maioria dos fretes ferroviários precisava ser coletada e distribuída por carroças e charretes. Esses veículos também faziam a entrega de alimentos e materiais brutos vindos do interior próximo. A crescente riqueza urbana levou à proliferação de muitas outras carruagens privadas, táxis e ônibus de tração equestre (primeiro em Londres em 1829) e carros de entrega (Figura 4.18).

A construção de estábulos para esses animais e o provimento e armazenamento de feno e palha gerou uma enorme demanda por espaço urbano (McShane; Tarr, 2007). Ao final do reinado da Rainha Vitória, Londres contava com cerca de 300 mil cavalos. Planejadores urbanos em Nova York cogitaram reservar um cinturão de pastagens suburbanas para acomodar grandes manadas de cavalos entre os picos de demanda de transporte na hora do *rush*. Os custos diretos e indiretos de energia envolvidos no transporte urbano por tração equestre — o cultivo de grãos e feno, a alimentação e o confinamento dos animais, sua escovação e asseio, a colocação de ferraduras, a preparação e colocação de arreios, a condução e a remoção de dejetos até mercados pastoris periurbanos — figuravam entre os itens mais pesados na balança energética das cidades no fim do século XIX. Esse domínio equino acabou quase de uma hora para outra. A eletricidade e os motores de combustão interna estavam se tornando praticáveis exatamente ao mesmo tempo

FIGURA 4.18
Essa gravura publicada na *Illustrated London News* em 16 de novembro de 1872 captura perfeitamente a alta densidade do tráfego com tração equestre (táxis, ônibus, carruagens pesadas) nas cidades em franca industrialização no fim do século XIX na Europa.

Capítulo 4   Forças motrizes e combustíveis pré-industriais   **187**

em que a quantidade de cavalos urbanos chegava a seu pico nos anos 1890. Em menos de uma geração, o tráfego urbano a tração equestre foi quase todo substituído por bondes elétricos, automóveis e ônibus modernos.

Curiosamente, foi também durante essa época que mecânicos europeus e norte-americanos fizeram uma versão prática do veículo locomotor mais eficiente propelido por potência humana: a bicicleta moderna. Por muitas gerações, as bicicletas eram aparelhos desajeitados, até mesmo perigosos, sem qualquer chance de serem adotados em massa como veículos convenientes de transporte pessoal. Rápidos avanços só vieram durante os anos 1880. John Kemp Starley e William Sutton introduziram bicicletas com rodas de mesmo tamanho, guinagem direta e quadros em losango com tubos de aço (Herlihy, 2004; Wilson, 2004; Hadland; Lessing, 2014), e esses *designs* quase não mudaram em todas as máquinas do século XX (Figura 4.19). A evolução da bicicleta moderna foi praticamente completada com a adição de pneus e freios de pedal em 1889.

Bicicletas aprimoradas e equipadas com luzes, vários porta-cargas e assentos em tandem se tornaram comuns para viagens curtas, compras e recreação em inúmeros países da Europa, principalmente Países Baixos e Dinamarca. Uma difusão posterior rumo ao mundo pobre multiplicou as unidades europeias. A história da China comunista esteve especialmente conectada com o uso massivo dessas máquinas. Até os anos 1980, não havia carros privados na China, e até o final dos 90 a maioria dos deslocamentos mais curtos era feita sobre bicicletas, até mesmo nas maiores cidades do país. A subsequente construção de linhas de metrô em todas as principais cidades e o aumento da posse privada de carros reduziram o uso urbano da bicicleta (uma transição que vem sendo apenas em parte compensada pela crescente popularidade das bicicletas elétricas). Conturo, a demanda rural segue grande, e a China ainda é o maior produtor de bicicletas do mundo, com mais de 80 milhões de unidades ao ano, das quais mais de 60% são exportadas (IBIS World, 2015).

Barcos a remo e a vela

O movimento pela água propelido por potência humana alcançou índices bem mais altos de potência do que o transporte animal e humano por terra. Barcos a remo foram projetados engenhosamente para integrar os esforços de dezenas a centenas de remadores. Naturalmente, é um trabalho bastante árduo puxar vigorosamente remos pesados por um tempo prolongado, e mais ainda em confinamento absoluto sob o convés. Nossa admiração frente ao *design* complexo e à maestria organizacional de grandes embarcações a remo deve ser atenuada pela percepção do sofrimento humano imposto por seu movimento veloz. Antigos barcos gregos a remo foram especialmente bem estudados (Anderson, 1962; Morrison; Gardiner, 1995; Morrison; Coates; Rankov, 2000). As embarcações que

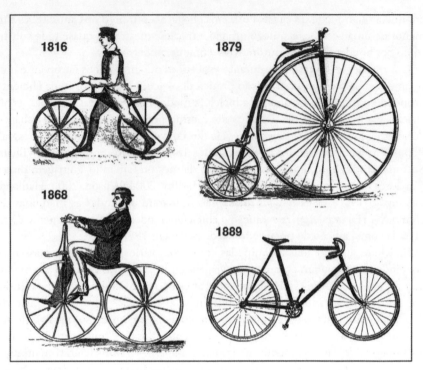

FIGURA 4.19
O desenvolvimento da bicicleta começou surpreendentemente tarde e avançou com certa lentidão. Os usuários precisavam se embalar para frente contra o chão no desajeitado *trolley* do Baron von Drais, lançado em 1816. Pedais foram afixados pela primeira vez junto ao eixo da roda motriz em 1855, um avanço que levou aos velocípedes da década de 1860. Uma regressão subsequente no *design* levou a imensas rodas frontais e a inúmeros acidentes. Somente o final dos anos 1880 trouxe a segurança, a eficiência e a simplicidade da bicicleta moderna. Adaptada de Byrn (1900).

levaram tropas gregas a Troia, *pentaconteres* com 50 remadores, eram capazes de gerar brevemente uma potência útil de até 7 kW.

As *trieres* (trirremes romanas), com seus três pavimentos, os navios de guerra mais bem-sucedidos da Era Clássica, eram propelidos por 170 remadores (Figura 4.20). Bons remadores eram capazes de propeli-las com mais de 20 kW de potência, o bastante para produzir velocidades máximas próximas a 20 km/h. Mesmo ao avançarem a velocidades máximas comuns de 10–15 km/h, as facilmente manobráveis trirremes eram máquinas poderosas de combate. Seus rostros de bronze podiam perfurar o casco de navios inimigos com efeito devastador. Uma das batalhas decisivas da história ocidental, a derrota da frota persa maior para uma força grega em desvantagem em Salamina (480 a.C.), foi vencida desse modo por

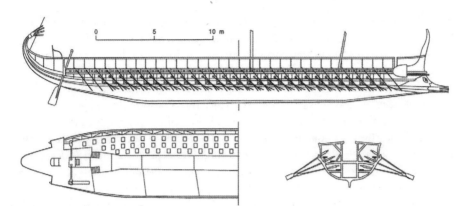

FIGURA 4.20
Visão lateral, plano parcial e seção transversal da *Olympias*, a trirreme grega reconstruída. Seis fileiras organizadas em forma de V acomodavam 170 remadores, e os remos mais de cima pivotavam sobre projeções laterais do casco. Baseada em Coates (1989).

trirremes. Estes também eram os navios de guerra mais importantes da república de Roma. Uma construção em escala real foi finalmente concluída durante os anos 1980 (Morrison; Coates, 1986; Morrison; Coates; Rankov, 2000).

Embarcações maiores — quadrirremes, quinquerremes e assim por diante — se sucederam rapidamente após a morte de Alexandre em 323 a.C. Como não há indicações de que algum desses barcos tivesse mais do que três pavimentos, dois ou mais homens presumivelmente manuseavam um mesmo remo. O final dessa progressão foi alcançado com a construção do *tessarakonteres* durante o reino de Ptolomeu Filipátor (222–204 a.C.). A embarcação de 126 m de comprimento foi construída para levar mais de 4 mil remadores e quase 3 mil soldados, e em teoria podia ser propelida sob mais de 5 MW de potência. Mas seu peso, incluindo catapultas pesadas, tornavam-na praticamente imóvel, num custoso erro de construção naval.

No Mediterrâneo, grandes embarcações a remo mantiveram sua importância até meados do século XVII. Naquela época, as maiores galés venezianas contavam com 56 remos, cada qual operado por cinco homens (Bamford, 1974; Capulli, 2003). Grandes pirogas maoris eram remadas por quase o mesmo número de guerreiros (até 200). Os limites gerais da potência humana agregada em aplicações sustentadas a remo ficavam, portanto, entre 12 e 20 kW. Havia também embarcações propelidas por pedais ou por rodas acionadas pelo caminhar. Durante a dinastia Sung, os chineses construíram navios de guerra cada vez maiores movidos a rodas de pás acionadas por até 200 homens pedalantes (Needham, 1965). Na Europa, rebocadores menores propelidos por 40 homens rodando cabrestantes ou rodas motrizes surgiram em meados do século XVI. O poder humano

190 Energia e Civilização: Uma História

também representou a principal força motriz para movimentação de mercadorias e pessoas através de canais em barcos e balsas (Quadro 4.13).

Canais foram catalisadores particularmente importantes de desenvolvimento econômico na área central do Estado chinês (na baixa bacia do Huang He — o rio Amarelo — e na planície norte da China) a partir da dinastia Han (Needham et al., 1971; Davids, 2006). A mais longa e mais famosa dessas artérias de transporte é de longe o *da yunhe*, o Grande Canal. Sua primeira seção foi aberta no início do século XVII, e sua conclusão em 1327 possibilitou o deslocamento de balsas de Hangzhou até Pequim. Isso representa uma diferença latitudinal de 10° e uma distância de quase 1.800 km. Os primeiros canais usavam rampas de acesso duplas e inconvenientes, em que bois puxavam embarcações para um nível superior. A invenção das eclusas em 983 permitiu que embarcações passassem a ser elevadas com segurança e sem desperdício de água. Uma progressão de eclusas fazia o ponto mais elevado do Grande Canal chegar a mais de 40 m acima do nível do mar. As embarcações que percorriam os canais chineses eram puxadas por grupos de trabalhadores, por bois ou por búfalos.

Na Europa, os canais assumiram o ápice de sua importância durante os séculos XVIII e XIX. Cavalos e mulas avançando em trajetos contíguos puxavam balsas a velocidades aproximadas de 3 km/h quando carregadas, e de até 5 km/h quando vazias. As vantagens mecânicas dessa forma de transporte são óbvias. Num canal bem projetado, um único cavalo de grande porte conseguia puxar uma carga de 30 a 50 t, uma ordem de magnitude acima do que seria possível por uma estrada pavimentada. Os motores a vapor gradualmente substituíram os animais no deslocamento de balsas, mas muitos cavalos ainda trabalhavam em canais menores durante a década de 1890.

QUADRO 4.13
O antigo transporte por canais

A mais antiga descrição de seu progresso moroso (entre cochilos dos condutores e mulas pastando) foi deixado por Horácio (Quintus Horatius Flaccus, 65–8 a.C.) em suas *Sátiras* (Buckley 1855, p. 160):

> Enquanto o condutor da embarcação e um passageiro, já bem encharcados de vinho denso, competem entre si cantando loas a suas amantes ausentes: com o tempo o passageiro fatigado começa a dormir; e o condutor preguiçoso prende numa pedra o cabresto da mula, em seu canto a pastar, e ronca, deitado de barriga para cima. E agora o dia se aproximava, quando vimos que o barco não ganhara terreno algum; até que um dos passageiros colérico pula do barco e espanca a cabeça e os flancos da mula e do condutor com uma vara de salgueiro. Ao menos conseguimos chegar à margem na quarta hora.

Capítulo 4 Forças motrizes e combustíveis pré-industriais **191**

A construção de canais de transporte pela Europa, sem dúvida uma ideia importada da China, teve início no norte da Itália durante o século XVI. O Canal du Midi, na França, com seus 240 km de comprimento, foi concluído em 1681. Os ramos continentais e britânicos mais longos vieram somente após 1750, e o sistema de canais alemão é na verdade posterior às ferrovias (Ville, 1990). As balsas usadas em canais transportavam grandes quantidades de matéria-prima e *commodities* estrangeiras para indústrias e cidades em expansão, mas também davam conta de levar para longe seus dejetos. Logo antes da introdução das ferrovias, elas lidavam com uma grande parcela do tráfego europeu, o que durou por mais algumas décadas (Hadfield, 1969).

Em contraste com o frete por canais e com os navios de guerra, o transporte ultramarino de mercadorias e pessoas foi dominado por navios a vela desde o início das altas civilizações. A história dos barcos a vela pode ser compreendida primordialmente como uma busca por melhor converter a energia cinética do vento em movimento eficiente das embarcações. Por si só, as velas não eram capazes disso, mas foram obviamente a chave do sucesso náutico. Basicamente, elas são aerofólios de tecido (ao serem infladas pelo vento, assumem formato de asa) projetados para maximizar a força de sustentação e minimizar o arrasto (Quadro 4.14). Porém, essa força projetada pela vela em forma de asa precisa ser combinada com a força equilibradora da quilha; caso contrário, a embarcação seria levada no rumo do vento (Anderson, 2003).

Velas quadradas em ângulo reto com o eixo maior do barco eram conversoras eficientes de energia somente com vento de popa. Navios romanos empurrados por ventos de noroeste conseguiam cumprir o trajeto Messina-Alexandria em apenas 6–8 dias, mas o retorno podia levar 40–70 dias. Navegações irregulares, diferenças sazonais substanciais e a interrupção de todas as viagens durante o inverno (os fretes por mar entre Espanha e Itália cessavam entre novembro e abril) tornam impossível afirmar quais eram as velocidades típicas (Duncan-Jones, 1990). Viagens mais longas contra o vento eram acima de tudo resultado de trabalhosas mudanças de curso. Todos os navios antigos tinham arranjos de velame quadrados, e houve um longo hiato até a introdução e ampla difusão dos *designs* radicalmente diferentes (Figura 4.21).

Navios de velame em arranjo longitudinal tinham velas alinhadas com o eixo maior da embarcação, e seus mastros serviam de pivô para que as velas virassem de um lado para o outro para pegar o vento. Eles tinham bem mais facilidade de mudar de direção simplesmente avançando em zigue-zague (orçando) próximo à linha contrária do vento. Os primeiros arranjos longitudinais provavelmente vieram do Sudeste Asiático, na forma de uma vela retangular na diagonal. Modificações desse *design* antigo acabaram sendo adotadas tanto na China quanto, através da Índia, na Europa. As características velas de espicha chinesas reforçadas com ripas estavam em uso desde o século II a.C. A vela quadrada inclinada se tornou

QUADRO 4.14
Velas e navegação quase contra o vento

Quando o vento bate numa vela, a diferença de pressão gera duas forças: sustentação, cuja direção é perpendicular à vela, e arrasto, que incide ao longo da vela. Com vento de popa, a força de sustentação será obviamente mais forte que a de arrasto, e o barco fará bom avanço. Com vento de lado, ou um pouco mais de proa, a força empurrando o barco lateralmente é mais forte do que a força que o propele para frente. Caso a embarcação tentasse se voltar ainda mais contra o vento, o arrasto superaria a sustentação e o barco seria empurrado para trás. As capacidades máximas de navegar com vento contra avançaram em mais de 100° desde o início da navegação. Antigos barcos egípcios com velas quadradas conseguiam alcançar um ângulo de apenas 150°, enquanto arranjos quadrados medievais conseguiam avançar lentamente com vento de lado (90°), e seus sucessores pós-Renascença eram capazes de avançar a um ângulo aproximado de 80° contra o vento. Foi somente com o uso de velas assimétricas montadas em linha com o eixo longo do barco e com capacidade de girarem em torno do mastro que se tornou possível navegar ainda mais contra o vento.

Embarcações que combinavam velas quadradas com mezenas triangulares chegavam a alcançar 60°, e arranjos longitudinais (incluindo velas triangulares, de espicha e cevadeiras) podiam enfrentar o vento a um ângulo de até 45°. Iates modernos chegam bem perto de 30°, o máximo aerodinâmico. A única forma de contornar os limites anteriores era avançando rente ao ângulo mais administrável e mudando constantemente de curso (orçando). Embarcações com velames quadrados tinham de recorrer ao *jibe*, ou a fazer voltas completas a favor do vento. Embarcações com velas longitudinais tentavam cambar (virar por davante), passando o vento de um bordo para o outro, e por fim enchendo as velas pelo outro lado.

comum no Oceano Índico durante o século III a.C., uma clara precursora das velas triangulares (latinas) que eram tão típicas no mundo árabe após o século VII.

A expansão viking (que acabou avançando a oeste até a Groenlândia e Newfoundland) foi possibilitada pelo emprego de uma grande quantidade de imensas velas retangulares e quadradas feitas de lã. A produção dessas grandes velas era bastante trabalhosa (um artesão usando urdidura vertical e retalhos horizontais levava até cinco anos para produzir uma vela de folha única com 90 m^2), e a necessidade de converter terrenos em pastagens e de manter vastos rebanhos de ovelhas a fim de produzir lã suficiente para a numerosa frota nórdica provavelmente era feita por trabalho escravo (Lawler, 2016). Depois que as viagens vikings chegaram ao fim, grandes velas de lã ainda foram usadas no nordeste do Atlântico (entre a Islândia e a Escandinávia, incluindo as Hébridas e Shetlands) até o século XIX (Vikingeskibs Museet, 2016).

Capítulo 4 Forças motrizes e combustíveis pré-industriais   193

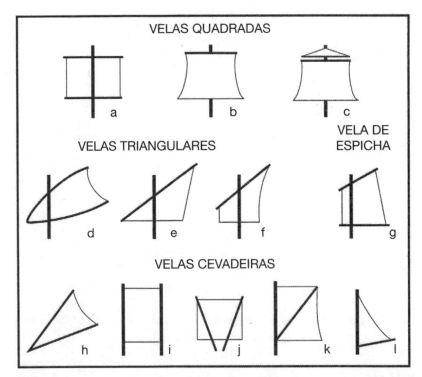

FIGURA 4.21
Principais tipos de velas. Velas quadradas, retas (a) ou alongadas (b), são os tipos mais antigos. Velas triangulares incluem as de retranca do Pacífico (d) e as latinas, com ou sem o canto inferior (e, f). Cevadeiras (h) eram comuns na Polinésia, Melanésia (i), Oceano Índico (j) e Europa (k, l). Mastros e todas as estruturas de suporte (retranca, espichas, vergas) estão desenhados com linhas mais grossas, e as velas não são mostradas em escala. Baseada em Needham e colaboradores (1971) e White (1984).

Na Europa, somente ao fim da Idade Média, com a combinação de velames quadrados e triangulares, passou a ser possível navegar quase contra o vento (à bolina). Gradualmente, essas embarcações passaram a usar uma maior quantidade de velas elevadas e mais ajustáveis (Figura 4.22). *Designs* melhores e mais profundos de casco, um leme de cadaste (em uso na China desde o século I d.C. e na Europa somente um milênio depois) e uma bússola magnética (na China a partir de 850, na Europa por volta de 1200) transformaram-nas em conversores de energia eólica singularmente eficientes. Essa combinação passou a ter um poderio quase irresistível com a adição de armamentos pesados de precisão. O navio armado, desenvolvido na Europa Ocidental durante os séculos XIV e XV, inaugurou uma era inédita de expansão a longas distâncias. Na eloquente caracterização de Cipolla (1965, 137), a embarcação:

194 Energia e Civilização: Uma História

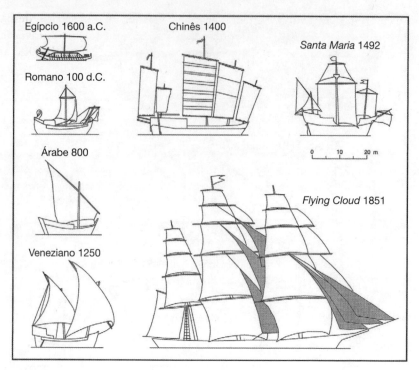

FIGURA 4.22
Evolução dos navios a vela. Antigas sociedades mediterrâneas usavam velas quadradas. Antes de serem adotadas pelos europeus, as velas triangulares eram dominantes no Oceano Índico. Um grande junco de alto mar da província de Jiangsu tipifica os eficientes *designs* chineses. A *Santa Maria* de Colombo contava com velas quadradas, um velacho, uma latina em mezena e uma cevadeira pendendo do gurupés. O *Flying Cloud*, um famoso veleiro norte-americano recordista do século XIX, tinha bujarronas triangulares na proa e mais atrás velas *spanker*, *lofty main royal* e *skysail*. Esboços simplificados são baseados em imagens de Armstrong (1969), Daumas (1969) e Needham e colaboradores (1971) e desenhados em escala.

[...] era uma nau essencialmente compacta, permitindo que uma tripulação relativamente pequena dominasse quantidades nunca vistas de energia inanimada para movimento e destruição. O segredo da ascensão europeia repentina e abrupta estava todo ali.

Esses navios alcançaram seus tamanhos máximos e foram equipados com quantidades crescentes de canhões durante o fim do século XVIII e início do XIX. A rivalidade naval entre franceses e britânicos chegou ao fim numa clara supremacia marítima desses últimos, mas foi um *design* originado na França, o navio de guerra de duas cobertas (cerca de 54 m de comprimento da coberta de artilharia, com 74 canhões e uma tripulação de 750 homens), que se tornou a classe dominante de embarcações a vela antes que fossem substituídas por na-

Capítulo 4   Forças motrizes e combustíveis pré-industriais   **195**

vios a vapor. A Marinha Real Britânica acabou comissionando quase 150 dessas grandes naus (Watts, 1905; Curtis, 1919), e elas asseguraram o domínio naval do país antes e depois do período napoleônico. A partir do inícios do século XV, as embarcações mais simples com esse *design* inovador transportaram os audaciosos navegadores portugueses por viagens mais longas (Quadro 4.15).

Em 1492, o Atlântico foi atravessado até a América por três naus espanholas capitaneadas por Cristóvão Colombo (1451–1506). Em 1519, Fernão de Magalhães (1480–1521) atravessou o Pacífico, e, após sua morte nas Filipinas, sua nau *Victoria* foi capitaneada por Juan Sebastián Elcano (1476–1526), que completou a primeira circum-navegação do mundo. Ricos registros históricos nos permitem rastrear o progresso em termos de tonelagem e velocidades das embarcações médias e das mais destacadas usadas durante a expansão colonial e em termos do crescente volume comercial marítimo (Chatterton, 1914; Anderson, 1926; Cipolla, 1965; Morton, 1975; Casson, 1994; Gardiner, 2000). Embora os romanos construíssem navios com capacidades superiores a mil toneladas, em média suas embarcações de carga levavam menos de 100 t.

Mais de um milênio depois, os europeus embarcaram em suas explorações com navios quase tão pequenos quanto esses. Em 1563, a *Santa Maria* de Colombo tinha uma capacidade de 165 t, e a nau *Trinidad* de Magalhães, de meras 85 t. Um século depois, as naus da Grande Armada Espanhola (navegando em 1599) tinham uma capacidade média de 515 t. Em 1800, embarcações britânicas da frota das Índias tinham capacidades aproximadas de 1.200 t. E, enquanto os navios de carga romanos chegavam no máximo a 2–2,5 m/s, os melhores veleiros de meados do século XIX ultrapassavam 9 m/s. Em 1853, o *Lightning*, construído em Boston

---

QUADRO 4.15
Viagens portuguesas de descoberta

Navegadores portugueses avançaram primeiramente rumo ao sul, junto à costa oeste da África: a foz do rio Senegal foi alcançada em 1444, o Equador foi atravessado em 1472, o território atual de Angola foi avistado em 1486, e em 1497 Vasco da Gama (1460–1524) circundou o Cabo da Boa Esperança e cruzou o Oceano Índico até a Índia (Boxer, 1969; Newitt, 2005). Luís de Camões (1525–1580), em seu grande poema épico *Os Lusíadas*, publicado em 1572, capturou bem seu progresso:

> Já no largo Oceano navegavam, as inquietas ondas apartando;
> Os ventos brandamente respiravam, das naus as velas côncavas inchando;
> Da branca escuma os mares se mostravam, cobertos, onde as proas vão cortando
> As marítimas águas consagradas,
> que do gado de Proteu são cortadas.

196 Energia e Civilização: Uma História

e tripulado por britânicos, percorreu a maior distância em um dia a vela: sua marca de 803 km indica uma velocidade média de 9,3 m/s (Wood 1922). E em 1890, o *Cutty Sark*, talvez o mais famoso veleiro da rota do chá, percorreu 6 mil km em 13 dias consecutivos, perfazendo uma média de 5,3 m/s (Armstrong, 1969).

São inúmeras as suposições que temos de fazer a fim de calcular a energia total necessária para movimentar navios individuais por longas viagens ou aproveitada por uma frota mercante ou militar inteira de um país a cada ano. De acordo com Unger (1984), a contribuição dos navios a vela no aproveitamento nacional de energia durante Era de Ouro Holandesa era aproximadamente igual à geração total de todos os moinhos de vento do país — mas isso era equivalente a menos que 5% do imenso consumo nacional de turfa (Quadro 4.16). Embora seja elusivo quantificar energias agregadas em navegação, não há dúvida de que uma expansão do transporte marítimo (que precedeu a da própria economia como um todo)

QUADRO 4.16
Contribuição dos navios a vela para o aproveitamento energético holandês

Informações sobre tonelagens e velocidades que nos permitiriam calcular as energias necessárias para movimentar navios individuais ao longo de viagens, ou calcular as contribuições anuais agregadas da potência eólica aproveitadas por frotas mercantes ou militares, são inadequadas. Variáveis cruciais — *designs* de casco, áreas e formatos de velas, pesos das cargas e taxas de utilização — são heterogêneas demais para permitir estimar médias signiticativas. Ainda assim, Unger (1984) partiu de uma série de suposições para calcular a contribuição dos navios a vela para o aproveitamento nacional de energia dos Países Baixos durante a Era de Ouro Holandesa, e acabou com um total anual aproximado de 6,2 MW durante o século XVII. Como comparação, isso é quase exatamente igual à potência total de todos os moinhos de vento holandeses, conforme estimado por De Zeeuw (1978) — mas é apenas uma pequena fração (< 5%) do imenso consumo de turfa pelo país.

Porém, essas comparações quantitativas são enganosas: quantidade alguma de turfa bastaria para possibilitar as viagens até as Índias Orientais; a energia útil obtida da turfa representava muito provavelmente menos de um quarto de seu valor energético bruto. Além do mais, há um claro contraste fundamental em comparar depósitos limitados e não renováveis (ao menos não renováveis numa escala histórica de tempo) de um combustível fóssil recente com um recurso abundante e renovável constantemente recarregado pelas diferenças em pressão atmosférica. Desse modo, comparações entre potências agregadas fazem tão pouco sentido quanto aquelas entre eficiências de conversão específicas (neste caso, contrastando a eficiência de uma vela com o desempenho de um forno alimentado por turfa).

Capítulo 4 Forças motrizes e combustíveis pré-industriais **197**

e sua produtividade crescente foram contribuições cruciais para o crescimento econômico da Europa entre 1350 e 1850 (Lucassen; Unger, 2011).

Edifícios e estruturas

A enorme variedade de estilos de construção e ornamentos pode ser reduzida a apenas quatro elementos estruturais fundamentais: paredes, pilares, vigas e arcos. Bastava mão de obra humana, auxiliada por algumas ferramentas simples, para criá-los a partir de três materiais básicos do mundo pré-industrial: madeira, pedra e tijolo, quer secos ao Sol ou cozidos em fornalhas. As árvores podiam ser cortadas e moldadas grosseiramente com machados e enxós. Pedras podiam ser extraídas de pedreiras usando-se apenas marretas e cunhas, para serem moldadas com cinzéis. Tijolos secos ao Sol podiam ser produzidos com praticidade a partir de argilas aluviais. Em muitas regiões, uma escassez de árvores de grande porte limitava o uso de toras, e o dispendioso transporte de pedras restringia em grande parte sua escolha a variedades locais. Acabamentos e detalhamentos subsequentes, e às vezes bastante elaborados, na superfície de madeira e pedra podiam elevar em muito o custo energético do uso desses materiais de construção.

Tijolos de pedra secos ao Sol, comuns por todo o Oriente Médio e na Europa mediterrânea, eram os elementos básicos da construção que menos demandavam energia. Sua produção alcançava quantidades prodigiosas até mesmo nas primeiras sociedades sedentárias. Eis como a capital da Suméria, Uruk, é descrita no épico sumério *Gilgamesh*, um dos primeiros documentos literários preservados, datado de antes de 2500 a.C. (Gardner, 2011): "Uma parte é cidade, uma parte é pomar e uma parte é mina de argila. Três partes, incluindo a mina de argila, compõem Uruk".Os tijolos eram feitos de marga ou argila, água e joio ou palha picada, às vezes com o acréscimo de excremento animal e areia; a mistura era compactada, moldada rapidamente em moldes de madeira (até 250 peças por hora) e deixada para secar ao Sol. As dimensões iam dos volumosos tijolos quadrados babilônios (40 × 40 × 10 cm) até os esguios e oblongos dos romanos (45 × 30 × 3,75 cm). Tijolos de barro são maus condutores de calor, ajudando a manter fresco o interior das edificações em climas quentes e áridos. Eles também tinham uma importante vantagem mecânica: a construção de uma abóbada com tijolos de barro não requer vigas de madeira como suporte (Van Beek, 1987). Quando havia argilas adequadas e mão de obra suficiente, eles eram produzidos em quantidades prodigiosas.

Tijolos cozidos eram usados na antiga Mesopotâmia, e mais tarde se tornaram comuns tanto no Império Romano quanto na China Han. Por séculos, eram cozidos em sua maioria em fossos abertos, resultando em grande desperdício de combustível e em blocos desiguais. Mais tarde, seu cozimento em montes ou pilhas regulares podia alcançar temperaturas de até 800 °C, gerando um produto mais uniforme e bem mais eficiente. Fornalhas horizontais hermeticamente fechadas

198 Energia e Civilização: Uma História

garantiam maior consistência e maior eficiência combustiva. Elas contavam com saídas de exaustão apropriadamente espaçadas, e os gases quentes ascendentes eram refletidos para baixo a partir de domos abaulados — mas precisavam de madeira ou carvão vegetal para operarem. Na Europa, essas demandas aumentaram durante o século XVI, quando os tijolos começaram a substituitir paredes de pau a pique, e quando tijolos passaram a ser mais adotados também em fundações, e não apenas nas paredes.

Quaisquer que sejam seus principais materiais, estruturas pré-industriais demonstram uma integração habilidosa de inúmeros homens (incluindo alguns construtores experientes), ou homens e animais, cumprindo tarefas que parecem extraordinariamente exigentes mesmo para os padrões do mundo mecanizado atual. Toda a extração em pedreiras era feita a mão. Grupos de animais transportavam pedras extraídas até um canteiro, e às vezes eles também eram empregados como tração de máquinas usadas para içar peças a um local mais elevado, mas fora isso a construção tradicional dependia exclusivamente de mão de obra humana. Artesãos usavas serras, machados, martelos, cinzéis, plainas, brocas e colheres de pedreiro e acionavam polias compostas ou guindastes e rodas de tração para içar toras, pedras e vidro (Wilson, 1990).

Guindastes acionados por homens rodando engenhos, cabrestantes ou cilindros com os pés eram capazes de cumprir essa tarefa facilmente, ainda que devagar. Algumas dessas máquinas foram projetadas para tarefas exigentes específicas — incluindo o guincho puxado por bois usado por Filippo Brunelleschi (1377– 1446) para içar materiais de alvenaria a fim de construir o espetacular domo da Catedral de Santa Maria del Fiore, em Florença, e um guindaste rotativo para assentar a lanterna em seu topo (Quadro 4.17) (Prager; Scaglia, 1970). Alguns projetos foram concluídos depressa: o Partenon em apenas 15 anos (447–432 a.C.), o Panteão em cerca de oito (118–125 d.C.) e a Hagia Sophia, de Constantinopla, uma igreja bizantina de abóbada alta mais tarde convertida em mesquita, em cinco anos (527–532).

São diversos os tipos de grandes projetos de construção que se destacam. De longe os mais conhecidos são as inúmeras estruturas cerimoniais, sobretudo monumentos funerários e locais de adoração. As mais impressionantes estruturas no primeiro grupo, as pirâmides e tumbas, distinguem-se por sua imensidão, enquanto os templos e as catedrais combinam monumentalidade com complexidade e beleza. Dentre as estruturas utilitárias pré-industriais, eu destacaria os aquedutos, devido à sua extensão e à combinação de canais, túneis, pontes e sifões invertidos. Não é possível calcular com precisão as energias envolvidas na construção de qualquer estrutura antiga, e é difícil estimar até mesmo os custos energéticos dos projetos de edificações medievais. Contudo, cálculos aproximados revelam diferenças substanciais em exigências totais de energia, e diferenças ainda maiores em fluxos médios de potência.

Capítulo 4   Forças motrizes e combustíveis pré-industriais   **199**

> **QUADRO 4.17**
> **As máquinas engenhosas de Brunelleschi**
>
> O trabalho de Filippo Brunelleschi na Catedral de Santa Maria del Fiore é uma demonstração perfeita dos papéis cumpridos pelas invenções engenhosas para arregimentar a quantidade necessária de energia de maneira apropriada. Animais de tração e trabalhadores estavam prontamente disponíveis para suprir a potência necessária, mas o tamanho recorde da cúpula da catedral (um vão interno de 41,5 m de diâmetro) e, sobretudo, seu modo de construção sem precedentes (dispensando andaimes apoiados no solo) não teriam sido possíveis sem as novas máquinas engenhosas de Brunelleschi (Prager; Scaglia, 1970; King, 2000; Ricci, 2014). Essas máquinas foram desmontadas assim que a construção se encerrou, mas felizmente seus projetos foram preservados na obra *Zibaldone*, de Buonaccorso Ghiberti.
>
> Elas incluíam guindastes tanto apoiados no chão quanto elevados, bem como um içador reversível, um guindaste rotativo usado na construção da lanterna, guinchos elaborados e, talvez a máquina mais engenhosa de todas, um posicionador de carga (não necessariamente uma invenção original de Brunelleschi, mas sem dúvida uma excelente execução da ideia). Os materiais para a cúpula foram erguidos por um içador central (puxado por bois). Os tijolos eram facilmente levados até os pedreiros que construíam a estrutura curvada ascendente, mas os blocos pesados de pedra usados para os anéis de fixação (necessários para impedir movimentação radial da estrutura) não podiam ser empurrados ou puxados a partir do ponto elevado central até seus locais determinados. A tarefa foi cumprida pelo posicionador de carga, com duas guias laterais acionadas por parafuso instaladas numa haste vertical e usando um contrapeso.

Impressionantes estruturas funerárias ou religiosas exigindo fluxos de energia imensos e sustentados — planejamento a longo prazo, organização impecável e mobilização de mão de obra em larga escala — foram construídas por todas as altas culturas pré-industriais (Ching; Jarzombek; Prakash, 2011). Essas tumbas e templos expressam a aspiração universal humana por permanência, perfeição e transcendência (Figura 4.23). Eu adoraria dizer algo definitivo sobre o processo de construção e as exigências energéticas da construção das pirâmides egípcias, as estruturas mais grandiosas do mundo antigo. Sabemos que sua construção exigiu uma mescla de planejamento a longo prazo, logística eficiente em grande escala, supervisão e manutenção eficientes e habilidades técnicas admiráveis, embora quase completamente obscuras.

A maior pirâmide, a tumba faraônica de Quéops, da Quarta Dinastia, incorpora perfeitamente todas essas qualidades. Feita com quase 2,5 milhões de blocos de pedra pesando em média de 2,5 t cada, essa massa de mais de 6 Mt num volume

FIGURA 4.23
A pirâmide de Quéops, em Gizé, a Pirâmide do Sol, em Teotihuacan, a estupa Jetavana, em Anuradhapura, e o zigurate Choga Zanbil, em Elam. Informações detalhadas sobre essas estruturas estão disponíveis em Bandaranayke (1974), Tompkins (1976) e Ching, Jarzombek e Prakash (2011).

de 2,5 Mm^3 foi montada com notável precisão, e a um ritmo admirável. A partir da orientação da Grande Pirâmide (usando o alinhamento de duas estrelas circumpolares, Mizar e Kochab), podemos limitar o início de sua construção entre 2485 a.C. e 2475 a.C. (Spence, 2000), e a estrutura foi completada dentro de 15–20 anos. Egiptólogos concluíram que os blocos centrais foram extraídos da pedreira de Gizé, que os blocos externos tiveram de ser transportados de pedreiras de Tora, do outro lado do Nilo, e que os blocos de granito mais massivos, aqueles que formam o teto em mísula dentro da pirâmide (o maior dos quais pesa quase 80 t), tiveram de ser transportados desde o sul do Egito (Lepre, 1990; Lehner, 1997).

Capítulo 4   Forças motrizes e combustíveis pré-industriais   **201**

Tudo isso parece ser bem intelígivel. Os antigos egípcios dominavam a arte de extrair blocos de pedreiras, tanto em termos de massas e tamanhos similares quanto de capacidade de produzir monolitos massivos. Também eram capazes de movimentar objetos pesados por terra e em barcos. Uma pintura bem conhecida mostra como um colosso de 50 t extraído de uma caverna em el-Bersheh (1880 a.C.) foi transportado por 127 homens (desenvolvendo um pico de potência útil superior a 30 kW) sobre um trenó, cujo atrito era reduzido por um trabalhador que derramava água de um recipiente. E o transporte dessas pedras imensas por barcos é atestado por uma única imagem de Deir el-Bahari: dois obeliscos de 30,7 m de Karnak foram carregados numa balsa de 63 m de comprimento rebocada por cerca de 900 remadores em 30 barcos (Naville, 1908).

Mas tudo além da extração em pedreiras e do transporte dos blocos até o canteiro de obras é conjectura; ainda não sabemos como as maiores pirâmides foram de fato erigidas (Tompkins, 1971; Mendelssohn, 1974; Hodges, 1989; Grimal, 1992; Wier, 1996; Lehner, 1997; Edwards, 2003). Os registros hieroglíficos e pictóricos egípcios, tão ricos em muitos outros aspectos, não fornecem qualquer representação ou descrição contemporânea. As suposições modernas mais comuns especificam o uso de rampas de barro, tijolo e madeira, sem consenso quanto ao seu formato (um único plano inclinado, múltiplos planos, uma rampa ao redor?) ou inclinação (com índices sugeridos indo de um íngrime 1:3 até um modesto 1:10). Mas tais desacordos não importam, já que é pouquíssimo provável que alguma rampa de construção tenha sido usada (Hodges, 1989).

Um plano inclinado único teria de ser completamente reconstruído após cada camada de blocos de pedra ser concluída, e com uma inclinação modesta de 10:1, seu volume teria ultrapassado de longe o da própria pirâmide. Rampas em torno da pirâmide inteira acabariam sendo estreitas demais. Além disso, seriam bem difíceis de construir, de escorar e de manter sob uso pesado, tornando-se perigosas ou mesmo impossíveis de percorrer. Cordas pivotantes a ângulos retos em torno de estacas nos cantos foram sugeridas como uma solução, mas não temos prova alguma de que os egípcios tinham capacidade para isso ou de que pudesse de fato funcionar. De todo modo, não há resquício algum de vastos volumes de escombros usados na construção de rampas em qualquer parte do platô de Gizé.

A descrição mais antiga da construção de pirâmides foi escrita por Heródoto (484–425 a.C.) dois milênios depois de sua conclusão. Durante suas viagens pelo Egito, disseram-lhe que:

> [...] para fazer a pirâmide em si, foi necessário um período de 20 anos; e a pirâmide é quadrada, cada lado medindo 800 pés, e a altura dela é a mesma. [...] Essa pirâmide foi feita sob a maneira de degraus, que alguns chamam de "fileiras" e outros de "bases". E quando fizeram pela primeira vez assim, ergueram as pedras restantes com máquinas feitas de pedaços pequenos de madeira, elevando-as primeiro do chão até o primeiro

202 Energia e Civilização: Uma História

andar dos degraus. Quando a pedra chegava até ali, era colocada em outra máquina localizada no primeiro andar, e assim deste era levada para o segundo até outra máquina. Quantos degraus houvesse, tantas seriam as máquinas posicionadas. Ou talvez transferissem a mesma máquina, elevada com a mesma facilidade, a cada andar sucessivamente, a fim de que pudessem ir elevando as pedras. Pois que seja contado de ambas as formas, de acordo com o que foi relatado. Como quer que fosse, as partes mais altas dela ficaram prontas antes, e posteriormente eles foram finalizando aquilo que lhes estava mais perto, e por fim concluíram as partes perto do chão e as faixas mais baixas.

Será que essa é a descrição do método real de construção? Proponentes do içamento creem que sim e ofereceram muitas soluções de como o trabalho pode ter ocorrido com a ajuda de alavancas ou máquinas simples mas engenhosas. Hodges (1989) defendeu o método mais simples de usar alavancas de madeira para elevar blocos de pedra e então rolamentos para colocá-los no lugar. Objeções a esse processo recaem acima de tudo na grande quantidade de transferências verticais necessárias para cada bloco destinado a andares mais altos e na exigência de vigilância e precisão constantes para prevenir quedas acidentais durante a manipulação de pedras pesando 2–2,5 t.

Deixando de lado as especificidades construtivas, princípios elementares nos permitem quantificar a energia total necessária para erigir a Grande Pirâmide e, assim, estimar a mão de obra necessária: meus cálculos (generosos e assumindo mínimos teóricos) mostram que ao menos 10 mil trabalhadores estiveram envolvidos (Quadro 4.18). Uma das poucas certezas quanto à construção da pirâmide é que as hipóteses que indicam uma força de trabalho uma ordem de magnitude maior são exageros indefensáveis. O suprimento alimentar de quantidades descomunais de trabalhadores, a maiorida dos quais concentrados no Platô de Gizé, talvez tenha sido um fator tão ou mais limitador quanto o transporte e a elevação das pedras.

Outras estruturas antigas que exigiram comprometimento de mão de obra a longo prazo incluem os templos mesopotâmicos em forma de torres escalonadas (zigurates) construídos após 220 a.C. e as estupas (ou *dagobas*), monumentos em honra a Buda e que muitas vezes guardavam relíquias (Ranaweera, 2004). Falkenstein (1939) calculou que a construção do zigurate de Anu, perto de Warqa, no Iraque, exigiu ao menos 1.500 homens trabalhando por 10 horas ao dia por cinco anos, somando uma energia coportal de quase 1 TJ. E Leach (1959) estimou que a Jetavanaramaya, a maior estupa de Anuradhapura (122 m de altura, construída com cerca de 93 milhões de tijolos grosseiramente assentados), exigiu aproximadamente 600 trabalhadores 100 dias ao ano durante 50 anos, ou pouco mais de 1 TJ de energia útil (veja a Figura 4.23).

Pirâmides mesoamericanas, sobretudo aquelas em Teotihuacan (construídas durante o século II d.C.) e Cholula, também são bastante imponentes. Em Teotihuacan, a Pirâmide do Sol, de topo plano, era a mais alta dentre elas, provavelmente com mais de 70 m, incluindo o templo (veja a Figura 4.23). Foi bem mais fácil erigi-la do que as estruturas feitas de três pedras diferentes em Gizé. O nú-

Capítulo 4   Forças motrizes e combustíveis pré-industriais   **203**

QUADRO 4.18
Custo energético da Grande Pirâmide

A energia potencial aproximada da Grande Pirâmide (necessária para erguer a massa de 2,5 Mm^3 de pedras) é de 2,5 TJ. Wier (1996) acertou esse total, mas sua hipótese de 240 kJ/dia de trabalho útil médio é baixa demais. Eis minhas suposições conservadoras. Para cortar 2,5 Mm^3 de pedra em 20 anos (a duração do reinado de Quéops), seriam necessários 1.500 homens trabalhando 300 dias por ano em pedreiras e extraindo 0,25 m^3 *per capita* usando cinzéis de cobre e marretas de dolerito. Mesmo assumindo que o número necessário de canteiros era três vezes maior, a fim de talhar e alisar as pedras (embora muitos blocos interiores fossem talhados apenas grosseiramente) e de transportá-las para o local da construção, a força de trabalho total suprindo material de construção teria ficado na ordem de 5 mil homens.

Com insumos líquidos diários de energia útil de 400 kJ/*capita*, para elevar as pedras seriam necessários cerca de 6,25 milhões de dias de trabalho. Particionados ao longo de 20 anos e 300 dias de trabalho ao ano, isso poderia ser cumprido por cerca de mil trabalhadores. Se a mesma quantidade fosse necessária para montar as pedras na estrutura ascendente, e mesmo se essa quantidade fosse dobrada, dando conta também dos trabalhadores adicionais para organizar e supervisionar, bem como para transportar, consertar as ferramentas, entregar comida, cozinhar e lavar roupas, o total final ainda ficaria abaixo de 10 mil homens. Durante os picos de mão de obra, os trabalhadores na pirâmide em Gizé estavam investindo coletivamente ao menos 4 GJ de energia mecânica útil a cada hora, ou seja, uma potência geral de 1,1 MW. E para manter esses esforços, eles consumiam todo dia 20 GJ adicionais de energia alimentar, o equivalente a quase 1.500 t de trigo.

Wier (1996) calculou o máximo de 13 mil construtores durante o período de 20 anos. Por sua vez, Hodges (1989) calculou que 125 equipes poderiam ter erguido e organizado todas as pedras em posição durante 17 anos de trabalho, e que as cifras somariam aproximadamente apenas mil trabalhadores permanentes para elevarem os blocos. Ele também alocou uma folga de três anos para que as pedras fossem talhadas e encaixadas entre si, avançando do topo para baixo. Em contraste, Heródoto foi informado sobre 100 mil homens trabalhando por três meses ao ano por 20 anos, enquanto Mendelssohn (1974) estimou o total em 70 mil trabalhadores sazonais e talvez até 10 mil canteiros permanentes. Ambas estimativas são exageros indefensáveis.

---

cleo da pirâmide é feito de terra, entulho e tijolos de adobe, e somente o exterior era revestido com pedras talhadas, que eram ancoradas por saliências de apoio e assentadas com argamassa à base de cal (Baldwin, 1977). Ainda assim, foram necessários até 10 mil trabalhadores e mais de 20 anos para que ela fosse concluída.

Em contraste com nossas conjecturas sobre a construção das maiores pirâmides, há pouco mistério envolvendo o modo como estruturas cássicas como o Partenon e o Panteão foram construídas (Coulton, 1977; Adam, 1994; Marder; Jones, 2015). O desenho notável do Panteão é muitas vezes citado como um uso engenhoso do concreto, mas a alegação bastante repetida de que os romanos foram os primeiros construtores a usar esse material é imprecisa. Concreto é uma mistura de cimento, agregados (areia, saibro) e água. Por sua vez, o cimento é produzido pelo processamento a alta temperatura de uma mistura cuidadosamente formulada e fina de cal, argila e óxidos metálicos num forno rotativo inclinado — e não havia cimento no *opus caementicium* romano usado para construir o Panteão ou qualquer outra edificação até a década de 1820 (Quadro 4.19).

Sabemos que imensas arquitraves (como aquelas do Panteão, pesando quase 10 t) tiveram de ser içadas por guindaste (e podiam ser roladas até o local embaladas em armações circulares), e *designs* bastante similares de guindaste foram usados quase dois milênios mais tarde na construção de catedrais, as estruturas

---

QUADRO 4.19
O Panteão de Roma

O *opus caementicium* romano era uma mistura de agregados (areia, brita, pedras e muitas vezes também tijolos ou azulejos quebrados) e água, mas seu agente aglutinante não era o cimento (como ocorre com o concreto), e sim argamassa à base de cal (Adam, 1994). A mistura era preparada num canteiro de obras, e a combinação singular de cal hidratada e areia vulcânica — escavada perto de Puteoli (a moderna Pozzuoli, poucos quilômetros a oeste do Monte Vesúvio) e conhecida como *pulvere puteolano* (mais tarde como *pozzolana*) — rendia um material robusto capaz de se erijicer até debaixo d'água. Embora fosse inferior ao concreto moderno, o agregado pozolânico e uma cal de alta qualidade produziam um material forte o suficiente não apenas para paredes massivas e duráveis, mas também para amplas abóbadas e domos (Lancaster, 2005).

O uso do *opus caementicium* pelos romanos chegou ao seu apogeu de *design* no Panteão, cuja construção foi concluída em 126 d.C., durante o reinado de Adriano. O vasto domo, com 43,3 m de diâmetro (o interior da estrutura caberia numa esfera de mesmo diâmetro), jamais foi superado por quaisquer construtores pré--industriais, embora o domo da Basílica de São Pedro, projetado por Michelangelo e completado em 1590, tenha se aproximado, com diâmetro de 41,75 m (Lucchini, 1966; Marder; Jones, 2015). Apesar de seu óbvio apelo visual, a propriedade mais notável do domo é sua massa específica verticalmente decrescente: as cinco fileiras de quadrados artesoados no teto não apenas diminuem de tamanho à medida que convergem para o óculo central, como também são feitas de camadas progressivamente mais finas de alvenaria usando agregados mais leves, de travertino na base até pedra-pome no alto (MacDonald, 1976). O domo inteiro pesa cerca de 4.500 t.

Capítulo 4 Forças motrizes e combustíveis pré-industriais **205**

mais elaboradas da europa medieval. Entre seus construtores estavam muitos artesãos experientes, que faziam uso de muitas ferramentas especiais (Wilson, 1990; Erlande-Brandenburg, 1994; Recht, 2008; Scott, 2011). Boa parte da mão de obra era sazonal, mas uma demanda típica seria equivalente a centenas de trabalhadores em tempo integral — lenhadores, canteiros, condutores de carroças, carpinteiros, pedreiros, vidraceiros — engajados por uma ou duas décadas. O investimento total de energia era, portanto, duas ordens de magnitude inferiores à construção de pirâmides, com picos de fluxo laboral de apenas alguns quilowatts.

Embora algumas catedrais tenham sido concluídas rapidamente (Chartres levou apenas 27 anos, a Notre-Dame de Paris original levou 37), suas construções costumavam ser interrompidas por epidemias, disputas trabalhistas, mudanças de regime, falta de dinheiro e conflitos internos e internacionais. Como resultado, a construção de uma catedral geralmente levava gerações, e em alguns casos até séculos eram necessários para que fossem completadas. Nessa linha, a catedral de São Vito, em Praga, começou a ser erigida sob o reinado de Carlos IV e 1344, foi abandonada no início do século XV e a estrutura inacabada (provisoriamente atrás de tapumes) foi concluída (com a instalação de dois pináculos góticos) somente em 1929 (Kuthan; Royt, 2011).

Obras hidráulicas extensas, incluindo represas, canais e pontes, são bem documentadas em Jerusalém, Mesopotâmia e Grécia. Mas os feitos romanos são certamente os exemplos mais conhecidos de soluções audazes de engenharia para o suprimento urbano de água. Praticamente todos os vilarejos romanos de bom tamanho contavam com abastecimento hídrico bem planejado. Essa conquista só viria a ser superada pela Europa industrializada. Os aquedutos romanos eram especialmente impressionantes (Figura 4.24). Plínio, em sua *Historia Naturalis*, os chamou de "os mais notáveis feitos em qualquer lugar do mundo".

A começar pela Aqua Appia em 312 a.C., o sistema de abastecimento hídrico acabou abrangendo 11 linhas, totalizando quase 500 km (Ashby, 1935; Hodge, 2001). Ao final do século I d.C., o total de água suprida diariamente ficava pouco acima de 1 Mm^3 (1 GL), dando uma média superior a 1.500 L/*capita*. Como pé de comparação, ao final do século XX, Roma (com uma população aproximada de 3,5 milhões) apresentava uma média aproximada (incluindo todo o consumo industrial) de 500 L/*capita* (Bono; Boni, 1996). Igualmente impressionante era a escala do sistema de esgoto subterrâneo canalizado do Império Romano, com os arcos da *cloaca maxima* chegando a 5 m de diâmetro em média.

Por todo o império, os aquedutos eram formados por inúmeros elementos estruturais comuns (Figura 4.24). A partir de fontes, lagos ou represamentos artificiais, canais hídricos tinham uma seção transversal retangular e eram construídos com lajes de pedra ou concreto revestido por cimento fino. Canais com um gradiente usual de no mínimo 1:200 acompanhavam sempre que possível os acidentes do terreno para evitar a necessidade de túneis. Quando um curso subterrâneo era inevitável, o canal podia ser acessado de cima a partir de poços. Somente em

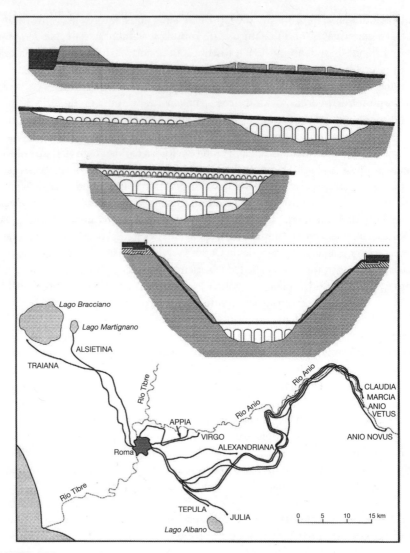

FIGURA 4.24
Os aquedutos romanos levavam água de rios, fontes, lagos ou reservatórios mediante uma combinação de ao menos duas ou três das seguintes estruturas (a partir do alto): canais retangulares rasos correndo sobre uma fundação, túneis acessíveis por poços, aterros trespassados por arcos, pontes em arcos com um ou dois pavimentos e sifões invertidos com tubulação de chumbo para fazer a água atravessar vales profundos. Os aquedutos romanos, que supriam cerca de 1 Mm^3/dia de água, formavam um sistema impressionante construído ao longo de mais de 500 anos. Baseada em Ashby (1935) e Smith (1978). A inclinação do aqueduto está exagerada.

Capítulo 4 Forças motrizes e combustíveis pré-industriais **207**

vales longos demais para serem contornados ou profundos demais para aterros simples os romanos recorriam a pontes. No máximo uns 65 km dos aquedutos romanos eram transportos por arcos (às vezes compartilhados). As pontes à época de Augusto em Gard (com mais de 50 m de altura), Mérida e Tarragona são os melhores exemplos dessa arte. A limpeza e manutenção de canais, túneis e pontes, que eram muitas vezes ameaçadas pela erosão, representava uma tarefa contínua.

Quando o cruzamento de um vale exigia uma ponte com altura superior a 50–60 m, os engenheiros romanos optavam por um sifão invertido. Suas tubulações conectavam um tanque coletor de um lado do vale com um tanque receptor ligeiramente mais abaixo do lado oposto (Hodge, 1985; Schram, 2014). Para cruzar o córrego na base do vale, ainda era preciso construir uma ponte. O alto custo energético dessas estruturas refletia acima de tudo as grandes quantidades de chumbo necessárias para tubulações de alta pressão — que podiam suportar até 1,82 MPa (18 atmosferas) — bem como o custo de transporte do metal por distâncias às vezes consideráveis desde seus centros de fundição. A quantidade total de chumbo, por exemplo, para nove sifões na rede de abastecimento de Lyon era de aproximadamente 15 mil t.

Metalurgia

Os primórdios de todas as altas culturas são marcados pelo uso de metais coloridos (não ferrosos). Além do cobre, os primeiros metalúrgicos também reconheciam estanho (que era combinado com cobre para produzir bronze), ferro, chumbo, mercúrio e dois elementos preciosos: prata e ouro. O mercúrio é líquido a temperaturas ambientes, enquanto as relativas escassez e maciez do ouro inviabilizavam sua aplicação para além da cunhagem de moedas e itens ornamentais. Embora muito mais abundante, a prata também era rara demais para produzir itens em massa. Exceto na forma de ligas, o chumbo e o estanho, por sua maciez, tinham aplicações limitadas a canos e recipientes alimentares. Somente o cobre e o ferro eram relativamente abundantes e apresentavam, sobretudo em ligas, grande resistência tênsil e solidez. A combinação de sua abundância e de suas propriedades fez deles as únicas alternativas práticas para a produção em massa de itens duráveis. O cobre e o bronze dominaram os dois primeiros milênios de história registrada, enquanto o ferro e suas ligas (uma enorme variedade de aços) são atualmente mais dominantes do que nunca.

O carvão vegetal alimentava a fundição de minérios ferrosos e não ferrosos, bem como o subsequente refinamento e acabamento de metais crus e objetos metálicos. A árdua labuta humana era responsável por toda a mineração e britagem de minério, pela derrubada de árvores e preparação de carvão vegetal, pela construção e alimentação de fornalhas e pelo repetido refinamento e forja dos produtos. Em muitas sociedades, desde a África subsaariana até o Japão, a metalurgia seguiu sendo uma empreitada exclusivamente manual até a introdução dos métodos industriais modernos. Na Europa, e posteriormente na América do Norte, animais e sobretudo

208 Energia e Civilização: Uma História

a potência hídrica substituíram tais tarefas repetitivas e exaustivas, na forma de britagem de minério, bombeamento de água para as minas e forja de metais. A disponibilidade de madeira, e mais tarde também a acessibilidade e confiabilidade em relação a recursos de potência hídrica necessária para energizar foles e marretas de maior porte, foram, portanto, os determinantes-chave do progresso metalúrgico.

Metais não ferrosos

Ferramentas e armas de cobre estabeleceram a ponte entre as eras da pedra e do ferro na evolução humana. Os primeiros usos do cobre, remontando ao sexto milênio a.C., não envolviam qualquer fundição. Pedaços de metal naturalmente puros eram meramente moldados com ferramentas simples ou trabalhados sob recozimento, sendo alternadamente aquecidos e martelados (Craddock, 1995). O primeiro indício de exploração de metal nativo (na forma de contas de malaquita e cobre no sudeste da Turquia) remonta a 7250 a.C. (Scott, 2002). A fundição e moldagem de metal se tornou comum após meados do quarto milênio a.C. em inúmeras regiões com riqueza de minérios oxidados e carbonatados relativamente acessíveis (Forbes, 1972). Inúmeros objetos de metal — anéis, cinzéis, machados, facas e lanças — foram deixados para trás por sociedades mesopotâmicas primevas (antes de 4000 a.C.), pelo Egito pré-dinástico (antes de 3200 a.C.), pela cultura Mohenjodaro do vale do Indo (2500 a.C.) e por chineses antigos (após 1500 a.C.).

Os centros de mineração de cobre da Antiguidade incluíam mais notadamente a Península do Sinai, o norte da África, Chipre, as regiões atuais da Síria, Irã e Afeganistão, o Cáucaso e a Ásia central. Itália, Portugal e Espanha também se tornaram regiões produtoras mais tarde. Devido ao ponto de fusão relativamente alto desse metal (1.083 °C), a produção de cobre puro consumia grande quantidade de energia. A redução do minério era feita com madeira ou carvão vegetal, de início somente em covas revestidas com argila e mais tarde em fornalhas cilíndricas baixas feitas de argila e com ventilação natural. O primeiro indício claro do uso de foles vem do Egito, datado do século XVI a.C., mas sua invenção é quase certamente mais antiga. Metais impuros eram refinados mediante aquecimento em pequenos cadinhos, sendo posteriormente derramados em moldes de pedra, argila ou areia. Depois de moldados, recebiam acabamento em produtos utilitários ou ornamentais ao serem malhados, esmerilhados, perfurados e polidos.

Habilidades técnicas bem maiores eram necessárias para produzir metal a partir dos abundantes minérios sulfurados (Forbes, 1972). Antes de mais nada, precisavam ser triturados e cozidos em montes ou fornalhas a fim de remover o enxofre e outras impurezas (antimônio, arsênico, ferro, chumbo, estanho e zinco), o que alterava as propriedades do metal. Por milênios, a trituração de minérios era feita de forma braçal com marretas, uma prática comum na Ásia e na África até o século XX. Na Europa, rodas d'água e cavalos acionando engenhos gradual-

Capítulo 4   Forças motrizes e combustíveis pré-industriais   **209**

mente àssumiram essa tarefa. O cozimento dos minérios triturados demandava relativamente pouco combustível. A fundição de minérios cozidos em fornalhas cilíndricas era seguida da fundição do metal bruto (apenas 65–75% de cobre) e de sua refundição a fim de produzir cobre *blister* (95–97%) quase puro. Esse produto podia ser ainda mais refinado mediante oxidação, escorificação e volatilização. A sequência inteira acabava demandando alto consumo de combustível.

O cálculo da demanda anual e cumulativa de combustível para operações antigas de fundição é um exercício inerentemente incerto, bastante influenciado pelas estimativas de massa total de escória e por suposições quanto à duração da extração e à intensidade energética da fundição em si. Todas essas incertezas são perfeitamente ilustradas pela maior concentração de fundições do antigo Rio Tinto, no sudoeste da Espanha, a menos de 100 km a oeste de Sevilha (Quadro 4.20). Seja como for, a extensão das operações de fundição dos romanos permaneceram insuperadas por mais de 1500 anos. Resumos dos conhecimentos metalúrgicos do fim da Idade Média (Agrícola, 1912 [1556]; Biringuccio, 1959 [1540]) descrevem a fundição de cobre em detalhes que pouco diferem das práticas em Rio Tinto.

QUADRO 4.20
Demandas de lenha para fundição de cobre e prata pelos romanos em Rio Tinto

O primeiro mapeamento das enormes pilhas de escória em Rio Tonto resultaram em estimativas de 15,3 Mt de escória da mineração de chumbo e prata e de 1 Mt de escória da mineração de cobre. Tais estimativas levaram Salkield (1970) a concluir que os romanos precisavam derrubar 600 mil árvores maduras ao ano para abastecer a fundição, um total impossível para o sul da Espanha. Novos mapeamentos (baseados em perfurações extensivas) indicaram cerca de 6 Mt de escória, e, embora o cobre fosse o produto principal durante a era romana, havia também uma extensiva fundição pré-romana de prata (Rothenberg; Palomero, 1986). Com uma proporção de 1:1 entre escória e carvão vegetal e de 5:1 entre madeira e carvão vegetal, a produção de 6 Mt de escória teria exigido 30 Mt de madeira, ou 75 mil t/ano durante 400 anos de operações em larga escala.

O suprimento desse combustível mediante a derrubada da floresta virgem (que armazenava no máximo 100 t/ha) teria exigido o corte anual de cerca de 750 ha de floresta, o equivalente a um círculo com raio aproximado de 1,5 km. Isso teria representado uma empreitada grande, mas factível, que sem dúvida resultaria em extensivo desmatamento. De modo similar, a fundição de cobre no Chipre (iniciada por volta de 2600 a.C.) deixou para trás mais de 4 Mt de escória. Na Antiguidade, a fundição foi claramente uma causa importante de desmatamento na região mediterrânea, bem como na Transcaucásia e no Afeganistão, e a escassez local de madeira acabou limitando o alcance dessas operações.

210 Energia e Civilização: Uma História

Desde os primórdios da fundição de cobre, parte desse metal era incorporada ao bronze, a primeira aplicação das ligas, escolhida por Christian Thomsen para sua agora clássica divisão da evolução humana em Idades da Pedra, do Bronze e do Ferro (Thomsen, 1836). Essa é uma divisão bastante generalizada. Algumas sociedades, mais notadamente o Egito antes de 2000 a.C., passaram por uma idade do cobre puro, enquanto outras, sobretudo na África subsaariana, avançaram diretamente da Idade da Pedra para a Idade do Ferro. Os primeiros bronzes vieram da fundição inadvertida de minérios de cobre contendo estanho. Mais tarde, passaram a ser produzidos pela cofundição de dois minérios, e somente após 1500 a.C. começaram a ser feitos pela fundição de dois metais juntos. Com um baixíssimo ponto de fusão a meros 231,97 °C, o estanho era produzido com relativamente pouco carvão vegetal a partir da trituração de seus minérios oxidados. O custo energético total do bronze era, portanto, mais baixo que o do cobre puro, mas formava uma liga com propriedades superiores.

Como as frações de estanho variavam bastante entre 5 e 30% (e, consequentemente, gerando pontos de fusão entre 750 and 900 °C), é impossível falar em um bronze típico. Uma liga preferida para a forja de armas, composta por 90% cobre e 10% estanho, apresentava tanto uma resistência tênsil quanto uma dureza cerca de 2,7 vezes maior que a de qualquer cobre extraído a frio (Oberg et al., 2012; Quadro 4.21). Desse modo, a disponibilidade do bronze gerou os primeiros machados, cinzéis, facas e rolamentos metálicos de qualidade, bem como as primeiras espadas confiáveis, tanto de corte quanto de ponta. Os sinos de bronze geralmente continham 25% de estanho.

O latão é a outra liga de cobre historicamente importante, combinando o elemento (<50% até cerca de 85% do total) com zinco. Assim como ocorre com o

---

QUADRO 4.21
Resistência tênsil e dureza de metais e ligas comuns

Metal ou liga metálica	Resistência tênsil (MPa)	Dureza (escala de Brinell)
Cobre		
Recozido	220	40
Extraído a frio	300	90
Bronze (90% Cu, 10% Sn)	840	240
Latão (70% Cu, 30% Zn)	520	150
Ferro fundido	130–310	190–270
Aço	650–>2.000	280– >500

Fonte: baseado em Oberg e colaboradores (2012).

Capítulo 4   Forças motrizes e combustíveis pré-industriais   **211**

bronze, sua produção requer menos energia que a fundição de cobre puro (o ponto de fusão do zinco é de apenas 419 °C). Quanto maior o teor de zinco, maior a resistência tênsil e a dureza da liga. No caso de latão típico, esses índices são cerca de 1,7 vez maior que o do cobre extraído a frio, embora a liga não perca em maleabilidade nem em resistência a corrosão. O primeiro uso do latão é datado do século I a.C. A liga passou a ser amplamente usada na Europa somente no século XI, e tornou-se comum mesmo apenas após 1500.

Ferro e aço

A substituição do cobre e do bronze pelo ferro avançou lentamente. Pequenos objetos de ferro eram produzidos na Mesopotâmia durante a primeira metade do terceiro milênio a.C, mas ornamentos e armas cerimoniais se tornaram mais comuns somente após 1900 a.C. Registros do uso extensivo de ferro são datado apenas após 1400 a.C., e o metal se tornou verdadeiramente abundante após 1000 a.C. A idade do ferro no Egito á datada a partir do século VII a.C., enquanto na China, a partir do VI a.C. A produção de ferro na África também é antiga, mas o metal jamais chegou a ser fundido por qualquer sociedade do Novo Mundo. A fundição de ferro ficava limitada pela produção de carvão vegetal em larga escala. O ferro derrete a 1.535 °C; uma fogueira simples abastecida com carvão vegetal é capaz de atingir 900 °C, mas um suprimento forçado de ar pode elevar sua temperatura a quase 2.000°C. Desse modo, o carvão vegetal abasteceu todas as fundições de minério ferro em todas as sociedades tradicionais, exceto na China (onde o carvão mineral também já vinha sendo usado desde a dinastia Han), mas a eficiência de sua produção e sua aplicação metalúrgica haviam se aprimorado gradualmente.

O desenvolvimento da produção de ferro começou com fogueiras em covas rasas, muitas vezes forradas por argila ou pedra, onde o minério de ferro triturado era fundido pela queima de carvão vegetal. Essas fornalhas primitivas costumavam se situar no alto de morros, a fim de maximizar a circulação natural de ar. Mais tarde, alguns tubos de argila (*tuyères*) passaram a ser usados para jogar jatos de ar para dentro da fornalha, inicialmente com pequenos foles de couro operados à mão, depois com foles maiores acionados por pedal ou por hastes de bombeamento, até que por toda a Europa essa tarefa ficou a cargo das rodas d'água. Simples paredes de argila eram erigidas para conter a fundição: iam de poucos decímetros até mais de um metro de altura, mas em algumas partes do Velho Mundo (incluindo a África central) chegaram a alcançar mais de 2 m (van Noten; Raymaekers, 1988).

Arqueólogos desencavaram milhares dessas estruturas temporárias por todo o Velho Mundo, da Península Ibérica até a Coreia e do norte da Europa até a África central (Haaland; Shinnie, 1985; Olsson, 2007; Juleff, 2009; Park; Rehren, 2011; Sasada; Chunag, 2014). A temperatura dentro dessas pequenas fornalhas à base

212 Energia e Civilização: Uma História

de carvão vegetal chegava a no máximo 1.100–1.200 °C, alta o suficiente para reduzir óxido de ferro, mas bem abaixo do ponto de fusão do ferro (Fe puro se liquifica a 1.535 °C). Sendo assim, seu produto final era uma massa esponjosa de ferro, acompanhada de uma escória rica em ferro e repleta de impurezas não metálicas (Bayley; Dungworth; Paynter, 2001).

Esse ferro impuro continha 0,3–0,6% de carbono e precisava ser reaquecido e martelado repetidamente a fim de produzir um pedaço de ferro robusto e maleável contendo menos de 0,1% de carbono. Ferro forjado era usado para produzir objetos e ferramentas que iam de pregos a machados. A demanda europeia por ferro obtido por esse método começou a aumentar no século XI, graças à adoção das malhas de ferro usadas por guerreiros e a uma maior produção de armas portáteis e capacetes, bem como de ferramentas comuns e implementos que iam de foices e enxadas a ferraduras. Tirantes de metal também foram usados na construção de catedrais, e o então novo palácio papal, o Palais des Papes, em Avignon, França, cuja construção começou em 1252, demandou 12 t de metal de construção (Caron, 2013).

Os chineses da dinastia Han (207 a.C.–220 d.C.) foram os primeiros artesãos a produzir ferro liquído. Suas fornalhas, construídas com argilas refratárias e muitas vezes reforçadas por cabos feitos de cipó ou por toras pesadas, acabaram ultrapassando os 5 m de altura. Elas tinham uma capacidade de carga de quase 1 t de minério de ferro, e produziam ferro fundido em duas passagens por dia. O alto teor de fósforo, que baixava o ponto de fusão do ferro, e a invenção dos foles de dupla ação, que geravam um forte jato de ar, foram ingredientes cruciais desse sucesso inicial (Needham, 1964). Mais tarde veio o uso de carvão compactado em torno de baterias de cadinhos tubulares contendo o minério e o acionamento de foles maiores por rodas d'água. Antes do fim da dinastia Han, a forja em moldes intercambiáveis costumava ser aplicada para produzir em massa ferramentas de ferro, panelas revestidas de estanho e estátuas (Hua, 1983). Houve poucos aprimoramentos substanciais subsequentes, e os pequenos alto-fornos da China não chegaram a dar início à linhagem atual de grandes estruturas.

Eles se originaram a partir da lenta evolução das fornalhas cilíndricas europeias, desde as simples forjas catalãs, passando pelas fornalhas *osmund* forradas de pedra da Escandinávia até as *Stuckofen* da Estíria. Pilhas mais altas e formatos melhores diminuíram o consumo de combustível. Temperaturas mais altas e contato mais longo entre o minério e o combustível produziam ferro líquido. Altos-fornos europeus se originaram mais provavelmente no baixo vale do Reno pouco antes do ano 1400. Altos-fornos produzem ferro fundido ou ferro-gusa, uma liga com 1,5–5% de carbono que não pode ser diretamente forjada ou laminada. Sua resistência tênsil não chega a superar a do cobre (e pode ser até 55% menor), mas tem uma dureza de duas a três vezes maior (Oberg et al., 2012; Quadro 4.21).

Capítulo 4   Forças motrizes e combustíveis pré-industriais   **213**

O número de altos-fornos cresceu paulatinamente durante os séculos XVI e XVII. Talvez o aprimoramento mais notável dessa época tenha sido a introdução de foles maiores de couro. Suas partes de baixo e de cima eram feitas de madeira, com suas laterais em couro de touro. A partir de 1620 vieram os foles duplos, operados alternativamente pelos ressaltos no eixo na roda d'água, bem como pelo alongamento gradual da pilha. Essas duas tendências alcançaram limites impostos pela potência máxima das rodas d'água e pelas propriedades físicas do carvão vegetal. Em 1750, as maiores rodas d'água estavam gerando até 7 kW de potência útil. Mas durante as campanhas de fundição de verão, muitas vezes não havia água suficiente para gerar potência máxima. A principal desvantagem do carvão vegetal é sua alta friabilidade: ele se esboroa sob cargas mais pesadas, o que limitava a massa de minério e calcário depositada, e, portanto, a altura das pilhas nos altos-fornos a menos de 8 m (Smil, 2016; Figura 4.25). Já antes de 1800, esses dois limites foram superados, o primeiro pelo motor a vapor de Watts e o segundo pelo uso de coque.

Fornalhas medievais exigiam 3,6–8,8 vezes mais combustível do que a massa de minério depositada (Johannsen, 1953). Mesmo com minérios contendo cerca de 60% de Fe, essas fornalhas teriam exigido no mínimo 8 kg e até 20 kg de carvão vegetal por quilograma de metal quente. Ao final do século XVIII, índices típicos de carvão vegetal/metal ficavam em torno de 8:1, depois caíram para aproximadamente apenas 1,2 em 1900 e para 0,77 em fornalhas suecas à base de carvão vegetal (Campbell, 1907; Greenwood, 1907). Portanto, uma boa

FIGURA 4.25
Alto-forno de meados do século XVIII alimentado a carvão vegetal, com foles propelidos por uma roda d'água copeira. Reproduzida da *Encyclopédie* (Diderot; d'Alembert, 1769–1772).

214 Energia e Civilização: Uma História

fornalha à base de carvão vegetal do final do século XIX exigia somente cerca de um décimo da energia de suas versões medievais. As altas exigências energéticas da fundição à base de carvão vegetal pré-1800 inevitavelmente geravam vasto desmatamento ao redor de onde ficavam as fornalhas. Uma típica fornalha inglesa do início do século XVIII demandava aproximadamente 1.600 ha de árvores para um suprimento sustentável (Quadro 4.22).

A demanda nacional total de madeira gerada pela produção de ferro à base de carvão vegetal pode ser estimada com alguma precisão no caso da Inglaterra do início do século XVII, antes da indústria começar a adotar fundição à base de coque: um suprimento sustentável teria exigido a colheita por talhadia ou de madeira natural junto a um manancial de 1.100 km^2 de bosques ou florestas (Quadro 2.22). Um século depois, os Estados Unidos não encontravam problema em energizar suas fundições de minério de ferro com carvão vegetal proveniente da madeira de suas ricas florestas naturais, mas no início do século XX isso teria sido imposssível, e foi somente o uso de coque que permitiu que o país se tornasse o maior produtor de ferro-gusa do mundo (Quadro 4.23).

Não chega a surpreender, portanto, que durante a era da madeira comunidades cercadas por fundições e forjas tradicionais de ferro se encontrassem numa situação desesperadora. Já em 1548, habitantes aflitos de Sussex, Inglaterra, calculavam quantos vilarejos mais provavelmente entrariam em colapso se as fornalhas continuassem funcionando; afinal, não restaria madeira alguma para construir casas, rodas d'água, barris, píeres e centenas de outras necessidades. Assim, chegavam a reivindicar ao rei que fechasse muitas das fundições (Straker, 1969;

QUADRO 4.22
Exigência de combustível de um alto-forno inglês do século XVIII

Altos-fornos ingleses do início do século XVIII funcionavam somente de outubro a maio, e durante esse período sua produção média era de apenas 300 t de ferro-gusa (Hyde, 1977). Hipóteses que partem de 8 kg de carvão vegetal por quilograma de ferro e de 5 kg de madeira por quilograma de carvão vegetal se traduzem em exigências anuais por volta de 12 mil t de madeira para uma única fornalha. A partir de 1700, quase todas as florestas naturais acessíveis tinham se acabado, e a madeira era cortada em rotações de 10 ou 20 anos a partir da talhadia de árvores folhosas, cujo incremento anual aproveitável devia ficar entre 5 e 10 t/ha. Uma produtividade média de 7,5 t/ha teria exigido cerca de 1.600 ha de folhosas em talhadia para operação perpétua. Como comparação, uma grande fornalha inglesa bem menos eficiente do século XVII situada na Floresta de Dean precisava de cerca de 5.300 ha de cultivo em talhadia, enquanto a fundição Wealden, de menor porte, precisava de cerca de 2.000 ha para cada combinação de fornalha-forja (Crossley, 1990).

Capítulo 4 Forças motrizes e combustíveis pré-industriais **215**

QUADRO 4.23
Demandas energéticas nas produções britânica e norte-americana de ferro

Em 1720, 60 fornalhas britânicas produziam cerca de 17 mil t de ferro-gusa, exigindo, com 40 kg de madeira por quilograma de metal, cerca de 680 mil t de madeira. A forja de metal para produzir 12 mil t de barras adicionava outros 150 mil t — com 2,5 kg de carvão vegetal por quilograma de barras — para um consumo anual total de aproximadamente 830 mil t de madeira para virar carvão. Com uma produtividade média de 7,5 t/ha, isso teria exigido cerca de 1.000 km² de florestas e de cultivo para talhadia no caso de colheitas sustentáveis.

Para os Estados Unidos, o registro mais antigo disponível de total de ferro-gusa diz respeito ao ano de 1810, quando cerca de 49 mil t do metal demandaram (assumindo 5 kg de carvão vegetal, ou no mínimo 20 kg de madeira, por quilograma de metal quente) aproximadamente 1 Mt de madeira. Na época, toda essa madeira podia vir da derrubada de florestas virgens de árvores folhosas, ecossistemas ricos que armazenavam cerca de 250 t/ha (Brown, Schroeder, and Birdsey 1997). E se toda a fitomassa sobreterrestre fosse usada para produzir carvão vegetal, uma área aproximada de 4 mil ha (um quadrado de lado 6,3 km) teria de ser derrubada a cada ano para sustentar esse nível de produção. As ricas florestas norte-americanas podiam sustentar uma taxa ainda mais alta, e até 1840 todo o ferro do país ainda era fundido com carvão vegetal. Porém, depois que uma rápida migração, o coque passou a energizar quase 90% da produção de ferro em 1880, e aumentos subsequentes não podiam mais se basear em carvão. De fato, em 1910 — com uma produção de ferro na casa dos 25 Mt, e mesmo com índices bem reduzidos de 1,2 kg de carvão e 5 kg de madeira por quilograma de metal quente — o país teria necessitado de 125 Mt de madeira ao ano.

Mesmo supondo um alto incremento médio de 7 t/ha em florestas secundárias, um suprimento sustentável dessa madeira teria exigido colheitas anuais abarcando quase 180 mil km² de florestas, uma área igual à do estado do Missouri (ou um terço da França), equivalente a um quadrado cujos lados iriam da Filadélfia a Boston, ou de Paris a Frankfurt. Obviamente, mesmo um país rico em florestas como os Estados Unidos, não poderia se dar ao luxo de energizar sua fundição de minério de ferro com carvão vegetal.

---

ver também Smil, 2016). O papel limitante da energia na fundição tradicional de ferro era, portanto, inegável. Se bastava uma fornalha para derrubar um círculo de floresta com um raio aproximado de 4 km, é fácil apreciar o impacto cumulativo de inúmeras fornalhas ao longo de um período de muitas décadas.

Esse efeito se concentrava necessariamente em regiões arborizadas montanhosas. Nelas, o raio de transporte de carvão vegetal por tração animal podia ser minimizado (uma restrição agravada ainda mais pela fragilidade desse combustível), e

216 Energia e Civilização: Uma História

a necessidade de propelir foles de fundição e forja podia ser prontamente satisfeita pela instalação de rodas d'água. A proximidade em relação ao minério também era importante, mas como ele representava uma mera fração do peso do carvão, era mais facilmente transportado. O desmatamento era o preço ambiental inevitável a ser pago para produzir pregos, machados e ferraduras, bem como malhas, lanças, armas de fogo e balas de canhão. A expansão inicial da produção de ferro e o suprimento limitado de madeira doméstica levaram a uma clara crise energética no Grã-Bretanha durante o século XVII. Essa situação foi ainda mais agravada pela alta demanda de madeira por parte da florescente indústria naval do país.

Embora o ferro fosse relativamente abundante em muitas sociedades pré-industriais, o aço estava disponível apenas para aplicações especiais. Assim como o ferro-gusa, o aço também é uma liga, mas que contém somente entre 0,15 e 1,5% de carbono e às vezes pequenas quantidades de outros metais (sobretudo níquel, manganês e cromo). Trata-se de um metal superior ao ferro-gusa ou a qualquer liga de cobre: as melhores ferramentas de aço têm resistência tênsil uma ordem de magnitude maior que à do cobre ou do ferro (Oberg et al., 2012; Quadro 4.21). Algumas simples técnicas de fundição antigas eram capazes de produzir diretamente um aço de alta qualidade, mas somente em pequenas quantidades. Produtores de aço tradicionais do leste da África usavam fornalhas baixas (< 2 m), circulares e cônicas feitas de barro e escória e à base de carvão vegetal, montadas sobre uma cova de grama carbonizada. Oito homens operando foles de couro de cabra conectados a *tuyères* de cerâmica eram capazes de alcançar temperaturas acima de 1.800 °C (Schmidt; Avery, 1978). Esse método, aparentemente conhecido desde os primeiros séculos da Era Comum, possibilitava produzir diretamente pequenas quantidade de aço de médio carbono de boa qualidade.

Contudo, as sociedades pré-industriais costumavam seguir uma dentre duas rotas efetivas para obter aço: ou carbonizando ferro forjado ou descarbonizando ferro fundido. A primeira e mais antiga técnica envolvia o aquecimento prolongado do metal com carvão vegetal, resultando na difusão gradual interna do carbono. Sem forja posterior, esse método produzia uma dura camada de aço sobre um núcleo de ferro macio. Este era um material perfeito para arados de aiveca — ou para armaduras corporais. Já a forja repetida distribuia o carbono absorvido de modo bem uniforme e produzia excelentes gumes de espada. Por sua vez, a descementação, a remoção de carbono do ferro fundido por oxigenação, era praticada na China já durante a disnastia Han, e produzia metal para aplicações bastante exigentes, como em correntes para pontes suspensas.

A difusão da disponibilidade de ferro e aço gradualmente levou a várias mudanças sociais profundas. Serras, machados, martelos e pregos de ferro aceleraram a construção habitacional e aprimoraram sua qualidade. Talheres de ferro, assim como uma variedade de outros utensílios e objetos, de funis a foices, de rastelos a raladores, facilitaram a preparação de alimentos e o cuidado da casa. Ferraduras

Capítulo 4   Forças motrizes e combustíveis pré-industriais   **217**

e arados de aiveca feitos de ferro foram decisivos no avanço da intensificação das lavouras. Do lado destrutivo, a guerra foi profundamente transformada por armaduras corporais flexíveis, capacetes e espadas pesadas, e mais tarde por armamentos, balas de canhão de ferro e armas de fogo mais confiáveis. Essas tendências foram bastante aceleradas pela introdução da fundição de ferro à base de coque e pelo advento do motor a vapor.

Conflitos bélicos

Conflitos armados sempre cumpriram um papel formador na história, uma vez que exigem a mobilização de recursos energéticos, muitas vezes em escala extraordinária, quer para arregimentar massas de soldados a pé equipados com armas simples, quer para produzir explosivos e máquinas altamente destrutivos e prover suprimentos para guerras prolongadas. Além disso, eles repetidamente resultaram nas liberações mais concentradas e devastadoras de poder destrutivo. Ademais, os suprimentos energéticos básicos, quer na forma de alimento ou combustível, para populações expostas a conflitos armados são afetados não somente pela duração do conflito (pela tomada de alimentos por exércitos em trânsito, pela destruição de lavouras ou pela interrupção de atividades econômicas normais, devido à mobilização de homens jovens e ao dano inflingido a assentamentos e infraestruturas), mas muitas vezes por anos após seu encerramento.

Todos os conflitos históricos foram travados com armamentos, mas estes não são as forças motrizes da guerra: afora duas exceções, até a invenção da pólvora as únicas forças motrizes das guerras eram os músculos humanos e animais. A primeira exceção foi o uso de materiais incendiários; a segunda, é claro, foi o uso das velas, que aproveitavam o poder do vento para acelerar e facilitar manobras navais. Armamentos mecânicos tradicionais — portáteis (adagas, espadas, lanças) e projetáveis (dardos, flechas e objetos pesados arremessados por catapultas e trabucos) — eram desenhados para maximizar o dano físico a partir da liberação repentina de energia cinética. Somente a invenção da pólvora introduziu uma força motriz nova e muito mais poderosa. A reação explosiva de produtos químicos foi capaz de propelir projéteis mais velozmente e mais longe e de aumentar seu impacto destrutivo. Por séculos, esse impacto ficou limitado aos *designs* desajeitados das armas de fogo pessoais (mosquetes carregados pela frente ou por trás do cano), mas a pólvora ganhou ainda mais importância como propusora de balas de canhão.

Energias humanas e animais

Todas as guerras pré-históricas travadas em terra e todos os conflitos da Antiguidade e do início da Idade Média foram energizados exclusivamente por músculos animais e humanos. Guerreiros brandiam adagas, machados e espadas em comba-

218 Energia e Civilização: Uma História

te corpo a corpo, a pé ou a cavalo. Eles usavam lanças e dardos, e também arcos e as bem mais poderosas bestas (tanto os chineses quanto os gregos as usavam desde o século IV a.C.) para atirar flechas cujo impacto lesionava e matava inimigos desprotegidos a até 100–200 m de distância. A antiguidade do arco e flecha na guerra é atestada pelo fato de que o hieroglifo egípcio para guerreiro é um homem ajoelhado na perna esquerda, com um arco em seu braço direito estendido e uma aljava em seu ombro esquerdo (Budge, 1920). Energias humanas e animais também davam corda em guinchos de catapultas imensas e tiravam proveito da gravidade alavancada para arremessar pesos massivos por meio de trabucos a fim de abrir brechas nas muralhas de cidades e destruir fortificações encasteladas.

Armas portáteis podiam causar ferimentos dolorosos, e cortes e estocadas bem endereçados podiam matar de imediato, mas exigiam uma junção de forças de combate, e seu poder ficava obviamente limitado às capacidades musculares de cada guerreiro. Arcos e flechas permitiam a separação de forças de combate, e arqueiros exímios tinham uma precisão admirável a distâncias relativamente longas. No entanto, batalhas entre arqueiros desperdiçavam muitas flechas devido à mira imprecisa e à energia cinética relativamente pequena das flechas leves (Quadro 4.24). Ademais, o tempo necessário para recarregar as flechas entre disparos sucessivos limitava a magnitude e a frequência dos ferimentos que podiam ser infligidos por esses armamentos. Os limites do desempenho humano também determinavam o alcance diário de exércitos em marcha, e, mesmo quando ho-

---

QUADRO 4.24
Energia cinética de espadas e flechas

Mesmo as pesadas espadas medievais não passavam dos 2 kg, ficando geralmente abaixo de 1,5 kg. A energia cinética aumenta com o quadrado da velocidade: é de apenas 9 J para uma espada de 2 kg golpeada desajeitadamente a meros 3 m/s, mas chega a 75 J no caso de uma *katana* (espada tradicional japonesa encurvada e esguia, com 60–70 cm de comprimento e de um só gume) golpeada por um mestre espadachim a 10 m/s. Esse parece um valor baixo, mas o impacto de um golpe cortante era altamente concentrado, mirado numa parte restrita do corpo (pescoço, ombro, braço), enquanto a estocada seca penetrava profundamente os tecidos corporais macios. Uma flecha típica de pouco peso tinha apenas 20 g, e ao ser disparada por um bom arqueiro com um arco composto voava a até 40 m/s (Pope 1923), para uma energia cinética de 16 J. Novamente, isso pode parecer pouco, mas o impacto do projétil é praticamente puntiforme e, portanto, profundamente penetrante. Flechas com ponta de sílex ou metal podiam penetrar facilmente uma cota de malha quando disparadas a distâncias de até 40–50 m e, quando bem miradas, podiam matar homens desprotegidos a mais de 200 m.

Capítulo 4 Forças motrizes e combustíveis pré-industriais **219**

mens bem descansados e bem alimentados conseguiam se deslocar com rapidez, o progresso do exército era muitas vezes limitado pela velocidade de sua linha de suprimentos, composta por animais vagarosos.

As duas máquinas militares mais poderosas da Antiguidade e do início da Idade Média aproveitavam a vantagem mecânica das alavancas. As catapultas eram arcos mecanizados em larga escala acionados pela liberação repentina de deformação elástica de cordas ou tensões torcidos (Figura 4.26). Elas já estavam em uso desde o século IV a.C. (Soedel; Foley, 1979; Cuomo, 2004). Podiam disparar flechas ou arremessar objetos; catapultas manganela, usadas contra cidades sitiadas, eram alavancas de terceira classe: sua base era um fulcro, a força era proporcionada por faixas de tensão e a carga era arremessada a uma velocidade inatíngivel pelo emprego direto de músculos humanos. No entanto, catapultas medievais típicas arremessando pedras de 15–30 kg podiam causar danos apenas limitados em muralhas citadinas.

Em contraste, os trabucos, inventados na China antes do século III a.C., eram alavancas de primeira classe com hastes que pivotavam em torno de um eixo e que lançavam um projétil colocado na ponta do braço de arremesso, que era de quatro a seis vezes mais longo que o braço curto (Hansen 1992; Chevedden et al., 1995). Os primeiro e pequenos trabucos eram operados por homens que puxavam cordas presas ao braço curto; mais tarde, grandes máquinas contavam com massivos contrapesos e eram capazes de arremessar objetos de centenas de quilos (com recordes perto ou até ultrapassando 1 t) mais longe que o alcance da artillharia do início da Idade Média. Também era usados na defesa contra situações de sítio, com trabucos posicionados nos altos antemuros de castelos ou cidades muradas, prontos para jogar pedras massivas contra qualquer construção de sítio a seu alcance.

Nos conflitos bélicos pré-industriais, os animais cumpriam duas funções distintas: como acionadores de avanços rápidos e à longa distância e como meios indispensáveis de transporte, possibilitando arregimentar exércitos maiores cujo suprimento era deslocado por bestas de carga ou tração. Nos mais antigos registros pictóricos, cavalos eram atrelados a carruagens leves com rodas raiadas (usadas pela primeira vez por volta de 2000 a.C.). Nenhuma outra inovação militar tradicional até o advento da pólvora foi tão significativa, devido à combinação de velocidade e a possibilidade de ajustes táticos e na forma de arqueiros a cavalo. Montando cavalos pequenos e disparando flechas com poderosos arcos compostos, arqueiros montados (primeiramente assírios e partas, depois macedônios e gregos) eram uma força de combate formidável e altamente móvel séculos antes da introdução dos estribos (Drews, 2004).

Estas peças simples de metal que davam apoio aos pés do cavaleiro foram usadas pela primeira vez na China, no início do século III a.C., e depois se difundiram pelo Ocidente. Elas proporcionaram aos cavaleiros suporte e estabilidade sem precedentes sobre a sela (Dien, 2000). Sem elas, um cavaleiro portando armadura sequer conseguiria montar num cavalo de maior porte (às vezes também

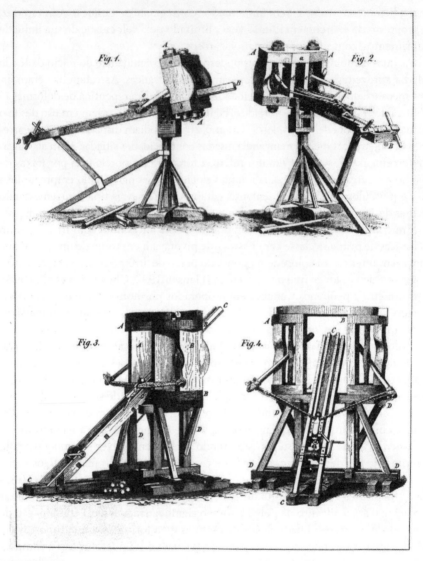

FIGURA 4.26
Catapultas romanas (Corbis).

Capítulo 4   Forças motrizes e combustíveis pré-industriais   **221**

com armadura parcial), e seria incapaz de lutar de forma eficaz com uma lança ou uma espada pesada sobre a sela. Isso não quer dizer que cavaleiros equipados com estribos desfrutavam de fácil supremacia na batalha. Cavaleiros asiáticos, sem armaduras e com cavalos pequenos mas extraordinariamente aguerridos, criaram unidades de combate especialmente eficazes: podiam se movimentar em alta velocidade e eram mais agilmente manobráveis.

Essa combinação conduziu os cavaleiros mongóis do leste da Ásia até o centro da Europa entre 1223 e 1241 (Sinor, 1999; Atwood, 2004; May, 2013) e permitiu que vários impérios das estepes sobrevivessem na Ásia central até pouco antes da Era Moderna (Grousset, 1938; Hildinger, 1997; Amitai; Biran, 2005; Perdue, 2005). A série mais espetacular de incursões de longa distância por cavaleiros armados conduziu os Cruzados de muitos países europeus até o Mediterrâneo oriental, onde estabeleceram (entre 1096 e 1292) um domínio temporário sobre flutuantes áreas litorâneas e interiores onde hoje se encontram Israel e partes da Jordânia, Síria e Turquia (Grousset, 1970; Holt, 2014).

A importância dos cavalos, tanto em unidades de cavalaria quanto puxando carroças pesadas e artilharia de campo, persistiu na maioria dos conflitos ocidentais do início da Era Moderna (1500–1800), bem como nas historicamente decisivas Guerras Napoleônicas. Grandes exércitos projetados bem longe de suas bases domésticas tinham de confiar em animais para transportar seus suprimentos: animais de carga (asnos, mulas, camelos, lhamas) eram usados em terrenos acidentados; animais de tração (sobretudo bois, na Ásia também elefantes) puxavam pesadas carroças de suprimentos e armas de campo cada vez mais massivas. As exigências em massa das grandes campanhas militares que dependiam de potência animal são bem ilustradas pela lista de provisões e animais que a Prússia ocupada concordou em fornecer aos exércitos de Napoleão por sua invasão da Rússia em 1812 (Quadro 4.25). Sem os bois — 44 mil deles — para puxar carroças de suprimento, o exército não poderia ter avançado.

Conflitos armados ocidentais travados após 1840 empregariam a primeira força motriz modera inanimada, o motor a vapor, para mobilizar tropas e animais e movimentá-los até as linhas de frente em trens (ou, no caso de soldados enviados a guerras coloniais em outros continentes, até portos de embarque onde navios a vapor os esperavam). Contudo, os deslocamentos no campo de batalha ainda eram propelidos exclusivamente por músculos humanos e animais. E, embora a Primeira Guerra Mundial tenha testemunhado a primeira implementação de novas forças motrizes mecânicas inanimadas (motores a combustão interna para movimentar caminhões, tanques, ambulâncias e aviões) em zonas de combate e suas cercanias, os cavalos continuaram sendo indispensáveis.

No fim de 1917, os exércitos britânicos no *front* ocidental dependiam de 368 mil cavalos (dois terços dos quais engajados no transporte de suprimentos, e o restante em unidades de cavalaria). E, embora os avanços da Wehrmacht na França

222 Energia e Civilização: Uma História

> ## QUADRO 4.25
> ### Suprimentos e animais prussianos para a invasão da Rússia
>
> Abrindo a estrada até a Rússia para Napoleão: foi assim que Philippe-Paul, conde de Ségur (1780–1873), um dos mais jovens generais de Napoleão e talvez o mais famoso cronista da desastrosa invasão da Rússia, descreveu a contribuição prussiana:
>
>> Mediante este tratado, a Prússia concorda em fornecer duzentos mil quintais de centeio, vinte quatro mil de arroz, dois milhões de garrafas de cerveja, quatrocentos mil quintais de trigo, seiscentos e cinquenta mil de palha, trezentos e cinquenta mil de feno, seis milhões de barris de aveia, quarenta e quatro mil bois, quinze mil cavalos, três mil e seiscentas carroças, com arreios e condutores, cada qual levando uma carga de quinze mil pesos; e finalmente hospitais provendo tudo de necessário para vinte mil doentes. (Ségur 1825, p. 17)

(no primeiro semestre de 1940) e na Rússia (segundo semestre de 1941) sejam frequentemente citados como exemplos de cartilha da guerra-relâmpago liderada por tanques mecanizados, a Alemanha mobilizou 625 mil cavalos para sua invasão da Rússia, e ao final da guerra a Wehrmacht tinha cerca de 1,25 milhão de animais (Edgerton, 2007). De modo similar, os exércitos soviéticos mobilizaram centenas de milhares de cavalos em seu avanço de Moscou e Stalingrado até Berlim (Figura 4.27). Feno e aveia se mantiveram na categoria de material bélico estratégico até o fim da Segunda Guerra Mundial.

Explosivos e armas de fogo

As únicas energias inanimadas usadas em guerras pré-pólvora eram materiais incendiários preparados pela combinação de enxofre, asfalto, petróleo e cal viva, que eram presos nas pontas de flechas ou então arremessados contra alvos por sobre fossos e muralhas com a ajuda de catapultas e trabucos. As origens da pólvora remetem sem dúvida à longa experiência dos alquimistas e metalúrgicos chineses (Needham et al., 1986; Buchanan, 2006). Eles já trabalhavam com três ingredientes — nitrato de potássio (KNO_3, salitre), enxofre e carvão vegetal — muito antes de passarem a combiná-los entre si. A primeira fórmula de pólvora incipiente vem de meados do século IX; claras instruções para preparar a substância foram publicadas em 1040. As primeiras misturas contiam apenas uns 50% de salitre e não eram verdadeiramente explosivas. Cedo ou tarde, as misturas aptas a detonação chegaram a 75% de salitre, 15% de carvão vegetal e 10% de enxofre.

Ao contrário de uma combustão comum, em que o oxigênio precisa ser tragado do ar ao redor, a ignição de KNO_3 fornece prontamente seu próprio oxigênio, e a pólvora gera rapidamente uma expansão da ordem de 3 mil vezes seu volume

Capítulo 4   Forças motrizes e combustíveis pré-industriais   **223**

FIGURA 4.27
Cavalaria soviética na Praça Vermelha, Moscou, em 7 de novembro de 1941, uma semana antes do início da ofensiva alemã para chegar a Moscou (Corbis).

em gás. Quando apropriadamente confinada e direcionada em canos estriados de armas de fogo, uma pequena quatidade de pólvora é capaz de impelir as balas com uma energia cinética uma ordem de magnitude maior que a de flechas lançadas com bestas pesadas, e cargas maiores podem propelir projéteis mais pesados com artilharia de campo. Não chega a supreender, portanto, que a difusão e o aperfeiçoamento de armas de fogo e canhões tenha se dado rapidamente a partir de sua introdução.

Desenvolvimentos em artilharia começaram com as lanças de fogo chinesas do século X. Esses tubos de bambu, e mais tarde de metal, que ejetavam pedaços de materiais evoluíram primeiramente na forma de simples canhões de bronze, que disparavam sem muita precisão pedras encaixadas com certa folga. As primeiras armas de fogo de verdade foram forjadas na China antes do fim do século XIII, com a Europa apenas algumas décadas atrás (Wang, 1991; Norris, 2003). As pressões de conflitos armados frequentes levaram a ritmos acelerados de inovação, resultando em armas mais poderosas e precisas. Já em 1400, as armas mais longas mediam 3,6 m, com um calibre de 35 cm; o canhão de Mons Meg, construído na França em 1499 e doado à Escócia, tinha quase 4,06 m de comprimento, podia disparar uma bala de 175 kg e pesava 6,6 t (Gaier, 1967). O poder destrutivo só fez aumentar com a substituição geral de balas de pedra por projéteis de ferro.

As implicações estratégicas do advento da pólvora nos conflitos bélicos foram imensas, tanto em terra quanto no mar. Já não havia mais necessidade de sitiar

224 Energia e Civilização: Uma História

prolongada e às vezes desesperadamente castelos quase impenetráveis. A combinação de artilharia de precisão e balas de canhão de ferro, cuja densidade maior as tornava bem mais destrutivas que suas predecessoras de pedra, transformou aquilo que era impenetrável em indefensável. Agressores capazes de destruir estruturas robustas de pedra a partir de uma distância bem maior que a de arqueiros deram fim ao valor defensivo de castelos e cidades muradas construídos tradicionalmente, e a prática medieval de erigir fortalezas relativamente compactas com muros grossos de pedra foi superada por novos *designs* poligonais baixos que se espalhavam em forma de estrela, munidos de aterros massivos e enormes fossos cheios d'água.

Esses projetos consumiam vastíssimas quantidades de materiais e energia. As fortificações de Longwy, no nordeste da França, o maior projeto do famoso engenheiro militar francês Sebastien Vauban (1633–1707), exigiram a movimentação de 640 mil m^3 de pedra e terra (um volume quase equivalente a um quarto da pirâmide de Quéops) e a colocação de 120 mil m^3 de alvenaria (M. S. Anderson, 1988). Mas tais projetos também saíram de moda com o advento dos conflitos bélicos mais móveis do século XVIII, quando os sítios a fortificações se tornaram bem menos comuns. Durante as Guerras Napoleônicas, armamentos leves de Gribeauval (incluindo um canhão de 12 libras que disparava projéteis de 5,4 kg e que pesava, incluindo a armação de tranporte, pouco menos de 2 t, em comparação com os canhões britânicos de quase 3 t) facilitou e agilizou manobras (Chartrand, 2003).

Nos mares, navios com artilharia (que já tinham adotado duas outras inovações chinesas: bússolas e bons lemes) tornaram-se os principais transportadores da supremacia técnica europeia, munidos de ferramentas de expansão agressiva para locais distantes durante todas, exceto as últimas, décadas da era colonial expansionista. Seu domínio só chegou ao fim com a introdução dos motores navais a vapor, um processo que se iniciou somente nos anos 1820. Em águas europeias, armamentos de longa distância deram aos capitães ingleses uma vantagem decisiva sobre a Armada Espanhola em 1588 (Fernández-Armesto, 1988; Hanson, 2011). Um século depois, grandes navios de guerra passaram a portar até 100 canhões, e as embarcações britânicas e holandesas que participaram da batalha de La Hogue, em 1692, carregavam um total de 6.756 deles (M. S. Anderson, 1988). As descargas concentradas de energia destrutiva chegaram a níveis que não foram superados até meados do século XIX, com a introdução dos pós à base de nitrocelulose (durante os anos 1860) e dinamite (patenteada por Alfred Nobel em 1867).

5

Combustíveis fósseis, eletricidade primária e renováveis

Fundamentalmente, nenhuma civilização terrestre pode ser mais do que uma sociedade solar dependente da radiação do Sol, que energiza uma biosfera habitável e produz todos os nossos alimentos, rações animais e madeira. Sociedades pré-industriais aproveitavam esse fluxo de energia solar tanto diretamente, na forma de radiação incidente — todas as casas sempre tiveram energia solar, ao serem aquecidas de modo passivo — quanto indiretamente. Os usos indiretos incluíam não apenas o cultivo de lavouras e árvores (por suas frutas, nozes, óleo, madeira ou combustível) e a colheita de fitomassa natural em forma árbórea, de gramínea ou aquática, como também conversões de fluxos eólicos e hídricos em energia mecânica aproveitável.

Os fluxos eólicos e hídricos representam transformações quase imediatas de radiação solar: gradientes de pressão atmosférica surgem rapidamente a partir do aquecimento desigual das superícies da Terra, e a evaporação e a evapotranspiração alimentam de forma constante o ciclo global da água. A radiação solar é convertida em alimento e ração e em alguns combustíveis de biomassa em prazos que vão de alguns dias (no caso de fezes animais) a alguns meses (no caso de resíduos de lavoura, tipicamente 90–180 dias). E leva apenas alguns anos para que animais domésticos atinjam suas idades de trabalho, enquanto as crianças em sociedades tradicionais começavam a ajudar os adultos nas lides assim que faziam cinco ou seis anos. Somente quando árvores maduras eram derrubadas e sua madeira era queimada ou transformada em carvão vegetal o uso de radiação solar era adiado em várias décadas (mais tarde, quando grandes serras permitiram a derrubada de árvores gigantes em florestas pluviais antigas, por vários séculos).

As origens dos combustíveis fósseis também remetem à transformação da energia solar: a turfa e os carvões surgiram da lenta alteração de plantas mortas (fitomassa), de hidrocarbonetos advindos de transformações mais complexas de fitoplâncton marinho ou lacustre unicelular (sobretudo cianobactérias e diatomáceas), zooplâncton (sobretudo foraminíferos) e algumas algas, invertebrados e peixes (Smil, 2008a). Pressão e calor foram os processos transformadores dominantes; eles agiram por

226 Energia e Civilização: Uma História

no mínimo alguns milhares de anos no caso das turfas mais jovens até centenas de milhões de anos no caso dos carvões mais duros. Cada origem acaba determinando seu teor de carbono, o qual, combinado com um baixo teor de água e de impurezas incombustíveis, traduz-se em altas densidades energéticas (Quadro 5.1).

Mas somente uma pequena fração de carbono inicialmente sedimentado em biomassa foi transformada em combustíveis fósseis (Dukes, 2003). Durante a transformação do carvão, até 15% do carbono vegetal acabou na forma de turfa, até 90% disso seriam preservados na forma de carvão, e em mineração a céu aberto até 95% do carvão podem ser extraídos de veios grossos. Como resultado, até 13% do carbono original da planta antiga podem ser extraídos como carvão; por outro lado, isso significa que aproximadamente oito unidades de carbono antigo acabaram em carvão comercializado (a faixa costuma ficar entre 5 e 20 unidades). Em contraste, o fator geral de recuperação de carbono é bem mais baixo para petróleo cru e gás natural. Esses combustíveis surgiram de organismos enterrados em sedimentos marinhos ou lacustres, e a produção de hidrocarbonetos fósseis recupera no máximo 1%, mas geralmente apenas 0,01%, do carbono que estava inicialmente presente na biomassa antiga cuja transformação gerou óleo e gás. A taxa de recuperação de 0,01% significa que 10 mil unidades de carbono antigo foram necessárias para produzir uma unidade de carbono vendido como petróleo cru ou como gás natural.

Contudo, uma sociedade usando combustíveis fósseis como meros substitutos das aplicações tradicionais de fitomassa — ou seja, sua queima ineficiente apenas para produzir calor e iluminação — pareceria uma versão mais rica da Europa ou da China do século XVIII. A transição para os combustíveis fósseis também envolveu duas classes de aprimoramentos qualitativos fundamentais, e somente seu acúmulo e sua combinação foram capazes de produzir os alicerces energéticos do mundo moderno. A primeira categoria desses avanços foi a invenção, desenvolvimento e posterior difusão em massa de novas maneiras de converter combustíveis fósseis: pela introdução de novas forças motrizes — a começar pelos motores a vapor e progredindo para os motores de combustão interna, as turbinas a vapor e as turbinas a gás — e pela descoberta de novos processos para transformar combustíveis crus, incluindo a produção de coque metalúrgico a partir de carvão, o refino de óleos crus para produzir uma ampla gama de líquidos e materiais não combustíveis e o uso de carvões e hidrocarbonetos como matéria-prima em novas sínteses químicas.

A segunda classe de invenções fez uso dos combustíveis fósseis para produzir eletricidade, um tipo inteiramente novo de energia comercial. Qualquer combustível sólido, líquido ou gasoso podia ser queimado, seu calor liberado era usado para converter água em vapor e o vapor era usado para acionar turbogeradores e produzir eletricidade. Mas desde os primórdios da geração de eletricidade usávamos também a energia cinética da água, em vez daquela do vapor em expansão, para produzir eletricidade. A hidroeletricidade é, portanto, classificada como uma

Capítulo 5 Combustíveis fósseis, eletricidade primária e renováveis **227**

QUADRO 5.1
Combustíveis fósseis

Em termos de massa, os vegetais têm 45–55% de carbono, o antracito tem quase 100%, bons carvões betuminosos (hulha) têm mais de 85%, óleos crus têm quase 82–84% e o metano (CH_4), o principal constituinte do gás natural, tem 75%. Carvões pretos (betuminosos) respondem pelo grosso da extração global de combustível sólido. Por conterem quase sempre cinzas e enxofre, sua combustão gera cinzas volantes e SO_2. Até pouco depois da Segunda Guerra Mundial, essas eram duas fontes comuns de poluição industrial e urbana, causando deposição visível de matéria particulada e ácido seco e acidificação de precipitação (Smil, 2008a). Óleos crus são misturas de hidrocarbonetos complexos cujos processos de refino produzem gasolina, combustível de aviação e diesel para transporte, óleos combustíveis para aquecimento e geração de vapor, lubrificantes e materiais de pavimentação. Os gases naturais, que são os combustíveis fósseis mais limpos, são os hidrocarbonetos mais leves. Hidrocarbonetos também podem ser produzidos a partir do carvão. O "gás de carvão" era amplamente usado na iluminação urbana durante o século XIX, e a moderna gaseificação do carvão produz gás sintético similar aos gases naturais. Líquidos sintéticos combustíveis foram produzidos pela primeira vez em larga escala pela Alemanha na Segunda Guerra Mundial.

As densidades energéticas dos carvões variam bastante, mas são relativamente uniformes no caso dos hidrocarbonetos. Os óleos crus sempre são fontes superiores de energia, pois contêm quase duas vezes mais energia por unidade de massa que os carvões betuminosos comuns. Nas estatísticas energéticas internacionais, utiliza-se um dentre três denominadores comuns: padrão de equivalente de carvão (combustível contendo 29,3 MJ/kg), equivalente de petróleo (42 MJ/kg) ou valores em unidades-padrão de energia (joule) ou em duas unidades tradicionais, calorias (cal) e unidades térmicas britânicas (*British thermal units* — Btu).

	Densidade energética	
Combustível	**MJ/kg**	**MJ/m³**
Carvões		
Antracitos	31–33	
Carvões betuminosos	20–29	
Linhitos	8–20	
Turfas	6–8	
Óleos crus	42–44	
Gases naturais		29–39

228 Energia e Civilização: Uma História

eletricidade primária (em contraste com aquela derivada da queima de combustível). Mais tarde, entraram para essa categoria a eletricidade gerada em usinas geotérmicas, por fissão nuclear e, mais recentemente, por imensas turbinas eólicas e por células fotovoltaicas ou radiação solar concentrada.

A tendência a longo prazo é clara: temos convertido uma parcela constantemente crescente de combustíveis fósseis em eletricidade e também temos ampliado as capacidades de geração de eletricidade primária, pois a eletricidade é a forma de energia moderna mais conveniente, mais versátil e, no ponto de uso, mais limpa. Na primeira parte deste capítulo, descreverei muitos desenvolvimentos-chave da grande transição dos combustíveis de fitomassa e energias animadas para combustíveis fósseis e forças motrizes inanimadas; na segunda parte, farei um apanhado das inovações técnicas mais importantes que se combinaram para criar a eficiência, a confiabilidade e a economia características das sociedades modernas de alta energia.

A grande transição

Em alguns países, ainda que em pequenas quantidades, os combustíveis fósseis já eram usados séculos antes dos combustíveis de biomassa e o trabalho humano e animal serem rapidamente substituídos. O carvão e o gás natural na China e o carvão na Inglaterra são os exemplos mais conhecidos disso. Os chineses usavam carvão em pequena escala industrial durante a dinastia Han (206 a.C.–220 d.C.), e Inglaterra, Gales e Escócia tinham muitas localidades onde o carvão aflorava e era extraído facilmente, em parte já durante o domínio romano, e em maior monta durante a Idade Média. Contudo, conforme observou Nef (1932, p. 12):

> Até o século XVI, o carvão era raramente queimado, ou em lareiras domésticas ou na cozinha, a distâncias de mais de 2 ou 3 km dos afloramentos, e, mesmo nessa área circunscrita, era usado apenas pelos pobres incapazes de comprar madeira.

Em geral, o carvão foi o combustível fóssil dominante na transição europeia. A mais notável exceção foi usada para energizar uma das economias mais abastadas do continente no início da Era Moderna: durante os séculos XVII e XVIII, a Era de Ouro Holandesa foi impulsionada em grande parte por turfa doméstica. A extensão de sua extração é ilustrada por uma estimativa de De Zeeuw (1978): dos cerca de 175 mil ha de turfeiras profundas nos Países Baixos, somente uns 5 mil ha restaram num estado mais ou menos intocado. Nos Estados Unidos e Canadá, a transição também começou com o carvão, mas, ao contrário da Europa, aquelas duas economias migraram mais cedo e mais depressa para petróleo e gás natural (Smil, 2010a). De modo similar, a Rússia foi uma das pioneiras da produção comercial de petróleo em larga escala, e mais tarde tirou proveito de seus vastos recursos em gás natural.

Capítulo 5   Combustíveis fósseis, eletricidade primária e renováveis   **229**

E embora a maior parte da Europa tenha reduzido sua dependência de combustíveis de biomassa a baixíssimos níveis durante o século XIX, os combustíveis de fitomassa ainda não foram substituídos por completo em alguns países de baixa renda. Se os padrões diferem, o mesmo ocorre com os combustíveis. Devemos usar o plural para enfatizar sua variabilidade. Carvões, óleos crus e gases naturais apresentam uma vasta gama de propriedades (vide o Quadro 5.1). O calor liberado pela sua combustão pode ser usado diretamente para cozinhar, aquecer ambientes e fundir metais, e indiretamente para energizar diversas forças motrizes. O motor a vapor se tornou a principal força motriz inanimada do século XIX. Motores de combustão interna e turbinas a vapor começaram abrir espaço comercial durante os anos 1890. Antes de 1950, motores a gasolina e a diesel já tinham se tornado as forças motrizes dominantes no transporte, e as turbinas a vapor, na geração de eletricidade em larga escala (Smil, 2005); o uso difundido de turbinas a gás (estacionários para geração de eletricidade ou então usadas para propelir jatos e embarcações) ocorreu somente após 1960 (Smil, 2010a).

Estudos recentes sobre transições energéticas demonstram muitas características comuns governando essas migrações graduais e identificam fatores-chave que promoveram ou dificultaram esse processo (Malanima, 2006; Fouquet, 2010; Smil, 2010a; Pearson; Foxon, 2012; Wrigley, 2010, 2013). Tais aspectos vão desde imperativos técnicos, com períodos prolongados de experimentação seguidos por uma fase de pico de crescimento e ganho de escala (Wilson, 2012), até algumas transições consideravelmente precoces e rápidas por parte de pequenos consumidores de energia (Rubio; Folchi, 2012). Além do mais, alguns países pularam a fase do carvão, incluindo alguns com abundância de depósitos carboníferos, e logo passaram a depender de petróleo cru doméstico ou, mais comumente, importado. Porém, em todos os casos o resultado final foi um aumento substancial no consumo *per capita* de energia primária, à medida que sociedades até então limitadas pela colheita de combustíveis de fitomassa e pela aplicação de energias animadas ingressaram numa nova era de diversificação do suprimento de combustíveis fósseis e de aplicação em massa de forças motrizes mecânicas.

Os primórdios e a difusão da extração de carvão

Os primórdios da utilização de carvão remontam à Antiguidade, quando a aplicação mais importante desse combustível se deu pela dinastia Han, na produção chinesa de ferro (Needham, 1964). Registros europeus indicam uma primeira extração na Bélgica em 1113, os primeiros transportes para Londres em 1228, as primeiras exportações da região inglesa de Tynemouth para a França em 1325 e a Inglaterra como o primeiro país a concluir a migração de combustíveis vegetais para o carvão durante os séculos XVI e XVII (Nef, 1932). Após 1500, as graves carências regionais de madeira pelo país levaram a aumentos no custo de lenha, carvão vegetal e toras

230 Energia e Civilização: Uma História

para construção. Essas carências pioraram durante o século XVII, devido à demanda crescente por ferro e às imensas necessidades de madeira para construção de navios. Elas foram apenas temporariamente aliviadas por maior importação de barras de ferro e toras (Thomas, 1986). O aumento da extração de carvão era a solução óbvia; quase todas as minas carboníferas do país foram abertas entre 1540 e 1640.

Já em 1650, a produção anual de carvão pela Inglaterra já havia superado 2 Mt; 3 Mt/ano eram extraídos no início do século XVIII e mais de 10 Mt/ano no seu final. Com o crescente uso do carvão, foi preciso resolver muitos problemas técnicos e organizacionais associados a sua mineração, transporte e combustão. O esgotamento dos veios em afloramento levou ao desenvolvimento de minas mais profundas. Ao passo que as minas raramente tinham mais do que 50 m de profundidade no fim do século XVII, as mais profundas ultrapassavam 100 m pouco após 1700, 200 m em 1765 e 300 m após 1830. Nessa época, a produção diária ficava entre 20 e 40 t por mina, comparada a apenas algumas toneladas um século antes. Minas mais profundas exigiam mais bombeamento de água, e mais energia também era necessária para ventilá-las, para içar o carvão dos poços mais profundos e para sua distribuição. Rodas d'água, moinhos de vento e cavalos supriam essas necessidades. A mineração do carvão em si era energizada por trabalho humano pesado.

Trabalhadores encarregados da extração usavam picaretas, cunhas e marretas para separar o carvão dos veios, em posições que iam de pé até enfiados em túneis estreitos. Outros enchiam cestos de tecido com carvão e os arrastavam por trenós de madeira até a base da mina, onde colegas já estavam preparados para prender tais cestos em cordas. Outro grupo era então encarregado de içá-los, e ainda outro de jogar os pedaços de carvão em montes. Homens adultos cumpriam a maior parte da extração, mas meninos de apenas 6 a 8 anos eram empregados em tarefas mais leves. Em muitas minas, parte do trabalho mais pesado era feita por mulheres ou meninas adolescentes. Elas precisavam carregar o carvão até a superfície escalando escadas íngremes com cestos pesados nas costas, presos com alças em suas testas (Figura 5.1). Em 1812, Robert Bald, um engenheiro civil escocês e inspetor mineral, publicou uma investigação sobre a vida daquelas mulheres, e uma citação mais longa desse documento vale a pena não somente por sua dolorosa descrição das agruras sofridas, mas também por sua análise precisa do verdadeiro esforço físico exercido (Quadro 5.2).

A descrição de Bald também é uma ilustração perfeita de um fato fundamental da ciência energética, um exemplo impressionante de como cada transição para uma nova forma de suprimento energético precisa ser impulsionada pela aplicação intensiva de energias e forças motrizes já existentes: a transição da madeira para o carvão teve de ser energizada por músculos humanos, a combustão de carvão impulsionou o desenvolvimento do petróleo e, conforme destaquei no capítulo anterior, as atuais células fotovoltaicas e turbinas eólicas são materializações das energias fósseis exigidas para fundir os metais e sintetizar os plásticos necessários e para processar outros materiais que exigem altos insumos energéticos.

Capítulo 5   Combustíveis fósseis, eletricidade primária e renováveis   **231**

FIGURA 5.1
Carregadoras de carvão numa mina escocesa no início do século XIX (Corbis).

Em minas mais profundas, cavalos eram empregados para acionar os engenhos que içavam carvão e bombeavam água. Após 1650, eles e asnos passaram a ser usados também debaixo da terra. Carroças puxadas por cavalos, às vezes sobre trilhos, eram usadas para distribuir o carvão a distâncias mais curtas e junto a rios e portos para ser redistribuído via barcos de canais e via navios. No início do século XVII, o carvão costumava ser usado por domicílios e para gerar calor em forjas e olarias, na produção de amido e sabão e na extração de sal. No entanto, a transferência de impurezas para o produto final tornava seu uso inviável na produção de vidro, na secagem de malte e, acima de tudo, na fundição de ferro. Na produção de vidro, o problema foi resolvido primeiro, por volta de 1610, com a introdução de fornalhas reverberantes (refletoras de calor), onde as matérias-primas eram aquecidas em recipientes fechados. Mas somente a disponibilidade de coque acabou satisfazendo as demais necessidades (veja a próxima seção).

Outra importante aplicação indireta de carvão se deu com a produção de gás de carvão, ou gás municipal, mediante a carbonização de carvão betuminoso (hulha), isto é, pelo aquecimento a alta temperatura desse combustível em fornos com suprimento limitado de oxigênio (Elton, 1958). As primeiras instalações práticas foram feitas de forma independente em engenhos de algodão ingleses em 1805–1806. Uma empresa voltada a fornecer suprimento centralizado de gás para Londres foi constituída em 1812. Melhores retortas, a remoção de enxofre

232 Energia e Civilização: Uma História

QUADRO 5.2
Uma investigação sobre a condição das mulheres que transportam carvão abaixo da terra na Escócia, conhecidas pelo nome de CARREGADORAS

Este era o subtítulo de *Uma visão geral do comércio carbonífero na Escócia*, publicado em 1812. Eis suas principais conclusões (Bald, 1812, p. 131–132, p. 134):

> A mãe [...] desce pelo poço com suas filhas mais velhas, e lá embaixo cada uma deita no chão um cesto de formato adequado, em que grandes pedaços de carvão são rolados; e tamanho é o peso carregado que frequentemente é preciso dois homens para colocar o fardo nas costas delas [...]. A mãe vai na frente, segurando uma vela acesa com os dentes; as meninas a seguem [...] com passos cansados e lentos, sobem pela escada, parando ocasionalmente para recuperar o fôlego. [...] Não é incomum vê-las, ao subirem pelo poço, chorando penosamente pelo rigor excessivo do trabalho. [...] A execução do trabalho desempenhado [...] dessa forma é inconcebível. [...] O peso dos carvões transportados desse modo até a saída da mina por uma mulher a cada dia totaliza 1.650 kg [...] e frequentes são as ocorrências de duas toneladas sendo carregadas.

Supondo um peso corporal de 60 kg, o transporte diário de 1,5 t de carvão de uma profundidade de 35 m exigiria por si só cerca de 1 MJ, e incluindo o custo de carregar o carvão horizontalmente, ou num leve aclive — do fundo até a abertura do poço subterraneamente, e depois, acima da terra, até o ponto de distribuição — e o custo dos deslocamentos de volta ao fundo levaria o total diário para cerca de 1,8 MJ. Supondo uma eficiência laboral de 15%, uma carregadora adulta despenderia cerca de 12 MJ de energia, perfazendo uma média aproximada de 330 W durante um turno de 10 horas. Medições modernas de gastos energéticos em labuta pesada confirmaram que o trabalho a uma taxa de 350 W é sustentável durante um turno de 8 horas, e isso raramente pode ser excedido (Smil, 2008a). Claramente, as carregadoras estavam operando, dia após dia, por muitos anos — ingressavam nesse trabalho aos 7 anos e frequentemente continuavam até passarem dos 50 — perto do máximo da capacidade humana.

---

do gás, uma nova técnica para produzir canos de ferro forjado de menor diâmetro e queimadores mais eficientes garantiram a rápida difusão da iluminação a gás. Mesmo com a introdução das lâmpadas de filamento, esse tipo de iluminação não chegou ao fim. Um manto de gás incandescente, patenteado em 1885 por Carl Auer von Welsbach, permitiu que a indústria a gás competisse por mais algumas décadas com as luzes elétricas.

Fora da Inglaterra, a difusão da mineração carbonífera avançou devagar durante o século XVIII. Extrações importantes vieram primeiramente do norte da França, das regiões de Liège e do Ruhr e de partes da Boêmia e da Silésia. A extração de carvão na

Capítulo 5 Combustíveis fósseis, eletricidade primária e renováveis **233**

América do Norte começou a ter importância nacional somente no início do século XIX. Estatísticas históricas de produção de carvão e as melhores estimativas disponíveis (e bem menos confiáveis) de consumo nacional de lenha permitem delimitar, e em alguns casos identificar, as datas em que o carvão ultrapassou a madeira e passou a responder por mais da metade do suprimento de energia primária de um país (Smil, 2010a). Na Inglaterra e em Gales, isso ocorreu com uma precocidade excepcional, e o período dessas transições inaugurais de energia só podem ser aproximadas.

Warde (2007) concluiu que seria arbitrário apontar uma data precisa como o ponto de virada da madeira para o carvão, mas suas reconstruções mostram que a data mais provável em que o carvão suplantou a biomassa como fonte de calor foi por volta de 1620, ou talvez até um pouco antes. Em 1650, o carvão respondia por uma parcela de 65%, depois 75% em 1700, 90% em 1800 e mais de 98% nos anos 1850 (os dois últimos percentuais dizem respeito ao Reino Unido). A supremacia do carvão no Reino Unido perdurou por mais um século: em 1950, o carvão supria 91% da energia primária do país e ainda 77% em 1960. Como resultado, o carvão dominou (mais de 75%) o uso de energia no país por 250 anos, período muito mais longo do que em qualquer outra nação.

A França do início da era napoleônica derivava mais de 90% de sua energia primária da madeira, e essa parcela ainda era de aproximadamente 75% em 1850, antes de cair para menos de 50% em 1875 (Barjot, 1991). O carvão seguiu sendo o combustível dominante na França até o fim da década de 1950, quando o petróleo importado assumiu a liderança. A mineração carbonífera nos Estados Unidos colonial teve início em 1758 na Virgínia, e no início do século XIX Pensilvânia, Ohio, Ilinóis e Indiana já tinham se tornado estados produtores de carvão (Eavenson, 1942). Esse combustível supria somente 5% da energia primária total em 1843, mas logo em seguida essa extração deu um salto e levou essa proporção para 20% no início dos anos 1860, e em 1884 o montante de carvão extraído continha mais energia que aquela consumida na forma de lenha por todo o país (Schurr; Netschert, 1960). Em 1880, o ano inicial das estatísticas japonesas históricas, a madeira (e o carvão vegetal dela derivado) supria 85% da energia primária do país, mas em 1901 uma intensa modernização levou a parcela de carvão para mais de 50%, e para um pico de 77% em 1917 (Smil, 2010a).

O Império Russo, com sua vasta floresta boreal na sua parte europeia setentrional e na Sibéria, era a quintessência da sociedade madeireira. De acordo com estatísticas soviéticas históricas, a lenha supria 20% de toda a energia primária em produção em 1913 (TsSU, 1977) — mas isso obviamente se refere apenas ao combustível comercialmente produzido, que era uma mera fração da energia necessária para aquecer os ambientes interiores russos: mesmo uma casa pequena teria exigido no mínimo 100 GJ/ano. Minha melhor estimativa é que a madeira fornecia 75% de toda a energia em 1913, e que o petróleo e o carvão começaram a suprir mais da metade de toda a energia primária somente no início da década de 1930 (Smil, 2010a).

234 Energia e Civilização: Uma História

A última economia de destaque a fazer a transição de fitomassa para carvão foi a China, onde o processo foi retardado pelas infindáveis crises do século XX: elas começaram com o colapso do regime imperial em 1911, continuaram com a prolongada guerra civil entre os comunistas e o Kuomintang (1927–1936, 1945–1950) e com a guerra contra o Japão (1933–1945), e em seguida vieram as décadas de desgoverno econômico maoísta, incluindo a Grande Fome (1958–1961) causada por Mao e a insanamente batizada Revolução Cultural (1966–1976). Como resultado, foi somente em 1965 que os combustíveis de biomassa passaram a suprir menos de metade da energia primária da China; em 1983, sua parcela havia caído abaixo de 25%, e em 2006, abaixo de 10% (Smil, 2010a).

Do carvão vegetal ao coque

A substituição do carvão vegetal por coque metalúrgico na fundição de ferro-gusa está sem dúvida entre as maiores inovações técnicas da era moderna, uma vez que marcou duas mudanças fundamentais: o fim da dependência da indústria em relação à madeira (e da necessidade de que as fornalhas fossem sempre instaladas perto de regiões florestadas) e a abertura de capacidades muito maiores nas fornalhas e, portanto, um rápido aumento na produção anual. Além disso, representou a substituição por um combustível metalúrgico superior. A pirólise (destilação destrutiva) do carvão — o aquecimento de carvões betuminosos (com baixo teor de cinzas e enxofre) na ausência de oxigênio — produz uma matriz de carbono quase pura com uma baixa densidade aparente ($0,8$–$1,0$ g/cm^3) mas alta densidade energética (31–32 MJ/kg). Ela é também bem mais resistente à compressão do que o carvão vegetal e, portanto, pode suportar as cargas mais pesadas de minério de ferro e calcário em altos-fornos mais altos (Smil, 2016).

O coque já era usado na Inglaterra no início dos anos 1640 para secar malte (o carvão não servia, já que sua combustão emite fuligem e óxidos de enxofre), mas seu uso metalúrgico começou apenas em 1709, quando Abraham Darby (1678–1717) deu início à prática em Coalbrookdale. O coque proporcionava um suprimento praticamente ilimitado de um combustível metalúrgico superior, mas sua produção inicialmente era dispendiosa e cara, e sua adoção difundida só foi ocorrer após 1750 (Harris, 1988; King, 2011). Os produtores de ferro ingleses da primeira metade do século XVIII não seguiram imediatamente o exemplo de Darby especialmente por causa dos preços em baixa das barras de ferro, com a produção doméstica competindo com a sueca. Assim que o mercado se aqueceu em meados da década de 1750, eles começaram a construir novas fornalhas alimentadas por coque, e em 1770 esse combustível era usado para produzir 46% do ferro inglês (King, 2005). Essa mudança histórica deu fim à pressão insustentável sobre os recursos florestais, premente tanto no Reino Unido (veja o Quadro 4.2) quanto no continente. Em 1820, por exemplo, 52%

Capítulo 5 Combustíveis fósseis, eletricidade primária e renováveis **235**

da área florestada da Bélgica eram usados para produzir carvão vegetal para fins metalúrgicos (Madureira, 2012).

A situação nos Estados Unidos não era tão grave no início do século XIX (veja o Quadro 4.23), e em 1840 todo o ferro-gusa norte-americano ainda era fundido com carvão vegetal. Porém, a expansão subsequente da indústria impôs uma rápida substituição, primeiramente por antracito e depois por coque, que se tornou dominante em 1875. Por gerações, o coque era produzido de modo dispensioso em fornos em forma de colmeia (Sexton, 1897; Washlaski, 2008). Um aprimoramento radical se deu apenas com a adoção de fornos de subprodutos: eles recuperam gases ricos em CO para serem usados como combustível, produtos químicos (acatrão, benzol e tolueno) para serem usados como matérias-primas e sulfato de amônio para ser usado como fertilizante. Seu uso começou na Europa em 1881, e nos Estados Unidos em 1895, e seus *designs* aprimorados continuaram sendo o alicerce do cozimento moderno (Hoffmann, 1953; Mussatti, 1998).

Os primeiros altos-fornos alimentados por coque eram apenas tão altos (cerca de 8 m) e volumosos (<17 m^3) quanto suas estruturas contemporâneas alimentadas por carvão vegetal, mas a partir de 1810 elas costumavam ter 14 m de altura (>70 m^3). Depois de 1840, Lowthian Bell (1816–1904), um destacado metalúrgico britânico, introduziu um importante *redesign*, e no fim do século XIX grandes altos-fornos tinham quase 25 m e volumes internos de cerca de 300 m^3 (Bell, 1884; Smil, 2016). Fornalhas de maior porte com capacidades produtivas bem maiores (<10 t/dia para as melhores fornalhas a carvão vegetal *versus* >250 t/dia para aquelas a coque em 1900) permitiram impulsionar a produção de ferro-gusa de meras 800 mil t em 1750 para cerca de 30 Mt em 1900, preparando o terreno para o desenvolvimento pós-1860 da moderna indústria do aço e fornecendo o metal-chave para a industrialização (Smil, 2016).

Motores a vapor

O motor a vapor foi a primeira força motriz nova a ser introduzida com sucesso desde a adoção dos moinhos de vento, que a precederam em mais de 800 anos. Essa máquina foi o primeiro conversor prático, econômico e confiável da energia química do carvão em energia mecânica, a primeira força motriz inanimada energizada por combustível fóssil, e não por uma quase instantânea transformação de radiação solar. Os primeiros motores do início do século XVIII geravam apenas movimento alternado adequado para bombeamento, mas antes de 1800 surgiram projetos que geravam movimento rotativo mais prático (Dickinson, 1939; Jones, 1973). Sem dúvida, a adoção do motor teve profunda importância para a industrialização, para a urbanização e para o transporte globais, e muito já foi escrito sobre esses impactos (von Tunzelmann, 1978; Hunter, 1979; Rosen, 2012).

236 Energia e Civilização: Uma História

Ao mesmo tempo, a comercialização e a adoção disseminada de motores a vapor avançou lentamente, levando mais de um século, e mesmo durante os anos de rápida difusão, após 1820, eles precisavam competir (conforme já observado no Capítulo 4) com rodas d'água e turbinas. Embora seu uso tenha eliminado muitos tipos de trabalho animado (em bombeamento de água para minas, em inúmeras tarefas fabris), uma dependência absoluta de trabalho humano e tração animal seguiu aumentando durante todo o século XIX. Essas realidades levaram ao reexame de um entendimento bastante difundido que chega praticamente a igualar a adoção dos motores a vapor com o processo que é conhecido em geral, mas enganosamente, como a Revolução Industrial.

A percepção dominante dessa era como um período histórico de mudanças econômicas e sociais (Ashton, 1948; Landes, 1969; Mokyr, 2009) já foi questionada por aqueles que a enxergam como um fenômeno bem mais restrito, e até mesmo localizado, em que mudanças técnicas afetaram apenas algumas indústrias (algodão, produção de ferro, transporte), deixando outros setores econômicos inteiros em estagnação pré-moderna até meados do século XIX (Crafts; Harley, 1992). Alguns críticos vão mais longe, argumentando que as mudanças foram tão pequenas em relação à economia como um todo que o próprio nome Revolução Industrial é equivocado (Cameron, 1982) — e de fato que a noção inteira de uma revolução industrial britânica não passa de um mito (Fores, 1981).

Mais especificamente, dados britânicos mostram que relacionar o crescimento econômico do século XIX com o vapor é uma conclusão mal-concebida (Crafts; Mills, 2004). Não obstante os motores a vapor, "a economia britânica seguiu tradicional em grande parte por 90 anos após 1760" (Sullivan, 1990, p. 360), e "o trabalhador britânico tradicional em meados do século XIX não era um operador de máquina numa fábrica, e sim um artesão tradicional, um prestador de serviço ou um servente doméstico" (Musson, 1978, 141). Contudo, o discernimento fica mais claro quando o processo é encarado em termos de consumo total de energia: seu enorme aumento — segundo Wrigley (2010), os totais anuais aproximados para Inglaterra e Gales são de 117 PJ em 1650–1659, 231 PJ um século depois e 1,83 EJ em 1850–1859, representando um aumento de cerca de 15 vezes em 200 anos — tornou possível o crescimento econômico exponencial, e, sem dúvida, o motor a vapor foi o impulsionador mecânico crucial da industrialização e da urbanização.

No entanto, seu impacto total ocorreu somente após 1840, com a acelerada construção de ferrovias e barcos a vapor, e com mais instalações servindo de produtoras centralizadas de energia cinética (transmitida por correias para máquinas individuais) em empreendimentos fabris. A evolução prática do motor começou com os experimentos de Denis Papin (1647–1712) com um modelo em miniatura em 1690. Logo em seguida à máquina lúdica de Papin veio a pequena bomba acionada a vapor (com cerca de 750 W, ou um único cavalo-vapor) que operava sem pistões, criada por Thomas Savery (1650–1715). Em 1712, Newcomen

Capítulo 5   Combustíveis fósseis, eletricidade primária e renováveis   **237**

(1664–1729) construiu um motor de 3,75 kW para propelir bombas usadas em mineração (Rolt, 1963). Como esse motor, que trabalhava sob pressão atmosférica, condensava vapor na parte superior interna do pistão, apresentava baixíssima eficiência, no máximo de 0,7% (Figura 5.2). Em 1770, John Smeaton, cujo trabalho envolvendo a potência comparativa de forças motrizes foi destacado no Capítulo 4, aprimorou esse projeto e conseguiu dobrar sua baixa eficiência.

O motor de Newcomen começou a se espalhar pelas minas da Inglaterra a partir de 1750, mas seu mau desempenho podia ser tolerado somente com acesso local a combustível, e isso os tornava inviáveis em lugares para onde o combustível precisava ser transportado. James Watt (1736–1819) captou a motivação de seu famoso *redesign* no próprio título de sua patente de 1769: *Um novo método inventado para diminuir o consumo de vapor e combustível em motores ígneos* (Watt; 1855 [1769]). A patente foi concedida em 25 de abril de 1769, e a sistemática listagem de aprimoramentos de Watt deixa claro como a nova máquina diferia de suas predecessoras (Quadro 5.3).

Um condensador separado era claramente a inovação mais importante (Figura 5.2). Mais tarde, Watt introduziu um motor de dupla ação (em que o vapor movia o pistão tanto no pulso para cima quanto no pulso para baixo) e um limitador cen-

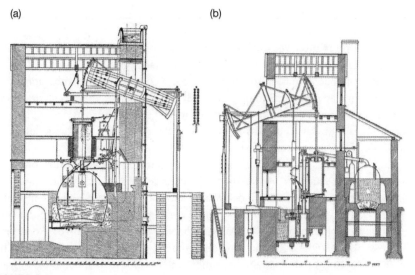

FIGURA 5.2
Os motores a vapor de Newcomen e Watt. a. No motor de Newcomen, construído por John Smeaton em 1772, a caldeira ficava localizada sob o cilindro e o vapor acabava se condensando dentro dele, ao injetar água do cano que levava à seu lado inferior direito. b. No motor de Watt, construído em 1788, a caldeira ficava num compartimento à parte, o cilindro era isolado por um invólucro antivapor e um condensador separado era conectado a uma bomba de ar, mantendo o vácuo. Reproduzida de Farey (1827).

238 Energia e Civilização: Uma História

QUADRO 5.3
Patente de Watt de 1769

Foi assim que Watt explicou seu projeto aprimorado:

Meu método para diminuir o consumo de vapor, e consequentemente de combustível, em motores ígneos consiste nos seguintes princípios: primeiro, aquele compartimento em que as potências do vapor devem ser empregadas para acionar o motor, que se chama cilindro em motores ígneos comuns, e que eu chamo de compartimento de vapor, deve ser mantido tão quente quanto o vapor que entra nele durante o tempo todo em que o motor estiver em funcionamento. [...]

Em segundo lugar, em motores voltados a serem acionados no todo ou em parte pela condensação de vapor, o vapor deve ser condensado num compartimento distinto do compartimento de vapor ou cilindro, embora ocasionalmente possa se comunicar com ele. Esses compartimentos eu chamo de condensadores, e enquanto os motores estiverem funcionando, esses condensadores devem ser mantidos no mínimo tão frios quanto o ar na vizinhança dos motores, por aplicação de água ou outros corpos frios.

Em terceiro lugar, qualquer ar ou outro vapor elástico que não seja condensado pelo frio do condensador, e que possa impedir o trabalho do motor, deve ser retirado dos compartimentos de vapor ou dos condensadores, por meio de bombas acionadas elas próprias por motores, ou de outra forma. (Watt 1855 [1769], p. 2)

---

trífugo capaz de manter velocidades constantes sob cargas variadas. Num arranjo verdadeiramente moderno, Watt e seu sócio financiador, Matthew Boulton (1728–1809), lucraram não com motores entregues, e sim com seu desempenho aprimorado em comparação com a máquina comum de Newcomen. A mineração de carvão e os motores a vapor reforçaram o desenvolvimento um do outro. A necessidade de bombear mais água de minas mais profundas foi um motivo-chave para o desenvolvimento de motores a vapor. A disponibilidade de combustível mais barato levou à sua proliferação, e, assim, a uma expansão maior ainda da mineração. Em breve, os motores também estariam propelindo maquinário de bobinagem e ventilação.

O motores a vapor aprimorado de Watt foi um sucesso comercial quase instantâneo, e era fácil ver seu impacto ulterior além da mineração carbonífera, na manufatura e no transporte (Thurston, 1878; Dalby, 1920; von Tunzelmann, 1978). Ao mesmo tempo, esse sucesso era relativo ao pano de fundo industrial do final do século XVIII: a implementação total de máquinas aprimoradas foi minúscula quando examinada na escala da produção em massa moderna. Em 1800, quando a extensão de 25 anos (pela Lei do Motor a Vapor (Steam Engine Act), de 1775) da patente original expirou, a empresa pertencente a Watt e Boulton já tinham produzido cerca de 500 motores, 40% dos quais para bombear água. A capacidade média dos motores de aproximadamente 20 kW era mais de cinco vezes maior que a média das rodas d'água típicas da mesma época e quase três vezes maior que aquela dos moinhos de vento.

Capítulo 5 Combustíveis fósseis, eletricidade primária e renováveis **239**

As unidades maiores produzidas por Watt (pouco acima de 100 kW) igualavam as mais potentes rodas d'água então existentes. No entanto, as rodas d'água não podiam mudar de lugar, ao passo que os motores podiam ser instalados com liberdade incomparavelmente maior, sobretudo perto de qualquer porto ou ao lado de canais, onde o transporte barato via navios ou barcos podia trazer o combustível necessário. Embora as invenções de Watt tivessem aberto caminho para o sucesso industrial do motor, a extensão de sua patente na verdade impediu inovações posteriores. Será que Watt relutou em usar vapor sob alta pressão por motivos de segurança ou será que ele estava tentando barrar patentes similares enquanto sua extensão estava vigente? Não apenas Watt e Boulton não fizeram tentativa alguma de desenvolver um transporte movido a vapor como também demoveram William Murdoch (1754–1839), o principal construtor de seus motores, de desenvolver tal máquina, e quando Murdoch persistiu, Boulton o persuadiu a não ingressar com uma patente (Quadro 5.4).

Isso, porém, talvez não tenha feito diferença para o desenvolvimento futuro do transporte a vapor, já que mesmo a melhor carruagem concebível em 1800 aca-

---

QUADRO 5.4
Como Watt e Boulton atrasaram o desenvolvimento de uma carruagem a vapor

Em 1777, quando tinha 23 anos de idade, William Murdoch caminhou quase 500 km até Birmingham para assumir uma vaga na empresa de motores a vapor de James Watt. Tanto Watt quanto seu sócio, Matthew Boulton, logo passaram a considerá-lo um grande achado. As instalações habilidosas que Boulton fazia de novas máquinas garantia sua operação eficiente e lucrativa. Em 1784, Murdoch havia preparado um pequeno modelo de uma carruagem a vapor, um triciclo com uma caldeira em meio a duas rodas traseiras. Outro modelo se seguiu, e Murdoch acabou decidindo patentear sua carruagem a vapor (Griffiths, 1992).

Porém, a caminho de Londres para ingressar com os papéis, ele foi interceptado em Exeter por Boulton, que o convenceu a retornar para casa sem solicitar a patente: ele considerava a persistência de Murdoch uma insubordinação. Conforme Boulton escreveu para Watt:

> Ele disse que estava rumando a Londres para recrutar mais homens, mas logo descobri que estava indo para exibir sua Carruagem a Vapor e patenteá-la. Mr. W. Wilkn lhe contara o que Sadler havia dito, e ele também lera no jornal sobre Simmingtons puff, o que reavivou todo o ímpeto de Williams de produzir Carruagens a Vapor. Contudo, consegui prontamente convencê-lo a retornar à Cornualha na diligência dos dias seguintes, e ele de fato chegou aqui ao meio-dia [...]. Creio que tive sorte em encontrá-lo, pois estou certo de que posso ou curá-lo da insubordinação ou transformar o mal em bem. Ao menos posso impedir a desobediência que teria sido a consequência de sua viagem até Londres. (Griffiths 1992, p. 161)

baria sendo pesada demais, um fardo ainda menos aceitável pela ausência de estradas pavimentadas capazes de sustentar tráfego pesado. A única maneira prática de fazer isso funcionar seria sobre trilhos, e mesmo assim levou algumas décadas desde a concepção da ideia até sua chegada ao mercado, depois que a expiração da patente de Watt em 1800 levou a um intenso período de inovação. O primeiro avanço essencial foi a introdução de caldeiras de alta pressão por Richard Trevithick (1771–1833) na Inglaterra em 1804 e por Oliver Evans (1755–1819) em 1805 nos Estados Unidos. Outros marcos incluíram o *design* em unifluxo, introduzido por Jacob Perkins (1766–1849) em 1827, a invenção de uma engrenagem valvulada reguladora em 1849 por George Henry Corliss (1817–1888) e os aprimoramentos franceses de motores locomotivos compostos na segunda metade do século 1870. Uma infinidade de tipos básicos de motor deu origem a uma grande variedade de *designs* especializados (Watkins, 1967).

As aplicações originais de motor para bombear água e tracionar cabos em minas (Figura 5.3) logo foram estendidas a uma grande variedade de aplicações estacionárias e móveis. De longe os usos mais notáveis foram para acionar correias motrizes em inúmeras fábricas e para revolucionar o transporte no século XIX por terra e por mar. O desenvolvimento de navios e locomotivas a vapor avançou *pari passu*. Os primeiros barcos a vapor foram construídos nos anos 1780 na França, Estados Unidos e Escócia, mas embarcações com sucesso comercial vieram apenas em 1802 na Inglaterra (o *Charlotte Dundas*, de Patrick Miller) e em 1807, com o *Clermont*, de Robert Fulton, nos Estados Unidos.

FIGURA 5.3
O poço C da Hebburn Colliery era uma típica mina de carvão inglesa do início da era do motor a vapor. O motor a vapor da mina ficava dentro de um prédio com uma pilha de combustível, e propelia o maquinário de cordas e ventilação. Reproduzida de Hair (1844).

Capítulo 5 Combustíveis fósseis, eletricidade primária e renováveis **241**

Todas as primeiras embarcações fluviais eram propelidas por rodas com pás (na popa ou no meio do comprimento), assim como todos os navios equipados para navegação em alto mar. A primeira travessia do Atlântico foi uma viagem de Quebec a Londres pelo navio *Royal William* em 1833 (Fry, 1896). E a primeira corrida em sentido contrário se deu entre o navios com rodas de pás *Sirius* e *Great Western* em 1838, o ano em que John Ericsson implementou o primeiro propulsor com hélices giratórias. Gradualmente, navios a vapor maiores e mais velozes foram substituindo os navios a vela nas rotas mais movimentadas com passageiros e cargas através Atlântico Norte, e mais tarde em rotas de longa distância para a Ásia e a Austrália. Eles transportaram a maioria dos 60 milhões de emigrantes que deixaram o continente europeu entre 1815 e 1930 com destinos além-mar, sobretudo para a América do Norte (Baines, 1991). Ao mesmo tempo, navios oceânicos alimentados por carvão se tornaram instrumentos importantes da política externa dos Estados Unidos (Shulman, 2015).

A adoção do transporte a vapor por terra teve um início similarmente lento, seguido pela acelerada difusão das ferrovias. O experimento de 1804 de Richard Trevithick com uma máquina sobre trilhos de ferro fundido foi seguido pela abertura de inúmeras ferrovias privadas de pequeno porte. A primeira ferrovia pública, de Liverpool a Manchester, foi aberta somente em 1830, com seus trens sendo puxados pela locomotiva Rocket, de George Stephenson (1781– 1848). Uma profusão de novos *designs* trouxe máquinas mais eficientes e velozes. Em 1900, os melhores motores de locomotivas operavam a pressões até cinco vezes maiores que na década de 1830, e com eficiências de mais de 12% (Dalby, 1920). Velocidades acima dos 100 km/h se tornaram comuns, e durante os anos 1930 locomotivas de linhas suaves se aproximavam ou até ultrapassavam os 200 km/h (Figura 5.4).

A partir da primeira linha intermunicipal de 56 km, entre Liverpool e Manchester, em 1830, as ferrovias britânicas chegaram a cerca de 300 mil km em 1900, quando o total no restante da Europa não chegava a 250 mil km. Longe dali, a maior parte da expansão ferroviária ocorreu durante as três últimas décadas do século: até 1900, a malha russa alcançara 53 mil km (mas a ferrovia trans-siberiana até o Pacífico foi concluída somente em 1917), o sistema norte--americano tinha mais de 190 mil km (incluindo três rotas transcontinentais) e o total mundial (puxado sobretudo pela Índia sob domínio britânico) era de 775 mil km (Williams, 2006). Como resultado, a expansão ferroviária foi o motivo principal para uma demanda de aço sem precedentes durante a segunda metade do século XIX.

Obviamente, o metal era demandado em quantidades cada vez maiores por novos mercados industriais: pela própria indústria do aço (a fim de suprir metal para novas capacidades de produção de ferro e aço), pela nova indústria elétrica

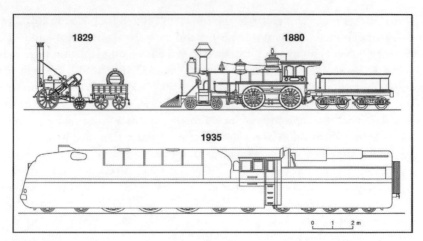

FIGURA 5.4
Máquinas notáveis da era das locomotivas a vapor. A Rocket, de Stephenson, a primeira máquina comercial, introduziu duas características que integrariam todos os *designs* subsequentes: cilindros separados em cada lado que moviam as rodas por meio de hastes conectoras curtas, e uma caldeira multitubos eficiente. O padrão de *designs* norte-americanos passou a dominar as ferrovias dos Estados Unidos a partir da segunda metade dos anos 1850. O *design* de linhas suaves Borsig, da Alemanha, alcançou 191,7 km/h em 1935. Baseada em Byrn (1900) e Ellis (1983).

(para caldeiras e turbogeradores de vapor, transformadores e fiação elétrica), na extração e transporte de petróleo e gás (para tubos de perfuração, brocas, revestimento de poços, tubulações e tanques de estocagem), navios de carga (para novas embarcações com casco de aço), na manufatura (para máquinas, ferramentas e componentes) e em indústrias têxteis e alimentícias tradicionais. Contudo, as ferrovias (anteriormente feitas de ferro forjado) representavam o mais importante produto acabado feito com o aço barateado pelo processo de Bessemer (para mais informações veja o Capítulo 6), introduzido no fim dos anos 1860, o que continuou valendo até o fim do século (Smil, 2016).

O apogeu do motor chegou mais de um século depois da patente aprimorada de Watt: no início dos anos 1880, sua adoção disseminada serviu de base energética para a industrialização moderna, e a disponibilidade barata de uma potência tão concentrada transformou tanto a produtividade fabril quanto o transporte de longa distância por terra e mar. Por sua vez, essas mudanças levaram a uma intensa urbanização, à ascensão de uma afluência incipiente, ao crescimento do comércio internacional e a transições em lideranças nacionais. O progresso técnico cumulativo foi notável: as maiores máquinas projetadas durante os anos 1890 eram cerca de 30 vezes mais potentes que aquelas de 1800 (3 MW *versus* cerca de 100 kW), e a eficiência das melhores unidades era dez vezes maior, de 25% *versus* 2,5% (Figura 5.5). Esse imenso salto de desempenho, traduzido em grandes

Capítulo 5   Combustíveis fósseis, eletricidade primária e renováveis

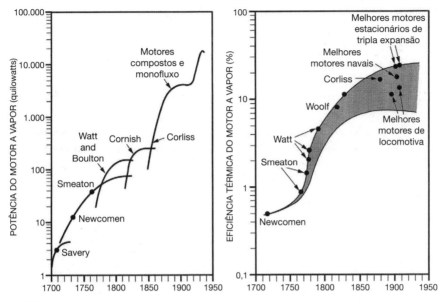

FIGURA 5.5
Crescimento da potência e melhoria da eficiência dos melhores motores a vapor, 1700–1930.
Plotado a partir de dados de Dickinson (1939) e von Tunzelmann (1978).

economias de combustível e menos poluição do ar, adveio sobretudo de uma elevação de 100 vezes em pressões operacionais, de 14 kPa para 1,4 MPa.

Esses avanços — combinados com a adequação do motor para muitas aplicações em fabricação, construção e transporte, devido à sua robustez e durabilidade — transformou essa máquina na força motriz inanimada do século XIX. Suas aplicações estacionárias iam de tarefas até então desempenhadas por forças motrizes animadas, rodas d'água ou moinhos de vento (como bombeamento de água, corte de madeira ou moagem de grãos) até novas funções nas fábricas em expansão (propelir correias motrizes para maquinário de perfuração, tornearia ou polimento, comprimir ar). E alguns dos maiores motores a vapor já construídos eram usados para rodar os dínamos das primeiras estações geradoras de eletricidade durante os anos 1880 e 1890 (Smil, 2005).

Por sua vez, as aplicações móveis do motor revolucionaram (literalmente, e não como mera afirmação hiperbólica) tanto o transporte por terra quanto por mar, mediante a acelerada expansão das ferrovias e o lançamento de novos navios a vapor. Outras aplicações móveis que facilitaram o desempenho de tarefas pesadas incluíam guindastes, bate-estacas e escavadeiras a vapor (a primeira pá a vapor foi patenteada já em 1839). O Canal do Panamá não poderia ter sido completado tão rapidamente (1904–1914) sem a implementação de aproximadamente 100 grandes pás a vapor

244 Energia e Civilização: Uma História

Bucyrus e Marion (Mills 1913; Brodhead 2012), e os motores a vapor abriram espaço até nas lavouras norte-americanas com arados puxados por cabos.

Porém, os motores a vapor se tornaram vítimas de seu próprio sucesso: à medida que suas eficiências aumentavam e suas capacidades máximas alcançavam níveis sem precedentes (ordens de magnitude acima de qualquer força motriz tradicional), eles começaram a encontrar suas limitações inerentes quando passou-se a exigir deles mais do que podiam entregar (Smil, 2005). Mesmo após mais de um século de aprimoramentos, os motores a vapor mais comuns ainda eram bastante ineficientes: em 1900, a típica locomotiva a vapor desperdiçava 92% do carvão alimentado em sua caldeira. E eles continuavam pesados, o que limitava as aplicações móveis para fora do mar e dos trilhos, onde era mais fácil sustentar seu peso (Quadro 5.5).

QUADRO 5.5
Índice massa/potência dos motores a vapor e um *megatério*

Um cavalo de médio para grande, pesando 750 kg e produzindo um cavalo-vapor (745 W) apresenta um índice massa/potência de quase exatamente 1.000 g/W — e o mesmo vale para um homem de 80 kg trabalhando constantemente a um ritmo de 80 W. Os primeiros motores a vapor dos século XVIII eram pesados demais, com índices (600–700 g/W) quase tão altos quanto os de pessoas e animais de carga. Em 1800, o índice havia caído para cerca de 500 g/W, e em 1900 os melhores motores a vapor de locomotiva pesavam apenas 60 g/W. Mas isso ainda era pesado demais para duas aplicações bastante diferentes, mas fundamentais: propelir veículos terrestres e rodar grandes dínamos em novas estações geradoras de eletricidade.

Em 1894, um novo motor a gasolina da Daimler-Maybach instalado num carro que venceu a corrida Paris-Bordeaux apresentava menos de 30 g/W (Beaumont, 1902), deixando os motores a vapor sem chance no transporte viário. E mesmo o primeiro projeto comercial de pequenas turbinas a vapor de Charles Parsons — uma unidade de 100 kW construída em 1891 — tinha apenas 40 g/W, e antes do início da Primeira Guerra Mundial esse índice caiu abaixo de 10 g/W e suas eficiências ultrapassaram 25%, bem acima dos 11–17% dos melhores motores a vapor (Smil, 2005). Como consequência, 16 grandes motores a vapor Westinghouse--Corliss instalados na usina de Edison em Nova York em 1902 já estavam ultrapassados, e ainda assim, três anos depois a estação Council Tramway em Greenwich, Londres, instalou "um megatério do mundo do motor"(Dickinson, 1939, p. 152), o primeiro dos motores a vapor compostos de 3,5 MW, num espaço que parecia uma catedral. As massivas máquinas de Greenwich eram quase tão altas (14,5) quanto eram largas — ao passo que um gerador de Parsons de mesma potência tinha apenas 3,35 m de largura e 4,45 m de altura.

Capítulo 5   Combustíveis fósseis, eletricidade primária e renováveis   **245**

Quando os motores a vapor alcançaram sua máxima eficiência e potência e seu menor índice massa/potência, essas conquistas não abriram caminho para um domínio ainda maior. Apesar de seus incríveis avanços e de sua recém-alcançada onipresença na indústria, nas estradas e no transporte marítimo, a força motriz dominante do século XIX não podia continuar sendo a líder no século XX. Esse papel de liderança se subdividiu, à medida que turbinas a vapor supriram rapidamente a demanda para as mais poderosas forças motrizes em geração de eletricidade e os motores de combustão interna (primeiro na forma de máquinas a gasolina, a partir dos anos 1880, depois a diesel) finalmente passaram a excecer o papel de força motriz leve, potente e acessível para energizar o transporte viário. A ascensão dos motores de combustão interna foi possibilitada pela disponibilidade de combustíveis líquidos baratos refinados a partir do petróleo cru: tinham maior densidade energética que o carvão, tinham uma queima mais limpa e eram mais fáceis de movimentar e armazenar, uma combinação que ainda hoje garante seu posto de melhor alternativa para o transporte.

O petróleo e os motores de combustão interna

Os primórdios da extração e utilização de petróleo cru em larga escala se concentraram em poucas décadas do fim do século XIX. Obviamente, hidrocarbonetos (óleos brutos e gases naturais) já eram bem conhecidos há milênios por conta de exsudações, piscinas de betume e "pilares incandescentes", sobretudo no Oriente Médio (em especial no norte do Iraque), mas também em outros lugares. O Rol de Propriedades vinculado ao testamento de George Washington descreve uma fonte incandescente no vale do Rio Kanawha, na Virgínia Ocidental:

> A gleba, da qual os 125 acres são uma meação, foi assumida pelo General Andrew Lewis e por mim, por conta de uma fonte betuminosa ali contida, de uma natureza tão inflamável que queima com a liberdade de destilado, e é quase tão difícil de apagar. (Upham 1851, p. 385)

Porém, o uso de hidrocarbonetos na Antiguidade se limitava a materiais de construção e a revestimentos protetivos. Sua aplicação para combustão, incluindo o aquecimento das termas de Constantinopla durante o fim do Império Romano, era rara (Forbes, 1964). Uma notável exceção era a queima realizada pelos chineses de gás natural a fim de evaporar água salobra na província de Sichuan, desprovida de litoral (Adshead, 1992). Empregado ao menos desde o início da dinastia Han (200 a.C.), esse processo foi possibilitado pela invenção chinesa da perfuração percussiva (Needham, 1964). Brocas pesadas de ferro presas a longos cabos içados através de gruas de bambu eram elevadas ritmicamente por dois a seis homens que pulavam numa alavanca. Os mais profundos buracos perfurados já registrados começaram com apenas 10 m durante a dinastia Han, chegaram a

246 Energia e Civilização: Uma História

150 m no século X e culminaram no poço de Xinhai, com 1 km de profundidade, em 1835 (Vogel, 1993). O gás natural, distribuído por tubulações de bambu, era usado para evaporar água salobra em imensas panelas de ferro fundido.

A prática chinesa permaneceu isolada, e o início da era mundial dos hidrocarbonetos teria de esperar mais dois milênios. Na América do Norte, o petróleo era coletado junto a exsudações naturais na Pensilvânia no fim dos século XVIII e vendido como "óleo de Sêneca" medicinal, e na França areias betuminosas eram exploradas desde 1745 na Alsácia, perto de Merkwiller-Pechelbronn, onde a primeira refinaria de pequeno porte foi construída em 1857 (Walther, 2007). Mas havia um único lugar no mundo pré-industrial com uma longa história de coleta de petróleo cru: a península de Absheron, no Mar Cáspio, onde fica a capital Baku do moderno Azerbaijão.

As piscinas e os poços de petróleo foram descritos em fontes medievais, e uma inscrição de 1593 marca um poço de 35 m de profundidade que foi escavado manualmente em Balakhani (Mir-Babaev, 2004). Em 1806, quando a Rússia czarista assumiu o controle, a península de Absheron tinha muitos poços rasos dos quais petróleo leve era coletado e destilado para produzir querosene para iluminação local e para exportação por camelos (em bolsas de couro) e em barris de madeira. A primeira refinaria comercial de petróleo do mundo foi construída pelos russos em 1837 em Balakhani, e em 1846 eles perfuraram o primeiro poço de exploração de petróleo do mundo (com 21 m) em Bibi-Heybat, dando início a um dos maiores campos petrolíferos do mundo, que produz até hoje.

As histórias contadas no Ocidente sobre a indústria petrolífera ou omitem esses desenvolvimentos em Baku ou os mencionam somente após decreverem os primórdios da exploração de petroleo na Pensilvânia. A busca norte-americana por petróleo teve como motivação descobrir um substituto para o caro óleo de baleias cachalote produzido a bordo de navios baleeiros para ser queimado em lampiões (Brantly, 1971). Os norte-americanos contavam com a maior frota de baleeiros — com um pico de mais de 700 embarcações em 1846 — e durante a década de 1840 eles traziam aproximadamente 160 mil barris de óleo de cachalote ao ano para os portos da Nova Inglaterra (Starbuck, 1878; Francis, 1990).

Mas o primeiro poço de petróleo da América do Norte foi escavado manualmente no Canadá em 1858, por Charles Tripp e James Miller Williams perto de Black Creek, no condado de Lambton, no sudoeste de Ontário, inaugurando o primeiro *boom* mundial do petróleo e rebatizando o vilarejo como Oil Springs (Bott, 2004). O célebre primeiro poço perfurado, em vez de escavado, descrito em todas as histórias sobre a produção de petróleo, foi concluído sob a supervisão de Edwin Drake (1819–1880), um ex-condutor de trem contratado por George Henry Bissell (1821–1884), que fundou a Pennsylvania Rock Oil Company (Dickey, 1959). Ele foi perfurado junto a uma exsudação em Oil Creek, perto de Titusville, Pensilvânia, e os perfuradores encontraram petróleo a uma profundidade de 21 m em 27 de agosto de 1859, data geralmente considerada a inauguração

Capítulo 5 Combustíveis fósseis, eletricidade primária e renováveis **247**

da era petrolífera moderna. Para realizar a tarefa, foi usada uma perfuratriz de percussão acionada por um pequeno motor a vapor.

Durante os anos 1860, três países — Estados Unidos, Canadá e Rússia — contavam com novas e crescentes indústrias petrolíferas. A produção canadense aumentou temporariamente com o primeiro poço jorrante do mundo, em Oil Springs, 1862, e com novas descobertas no vilarejo próximo de Petrolea em 1865, mas bem antes do fim do século ela se tornou insignificante, e o Canadá só foi figurar novamente entre os maiores produtores de petróleo após a Segunda Guerra Mundial, com descobertas de campos gigantescos em Alberta. Em contraste, nos Estados Unidos a produção não parou de aumentar, inicialmente advinda de inúmeros campos menores na bacia dos Apalaches (Nova York, Pensilvânia e Virgínia Ocidental) e depois, a partir de 1865, na Califórnia. A extração na bacia de Los Angeles começou em 1880, na bacia de San Joaquin, em 1891 (seus gigantescos campos de Midway-Sunset e Kern River seguem produzindo após mais de um século) e no condado de Santa Barbara a partir de 1890 (incluindo os primeiros poços em mar aberto do mundo, perfurados a partir de cais de madeira).

O estado do Kansas se juntou aos demais produtores de petróleo em 1892, o Texas (campo de Corsicana) em 1894, Oklahoma em 1897, e em 10 de janeiro de 1901 Anthony Francis Lukas fez a descoberta espetacular do campo de Spindletop, perto de Beaumont, no sul do Texas, com um poço que jorrava 100 mil barris/dia (Linsley; Rienstra; Stiles; 2002; Figura 5.6). A nascente indústria petrolífera russa recebeu bastante investimento estrangeiro, notadamente de Ludwig e Robert Nobel, através de sua Nobel Brothers Petroleum Company, fundada em 1875, e da Indústria e Comércio de Petróleo do Mar Negro, dos irmãos Rothschild, fundada em 1883. Em 1890, a Rússia estava produzindo mais energia na forma de petróleo do que de carvão, e em 1899, antes da descoberta no sul do Texas, o país se tornou brevemente o maior produtor de petróleo cru do mundo, com pouco mais de 9 Mt/dia (Samedov, 1988). A maior parte desse combustível era exportada por investidores estrangeiros. A produção na cidade de Baku começou a diminuir a partir de 1900, e em 1913 o consumo de carvão na Rússia era mais de duas vezes o de petróleo. Outras descobertas substanciais de petróleo pré-1900 foram feitas na Romênia, na Indonésia (em Sumatra, 1883) e em Burma (onde a produção começou em 1887). O México entrou para o rol de produtores de petróleo em 1901; em 1908 veio a primeira grande descoberta em Masjid-e-Soleiman, no Irã; o petróleo em Trinidad foi produzido pela primeira vez em 1913; e na Venezuela, o gigantesco campo de Mene Grande, no litoral junto ao Lago Maracaibo, começou a produzir em 1914.

A maioria dessas descobertas eram de campos de hidrocarbonetos contendo tanto petróleo cru quanto gás natural associado, mas esse gás raramente era usado durante as primeiras décadas da indústria dos hidrocarbonetos, já que sem compressores e tubulações de aço ele não podia ser transferido por longas distâncias,

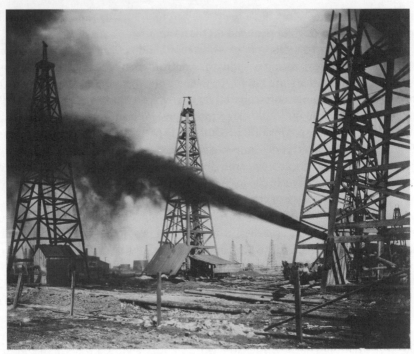

FIGURA 5.6
Petróleo jorrando do poço Spindletop, perto de Beaumont, no Texas, em janeiro de 1901 (Corbis).

sendo simplesmente ventilado para o ambiente. Em contraste, a alta densidade energética dos combustíveis líquidos refinados a partir do petróleo cru (gasolina, querosene e óleos combustíveis) e sua fácil portabilidade fez deles uma fonte superior de energia para a indústria do transporte, e a invenção e rápida adoção do motor de combustão interna abriu um imenso mercado para sua aplicação.

A extração de petróleo cru também era voltada para produzir uma fonte mais barata de energia para iluminação, mas menos de 25 anos depois de seus primórdios nos Estados Unidos, a geração de eletricidade comercial e de lâmpadas (veja a próxima seção) passou a oferecer uma alternativa superior. Quando a extração de petróleo começou a se expandir durante os anos 1860, não havia motores comerciais de combustão interna capazes de propelir veículos, mas novamente passados cerca de 25 anos, dois engenheiros alemães construíram seus primeiros motores automotivos práticos e criaram uma nova demanda por combustível que ainda não chegou a seu pico global mais de 130 anos depois.

O desenvolvimento do motor de combustão interna, uma nova força motriz que queimava combustível dentro de cilindros, avançou rapidamente. Os *designs* aperfeiçoados durante a primeira geração de seu uso comercial, entre 1886 e

Capítulo 5   Combustíveis fósseis, eletricidade primária e renováveis   **249**

1905, permaneceram fundamentalmente inalterados (embora tenham ficado bem mais eficientes) pela maior parte do século XX (Smil, 2005). Após várias décadas de experimentos fracassados e *designs* abandonados, o primeiro motor de combustão interna de sucesso comercial foi patenteado em 1860 por Jean Joseph Étienne Lenoir (1822–1900). Mas seu motor era completamente impróprio para qualquer uso móvel: era uma máquina horizontal de dupla ação que queimava uma mistura não comprimida de gás de iluminação pública e ar, acesa por uma faísca elétrica, apresentando uma eficiência de apenas 4% (Smil, 2005).

Em 1862, Alphonse Eugène Beau (Beau de Rochas, 1815–1893) conceitualizou o funcionamento de um motor de quatro tempos, mas foram precisos mais 15 anos até que Nicolaus August Otto (1832–1891) viesse a patentear tal máquina, em 1877, vendendo em seguida quase 50 mil unidades (com média de 6 kW, com um índice de compressão de apenas 1,6) para pequenas oficinas que não podiam arcar com um motor a vapor (Clerk, 1909). Esse motor lento e alimentado a gás de carvão não podia servir como uma força motriz para o transporte. Adaptado para queimar gasolina, tal motor foi adaptado por Gottlieb Daimler (1834–1900), um ex-funcionário da empresa de Otto, e Wilhelm Maybach (1846–1929), para sua oficina em Stuttgart (Walz; Niemann, 1997). A gasolina tem uma densidade energética de 33 MJ/L (cerca de 1.600 vezes aquela do gás de iluminação urbana usado por Otto) e um baixíssimo ponto de ignição (–40°C), o que facilita a partida dos motores.

Daimler e Maybach construíram o primeiro protótipo em 1833. Em novembro de 1885, eles usaram uma versão subsequente resfriada a ar para propelir a primeira motocicleta do mundo, e em março de 1886 seu projeto de maior porte (0,462 L, 820 W), com 600 rpm e resfriado a água, foi instalado numa carruagem com rodas de madeira (Walz; Niemann, 1997).

Ao mesmo tempo, trabalhando em Mannheim, cerca de 120 km ao norte de Stuttgart, Karl Friedrich Benz (1844–1929) projetou seu motor de dois tempos a gasolina em 1883 e (após a expiração da patente de Otto) um motor de quatro tempos, que patenteou em janeiro de 1886. Ele instalou o motor de 500 W e 250 rpm num chassi de três rodas e exibiu o veículo publicamente em 3 de julho de 1886. A combinação do motor de alta rotação de Daimler, com a ignição elétrica de Benz e com o carburador de válvula flutuante de Wilhelm Maybach proporcionou os componentes-chave dos modernos veículos viários, e no raiar do novo século a destacada fabricante alemã projetou o primeiro carro essencialmente moderno (Quadro 5.6, Figura 5.7).

A DMG até podia simbolizar o carro de maior qualidade, mas no início do século XX esse padrão era típico de um mercado abastado. Duas décadas após seu *debut* alemão em meados de 1880, o carro de passageiros continuava sendo uma máquina cara, produzida em séries reduzidas sob métodos artesanais. E não havia nada de especial nos carros norte-americanos: um destacado especialista britâ-

250 Energia e Civilização: Uma História

QUADRO 5.6
O primeiro carro moderno

O carro foi uma invenção alemã, mas um engenheiro francês, Emile Levassor (1844–1897), projetou o primeiro veículo que não era uma mera carruagem sem cavalos — embora contasse com o melhor motor alemão. Levassor foi introduzido ao motor alemão V produzido pela Daimler Motoren Gesselschaft (DMG) em 1891 e desennhou um novo chassi para acomodá-lo. Durante os anos 1890, carros com motores DMG costumavam vencer as corridas de carro pela Europa, mas o carro histórico da empresa tinha uma origem absolutamente comercial (Robson, 1983; Adler, 2006). Quando Emil Jellinek (1853–1918), um homem de negócios e cônsul geral do Império Austro-Húngaro em Mônaco, abriu uma revendedora de carros da Daimler em 2 de abril de 1900, ele encomendou 36 veículos, e logo em seguida dobrou o pedido. Em troca dessa encomenda lucrativa, ele solicitou direitos de exclusividade para vendas no Império Austro-Húngaro, França, Bélgica e Estados Unidos, e também que os carros recebecem a marca registrada Mercedes, o nome de batismo de sua filha.

Tendo em vista essa incomenda inusitada, Maybach projetou um carro que sua empresa sucessora, a Mercedes-Benz, descreveu como o primeiro automóvel verdadeiro, e que foi chamado de "o primeiro carro moderno em todos os essenciais" (Flink 1988, p. 33). A Mercedes 35 foi concebida como um carro de corrida com um perfil alongado; tinha um baixíssimo centro de gravidade e um peso total de 1.200 kg. Para sua época, o carro tinha um motor de quatro cilindros excepcionalmente potente (5,9 L, 26 kW ou 35 hp, 950 rpm), com dois carburadores e com válvulas de admissão mecanicamente operadas. Maybach cortou o peso do motor para apenas 230 kg, ao usar um bloco de alumínio e ao reduzir seu índice massa/potência para menos de 9 g/W, 70% abaixo do melhor motor DMG produzido em 1895. O novo carro logo quebrou o recorde mundial de velocidade (64,4 km/h), e uma Mercedes 60 ainda mais potente, com uma carroceria mais requintada, se seguiu em 1903, fazendo despontar uma marca que pouco perdeu seu apelo 125 anos depois.

---

nico em automóveis escreveu em 1906: "o progresso em *design* e fabricação de veículos motorizados nos Estados Unidos não se destaca por avanço algum digno de nota frente à prática obtida neste país ou no Continente" (Beaumont, 1906, p. 268). Dois anos depois, tudo isso mudou, quando Henry Ford (1863–1947) introduziu seu Modelo T, barato, produzido em massa e desenvolvido para satisfazer os rigores de dirigir nos Estados Unidos — sua conquista e seu legado são explicados no próximo capítulo.

E dois pioneiros improváveis — Wilbur (1867–1912) e Orville (1871–1948) Wright, dois fabricantes de bicicletas de Dayton, Ohio — foram os primeiros inovadores a propelir o primeiro voo bem-sucedido com um motor leve de combustão interna, quando seu avião pairou brevemente sobre as dunas de Kitty

Capítulo 5   Combustíveis fósseis, eletricidade primária e renováveis   **251**

FIGURA 5.7
A Mercedes 35, projetada por Wilhelm Maybach e Paul Daimler em 1901. Fotografia tirada do *website* da Daimler.

Hawk, na Carolina do Norte, em 17 de dezembro de 1903 (McCullough, 2015). Eles não foram os primeiros a tentar. Meros nove dias antes de seu voo bem-sucedido, Charles M. Manly fez uma segunda tentativa de lançar sua aeronave Aerodrome A por catapulta a partir de uma balsa no rio Potomac. A construção do avião fora financiada com uma bolsa do governo norte-americano recebida por Samuel Pierpoint Langley (1834–1906), o secretário do Smithsonian Institution, equipando-o com um potente (39 kW, 950 rpm) motor radial de cinco cilindros. Porém, assim como ocorrera com a primeira tentativa de Manly em 7 de outubro de 1903, o avião imediatamente caiu no mar.

Por que os Wrights tiveram sucesso, e por que isso ocorreu menos de cinco anos depois que eles mesmos, sem qualquer conhecimento prévio, escreveram para o Smithsonian para solicitar informações sobre voo? Depois de ouvirem a recusa de muitos fabricantes de motores para construírem uma máquina segundo suas especificações, eles próprios resolveram projetá-la, e seu mecânico, Charles Taylor, a construiu em apenas seis semanas. O motor tinha um corpo de alumínio, sem carburador e seu velas de ignição, mas seus quatro cilindros movimentavam 3,29 L e deviam produzir 6 kW (Gunston, 1986). O motor acabado, pesando 91 kg, desenvolveu na verdade até 12 kW em voo, alcançando um índice massa/potência de 7,6 g/W. Mas esse motor leve e potente foi somente um dos componentes-chave do seu sucesso. Os irmãos estudaram aerodinâmica e passaram a entender a importância do equilíbrio, estabilidade e controle durante o voo, e superaram esse desafio com seu planador de 1902 (Jakab, 1990). Eles combinaram sua expe-

252 Energia e Civilização: Uma História

riência em engenharia com testes rigorosos e sistemáticos envolvendo aerofólios e formatos de asa e com voos experimentais em planador. Os primeiros voos deles, em 17 de dezembro de 1903, são bem documentados (Quadro 5.7, Figura 5.8).

A patente (U.S. 821,393) foi concedida somente em maio de 1906, e foi amplamente infringida, já que projetistas em muitos países começaram a construir seus próprios aviões. O progresso no controle e na duração dos voos foi acelerado. Em 20 de setembro de 1904, os irmãos Wright voaram o primeiro círculo completo, e em 9 de novembro de 1904, cobriram quase 5 km (McCullough, 2015). Menos de cinco anos depois, após um período de intensificação da concorrência internacional, Louis Charles Joseph Blériot (1872–1936), que previamente construíra o primeiro monoplano do mundo, tornou-se a primeira pessoa a voar por sobre o Canal da Mancha em 25 de julho de 1909 (Blériot, 2015), e em 1914 as principais potências mundiais já contavam com forças aéreas nascentes, que viriam a ser empregadas e ampliadas na Primeira Guerra Mundial.

Quando os motores a ignição de gasolina estavam rodando pelas estradas com sucesso comercial, um modo de ignição de combustível totalmente diferente foi introduzido pela invenção de Rudolf Diesel (1858–1913), patenteada em 1892

QUADRO 5.7
Os primeiros voos

Nove dias após o segundo mergulho de Manly, os irmãos Wright estavam prontos para testar o *Flyer* em Kitty Hawk. O avião era um frágil biplano-*canard* (com o leme projetado à frente das asas, em forma de pato) com uma estrutura em madeira (abeto) recoberta por fino tecido de algodão; sua envergadura era de 12 m, pesando apenas 283 kg. Uma roda dentada transmitia a potência para duas hélices rotando em direções opostas. Durante o primeiro voo, perto de 10:35 da manhã, Orville era o piloto, deitado de bruços sobre a asa inferior e conduzindo a aeronave ao mover um nicho que puxava fios presos às asas e ao leme. O primeiro voo foi praticamente um pulo de 27 m, com o piloto saindo do chão por apenas 12 segundos.

Já o segundo, logo após a aeronave ser reparada devido a um dano por derrapagem na primeira aterrissagem, alcançou 53 m, e o terceiro, 61 m. Durante a quarta tentativa, o avião começou a oscilar para cima e para baixo até que Wilbur retomou o controle, depois pousou com violência e teve seu leme frontal quebrado — mas não sem antes permanecer no ar por 57 segundos e viajar 260 m. Antes de iniciarem sua viagem de volta para Dayton, os irmãos enviaram um telegrama a seu pai, o reverendo Milton Wright: "Sucesso quatro voos quinta manhã todos contra vento 34 quilômetros iniciados Solo apenas potência motor velocidade média pelo ar 50 quilômetros mais longo 57 segundos informe a Imprensa chegaremos Natal"(World Digital Library, 2014).

Capítulo 5   Combustíveis fósseis, eletricidade primária e renováveis   253

FIGURA 5.8
O primeiro voo de uma máquina autopropelida mais pesada que o ar, em Kitty Hawk, Carolina do Norte, às 10:35 da manhã de 17 de dezembro de 1903, com Orville Wright nos controles. Fotografia da Biblioteca do Congresso dos Estados Unidos.

(Diesel, 1913). Em motores a diesel, o combustível injetado no cilindro sofre ignição espontânea pelas altas temperaturas geradas pelos índices de compressão de 14–24, comparados a apenas 7–10 nos motores a gasolina com ciclo de Otto. Isso requer um motor de massa maior e menor velocidade, mas que é inerentemente mais eficiente. Mesmo durante os primeiros testes de certificação do motor em fevereiro de 1897, o protótipo apresentou uma eficiência acima de 25% (comparada a 14–17% para os melhores motores a gasolina de então). Em 1911, sua taxa chegou a 41%, e atualmente os melhores motores a gasolina de grande porte chegam a passar dos 50%, o dobro da taxa daqueles a gasolina (Smil, 2010b). Além do mais, esses motores usam combustível mais pesado e mais barato. O óleo diesel é quase 14% mais pesado que a gasolina (820–850 g/L *versus* 720–750 g/L) e sua densidade energética por massa é similar, o que significa que a densidade por volume do motor a diesel, em quase 36 MJ/L, é quase 12% mais alta.

Diesel resolveu projetar um motor de combustão interna mais eficiente já durante seus estudos universitários e em dezembro de 1892 ele finalmente teve sua patente concedida (após duas rejeições):

> para um motor de combustão interna caracterizado pelo fato de que um cilindro de ar puro [...] é tão altamente comprimido pelo pistão que a temperatura resultante é bem superior à temperatura de ignição do combustível [...] e a adição de combustível é tão gradual que

254 Energia e Civilização: Uma História

a combustão ocorre sem um aumento essencial da pressão ou da temperatura, devido ao movimento do pistão para longe e à expansão do ar comprimido (Diesel 1893a, p. 1).

Da maneira como foi arquivada, a patente não tinha como ser convertida num motor funcional. Já a segunda patente foi concedida em 1895, e Diesel então buscou a ajuda prática de Heinrich von Buz (1833–1918), diretor geral da Maschinenfabrik Augsburg, a principal empresa de engenharia mecânica do país, e do renomado produtor de aço Friedrich Alfred Krupp (1854–1902), cujas empresas investiram consideravelmente para desenvolver uma máquina funcional. O teste oficial de certificação com um motor de 13,5 kW em 17 de fevereiro de 1897 indicou uma eficiência líquida de 26,2% e uma pressão máxima de 34 atosferas, um décimo das especificações originais de Diesel (Diesel, 1913). No segundo semestre de 1897, o desempenho já alcançou 30,2%. Desse modo, Diesel obteve uma máquina melhor e sua ambição foi praticamente concretizada, mas suas esperanças iniciais quanto ao impacto social dela foram frustradas — mais outro caso de consequências imprevistas de um avanço tecnológico (Quadro 5.8).

A comercialização do novo motor foi mais lenta que o previsto, com menos de 300 unidades vendidas até o fim de 1901 (Smil, 2010b). Em 1903, a primeira embarcação a diesel, o pequeno petroleiro *Vandal*, começou a operar no Mar Cáspio e no rio Volga. Em 1904, a primeira estação geradora de eletricidade a diesel abriu em Kiev, e o submarino francês *Aigrette* tornou-se o primeiro propelido a diesel. Mas o primeiro grande avanço veio em fevereiro de 1912, quando o navio dinamarquês de cargas e passageiros *Selandia* (de 6.800 dwt) se tornou o primeiro transoceânico movido a motores a diesel. Um ano antes de morrer, em meados de 1912, Diesel comentou: "Existe uma nova expressão agora nos círculos navais: 'andar a diesel". Não fazemos nada agora sem andar a diesel [...] eles dizem por toda parte" (Diesel 1937, p. 421).

Mas mesmo com o rápido sucesso dos motores a combustão interna — propelindo veículos viários, aviões e navios e começando a monopolizar tarefas agrícolas, à medida que tratores, colheitadeiras e bombas de irrigação abandonavam os animais de tração nas fazendas ocidentais — a era do vapor ainda não chegara ao fim. Ainda outra força motriz se tornou comercialmente disponível antes do fim do século XIX, e seu desenvolvimento subsequente determinou boa parte dos avanços industriais do século XX. A histórica invenção foi a turbina a vapor, logo empregada como uma força motriz superior para rotar geradores na produção eletricidade em estações centrais cada vez maiores.

Eletricidade

Uma compreensão sistemática das propriedades e leis fundamentais da eletricidade foi alcançada pelos esforços de muitos cientistas e engenheiros europeus e norte-

Capítulo 5 Combustíveis fósseis, eletricidade primária e renováveis **255**

QUADRO 5.8
O motor de Diesel: a intenção e o resultado

A ambição de Diesel era produzir um motor leve, pequeno (do tamanho aproximado de uma máquina de costura contemporânea) e barato que seria comprado por empreendedores independentes (operadores de maquinário, relojoeiros, donos de restaurante) e estimularia uma ampla descentralização da indústria, um de seus grandes sonhos sociais:

> É indubitavelmente melhor descentralizar as pequenas indústrias o mais possível e tentar estabelecê-las nas cercanias das cidades, até mesmo no campo, em vez de centralizá-las em grandes cidades, onde encontram-se atulhadas sem ar, luz ou espaço. Esse objetivo só pode ser alcançado por uma máquina independente, aquela aqui proposta, que é fácil de operar. Sem dúvida, o novo motor pode proporcionar um desenvolvimento mais sensato às pequenas indústrias do que as tendências recentes, que são enganosas em termos econômicos, políticos, humanitários e higiênicos. (Diesel 1893b, p. 89)

> Passada uma década, em *Solidarismus: Natürliche wirtschaftliche Erlösung des Menschen* (Diesel, 1903), ele promoveu fábricas administradas por trabalhadores e passou a sonhar com uma nova era de honestidade, justiça, paz fraternal, compaixão e amor, encarando as cooperativas laborais como colmeias e os próprios trabalhadores como abelhas com crachás e contratos. Contudo, somente 300 dentre 100 mil exemplares foram vendidos, e as sociedades modernas não se organizaram em torno de cooperativas de trabalhadores. Diesel contou a seu filho que seu "maior feito teria sido solucionar a questão social" (Diesel 1937, p. 395). Porém, os motores dele não encontraram suas mais importantes aplicações em pequenas oficinas, e sim em maquinário pesado, caminhões e locomotivas, e, após a Segunda Guerra Mundial, em navios petroleiros, graneleiros e de contêineres, ajudando a criar o exato oposto da visão de Diesel: uma concentração sem precedentes de fabricação em massa e a distribuição barata de seus produtos numa nova economia global (Smil, 2010b).

-americanos durante a parte final do século XVIII e as primeiras seis décadas do XIX. Em muitos casos, suas contribuições pioneiras foram reconhecidas batizando-se unidades físicas básicas com seus sobrenomes. Marcos célebres do século XVIII incluem os experimentos de Luigi Galvani (1737–1798) com patas de sapos durante os anos 1790 (e daí sua noção equivocada de uma "eletricidade animal"), os estudos de Charles Augustin Coulomb (1736–1806) com força elétrica (o coulomb passou a ser a unidade-padrão de carga elétrica) e a construção de Alessandro Volta (1745–1827) da primeira bateria elétrica (o volt é a unidade de potencial elétrico).

Em 1819, Hans Christian Ørsted (1777–1851) descobriu o efeito magnético das correntes elétricas (o orsted passou a ser a unidade de campo magnético), e durante a década de 1820 André-Marie Ampère (1775–1836) formulou o conceito de um circuito completo e quantificou os efeitos magnéticos da corrente elétrica (o ampere é a unidade de corrente elétrica). Nenhuma dessas descobertas do início do século XIX foi mais importante do que a demonstração feita por Michael Faraday (1791–1867) da indução magnética (Figura 5.9). Faraday queria responder uma pergunta simples: se, como Ørsted havia demonstrado, a eletricidade induz magnetismo, será que o magnetismo pode induzir eletricidade? E nós temos a data exata e a descrição detalhada da resposta que ele descobriu (Quadro 5.9).

FIGURA 5.9
Michael Faraday. Wellcome Library, Londres, fotografia.

Capítulo 5   Combustíveis fósseis, eletricidade primária e renováveis   **257**

QUADRO 5.9
A descoberta da indução magnética por Faraday

Faraday, um autodidata que trabalhava como assistente na Royal Institution para Humphry Davy (1778–1829) e o primeiro cientista a descrever o arco magnético criado por uma pequena separação de dois eletrodos de carbono, publicou seu primeiro importante trabalho sobre eletricidade (rotação eletromagnética) em 1821, quando delineou o princípio do motor elétrico. Ele deu início a uma nova série de experimentos em 1831, que o acabaram levando à sua descoberta da indução magnética em 17 de outubro de 1831. Temeroso de que seus resultados pudessem ser um erro gerado pelo seu projeto experimental, ele conduziu o experimento final usando uma técnica diferente, produzindo corrente contínua. Faraday apresentou seus resultados numa palestra ministrada na Royal Society em 24 de novembro de 1831. Eis como ele os descreveu em *Experimental Researches in Electricity* (Faraday, 1832, p. 128):

> Nos experimentos precendentes, os fios estavam pertos um do outro, e o contato do fio indutor com a bateria ocorreu quando o efeito indutor era necessário; mas como se pode supor uma certa ação exercida nos momentos de estabelecimento e quebra de contato, a indução foi produzida de outra forma. Muitos palmos de fio de cobre foram estendidos em zigue-zague, representando a letra W, sobre a superfície de um amplo tabuleiro; um segundo fio foi estendido de forma precisamente similar num segundo tabuleiro, de tal modo que, ao ser levado para perto do primeiro, os fios deviam se tocar por toda parte, mas com uma folha grossa de papel colocada entre eles. Um desses fios estava conectado a um galvanômetro, e o outro a uma bateria voltaica. O primeiro fio foi então movido em direção ao segundo, e, ao se aproximar, um ponteiro foi deslocado. Ao ser removido, o ponteiro foi então deslocado na direção oposta. Ao fazer os fios se aproximarem e depois se afastarem, simultaneamente com as vibrações no ponteiro, esta últimas logo se tornaram bastante extensivas; mas quando os fios deixavam de ser movidos para perto ou longe um do outro, o ponteiro do galvanômetro logo voltou à sua posição usual.
>
> Conforme os fios se aproximavam, a corrente induzida ia na direção contrária da corrente indutora. Conforme os fios se afastavam, a corrente induzida ia na mesma direção da corrente indutora. Quando os fios permaneciam estacionários, não havia corrente induzida alguma.

A demonstração de Faraday de que a energia mecânica pode ser convertida em eletricidade (para gerar corrente alternada) e vice-versa preparou o terreno para a produção prática e conversão de eletricidade sem a dependência (e a limitação) de baterias pesadas de baixa densidade energética. Mas décadas ainda seriam necessárias até que os esforços combinados transformassem essa possibilidade numa realidade comercial. Quado Júlio Verne (1828–1905) publicou seu *Vinte mil léguas submarinas*, ele fez o Capitão Nemo explicar a Annorax que "existe um agente poderoso, obediente, rápido, fácil, que se adapta a todo e cada uso, e que reina supremo a bordo de minha embarcação. Tudo é feito por meio dele. Ele

258 Energia e Civilização: Uma História

ilumina, aquece e é a alma do meu aparato mecânico. Esse agente é a eletricidade". Mas em 1870, isso ainda era ficção científica, já que a eletricidade não podia ser gerada em larga escala e as capacidades dos motores elétricos se restringiam à potência gerada por pequenas baterias.

Esse hiato não é de todo surpreendente, já que a geração de eletricidade, sua transmissão e sua conversão em calor, luz, movimento e potencial químico representaram uma conquista sem paralelo entre as inovações energéticas. Anteriormente, novas fontes de energia e novas forças motrizes tinham sido projetadas para cumprir tarefas específicas mais rapidamente, a menor custo e com mais potência, e podiam ser facilmente usadas dentro de arranjos produtivos já existentes (tal como a substituição de tração animal por rodas d'água para acionar engenhos). Em contraste, a introdução da eletricidade exigiu a invenção, o desenvolvimento e a instalação de todo um novo sistema necessário para gerá-la de modo confiável e acessível financeiramente, e para transmiti-la com segurança a longa distância e distribuí-la localmente para consumidores individuais, bem como para convertê-la eficientemente a fim de entregar as formas finais de energia desejadas pelos usuários.

A comercialização de eletricidade começou pela busca por melhor iluminação. Como já mencionado, Davy demonstrou o efeito do arco voltaico em 1808, mas as primeiras luzes elétricas a explorar esse fenômeno foram acesas brevemente na Place de la Concorde em dezembro de 1844 e em seguida no pórtico da National Gallery de Londres em novembro de 1848. Em 1871, Z. T. Gramme (1826–1901) apresentou o primeiro dínamo com armadura de bobina — chamado por ele de nova *machine magnéto-electrique produisant de courant continu* — para a Académie des Sciences em Paris (Chauvois, 1967). Tal *design* acabou abrindo caminho para luzes em arco alimentadas por eletricidade gerada por dínamos: a partir de 1877, o arco voltaico passou a iluminar alguns locais públicos famosos em Paris e Londres, e em meados dos anos 1880 a tecnologia se espalhou para muitas cidades europeias e norte-americanas (Figuier, 1888; Bowers, 1998). Contudo, eram necessários controles para manter um arco estável conforme a corrente consumia o eletrodo positivo, e essa tecnologia não era adequada para uso em ambientes fechados. Além disso, os eletrodos gastos representavam um grande desafio logístico: para um arco de 500 W espaçado a cada 50 m, cada quilômetro de via urbana exigia ao ano 3,6 km de eletrodos de carbono de 15 e 9 mm de espessura (Garcke, 1911).

A busca por iluminação para ambientes fechados por meio de filamentos cintilantes levou mais quatro décadas — desde os experimentos de Warren de La Rue nos anos 1830 com bobina de platina até 1879, quando Edison revelou sua primeira lâmpada durável com filamento de carbono (Edison, 1880) — e envolveu umas duas dezenas de inventores proeminentes (mas agora esquecidos) do Reino Unido, França, Alemanha, Rússia, Canadá e Estados Unidos (Pope, 1894; Garcke, 1911; Howell; Schroeder 1927; Friedel; Israel, 1986; Bowers, 1998). Devo destacar ao menos Hermann Sprengel, que inventou a bomba de vapor de mercúrio

Capítulo 5 Combustíveis fósseis, eletricidade primária e renováveis **259**

para produzir alto vácuo em 1865; Joseph Wilson Swan (1828–1914), que iniciou seus trabalhos em 1850 e acabou obtendo uma patente britânica para uma lâmpada com filamento de carbono em 1880; e os canadenses Henry Woodward e Matthew Evans, cuja patente de 1875 serviu como a base para o trabalho de Edison. Então por que os feitos de Edison superam de longe aqueles de muitos de seus predecessores e concorrentes?

Edison teve sucesso porque percebeu que a corrida não era apenas por obter a primeira lâmpada confiável, e sim por colocar em funcionamento todo um novo sistema comercial prático de iluminação elétrica — e isso incluía geração, transmissão e medição de consumo de modo confiável (Friedel; Israel, 1986; Smil, 2005). Como resultado, a criação da indústria elétrica foi motivada, mais do que em qualquer outro caso de inovação no século XIX, pela visão de um único homem. Isso exigiu a identificação precisa de desafios técnicos, sua solução mediante rigorosa pesquisa e desenvolvimento interdisciplinar e a rápida introdução das inovações resultantes em uso comercial (Jehl, 1937; Josephson, 1959). Houve outros inventores contemporâneos de lâmpadas elétricas ou de grandes geradores, mas somente Edison tinha tanto a visão de um sistema completo quanto a determinação e o talento organizacional para fazer o todo fucionar (Quadro 5.10, Figura 5.10).

Eis o que continua inegável: Edison era um homem excepcionalmente inventivo e trabalhador (seu comprometimento mental só era superado por sua lendária resistência física) cujas qualidades contraditórias de um inovador racional e dedicado, por um lado, e de um jactante promotor de alegações duvidosas, por outro, podia tanto inspirar quanto afastar quem trabalhava para ele. E jamais teria chegado tão longe sem o financiamento generoso por parte de alguns dos mais ricos homens de negócios da época — mas ele fez bom uso desse investimento em seu laboraório em Menlo Park, explorando muitos novos conceitos e opções, e merecendo ser visto como um precursos das instituições de P&D corporativa cujas inovações contribuíram bastante para criar o século XX.

O filamento de Edison feito de fio de costura de algodão carbonizado dentro de um alto vácuo produziu uma luz constante em sua primeira lâmpada elétrica durável, em 21 de outubro de 1879. Em seguida, dia 31 de dezembro do mesmo ano, ele demonstrou 100 de suas novas lâmpadas em Menlo Park, Nova Jersey, iluminando seu próprio laboratório e também as ruas próximas e a estação ferroviária. Embora as primeiras lâmpadas fossem muito ineficientes, seu desempenho era melhor que o de qualquer fonte de luz contemporânea. Elas eram cerca de dez vezes mais brilhantes que mantos de gás e cem vezes mais que uma vela. Esses imensos avanços na iluminação foram não menos importantes para a modernização industrial e para uma melhor qualidade de vida que a introdução de melhores forças motrizes.

Uma lâmpada elétrica durável era só o começo: nos três anos após seu lançamento, Edison fez quase 90 novos pedidos de patentes para filamentos e lâmpadas, 60 envolvendo máquinas magnetoelétricas ou dinamoelétricas, 14 para o

QUADRO 5.10
O sistema elétrico de Edison

A primeira lâmpada elétrica durável, demonstrada por Joseph Swan em Newcastle-on-Tyne em 18 de dezembro de 1878, tinha os mesmos componentes-chave da primeira lâmpada de Edison de maior duração, patenteada dez meses depois: fios de platina-chumbo com um filamento de carbono (Electricity Council, 1973; Bowers, 1998). Mas os filamentos de Swan tinham baixíssima resistência (<1–5 Ω), e seu uso em larga escala teria exigido voltagens muito baixas e, portanto, altíssimas correntes e fios de trasmissão massivos. Além do mais, as lâmpadas pré-Edison eram conectadas em séries e energizadas por uma corrente constante advinda de um dínamo, tornando impossível ligar as luzes individualmente e desligar o sistema inteiro com um único interruptor. Edison percebeu que um sistema de iluminação comercialmente viável teria de minimizar o consumo de eletricidade ao usar filamentos de alta resistência conectados em paralelo a um sistema de voltagem (tensão) constante.

Essa compreensão contradizia por completo o consenso técnico da época (Jehl, 1937), mas uma comparação simples ilustra as consequências práticas das duas abordagens. Arranjos comuns pré-Edison — uma lâmpada de 100 W e 2 Ω — exigiam 7 A. A escolha de Edison por 140 Ω exigia apenas 0,85 A, reduzindo bastante o custo com condutores de cobre (Martin, 1922). Conforme Edison afirmou em seu pedido de patente apresentado em 12 de abril de 1879: "Pelo uso de tais lâmpadas de alta resistência, sou capaz de instalar uma grande quantidade em arco multiplo sem baixar a resiliência total de todas as lâmpadas a ponto de exigir um condutor principal maior; mas, pelo contrário, sou capaz de usar um condutor principal de dimensões bem moderadas"(Edison, 1880, p. 1). Segundo a lei de Ohm, as especificações de Edison exigiam um suprimento de 118 V, e essa voltagem (110–120 V) ainda é o padrão na América do norte (e no Japão), com a Europa adotando 240 V.

Mas o veredito está longe de ser unânime. Concordo com Hughes (1983, p. 18) que "Edison era um conceituador holístico e um resolvedor determinado de problemas associados ao crescimento de sistemas. [...] Os conceitos de Edison vieram de sua necessidade de encontrar princípios organizadores que fossem poderosos o suficiente para integrar e dar um rumo decisivo a fatores e componentes diversos". Mas Friedel e Israel (1986, p. 227) concluíram que "a completude daquele sistema foi mais o produto de oportunidades proporcionadas por conquistas técnicas e recursos financeiros do que o resultado final de uma abordagem sistemática proposital".

Capítulo 5   Combustíveis fósseis, eletricidade primária e renováveis

FIGURA 5.10
Thomas A. Edison em 1882, o ano em que sua primeira estação geradora de eletricidade à base de carvão começou a operar no sul de Manhattan. Fotografia da Biblioteca do Congresso dos Estados Unidos.

sistema de iluminação, 12 para a distribuição de eletricidade e 10 para medidores e motores elétricos (Thomas Edison Papers, 2015). Enquanto isso, ele e seus colaboradores traduziram essas ideias em realidades práticas dentro de um período espantosamente breve. A primeira usina geradora de eletricidade, construída pela empresa de Edison em Londres, no Viaduto de Holborn, começou a transmitir energia em 12 de janeiro de 1882. A Estação da Rua Pearl, em Nova York, instalada em 4 de setembro do mesmo ano, foi a primeira usina termoelétrica dos Es-

262 Energia e Civilização: Uma História

tados Unidos. Um mês depois de sua abertura, ela passou a energizar as cerca de 1.300 lâmpadas elétricas do distrito financeiro da cidade, e um ano depois mais de 11 mil lâmpadas estavam conectadas.

Na minha opinião, duas realidades são especialmente notáveis. A primeira é a combinação de *insights* e a qualidade do trabalho acabado que tornaram o sistema de Edison tão bem-sucedido e tão completo que seus parâmetros básicos ainda estão entre nós. Apesar dos críticos e dos questionamentos (veja o Quadro 5.9), aqueles que compreendem os meandros e as complexidades de projetar um sistema partindo do zero sempre reconheceram o feito. Talvez o maior de todos os tributos tenha vindo de Emil Rathenau, fundador da Allgemeine Elektrizitäts Gesselschaft, a maior fabricante de equipamentos elétricos da Alemanha e um dos pioneiros da indústria elétrica europeia. Em 1908, ele relembrou suas impressões após testemunhar a amostra na Exibição Elétrica de Paris de 1881:

> O sistema de iluminação de Edison era lindamente concebido até os mínimos detalhes, e desenvolvido com tamanho rigor como se tivesse sido testado por décadas em várias cidades. Nenhum soquete, interruptor, fusível, suporte de lâmpada nem qualquer outro acessório necessário para completar a instalação estava faltando; e a geração da corrente, a regulação, a fiação com caixas de distribuição, conexões domésticas, relógios medidores, etc., tudo revelava sinais de habilidade espantosa e genialidade incomparável. (em Dyer; Martin 1929, p. 318–319)

E a segunda realidade talvez seja ainda mais notável. Por mais abrangente e fundamental que tenha sido o trabalho de Edison, por si só ele não teria sido suficiente para criar um moderno sistema de eletricidade completo, durável e eficiente. Na verdade, todas as inovações necessárias precisaram ocorrer não apenas num brevíssimo período (quase todas durante os milagrosos anos 1880), mas também de uma maneira quase ideal. Passados mais de 120 anos, os elementos constituintes de nossos sistemas elétricos onipresentes — turbogeradores a vapor, transformadores e transmissão de corrente alternada (CA) de alta tensão — ganharam em eficiência, capacidade e confiabilidade, mas seu *design* e suas propriedades fundamentais continuam os mesmos, de tal forma que seus originadores reconheceriam facilmente as variações novas sobre os temas que eles criaram.

E embora luzes incandescentes tenham sido ultrapassadas por fluorescentes (comercializadas durante os anos 1930), e mais recentemente por fontes luminosas ainda mais eficientes (vapor de sódio, lâmpadas de enxofre, diodos emissores de luz), os motores elétricos, outro componente-chave do sistema dos anos 1880, são partes ainda mais comuns do sistema elétrico global. É por isso que preciso examinar mais de perto as quatro invenções ou inovações-chave não edisonianas que ajudaram a traduzir o imenso potencial teórico da eletricidade numa realidade econômica e social universal: turbinas a vapor, transformadores, motores elétricos e transmissão usando AC.

Capítulo 5 Combustíveis fósseis, eletricidade primária e renováveis **263**

Já comentei sobre os altos índices de massa/potência dos motores a vapor e sobre seus níveis limitados de força. Essas forças motrizes, que também eram bem volumosas e um tanto ineficientes, foram abandonadas logo depois que Charles Parsons (1854–1931) patenteou a mais eficiente, menor e mais leve turbina a vapor em 1884 (Parsons, 1936). A empresa de Parson instalou uma turbina de 75 kW numa estação de Newcastle em 1888 e progrediu para uma unidade de 1 MW na estação Elberfeld, na Alemanha em 1900. A maior máquina de Parson pré-Primeira Guerra Mundial, instalada em Chicago em 1912, tinha 25 MW (Smil, 2005). Enquanto os motores a vapor raramente rotavam a um ritmo maior que algumas centenas de rpm, turbinas modernas alcançam 3.600 rpm e podem trabalhar sob pressão de até 34 MPa e com vapor superaquecido a 600°C, resultando em eficiências de até 43% (Termuehlen, 2001; Sarkar, 2015). Elas também podem acumular capacidades que vão de alguns quilowatts até mais de 1 GW, aptas a preencher nichos desde a conversão em pequena escala de calor dissipado em eletricidade até turbogeradores massivos em usinas de energia nuclear.

Por sua vez, os transformadores provavelmente ganhariam um concurso entre os dispositivos que são tão comuns e indispensáveis para o mundo moderno quanto são ignorados pela consciência pública (Coltman, 1988). Geralmente escondidos (no subterrâneo, dentro de estruturas, atrás de grades altas), silenciosos e estacionários, eles tornaram possível a geração de energia barata e centralizada. A primeira transmissão de eletricidade em corrente contínua (CC) das usinas até consumidores tinha um alcance limitado. Para ampliar a transmissão para além do limite de um terço de quilômetro quadrado, teria sido necessário instalar conectores massivos, que, conforme Siemens (1882, p. 70) concluiu, "já não podiam ser acomodados em canais estreitos passando por baixo dos meios-fios, e teriam exigido a construção de caríssimas passagens subterrâneas — verdadeiras caves elétricas". A única alternativa teria sido construir inúmeras estações atendendo perímetros limitados — e ambas opções teriam saído bem caro. Transformadores de CA proporcionavam uma solução barata e confiável (Quadro 5.11).

Como já observado, os transformadores funcionam por indução eletromagnética, um processo descoberto por Faraday, e seu desenvolvimento não resultou de uma invenção revolucionária, e sim de aprimoramentos graduais baseados no *insight* fundamental de Faraday. Um *design* inicial e influente de Lucien H. Gaulard (1850–1888) e John D. Gibbs foi introduzido em 1883. Em seguida, três engenheiros húngaros o aprimoraram usando núcleos fechados de ferro, mas foi William Stanley (1858–1916), um jovem engenheiro empregado pela Westinghouse, que, em 1885, desenvolveu um protótipo do dispositivo que usamos até hoje, e que possibilita a transmissão de CA em alta tensão das usinas de energia com relativamente poucas perdas e sua distribuição a baixas tensões para domicílios e indústrias (Coltman, 1988).

Assim como ocorreu com outros componentes de novos sistemas elétricos, as capacidades e tensões dos transformadores aumentaram rapidamente durante

QUADRO 5.11
Transformação de eletricidade e perdas na transmissão

A eletricidade é gerada com maior eficiência e convertida com mais conveniência para usuários finais em baixas voltagens. Porém, como as perdas de potência na trasmissão aumentam com o quadrado da corrente transmitida, o melhor é usar altas voltagens para limitar as perdas na transmissão. Os transformadores convertem uma corrente elétrica em outra, ou reduzindo ou aumentando a voltagem (tensão) do fluxo de entrada, e o fazem praticamente sem desperdício algum de energia e ao longo de uma ampla gama de voltagens (Harlow, 2012). Cálculos simples ilustram a vantagem. A potência da eletricidade transmitida é o produto da corrente e da voltagem (watts = amperes × volts); a voltagem é o produto da corrente e da resistência (lei de Ohm, $V = A\Omega$), e, portanto, a potência é o produto de $A^2\Omega$.

Sendo assim, a perda de potência (resistência) diminui com o inverso do quadrado da voltagem: se houver um salto de 10 vezes na voltagem, a resistência da linha se tornará apenas 1/100 ao transmitir eletricidade à mesma taxa. Isso sempre favoreceria a maior voltagem concebível, mas na prática suas elevações são limitadas por outras considerações (descargas de corona, exigências crescentes de isolamento, altura das torres de transmissão), embora a transmissão de alta tensão (AT) e extra alta tensão (EAT) são feitas agora rotineiramente a 240.000–750.000 V (240–750 kV), com perdas limitadas geralmente a menos de 7% da eletricidade transmitida.

o restante do século XIX e até a Primeira Guerra Mundial. Não sou capaz de oferecer uma avaliação melhor desse dispositivo simples mas engenhoso do que as observações de Stanley, apresentadas numa palestra em 1912 para o Instituto Norte-Americano de Engenheiros Elétricos:

> Trata-se de uma solução muito completa e simples para um problema difícil. Desse modo, ele envergonha todas as tentativas mecânicas de regulação. Ele lida com incrível facilidade, certeza e economia vastas cargas de energia que são instantaneamente aplicadas ou retiradas. Não poderia ser mais confiável, forte e preciso. Nessa mescla de aço e cobre, forças extraordinárias são equilibradas com tamanha graça que mal se pode percebê-las. (Stanley 1912, p. 573)

Os transformadores foram essenciais para o surgimento da CA como a alternativa-padrão das novas redes elétricas. A CC era uma alternativa lógica para as primeiras minirredes isoladas que atendiam partes de municípios, e havia algumas preocupações inegáveis quanto à segurança de CA em alta tensão (CAAT). Mas nenhuma justificava a agressiva campanha de Edison contra a CA, que se iniciou em 1887 e incluiu eletrocussões de cães e gatos de rua sobre uma folha de metal carregada com 1 kV a partir de um gerador CA (a fim de demonstrar os perigos

Capítulo 5 Combustíveis fósseis, eletricidade primária e renováveis **265**

da CA) e ataques pessoais a George Westinghouse (1846–1914), líder da indústria nos Estados Unidos, empregador de Stanley, e um promotor pioneiro da CA.

Ainda em 1889, Edison escreveu que "Meu interesse pessoal seria proibir por inteiro o uso de correntes alternadas. Elas são tão desnecessárias quanto são perigosas [...] e, portanto, não consigo ver justificativa para a introdução de um sistema que não tem elemento algum de permanência e todos os elementos de risco para a vida e a propriedade" (Edison 1889, p. 632). Em sua oposição à CA, Edison encontrou um aliado surpreendente no Reino Unido na figura de Lord Kelvin, um dos maiores físicos do mundo. Um ano depois Edison se pronunciou como defensor da CC, e David (1991) ofereceu a melhor explicação para esses desenvolvimentos, argumentando que a oposição aparentemente irracional de Edison era na verdade uma escolha racional tomada para elevar o valor de suas próprias empresas, que estavam comprometidas em produzir componentes de sistemas baseados em CC, e, portanto, para melhorar os termos de venda de suas ações restantes na bolsa. Assim que ele se dissociou desses investimentos, o conflito cessou abruptamente.

Contudo, essa famosa "batalha de sistemas" tinha uma conclusão inescapável: a física fundamental favorecia a CA, e após 1890 novos sistemas passaram a se basear em CA (a substituição foi ainda mais ajudada pela introdução de um medidor preciso e barato de CA em 1889). Enquanto isso, sistemas CC já existentes, que em 1891 estavam abastecendo mais da metade da iluminação urbana dos Estados Unidos, podiam ser substituídos por CA graças à invenção do conversor rotativo, patenteado por Charles S. Bradley, ex-funcionário de Edison, em 1888. O conversor tornou possível o uso de equipamentos geradores de CC já existentes enquanto era transmitida uma CAAT polifásica por áreas maiores. A disseminação da CAAT foi acelerada por alguns projetos em larga escala nos anos 1890, incluindo a grande Deptford Station, em Londres, que energizava mais de 200 mil luzes, e o desenvolvimento da maior linha de transmissão CA mundo, de uma usina hidrelétrica nas Cataratas de Niagra até a cidade norte-americana de Buffalo (Hunter; Bryant, 1991). Em 1900, veio o primeiro abastecimento público usando corrente trifásica, e as maiores tensões de transmissão subiram para 60 kV em 1900 e para 150 kV em 1913. Desse modo, todos os componentes modernos de geração e transmissão de eletricidade estavam em funcionamento antes da Primeira Guerra Mundial.

Três anos depois do transformador de Stanley, Nikola Tesla patenteou o primeiro motor polifásico de indução de uso prático usando CA (Cheney, 1981; Figura 5.11). Assim como ocorreu com as lâmpadasn incandescentes, essa invenção veio após décadas de experimentos, tentativas e até o desenvolvimento comercial dos *designs* de motor CC alimentados por baterias, a partir do fim da década de 1830, e, ulteriormente, já no fim dos anos 1870, também pelos dínamos (Hunter; Bryant, 1991). O alto custo operacional e a capacidade limitada das baterias tornava os motores CC forças motrizes inferiores aos motores a vapor.

FIGURA 5.11
Nikola Tesla em 1890. Fotografia de Napoleon Sarony.

Patenteado por Edison em 1876, o primeiro pequeno motor elétrico CC a ter sucesso comercial (milhares foram vendidos) também era alimentado por uma bateria volumosa. A ideia era que fosse instalado sobre uma ponteira para guiar uma caneta produtora de estêncil para a duplicação mecânica de monumentos (Pessaroff, 2002). Assim que grandes dínamos ficaram disponíveis, também houve tentativas de usar pequenos motores CC para propelir bondes elétricos (primeiro na Alemanha) e para muitas tarefas industriais (sobretudo nos Estados Unidos). O panorama mudou fundamentalmente somente com a invenção de Nikola Tesla (1857–1943), conceitualizada na Europa e transformada numa máquina funcional depois que o jovem engenheiro sérvio se mudou para os Estados Unidos.

Tesla afirmava que sua ideia original lhe viera em 1882, mas depois da emigração dele para os Estados Unidos, Edison, seu primeiro empregador norte-ameri-

Capítulo 5 Combustíveis fósseis, eletricidade primária e renováveis **267**

cano, demonstrou pouco interesse em CA. Tesla, no entanto, não teve dificuldade em conseguir um financiamento, abrindo sua própria empresa em 1887 e ingressando com pedidos de patentes — 40 delas entre 1887 e 1891. Ao projetar seu motor polifásico, o objetivo de Tesla era:

> uma maior economia de conversão daquela que existiu até hoje, para construir aparatos mais baratos e mais confiáveis e mais simples, e, por fim, os aparatos devem ser fáceis de administrar, de tal modo que todo o risco de usar correntes de alta tensão, que são necessárias para uma transmissão econômica, seja evitado. (Tesla 1888, p. 1)

A Westinghouse comprou todas as patentes CA de Tesla em julho de 1888, e em 1889 a empresa contava com seu primeiro dispositivo elétrico alimentado por um motor Tesla: um pequeno ventilador (125 W) plugado num motor CA de 125 W. Em 1900, quase 10 mil unidades tinham sido vendidas (Hunter; Bryant, 1991). A primeira patente de Tesla era para uma máquina bifásica, e o primeiro projeto trifásico foi desenvolvido por Mikhail Osipovich Dolivo-Dobrowolsky (1862–1919), um engenheiro russo que trabalhava para a AEG. Motores trifásicos (com cada fase separada em 120°) garantem que uma das três fases esteja sempre próxima ou bem em seu pico, resultando numa geração mais constante de energia do que um projeto bifásico e se saindo quase tão bem quanto uma máquina tetrafásica, que exigiria mais um fio. A conquista do mercado com motores trifásicos estava rapidamente criando, conforme explico na próxima seção, uma importantíssima transformação na indústria manufatureira.

Inovações técnicas

A grande transição de combustíveis de fitomassa para combustíveis fósseis e de forças motrizes animadas para mecânicas trouxe mudanças sem precedentes, tanto em termos de suas qualidades inovadoras e verdadeiramente históricas quanto em termos do ritmo de sua adoção. Em 1800, os habitantes de Paris, Nova York ou Tóquio viviam num mundo cujas fundações energéticas ainda eram as mesmas não apenas que em 1700, mas também que em 1300: madeira, carvão vegetal, trabalho árduo e animais de tração propeliam aquelas sociedades. Porém, em 1900 muitas pessoas em grandes cidades ocidentais viviam em sociedades cujos parâmetros técnicos eram quase inteiramente diferentes daqueles que dominavam o mundo em 1800, e, em suas características fundamentais, estavam bem mais próximas de nossas vidas no ano 2000. Conforme o historiador Lewis Mumford (1967, p. 294) resumiu: "Potência, velocidade, movimento, padronização, produção em massa, quantificação, regimentação, precisão, uniformidade, regularidade astronômica, controle, acima de tudo controle — essas se tornaram as senhas da sociedade moderna no novo estilo do Ocidente".

268 Energia e Civilização: Uma História

Exemplos dessas mudanças abundam, e dentre elas selecionei somente algumas conquistas globais para ilustrar a magnitude desses avanços acelerados. No nível mais fundamental, em 1800 o mundo consumia cerca de 20 EJ de energia (o equivalente a menos de 500 Mt de petróleo cru), 98% dos quais na forma de fitomassa, sobretudo madeira e carvão vegetal. Em 1900, o suprimento total de energia primária havia mais que dobrado (para cerca de 43 EJ, equivalente a pouco mais de 1 Gt de petróleo cru), e metade disso vinha de combustíveis fósseis, sobretudo carvão. Em 1800, a força motriz inanimada mais poderosa, o motor a vapor aprimorado por Watt, tinha uma capacidade pouco acima de 100 kW. Em 1900, os maiores motores a vapor chegavam a 3 MW, ou 30 vezes mais. Em 1800, o aço era uma raridade; em 1850, até mesmo no Reino Unido, ele era "conhecido no comércio em quantidades comparativamente bastante limitadas" (Bell 1884, 435), e poucas centenas de milhares de toneladas do material eram produzidas em todo o mundo — mas em 1900, a produção global era de 28 Mt (Smil, 2016).

Mas perceba meus termos de resguardo e qualificação — "quase" e "em suas características fundamentais" — ao descrever o mundo de 1900. A transição derradeira, em termos tanto qualitativos quanto quantitativos, foi profunda e seu ritmo frequentemente espantoso; ao mesmo tempo, o mundo dos combustíveis fósseis e das forças motrizes inanimadas ainda era novo, imaturo, altamente ineficiente e associado a muitos impactos ambientais negativos. Em 1900, os Estados Unidos e a França ja eram sociedades abastecidas sobretudo por combustíveis fósseis, mas o mundo como um todo ainda derivava metade de sua energia primária da madeira, do carvão vegetal e de resíduos de lavoura — e mesmo nos Estados Unidos ainda levaria 17 anos para que o número de cavalos de tração chegassem a seu pico. E embora lâmpadas incandescentes, motores elétricos e telefones estivessem se difundindo a olhos vistos, a maior parte da eletricidade usada por famílias urbanas nos Estados Unidos ou na Alemanha energizava apenas algumas lâmpadas.

Os alicerces de um novo mundo energético já estavam firmemente assentados, mas durante o século XX todos os componentes desse novo sistema foram bastante transformados pela combinação de um crescimento ainda mais acelerado e de melhorias qualitativas, ou seja, acima de tudo por saltos em eficiência, produtividade, segurança e impacto ambiental. Essa progressão foi interrompida pela Primeira Guerra Mundial e depois pela crise econômica dos anos 1930. A Segunda Guerra Mundial acelerou o desenvolvimento da energia nuclear e a introdução de turbinas a gás (motores a jato) e propulsão de foguetes. A retomada do crescimento após 1945 em todas as indústrias energéticas levou a novos níveis no início dos anos 1970, e em seguida muitas técnicas energéticas chegaram a um platô em termos de dimensão, e muitas vezes também de desempenho. Exemplos notáveis incluem as capacidades das turbinas a vapor, as tonelagens dos típicos petroleiros de grande porte e as eficiências das linhas de transmissão CAAT dominantes.

Capítulo 5   Combustíveis fósseis, eletricidade primária e renováveis   **269**

Esses platôs não foram em grande parte uma questão de limites técnicos, e sim um resultado dos custos proibitivos e de impactos ambientais inaceitáveis. Outro fator importante que contribuiu para moderar o ritmo dos avanços energéticos foram as duas rodadas (1973–1974, 1979–1980) de abruptas elevações no preço do petróleo pela Opep e seu efeito atenuante sobre o consumo de energia. Como resultado, ganhos de eficiência, confiabilidade e compatibilidade ambiental se tornaram novas metas de engenharia. Mas os preços da energia acabaram se estabilizando, e a economia norte-americana, ainda a maior do mundo, passou por outra década de forte expansão durante os anos 1990, passando a se envolver ainda mais com a China.

Após décadas de miséria maoísta, o país mais populoso do mundo adotou reformas políticas que quadruplicaram seu uso *per capita* de energia primária entre 1980 e 2010: em 2009, a China se tornou o maior consumidor de energia do mundo (em 2015, estava cerca de 15% à frente dos Estados Unidos). Seu consumo médio de energia *per capita* em 2015, de aproximadamente 95 GJ, era similar ao da França do início dos anos 1970, mas o consumo industrial ainda é dominante, enquanto o consumo residencial na China segue menor que o do Ocidente em um estágio comparável de desenvolvimento. Em 2015, as taxas de crescimento da economia chinesa e de sua demanda de energia inevitavelmente estavam mais moderadas, mas há bilhões de pessoas na Índia, Sudeste Asiático e África torcendo para replicar o sucesso chinês, e até 2050 mais de dois bilhões de pessoas serão acrescentadas ao total de 2015.

Que a demanda por energia continuará a aumentar é um truísmo, mas nenhum de nós é capaz de antever como ela será satisfeita num mundo repleto de desigualdades econômicas e preocupações com o meio ambiente global. O que não faltam são previsões e possíveis cenários futuros, mas a história dos avanços energéticos mostra que seu traço mais comum é a impossibilidade de ser prevista (Smil, 2003). Nesta seção, examino e resumo as principais tendências que determinaram a expansão, a maturação e a transformação nos modos como os combustíveis fósseis são extraídos, processados e distribuídos, os avanços na geração de eletricidade térmica e renovável e as mudanças na composição e desempenho das forças motrizes mecânicas. Mas antes de entrar nesses detalhes, devo indicar diversos aspectos em comum que caracterizaram a produção de combustíveis fósseis, a geração de eletricidade e a difusão de forças motrizes.

A extração de combustíveis fósseis pós-1900 foi marcada por três tendências notáveis. Primeiramente, a expansão global da mineração de carvão e da produção de hidrocarbonetos elevou a extração de carbono fóssil em cerca de 20 vezes entre 1900 e 2015: de 500 Mt em 1900 para 6,7 Gt um século depois e para cerca de 9,7 Gt em 2015 (Olivier, 2014; Boden; Andres, 2015; para expressar esses totais em termos de CO_2, basta multiplicá-los por 3,67). Devido à distribuição desigual de combustíveis fósseis, essa extração expandida levou inevitavelmente à emer-

270 Energia e Civilização: Uma História

gência de um verdadeiro comércio global de petróleo cru fácil de transportar e a um aumento nas exportações de carvão vegetal e gás natural (tanto por gasodutos quanto por navios-tanque com gás natural liquefeito). No entanto, um exame mais atento revela algumas importantes qualificações e exceções, já que o aumento global abrangeu muitas trajetórias nacionais complexas, incluindo aquelas com claros declínios na produção ou completa interrupção de extração de combustível.

Em segundo lugar, inúmeras vantagens técnicas representaram os estímulos mais importantes a essa expansão, resultando em extração, transporte e métodos de processamento mais baratos e produtivos, bem como em taxas de poluição específica reduzidas (e, num caso admirável, no declínio absoluto em emissões globais). Em terceiro lugar, houve uma clara transição secular rumo a combustíveis de melhor qualidade, de carvão vegetal para petróleo cru e gás natural, um processo que resultou em relativa descarbonização (aumento na proporção H:C) da extração global de combustíveis fósseis, enquanto os níveis absolutos de CO_2 emitido para a atmosfera vêm aumentando, exceto por algumas quedas anuais leves e temporárias. A proporção H:C da combustão de madeira varia, mas não passa de 0,5, enquanto as proporções são de 1,0 para o carvão vegetal, 1,8 para a gasolina e o querosene e 4,0 para o metano, o constituinte dominante do gás natural.

Quando comparados em termos de teor energético, combustíveis de alto carbono (madeira e carvão) supriam 94% da energia do mundo em 1900 e 73% em 1950, mas apenas uns 38% no ano 2000 (Smil, 2010a). Como resultado, a intensidade média de carbono do suprimento mundial de combustíveis fósseis manteve-se em queda: quando expressa em termos de carbono por unidade do suprimento total global de energia primária, diminuiu de quase 28 kg C/CJ em 1900 para pouco abaixo de 25 em 1950 e para pouco mais de 19 em 2010, uma queda aproximada de 30%. Em seguida, como resultado do salto abrupto de produção de carvão pela China, aumentou um pouco durante a primeira década do século XXI (Figura 5.12). Ao mesmo tempo, as emissões globais de carbono a partir da queima de combustíveis fósseis subiu de meros 534 Mt em 1900 para 1,63 Mt em 1950, 6,77 Gt em 2000 e 9,14 Gt em 2010 (Boden; Andres; Marland, 2016).

A geração de eletricidade combinou melhorias técnicas com uma ampliação espacial em larga escala, embora este último processo tenha levado um tempo surpreendente até mesmo em partes dos Estados Unidos e ainda esteja longe de ser concluído em países populosos de baixa renda. Tal processo partiu de pequenas redes isoladas e avançou para malhas gigantescas: na Europa, elas se espalham por todo o continente, a Rússia conta com uma rede extensiva, desde 1990 a China vem construindo muitas interconexões novas de longa distância, e entre as economias de alta renda apenas os Estados Unidos e o Canadá não dispõem de redes integradas nacionalmente. A última transformação a afetar esse setor é a instalação de turbinas eólicas, células fotovoltaicas e estações centrais de energia solar: esses novos renováveis (em contraste com a hidroeletricidade, a antiga

Capítulo 5   Combustíveis fósseis, eletricidade primária e renováveis   **271**

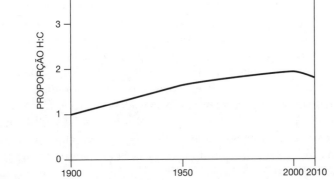

FIGURA 5.12
Descarbonização do suprimento mundial de energia primária, 1900–2010. Plotado a partir de dados de Smil (2014b).

forma de geração renovável) são muitas vezes promovidos e subsidiados pesadamente, e vêm dando passos largos em ganho de capacidade, mas sua intermitência inerente e seus fatores de baixa capacidade impõem problemas não triviais para sua integração às redes existentes.

Carvões

As duas tendências universais na produção de carvão vêm sendo a mecanização cada vez maior da extração subterrânea e a parcela crescente de mineração em superfície. As produtividades norte-americanas, as maiores do mundo, aumentaram de menos de 1 t de carvão por mineiro por turno em 1900 para uma média

272 Energia e Civilização: Uma História

horária nacional de cerca de 5 t por trabalhador, com taxas específicas ficando entre 2 e 3 t/h em minas subterrâneas na serra dos Apalaches até cerca de 27 t/h em minas de superfície na bacia do rio Powder em Montana e Wyoming (USEIA, 2016a). Altas produtividades também marcam a extração em superfície de veios grossos de linhito (carvão castanho) na Austrália e na Alemanha. O carvão proveniente dessas grandes minas vem cada vez mais sendo queimado em grandes usinas adjacentes. Seus transporte para mercados distantes é feito em trens cargueiros especiais compostos por até 100 vagões graneleiros amplos e leves, puxados por uma locomotiva potente (Khaira, 2009).

O consumo de carvão passou por duas tendências principais, conforme as perdas de seus mercados tradicionais voltados a indústria, domicílios e transporte foram mais do que compensadas por ganhos resultantes da geração de eletricidade a partir do carvão (e, em bem menor medida, pela produção crescente de coque e o uso de carvão como matéria-prima em sínteses químicas). O carvão queimado em domicílios para calefação e preparo de alimentos foi substituído por alternativas mais limpas e eficientes, agora dominadas por gás natural e eletricidade. O carvão continuou sendo o principal combustível usado no transporte durante a primeira metade do século XX, mas a conversão de locomotivas e navios para motores a diesel (iniciada, respectivamente, na primeira e na terceira décadas do século) acelerou-se após a Segunda Guerra Mundial, e todos os novos trens rápidos (primeiro com os *shinkansen* no Japão em 1964, depois com o TGV na França em 1978 e em outras versões europeias e asiáticas) passaram a adotar motores elétricos.

A combustão de carvão lançou a geração térmica de eletricidade durante os anos 1880 e em todos os países com tradição em mineração carbonífera, e essa dependência só fez crescer conforme grandes usinas centrais de energia foram sendo construídas após a Segunda Guerra Mundial, quando uma parcela crescente da extração em superfície tornou o carvão ainda mais barato. Durante os anos 1950, a combustão de carvão respondia pela maior parcela de geração de eletricidade nos Estados Unidos, Reino Unido, Alemanha, Rússia e Japão. O óleo combustível ganhou importância durante os anos 1960, mas a maioria dos países parou de usá-lo na geração de eletricidade depois que a Opep elevou os preços do petróleo nos anos 1970, e uma dependência em relação ao carvão segue alta na China, na Índia e nos Estados Unidos. O uso específico de coque metalúrgico (kg de coque/kg de metal quente) vem diminuindo há décadas, mas a expansão mundial da fundição de ferro-gura, de cerca de 30 Mt em 1900 para aproximadamente 1,2 Gt no ano 2015, elevou o consumo de carvão para coquefação para cerca de 1,2 Gt (Smil, 2016).

As histórias carboníferas nacionais revelam alguns desenvolvimentos previsíveis e outros surpreendentes, incluindo o fim da mineração no país que foi o pioneiro na extração do combustível (Figura 5.13). A produção britânica chegou

Capítulo 5   Combustíveis fósseis, eletricidade primária e renováveis   **273**

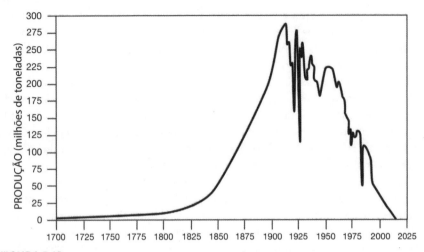

FIGURA 5.13
Produção britânica de carvão, 1700–2015. Plotado a partir de dados de Nef (1932) e Department of Energy & Climate Change (2015).

a um pico de 292 Mt em 2013, e o carvão energizou não apenas as indústrias britânicas, mas também a expansão de seu império colonial no século XIX e, por meio de seu domínio em forças navais e frota mercante, também o funcionamento de seu império comercial. Em 1947, na época em que o governo do partido trabalhista estatizou o setor e criou o Conselho Nacional do Carvão, a produção ainda era de quase 200 Mt (Smil, 2010a). O pico pós-guerra veio em 1952 (e novamente em 1957) com 228 Mt, mas então a crescente importação de petróleo cru e, após 1970, a disponibilidade de óleo e gás natural no Mar do Norte cortaram pela metade a dependência carbonífera do país em 1980.

Durante uma longa greve de mineiros em 1984, a produção total caiu para 51 Mt, e depois se recuperou apenas brevemente antes de retomar sua queda, que continuou após a reprivatização em 1994 (Smil, 2010a). No ano 2000, a produção aproximada foi de apenas 31 Mt, e em julho de 2015 a UK Coal Holdings anunciou a interrupção imediata de sua mina de carvão em Thoresby e o fim de suas operações na última mina britânica, Kellingley, em dezembro de 2015 (Jamasmie, 2015). Após 400 anos energizando o país, o setor que transformou o Reino Unido numa potência econômica e estratégica (e que em seu auge empregatício no início dos anos 1920 contava com 1,2 milhão de trabalhadores, ou cerca de 7% da mão de obra nacional) agora se resume a alguns museus e passeios subterrâneos guiados (National Coal Mining Museum, 2015).

A extração de carvão nos Estados Unidos totalizou 508 Mt em 1950 e chegou a 1,02 Gt em 2001. Durante esse período, o setor perdeu todo seu mercado na

274 Energia e Civilização: Uma História

área de transporte e quase todo o domiciliar, e a coquefação à base de carvão tambem diminuiu, mas as exportações aumentaram. Mais de 90% de todo o carvão distribuído é atualmente queimado em usinas termoelétricas: em 1950, os Estados Unidos geravam 46% de sua eletricidade a partir do carvão, e essa parcela subiu para 52% em 1990 e permaneceu alta assim por mais de uma década; em 2010, ainda era de 45%, mas em 2015 (com fechamentos de usinas à base de carvão e com farta disponibilidade de gas natural barato) caiu para 33% (USEIA, 2015a). A produção carbonífera dos Estados Unidos foi ultrapassada pela chinesa em 1985, e o carvão vem sendo de longe o mais importante propulsor do extraordinário crescimento econômico da China (USEIA, 2015b; Quadro 5.12).

Até 1983, a URSS produzia mais carvão que os Estados Unidos, mas depois que o Estado entrou em colapso, a extração russa de carvão caiu, enquanto o gás natural e o petróleo cru preencheram a lacuna. Atualmente, a Índia é o terceiro maior produtor mundial (em 2014 apenas um sexto da produção chinesa), mas seu carvão é de qualidade bem inferior ao dos depósitos chineses e norte-americanos e sua produtividade ainda é péssima. A Indonésia e a Austrália (ambos importantes exportadores) completam a lista dos cinco grandes, seguidos por Rússia, África do Sul, Alemanha, Polônia e Casaquistão, enquanto alguns antigos produtores importantes de carvão, incluindo a Alemanha e o Reino Unido, vêm atuando como importadores substanciais.

Como o combustível gera mais CO_2 por unidade de energia liberada do que qualquer outro combustível fóssil — as taxas costumam ficar acima de 30 kg C/GJ para o carvão, em cerca de 20 kg C/GJ para hidrocarbonetos líquidos e abaixo de 15 kg C/GJ para o gás natural. Por isso, o futuro do carvão num mundo preocupado com o acelerado aquecimento global é incerto. Uma alta dependência de carvão para geração de eletricidade na China, na Índia e ao menos em mais uma dezena de países impede qualquer abandono abrupto desse combustível, mas a longo prazo o carvão pode ser o primeiro importante recurso energético cuja extração, apesar de seus recursos ainda bastante abundantes, acabará sendo limitada devido a preocupações ambientais.

Hidrocarbonetos

No início do século XX, o petróleo era produzido em quantidade somente em poucos países, e o combustível fornecia apenas 3% de toda a energia advinda de combustíveis fósseis. Em 1950, essa parcela cresceu para cerca de 21%, e o conteúdo energético do petróleo cru ultrapassou o do carvão em 1964 e chegou ao seu auge em 1972, em cerca de 46% de todos os combustíveis fósseis. As duas impressões comuns — de que o século XX foi dominado pelo petróleo, assim como o século XIX foi dominado pelo carvão — estão erradas: a madeira era o combustível mais importante antes de 1900 e, tomado como um todo, o século XX ainda foi dominado pelo carvão (Smil, 2010a). Meus melhores cálculos colo-

Capítulo 5 Combustíveis fósseis, eletricidade primária e renováveis **275**

QUADRO 5.12
Produção chinesa de carvão

Assim que o Partido Comunista Chinês estabeleceu um novo regime em 1° de outubro de 1949, ele energizou sua industrialização ao modo stalinista com os depósitos nacionais de carvão abundantes, mas desigualmente distribuídos. Durante as décadas seguintes, a relativa dependência do país em relação ao carvão diminuiu, mas os totais aumentaram até níveis recordes (Smil, 1976; Thomson, 2003; China Energy Group, 2014; World Coal Association, 2015). A produção de carvão cresceu de apenas 32 Mt em 1949 para 130 Mt em 1957, e supostamente chegou a quase 400 Mt em 1960, durante o infame Grande Salto à Frente (indutor de fomes generalizadas), lançado por Mao Tsé-Tung para ultrapassar o Reino Unido dentro de 1950 anos ou menos na produção de ferro, aço e outros importantes produtos industriais (Huang, 1958). Depois que o Salto colapsou, um progresso mais ordenado elevou a produção para mais de 600 Mt em 1978, quando Deng Xiaoping iniciou suas reformas econômicas abrangentes, que acabariam transformando a China no maior exportador do mundo de bens manufaturados e que elevaram os padrões de vida de seus quase 1,4 bilhão de habitantes.

Duas coisas que não mudaram são o controle firme do partido sobre o Estado e a dependência da economia em relação ao carvão. Sua dependência relativa diminuiu de mais de 90% em 1955 para 67% em 2010, e a parcela de eletricidade gerada na China a partir de carvão também diminuiu, embora permaneça acima de 60%. Mas a produção total de carvão da China mais que quadruplicou entre 1980 (907 Mt) e 2013 (3,97 Gt), quando quase equivalia ao restante da produção mundial somado. O ano 2014 foi o primeiro em que a extração revelou um decréscimo de 2,5%, e em 2015 houve outro declínio de 3,2%, mas os totais reais continuam incertos: em setembro de 2015, o Departamento Nacional de Estatísticas da China elevou, sem qualquer explicação, seus dados prévios sobre a extração anual de carvão entre 2000 e 2013. A enorme produção de carvão vem sendo uma importante causa de morte ocupacional na China e a maior fonte de níveis extremamente altos de poluição do ar, com níveis de matéria particulada (<2,5 μm) repetidamente chegando a uma ordem de magnitude acima dos máximos desejados (Smil, 2013b).

---

cam o carvão aproximadamente 15% à frente do petróleo cru (mais ou menos 5,2 YJ *versus* 4 YJ), e mesmo quando aplicações não energéticas (em lubrificantes, materiais de pavimentação) são incluídas, o carvão ainda ficaria pouco à frente dos hidrocarbonetos líquidos, ou, devido às incertezas inerentes ao se converter massas extraídas em equivalentes comuns de energia, a produção cumulativa dos dois combustíveis ao longo do século XX seria aproximadamente igual.

Porém, combustíveis líquidos separados pelo refino de petróleo cru são superiores aos carvões. E embora o mercado carbonífero do século XX (como mostra-

276 Energia e Civilização: Uma História

do anteriormente) tenha gradualmente se vinculado a apenas dois setores — geração de eletricidade e coque —, o mercado de hidrocarbonetos líquidos estava se expandindo constantemente, tanto por substituições quanto pelo crescimento de novos e importantes setores consumidores. Importantes substituições resultaram na troca do carvão por óleo combustível e diesel para transporte de cargas (desde antes da Primeira Guerra Mundial, acelerando-se depois da década de 1920) e em seguida para ferrovias (a partir da década de 1920), por óleo combustível (e depois por gás natural) no aquecimento industrial, institucional e domiciliar, e por hidrocarbonetos líquidos e gasosos como matéria-prima para a indústria petroquímica (depois da Segunda Guerra Mundial).

O primeiro grande mercado foi criado pela introdução de automóveis economicamente acessíveis, desde antes da Primeira Guerra, com o Modelo T da Ford, e pela acelerada aquisição de carros pelas famílias após a Segunda Guerra. O segundo teve início com a introdução de motores a jato na aviação comercial durante os anos 1950, uma inovação que tornou a experiência de voar, até então bastante cara e rara entre as pessoas, num setor global massivo (Smil, 2010b). A indústria petrolífera foi capaz de atender essa demanda devido a uma infinidade de avanços técnicos que afetaram cada aspecto de sua operação. Mesmo uma lista restrita somente às melhorias-chave do século XX inclui mais de uma dezena de itens (Smil, 2008a).

A lista deve começar pelos avanços na prospecção geofísica, incluindo a ideia de medições a partir de condutividade elétrica (1912), perfil de resistividade elétrica de poços (1927) para identificar estruturas contendo hidrocarbonetos abaixo da superfície, potencial espontâneo (1931) e perfil indutivo (1949), introduzidos por Conrad Schlumberger (1878–1936) e seus parentes e em seguida aperfeiçoados pela empresa epônima e outros exploradores de petróleo e gás (Smil, 2006). Avanços na extração precisam incluir em primeiro lugar a adoção universal da perfuração rotativa (usada pela primeira vez no poço Spindletop, em Beaumont, Texas, em 1901; veja a Figura 5.6), depois a introdução da broca giratória para perfurar rocha, por Howard Hughes (1905–1976) em 1909, a invenção da broca tricônica em 1933 e aprimoramentos no monitoramento e regulação de fluxo de petróleo e prevenção de explosões de poços. Uma dependência crescente em relação a métodos secundários e terciários de recuperação (usando água e outros líquidos ou gases para forçar a saída de mais petróleo na superfície) prolongou a vida útil de poços e elevou sua produtividade tradicionalmente muito baixa (às vezes menos de 30% de óleo *in situ* (*oil-in-place*) costumavam ser extraídos).

Uma parcela crescente da produção petrolífera tem vindo de poços em alto--mar. A perfuração perto da costa a partir de píeres era comum na Califórnia por volta de 1900, mas o primeiro poço produtivo além do campo de visão a partir do litoral foi perfurado na Louisiana em 1947. Plataformas em alto-mar (projetos em sua maioria semissubmersíveis) funcionam em águas com profundidade acima de 600 m. Plataformas de produção instaladas em grandes campos marítimos

Capítulo 5 Combustíveis fósseis, eletricidade primária e renováveis **277**

estão entre as maiores estruturas já construídas. E o mais recente avanço na produção é a crescente extração junto a fontes não convencionais de petróleo cru, incluindo óleos pesados (em muitos lugares ao redor do mundo), óleo impregnado em areias betuminosas (e Alberta, no Canadá, e na Venezuela) e extração por fraturamento hidráulico para produzir óleo de xisto. Essa técnica, inaugurada nos Estados Unidos, teve tanto sucesso que o país se tornou novamente o maior produtor mundial de petróleo cru e de outros líquidos petrolíferos — mas se apenas petróleo cru for considerado, a Arábia Saudita ainda estava um pouco à frente em 2015, produzindo 568,5 Mt, comparados a 567,2 Mt pelos Estados Unidos.

O transporte de petróleo cru for revolucionado por tubulações de aço sem emendas e com grande diâmetro, que acabaram por unir continentes. Esses oleodutos representam a forma mais compacta, confiável e segura de transporte em massa por terra. Nos Estados Unidos, as linhas que levam petróleo cru do Golfo do México até a costa oeste do país, construídas durante a Segunda Guerra, foram suplantadas durante os anos 1970 pelo sistema mais longo do mundo, projetado para levar o petróleo cru da Sibéria Ocidental até a Europa. A linha Ust-Balik--Kurgan-Almetievsk (120 cm de diâmetro, 2.120 km de comprimento) transporta anualmente até 90 Mt de petróleo cru do campo petrolífero supergigante de Samotlor até a Rússia europeia, e depois cerca de 2.500 km de linhas ramificadas de grande diâmetro levam esse petróleo até mercados europeus, com terminais ocidentais na Alemanha e Itália. A demanda pós-Segunda Guerra por importação de petróleo para Europa e Japão levou a um crescimento acelerado nos tamanhos dos navios-petroleiros (Ratcliffe, 1985). Isso transformou o petróleo numa *commodity* global acessível, conforme a distância entre sua origem e o usuário final se tornou uma consideração econômica menor e conforme as vendas intercontinentais de petróleo cru ultrapassaram 2 Gt (Quadro 5.13).

Isoladamente, o avanço mais importante no refino foi o craqueamento catalítico de petróleo cru. O craqueamento térmico era a norma até 1936, quando Eugène Houdry (1892–1962) começou a produzir gasolina de alta octanagem, o principal combustível automotivo, na refinaria Sun Oil, Pensilvânia, na primeira unidade de craqueamento catalítico. Com o craqueamento catalítico, tornou-se possível produzir parcelas maiores de produtos mais valiosos (leves), como gasolina e querosene, a partir de compostos intermediários e pesados. Logo em seguida, passou a ser possível regenerar um novo catalisador de leito móvel sem interromper a produção, e aproveitamentos ainda maiores de gasolina de alta octanagem foram alcançados com um catalisador em pó disperso (Smil, 2006). Durante os anos 1950, o craqueamento catalítico fluido foi suplementado por hidrocraqueamento a pressões relativamente altas, e as duas técnicas ainda representam os sustentáculos do refino moderno. O refino também se beneficiou da desulfurização dos combustíveis líquidos, o que transformou combustíveis que até então eram símbolos de poluição, como o óleo diesel, em alternativas aceitáveis para carros de passageiros com baixa emissão (CDFA, 2015).

278 Energia e Civilização: Uma História

QUADRO 5.13
Petroleiros gigantes

O primeiro petroleiro, *Glückauf*, de bandeira alemã e construído por britânicos, foi inaugurado em 1886, com capacidade bruta para apenas 2.300 toneladas (Tyne Built Ships, 2015). Mais tarde, os tamanhos máximos aumentaram, chegando a capacidades por volta de 20 mil toneladas de porte bruto (tpb) no início dos anos 1920. Durante a guerra, os petroleiros norte-americanos mais utilizados (T-2) tinham uma capacidade de 16.500 tpb, e uma acelerada elevação nessa capacidade começou apenas com a expansão do comércio global de petróleo (rumo à Europa e ao Japão) no final dos anos 1950. O *Universe Apollo* foi o primeiro petroleiro com 100 mil tpb, em 1959; em 1966, o *Idemitsu Maru* chegou a 210 mil tpb, e quando a Opep quintuplicou os preços do seu petróleo em 1973, o maior navio podia transportar mais de 300 mil t (Kumar, 2004).

Era tecnicamente possível construir navios com capacidade para milhões de toneladas de petróleo, mas isso era impraticável por muitas razões: seus tamanhos restringem suas rotas e seus portos de escala (sendo impedidos de atravessar o Canal de Suez ou o Canal do Panamá), eles precisam de ampla margem de distância para parar, seu seguro fica caro demais e eles são propensos a catastróficos derramamentos de óleo, como os do *Amoco Cadiz* (França, 1978), do *Castillo de Belver* (África do Sul, 1983) e do *Exxon Valdez* (Alasca, 1989). O maior petroleiro do mundo, o *Seawise Giant*, foi construído em 1979, ampliado para 564.763 tpb, atingido em 1988 durante a Guerra Irã-Iraque, relançado como o *Jahre Viking* (1991–2004) (quase 459 m de comprimento), rebatizado como *Knock Nevis* e usado como uma unidade de armazenamento e descarga junto ao Catar (2004–2009), depois vendido a comerciantes de sucata naval na Índia e rebatizado como *Mont* para sua jornada final até Alang, em Gujarat (Konrad, 2010).

Tudo isso trouxe quatro consequências dignas de nota. Em primeiro lugar, a produção global de petróleo cresceu cerca de 200 vezes durante o século XX; em 2015 (quando ultrapassou 4,3 Gt), era aproximadamente 20% maior que no ano 2000, e desde 1964, quando seu teor energético suplantou o da extração de carvão, o petróleo é o combustível mais usado do mundo. Em segundo lugar, o petróleo é atualmente produzido em todos os continentes e a partir de plataformas em todos os oceanos, exceto perto do Ártico e da Antártica, e de poços terrestres com até 7 km de profundidade, enquanto os depósitos do campo de Tupi, no Brasil, encontram-se 2,1 km abaixo da superfície do Atlântico e mais outros 5 km abaixo do leito oceânico. Em terceiro, o petróleo é a *commodity* comercializada mais valiosa do mundo: em 2014 (com o preço médio do barril perto de $ 93 para o tipo West Texas Intermediate), sua produção anual equivaleu a cerca de $ 3 trilhões, e em 2015 (com a queda dos preços para perto de $ 49 o barril) foi de aproximadamente $ 1,6 trilhão (BP, 2016).

Capítulo 5   Combustíveis fósseis, eletricidade primária e renováveis

Em quarto lugar, embora as extrações de petróleo encontrem-se amplamente distribuídas, os maiores campos petrolíferos do mundo foram descobertos em terra firme, na região do Golfo Pérsico, entre 1927 (Kirkuk, no Iraque) e 1958 (Ahwaz, no Irã). Al-Ghawar, o maior campo do mundo, na província oriental da Arábia Saudita, vem produzindo desde 1951, e o segundo maior, al-Burqan, no Kuwait, está em operação desde 1946 (Smil, 2015b; Figura 5.14). Nada pode mudar essa realidade fundamental: em 2015, quase metade das reservas conhecidas de petróleo convencional (líquido) estavam na região, que também é, infelizmente, a fonte mais proeminente de conflitos complexos e instabilidade política crônica do mundo (BP, 2016).

Por décadas, o gás natural foi um contribuinte menor para o suprimento global de energia: em 1900, respondia por mero 1% de todas as energias fósseis, e em 1950 sua fração aproximada ainda era de apenas 10%, mas posteriormente três fortes tendências aumentaram sua participação global para quase 25% de todas as energias fósseis no ano 2000, e no século XX houve um salto de 375 vezes na energia total derivada anualmente deste que é o mais limpo dos combustíveis fósseis (Smil, 2010a). Relativamente o menor, mas ainda assim importantíssimo, novo mercado foi o uso de gás natural como matéria-prima e também combustível para a síntese de amônia — o fertilizante nitrogenoso mais importante, atualmente mais empregado para produzir ureia sólida (Smil, 2001; IFIA, 2015) — e para a produção de plásticos.

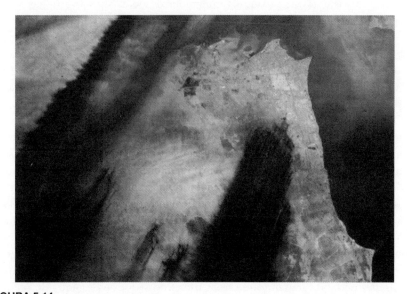

FIGURA 5.14
Poços do campo de petróleo al-Burqan (do lado direito, oriental, da imagem) foram incendiados pelo exército iraquiano em retirada em 1991. Imagem produzida em 7 de abril de 1991 por earthobservatory.nasa.gov.

280 Energia e Civilização: Uma História

O maior entre os novos mercados globais se desenvolveu em resposta a altos níveis de poluição do ar testemunhados na maioria das cidades ocidentais durante o período de acelerada industrialização pós-Segunda Guerra: a substituição do carvão e do óleo combustível por gás natural no aquecimento industrial, institucional e domiciliar (também para preparação de alimentos) eliminou emissões de matéria particulada e quase eliminou a geração de SO_2 (não é difícil remover compostos sulfurosos do gás antes da combustão). Cidades em países em franca modernização na América Latina e Ásia seguiram a mesma tendência, embora muitas delas, incluindo Tóquio e outras conurbações japonesas, bem como Seul, Guangzhou, Xangai e Bombaim, tiveram de fazê-lo a partir da importação do caro gás natural liquefeito (GNL). A última tendência que vem impulsionando o uso de gás natural é sua aplicação eficiente para gerar eletricidade por meio de turbinas a gás e, com eficiência ainda maior, por meio de turbinas a gás de ciclo combinado (veja a próxima seção). A partir de 2005, o fraturamento hidráulico não apenas impediu que a extração de gás natural seguisse diminuindo nos Estados Unidos como levou o país novamente à posição de maior produtor do mundo.

O transporte de gás natural por gasodutos é inerentemente mais caro que o transporte de líquidos, e tubulações de longa distância tornaram-se econômicas somente com a introdução de tubos de aço de grande diâmetro (até 2,4 m) e compressores eficientes de turbinas a gás (Smil, 2015a). Estados Unidos e Canadá contam com sistemas de gasodutos integrados desde os anos 1960, mas a mais extensiva rede internacional vem evoluindo na Europa desde o fim dessa mesma década. As linhas mais longas — uma de 4.451 km de Urengoy até a estação Uzhgorod, na fronteira entre Ucrânia e Eslováquia, e uma de 4.190 km de Yamal até a Alemanha — atualmente levam gás siberiano para a Europa Central e Ocidental, onde as linhas se conectam a suprimentos advindos dos Países Baixos, do Mar do Norte e da África.

Os primeiros envios de GNL durante os anos 1960 eram bastante caros, e pelas três décadas seguintes o comércio limitado se resumiu principalmente ao suprimento de países asiáticos (Japão, Taiwan, Coreia do Sul) que não dispunham de recursos domésticos de gás. Novas descobertas de gás e a introdução de navios-tanque maiores especializados no seu transporte levaram a uma expansão abrupta desse comércio, e em 2015 quase um terço de todo o gás exportado viajava nessas embarcações (BP, 2016). O Japão segue sendo o maior importador, mas em breve a China passará a ser o maior comprador do mundo. Por sua vez, numa incrível reversão de papéis, os Estados Unidos, tradicionalmente um grande importador de gás canadense via gasodutos, está desenvolvendo muitas novas instalações de GNL, tentando se tornar um exportador de destaque do recurso, talvez até vindo a rivalizar com o Catar, um país pequeno e rico que vende GNL a partir do maior campo de gás do mundo, no Golfo Pérsico (Smil, 2015a).

Capítulo 5 Combustíveis fósseis, eletricidade primária e renováveis **281**

Eletricidade

O avanço da eletrificação exigiu aumentos exponenciais nas capacidades de todos os componentes do sistema. As primeiras, e relativamente pequenas, caldeiras eram alimentadas com pedaços de carvão que queimavam em grelhas móveis. A partir dos anos 1920, elas foram substituídas por unidades de múltiplos andares que queimam combustível pulverizado injetado numa câmara de combustão, aquecendo a água que circula em canos de aço rentes às paredes das caldeiras. Óleo combustível e gás natural também se tornaram alternativas comuns de queima por grandes usinas centrais de energia, mas o primeiro (afora na Rússia e na Arábia Saudita) foi descontinuado a partir da segunda rodada de aumentos nos preços promovida pela Opep em 1979–1980, enquanto o gás natural para geração de eletricidade atualmente é queimado sobretudo em turbinas a gás, não apenas em países ricos nesse recurso, mas também naqueles que precisam importar GNL caro. Nos Estados Unidos, a eletricidade gerada a gás foi de 12% do total em 1990 para 33% em 2014, enquanto no Japão a parcela do GNL era de 28% em 2010, crescendo para 44% em 2012 após o fechamento das usinas nucleares de energia após o desastre de Fukushima (The Shift Project, 2015).

Grandes caldeiras fornecem vapor para turbogeradores cujas capacidades máximas são três ordens de magnitude maiores que em 1900 (a maior unidade, na usina de energia nuclear de Flamanville, na França, tem 1,75 GW), e suas pressões operacionais e temperaturas mais elevadas levaram as melhores eficiências de menos de 10% em 1900 para pouco mais de 40% (Figura 5.15). Eficiências ainda mais altas, na ordem de 60%, são possíveis mediante a combinação de turbinas a gás (as maiores máquinas agora chegam a mais de 400 MW) e turbinas a vapor (usando o gás quente que sai das turbinas a gás para produzir vapor). Não chega a surpreender que o uso de turbinas a gás de ciclo combinado tenha sido cada vez mais favorecido para geração de eletricidade, sobretudo para dar conta dos períodos de pico de demanda (Smil, 2015b). Grandes motores a diesel representam a alternativa mais econômica para geração de eletricidade em locais remotos, bem como para garantir capacidades de prontidão para impedir cortes de energia durante emergências.

A expansão e transformação das redes urbanas em sistemas nacionais começou lentamente após a Primeira Guerra e se acelerou após a Segunda Guerra. Isso incluiu os seguintes componentes universais (Hughes 1983): a busca por economias de escala; a construção de estações maiores dentro ou perto de cidades; o desenvolvimento de linhas de alta tensão para transmitir eletricidade a partir de usinas hidrelétricas remotas; a promoção do consumo em massa; e a interconexão de sistemas menores para aumentar a segurança de suprimento e diminuir as capacidades instaladas e de reserva. A partir de 1950, preocupações com a poluição do ar fizeram com que novas estações de grande porte passassem a ser instaladas

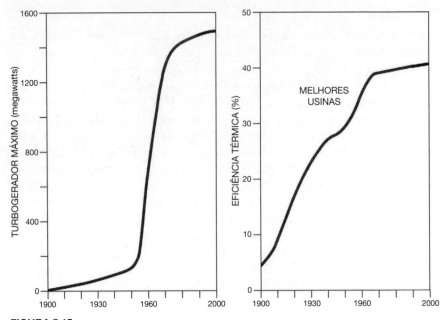

FIGURA 5.15
Capacidades máximas de turbogeradores a vapor e as eficiências das melhores usinas termoelétricas, 1900–2000. Plotado de dados de Dalby (1920), Termuehlen (2001) e Smil (2008a).

perto das fontes do combustível. Essa migração para usinas de energia junto à boca das minas aumentou a necessidade de transmissão em alta tensão.

Como consequência, a potência dos maiores transformadores aumentou em 500 vezes, e as maiores tensões de transmissão aumentaram mais de 100 vezes desde os anos 1890. As primeiras transmissões eram feitas usando postes de madeira e fios de cobre sólidos. Mas tarde, houve um avanço para torres de aço suspendendo cabos de alumínio reforçado por aço, carregados com até 765 kV, e a maior tensão CC é atualmente de ± 800 kV, transmitindo 6,4 GW entre a hidrelétrica de Xiangjiaba e Xangai. A demanda de cada domicílio passou de algumas tomadas para sistemas que costumam incluir mais de 50 interruptores e tomadas numa mesma residência. Capacidades mais altas e uma geração crescente são acompanhadas por uma maior confiabilidade no serviço, uma consideração especialmente importante num mundo repleto de dispositivos e controles eletrônicos (Quadro 5.14).

A chegada da fissão nuclear como a outra importante alternativa para gerar vapor para a geração termelétrica foi acelerada pela Segunda Guerra Mundial. A primeira demonstração do fenômeno, por Lise Meitner e Otto Frisch em dezembro de 1938, foi seguida pela primeira reação em cadeia sustentada, na Universidade de Chicago, em 2 de dezembro de 1942. A primeira bomba nuclear

Capítulo 5 Combustíveis fósseis, eletricidade primária e renováveis **283**

QUADRO 5.14
Confiabilidade no suprimento de eletricidade

A confiabilidade do suprimento de eletricidade é frequentemente expressa em termos de noves, o percentual de tempo num ano-padrão de 365 dias em que uma rede específica funciona apropriadamente e é capaz de atender a necessidade da demanda. Um sistema com quatro noves, com a eletricidade disponível 99,99% do tempo, pode parecer confiável, mas o total anual sem energia seria de quase 53 minutos. Cinco noves cortam o apagão total para pouco mais de 5 minutos, e a meta do setor é alcançar confiabilidade de 99,9999% (seis noves), deixando o sistema sem eletricidade por apenas 32 s/ano. O desempenho atual nos Estados Unidos é de cerca de 99,98%, com apagões causados não somente pelo clima (tornados, furações, nevascas, frio extremo), mas também por vandalismo ou interrupções no suprimento de combustível (Wirfs-Brock, 2014; North American Electric Reliability Corporation, 2015).

Comunicação, controles e armazenamento de informações por meios eletrônicos subjazem todos os setores de economias modernas, desde o controle de rotas e o monitoramento de caminhões de entrega até a produção automatizada de microchips, e do mercado de ações até o controle de tráfego aéreo. E a única forma de garantir o atendimento ininterrupto é instalar sistemas emergenciais (baterias e geradores aptos a rápidas respostas). Até mesmo breves pausas no fornecimento de energia podem sair muito caras, com custos chegando a mais de US$ 10 milhões por hora no caso de algumas operações nos setores de serviços e industrial. Entre 2003 e 2011, as perdas nacionais nos Estados Unidos ficaram entre US$ 18 e US$ 75 bilhões (em 2008, com o furacão Ike) (Executive Office of the President, 2013). E redes elétricas são as principais candidatas a ataques por parte de grupos ciberterroristas ou governos adversários.

---

foi testada em julho de 1945, e duas bombas foram lançadas com diferença de três dias em agosto de 1945 (Kesaris, 1977; Atkins, 2000). Deixando de lado o desenvolvimento contínuo de mais armas nucleares poderosas (veja a seção sobre armamentos e guerra no próximo capítulo), o primeiro importante programa nuclear pós-guerra nos Estados Unidos envolveu o desenvolvimento de reatores nucleares para a propulsão de submarinos: o *Nautilus* foi lançado em janeiro de 1955, e quase imediatamente Hyman Rickover (1900–1986), líder do programa de submarinos nucleares, foi encarregado de reconfigurar o reator para geração de eletricidade comercial (Polmar; Allen, 1982). A primeira estação de energia nuclear do país, Shippingport, na Pensilvânia, começou a operar em dezembro de 1957, mais de um ano após a estação britânica de Calder Hall ter entrado em funcionamento, em outubro de 1956.

284 Energia e Civilização: Uma História

Em retrospecto, essa não foi a melhor escolha possível de um projeto de reator, mas se tornou o tipo dominante em todo o mundo. Embora não fosse um *design* superior, essa adoção inicial acabou se arraigando até que outros reatores ficassem prontos para competir (Cowan, 1990). Em meados de 2015, 277 dos 437 reatores nucleares em operação no mundo usavam água pressurizada, em sua maioria nos Estados Unidos e na França. Rememorando quase meio século de geração de energia nuclear comercial, lembro que chamei a eletricidade nuclear de um fracasso bem-sucedido (Smil, 2003), e esse veredito só foi reforçado pelos desenvolvimentos subsequentes. Foi bem-sucedida porque em 2015 ela supriu 10,7% da eletricidade mundial, e antes do recente avanço chinês na construção de usinas elétricas alimentadas por carvão, essa fração era de aproximadamente 17%. Muitas frações nacionais são maiores, incluindo os quase 20% nos Estados Unidos, 30% na Coreia do Sul (e também no Japão pré-2011) e 77% na França. E é um fracasso porque sua enorme promessa inicial (durante os anos 1970, a expectativa disseminada era de que ao final do século a energia nuclear seria o modo dominante de geração de eletricidade) ainda está longe de ser cumprida.

Fraquezas técnicas dos *designs* dominantes, os altos custos de construção de usinas nucleares e os atrasos crônicos para a conclusão, o problema não resolvido do descarte a longo prazo dos dejetos radioativos e preocupações disseminadas quanto à segurança operacional (incluindo, mesmo passados 60 anos de experiências comerciais, algumas alegações grosseiramente exageradas sobre os impactos à saúde) foram fatores que impediram o crescimento acelerado da indústria nuclear. Preocupações com a segurança e a percepção pública frente a riscos intoleráveis foram reforçadas pelo acidente em Three Mile Island em 1979 e ainda mais pelo desastre de Chernobil em 1986 e pela explosão em 2011 de três reatores de Fukushima Daiichi, após um grande terremoto e um tsunami (Elliott, 2013).

Como resultado, alguns países se recusaram a permitir qualquer construção de estações nucleares (Áustria, Itália), outros têm planos para seu fechamento integral no futuro próximo (Alemanha, Suécia) e a maioria dos países com usinas operacionais ou parou de adicionar novas capacidades décadas atrás (Canadá, Reino Unido) ou passou a construir pouquíssimas novas estações, bem abaixo da quantidade necessária para substituir as velhas. Estados Unidos e Japão são os dois países mais proeminentes nessa última categoria: em meados de 2015, havia 437 reatores em operação pelo mundo, e dos 67 reatores em construção, 25 estavam na China, nove na Rússia e seis na Índia (WNA, 2015b). O Ocidente essencialmente desistiu desse modo de geração de eletricidade limpo e livre de carbono.

Energias renováveis

Uma dependência crescente de combustíveis fósseis tornou os biocombustíveis bem menos importantes, mas, devido ao rápido crescimento de populações em

Capítulo 5   Combustíveis fósseis, eletricidade primária e renováveis   **285**

zonas rurais de países de baixa renda (onde o acesso a energias modernas é muito limitado ou mesmo inexistente), o mundo agora consome mais lenha e carvão vegetal do que nunca. De acordo com minhas melhores estimativas, a energia bruta em biocombustíveis tradicionais chegou a cerca de 45 EJ no ano 2000, quase exatamente o dobro do que era em 1900 (Smil, 2010a), e durante os 15 primeiros anos do século XX, o total diminuiu apenas marginalmente. Isso significa que no ano 2000 os biocombustíveis supriram uns 12% da energia primária do mundo, e em 2015 essa parcela caiu para aproximadamente 8% (enquanto em 1900 eles forneciam 50%).

Infelizmente, mesmo esse total, equivalente a cerca de 1 Gt de petróleo, não foi suficiente: com centenas de milhões de pessoas em áreas rurais de países de baixa renda na África, Ásia e América Latina ainda queimando combustíveis de biomassa, a demanda por lenha e carvão vegetal vem sendo uma das principais causas de desmatamento, sobretudo na região africana do Sahel, no Nepal, na Índia, no interior da China e em boa parte da América Central. A maneira mais eficaz de diminuir essa degradação é introduzir fornos mais eficientes (25–30%, comparados a 10–15% dos tradicionais). Essa substituição obteve mais sucesso na China, onde fornos eficientes alcançaram cerca de 75% dos domicílios rurais do fim do século (Smil, 2013).

Ao mesmo tempo, é errado pensar que a madeira vem exclusivamente de florestas, já que em muitos países de baixa renda ela é coletada por famílias (sobretudo por mulheres e crianças) em pequenos bosques e matos, em plantações arbóreas (borracha, coco) e em beiras de estrada e quintais. Levantamentos em Bangladesh, Paquistão and Sri Lanka mostraram que essa madeira que não provém de florestas respondia por mais de 80% de toda combustão (RWEDP, 1997). Ao menos um quinto de todos os resíduos de lavoura produzidos em países de baixa renda ainda é queimado, e fezes secas de animais continuam sendo importantes em partes da Ásia, mas o carvão vegetal se tornou um biocombustível preferível. Conforme esperado, China e Índia são os maiores consumidores do mundo de biocombustíveis tradicionais, seguidas por Brasil e Indonésia, mas em termos relativos a África subsaariana ganha de longe: no fim do século XX, alguns países da região obtinham mais de 80% de sua energia rural da madeira e de resíduos de lavoura, comparados a 25% no Brasil e menos de 10% na China (Smil, 2013a). Em termos *per capita*, essas fatias vão de 5 GJ até 25 GJ/ano.

As últimas décadas do século XX testemunharam o surgimento de uma produção de etanol em escala relativamente grande. Experimentos com etanol para carros de passageiros precederam a Segunda Guerra (Henry Ford estava entre os proponentes), mas a produção moderna de etanol em larga escala começou em 1975, com o programa brasileiro Proálcool, fermentando o combustível a partir de cana-de-açúcar (Macedo; Leal; Silva, 2004; Basso; Basso; Rocha, 2011), e a produção norte-americana a partir de milho começou em 1980 (Solomon; Bar-

286 Energia e Civilização: Uma História

nes; Halvorsen, 2007). A produção brasileira estagnou a partir de 2008, enquanto a norte-americana, cujo volume crescente foi determinado pelo Congresso do país em 2007, provavelmente deixará de crescer. Existe também o setor bem menor do biodiesel, que produz combustível líquido a partir de fitomassa rica em óleo, como soja, colza e fruto de palma de óleo (USDOE, 2011). A produção global de biocombustíveis líquidos alcançou cerca de 75 Mt de equivalente em óleo em 2015, respondendo por aproximadamente 1,8% da energia extraída anualmente do pretóleo cru (BP, 2016). Falando francamente, é um delírio crer que esse setor pode crescer ao ponto de responder por uma parcela significativa dos biocombustíveis líquidos do mundo (Giampietro; Mayumi, 2009; Smil, 2010a).

O aproveitamento das energias potencial e cinética da água para gerar eletricidade é a segunda fonte de energia renovável mais importante do mundo, atrás dos biocombustíveis tradicionais e modernos. A geração hidrelétrica teve início em 1882, concomitantemente com a geração termoelétrica, quando uma pequena roda d'água no rio Fox, em Appleton, Wisconsin, passou a acionar dois dínamos para produzir 25 kW, suficientes para acender 280 lâmpadas fracas (Dyer; Martin, 1929). Antes do fim daquele século, represas cada vez mais altas estavam sendo construídas em países alpinos, na Escandinávia e nos Estados Unidos. Mas a primeira estação de CA, construída em Niagara em 1895, era pequena (37 MW) comparada aos projetos construídos durante os anos 1930 com apoio estatal nos Estados Unidos (por parte da Tennessee Valley Authority, nascida do programa governamental New Deal) e na URSS como parte da industrialização stalinista da época (Allen, 2003). Os maiores projetos norte-americanos da era foram a Represa Hoover, no rio Colorado (1936; 2,08 GW) e a Represa Grand Coulee, no rio Colúmbia, cujo primeiro estágio foi concluído em 1941 (acabando por alcançar 6,8 GW).

As três décadas pós-1945 fizeram da hidroenergia a fonte de quase 20% de eletricidade mundial, com grandes projetos finalizados no Brasil, Canadá, URSS, Congo, Egito, Índia e China. Na maioria dos países, a contrução de novos projetos se desacelerou ou mesmo parou desde os anos 1980, mas não na China, onde a maior represa do mundo — Sanxia, a Represa das Três Gargantas (capacidade instalada de 22,5 GW em 34 unidades) — foi concluída em 2012 (Chincold, 2015). Em 2015, turbinas hídricas supriram quase 16% da eletricidade mundial, com frações até 60% no Canadá e quase 80% no Brasil, e ainda maiores em diversos países menores da África.

Duas conversões de energia renovável que vêm recebendo grande atenção são a eletricidade eólica e a solar. O interesse se deve à sua rápida expansão — entre 2010 e 2015 a geração eólica global aumentou cerca de 2,5 vezes, enquanto a geração solar ficou quase oito vezes maior — e a expectativas exageradas quanto à sua taxa futura de adoção. Uma expansão acelerada é um atributo comum de estágios iniciais de desenvolvimento, e a colaboração dessas duas fontes de energia

Capítulo 5   Combustíveis fósseis, eletricidade primária e renováveis   **287**

continua sendo insignificante na escala global (em 2015, o vento gerou cerca de 3,5% e a radiação solar direta produziu 1% da eletricidade mundial). A integração de fluxos maiores dessas energias intermitentes (muitas turbinas eólicas funcionam apenas 20%–25% do tempo, enquanto algumas localizadas no mar alcançam 40%) em redes elétricas atuais impõe muitos desafios (J.P. Morgan, 2015).

O desenvolvimento moderno da energia eólica foi iniciado por incentivos fiscais norte-americanos no início dos anos 1980 e teve um fim abrupto assim que tais incentivos expiraram em 1985 (Braun; Smith, 1992). A Europa se tornou uma nova líder durante os anos 1990, à medida que os governos de diversos países — Dinamarca, Reino Unido, Espanha e, acima de tudo, Alemanha, como parte de sua *Energiewende* — adotaram políticas voltadas a acelerar a transição para eletricidade renovável. Os custos caíram, e máquinas maiores (agora com até 8 MW, geralmente 1–3 MW) e fazendas eólicas mais amplas (incluindo instalações em alto-mar) impulsionaram o recente crescimento de menos de 2 GW de capacidade instalada em 1990 para 17,3 GW no ano 200 e para 432 GW no fim de 2015 (Global Wind Energy Council, 2015).

O efeito fotovoltaico (FV)(geração de eletricidade usando eletrodos metálicos expostos à luz) foi descoberto por Edmund Becquerel (1852–1908) em 1839, mas foi somente em 1954 que a Bell Laboratories produziu células solares de silício, que eram caras e de baixa eficiência (inicialmente apenas 4,5%, depois 6%), sendo usadas pela primeira vez em 1958 para energizar (com mero 0,1 W) o satélite *Vanguard 1*. Quatro anos depois, em 1962, o *Telstar 1*, o primeiro satélite comercial de telecomunicações, contava com células FV de 14 W, e em 1964 os satélites Nimbus carregavam células com capacidade de 470 W (Smil, 2006). Aplicações no espaço, onde o custo não representa uma consideração primordial, vêm prosperando há décadas, mas os usos em terra para geração de eletricidade ficaram limitados pelos altos custos, e o setor começou a crescer somente no fim dos anos 1990. Em termos de pico de energia (que está disponível, mesmo em dias ensolarados, por apenas algumas horas por dia), somente 50 MW de células FV foram comercializados em 1990, 17 GW em 2010 e cerca de 50 GW em 2015, quando a capacidade acumulada chegou a 227 GW (James, 2015; REN21, 2016).

Mas a geração FV tem fatores de capacidade ainda menores que os eólicos (em climas mais nebulosos, apenas 11–15%, e aproximadamente 25% até mesmo no desértico Arizona), e em 2015 sua geração global de eletricidade foi somente 30% do total suprido por turbinas eólicas (Figura 5.16). Como mencionado, o crescimento do setor não se mostrou um processo gradual e orgânico, e sim uma promoção estimulada por subsídios governamentais. Nada ilustra isso melhor que o fato de que em 2015 a Alemanha, frequentemente coberta por nuvens, produziu quase três vezes mais eletricidade FV que a ensolarada Espanha (BP, 2016). O aquecimento hídrico, usando pequenos aquecedores domésticos no telhado bem como grandes sistemas industriais, já existia antes da expansão da geração FV. Ao fim de 2012, a capacidade instalada de aquecedores era de aproximadamente 270 GW, sobretudo na China e na Europa (Mauthner; Weiss, 2014). Energia solar concentrada (conhecida pela sigla em inglês CSP), em que espelhos são usados para concentrar a radiação solar num mesmo foco a fim de aquecer água (ou sal) para gerar eletricidade, é uma alternativa útil à eletricidade FV, mas poucas instalações desse tipo (com capacidade total abaixo de 5W) estavam em operação em 2015.

Comparadas aos quatro grandes — eletricidade de biocombustíveis, hidro, vento e FV — outras conversões renováveis continuam insignificantes na escala global, embora algumas delas sejam importantes em âmbito nacional ou regional, com destaque para a energia geotérmica. Fontes e poços termais são usados desde os tempos pré-históricos, e poços mais fundos atualmente suprem água quente para calefação de ambientes e processos industriais em muitos países. Mas locais onde esssa energia pode ser resgatada como vapor quente natural e usada para gerar eletricidade são bem menos comuns. A primeira usina geotérmica do mundo começou a operar no campo de Larderello, Itália, em 1902; Wairakei, na Nova Zelândia, entrou em funcionamento em 1958, e a usina californiana The Geysers em 1960. Em 2014, a capacidade global instalada era de 12 GW. Os Estados Unidos contam com a maior capacidade instalada, e a Islândia é o país mais dependente dessa energia renovável (Geothermal Energy Association, 2014).

Nenhum dos planos de longa data para usinas à base de energia das marés se materializou; somente algumas instalações menores estão em funcionamento, na França e na China. O investimento em novas áreas de cultivo de árvores que

FIGURA 5.16
Usina de energia fotovoltaica de Lucaneina de las Torres, na Andaluzia, Espanha (Corbis).

Capítulo 5   Combustíveis fósseis, eletricidade primária e renováveis   **289**

crescem depressa (salgueiros, choupos, eucaliptos, leucenas ou pinheiros) a serem derrubadas para se tornarem serragem destinada à geração de eletricidade é uma alternativa assolada por muitos problemas ambientais, e resíduos de lavoura e outros dejetos orgânicos são usados atualmente para a produção de biogás em larga escala (acima de tudo na Alemanha e na China), mas sua contribuição faz diferença apenas em escala local. Apesar das muitas opções renováveis, alguns avanços acelerados e muitas alegações contraditórias, o veredito básico é claro: assim como ocorreu com outras transições energéticas, será um processo lento deixar os combustíveis fósseis para trás, e ainda teremos de esperar para ver como diferentes conversões evoluirão para reivindicar papéis-chave num novo mundo da energia.

Forças motrizes no transporte

Tendo em vista a importância da mobilidade de pessoas e mercadorias na civilização moderna, a seção final deste meu apanhado sobre os avanços técnicos que determinam os atuais alicerces energéticos das sociedades modernas abordará as forças motrizes no transporte, abrangendo toda sua gama, desde motores pequenos e modestos até foguetes poderosos. O desenvolvimento de motores com ciclo de Otto (praticamente todos os quais funcionam agora a gasolina, com etanol e gás natural ganhando algum terreno) vem se mostrando bastante conservador desde a primeira década do século XX, quando eles entraram em produção em massa. As mudanças mais importantes incluíram o aumento de quase duas vezes nas taxas de compressão e sua perda de peso e ganho de potência, resultando numa diminuição no índice massa/potência: ele caiu de quase 40 g/W em 1900 para apenas 1 g/W um século depois. O primeiro carro norte-americano produzido em massa, o Curved Dash, de Ransom Olds, tinha um motor de 5,2 kW (7 hp) com cilindro único. O motor do Modelo T da Ford, cuja produção se encerrou em 1927, após 19 anos e 16 milhões de unidades vendidas, era três vezes mais potente.

A elevação na potência média dos carros norte-americanos foi interrompida pelos aumentos no preço do petróleo pela Opep nos anos 1970, mas a tendência retornou nos anos 1980: a potência automotiva média subiu de uns 90 kW em 1990 para cerca de 175 kW em 2015 (USEPA, 2015). Mas "carro" é, na verdade, um termo incorreto, pois nos Estados Unidos cerca de 50% dos veículos leves usados para transporte pessoal são vans, picapes e utilitários esportivos (SUVs, nome que é dos maiores contrassensos já cunhados: onde está o esporte e qual é a utilidade de dirigir esses minicaminhões até um *shopping center*?). Similarmente, os motores a diesel também ficaram relativamente mais leves e bem mais potentes, e com esses aprimoramentos eles se tornaram dominantes em mercados-chave no setor de transportes (Smil, 2010b). Os primeiros caminhões com motor a diesel surgiram na Alemanha em 1924, e em 1936 vieram, também na Alemanha, os primeiros carros pesados de passageiros com esse tipo de motor. Pouco antes

290 Energia e Civilização: Uma História

da Segunda Guerra, a maioria dos caminhões e ônibus europeus tinha motor a diesel, e depois da guerra isso se tornou a norma por todo o mundo. Os motores a diesel de ônibus, com até 350 kW, têm índices de massa/potência de 3–9 g/W e podem operar até 600 mil km sem grandes reparos.

Esses índices de massa/potência dos motores automotivos a diesel acabaram diminuindo até 2 g/W, o que significa que os motores em carros de passageiros são apenas um pouco mais pesados que seus equivalentes movidos a gasolina (Smil, 2010b). Quedas no custo do combustível tornaram os carros a diesel comuns na Comunidade Europeia, onde eles respondem atualmente por mais de 50% dos novos registros (ICCT, 2104). Mas os carros a diesel continuam raros nos Estados Unidos: em 2014, respondiam por menos de 3% de todos os veículos. E sua imagem ficou ainda mais desgastada desde o segundo semestre de 2015, quando a Volkswagen foi forçada a admitir que muitos de seus modelos a diesel vendidos desde 2008 continham um software ilegal que produzia leituras falsas em motores que passavam por testes de emissões, a fim de satisfazer as regulamentações ambientais norte-americanas quanto a óxidos de nitrogênio.

Locomotivas movidas a diesel (com até 3,5 MW de potência) puxam (e empurram) trens de carga em todas as ferrovias não eletrificadas ao redor do mundo. Como já mencionado, os motores a diesel começaram a conquistar o transporte de cargas pelo mar antes da Primeira Guerra, e se tornaram forças motrizes indispensáveis da globalização, já que todo comércio marítimo de recursos energéticos, matérias-primas, dejetos recicláveis, alimento e ração e produtos manufaturados é movido por essas máquinas imensas e poderosas (Smil, 2010b). Os superpetroleiros e supergraneleiros a diesel mais potentes, projetados na Europa pela MAN e pela Wärtsilä e construídos na Coreia do Sul e no Japão, alcançam capacidades de quase 100 MW.

Por sua vez, os motores de aeronaves também evoluíram bem depressa. Aqueles que propeliam o Clipper, criado em 1936 pela Boeing (um grande hidroplano que fazia a rota de serviço entre a costa oeste dos Estados Unidos e o leste da Ásia) eram cerca de 130 vezes mais potentes que a máquina de 1903 dos irmãos Wright, cujo índice peso/potência era mais de 10 vezes maior (Figura 5.17). Turbinas a gás — forças motrizes inteiramente novas que revolucionaram o voo, bem como o desempenho de muitas indústrias — foram conceitualizadas em algum detalhe na virada para o século XX, mas seus primeiros projetos práticos surgiram somente no fim dos anos 1930. Frank Whittle na Inglaterra e Hans Pabst von Ohain na Alemanha construíram de modo independente suas primeiras turbinas a gás experimentais para aviões militares, mas os primeiro caças a jato entraram em serviço tarde demais para afetar o curso da Segunda Guerra Mundial (Constant, 1981; Smil, 2010b).

O desenvolvimento acelerado da nova força motriz veio após 1945. A velocidade do som foi quebrada pela primeira vez em 14 de outubro de 1947, com o

Capítulo 5 Combustíveis fósseis, eletricidade primária e renováveis

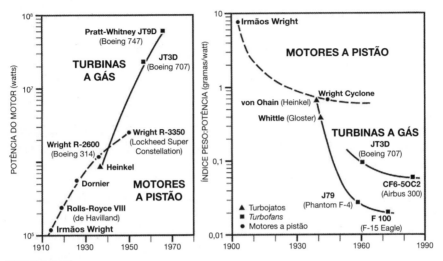

FIGURA 5.17
Aeromotores cada vez mais potentes e leves possibilitaram o progresso duradouro da aviação. Logo antes dos motores a pistão chegarem ao limite de seu desempenho, os motores a jato começaram seus avanços espetaculares. Aqueles que atualmente propelem grandes aviões Boeing e Airbus pesam menos de 0,1 g/W, uma melhoria de 100 vezes comparada ao projeto pioneiro dos irmãos Wright. Os motores dos jatos militares são menores ainda. Plotado de dados de Constant (1981), Gunston (1986), Taylor (1989) e Smil (2010b).

avião Bell X-1, e inúmeros outros projetos de caças e bombardeiros supersônicos foram introduzidos desde o fim dos anos 1940, com o mais rápido caça, o MIG-35, alcançando uma velocidade máxima de Mach 3,2. O desenvolvimento das turbinas a gás conseguiu baratear o voo intercontinental: seu baixo índice massa/potência (com um empuxo de 500 kN, não passa de 0,06–0,07 g/W), alto índice empuxo/peso (> 6 para motores comerciais, 8,5 para os melhores motores militares) e alto índice de *bypass* (em 12:1, atualmente o valor mais alto, 92% do ar comprimido pelo motor atravessa sua câmara de combustão; isso reduz o consumo específico de combustível e diminui o ruído do motor) marcaram a evolução de *design* dessas forças motrizes cada vez mais potentes e eficientes (Figura 5.17). E as turbinas a gás usadas na aviação também se tornaram tão confiáveis que aeronaves bimotores atualmente não apenas cruzam o Atlântico como também cumprem muitas rotas transpacíficas (Smil, 2010b).

Como costuma ocorrer com setores industriais maduros, o mercado global de motores a jato acabou sendo dominado por apenas quatro fabricantes. A Rolls Royce foi a primeira fabricante a levar ao mercado motores comerciais, em 1953, seguida por duas empresas norte-americanas, a General Electric e a Pratt & Whitney. A quarta delas, a CFM International, é uma *joint-venture* estabelecida entre a GE e a francesa Snecma Moteurs em 1974, que se especializa na fabricação de motores para aeronaves de pequena e baixa autonomia (CFM International, 2015). Por outro lado, voos do supersônico Concorde (comercialmente a partir de 1976) revelaram-se caros demais para capturar esse mercado, e o serviço transatlântico foi encerrado em 2003 (Darling, 2004).

Em 1952, o britânico Comet se tornou o primeiro jato de passageiros, mas defeitos estruturais, e não de motor, levaram a três acidentes fatais e a sua retirada de serviço. A aeronave reprojetada retornou aos ares em 1958, mas não foi um sucesso comercial (Simons, 2014). O primeiro avião a jato comercial bem-sucedido foi o Boeing 707, introduzido em 1958 (Figura 5.18). O primeiro Boeing 747 de fuselagem larga começou a voar em 1969; o icônico e amplo jato era propelido por grandes motores *turbofan* que desenvolviam mais de 200 kN de empuxo e que podiam produzir em conjunto um pico aproximado de 280 MW de empuxo durante a decolagem (Smil, 2000c). Em 2015, o motor a jato mais potente, o GE 90–115B, alcançava 513 kN de empuxo.

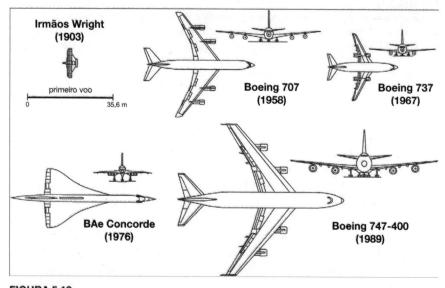

FIGURA 5.18
Visões planares e frontais de aviões a jato marcantes. O Boeing 707 (1957) teve o *design* baseado num avião-tanque de abastecimento em pleno voo. O Boeing 737 (1967) é a aeronave a jato mais vendida da história (quase 9 mil aviões foram entregues até o fim de 2015 e outros 13 mil já estavam encomendados). O supersônico franco-britânico Concorde, que cumpriu rotas limitadas entre 1976 e 2003, foi uma cara excentricidade. O Boeing 747 (em serviço desde 1969) foi a primeira aeronave de fuselagem larga com grande autonomia. Como comparação a esses desenhos em escala, também são mostrados o avião dos irmãos Wright e sua trajetória total de voo em 7 de dezembro de 1903. Baseada em publicações da Boeing e Aerospatiale/BAe e em Jakab (1990).

Capítulo 5 Combustíveis fósseis, eletricidade primária e renováveis **293**

As únicas forças motrizes capazes de produzir mais potência por unidade de peso que as turbinas a gás são os foguetes lançadores de mísseis e veículos espaciais. Os fundadores da moderna ciência de foguetes — Konstantin Tsiolkovsky (1857–1935) na Rússia, Hermann Oberth (1894–1989) na Alemanha e Robert H. Goddard (1882–1945) nos Estados Unidos — vislumbraram corretamente o inescapável sucesso da antiga ideia da propulsão por foguete, que foi traduzida pela engenharia moderna como a mais poderosa força motriz do mundo (Hunley, 1995; Angelo, 2003; Taylor, 2009). Avanços rápidos começaram após a Segunda Guerra: em 1942, o míssil alamão V-2, alimentado por etanol e projetado por Wernher von Braun (1912–1977), alcançou no nível do mar um empuxo de 249 kN (equivalente a cerca de 6,2 MW, com um índice massa/potência de 0,15 g/W) e uma velocidade máxima de 1,7 km/s. Seu alcance, 340 km, era grande o suficiente para atacar o Reino Unido (von Braun; Ordway, 1975).

A corrida espacial entre as superpotências começou com o lançamento do primeiro satélite artificial na órbita da Terra, o soviético Sputnik, em 1957, vindo a produzir mísseis balísticos intercontinentais cada vez mais potentes, e também mais precisos. Em 16 de julho de 1969, queimando querosene e hidrogênio, os 11 motores do foguete norte-americano Saturn C-5 (cujo principal projetista também foi Wernher von Braun) lançaram a aeronave Apollo em sua jornada até a Lua. Eles foram disparados por apenas 150 segundos, e seu empuxo combinado alcançou quase 36 MN, equivalendo a aproximados 2,6 GW, com um índice massa/potência (incluindo o peso do combustível e dos três foguetes de impulso extra) de apenas 0,0001 g/W (Tate, 2009).

6

Civilização movida a combustíveis fósseis

O contraste é claro. Sociedades pré-industriais tiravam proveito de fluxos praticamente instantâneos de energia solar, convertendo somente uma fração insignificante de um maná quase inesgotável de radiação. A civilização moderna depende
da extração de quantidades prodigiosas de reservas energéticas, exaurindo depósitos de combustíveis fósseis que não vão se recuperar nem em escalas temporais
de magnitudes maiores que a existência da nossa espécie. Cada vez mais tentamos explorar a fissão nuclear e aproveitar as energias renováveis (adicionando a
eletricidade eólica e a fotovoltaica à geração hidrelétrica, usada há mais de 130
anos, e buscando novas maneiras de converter fitomassa em combustíveis), mas
em 2015 os combustíveis fósseis seguiam respondendo por 86% da energia primária mundial, apenas 4% a menos que uma geração antes, em 1990 (BP, 2016).

Ao nos voltarmos a essas ricas reservas, criamos sociedades que transformam
quantidades de energia sem precedentes. Essa transformação trouxe avanços enormes em produtividade agrícola e rendimento de safras; ela inicialmente resultou
em rápidos processos de industrialização e urbanização, na expansão e aceleração
dos transportes e num crescimento ainda mais impressionante de nossas capacidades de informação e comunicação. E todos esses desenvolvimentos se combinaram
para produzir longos períodos de altas taxas de crescimento que geraram verdadeira abastança, melhorando a qualidade de vida da maior parte da população mundial, e acabando por gerar novas economias baseadas em serviços de alta energia.

Mas o uso desse poder sem precedentes gerou também muitas consequências
preocupantes e resultou em mudanças que podem vir a colocar em risco os próprios alicerces da civilização moderna. A urbanização vem sendo uma fonte crucial de inventividade, avanços técnicos, ganhos no padrão de vida, ampliação de
informações e comunicação instantânea, mas também revela-se um fator-chave
por trás da deterioração da qualidade ambiental e de uma preocupante desigualdade de renda. As implicações políticas de uma distribuição desigual de recursos
energéticos têm consequências intra e internacionais, indo desde disparidades re-

296 Energia e Civilização: Uma História

gionais até a perpetuação de regimes corruptos, e muitas vezes intolerantes ou abertamente violentos.

Armamentos modernos de alta energia alavancaram os poderes destrutivos dos países em muitas ordens de magnitude quando comparados às capacidades pré-industriais. Sendo assim, conflitos armados modernos geram aumentos proporcionais de baixas, não apenas militares, mas também civis. Acima de tudo, o desenvolvimento de armas nucleares acabou criando, pela primeira vez na história, a possibilidade de, se não a destruição, então uma grande devastação da civilização por inteiro. Ao mesmo tempo, alguns dos meios mais incontroláveis de agressão e belicosidade modernas não requerem o controle superior de energias concentradas, já que dependem apenas de formas de terrorismo individual conhecidos de longa data. Mas mesmo que houvesse a garantia de que a civilização moderna conseguirá evitar um conflito termonuclear em larga escala, ela ainda enfrenta profundas incertezas. Sem dúvida, o desafio mais inquietante é a degradação ambiental disseminada. Essa tendência acelerada advém da extração e conversão de energias fósseis e não fósseis, bem como da produção industrial, da urbanização desenfreada, da globalização econômica, do desmatamento e de práticas impróprias de plantação e pecuária.

Os efeitos cumulativos dessas mudanças já deixaram de ser problemas locais e regionais, alcançando consequências desestabilizadoras na biosfera global, sobretudo na forma do indesejado e relativamente rápido aquecimento global. A civilização moderna deu origem a uma verdadeira explosão de uso de energia e ampliou o controle humano sobre energias inanimadas a níveis previamente inimagináveis. Esses ganhos a tornaram fabulosamente libertadora e admiravelmente construtiva — mas também inconfortavelmente restritiva, horrivelmente destruidora e, em muitos aspectos, autodestrutiva. Todas essas mudanças produziram gerações de forte crescimento econômico e expectativas de que esse processo, alimentado pela inovação, não precisa acabar tão cedo — embora sua continuação não esteja de forma alguma garantida.

Poder sem precedentes e suas aplicações

Embora interrompido por duas guerras mundiais e pela pior crise econômica global durante os anos 1930, o crescimento da energia mundial avançou a ritmos sem precedentes durante as sete primeiras décadas do século XX. Em seguida, veio uma desaceleração precipitada pela quintuplicação dos preços do petróleo pela Opep entre outubro de 1973 e março de 1974. De todo modo, aquele ritmo teria diminuído mesmo sem esse freio de arrumação, já que os níveis absolutos haviam crescido demais para sustentar taxas de crescimento que são possíveis a níveis agregados menores. Mas, mesmo a um ritmo não tão acelerado, enormes taxas quantitativas perseveraram e foram acompanhadas por alguns incríveis ganhos novos e qualitativos. As melhores compilações de estatísticas globais mos-

Capítulo 6   Civilização movida a combustíveis fósseis   **297**

tram um crescimento exponencial sustentado da produção de combustível fóssil desde que sua extração em larga escala começou a o século XIX (Smil, 2000a, 2003, 2010a; BP, 2015; fig. 6.1).

A mineração de carvão cresceu 100 vezes, de 10 Mt para 1 Gt, entre 1810 e 1910; chegou a 1,53 Gt em 1950, 4,7 Gt no ano 2000 e 8,35 Gt em 2015, antes de diminuir um pouco para 7,9 Gt em 2015 (Smil, 2010c; BP, 2016). A extração de petróleo cru subiu umas 300 vezes, de menos de 10 Mt no fim dos anos 1880 para pouco mais de 3 Gt em 1988; era de 3,6 Gt no ano 2000 e de quase 4,4 Gt em 2015 (BP, 2016). A produção de gás natural aumentou mil vezes, de menos de 2 Gm^3 no fim dos anos 1880 para 2 Tm^3 em 1991; era de 2,4 Tm^3 em 2000 e de 3,5 Tm^3 em 2015. Durante o século XX, a extração global de energias fósseis cresceu 14 vezes em termos energéticos agregados.

Mas uma forma muito melhor de traçar essa expansão é expressando o crescimento em termos de energia útil, aquilo que foi realmente produzido como calor, luz e movimento. Como já examinamos, conversões anteriores de combustíveis fósseis eram bastante ineficientes (<2% para luz incandescente, <5% para locomotivas a vapor, <10% para geração térmica de eletricidade, <20% para pequenos fornos a carvão), mas melhorias em caldeiras e fornos a carvão logo dobraram essas eficiências, e ainda abriram um grande potencial para ganhos futuros. Hidrocarbonetos líquidos queimados em fornalhas residenciais e em caldeiras industriais e de usinas de energia são convertidos com eficiências mais altas, e somente motores de combustão interna a gasolina usados em carros de passageiros são relativamente ineficientes. A combustão de gás natural, seja em fornalhas, caldeiras ou turbinas, é bem eficiente, geralmente acima de 90%, assim como o são as conversões de eletricidade primária.

Como consequência, em 1900 a média ponderada de eficiência no uso global de energia não chegava a 20%; em 1950, superava 35%, e no ano 2015 a média global da conversão de combustíveis fósseis e eletricidade primária havia alcançado 50% do aproveitamento comercial total: registros da International Energy Agency (IEA, 2015a) referentes a 2013 mostram um suprimento mundial primário de 18,8 Gt de petróleo-equivalente e um consumo final de 9,3 Gt de petróleo-equivalente líquido, com as maiores perdas, previsivelmente, na geração de eletricidade térmica e no transporte.

Ainda mais notável é que, num setor-chave do consumo, a calefação residencial, populações inteiras passaram por uma transição completa de eficiência em questão de poucas décadas (Quadro 6.1).

Embora o suprimento combinado de todas as energias fósseis tenha crescido 14 vezes durante o século XX, o progresso constante das eficiências garantiu uma multiplicação de mais de 30 vezes na quantidade de energia útil em relação ao disponível em 1900. Como resultado, países abastados, onde o combustível fóssil já dominava o fornecimento geral em 1900, agora derivam mais de duas ou três vezes mais energia útil por unidade de suprimento primário do que há um

298 Energia e Civilização: Uma História

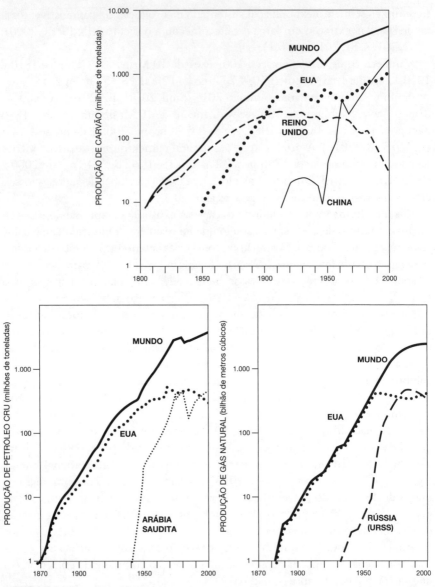

FIGURA 6.1
Produção dos três principais combustíveis fósseis: totais globais e geração anual dos maiores produtores. Plotado a partir de dados de United Nations Organization (1956), Smil (2010a) e BP (2015).

Capítulo 6   Civilização movida a combustíveis fósseis   **299**

QUADRO 6.1
Eficiência na calefação residencial

Em menos de 50 anos, morei em lares aquecidos por quatro combustíveis diferentes e vi a eficiência de conversão desse serviço-chave triplicar (Smil, 2003). No fim dos anos 1950, morando num vilarejo cercado por florestas perto da fronteira tcheca-bávara, aquecíamos nossa casa com lenha, assim como a maioria dos nossos vizinhos. Meu pai pedia toras pré-cortadas de pinheiro ou abeto, e cabia a mim durante o verão derrubar as árvores e deixar a lenha pronta para alimentar o fogo (também preparando pedaços menores para acendê-lo), ensacando tudo e deixando para secar ao ar num abrigo especial. A eficiência de nossos fornos a lenha não passava de 30–35%. Quando estudei em Praga, todos os serviços de energia — calefação de recintos, geração de eletricidade — dependiam de linhito, e o forno a carvão que havia no meu quarto, num ex-monastério de paredes grossas, tinha uma eficiência em torno de 45%. Depois de me mudar para os Estados Unidos, aluguei o andar superior de uma casa suburbana que era aquecida por óleo combustível entregue por um caminhão e queimado numa fornalha a uma eficiência de no máximo 60%. Nossa primeira casa canadense contava com uma fornalha a gás com eficiência de fábrica de 65%, e quando projetei uma nova casa supereficiente, instalei uma fornalha a gás natural com taxa de 94% — e desde então a substituí por uma com 97%.

---

século. E como as energias de biomassa tradicional eram convertidas a baixíssimas eficiências (<1% para a luz, <10% para o calor), aqueles países de baixa renda onde energias modernas passaram a dominar somente durante a segunda metade do século XX agora costumam derivar cinco a dez vezes mais energia útil por unidade de suprimento primário do que há um século.

Em termos *per capita* — com a população mundial em 1,65 bilhão em 1900 e em 6,12 bilhões no ano 2000 — o aumento global no suprimento de energia útil cresceu mais de oito vezes, mas essa média esconde grandes diferenças nacionais (esse tema será abordado em mais profundidade mais adiante neste capítulo, na discussão sobre crescimento econômico e o padrão de vida).

Outra maneira de apreciar a dimensão agregada dos fluxos modernos de energia é compará-los com os usos tradicionais, tanto em termos absolutos quanto relativos. As melhores estimativas mostram que o consumo total de biomassa ao redor do mundo cresceu de aproximadamente 700 Mt em 1700 para cerca de 2,5 Gt no ano 2000. Em termos equivalentes a petróleo, isso seria de aproximadamente de 280 Mt par 1 Gt, menos de um quádruplo em três séculos (Smil, 2010a). Durante o mesmo período, a extração de combustíveis fósseis passou de menos de 10 Mt para uns 8,1 Gt em equivalente a petróleo, uma expansão de quase 800 vezes (Figura 6.2). Em termos energéticos brutos, o suprimento glo-

300 Energia e Civilização: Uma História

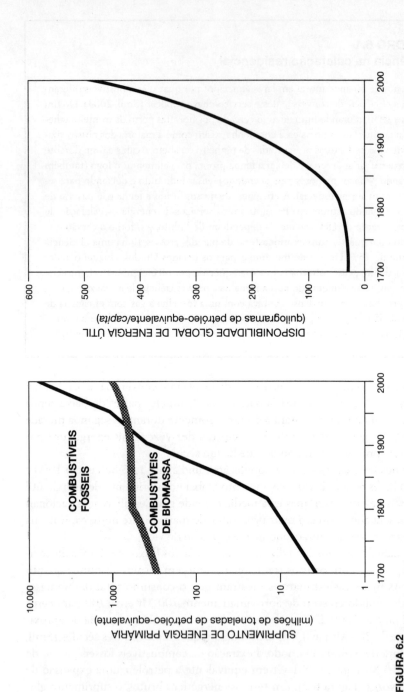

FIGURA 6.2
A produção global de combustíveis fósseis ultrapassou o suprimento total de energias de biomassa tradicional logo antes do fim do século XIX (esquerda). O aumento em energia útil foi mais de duas vezes maior que o aumento no suprimento primário total (direita). Plotado a partir de dados de United Nations Organization (1956) e Smil (1983, 2010a).

bal de biocombustíveis e de combustíveis fósseis era aproximadamente igual em 1900 (ambos cerca de 22 EJ); em 1950, os combustíveis fósseis supriam quase três vezes mais energia que lenha, resíduos de lavoura e excremento animal; e no ano 2000 a diferença era de quase oito vezes. Mas ajustando-se à energia útil realmente aproveitada, a diferença no ano 2000 era de quase 20 vezes.

Escaladas no uso de energia elevaram os níveis médios de consumo *per capita* a picos sem precedentes (Figura 6.3). As demandas energéticas de sociedades de caçadores-coletores eram dominadas pela provisão de comida, e suas médias anuais de consumo não passavam de 5–7 GJ/*capita*. Altas culturas antigas passaram a consumir mais energia para produzir abrigos e vestimentas melhores, para transportar cargas (a partir da energia nos alimentos, na ração e no vento) e para uma variedade de manufaturas (com destaque para o carvão vegetal). O Egito do Novo Reino tinha uma média de no máximo 10–12 GJ/*capita*, e minha melhor estimativa para o início do Império Romano é de aproximadamente 18 GJ/*capita* (Smil 2010c). As primeiras sociedades industriais facilmente dobraram o uso tradicional de energia per *capita*. A maior parte desse aumento se destinou à

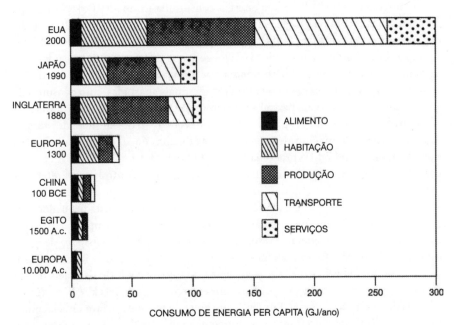

FIGURA 6.3
Comparações do típico consumo médio anual de energia *per capita* durante diferentes estágios da evolução humana. Fortes aumentos em consumo absoluto foram acompanhados por parcelas crescentes de energia usada por domicílios, indústrias e transporte. Os valores pré-século XIX são meras aproximações baseadas em Smil (1994, 2010c) e Malanima (2013a); cifras posteriores são tiradas de fontes específicas de estatística nacional.

302 Energia e Civilização: Uma História

manufatura à base de carvão e transporte. Malanima (2013b) estimou as médias europeias por volta de 22 GJ/t em 1500, o que foi seguido por uma estagnação em 16,6–18,1 GJ/t até 1800.

Posteriormente, veio uma diferenciação pronunciada entre nações e países em franca industrialização e aquelas economias que permaneceram em grande parte agrárias. Segundo Kander (2013), a média da Inglaterra e de Gales subiu de 60 GJ/*capita* em 1820 para 153 GJ/*capita* em 1910, enquanto no mesmo período a taxa alemã mais do que quintuplicou (de 18 para 86 GJ/*capita*) e a taxa francesa triplicou (18 para 54 GJ/*capita*), mas as taxas italianas cresceram apenas 20% (de 10 para meros 22 GJ/*capita*). Como comparação, a taxa média dos Estados Unidos cresceu de menos de 70 GJ para cerca de 150 GJ entre 1820 e 1910 (Schurr; Netschert, 1960). Um século depois, todos os países ricos da Europa estavam acima de 150 GJ/*capita*, os Estados Unidos estavam acima de 300 GJ/*capita*, e à medida que suas taxas médias de consumo aumentaram, sua composição se alterou (Figura 6.3).

Em sociedades de caçadores-coletores, os alimentos eram a única fonte de energia; quanto ao início Império Romano, minha estimativa situa a comida e a ração em cerca de 45% de toda a energia consumida (Smil, 2010c). Na Europa pré-industrial, a comida e a ração ficavam entre 20 e 60%, mas em 1820 a média não passava de uns 30%; em 1900, já se encontrava abaixo de 10% no Reino Unido e na Alemanha. Nos anos 1960, a energia envolvida em ração tinha caído a um nível insignificante e a comida respondia por no máximo 3% e até menos de 2% de todo o suprimento energético nas sociedades mais abastadas, cujo consumo de combustíveis e eletricidade passou a ser dominado por usos industriais, domiciliar e para transporte (Figura 6.3). O fornecimento *per capita* de eletricidade aumentou duas ordens de magnitude em economias de alta renda, chegando em 2010 a aproximadamente 7 MWh/ano na Europa Ocidental e a uns 13 MWh/ano nos Estados Unidos. Os contrastes entre os fluxos energéticos controlados diretamente por indivíduos são não menos impressionantes.

Quando em 1900 um fazendeiro das grandes planícies dos Estados Unidos segurava as rédeas de seis grandes cavalos enquanto arava seu campo de trigo, ele controlava — com considerável esforço físico, empoleirado num assento de aço e frequentemente envolto em poeira — no máximo 5 kW de potência animal. Um século depois, seu bisneto, sentado bem acima do solo no conforto da boleia de seu trator com ar condicionado, controlava sem esforço mais de 250 kW de potência advinda de um motor a diesel. Em 1900, um engenheiro que operava uma locomotiva a carvão puxando um trem transcontinental a uns 100 km/h comandava cerca de 1 MW de potência a vapor, o desempenho máximo permitido pela alimentação manual de carvão (Bruce 1952; Figura 6.4). No ano 2000, pilotos de um Boeing 747 traçando a mesma rota transcontinental a 11 km do chão podiam optar pelo modo de piloto automático por boa parte da jornada, enquanto quatro turbinas a gás desenvolviam cerca de 120 MW e o avião voava a 900 km/h (Smil, 2000a).

Capítulo 6 Civilização movida a combustíveis fósseis **303**

FIGURA 6.4
Alimentando carvão numa locomotiva a vapor do final do século XIX (em cima) e pilotando um jato Boeing (embaixo). Os dois pilotos controlam duas ordens de magnitude mais potência do que controlava o foguista e o maquinista em sua locomotiva. A imagem da locomotiva é do arquivo VS; a imagem do *cockpit* do Boeing é de http://wallpapersdesk.net/wp-content/uploads/2015/08/2931_boeing_747.jpg.

304 Energia e Civilização: Uma História

Essa concentração de potência também requer precauções bem maiores de segurança, devido às consequências inevitáveis de erros no controle. Condutores sentados no alto de carruagens usadas em jornadas intermunicipais até o século XIX costumavam controlar uma potência constante de no máximo 3 kW (quatro cavalos nos arreios) aplicada no transporte de 4–8 pessoas; pilotos de jatos comerciais intermunicipais controlam 30 MW desenvolvidos pelos motores a jato, conduzindo no voo 150–200 passageiros. Qualquer desatenção temporária ou erro de julgamento acabará obviamente ocasionando consequências vastamente distintas quando um operador está no controle de 3 kW ou 30 MW, uma diferença de quatro ordens de magnitude. Uma maneira óbvia de mitigar tamanhos riscos é empregar controles eletrônicos.

O sistema de transporte público mais seguro do mundo — os trens *shinkansen* japoneses que fazem a rota entre Tóquio e Osaka, que comemoraram 50 anos de operação sem acidentes em 1º de outubro de 2014 (Smil, 2014b) — centralizou controles eletrônicos desde seu início: um controle ferroviário automático mantém uma distância apropriada entre os trens e aciona os freios instantaneamente se a velocidade exceder o máximo indicado; um controle centralizado de tráfego coordena as rotas; e o sistema detector de terremotos sente as primeiríssimas ondas sísmicas chegando à superfície da Terra e é capaz de parar ou desacelerar os trens antes do choque principal chegar (Noguchi; Fujii, 2000). Jatos comerciais modernos são altamente automatizados há décadas, e controles avançados estão se tornando comuns agora em carros de passageiros. Também surgiram controles eletrônicos e monitoramento contínuo — cuja penetração vai atualmente de termostatos até a operação de altos-fornos de grande porte, e de freios ABS em carros até sistemas onipresentes de câmeras de vigilância pelas cidades — juntamente com a adoção em massa de computadores e dispositivos eletrônicos portáteis, uma importante categoria nova de demanda de eletricidade.

O crescimento da produção global de eletricidade no século XX foi ainda mais acelerado que a expansão da extração de combustíveis fósseis, cuja média anual era de aproximadamente 3% (Figura 6.5). Menos de 2% de todo combustível eram convertidos em eletricidade em 1900; essa parcela ainda era inferior a 10% em 1945, mas no fim do século já havia subido para uns 25%. Além disso, novas usinas hidrelétricas (em grande escala após a Primeira Guerra Mundial) e novas capacidades nucleares (desde 1956) expandiram ainda mais a geração de eletricidade. Como resultado, o suprimento global de eletricidade cresceu cerca de 11% ao ano entre 1900 e 1935, e mais de 9% ao ano dali até o início dos anos 1970. Pelo restante do século XX, o aumento na geração de eletricidade declinou a 3,5% ao ano, em grande parte devido à menor demanda em economias de alta renda e a maiores eficiências de conversão. Novas formas de gerar eletricidade a partir de fontes renováveis, como energia solar e eólica, só exibiram avanços notáveis a partir do fim dos anos 1980.

Capítulo 6 Civilização movida a combustíveis fósseis **305**

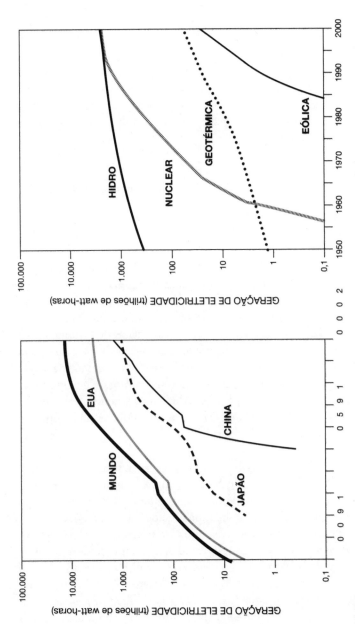

FIGURA 6.5
A geração global de eletricidade vem crescendo consideravelmente mais depressa que o suprimento de combustíveis fósseis. As maiores economias sempre foram as maiores produtoras, e a geração térmica (baseada hoje sobretudo em carvão e gás natural) continua dominando a produção global (esquerda). A hidroeletricidade e a geração nuclear seguem, respectivamente, no segundo e terceiro lugares, enquanto a eletricidade a partir do vento e da radiação solar vem apresentando ganhos acelerados desde o ano 2000 (direita). Plotado a partir de dados de United Nations Organization (1956), Palgrave Macmillan (2013) e BP (2015).

306 Energia e Civilização: Uma História

Nenhum ganho possibilitado por esse novo poder foi mais fundamental do que o crescimento substancial na produção mundial de alimentos, que permitiu fornecer nutrição adequada para quase 90% da população mundial (FAO, 2015b). Nenhuma mudança moldou mais as sociedades modernas que o processo de industrialização, e nenhum outro novo desenvolvimento contribuiu mais para o surgimento de uma civilização global interdependente do que a evolução do transporte em massa e a grande expansão de nossas capacidades de acumular informação e estabelecer comunicação com uma frequência e uma intensidade sem precedentes históricos. Mas esses ganhos impressionantes não foram partilhados de modo equânime, e neste capítulo examinarei até que ponto os benefícios do crescimento econômico global foram desproporcionalmente para uma minoria da população mundial, e também observarei as consideráveis desigualdades intranacionais. Mesmo assim, houve muitas melhorias universais.

Energia na agricultura

Combustíveis fósseis e eletricidade se tornaram insumos indispensáveis na agricultura moderna. São usados diretamente para acionar máquinas e indiretamente para construi-las, para extrair fertilizantes minerais, para sintetizar compostos nitrogenados e uma variedade ainda crescente de agroquímicos protetivos (pesticidas, fungicidas, herbicidas), para desenvolver novas variedades de lavoura e mais recentemente para energizar os eletrônicos usados em muitas funções que agora sustentam a agricultura de precisão. Combustíveis fósseis e eletricidade passaram a garantir safras maiores e mais confiáveis. Eles substituíram praticamente todos os animais de tração em todos os países ricos e reduziram bastante a importância deles nos mais pobres, e a substituição de músculos por motores de combustão interna e elétricos sustentou a redução de mão de obra iniciada por avanços pré-industriais no campo.

Subsídios indiretos dos combustíveis fósseis na agricultura começaram (numa escala bem pequena) já no século XVIII, quando a fundição de minérios de ferro passou a usar coque em vez de carvão vegetal, expandiram-se com a ampla adoção de maquinário de aço na segunda metade do século XIX e alcançaram novas alturas com a introdução de máquinas de campo maiores e mais potentes, bombas de irrigação e equipamentos de processamento de safras e de pecuária durante o século XX. Mas o custo energético vinculado ao maquinário representa uma fração da energia usada para acionar tratores e diferentes tipos de colheitadeiras, para bombear água, para secar grãos e para processar safras. Devido à sua maior eficiência inerente, motores a diesel passaram a dominar a maioria das aplicações, mas a gasolina e a eletricidade também são importantes insumos energéticos.

Capítulo 6 Civilização movida a combustíveis fósseis **307**

O uso de motores de combustão interna em maquinário de campo teve início nos Estados Unidos, na mesma década em que os carros de passageiros finalmente se tornaram uma *commodity* de produção em massa (Dieffenbach; Gray, 1960). A primeira fábrica de tratores do país foi fundada em 1905, tomadas de força para implementos encaixáveis foram introduzidas em 1919 e elevadores hidráulicos, motores a diesel e pneus de borracha foram introduzidos no início dos anos 1930. Até a década de 1950, a mecanização avançou bem mais devagar na Europa. Nos países populosos da Ásia e da América Latina, ela só começou de verdade durante os anos 1960, e a mudança ainda está em andamento em muitos países pobres. A mecanização do trabalho no campo foi o principal motivo para a elevação da produtividade laboral e para a redução das populações agrícolas: um cavalo possante do início do século XX trabalhava a um nível de no mínimo seis homens, mas mesmo os primeiros tratores tinham potência equivalente a 15–20 cavalos pesados, e as máquinas mais potentes de hoje, atuantes nas pradarias canadenses, chegam a 575 hp (Versatile, 2015).

No Capítulo 3, mostrei como o aumento de produtividade reduziu a jornada média de trabalho nas lavouras norte-americanas de trigo de cerca de 30 h/t de grãos em 1800 para menos de 7 h/t em 1900; no ano 2000, a taxa havia caído para aproximadamente 90 minutos por tonelada. Inevitavelmente, a mão de obra então excedente encontrou o caminho das cidades, resultando num declínio das populações rurais ao redor do mundo e num crescimento da urbanização, ainda em curso (examinado mais adiante neste capítulo). Estatísticas dos Estados Unidos ilustram os deslocamentos resultantes. A mão de obra rural do país encolheu de mais de 60% da força de trabalho total em 1850 para menos de 40% em 1900; essa fatia era de 15% em 1950, e em 2015 era de apenas 1,5% (USDOL, 2015). Como comparação, a mão de obra agrícola na União Europeia responde por cerca de 5% do total, mas na China ainda é uns 30%.

Nos Estados Unidos, os cavalos de tração atingiram sua maior quantidade em 1915, com 21,4 milhões animais, mas a quantidade de mulas chegou ao seu pico somente em 1925 e 1926, com 5,9 milhões (USBC, 1975). Na segunda década do século XX, a potência total proporcionada por esses animais era cerca de dez vezes maior que aquela dos tratores recém-introduzidos; em 1927, os dois tipos de forças motrizes tinham capacidade potencial equivalente, e o pico do total animal caiu pela metade em 1940. No entanto, por si só a mecanização não teria libertado tamanha mão de obra rural. Safras com rendimentos maiores, possibilitadas por novos cultivares que respondiam a maior fertilização, a aplicações de herbicidas e pesticidas e a uma irrigação mais disseminada, também foram necessárias.

A importância de um suprimento equilibrado de nutrientes vegetais foi formulada por Justus von Liebig (1803–1873) em 1843 e acabou ficando mais conhecida como a lei do mínimo de Liebig: o nutriente em menor oferta determinará o rendimento da safra. Dentre os três macronutrientes (elementos exigidos

308 Energia e Civilização: Uma História

em quantidades relativamente grandes — nitrogênio, fósforo e potássio — os dois últimos não eram difíceis de obter. Em 1842, John Bennett Lawes (1814–1900) introduziu o tratamento de rochas fosfatadas com ácido sulfúrico diluído para produzir superfosfato comum, e isso levou a descobertas de grandes depósitos de fosfato na Flórida (1888) e no Marrocos (1913), enquanto o cloreto de potássio (KCl, também conhecido como potassa) podia ser extraído de minas na Europa e na América do Norte (Smil, 2001).

O suprimento de nitrogênio, o macronutriente sempre exigido em maior quantidade por unidade de terra semeada, representava o maior desafio. Até a década de 1880, a única opção inorgânica era a importação de nitratos do Chile (descobertos em 1809). Em seguida, quantidades relativamente pequenas de sulfato de amônia começaram a ser recuperadas a partir de subprodutos de novos fornos de cozinha: o caro processamento de cianamida (coque reagindo com cal para produzir carboneto de cálcio, cuja combinação com nitrogênio puro produzia cianamida de cálcio) passou a ter uso comercial na Alemanha em 1898; e logo no início do século XX, um arco elétrico (o processo de Birkeland-Eyde, 1903) passou a ser usado para produzir óxido de nitrogênio, a ser convertido em ácido nítrico e em nitratos. Porém, nenhum desses métodos era capaz de suprir nitrogênio fixado em massa, e a perspectiva de alimentar o mundo mudou fundamentalmente apenas em 1909, quando Fritz Haber (1868–1934) inventou um processo catalítico sob alta pressão para sintetizar amônia a partir de seus elementos (Smil, 2001; Stoltzenberg, 2004).

Sua rápida comercialização (em 1913) teve início na fábrica da BASF em Ludwigshafen, sob liderança de Carl Bosch (1874–1940). Contudo, o primeiro uso prático do processo não foi para produzir fertilizantes, e sim nitrato de amônia para a produção de explosivos durante a Primeira Guerra Mundial. Os primeiros fertilizantes à base de nitrogênio sintético foram vendidos no início dos anos 1920. A produção pré-Segunda Guerra seguiu limitada, e ainda em 1960 mais de um terço dos agricultores norte-americanos não usava qualquer fertilizante sintético (Schlebecker, 1975). A síntese de amônia e suas conversões subsequentes em fertilizantes sólidos e líquidos são processos que requerem muita energia, mas avanços técnicos diminuíram esse custo energético geral e permitiram aplicações de compostos nitrogenados ao redor do mundo, chegando a um equivalente aproximado de 100 Mt N no ano 2000, respondendo por cerca de 80% da síntese total do composto (Quadro 6.2; Figura 6.6).

Nenhuma outra aplicação energética oferece tanto em troca quanto as safras maiores resultantes do uso de nitrogênio sintético: utilizando aproximadamente 1% da energia global, atualmente é possível suprir cerca de metade dos nutrientes consumidos anualmente pelas lavouras mundiais. Como aproximadamente três quartos de todo nitrogênio em proteínas alimentares vêm de terra arável, quase 40% de todo o suprimento mundial de comida depende do processo de síntese de amônia de Haber-Bosch.

Capítulo 6   Civilização movida a combustíveis fósseis   **309**

QUADRO 6.2
Custos energéticos de fertilizantes nitrogenados

As exigências energéticas da síntese de Haber-Bosch incluem os combustíveis e a eletricidade usados no processo e a energia na forma de matérias-primas. Em 1913, na primeira fábrica comercial da BASF, o processo baseado em coque para a síntese de Haber-Bosch exigia mais de 100 GJ/t NH_3 1913; antes da Primeira Guerra a taxa já havia caído para cerca de 85 GJ/t NH_3. A partir de 1950, processos à base de gás natural diminuíram o custo energético geral para 50–55 GJ/t NH_3; o reaproveitamento de vapor com compressores centrífugos e alta pressão e melhores catalisadores levaram essa taxa primeiramente para menos de 40 GJ/t nos anos 1970 e depois para cerca de 30 GJ/t no ano 2000, quando as melhores usinas precisavam de apenas 27 GJ/t NH_3, perto da exigência energética estequiométrica (20,8 GJ/t) para síntese de amônia (Kongshaug, 1998; Smil, 2001). Nos dias atuais, as típicas usinas a gás natural requerem 30 GJ/t NH_3, aproximadamente 20% a mais quando usam óleo combustível pesado e até 48 GJ/t NH_3 no caso de síntese à base de carvão (Rafiqul *et al.*, 2005; Noelker; Ruether, 2011).

O desempenho médio era de uns 35 GJ/t em 2015; a última taxa corresponde a cerca de 43 GJ/t N. Contudo, em sua maioria os agricultores não aplicam amônia (um gás sob pressão normal) e preferem líquidos ou sólidos, sobretudo ureia, que apresenta a maior parcela de nitrogênio (43%) dentre os compostos sólidos que são facilmente aplicáveis até mesmo em campos pequenos. A conversão da amônia em ureia, sua embalagem e seu transporte elevam o custo energético total para 55 GJ/t N. Tomando essa taxa como a média global, temos que em 2015, com cerca de 115 Mt N usados na agricultura, a síntese de fertilizantes nitrogenados respondeu por aproximados 6,3 EJ de energia, ou pouco mais de 1% de todo o suprimento energético global (Smil, 2014b).

Dito de outra forma: sem a síntese de Haber-Bosch, a população global que desfruta da dieta atual teria de ser quase 40% menor. Países ocidentais, que alocam a maior parte de seus grãos como ração, poderiam facilmente reduzir sua dependência de nitrogênio sintético ao diminuir seu consumo de carne. Países populosos de baixa renda já teriam alternativas mais restritas. Mais notavelmente, o nitrogênio sintético fornece cerca de 70% de todos os insumos nitrogenados na China. Com mais de 70% da proteína do país vindo da lavoura, quase metade de todo o nitrogênio encontrado em alimentos na China advém de fertilizantes sintéticos. Em sua ausência, as dietas médias cairiam para um nível de semidesnutrição — ou então o suprimento de comida *per capita* hoje vigente teria de valer para apenas metade da população atual.

A mineração de potassa (10 GJ/t K) e de fosfatos e a formulação de fertilizantes fosfáticos (totalizando 20 GJ/t P) adicionariam outros 10% a esse total. O custo energético total de outros produtos químicos agrícolas é bem mais baixo. Após

310 Energia e Civilização: Uma História

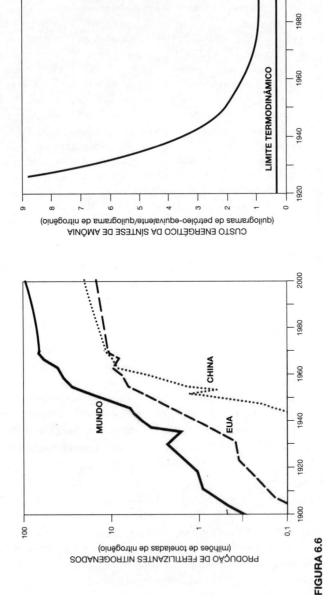

FIGURA 6.6
Um aumento exponencial na produção global de fertilizantes nitrogenados (esquerda) foi acompanhado por um declínio impressionante nos custos energéticos da síntese de amônia (direita). Plotado a partir de Smil (2001, 2015b) e FAO (2015a).

Capítulo 6 Civilização movida a combustíveis fósseis **311**

a Segunda Guerra, o aumento na aplicação de fertilizantes foi acompanhado pela introdução e expansão do uso de herbicidas e pesticidas, produtos químicos que diminuem as infestações de ervas-daninhas, insetos e fungos na lavoura. O primeiro herbicida comercial, que chegou ao mercado em 1945, foi o 2,4-D, que mata muitas plantas latifoliadas sem causar grave dano à plantação. O primeiro inseticida foi o DDT, lançado em 1944 (Friedman, 1992). O inventário global de herbicidas e pesticidas contém atualmente milhares de compostos, em sua maior parte derivados de matérias-primas petroquímicas: suas sínteses específicas demandam bem mais energia do que a produção de amônia (geralmente >100 GJ/t, e às vezes bem abaixo de 200 GJ/t), mas as quantidades usadas por hectare são ordens de magnitude mais baixas.

A extensão global de terras aráveis irrigadas quase quintuplicou durante o século XX, de menos de 50 Mha para mais de 250 Mha, chegando a cerca de 275 Mha em 2015 (FAO, 2015a). Em termos relativos, isso significa que cerca de 18% da área de cultivo mundial são atualmente irrigados, cerca de metade com água bombeada de poços, com 70% dessas terras localizadas na Ásia. Onde a irrigação retira a água de aquíferos, o custo energético do bombeamento (usando sobretudo motores a diesel e bombas elétricas) invariavelmente responde pela maior parte do custo energético total (direto e indireto) de cultivo da lavoura. A água irrigada ainda vai em sua maior parte para sulcos que atravessam a plantação, mas muitos países empregam aspersores (especialmente os pivotantes) bem mais eficientes, e também mais caros (Phocaides, 2007).

Somente cálculos aproximados podem ser feitos para rastrear o aumento no uso direto e indireto de combustíveis fósseis e eletricidade na agricultura moderna. Durante o século XX, conforme a população mundial cresceu 3,7 vezes e a área de colheita se ampliou em cerca de 40%, subsídios energéticos antropogênicos dispararam de apenas 0,1 EJ para quase 13 EJ. Como resultado, no ano 2000 um hectare médio de lavoura recebeu aproximadamente 90 vezes mais subsídios energéticos que em 1900 (Figura 6.7). Ou, deixando de lado os números, podemos simplesmente citar Howard Odum (1971, p. 115–116):

> Toda uma geração de cidadãos pensava que a capacidade de sustento da Terra era proporcional à quantidade de campo em cultivo e que maiores eficiências no uso da energia do Sol já tinham sido obtidas. Trata-se de uma triste farsa, já que o homem industrial deixou de comer batatas feitas com energia solar; ele agora come batatas feitas parcialmente com petróleo.

Contudo, essa transformação alterou profundamente a disponibilidade global de alimentos em diversos aspectos. Em 1900, as safras globais brutas (antes de perdas em armazenamento e distribuição) ficavam uma mínima margem acima das demandas alimentares médias humanas, o que significa que uma grande par-

312 Energia e Civilização: Uma História

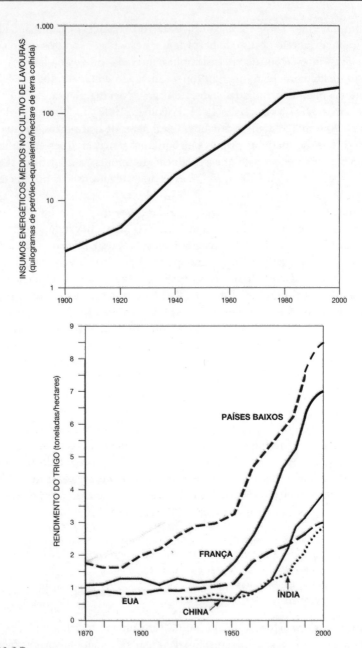

FIGURA 6.7
Subsídios energéticos totais (diretos e indiretos) na agricultura moderna (em cima), colheitas totais e crescimento dos rendimentos do trigo (embaixo). Plotado a partir de dados de Smil (2008b), Palgrave Macmillan (2013) e FAO (2015a.

Capítulo 6 Civilização movida a combustíveis fósseis **313**

cela da humanidade encontrava-se no limite entre uma nutrição adequada e inadequada, e que a parcela das safras que podia ser usada como ração animal era diminuta. Uma grande elevação dos subsídios energéticos permitiu que novos cultivares básicos (milho híbrido, introduzido nos anos 1930, e cultivares de trigo e arroz de hastes curtas, adotados pela primeira vez nos anos 1960) desenvolvessem todo seu potencial, resultando em aumento de produtividade de todos eles e num salto de seis vezes na energia alimentar colhida (Smil, 2000b, 2008).

No início do século XXI, as colheitas globais forneciam um suprimento diário totalizando (para uma população quase quatro vezes maior que em 1900) cerca de 2.800 kcal/*capita*, mais do que adequado se fossem equanimemente acessíveis (Smil, 2008a). Os cerca de 12% da população mundial que ainda enfrentam desnutrição não têm o suficiente para comer devido a seu acesso limitado a alimentos, e não por falta global de alimentos, e o suprimento alimentar em países abastados é atualmente 75% maior que a real demanda, resultando em enorme desperdício de comida (30–40% de toda que chega ao varejo) e altas taxas de sobrepeso e obesidade (Smil, 2013a). Ademais, boa parte dos grãos (50–60% em países abastados) vai para ração de animais domésticos. As galinhas são as conversoras mais eficientes de ração: cerca de três unidades de ração concentrada para cada unidade de carne. No caso do porco, a taxa aproximada de ração:carne é 9, e a produção bovina à base de ração feita de grãos é a mais exigente, chegando a 25 unidades de ração para cada unidade de carne.

Essa taxa mais baixa também é uma função da taxa de carne:peso vivo — no caso da galinha, ela chega a 0,65, e para o porco é de 0,53, mas para vacas de grande porte às vezes não passa de 0,38 (Smil, 2013d). No entanto, a perda de energia na conversão em carne (e leite) tem seus benefícios nutricionais: o aumento do consumo de alimentos animais garantiu dietas ricas em proteína para todos os países ricos (o que fica evidente nas estaturas maiores) e passou a assegurar, em média, nutrição adequada até mesmo nos maiores países pobres e populosos do mundo. Nesse aspecto, chama a atenção atualmente o teor energético da dieta média *per capita* na China, perto de 3.000 kcal/dia, cerca de 10% à frente da média japonesa (FAO, 2015a).

Industrialização

Ingredientes cruciais do processo de industrialização incluem uma grande quantidade de mudanças interconectadas (Blumer, 1990), e isso vale para todas as escalas desse desdobramento. De longe a mudança mais importante no chão de fábrica foi a introdução dos motores elétricos para acionar máquinas individuais, promovendo controle preciso e independente ao substituir gerações de força central que transmitiam a potência de motores a vapor via correias de couro ou eixos-mestres, mas até mesmo essa transformação fundamental teria um impacto

314 Energia e Civilização: Uma História

limitado se ferramentas de alta velocidade e aços de melhor qualidade não estivessem disponíveis para produzir máquinas e componentes acabados superiores. Como já mencionado, a intensificação do comércio internacional não poderia ter acontecido sem forças motrizes novas e poderosas, mas seu desenvolvimento, por sua vez, dependeu não apenas de avanços no projeto técnico de máquinas, mas também do suprimento de grandes quantidades de novos combustíveis líquidos, de combustíveis produzidos pela extração de petróleo cru e por refino complexo.

De modo similar, a parcela crescente de produção de maquinário concentrada em fábricas governadas por controle hierárquico exigiu que os trabalhadores atuassem perto desses estabelecimentos (redundando em novas formas de urbanização) e o desenvolvimento de novas habilidades e ocupações (redundando numa expansão sem precedentes de treinamento de aprendizes e educação técnica). A utilização de uma economia financeira e a mobilidade de mão de obra e capital estabeleceram novas relações contratuais que fomentaram o crescimento da migração e do sistema bancário. Buscas por produção em massa e baixos custos unitários criaram novos e amplos mercados cujo funcionamento se baseou em confiabilidade e baixo custo no transporte e na distribuição.

E, ao contrário da crença comum, a crescente disponibilidade de calor e potência mecânica derivados do carvão e produzidos por motores a vapor não foi necessária para dar início a essas complexas mudanças de industrialização. A manufatura artesanal e em oficinas, baseada na barata mão de obra rural e atendendo a mercados nacionais e até internacionais, já estava presente há gerações antes do início da industrialização à base de carvão (Mendels, 1972; Clarkson, 1985; Hudson, 1990). Essa protoindustrialização tinha uma presença considerável em partes da Europa (Ulster, Cotswolds, Picardia, Vestfália, Saxônia, Silésia e em muitas outras). Uma produção artesanal volumosa para mercados domésticos e de exportação também já estava presente na China Ming e Qing, no Japão dos Tokugawa e em partes da Índia.

Um exemplo notável é a carburização de ferro forjado para produzir aço indiano *wootz*, cuja transformação mais conhecida assumia a forma de espadas damascenas (Mushet, 1804; Egerton, 1896; Feuerbach, 2006). Sua produção em algumas regiões indianas (Lahore, Amritsar, Agra, Jaipur, Mysore, Malabar, Golconda) se dava quase em escala industrial, visando exportações para a Pérsia e para o Império Turco. A fabricação parcialmente mecanizada de têxteis em escala relativamente larga baseada em potência hídrica era frequentemente o passo seguinte na transição europeia de produção artesanal para fabricação centralizada. Em diversos locais, rodas d'água e turbinas industriais competiram de igual para igual por décadas com motores a vapor após a introdução da nova força motriz inanimada.

Tampouco o consumo em massa era uma verdadeira novidade. Tendemos a pensar que o materialismo é uma consequência da industrialização, mas em par-

Capítulo 6 Civilização movida a combustíveis fósseis **315**

tes da Europa Ocidental, sobretudo nos Países Baixos e na França, ele já era uma força social importante desde os séculos XVI e XVII (Mukerji, 1981; Roche, 2000). De modo similar, no Japão dos Tokugawa (1603–1868), os habitantes mais ricos das cidades, sobretudo de Edo, a capital do país, começaram a desfrutar de diversões que incluíam livros ilustrados (*ehon*), comer fora (foi então que o *sushi* se tornou popular), ir a apresentações teatrais e colecionar gravuras coloridas (*ukiyoe*) de paisagens e atores (Sheldon, 1958; Nishiyama; Groemer, 1997). Os gostos e aspirações de uma quantidade cada vez maior de pessoas abastadas deram um importante impulso cultural na industrialização. Elas buscavam acesso a bens que iam de conjuntos prosaicos de panelas até especiarias exóticas e tecidos finos, de fascinantes mapas gravados até delicados serviços de chá.

O termo "Revolução Industrial" é tão atraente e profundamente arraigado quanto é enganoso. O processo de industrialização envolveu avanços graduais, muitas vezes acidentados. Foi assim até mesmo em regiões que migraram rapidamente de manufaturas domésticas para a produção concentrada e em larga escala voltada a mercados distantes. Uma linha do tempo espuriamente precisa dessas mudanças (Rostow, 1965) ignora a complexidade e a natureza verdadeiramente evolutiva do processo como um todo. Seus primórdios ingleses devem remontar no mínimo ao século XVI, mas um desenvolvimento completo na região se concretizou somente em 1850 (Clapham, 1926; Ashton, 1948). Mesmo nessa época, artesãos tradicionais eram bem mais numerosos que trabalhadores que operavam máquinas nas fábricas: o censo de 1851 mostrava que o Reino Unido tinha mais sapateiros que mineiros de carvão, mais ferreiros que usineiros (Cameron, 1985).

A percepção de um processo mundial de industrialização em ondas miméticas aos desenvolvimentos ingleses (Landes, 1969) é igualmente enganosa. Mesmo a Bélgica, cujos avanços mais se pareceram com o progresso britânico, seguiu uma trajetória distinta. Houve um enfoque bem maior na metalurgia e uma importância bem menor foi dada aos têxteis. Peculiaridades nacionais decisivas resultaram em padrões de industrialização em nada uniformes. Elas incluíam uma ênfase francesa em potência hídrica, uma dependência duradoura de lenha por parte de Estados Unidos e Rússia e uma meticulosa produção artesanal no Japão. O carvão e o vapor não foram inicialmente insumos revolucionários. De modo gradual, passaram a fornecer calor e potência mecânica a um nível sem precedentes e com grande confiabilidade. A partir daí, a industrialização pôde ser ampliada e acelerada num ritmo mais universal e uniforme, acabando por se tornar sinônimo de um consumo ainda maior de combustíveis fósseis.

A mineração de carvão não foi necessária para a expansão industrial — mas certamente foi crucial para acelerá-la. Uma comparação entre a Bélgica e os Países Baixos ilustra esse efeito. A sociedade holandesa altamente urbanizada, dotada de um sistema excelente de transporte de cargas e capacidades comerciais

316 Energia e Civilização: Uma História

e financeiras relativamente avançadas, ficou para trás em relação a uma Bélgica rica em carvão, mas afora isso mais pobre, a qual se tornou o país continental mais industrializado da Europa em meados do século XIX (Mokyr, 1976). Outras regiões europeias cujas economias baseadas em carvão decolaram cedo incluíam a área entre os rios Reno e Ruhr, a Boêmia e a Morávia, no Império dos Habsburgos, e a Silésia, entre a Prússia e a Áustria.

Esse padrão se repetiu fora da Europa Ocidental e Central. Nos Estados Unidos, a Pensilvânia, com seus antracitos de alta qualidade, e Ohio, com seus excelentes carvões betuminosos, emergiram como líderes iniciais (Eavenson, 1942). Na Rússia pré-Primeira Guerra, a descoberta de depósitos ricos em carvão às margens do rio Donets, na Ucrânia, e o desenvolvimento dos campos de petróleo de Baku durante os anos 1870 foram os propulsores de uma subsequente expansão industrial acelerada (Falkus, 1972). A busca japonesa pela modernidade durante a era Meji foi energizada pelo carvão da ilha setentrional de Kyushu. A primeira fábrica moderna do país com produção integrada de ferro e aço começou a operar somente 48 anos depois da abertura do Japão para o mundo, em 1901, mediante a explosão do alto-forno Nº 1 de Higashida, na Siderúrgica Yawata (a predecessora da Nippon Steel) no norte de Kyushu (Yonekura, 1994). O maior império comercial da Índia cresceu a partir do alto-forno de J. Tata usando coque de Bihari em Jamshedpur a partir de 1911 (Tata Steel, 2011).

Uma vez movidos a carvão e vapor, fabricantes tradicionais podiam gerar maiores volumes de produtos de boa qualidade a preços mais baixos. Essa conquista era uma precondição necessária para o consumo em massa. A disponibilidade de um suprimento barato e confiável de energia mecânica também deu vazão a um maquinário cada vez mais sofisticado. Por sua vez, isso levou a projetos mais complexos e maior especialização na manufatura de peças, ferramentas e máquinas. Novas indústrias energizadas por carvão, coque e vapor foram estabelecidas para abastecer mercados nacionais e internacionais a um ritmo sem precedentes. A fabricação de caldeiras e tubulações de alta pressão começou a partir de 1810. A produção de ferrovias e locomotivas e vagões ferroviários se acelerou bastante a partir de 1830, o mesmo ocorrendo com turbinas hídricas e hélices de propulsão a partir de 1840. Cascos de ferro e cabos telegráficos submarinos encontraram mercados novos e amplos a partir de 1850, e técnicas comerciais para fabricar aço a baixo custo — primeiramente, a partir de 1856, em conversores de Bessemer e depois, a partir dos anos 1860, em fornalhas de soleira aberta (de Siemens-Martin) (Bessemer; 1905; Smil; 2016) — encontraram novos e amplos mercados de produtos acabados que iam de talheres a ferrovias e de arados a vigas de construção.

Um aumento nos insumos de combustíveis e a substituição de ferramentas por máquinas fizeram com que os músculos humanos se tornassem uma fonte secundária de energia. A mão de obra cada vez mais se voltou ao suporte, controle

Capítulo 6 Civilização movida a combustíveis fósseis **317**

e gestão do processo produtivo. Essa tendência fica clara ao se analisar um século e meio de censos na Inglaterra e País de Gales e dados do Labour Force Survey (Stewart; De; Cole, 2015). Em 1871, cerca de 24% de todos os trabalhadores tinham empregos de "força muscular" (em agricultura, construção e indústria) e somente 1% encontrava-se em profissões de "atendimento" (saúde e ensino, cuidado de crianças e doméstico, assistência social). Já em 2011, empregos de atendimento respondiam por 12%, e as ocupações musculares por apenas 8%, e muitos dos empregos braçais atuais, em serviços de limpeza e domésticos e em cargos rotineiros em linhas de produção, envolvem sobretudo tarefas mecanizadas.

No entanto, mesmo quando a importância do trabalho humano estava em declínio, novos estudos sistemáticos de tarefas individuais e processos fabris completos demonstraram que a produtividade laboral poderia ser bastante aumentada ao se otimizar, reorganizar e padronizar as atividades musculares. Frederick Winslow Taylor (1856–1915) foi o pioneiros de tais estudos. A partir de 1880, ele passou 26 anos quantificando todas as variáveis envolvidas no corte de aço, para então reduzir seus achados a um conjunto de simples réguas de cálculo, compilando suas conclusões gerais quanto à gestão eficiente em *Princípios de administração científica*(Taylor, 1911). Um século depois, suas lições seguem guiando alguns dos fabricantes mundiais mais bem-sucedidos de produtos de consumo (Quadro 6.3).

Um período radicalmente novo de industrialização chegou quando os motores a vapor foram eclipsados pela eletrificação. A eletricidade é uma forma superior de energia, e não apenas em comparação à potência a vapor. Somente a eletricidade combina um acesso instantâneo e fácil com a capacidade de atender com alta confiabilidade todos os setores de consumo, exceto a aviação. Basta acionar um interruptor para convertê-la em luz, calor, movimento ou potencial químico. Seu fluxo facilmente ajustável promove uma precisão, uma velocidade e um controle processual anteriormente insustentáveis. Além disso, é limpa e silenciosa no ponto de consumo. E uma vez que a fiação apropriada esteja instalada, a eletricidade é capaz de acomodar uma quantidade quase infinita de usos crescentes ou cambiáveis, e isso sem exigir estocagem alguma.

Esses atributos tornaram a eletrificação das indústrias uma adoção verdadeiramente revolucionária. Afinal de contas, os motores a vapor que substituíram as rodas d'água não mudaram a maneira de transmitir energia mecânica para propelir várias tarefas industriais. Como consequência, essa substituição pouco afetou o arranjo geral das fábricas. O espaço sob o teto das fábricas seguiu atulhado com eixos centrais de transmissão ligados a contraeixos paralelos que transferiam o movimento através de correias a máquinas individuais (Figura 6.8). Qualquer corte na força motriz (quer causado por falta de fluxo hídrico ou por problema num motor) ou falha na transmissão (quer no eixo-mestre ou pelo escape de uma correia) desativava a linha inteira. Tais arranjos também geravam grandes perdas por atrito e só permitiam um controle limitado de locais de trabalho individuais.

318 Energia e Civilização: Uma História

QUADRO 6.3
De experimentos com corte de aço a carros japoneses de exportação

A principal preocupação de Frederick Winslow Taylor era com o desperdício de trabalho, ou seja, com o uso ineficiente de energia — aqueles "movimentos desajeitados, ineficientes ou mal-direcionados dos homens" que "não deixam coisa alguma visível ou tangível como resultado" —, o que levou-o a argumentar em prol de um esforço físico otimizado. Para os críticos de Taylor, isso não passava de um modo estressante de exploração (Copley 1923; Kanigel 1997), mas o esforço dele se baseava na compreensão da real energética do trabalho. Ele se opunha a quotas excessivas (se o "homem está cansado demais pelo seu trabalho, então a tarefa foi mal-arranjada e nada poderia estar mais distante do objetivo da administração científica") e ressaltava que o conhecimento combinado dos administradores fica "bem aquém do conhecimento combinado e da destreza dos trabalhadores abaixo deles", o que, portanto, impunha "a cooperação íntima da administração com os trabalhadores" (Taylor; 1911, 115).

De início, as recomendações de Taylor foram rejeitadas (a Bethlehem Steel o demitiu em 1901), mas seus *Princípios de administração científica* acabaram se tornando um guia-chave para a fabricação mundial. Em especial, o sucesso global das empresas japonesas teve como base um esforço contínuo para eliminar tarefas improdutivas e cargas de trabalho excessivas, para eliminar um ritmo desigual de trabalho, para estimular os trabalhadores a participarem do processo produtivo ao fazerem sugestões de melhoria e para minimizar o confronto entre trabalhadores e administradores. O famoso sistema Toyota de produção — um trio aliterante de *muda mura muri* (redução de atividades que não agregam valor, de um ritmo desigual de produção e de uma carga de trabalho excessiva) — não passa de taylorismo puro (Ohno, 1988; Smil, 2006).

Os primeiros motores elétricos acionavam eixos de transmissão mais curtos para grupos menores de máquinas. A partir de 1900, acionamentos unitários rapidamente se tornaram a norma. Entre 1899 e 1929, a potência mecânica total instalada nas fábricas norte-americanas aproximadamente quadruplicou, enquanto as capacidades dos motores elétricos industriais aumentaram quase 60 vezes, chegando a mais de 85% da potência total disponível, comparados a menos de 5% no final do século XIX (USBC, 1954; Schurr *et al.*, 1990). A partir de então, a fatia da energia elétrica pouco mudou: a substituição da transmissão direta de força a vapor e hídrica por motores foi praticamente finalizada meras três décadas após seu início, no fim dos anos 1890. Eficiente e confiável, esse suprimento unitário de potência fez bem mais que remover a aglomeração suspensa nas fábricas, com seu barulho inevitável e risco de acidentes. O fim do eixo de transmissão libertou

FIGURA 6.8
Interior da principal oficina de tornearia mecânica da fábrica inglesa de bobinas Stott Park, em Finthswaite, Lakeside, Cúmbria, mostrando o arranjo típico de correias suspensas transmitindo potência de um grande motor a vapor para máquinas individuais. A fábrica produzia bobinas de madeira usadas por indústrias de fiação e tecelagem de Lancashire (Corbis).

os tetos para a instalação de melhor iluminação e ventilação e possibilitou plantas baixas flexíveis e a fácil expansão da capacidade. A alta eficiência dos motores elétricos, combinada com um controle preciso, flexível e individual de potência num melhor ambiente de trabalho, levou a produtividades laborais bem maiores.

A eletrificação também deu vazão a inúmeros setores especializados. Primeiro veio a fabricação de lâmpadas elétricas, dínamos e fios de transmissão (a partir de 1880) e turbinas a vapor e hídricas (a partir de 1890). Caldeiras de alta pressão queimando combustível pulverizado foram introduzidas a partir de 1920; a construção de represas gigantes usando grandes quantidades de concreto armado começou uma década depois. A instalação disseminada de controles de poluição do ar veio após 1950, e as primeiras usinas de energia nuclear foram comissionadas ainda antes de 1960. A demanda crescente por eletricidade também estimulou a exploração geofísica, a extração de combustíveis e os transportes. Uma grande dose de pesquisas básicas sobre propriedades dos materiais, engenharia de controle e automação também foi necessária para produzir aços melhores, outros metais

320 Energia e Civilização: Uma História

e suas ligas e para aumentar a confiabilidade e protelar a vida útil de instalações caras para extrair, transportar e converter energias.

A disponibilidade de eletricidade barata e confiável acabou transformando praticamente todas as atividades industriais. O efeito mais importante na fabricação foi de longe a adoção disseminada de linhas de montagem (Nye, 2013). Sua variedade fordiana rígida e clássica, e agora datada, se baseava numa esteira rolante introduzida em 1913. O tipo moderno japonês promove a entrega de peças exatamente quando necessárias (*just-in-time*) e trabalhadores capazes de cumprir inúmeras tarefas diferentes. O sistema, introduzido nas fábricas da Toyota, combinava elementos de práticas norte-americanas com abordagens locais e ideias originais (Fujimoto, 1999). O Sistema Toyota de Produção (*kaizen*) tinha por base o aprimoramento contínuo dos produtos e a dedicação ao melhor controle de qualidade contínuo alcançável. Novamente, o que todas essas ações têm fundamentalmente em comum é a minimização do desperdício de energia.

A disponibilidade de eletricidade barata também criou novas indústrias metalúrgicas e eletroquímicas. A eletricidade passou a permitir a fundição de alumínio em larga escala mediante a redução eletrolítica de óxido de alumínio (Al_2O_3) dissolvido em eletrólito, sobretudo criolita (Na_3AlF_6). A partir dos anos 1930, a eletricidade vem sendo indispensável para a síntese e moldagem de uma variedade crescente de plásticos e, mais recentemente, para a introdução de uma nova classe de materiais compósitos, sobretudo as fibras de carbono. O custo energético desses materiais é cerca de três vezes mais alto que o do alumínio, e sua maior aplicação comercial vem sendo a substituição de ligas de alumínio na construção de aeronaves comerciais: em volume, o mais recente Boeing 787 é 80% compósito.

Enquanto novos materiais levíssimos vêm substituindo cada vez mais o aço, a própria siderurgia vêm abandonando as fornalhas de arco elétrico, e novos aços mais duros e leves vêm encontrando muitas aplicações, especialmente na indústria automotiva (Smil, 2016). E antes de terminar essa lista, que poderia ocupar muitas páginas, devo ressaltar que sem a eletricidade simplesmente não haveria a produção de peças de microencaixe com tolerâncias mínimas para aplicações das mais diversas, que vão de motores a jato a aparelhos de diagnóstico médico, e, é claro, não haveria nem controles eletrônicos precisos nem os onipresentes computadores e bilhões de dispositivos de telecomunicação em uso global atualmente.

Embora a participação da fabricação na economia (como percentual da força de trabalho ou do PIB) esteja em constante declínio em praticamente todos os países ricos — no início de 2015, respondia por pouco mais de 10% dos trabalhadores e por cerca de 12% do PIB norte-americano (USDOL, 2015) — a industrialização continua, mas sua configuração mudou. Fluxos massivos de energia e de materiais continuarão sendo seus alicerces; os metais seguem sendo a quintessência dos materiais industriais; e o ferro, usado hoje sobretudo em muitos tipos de

Capítulo 6   Civilização movida a combustíveis fósseis   **321**

aço, mantém seu domínio entre os metais. Em 2014, a produção de aço era quase 20 vezes maior que o total combinado dos quatros principais metais não ferrosos: alumínio, cobre, zinco e chumbo (USGS, 2015). A fundição de minério de ferro em altos-fornos, seguida pela produção de aço em fornalhas à base de oxigênio, e o uso de aço reciclado em fornalhas de arco elétrico dominam a produção siderúrgica. O aumento massivo na produção de aço teria sido impossível sem os altos-fornos bem maiores e mais eficientes (Quadro 6.4, Figura 6.9).

De modo similar, técnicas de produção de aço ganharam em eficiência, não somente pelo menor uso de energia, mas também a ganhos de rendimento (Takamatsu *et al.*, 2014). De início, os primeiros conversores Bessemer transformavam

---

QUADRO 6.4
Crescimento e equilíbrios de massa e energia dos altos-fornos

Poucas estruturas de produção com um pedigree medieval seguem sendo importantes para o funcionamento da civilização moderna quanto os altos-fornos. Conforme observado no Capítulo 5, o redesenho de Bell em 1840 quintuplicou seu volume interno, levando-o para 250 m^3. Em 1880, o maior alto-forno ultrapassava 500 m^3; chegou a 1.500 m^3 em 1950, e em 2015 os maiores volumes internos ficavam entre 5.500 e 6.000 m^3 (Smil, 2016). Os aumentos resultantes na produtividade levaram a geração de metal quente de 50 t/dia em 1840 para mais de 400 t/dia em 1900. A marca de 1.000 t/dia foi quase alcançada antes da Segunda Guerra, e hoje os maiores altos-fornos produzem perto de 15.000 t/dia, com a taxa recorde pertencendo ao alto-forno 4 Pohang, da Posco, na Coreia do Sul, em cerca de 17.000 t/dia.

Os fluxos de massa e energia necessários para operar altos-fornos de grande porte e as fornalhas associadas à base de oxigênio são prodigiosos (Geerdes; Toxopeus; Van der Vliet, 2009; Smil, 2016). Um alto-forno que produz diariamente 10.000 t/dia de ferro e que supre uma fornalha adjacente à base de oxigênio requer 5,11 Mt de minério, 2,92 de carvão, 1,09 Mt de materiais de fluxo e quase 0,5 Mt de escória de aço. Sendo assim, uma grande siderúrgica integrada recebe a cada ano quase 10 Mt de materiais. Atualmente, fornalhas modernas produzem metal quente continuamente por 15–20 anos, até que seus tijolos refratários e sua soleira de carbono recebam novo revestimento. Esses ganhos de produtividade foram acompanhados por quedas no consumo específico de coque. Em 1900, exigências típicas de coque ficavam em 1 t para cada 1,5 t de metal quente, enquanto em 2010 as taxas nacionais aproximadas eram de 370 kg/t no Japão e 340 kg/t na Alemanha (Lüngen, 2013). Dessa forma, o custo energético da fundição de ferro à base de coque caiu de cerca de 275 GJ/t em 1750 para cerca de 55 GJ/t em 1900, para perto de 30 GJ/t em 1950 e entre 12 e 15 GJ/t em 2010.

322 Energia e Civilização: Uma História

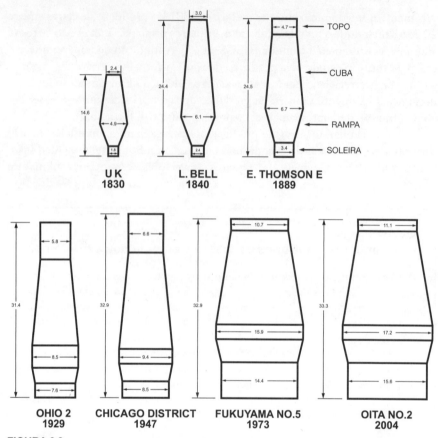

FIGURA 6.9
Mudanças nos *designs* dos altos-fornos, 1830–2004. As principais tendências incluíram cubas mais altas e mais amplas, soleiras maiores e rampas mais baixas e mais inclinadas. Os maiores deles agora produzem mais de 15 mil t de metal quente por dia. Reproduzido de Smil (2016).

menos de 60% de ferro em aço e depois pouco mais de 70%. Fornalhas de soleira aberta passaram a converter cerca de 80%, e atualmente as melhores fornalhas básicas à base de oxigênio, introduzidas pela primeira vez nos anos 1950, rendem até 95%, com as fornalhas de arco elétrico convertendo até 97%. E as fornalhas de arco elétrico consomem atualmente menos de 350 kWh/t de aço, comparados aos mais de 700 kWh/t em 1950. Além do mais, esses ganhos foram acompanhados por taxas reduzidas de emissão: entre 1960 e 2010 as taxas específicas dos Estados Unidos (por tonelada de metal quente) diminuíram quase 50% para emissões de CO_2 e 98% no caso das emissões de poeira (Smil, 2016). O custo energético do aço foi diminuído ainda mais pela fundição contínua de metal quente. Essa

Capítulo 6 Civilização movida a combustíveis fósseis **323**

inovação suplantou a produção tradicional de lingotes, que exigia reaquecimento antes de retomar o processamento.

Os aumentos resultantes em produção foram grandes o bastante para se traduzirem em ganhos de ordens de magnitude até mesmo em termos *per capita*: em 1850, antes do advento da moderna produção de aço, menos de 100 mil t de metal eram produzidas anualmente de forma artesanal, meros 75 g/ano/*capita*. Em 1900, em 30 Mt, a média global era de 18 kg/*capita*; no ano 2000, em 850 Mt, a média subiu para 140 kg/*capita*; e em 2015, em 1,65 Gt, chegou a cerca de 225 kg/*capita*, aproximadamente 12 vezes a taxa de 1900. Meus cálculos mostram que em 2013 a produção mundial de ferro e aço exigia ao menos 35 EJ de combustíveis e eletricidade, ou menos de 7% do total de suprimento de energia primária no mundo, tornando este o setor de maior consumo de energia do planeta (Smil, 2016). Isso se compara a 23% por parte de todas as demais indústrias, 27% por parte do transporte e 36% em uso residencial e serviços. Mas se a intensidade energética do setor tivesse permanecido a mesma que em 1960, então a indústria teria consumido ao menos 16% do suprimento de energia primária do mundo em 2015, uma ilustração impressionante dos contínuos ganhos de eficiência.

De longe a inovação mais importante na metalurgia não ferrosa foi o desenvolvimento da fundição de alumínio. O elemento foi isolado em 1824, mas um processo economicamente viável para sua produção em larga escala foi concebido apenas em 1866. As invenções independentes de Charles M. Hall nos Estados Unidos e P. L. T. Héroult na França se basearam na eletrólise do óxido de alumínio. A mínima energia necessária para separar esse metal é mais de seis vezes mais alta que a necessária para fundir ferro. Como consequência, a fundição de alumínio avançou muito lentamente mesmo após o início da geração de eletricidade em larga escala. Durante os anos 1880, exigências específicas de eletricidade ultrapassavam 50.000 kWh/t de alumínio, e melhorias contínuas subsequentes do processo de Hall-Héroult baixaram essa taxa em mais de dois terços até 1990 (Smil, 2014b).

Os usos do alumínio se ampliaram primeiramente com o avanço da aviação. Revestimentos metálicos substituíram madeira e tecido no fim dos anos 1920, e a demanda se acentuou abruptamente durante a Segunda Guerra para a construção de caças e bombardeiros. Desde de 1945, o alumínio e suas ligas se tornaram substitutos do aço sempre que um projeto exigia a combinação de leveza e resistência. Essas aplicações iam de automóveis e vagões-tremonha a veículos espaciais, mas esse mercado é atualmente atendido por novas ligas leves de aço. E desde dos anos 1950, o titânio vem substituindo o alumínio em aplicações de alta temperatura, sobretudo em aeronaves supersônicas. Sua produção consome ao menos três vezes mais energia que a do alumínio (Smil, 2014b).

324 Energia e Civilização: Uma História

Embora a importância fundamental da produção em massa de metais passe muitas vezes despercebida numa sociedade preocupada com os últimos avanços eletrônicos, não há dúvida de que a fabricação moderna foi transformada por sua contínua simbiose com eletrônicos modernos, uma união que ampliou enormemente as opções de *design*, que introduziu controles de precisão e flexibilidade sem precedentes e que gerou mudanças no *marketing*, na distribuição e no monitoramento de desempenho. Uma comparação internacional mostrou que em 2005 nos Estados Unidos serviços adquiridos por fabricantes junto a terceiros representavam 30% do valor agregado das mercadorias acabadas, com fatias similares (23–29%) nas principais economias da União Europeia, enquanto em 2008 ocupações relacionadas a serviços totalizavam uma leve maioria (53%) de todos os empregos no setor manufatureiro norte-americano, 44–50% na Alemanha, França e Reino Unido e 32% no Japão (Levinson, 2012). E embora muitos produtos não pareçam tão diferentes de seus predecessores, são na verdade híbridos bem distintos (Quadro 6.5).

Os carros são apenas um exemplo proeminente de uma indústria que passou a considerar a pesquisa, o *design*, o *marketing* e o pós-vendas tão importantes quanto a produção de mercadorias em si. Mesmo que um consumo energético específico embutido (por veículo, computador ou uma montagem) tenha aumentado (devido ao uso de materiais que requerem mais energia, a uma massa maior ou a um desempenho melhor), tenha permanecido igual ou tenha diminuído, preocupações que vão além da quantidade produzida se tornaram muito importantes, com destaque para aparência, distinção de marca e considerações de qualidade. Essa tendência tem implicações decisivas tanto para o futuro do consumo de energia quanto para a estrutura da força de trabalho, mas não necessariamente de algum modo simples e unidirecional (para mais sobre esse tema, veja o Capítulo 7).

Transporte

Diversos atributos se aplicam a todas as formas de transporte movido por combustíveis fósseis ou eletricidade. Em contraste com os modos tradicionais de movimentar pessoas e mercadorias, elas são muito mais rápidas, às vezes num nível extraordinário: a cada ano, dezenas de milhões de pessoas cruzam atualmente o Atlântico em 6–8 horas, enquanto um século atrás essa travessia levava quase seis dias (Hugill, 1993) e meio milênio atrás as primeiras travessias levaram cinco semanas. Os modos em si de transporte também são incomparavelmente mais confiáveis: mesmo as melhores carruagens puxadas pelos melhores cavalos tinham dificuldade em cruzar as passagens alpinas, sucumbindo a eixos quebrados, animais estropiados e tempestades cegantes; atualmente, centenas de voos diários sobrevoam os Alpes e trens atravessam túneis profundos. Em termos de despesas, logo antes da Primeira Guerra o custo de uma travessia transatlântica ficavam em

Capítulo 6   Civilização movida a combustíveis fósseis   **325**

QUADRO 6.5
Carros e máquinas mecatrônicas

Não há um exemplo melhor da fusão de componentes mecânicos e eletrônicos que um carro moderno de passageiros. Em 1977, o Oldsmobile Toronado, da GM, foi o primeiro carro produzido com uma unidade de controle eletrônico (UCE) para comandar o ritmo de disparo das velas. Quatro anos depois, a GM contava com cerca de 50 mil linhas de código de *software* para controle do motor em sua linha doméstica de carros (Madden, 2015). Hoje, mesmo carros mais baratos possuem até 50 UCEs, e algumas marcas *premium* (incluindo os Mercedes-Benz classe S) possuem até 100 UCEs em rede sustentados por *software* contendo perto de 100 milhões de linhas de código — comparadas às 5,7 milhões de linhas de *software* necessárias para operar um F-35, o caça multitarefas da Força Aérea Americana, ou às 6,5 milhões de linhas do Boeing 787, o mais recente modelo da fabricante de jatos comerciais (Charette, 2009).

A eletrônica automotiva está ficando mais complexa, mas comparar linhas de código é uma abordagem enganosa. A principal razão para o *software* extenso nos carros é cobrir uma quantidade enorme de opções e configurações oferecidas nos modelos de luxo, incluindo aquelas que envolvem infoentretenimento e navegação, que nada têm a ver com a motorização em si; há uma grande dose de código reutilizado, autogerado e redundante. Mesmo assim, a eletrônica e o *software* representam agora até 40% do custo de veículos *premium*: os carros foram transformados de montagens mecânicas em híbridos mecatrônicos, e cada nova inclusão de uma função útil de controle — como alerta de saída de faixa, frenagem automática para evitar colisão traseira e diagnósticos avançados — ampliam as exigências de *software* e aumentam o custo de um veículo. Embora essa tendência seja clara, veículos autônomos que dirigem completamente por conta própria não chegarão tão cedo, ao contrário do que muitos observadores pouco críticos acreditam.

---

torno de US$ 75 (Dupont, Keeling, and Weiss 2012), o que, em valores atualizados de 2015, dá cerca de US$ 1.900. Os quase US$ 4.000 da viagem de ida e volta em dólares atuais se comparam a cerca de US$ 1.000 para um voo médio (sem desconto) entre Londres e Nova York.

Embora o início do século XIX tenha testemunhado alguns avanços importantes — tanto em termos de capacidades e eficiências unitárias quanto no aproveitamento estacionário de energias cinéticas naturais com rodas d'água e moinhos de vento — o transporte por terra, propelido exclusivamente por músculos animais, havia mudado pouquíssimo desde a Antiguidade. Por milênios, nenhum modo de viagem por terra era mais rápido que montar num bom cavalo. Por séculos, nenhum modo de transporte era menos cansativo que uma carruagem com bom amortecimento. Em 1800, algumas estradas contavam com melhores pavi-

326 Energia e Civilização: Uma História

mentos, e muitas carruagens tinham boas molas, mas essas são todas diferenças de grau, não de tipo. As ferrovias removeram essas limitações em questão de poucos anos. Elas não apenas diminuíram distâncias e redefiniram o espaço, como também o fizeram com um conforto sem precedentes. A velocidade de uma milha por minuto (96 km/h) foi alcançada pela primeira vez brevemente numa tentativa agendada na Inglaterra em 1847; esse também foi o ano da maior atividade de construção de ferrovias pelo país, que instalou uma rede densa com conexões confiáveis em apenas duas gerações (O'Brien, 1983).

A construção de ferrovias em larga escala com trens acionados por cada vez mais potentes motores a vapor à base de carvão foi concluída na Europa e na América do Norte em menos de 80 anos: a década de 1820 foi a da experimentação; nos anos 1890, os trens mais rápidos atravessavam algumas seções a mais de 100 km/h. Em pouquíssimo tempo após sua introdução, os vagões de passageiros deixaram de ser meras carruagens sobre trilhos e ganharam calefação e lavatórios. Por um preço maior, os passageiros também desfrutavam de estofamento, serviço de refeições finas e locais para dormir. Trens mais rápidos e confortáveis transportavam não apenas visitantes e migrantes até as cidades, mas também os citadinos para o interior. A partir de 1841, Thomas Cook passou a oferecer pacotes de férias via ferrovias. Linhas férreas para transporte pendular abriram espaço para a primeira onda de suburbanização. Trens de carga com capacidade cada vez maior levavam recursos volumosos para indústrias distantes e também distribuíam seus produtos com agilidade.

A extensão total das ferrovias britânicas foi logo ultrapassada pelas construções norte-americanas, que começaram em 1834 na Filadélfia. Em 1860, os Estados Unidos contavam com 48 mil km de trilhos, três vezes mais que o total do Reino Unido. Em 1900, a diferença era de quase dez vezes. A primeira conexão transcontinental veio em 1869, e até o final do século outras quatro estavam em funcionamento (Hubbard, 1981). O desenvolvimento russo também avançou bem depressa. Menos de 2.000 km de trilhos tinham sido instalados até 1860, mas o total aumentou para mais de 30.000 km em 1890 e para quase 70 mil km em 1913 (Falkus, 1972). A conexão transcontinental através da Sibéria até Vladivostok, iniciada em 1891, acabou sendo totalmente finalizada somente em 1917. Quando os britânicos foram embora da Índia em 1947, deixaram para trás cerca de 54 mil km de trilhos (e 69 mil km em todo o subcontinente). Nenhum outro país continental da Ásia construiu uma grande rede ferroviária até antes da Segunda Guerra.

Desde o fim da Segunda Guerra, a concorrência com carros, ônibus e aviões reduziu a importância relativa das ferrovias na maioria dos países industrializados, mas durante a segunda metade do século XX, a União Soviética, o Brasil e a Argélia estiveram entre os construtores vigorosos de novas linhas, e a China foi a líder na Ásia, com mais de 30 mil km de trilhos adicionados entre 1950 e 1990. Porém, a inovação mais bem-sucedida do período pós-Segunda Guerra foi o trem elétrico de longa distância. Os *shinkansen* japoneses, operados pela primeira vez

Capítulo 6 Civilização movida a combustíveis fósseis **327**

FIGURA 6.10
O Shinkansen Série N700 na estação de Quioto em 2014, ano em que foi celebrado meio século de operações sem acidentes por trens-bala no Japão na linha Tokaido. Fotografia de V. Smil. Os chamados *trains a grand vitesse* (TGV) da França vêm operando desde 1983; a rota fixa mais rápida chega a quase 280 km/h.

em 1964 entre Tóquio e Osaka, alcançavam um máximo de 250 km/h, e suas mais recentes versões (*nozomi*) vão a 300 km/h (Smil, 2014a; Figura 6.10).

De modo similar, conexões rápidas também existem agora na Espanha (AVE), Itália (*Frecciarossa*) e Alemanha (Intercity), mas a China passou a ser a nova recordista em extensão total de ferrovias de alta velocidade: em 2014, contava com 16 mil km de trilhos dedicados (Xinhua, 2015). Em contraste, nos Estados Unidos o solitário *Acela* (Boston-Washington, com uma média pouco acima de 100 km/h) nem se qualifica como um trem moderno de alta velocidade.

Se a contagem começar pela introdução dos primeiros motores práticos a gasolina no fim dos anos 1880, então a segunda revolução do transporte por terra, o progresso dos veículos rodoviários propelidos por motores de combustão interna, não levou menos tempo. Em países de alta renda na Europa e América do Norte, esse progresso foi interrompido duas vezes por guerras mundiais. E embora os Estados Unidos tivessem uma alta taxa de proprietários de carros no fim dos anos 1920, um estágio comparável na Europa e no Japão só veio nos anos 1960. Por sua vez, a era da posse de carros em massa na China começou somente no anos 2000, mas, devido à grande população do país e a um acelerado investimento em novas fábricas, as vendas de carro por lá ultrapassaram o total norte-americano

328 Energia e Civilização: Uma História

em 2010. Nessa época, o mundo tinha cerca de 870 milhões de carros de passageiros e um total de mais de 1 bilhão de veículos rodoviários (Figura 6.11).

As mudanças econômicas, sociais e ambientais suscitadas pelos carros estão entre as transformações mais profundas da Era Moderna (Ling, 1990; Womack; Jones; Roos 1991; Eckermann; 2001; Maxton; Wormald, 2004). Num país depois do outro (começando pelos Estados Unidos, em meados dos anos 1920), a produção automotiva emergiu como um setor de liderança em termos de valor de produto. Os carros também se tornaram importantes *commodities* de comércio internacional. Suas exportações a partir da Alemanha (a partir de 1960) e ainda mais do Japão (a partir de 1970) vêm beneficiando essas duas economias há décadas. Grandes segmentos de outros setores — sobretudo aço, borracha, vidro, plásticos e refino de petróleo — são dependentes da fabricação e do uso de carros. A construção de rodovias envolveu uma participação estatal massiva, levando a enormes investimentos cumulativos de capital. As *Autobahnen* de Hitler dos anos 1930 precederam o sistema de estradas interestaduais de Eisenhower em uma geração (que teve início em 1956, totalizando atualmente pouco mais de 77 mil km), e este último sistema acabou sendo ultrapassado facilmente pelo Sistema Nacional de Autoestradas da China, cuja extensão total alcançou 112 mil km em 2015.

Sem dúvida, o impacto mais óbvio gerado pelos carros foi o reordenamento das cidades ao redor do mundo mediante a proliferação de autoestradas e espaços de estacionamento e a destruição de vizinhanças. Onde há espaço, vem havendo um aumento acelerado da suburbanização (e também da exurbanização na América do Norte) e mudanças nas localizações e formas de compras e serviços. Os impactos sociais foram ainda maiores. A posse de carros vem sendo um componente importante do *embourgeoisement*, e alguns modelos economicamente acessíveis que possibilitaram essas aquisições em massa tiveram uma incrível longevidade (Siuru, 1989). O primeiro foi o Modelo T, da Ford, cujo preço chegou a cair a USS$ 256 em 1923 e cuja produção durou 19 anos (McCalley, 1994). Outros modelos notáveis foram o Austin Seven, o Morris Minor, o Citroen 2CV, o Renault 4CV, o Fiat Topolino e, o mais popular de todos, o Volkswagen Fusca, projetado por Ferdinand Porsche por inspiração de Hitler (Quadro 6.6).

A liberdade pessoal de viajar teve efeitos imensos sobre a mobilidade residencial e profissional. Esses benefícios acabaram se revelando altamente viciantes. Não há muito exagero na analogia de Boulding (1974) do carro como um alazão mecânico que transforma seu motorista num cavaleiro com a mobilidade de um aristocrata, menosprezando camponeses pedestres (e passando a achar quase inimaginável voltar a ser um deles). Em 2010, havia apenas 1,25 pessoa por veículo motorizado (incluindo caminhões e ônibus) nos Estados Unidos, e essa taxa era de 1,7 tanto na Alemanha quanto no Japão (World Bank, 2015b). A dependência disseminada de uma mobilidade sob demanda torna difícil abrir mão do hábito: após

Capítulo 6 Civilização movida a combustíveis fósseis

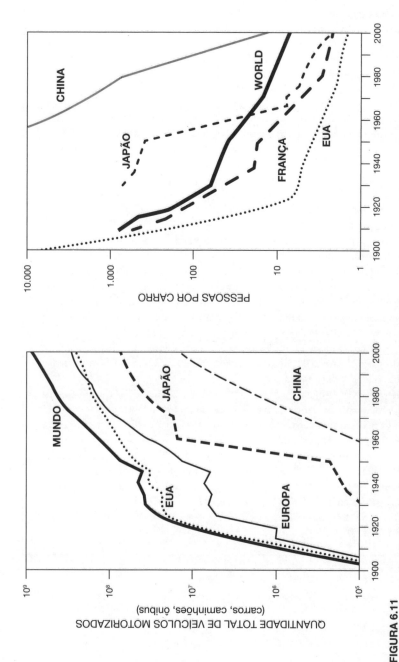

FIGURA 6.11
O total mundial de veículos rodoviários aumentou de 10 mil em 1900 para mais de 1 bilhão em 2010 (esquerda). Os registros nos Estados Unidos foram ultrapassados pelo total na Europa no fim dos anos 1980, mas o país ainda tem a maior taxa de propriedade, com cerca de 1,25 pessoa por veículo em 2010 (direita). Plotado a partir de dados de relatórios anuais de Motor Vehicle Manufacturers Association e World Bank (2015b).

330 Energia e Civilização: Uma História

QUADRO 6.6
O Fusca e outros modelos duráveis

Em termos de produção agregada, tamanho e longevidade (embora com modelos atualizados), nenhum carro projetado para as massas chega perto daquele que Adolf Hitler decretou como o mais conveniente para seu povo (Nelson, 1998; Patton, 2004). No segundo semestre de 1933, Hitler delineou as especificações do tal carro — velocidade máxima de 100 km/h, 7 L/km, capaz de transportar dois adultos e três crianças, com resfriamento a ar e a um custo abaixo de 1.000 RM — e, por insistência do próprio Hitler, Ferdinand Porsche (1875–1951) projetou sua aparência, um tanto feia, como a de um besouro (*Käfer*), pronto para entrar em produção em 1938. A guerra logo interrompeu todas as produções civis, e a montagem em série do Fusca começou somente em 1945, sob o comando do Exército Britânico, liderado pelo Major Ivan Hirst (1916–2000), que salvou a fábrica avariada (Volkswagen AG, 2013).

Nos primeiros anos do chamado Milagre do Reno na Alemanha Ocidental (o *Wirtschaftswunder*, antes da aquisição em massa de Mercedes, Audis e BMWs), o Fusca tomou de assalto as estradas alemãs, e durante os anos 1960 ele se tornou o carro mais popular importado pelos Estados Unidos, antes de ser ultrapassado por Hondas e Toyotas. A produção do Fusca original foi interrompida na Alemanha em 1977, mas continuou no Brasil até 1996 e no México até 2003: o último carro produzido na unidade de Puebla foi o número 21.529.464. O novo Fusca (New Beetle), com um exterior reprojetado por J. Mays e com motor na dianteira, foi fabricado entre 1997 e 2011; desde o modelo ano 2012, o nome do último *design* (A5) voltou a ser Volkswagen Beetle.

O Renault 4CV, projetado em segredo durante a Segunda Guerra, era o equivalente francês ao Fusca; mais de 1 milhão de carros foram fabricados entre 1945 e 1961. O mais famoso carro básico do país era o Citroën 2CV, fabricado entre 1940 e 1990: *deux cheveaux* marcava apenas o número de cilindros; o motor na verdade tinha 29 hp (Siuru, 1989). O ratinho da Fiat, o Topolino, com dois lugares e pouco menos de 2 m de distância entre eixos, foi fabricado entre 1936 e 1955, e o britânico Morris Minor foi fabricado entre 1948 e 1971. Todos esses modelos foram eclipsados em popularidade pelos *designs* japoneses: após uma taxa relativamente baixa de exportações nos anos 60 e 70, eles se tornaram os mais vendidos do mundo nos 80.

Capítulo 6   Civilização movida a combustíveis fósseis   **331**

uma queda induzida por recessão entre 2009 e 2011, a venda de carros nos Estados Unidos alcançou níveis quase recordes de 16,5 milhões de unidades em 2015.

Movemos mundos e fundos para preservar esse privilégio (e na América do Norte facilitamos seu acesso ao vender mais de 90% dos veículos a crédito), e, portanto, não podemos nos surpreender que os chineses e os indianos queiram repetir a experiência norte-americana. Mas como toda dependência, essa cobra um alto preço. Em 2015, o mundo tinha cerca de 1,25 bilhão de veículos nas estradas, e nesse mesmo ano as vendas de novos carros de passageiros chegaram a cerca de 73 milhões (Bank of Nova Scotia, 2015), enquanto os acidentes de trânsito causam quase 1,3 milhão de mortes ao ano e até 50 milhões de feridos (WHO, 2015b), e a poluição automotiva do ar vem sendo um fator-chave do fenômeno mundial de *smog* fotoquímico sazonal (ou semipermanente) em megacidades de todos os continentes (USEPA, 2004). A vida útil do carro médio atualmente chega a quase 11 anos em países abastados até a mais de 15 anos em economias de baixa renda. Afinal de contas, o aço (e o cobre e parte da borracha) é na maior parte reciclado, mas nos mostramos dispostos aceitar custos enormes na forma de mortes, ferimentos e poluição.

O transporte por caminhões também exerceu profundas consequências socioeconômicas. Sua primeira difusão em massa, na América rural a partir de 1920, reduziu o custo e acelerou a movimentação de produtos do campo para o mercado. Esse benefícios foram replicados primeiro na Europa e no Japão, e nas duas últimas décadas também em muitos países da América Latina e da Ásia. Em países ricos, o transporte de longa distância com caminhões pesados se tornou a espinha dorsal da circulação de alimentos, representando também um elo-chave na distribuição de peças industriais e bens manufaturados, e sua operação se beneficiou de um acolhimento universal de contêineres descarregados com a ajuda de guindastes junto a embarcações transoceânicas diretamente no leito de caminhões. Em muitas economias em franco crescimento, o transporte por caminhões evitou a construção de ferrovias (o Brasil sendo o melhor exemplo disso) e descortinou áreas remotas para o comércio e o desenvolvimento — mas também para a destruição ambiental. Em países pobres, os ônibus vêm sendo um dos principais modos de transporte de passageiros a longas distâncias.

Os primeiros navios a vapor cruzaram o Atlântico Norte no mesmo tempo que os melhores navios a vela contemporâneos sob ventos favoráveis. Mas já no fim dos anos 1840, a superioridade do vapor estava clara, com os menores tempos de travessia reduzidos para menos de 10 dias (Figura 6.12). Em 1890, viagens de menos de seis dias eram a norma, assim como eram os cascos de aço. O aço acabou com as restrições de tamanho: considerações industriais limitavam o comprimento dos cascos de madeira a cerca de 10 m. Grandes embarcações de renomadas companhias de cruzeiros como Cunard, Collins e Hamburg-America tornaram-se orgulhosos símbolos da era técnica. Elas eram equipadas com motores potentes e com propulsores de dupla hélice, tinham cabines grandiosas e ofereciam serviços excelentes.

A opulência desses grandes transatlânticos contrastava com a lotação, os odores e o tédio das classes mais humildes dentro dos cruzeiros. Em 1890, navios a vapor transportavam mais de meio milhão de passageiros ao ano até Nova York. No fim dos anos 1920, o trânsito total no Atlântico Norte ultrapassou 1 milhão de passageiros ao ano, e logo em seguida as embarcações alcançaram suas tonelagens máximas (Figura 6.12). Porém, em 1957 as companhias aéreas transportavam mais pessoas através do Atlântico que os navios, e a introdução do serviço regular de jatos comerciais no mesmo ano selou o destino do transporte marítimo de passageiros por longas distâncias: uma década depois, as linhas regulares de travessia transatlântica chegaram ao fim. Navios a vapor comerciais ganharam um impulso inicial pela conclusão do Canal de Suez em 1869 e pela introdução da refrigeração efetiva nos anos 1880. Seu crescimento posterior foi estimulado pela abertura do Canal do Panamá (1914), pelo desenvolvimento de grandes motores a diesel (a partir de 1920) e pelo transporte de petróleo cru. Desde os anos 1950,

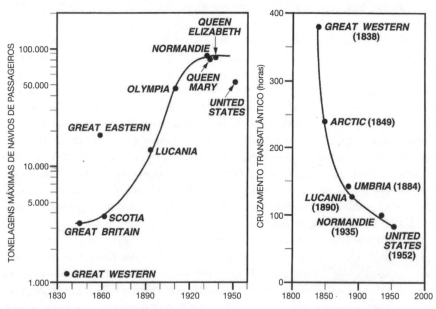

FIGURA 6.12
Conforme os navios que conectavam a Europa e América do Norte cresceram (esquerda) e passaram a contar com motores mais potentes, o tempo necessário para cruzar o Atlântico foi abreviado de mais de duas semanas para pouco mais de três dias (direita). Plotado a partir de dados de Fry (1896), Croil (1898) e Stopford (2009).

Capítulo 6   Civilização movida a combustíveis fósseis   **333**

navios maiores e especializados vêm se fazendo necessários para transportar não apenas petróleo, mas também *commodities* a granel amplamente comercializadas (minério, madeira, grãos, substâncias químicas) e uma quantidade cada vez maior de carros, maquinário e bens de consumo.

O transporte aéreo internacional programado teve início com voos diários entre Londres e Paris em 1919 a velocidades bem abaixo de 200 km/h, e conexões regulares transoceânicas começaram logo antes da Segunda Guerra: em março de 1939, o Clipper, da PanAm, passou a ligar Hong Kong a San Francisco numa jornada de seis dias (Figura 6.13). A era das viagens aéreas em massa chegou somente com a introdução do jato comercial no fim dos anos 1950 (o Comet, do Reino Unido, que entrou em serviço em 1952, foi abortado em 1954 após três desastres fatais). O Boeing 707 (cujo primeiro voo se deu em 1957 e que entrou oficialmente em serviço em outubro de 1958) foi logo seguido por uma versão de média autonomia, o Boeing 727 (em serviço regular desde fevereiro de 1964 e produzido até 1984), e outra de autonomia pequena a média, o Boeing 737. O menor de todos os jatos comerciais Boeing acabou se tornando o avião mais vendido da história: em meados de 2015, mais de 8.600 deles já foram entregues (comparados a cerca de 9.200 de todos os modelos Airbus). Durante os anos 1950 e 1960, a McDonnell Douglas (DC-9 e o trimotor DC-10), a General Dynamics (Convair), a Lockheed (Tristar) e a Sud Aviation (Caravelle) introduziram seus próprios jatos comerciais, mas (deixando de lado o mercado russo) até o final do século restava somente o duopólio da Boeing norte-americana e do consórcio europeu Airbus (Quadro 6.7).

A velocidade e a autonomia desses aviões, a proliferação de companhias aéreas e voos e a conexão quase universal de sistemas de reservas tornaram possível viajar para praticamente todas a principais cidades no planeta no mesmo dia (Figura 6.13). No ano 2000, a autonomia máxima de jatos comerciais de fuselagem larga chegava a 15.800 km, e em 2015 os mais longos voos de carreira (Dallas-Sydney e Johanesburgo-Atlanta) duravam quase 17 horas, enquanto muitas cidades são conectadas por pontes-aéreas (em 2015 havia quase 300 voos diários entre Rio de Janeiro e São Paulo, quase 200 entre Nova York e Chicago). Além do mais, os custos das viagens aéreas vêm caindo constantemente em termos reais, em parte por causa do menor consumo de combustível. Essas conquistas abriram novas oportunidades de negócios, bem como turismo em massa de longa distância para grandes cidades e para praias tropicais e subtropicais. Elas também abriram possibilidades para movimentos sem precedentes de migrantes e refugiados, para um disseminado contrabando de drogas e para terrorismo internacional envolvendo sequestro de aeronaves.

Informação e comunicação

Desde sua própria concepção, sociedades movidas a combustíveis fósseis vêm produzindo, armazenando, distribuindo e usando quantidades incomparavelmen-

334 Energia e Civilização: Uma História

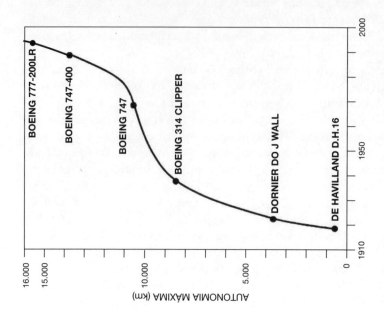

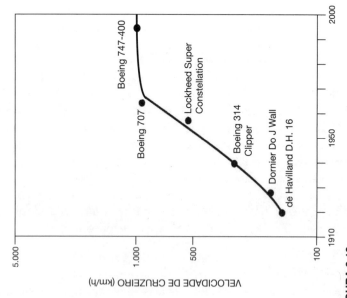

FIGURA 6.13
Os primeiros voos comerciais de carreira (pelo de Havilland D.H. 16, em 1919) alcançavam médias de pouco mais de 150 km/h, e o avião com a autonomia máxima ficava próximo a 600 km (esquerda). Nos anos 1950, o Boeing 707 tinha uma velocidade de cruzeiro próxima de 1.000 km/h, e no fim da década de 1990, o Boeing 777 podia voar sem paradas por mais de 15.000 km (direita). O Concorde, voando a duas vezes a velocidade do som, representou uma exceção bem cara, não um precursor de uma nova geração de aviões rápidos. Plotado a partir de dados de Taylor (1989) e Gunston (2002) e a partir de especificações técnicas do *website* corporativo da Boeing.

Capítulo 6 Civilização movida a combustíveis fósseis **335**

QUADRO 6.7
Boeing e Airbus

A Boeing é uma antiga empresa norte-americana — fundada por William E. Boeing (1881–1956) em 1916 — e fabricante de projetos icônicos como o Boeing 314 Clipper e o 307 Stratoliner (ambos em 1938), o Boeing 707 (o primeiro jato comercial de sucesso, em 1957) e o Boeing 747, o primeiro avião de fuselagem larga, em 1969 (Boeing 2015). A mais recente inovação da empresa é o Boeing 787, um projeto avançado que emprega fibras de carbono mais leves e mais resistentes em 80% da fuselagem, alcançando uma eficiência 20% superior em consumo de combustível que o 767 (Boeing 2015). Por sua vez, a Airbus foi fundada em dezembro de 1970 a partir de uma coparticipação francesa e alemã, mais tarde somada pela entrada de empresas espanholas e britânicas. Seu primeiro bijato, o Airbus A300 (226 passageiros), foi lançado em outubro de 1972, e logo o cardápio da empresa se expandiu para uma gama completa de aviões, desde aqueles de pequena autonomia, como o A319, o 320 e o 321, até o A340, de fuselagem larga e longa autonomia. No ano 2000, a Airbus ultrapassou pela primeira vez a Boeing em quantidade de aviões vendidos. Sua maior inovação foi o A380, uma aeronave de dois andares e fuselagem larga que está em serviço desde 2007, com uma capacidade máxima para 853 passageiros numa única classe, embora até hoje tenha sido encomendada apenas em configurações para três classes e 538 passageiros (comparados a 416 em três classes e 524 em duas classes nos aviões Boeing 747-400).

As duas empresas competem acirradamente no mercado. Entre 2011 e 2015, a Boeing entregou 6.803 aviões e a Airbus produziu 6.133 jatos comerciais, e ambas empresas já possuem em avanço encomendas para os próximos anos a fim de suprir a demanda crescente, especialmente da Ásia. As duas empresas também firmaram muitos acordos cooperativos com projetistas de aeronaves e de motores e com fornecedores de peças principais de aeronaves na Europa, América do Norte e Ásia, e ambas enfrentam uma crescente concorrência de empresas menores. A empresa canadense Bombardier e a brasileira Embraer vêm ampliando sua frota de pequenos jatos: o CRJ-900 da Bombardier tem 86 lugares, enquanto o EMB-195 da Embraer leva 122 passageiros. Essas duas empresas, bem como a russa Sukhoi Superjet, a chinesa Commercial Aircraft Corporation e a japonesa Mitsubishi, estão ingressando no lucrativo mercado de aviões de fuselagem estreita, que atualmente é atendido pelo Boeing 737 e pelo Airbus A319/320.

---

te maiores de informação que suas predecessoras. Na Ásia Oriental e nos primórdios da Europa moderna, a imprensa era uma atividade comercial estabelecida há séculos antes da introdução dos combustíveis fósseis, mas a preparação dos tipos móveis a mão e a impressão em si do papel eram limitadas pela lentidão das prensas manuais de madeira. Armações de ferro aceleraram o trabalho, mas mes-

336 Energia e Civilização: Uma História

mo com avanços de projeto da prensa de Gutenberg era impossível fazer mais de 240 impressões por hora (Johnson, 1973). Contudo, até mesmo a primeira prensa acionada por um motor a vapor — projetada por Friedrich Koenig e Andreas Friedrich Bauer e vendida ao *Times* em 1814 — podia fazer no máximo 1.100 impressões por hora. Em 1827, essa cifra pulou para 5 mil, e as primeiras prensas rotativas dos anos 1840 davam conta de 8 mil impressões por hora; duas décadas depois, a taxa era de até 25 mil (Kaufer; Carley, 1993).

Edições em massa em papel-jornal barato se tornaram uma realidade quotidiana, com as notícias viajando mais depressa graças ao telégrafo (comercialmente pela primeira vez em 1838) e duas gerações depois pelo telefone (1876), e antes do fim do século duas técnicas de informação-comunicação se tornaram comerciais: gravações sonoras e filme. Afora a imprensa, todas essas técnicas foram desenvolvidas durante a era de alta energia propiciada pelos combustíveis fósseis. Afora a fotografia e os primeiros fonógrafos, nenhuma delas poderia funcionar sem eletricidade. E afora o material impresso, atualmente perdendo espaço para formatos eletrônicos, todas essas técnicas ampliaram sua base de usuários e adquiriram novos modos de captura, armazenamento, registro, visualização e compartilhamento de informações no mundo instantaneamente interconectado.

A telecomunicação barata, confiável e verdadeiramente global só se tornou uma possibilidade com a eletricidade. O primeiro século de seu desenvolvimento foi dominado por mensagens transmitidas por fios. Décadas de experimentos em diversos países redundaram no primeiro telégrafo prático, demonstrado por William Cooke e Charles Wheatstone em 1837 (Bowers, 2001). Seu sucesso dependeu de uma fonte confiável de eletricidade, que foi fornecida pela bateria de Alessandro Volta, projetada em 1800. A adoção do sistema de código de Samuel Morse em 1838 e a acelerada expansão das linhas terrestres em conjunção com as ferrovias foram os desenvolvimentos iniciais mais notáveis. Os cabos submarinos (através do Canal da Mancha em 1851, através do Atlântico em 1866) e uma infinidade de inovações técnicas (incluindo algumas invenções iniciais de Edison) se combinaram para tornar o telégrafo um aparelho global em questão de apenas duas gerações. Em 1900, cabos multiplex com codificação automática transportavam milhões de palavras todos os dias. As mensagens iam das pessoais até códigos diplomáticos, e incluíam resmas de preços de bolsa de valores e pedidos de compra.

O telefone, patenteado por Alexander Graham Bell em 1876, poucas horas antes de Elisha Grey ingressar com seu pedido independente de patente (Hounshell, 1981), teve uma aceitação ainda mais rápida em serviços locais e regionais (Mercer, 2006). Conexões confiáveis e baratas a longa distância foram introduzidas mais paulatinamente. A primeira conexão a cruzar os Estados Unidos ficou pronta somente em 1915, e o cabo telefônico transatlântico foi instalado apenas em 1956. É bem verdade que as conexões radiotelefônicas estavam disponíveis desde o fim dos anos 1920, mas não eram nem baratas nem confiáveis. Grandes

Capítulo 6 Civilização movida a combustíveis fósseis **337**

monopólios telefônicos proporcionaram serviços economicamente acessíveis e confiáveis, mas não foram grandes inovadores: o clássico telefone preto com disco rotativo foi introduzido no início dos anos 1920 e continuou sendo a única alternativa pelas quatro décadas seguintes, com os aparelhos de discagem digital vindo a surgir nos Estados Unidos somente em 1963.

Técnicas de armazenamento, reprodução e transmissão de som e imagem foram desenvolvidas *pari passu* com os avanços em telefonia. O fonógrafo de Thomas Edison, de 1877, era uma máquina simples operada a mão, e o mesmo valia para o mais complexo gramofone de Emile Berliner, de 1888 (Gronow; Saunio, 1999). Os tocadores e gravadores sonoros elétricos decolaram somente nos anos 1920. O registro de imagens avançou com alguma lentidão desde seu primórdios franceses, sobretudo por obra de J. N. Niepce e L. J. M. Daguerre durante as décadas de 1820 e 1830 (Newhall, 1982; Rosenblum, 1997). A primeira caixa fotográfica economicamente acessível da Kodak saiu em 1888, e os desenvolvimentos se aceleraram a partir de 1890 com grandes avanços na cinematografia: os primeiros filmes de curta metragem pelos irmãos Lumière foram projetados em 1895. Filmes com som chegaram no fim dos anos 1920 (o primeiro longa-metragem a usar a tecnologia foi *The Jazz Singer*, em 1927),o primeiro longa colorido (após anos de curtas coloridos) saiu em 1935 e a invenção da xerografia por Chester Carlson (1906–1968) se deu dois anos depois (Owen, 2004).

A busca por transmissão sem fio começou com a geração de ondas eletromagnéticas por Heinrich Hertz (1857–1894) em 1887, antecipada pela formulação de James Clerk Maxwell (1831–1879) da teoria da radiação eletromagnética (Maxwell, 1865; Figura 6.14). O progresso prático subsequente foi rápido. Em 1899, sinais emitidos por Guglielmo Marconi (1874–1937) cruzaram o Canal da Mancha, e dois anos depois o Atlântico (Hong, 2001). Em 1897, Ferdinand Braun (1850–1918) inventou o tubo de raios catódicos, o dispositivo que tornou possível tanto as câmeras de televisão quanto os receptores. Em 1906, Lee de Forest (1873– 1961) construiu o primeiro tríodo, cuja indispensabilidade para a transmissão televisiva, para a telefonia de longa distância e para os computadores só se encerrou com a invenção do transistor.

Transmissões radiofônicas regulares começaram em 1920. A BBC ofereceu seu primeiro serviço televisivo agendado em 1936, e a RCA logo seguiu seus passos, em 1939 (Huurdeman, 2003). Calculadoras mecânicas — começando por projetos prescientes de Charles Babbage e Edward Scheutz a partir de 1820 (Lindgren, 1990; Swade, 1991) e culminando com a fundação da IBM em 1911 — foram finalmente ultrapassadas pelo desenvolvimento dos primeiros computadores eletrônicos durante a Segunda Guerra Mundial.

Mas essas máquinas — o Mark britânico, o Harvard Mark 1 norte-americano e o ENIAC — eram aparelhos singulares, dedicados e massivos (ocupando recintos

FIGURA 6.14
Retrato gravurado de James Clerk Maxwell, baseado em fotografia de Fergus (Corbis). A formulação de Maxwell da teoria do eletromagnetismo abriu caminho para desenvolvimentos que seguem até hoje envolvendo a eletrônica moderna sem fio que nos trouxe tanto a comunicação instantânea a baixo custo quanto a conectividade global: o mundo eletrônico do século XXI se baseia nos *insights* de Maxwell.

inteiros, a fim de acomodar milhares de tubos de vidro a vácuo) sem quaisquer perspectivas comerciais imediatas.

A impressionante concatenação de técnicas e serviços muito aprimorados e inteiramente novos de comunicação e informação foi ofuscada por completo pelos desenvolvimentos pós-Segunda Guerra. Seu alicerce em comum foi o advento dos eletrônicos de estado sólido, que começaram pela invenção norte-americana do transistor, um dispositivo semicondutor em miniatura de estado sólido, o equivalente a um tubo de vácuo capaz de amplificar e alternar sinais eletrônicos. Julius Edgar Lilienfeld ingressou com o pedido de patente para seu transistor de efeito de campo no Canadá em 1925 e um ano depois nos Estados Unidos (Lilienfeld, 1930); a documentação delineava claramente o modo de controlar e amplificar o fluxo de corrente entre os dois terminais de um condutor sólido.

Contudo, Lilienfeld não tentou construir um aparelho em si, e o primeiro sucesso experimental, por parte de dois pesquisadores dos Laboratórios Bell, Walter Brattain e John Bardeen, em 16 de dezembro de 1947, usou um cristal de germânio

Capítulo 6   Civilização movida a combustíveis fósseis   **339**

(Bardeen; Brattain, 1950). Mas como o próprio *site* Bell System Memorial atualmente admite: "Está perfeitamente claro que os Laboratórios Bell não inventaram o transistor, eles o reinventaram", embora deixe de reconhecer uma grande dose de pesquisa pioneira e *design* conduzidos desde a primeira década do século XX (Bell System Memorial, 2011). Seja como for, o que transformou de fato a computação eletrônica não foi o grosseiro dispositivo de ponto de contato de Brattain e Bardeen, e sim o mais útil transistor com junção de efeito de campo patenteado em 1951 por William Shockley (1910–1989). Nesse mesmo ano, Gordon K. Teal e Ernest Buehler conseguiram produzir cristais de silício maiores e dominar métodos aprimorados de cultura de cristais e dopagem de silício (Shockley, 1964; Smil, 2006).

Um avanço teórico muito importante foi feito em 1948, quando Claude Shannon abriu caminho para avaliações quantitativas de custos energéticos de comunicação (Shannon, 1948). Apesar do progresso impressionante feito desde então (um aumento de três ordens de magnitude na transmissão de conversas simultâneas num único cabo, atualmente da finura de um fio de cabelo), os limites teóricos de Shannon já indicavam que o desempenho podia ser melhorado em diversas ordens de magnitude. Mas não houve qualquer corrida pós-Segunda Guerra para comercializar a computação eletrônica, e o primeiro UNIVAC (Universal Automatic Computer) da Remington Rand, desenvolvido a partir do Eckert-Mauchly ENIAC, foi vendido para o Departamento Censitário dos Estados Unidos somente em 1951.

A velocidade de cálculo das novas máquinas programáveis começou a aumentar exponencialmente à medida que os transistores suplantavam os tubos a vácuo. O uso empresarial de computadores nos Estados Unidos finalmente decolou no fim dos anos 1950, com a Fairchild Semiconductor, a Texas Instruments (que lançou no mercado o primeiro transistor de silício em 1954) e a IBM como os desenvolvedores de *software* e *hardware* mais capacitados (Ceruzzi, 2003; Lécuyer; Brock, 2010). Em 1958–1959 Jack S. Kilby (1923–2005), da Texas Instruments, e Robert Noyce (1927–1990), da Fairchild Semiconductor, inventaram independentemente circuitos minaturizados incorporados no material semicondutor (Noyce, 1961; Kilby, 1964). O projeto de Noyce de um transistor planar abriu caminho para a nova era da eletrônica de estado sólido (Quadro 6.8).

As Forças Armadas dos Estados Unidos foram o primeiro consumidor de circuitos integrados. Em 1965, quando a quantidade de transistores em microchips havia dobrado de 32 para 64 nos 12 meses anteriores, Gordon Moore previu que esse fator de crescimento se manteria (Moore, 1965). Em 1975, ele relaxou o fator para o dobro a cada dois anos (Moore, 1975), e essa regra, agora conhecida comumente como a lei de Moore, se comprovou desde então Figura 6.15). O primeiro produto comercial controlado por microprocessador foi uma calculadora programável da Busicom, uma pequena empresa japonesa; seu conjunto de quatro chips foi projetado pela recém-fundada Intel em 1969–1970 (Augarten, 1984). A Busi-

340 Energia e Civilização: Uma História

QUADRO 6.8
A invenção dos circuitos integrados

Quando trabalhava como diretor de pesquisa na Fairchild Semiconductors, em Santa Clara, Califórnia, Robert Noyce escreveu em seu caderno de anotações laboratoriais que:

> deve ser desejável produzir múltiplos dispositivos numa mesma peça de silício, a fim de permitir interconexões entre dispositivos como parte do processo fabril, e desse modo reduzir o tamanho, o peso, etc. bem como o custo por elemento ativo. (Reid 2001, p. 13)

O pedido de patente de Noyce em 1959 referente a um "dispositivo semicondutor-estrutura de conexões" exibia um circuito integrado planar. Ele especificava:

> junções côncavas se estendendo até a superfície de um corpo de semicondutor extrínseco, uma camada superficial isolante consistindo essencialmente em óxido do mesmo semicondutor se estendendo através da junções, e conxões na forma de faixas metálicas formadas por depósito a vácuo ou por algum outro método se estendendo por sobre e aderentes à camada de óxido isolante para estabelecer conexões elétricas de e para várias regiões do corpo do semicondutor sem gerar curto-circuito nas junções. (Noyce 1961, p. 1)

A patente de Noyce (U.S. 2,981,877) foi concedida em abril de 1961, e a de Kilby (U.S. 3,138,743) somente em julho de 1964, e um longo processo de litígio por interferência e posteriores apelos foi concluído somente em 1971, quando a Suprema Corte deu ganho de causa a Noyce. Passado tanto tempo, aquela foi uma vitória imaterial, já que no primeiro semestre de 1966 as duas empresas haviam acordado em compartilhar suas licenças de produção e em exigir que outros fabricantes fizessem acordos separados com ambas. Em princípio, as ideias de Kilby e de Noyce eram idênticas, mas Noyce morreu de ataque cardíaco em 1990, enquanto Kilby viveu tempo o bastante para compartilhar um Prêmio Nobel de Física no ano 2000 "por sua participação na invenção do circuito integrado".

---

com vendeu bem poucos modelos de grandes calculadoras usando o conjunto de chip MCS-4 antes de ir à falência em 1974. Por sorte, a Intel teve a previdência de comprar de volta os direitos ao processador antes disso acontecer e acabou lançando o primeiro microchip universal do mundo — o Intel 4004, de 3 mm × 4 mm, contendo 2.250 transistores semicondutores de óxido metálico e vendido a US$ 200 — em novembro de 1971. Com 60 mil operações por segundo, era o equivalente funcional ao ENIAC de 1945, que ocupava uma sala inteira (Intel, 2015).

A implementação universal desses microprocessadores cada vez mais poderosos em conjunção com dispositivos de memória cada vez mais espaçosos afetou todos os setores modernos de manufatura, transporte, serviços e comunicação, e o aumento espetacular dessas capacidades foi acompanhado por constantes quedas nos custos

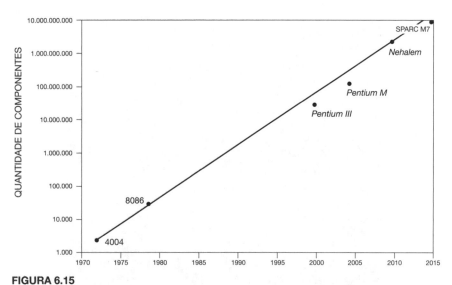

FIGURA 6.15
A lei de Moore em operação. O primeiro microchip comercialmente disponível (o Intel 4004) tinha 2.250 transistores semicondutores de óxido metálico, enquanto os *designs* mais recentes têm mais de dez bilhões de componentes, um aumento de seis ordens de magnitude. Plotado a partir de dados de Smil (2006) e Intel (2015).

e melhorias em confiabilidade (Williams, 1997; Ceruzzi, 2003; Smil, 2013c; Intel, 2015). Os microchips se tornaram os artefatos complexos mais onipresentes da civilização moderna: mais de 200 bilhões deles são produzidos a cada ano, podendo ser encontrados em produtos que vão de itens e aparelhos domésticos prosaicos (termostatos, fornos, aquecedores centrais e em cada engenhoca eletrônica) até na fabricação automatizada de montagens complexas, incluindo o *design* e a produção dos próprios microprocessadores. Eles governam o ritmo de ignição de combustível em motores automotivos, otimizam a operação de turbinas de jatos comerciais e guiam foguetes a fim de colocar satélites em suas rotas predeterminadas.

Mas o impacto mais personalizado dos microprocessadores vem sendo a aquisição massiva de dispositivos eletrônicos portáteis, sobretudo os telefones celulares. Esse desenvolvimento foi precedido pela ascensão dos computadores pessoais, pelo desenvolvimento surpreendentemente longo da internet e por um período de adoção relativamente lenta dos telefones móveis. O Centro de Pesquisas da Xerox em Palo Alto (conhecido pela sigla em inglês Parc) inventou o computador pessoal durante os anos 1970 ao combinar o poder de processamento dos microchips com um *mouse*, uma interface gráfica, ícones e menus tipo *pop-up*, editor de texto, corretor ortográfico e acesso a servidores de arquivos e impressoras com ações de apontar e clicar (Smil, 2006; Figura 6.16). Sem esses avanços, Steven Wozniak e Steven Jobs não teriam conseguido introduzir o primeiro PC comercial de suces-

FIGURA 6.16
Utilitário mas revolucionário: o computador de mesa Xerox Alto, lançado em 1973, foi a primeira materialização quase completa das principais características básicas de todos os PCs posteriores (fotografia da Wikimedia).

so, o Apple II com gráficos coloridos, em 1977 (Moritz, 1984). O PC da IBM foi lançado em 1981, e a quantidade de lares nos Estados Unidos que possuíam PCs subiu de 2 milhões em 1983 para quase 54 milhões em 1990 (Stross, 1996). Máquinas mais leves e portáteis, na forma de *laptops* e *tablets*, amadureceram somente no fim dos anos 1990, e o iPad da Apple foi introduzido em 2010.

A comunicação usando computadores foi proposta pela primeira vez em 1962 por J.C.R. Licklider, o primeiro diretor da Agência de Projetos de Pesquisas Avançadas do Pentágono, e teve início em 1969 com a Arpanet, limitada a apenas quatro locais: Instituto de Pesquisa de Stanford, UCLA, UCSB e Universidade de Utah. Em 1972, Ray Tomlinson, da BBN Technologies, desenvolveu programas para envio de mensagens a outros computadores e escolheu o sinal @ como o símbolo localizador de endereços de *e-mail* (Tomlinson, 2002). Em 1983, a Arpanet converteu um protocolo que possibilitava a comunicação através de um

Capítulo 6 Civilização movida a combustíveis fósseis **343**

sistema de redes, e em 1989, quando encerrou sua operação, tinha mais de 100 mil hospedeiros. Um ano mais tarde, Tim Berners-Lee criou a World Wide Web baseada em hipertexto no centro de pesquisa Cern, em Genebra, a fim de organizar informações científicas *on-line* (Abbate, 1999). Nos primórdios, não era fácil navegar por essa rede, mas isso logo mudou, com a introdução de navegadores eficientes, a começar pelo Netscape, em 1983.

O primeiro grande avanço eletrônico na telefonia foi a possibilidade de fazer ligações intercontinentais baratas, graças à discagem automática via satélites geoestacionários. Essa inovação resultou da combinação de avanços microeletrônicos com lançadores de foguetes potentes nos anos 1960, e à medida que os custos subjacentes foram caindo, os telefonemas ficaram mais baratos. Porém, a primeira mudança radical na telefonia chegou apenas com o advento dos telefones móveis (celulares): demonstrados pela primeira vez em 1973, um dispendioso serviço pago usando volumosos aparelhos Motorola ficou disponível nos Estados Unidos em 1983. No entanto, a aquisição desses aparelhos só começou a decolar (com o Japão e a União Europeia à frente dos Estados Unidos) no fim dos anos 1990. As vendas globais de telefones celulares ultrapassaram 100 milhões de unidades em 1997, o ano em que a Ericsson introduziu o primeiro *smartphone*.

As vendas de telefones celulares alcançaram a marca de 1 bilhão em 2009, e ao final de 2015 havia 7,9 bilhões de aparelhos em uso, e as entregas anuais totais de dispositivos móveis, incluindo *tablets*, *notebooks* e *netbooks*, haviam alcançado quase 2,2 bilhões de unidades, dentre as quais 1,8 bilhão de telefones celulares (Gartner, 2015; mobiForge, 2015). Esse impressionante e altamente cambiável sistema de comunicação, de entretenimento, de monitoramento de dados e de *software* requer uma quantia significativa de energia para se materializar em dispositivos eletrônicos de alto consumo e depende totalmente de um suprimento incessante e bastante confiável para energizar as infraestruturas necessárias, que vão de centrais de dados a torres de telefonia (Quadro 6.9).

Digno de nota é o progresso enorme feito desde os anos 1960 na concepção e implementação de uma ampla gama de técnicas de diagnóstico, mensuração e sensoriamento remoto. Esses avanços geraram uma profusão de informações até então inimaginável. Os raios X, descobertos por W. K. Roentgen (1845–1923) em 1895, eram a única opção do tipo em 1900. Em 2015, essas técnicas iam de ultrassom (empregado em diagnósticos médicos e na engenharia) até exames de imagem de alta resolução (ressonância magnética, tomografia computadorizada), e do radar (desenvolvido às vésperas da Segunda Guerra e agora uma ferramenta indispensável nos transportes e na meteorologia) até um amplo leque de sensores baseados em satélite para coletar dados em várias faixas do espectro eletromagnético e aprimorar em muito as previsões do tempo e a gestão de recursos naturais.

344 Energia e Civilização: Uma História

> ### QUADRO 6.9
> ### A energia incorporada em telefones móveis e carros
>
> Como até mesmo um carro compacto pesa 10 mil vezes mais que um *smartphone* (1,4 t *versus* 140 g), ele incorpora consideravelmente mais energia. Mas a diferença energética é bem menor que essa disparidade de quatro ordens de magnitude em massa, e uma contabilidade agregada estabelece uma comparação surpreendente. Um telefone celular incorpora cerca de 1 GJ de energia, ao passo que um carro de passageiros atualmente requer cerca de 100 GJ para ser produzido, um fator de somente 100 vezes mais. Em 2015, as vendas mundiais de telefones celulares chegaram bem perto de 2 bilhões de unidades e, portanto, sua produção consumiu aproximadamente 2 EJ (equivalente a cerca de 48 milhões de toneladas métricas de petróleo cru). Perto de 72 milhões de carros foram vendidos em todo o mundo em 2015, e sua produção incorporou uns 7,2 EJ, ou seja, só um pouco menos que o total referente aos telefones celulares.
>
> Os aparelhos celulares têm curtíssima vida útil, de apenas 2 anos em média, e sua produção hoje incorpora globalmente cerca de 1 EJ por ano médio de uso. Carros de passageiros duram em média ao menos uma década, e sua produção incorpora globalmente cerca de 0,72 EJ por ano de uso — 30% menos que a produção de telefones celulares! Isso significa que, mesmo que esses agregados aproximados pendam em direções opostas (com os carros, na realidade, incorporando mais e os telefones menos energia), os dois totais ainda ficariam não apenas na mesma ordem de magnitude, mas surpreendentemente próximos entre si. Os custos energéticos operacionais, é claro, são vastamente diferentes. Um *smartphone* consome anualmente apenas 4 kWh de eletricidade, menos de 30 MJ durante seus dois anos de serviço, ou apenas 3% de seu custo energético incorporado. Em contraste, durante sua vida útil um carro compacto acaba consumindo de quatro a cinco vezes mais energia (na forma de gasolina ou diesel) que seu teor incorporado. No entanto, os custos para eletrificar as redes de informações e comunicações mundiais estão aumentando: elas responderam por quase 5% da geração de eletricidade global em 2012 e se aproximarão dos 10% em 2020 (Lannoo, 2013).

Crescimento econômico

Falar de energia *e* de economia é uma tautologia: toda atividade econômica fundamentalmente nada mais é do que a conversão de um tipo de energia em outro, e valores financeiros são apenas um indicador conveniente (e às vezes pouco representativo) para estimar os fluxos de energia. Assim, não é de surpreender que Frederick Soddy, vencedor do Nobel em física, ao abordar a disciplina de seu ponto de vista, tenha afirmado que "o fluxo de energia deveria ser a principal preocupação da economia" (Soddy 1933, p. 56). Ao mesmo tempo, o fluxo

Capítulo 6   Civilização movida a combustíveis fósseis   **345**

energético é uma medida inadequada de atividade intelectual: a educação certamente incorpora uma grande dose de energia despendida em suas infraestruturas e empregados, mas ideias brilhantes (que não estão nenhum pouco relacionadas diretamente com a intensidade da escolarização) não requerem grandes elevações na taxa metabólica do cérebro.

Esse fato óbvio explica boa parte do recente descolamento do crescimento do PIB em relação à demanda geral por energia: imputamos valores monetários bem maiores aos empreendimentos não físicos que atualmente constituem a maior fatia da produção econômica. Seja como for, a energia vem sendo uma preocupação secundária dos estudos econômicos modernos: somente economistas ecológicos percebem-na como seu foco primordial (Ayres; Ayres; Warr, 2003; Stern, 2010). E a preocupação pública com a energia e com a economia vem revelando um foco desproporcional nos preços em geral, e nos preços do petróleo cru, a *commodity* mais importante do mundo, em particular.

No Ocidente, foram as duas rodadas de aumento de preço do petróleo pela Opep nos anos 1970 — tanto a fonte de excessos de consumo no Oriente Médio quanto uma ameaça à estabilidade da região — que se tornaram um alvo específico de crítica, recebendo a culpa por deslocamentos econômicos e perturbação social. Mas as elevações de preço pela Opep tiveram um efeito salutar (tardiamente) sobre a eficiência com que os países importadores de petróleo refinavam combustíveis. Em 1973, após quatro décadas de lenta deterioração, a média de consumo específico de combustível de novos carros de passageiros norte-americanos era maior que no início dos anos 1930, 17,7 L/100 km *versus* 14,8 L/100 km (Smil 2006), um raro exemplo de uma conversão moderna de energia se tornando menos eficiente.

Os preços mais altos do petróleo forçaram uma reversão, e entre 1973 e 1987 a demanda média de combustível dos carros novos no mercado norte-americano foi cortada pela metade, enquanto seu padrão de consumo caiu para 8,6 L/100 km. Infelizmente, a queda pós-1985 nos preços do petróleo parou e depois até reverteu esse progresso em eficiência (com mais SUVs e picapes), e o retorno à racionalidade veio apenas em 2005. E o aumento de preço pela Opep teve um efeito benéfico para a economia global, já que reduziu significativamente sua intensidade média de petróleo (quantidade de petróleo usada por unidade do PIB). As usinas de energia pararam de queimar combustíveis líquidos; as siderúrgicas substituíram injeções de óleo nos altos-fornos por carvão em pó; os motores a jato ficaram mais eficientes; e muitos processos industriais passaram a adotar gás natural. Os resultados se revelaram bem impressionantes. Em 1985, a economia norte-americana precisava de 37% menos petróleo para produzir um dólar de PIB que em 1970; no ano 2000, sua intensidade de petróleo era 53% menor; em 2014 era preciso 62% menos petróleo cru para criar um dólar de PIB do que em 1970 (Smil, 2015c).

346 Energia e Civilização: Uma História

E (um fato curiosamente negligenciado) governos ocidentais vêm ganhando mais dinheiro com petróleo do que a Opep. Em 2014, impostos nos países do G7 respondiam por 47% do preço de um litro de petróleo, comparados com os cerca de 39% que vão para os produtores. As taxas nacionais específicas são de 60/30 no Reino Unido, 52/34 na Alemanha e 15/61 nos Estados Unidos (OPEC 2015). Além do mais, para assegurar o suprimento, muitos governos (incluindo aqueles de economias de mercado) praticam grande dose de regulação do setor, enquanto governos de muitos países produtores de petróleo vêm comprando apoio político mediante subsídios pesados nos preços da energia (GSI, 2015). Subsídios sauditas responderam por mais de 20% de todos os gastos governamentais em 2010, e os subsídios da China ao carvão resultaram em preços congelados bem abaixo do custo de produção.

Como o crescimento — suas origens, taxa e persistência — vem sendo a principal preocupação das pesquisas econômicas modernas (Kuznets 1971; Rostow 1971; Barro 1997; Galor 2005), os vínculos entre consumo de energia e o aumento do produto econômico bruto (quer na forma de produto interno bruto, PIB, para economias individuais, ou produto mundial bruto, PMB, para estudo de tendências globais) vêm recebendo uma grande dose de atenção (Stern, 2004, 2010; World Economic Forum, 2012; Ayres, 2014). Economias pré-industriais tradicionais eram ou amplamente estacionárias ou conseguiam crescer poucos pontos percentuais a cada década, e o consumo energético médio *per capita* avançava a um ritmo ainda mais lento: o que não falta são testemunhos das primeiras décadas do século XIX mostrando que as condições de vida de alguns grupos empobrecidos não eram muito diferentes daquelas que predominavam até mesmo dois, três ou quatro séculos antes.

Em contraste, economias movidas a combustíveis fósseis testemunharam taxas de crescimento sem precedentes, embora modificadas pela natureza cíclica da expansão econômica (van Duijn, 1983; ECRI, 2015) e interrompidas por grandes conflitos internos ou internacionais. Sociedades que se industrializaram no século XIX viram suas economias crescer 20–60% numa década. Com tamanhas taxas de crescimento, a produção da economia britânica em 1900 era quase dez vezes maior que em 1800. O PIB dos Estados Unidos dobrou em apenas 20 anos, entre 1880 e 1900. A produção japonesa durante a era Meiji (1868–1912) cresceu 2,5 vezes. O crescimento econômico durante a primeira metade do século XX foi afetada por duas guerras mundiais e pela grande crise econômica dos anos 1930, mas jamais houve outro período de crescimento tão acelerado e disseminado da produção e da prosperidade quanto o que vai de 1950 a 1973.

A queda constante de preço real do petróleo cru pré-1970 foi um ingrediente crucial para essa expansão sem precedentes. O PIB norte-americano *per capita*, que já era o maior do mundo, aumentou 60%. A taxa da Alemanha Ocidental mais que triplicou, e a taxa japonesa mais que sextuplicou. Inúmeros dos países pobres e po-

Capítulo 6 Civilização movida a combustíveis fósseis **347**

pulosos da Ásia e da América Latina também entraram numa fase de crescimento econômico vigoroso. A primeira rodada de aumento dos preços do petróleo pela Opep (1973–1974) interrompeu temporariamente esse crescimento. A segunda rodada, em 1979, foi causada pela derrubada da monarquia iraniana e pela ascensão ao poder dos aiatolás fundamentalistas. O desaquecimento econômico global do início dos anos 1980 foi acompanhado por uma inflação recorde e por alta taxa de desemprego, mas durante os anos 1990 a estabilização dos preços do petróleo sustentou outro período de crescimento, que foi se encerrar somente em 2008, com a pior recessão mundial pós-Segunda Guerra, seguida de uma fraca recuperação.

Ayres, Ayres e Warr (2003) identificaram a queda do preço do trabalho útil como o motor de crescimento da economia norte-americana durante o século XX, em que o trabalho útil é o produto da energia (o máximo trabalho possível num processo ideal de conversão energética) pela eficiência de conversão. Assim que os dados históricos de produção econômica são normalizados (com valores de PIB expressos em moeda constante e ajustada pela inflação e com os produtos internos usados para calcular o PMB dados em termos de paridade de poder aquisitivo, no lugar de taxas cambiais oficiais), correlações de prazos impressionantemente longos entre crescimento econômico e consumo de energia emergem tanto em âmbito global quanto nacional.

Entre 1900 e 2000, o consumo de energia primária como um todo (após subtraírem-se perdas por processamento e usos de combustíveis fósseis que não são para queima) cresceu quase oito vezes, de 44 para 382 EJ, e o PMB aumentou mais de 18 vezes, de cerca de US$ 2 trilhões para quase US$ 37 trilhões em valores corrigidos a 1990 (Smil, 2010a; Maddison Project, 2013), implicando uma elasticidade inferior a 0,5. Altas correlações das duas variáveis podem ser encontradas para um único país ao longo do tempo, mas as elasticidades diferem: durante o século XX, o PIB japonês ficou 52 maior e o consumo total de energia cresceu em 50 vezes (uma elasticidade bem próxima de 1,0), enquanto os múltiplos para os Estados Unidos foram, respectivamente, de quase 10 vezes e de 25 vezes (uma elasticidade menor que 0,4), e para a China, quase 13 vezes e 20 vezes (uma elasticidade de 0,6).

A proximidade esperada do vínculo entre as duas variáveis é corroborada por altíssimas correlações (>0,9) entre médias de PIB *per capita* e o suprimento energético quando o conjunto inclui todos os países do globo. Essa é claramente uma das correlações incomumente altas no campo normalmente indisciplinado das questões socioeconômicas, mas o efeito se enfraquece assim que examinamos grupos mais homogêneos de países: para se tornar rico, é preciso um aumento substancial no uso de energia, mas o aumento relativo no consumo de energia entre sociedades abastadas, quer medido por unidade do PIB ou *per capita*, varia amplamente, produzindo correlações bem baixas.

348 Energia e Civilização: Uma História

A Itália e a Coreia do Sul, por exemplo, têm um PIB *per capita* bem similar — ajustado ao poder aquisitivo, era de aproximadamente US$ 35 mil em 2014 — mas o uso de energia *per capita* da Coreia do Sul é quase 90% maior que o da Itália. Por outro lado, Alemanha e Japão têm um consumo anual de energia quase idêntico, de cerca de 170 GJ/*capita*, mas em 2014 o PIB da Alemanha foi quase 25% maior (IMF, 2015; USEIA, 2015d). E o aumento do consumo absoluto de energia necessária para elevar a produção econômica oculta um importante declínio relativo. Economias maduras de alta renda e alto consumo de energia têm uma intensidade energética significativamente menor (energia por unidade do PIB) do que tinham durante os estágios iniciais de seu desenvolvimento (Quadro 6.10, Figura 6.17).

A lição mais importante a ser aprendida do exame das tendências a longo prazo do uso de energia *per capita* e do crescimento econômico é que taxas respeitáveis deste último podem ser alcançadas com uma redução progressiva do primeiro. Nos Estados Unidos, um crescimento populacional contínuo, ainda que lento, gerou mais aumentos no consumo absoluto de combustíveis e eletricidade, mas o uso médio *per capita* de energia primária vem se mantendo constante (com leves flutuações) por três décadas desde meados dos anos 1980. No entanto, o PIB real (mantendo-se a paridade com o dólar de 2009) *per capita* aumentou quase 57%, de US$ 32.218 em 1985 para US$ 50.456 em 2014 (FRED, 2015). De modo similar, tanto na França quanto no Japão (onde a população está atualmente encolhendo) o uso *per capita* de energia primária se estabilizou desde meados dos anos 1990; contudo, nas duas décadas seguintes, o PIB médio *per capita* aumentou, respectivamente, cerca de 20% e 10%.

No entanto, esses resultados devem ser interpretados com cautela, já que esses períodos de descolamento entre energia relativa e PIB coincidiram com uma franca terceirização das indústrias pesadas e fabricantes gastadores de energia dos Estados Unidos, Europa e Japão para a Ásia em geral e para a China em particular. Assim, é prematuro concluir que a experiência recente dessas três grandes economias seja prenúncio de uma tendência disseminada de descolamento. Ademais, sobretudo por causa do enorme crescimento da demanda chinesa por energia pré-2014 (um salto de quase 4,5 vezes desde 1990), o suprimento global de energia primária teve de aumentar quase 60% a fim de produzir uma elevação de 2,8 vezes no PMB durante os 25 anos após 1990 (uma elasticidade de 0,56). Além do mais, quedas na intensidade elétrica vêm se mostrando bem mais lentas que as quedas na intensidade energética em geral. Entre 1990 e 2015, a diminuição global foi de quase 20% (comparada a mais de 40% para a energia em geral), e o declínio nos Estados Unidos também foi de 20%, mas a China, em franca modernização, não teve qualquer declínio entre 1990 e 2015.

A intensidade de energia primária (e eletricidade) do crescimento econômico global vem diminuindo, mas, tendo em vista o tamanho da economia mundial e

Capítulo 6 Civilização movida a combustíveis fósseis **349**

QUADRO 6.10
A queda da intensidade energética com o crescimento econômico

Dados estatísticos históricos revelam uma queda constante da intensidade energética britânica após a rápida ascensão suscitada pela adoção de motores a vapor e ferrovias entre 1830 e 1850 (Humphrey; Stanislaw, 1979). As intensidades canadense e norte-americana acompanharam a tendência britânica de queda com um atraso de 60–70 anos. A taxa dos Estados Unidos bateu no teto em 1920, o pico chinês foi alcançado durante os anos 1970 e a intensidade energética da Índia começou a cair somente no século XXI (Smil, 2003). Entre 1955 e 1973, a intensidade energética norte-americana ficou num platô (flutuando apenas ±2%), enquanto o PIB real cresceu 2,5 vezes, mas depois voltou a cair, e nos Estados Unidos de 2010 estava 45% abaixo do nível de 1980.

Em contraste, a intensidade energética do Japão estava aumentando até 1970, mas entre 1980 e 2010 caiu 25% (USEIA, 2015d), e a queda chinesa foi especialmente acentuada, de quase 75%, entre 1980 e 2013 (China Energy Group, 2014), o que reflete tanto as eficiências baixíssimas da China logo após Mao quanto os avanços modernizadores desde 1980. Por outro lado, a Índia, ainda num estágio inicial de desenvolvimento econômico, viu uma queda de apenas 7% entre 1980 e 2010. Essas quedas advêm de uma combinação de diversos fatores: a diminuição da importância de insumos de capital de alto consumo energético que caracterizam os estágios iniciais do desenvolvimento econômico, altamente focados em infraestruturas básicas; melhores eficiências de conversão na combustão e uso de energia; e as fatias crescentes do setor de serviços (varejo, educação, bancos), em que é preciso menos energia por unidade do PIB para agregar valor do que em setores extrativos ou manufatureiros.

Grandes diferenças nas intensidades energéticas nacionais de economias que no mais são bastante similares também podem ser explicadas pela composição do uso de energia primária (algum país precisa torrar energia produzindo metais), pela eficiência das conversões finais (hidroeletricidade sempre é melhor que carvão), pelo clima e pelo tamanho do território (Smil, 2003). Com os Estados Unidos em 100, as taxas relativas aproximadas em 2011 foram de 60 no Japão e na Alemanha, 70 na Suécia, 150 no Canadá e 340 na China. Vale ressaltar que Kaufmann (1992) mostrou que a maior parte da queda pós-1950 na intensidade energética em economias abastadas resultou de deslocamentos no tipo de energias usadas e no tipo de bens e serviços dominantes, e não de avanços técnicos.

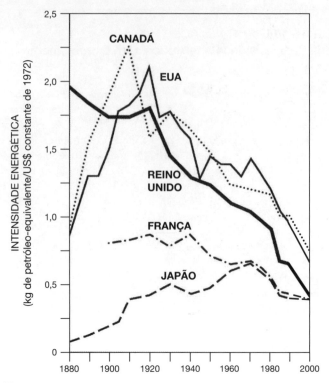

FIGURA 6.17
Uma queda na intensidade energética do PIB vem sendo um traço universal das economias em amadurecimento. Baseado em dados de Smil (2003) e USEIA (2015d).

o contínuo crescimento populacional na Ásia e na África, as próximas décadas repetirão, ainda que de forma modificada, a experiência passada, à medida que grandes quantidades de combustíveis e grandes aumentos nas capacidades de geração de eletricidade venham a ser necessários para energizar o crescimento econômico em países em franca modernização. Obviamente, tanto a iniciação quanto a manutenção de intenso crescimento econômico são questões de insumos complexos e interdependentes. Eles exigem avanços técnicos e arranjos institucionais responsivos, acima de tudo na forma de sistemas bancários e legais saudáveis. Políticas governamentais apropriadas, bons sistemas educacionais e um alto nível de concorrência também são essenciais. Porém, se os atuais países de baixa renda saírem da pobreza para uma riqueza incipiente (replicando a trajetória chinesa pós-1990), então nenhum desses fatores pode fazer a diferença sem o aumento no consumo de combustíveis e eletricidade: um descolamento do crescimento econômico e do consumo de energia durante os estágios iniciais do desenvolvimento econômico moderno desafiariam as leis da termodinâmica.

Capítulo 6   Civilização movida a combustíveis fósseis   **351**

Consequências e preocupações

As consequências negativas do alto uso de energia por sociedades modernas vão desde manifestações físicas óbvias até mudanças graduais cujos resultados indesejáveis só se tornam aparentes após muitas gerações. Na primeira categoria está um suprimento alimentar abundante que fomenta um indefensável desperdício de comida e que contribui para taxas sem precedentes de sobrepeso (um índice de massa corporal entre 25 e 30) e obesidade (índice acima de 30). Essa tendência de ganho de peso é reforçada pela diminuição nos gastos de energia, por estilos de vida mais sedentários resultantes da substituição em massa dos esforços musculares por máquinas e pelo uso onipresente de carros até para deslocamentos curtos que costumavam ser feitos a pé. Em 2012, 69% da população norte-americana apresentavam sobrepeso ou obesidade, comparados a 33% nos anos 1950 (CDC, 2015), uma prova clara de que essas condições foram adquiridas mediante a combinação de consumo excessivo de alimentos e atividade física reduzida.

Os Estados Unidos estão longe de ser o único país com parcelas cada vez maiores de pessoas com sobrepeso e obesas (as taxas são ainda mais altas na Arábia Saudita, e alguns dos aumentos mais acelerados em excesso de peso são atualmente encontrados entre crianças chinesas), mas a tendência não é (ainda?) global: muitas populações europeias e da maioria dos países subsaarianos da África ainda apresentam massas corporais apropriadas. Seja como for, não é minha intenção concentrar o foco somente nos impactos negativos do uso de energia. Todas as cinco consequências globais fundamentais do uso moderno de energia que eu examinarei trouxeram muitas melhorias bem-vindas junto com efeitos cujos impactos preocupantes podem ser vistos em escalas que vão de locais e globais.

A urbanização contínua — desde 2007, mais da maioria da humanidade passou a viver em cidades — vem sendo uma fonte fundamental de inovação. Ela melhorou a qualidade física de vida e oferece oportunidades sem precedentes de educação e façanhas culturais, mesmo que tenha causado níveis danosos de poluição do ar, levado a uma concentração excessiva de pessoas e criado condições de vida deploráveis para os residentes urbanos mais pobres. Sociedades de alta energia desfrutam de um padrão de vida bem mais elevado que suas predecessoras tradicionais, e esses ganhos levaram a expectativas de melhorias sem fim. Porém, devido a desigualdades econômicas perseverantes (e muitas vezes profundas), esses benefícios acabaram sendo distribuídos de forma desigual. Além do mais, não há garantia de que ganhos adicionais, exigindo maior endividamento governamental, continuarão conforme as populações envelhecem.

Os preços da energia, o comércio de combustíveis e eletricidade e a segurança dos suprimentos energéticos se tornaram fatores políticos importantes tanto em países importadores quanto exportadores de energia. Em particular, períodos de alta e baixa nos preços do petróleo tiveram consequências decisivas para eco-

352 Energia e Civilização: Uma História

nomias altamente dependentes da exportação de hidrocarbonetos. Armas com destrutividade cada vez maior e riscos crescentes de um conflito nuclear com consequências ambientais e econômicas verdadeiramente globais foram acompanhados por uma ampla conscientização da futilidade de guerras termonucleares e por medidas para reduzir as chances de tais conflitos. E a queima massiva de combustíveis fósseis trouxe muitos impactos ambientais negativos, sobretudo o risco de um rápido aquecimento global, e será muito desafiador mitigar essa ameaça.

Urbanização

As cidades, até mesmo aquelas realmente grandes, têm uma longa história (Mumford, 1961; Chandler, 1987). A Roma do século I d.C. era lar de mais de meio milhão de pessoas. A Bagdá do início do século IX de Harun al-Rashid tinha 700 mil habitantes, e sua contemporânea Changan (a capital da dinastia Tang) tinha cerca de 800 mil. Um século mais tarde, Pequim, a capital da dinastia Qing, ultrapassou 1 milhão, e em 1800 havia cerca de 50 cidades no mundo com mais de 100 mil habitantes. Mas mesmo na Europa no máximo 10% das pessoas viviam em cidades em 1800. Os aumentos acelerados subsequentes tanto na população das maiores cidades do mundo quanto na proporção de habitantes urbanos teriam sido impossíveis sem combustíveis fósseis. Sociedades tradicionais eram capazes de sustentar somente algumas cidades grandes, já que suas energias tinham que advir de terras aráveis e de bosques que eram ao menos 50 vezes e frequentemente 100 vezes maiores que o tamanho dos assentamentos em si (Quadro 6.11).

Cidades modernas usam combustíveis com uma eficiência muito maior, mas suas altas concentrações de residências, fábricas e transportes levam suas densidades de potência a 15 W/m^2 em locais amplos e de clima quente e, em cidades industriais mais frias, até 150 W/m^2, de sua área. No entanto, tanto os carvões quanto os óleos crus que suprem essas demandas são extraídos com densidades de potência que costumam ficar entre 1.000 e 10.000 W/m^2 (Smil, 2015b). Isso significa que uma cidade industrial precisa depender de uma mina de carvão ou de um poço de petróleo com tamanho de no máximo 1/7 e no mínimo 1/1.000 de sua área construída, bem como de forças motrizes potentes para transportar combustíveis de seus locais basicamente puntiformes de extração para os usuários urbanos. Enquanto as cidades tradicionais tinham de ser sustentadas pela concentração de fluxos difusos de energia captados por amplas áreas, cidades modernas são supridas pela difusão de combustíveis fósseis extraídos de modo concentrado a partir de áreas relativamente pequenas.

Em termos alimentares, uma cidade moderna de 500 mil habitantes consumindo diariamente 11 MJ/*capita* (com um terço disso vindo de alimentos animais que exigem, em média, quatro vezes seu valor energético em ração) precisa de apenas 700 mil ha de plantação, mesmo com seu rendimento médio em apenas 4 t/ha. Isso seria menos da metade do total no exemplo da cidade tradicional, e combustíveis

Capítulo 6   Civilização movida a combustíveis fósseis   **353**

QUADRO 6.11
Densidades de potência de tradicionais suprimentos e usos urbanos de energia

Com a ingestão alimentar média *per capita* em cerca de 9 MJ/dia se originando, como era comum em dietas pré-industriais, quase exclusivamente (90%) de vegetais, e com os típicos rendimentos de grãos em apenas 750 kg/ha, uma cidade tradicional de 500 mil habitantes precisava de aproximadamente 150 mil ha de lavouras. Em climas mais frios, a demanda anual por combustível (lenha e carvão vegetal) girava em torno de 2 t/*capita*. Se essa demanda fosse suprida de modo sustentável a partir de florestas ou bosques renováveis com rendimentos de 10 t/ha, cerca de 100 mil ha seriam necessários para abastecer a cidade. Um município densamente povoado como esse dificilmente ocupava mais de 2.500 ha e dependia de uma área em torno de 100 vezes seu tamanho para alimento e combustível.

Em termos de densidades médias de potência, esse exemplo implica em cerca de 25 W/m^2 para consumo total de energia e 0,35 W/m^2 para o suprimento. A gama real de densidades de potência era bem ampla. Dependendo de seu padrão de ingestão e preparação de alimentos, de suas práticas de calefação, das demandas energéticas para pequenas manufaturas e das eficiências de combustão, o consumo total de energia de cidades pré-industriais ficava entre 5 e 30 W/m^2 de sua própria área. A produção sustentável de combustível junto a florestas e bosques próximos rendia qualquer coisa entre 0,1 e 1 W/m^2. Como consequência, as cidades precisavam depender de áreas cultivadas e florestadas 50–150 vezes maiores que seu próprio tamanho — e a ausência de forças motrizes potentes e baratas limitava a capacidade de transportar alimento e combustível a partir de regiões distantes, pondo pressão sobre os recursos vegetais das suas áreas adjacentes (Smil, 2015b).

---

fósseis e eletricidade também tornam economicamente viáveis as importações de alimentos em larga escala e a longa distância. E foi somente o advento da eletricidade e dos combustíveis líquidos usados nos transportes que possibilitou bombear água potável, remover e tratar esgoto e lixo e atender as necessidades de transporte e comunicação das megacidades (aquelas com mais de 10 milhões de habitantes). Todas as cidades modernas são criações dos fluxos de energia fóssil convertidos com altas densidades de potência, mas as megacidades elevam excepcionalmente as exigências: um levantamento de Kennedy e colaboradores (2015) concluiu que em 2011 as 27 megacidades existentes no mundo (com menos de 7% da população global) consumiram 9% de toda a eletricidade e 10% de toda a gasolina.

A ascensão das cidades movidas a combustíveis fósseis (de início apenas carvão) foi vertiginosa. Em 1800, somente uma das dez maiores cidades, Londres (na segunda posição), encontrava-se num país cujo uso energético era dominado por carvão. Um século depois, nove entre dez estavam nessa categoria: Londres, Nova York, Paris,

354 Energia e Civilização: Uma História

Berlin, Chicago, Viena, São Petersburgo, Filadélfia e Manchester, enquanto Tóquio era a capital de um país onde os combustíveis de biomassa forneciam cerca de metade de toda a energia primária (Smil, 2010a). O percentual global aproximado de população urbana em 1900 era de 15%, mas era bem maior dentro dos três maiores produtores de carvão do mundo. Esse percentual ficava acima de 70% no Reino Unido, se aproximava de 50% na Alemanha e era de quase 40% nos Estados Unidos. A manutenção da tendência de crescimento urbano também trouxe um aumento incrível na quantidade total de cidades realmente grandes. Em 2015, quase 550 aglomerações urbanas ultrapassaram 1 milhão de habitantes, comparadas a 13 em 1900 e a apenas duas, Pequim e a Grande Londres, em 1800 (City Population, 2015).

Combustíveis fósseis também energizaram as forças propulsoras e atratoras da migração: o crescimento urbano vem sendo estimulado pelo impulso da mecanização agrícola e pela atração da industrialização. Urbanização e industrialização não são, é claro, sinônimos, mas os dois processos atuam intimamente mediante muitos vínculos mutuamente amplificadores. Acima de tudo, a inovação técnica na Europa e na América do Norte teve origens praticamente urbanas, e as cidades seguem sendo fontes de inovação (Bairoch, 1988; Wolfe; Bramwell, 2008). Bettencourt e West (2010) concluíram que, conforme a população de uma cidade dobra, a produtividade econômica aumenta em média 130%, tanto em termos globais quanto *per capita*. Já Pan e colaboradores (2013) atribuíram esse resultado em grande parte à "alavancagem superlinear": aumentos na densidade populacional urbana geram aos habitantes mais oportunidades de interação *tête-à-tête*.

O deslocamento massivo dos empregos urbanos em direção aos setores de serviços é em grande parte um desenvolvimento pós-Segunda Guerra. Em 2015, essas transferências levaram as populações urbanas a responder por mais de 75% do total não apenas em quase todos os países ocidentais, mas também no Brasil e no México (respectivamente cerca de 90% e 80%). Somente em vários países africanos e asiáticos os percentuais urbanos da população seguem abaixo de 50%, com a Índia em 35% e a Nigéria em 47%, mas com a China em 55%. A cifra relativamente baixa da China foi bastante influenciada por décadas de migração estritamente controlada na China maoísta, com uma urbanização acelerada somente a partir dos anos 1990. Os efeitos econômicos, ambientais e sociais dessas grandes translocações humanas figuram entre os fenômenos mais avidamente estudados da história moderna. A pobreza, a privação, a sujeira e as doenças comuns nas cidades em franco crescimento durante o século XIX suscitaram uma literatura especialmente vasta. Esses escritos iam desde aqueles primordialmente descritivos (Kay, 1832) aos amplamente indignados (Engels, 1845) e de uma série de audiências parlamentares a romances de estrondoso sucesso (Dickens, 1854; Gaskell, 1855).

Realidades similares — afora a ameaça das doenças mais contagiosas, agora eliminadas por inoculação — podem ser vistas hoje em muitas cidades asiáticas,

Capítulo 6 Civilização movida a combustíveis fósseis **355**

africanas e latino-americanas. Mas as pessoas ainda estão indo morar nelas. Assim como antes, elas estão muitas vezes deixando para trás condições que, no cômputo geral, eram ainda piores, um fato geralmente negligenciado tanto nos escritos originais reformistas quando em debates subsequentes sobre as desvantagens da urbanização. Assim como antes, é preciso sopesar, de um lado, o estado deplorável de ambientes urbanos — afrontas estéticas, poluição do ar e da água, barulho, aglomeração, péssimas condições de vida nas favelas — e, de outro, seus equivalentes rurais não menos lamentáveis.

Dentre os fardos ambientais comuns no mundo rural estão as altíssimas concentrações de poluentes em recintos fechados (sobretudo matéria particulada fina) provenientes da combustão de biomassa, calefação inadequada em climas frios, suprimentos hídricos inseguros, má higiene pessoal, habitações dilapidadas e superlotadas e oportunidades mínimas ou inexistentes de dar educação apropriada aos filhos. Ademais, a estafante labuta no campo à mercê das intempéries dificilmente é preferível até ao trabalho industrial mais braçal dentro de uma fábrica. Em geral, as tarefas típicas nas fábricas requerem menos gasto de energia que a lida comum no campo, e num período surpreendentemente curto após o início do emprego industrial em massa em centros urbanos a duração dos turnos de trabalho se tornou razoavelmente regulada.

Em seguida, vieram salários cada vez mais altos, em combinação com benefícios como plano de saúde e fundos de previdência. Juntamente com melhores oportunidades de estudo, essas mudanças levaram a melhorias apreciáveis nos típicos padrões de vida. Cedo ou tarde, isso redundou no surgimento de uma classe média urbana substancial em todas as economias que acolhiam em grande parte o modelo *laissez-faire*. A atração a esse grande feito ocidental, embora hoje certamente maculado, é sentida de modo intenso por todo o mundo em industrialização. E isso sem dúvida foi um fator importante para a derrocada dos regimes comunistas, que se mostraram lentos em proporcionar benefícios similares. E não resta dúvida sobre a consequência da urbanização para o consumo de energia; morar em cidades requer aumentos substanciais no fornecimento *per capita* de energia mesmo na ausência de indústrias pesadas ou de grandes portos: os combustíveis fósseis e a eletricidade necessários para sustentar uma pessoa que se mudou para uma das novas cidades em franco crescimento na Ásia podem ser facilmente uma ordem de magnitude maior que as parcas quantias de combustíveis de biomassa usadas em seu vilarejo natal para cozinhar e (se necessários) para aquecer um recinto.

Qualidade de vida

O aumento no consumo de energia vem exercendo efeitos benéficos geralmente graduais (mas em alguns casos, como na China pós-1990, bastante abruptos) e quase sempre desejáveis sobre a qualidade de vida média — um termo mais amplo que padrão de vida, já que também abrange variáveis intangíveis cruciais como educação e liberdades pessoais. Durante as décadas de crescimento econômico acelerado pós-Segunda Guerra, muitos países até então pobres migraram para a categoria intermediária de consumo de energia, à medida que seus habitantes melhoraram sua qualidade de vida em geral (embora muitas vezes pagando um preço na forma de degradação ambiental concomitante), mas essa distribuição no uso de energia global segue extremamente distorcida. Em 1950, cerca de 250 milhões de pessoas, ou apenas um décimo da população global, que viviam nas economias mais abastadas do mundo consumiam mais de 2 t de petróleo-equivalente (84 GJ) ao ano *per capita*; porém elas respondiam por 60% da energia primária do mundo (excluindo a biomassa tradicional). No ano 2000, tais populações chegavam a quase um quarto de toda a humanidade e respondiam por quase três quartos de todos os combustíveis fósseis e eletricidade. Em contraste, o um quarto mais pobre da humanidade usava menos de 5% de todas as energias comerciais (Figura 6.18).

Em 2015, graças ao crescimento econômico acelerado da China, o percentual da população global que consome mais de 2 t de petróleo-equivalente saltou para 40%, o maior avanço equalizador na história. Por mais espantosas que sejam, essas médias não capturam as diferenças reais na qualidade de vida média, uma vez que

FIGURA 6.18
Kibera, uma das maiores favelas de Nairobi (Corbis). No Quênia, o uso *per capita* de energias modernas apresenta uma média aproximada de 20 GJ/ano, mas moradores de favelas na África e na Ásia consomem por volta de 5 GJ/ano, ou menos de 2% da média norte-americana.

Capítulo 6 Civilização movida a combustíveis fósseis **357**

países pobres dedicam uma parcela bem menor de seu consumo total de energia a usos privados em domicílios e transporte e convertem essas energias com menor eficiência. A diferença real no típico uso direto de energia *per capita* entre os bolsões mais ricos e mais pobres da humanidade fica, portanto, mais perto de um fator de 40 vezes, e não de "apenas" 20 vezes. Essa disparidade enorme é uma das poucas razões principais para a lacuna crônica em desempenho econômico e na qualidade de vida predominante. Por sua vez, essas desigualdades representam uma fonte crucial para a persistência da instabilidade política global.

Aqueles países que conseguiram ingressar na categoria intermediária de consumo passaram por estágios similares de melhorias, mas num ritmo bem diferente: o que levou duas ou três gerações para os primeiros países da Europa Ocidental a se industrializarem foi recentemente alcançado pela Coreia do Sul e pela China numa única geração de desenvolvimento comprimido (uma vantagem dos retardatários determinados). Nos estágios iniciais do crescimento econômico, esses benefícios são bastante limitados, já que combustíveis fósseis e eletricidade acabam sendo canalizados quase por inteiro para a formação de uma base industrial. A aquisição lenta de bens residenciais e pessoais e de melhores dietas básicas é o primeiro sinal de melhoria, a começar pelas cidades e depois gradualmente chegando no campo.

Dentre os primeiros ganhos estão uma maior qualidade e variedade de utensílios básicos para cozinhar e servir alimentos; mais peças de roupa, e geralmente mais coloridas; melhores calçados; melhor higiene pessoal (lavagem mais frequente do corpo e das roupas); aquisição de mais móveis; compras de pequenos presentes para ocasiões especiais; e quadros nas paredes (começando com reproduções baratas). Na América do Norte e na Europa do início do século XX, a posse de uma gama cada vez maior de aparelhos elétricos veio durante o estágio de *embourgeoisement* (emburguesimento), mas o baixo custo de muitos dos novos aparelhos e dispositivos elétricos (ar condicionado, forno de micro-ondas, TVs) e eletrônicos (sobretudo os telefones móveis) significa que, em muitos países asiáticos e em alguns africanos, as famílias os adquiriram antes de outros itens residenciais melhores.

O estágio seguinte envolve ainda outras melhorias na variedade e qualidade do suprimento alimentar e no atendimento de saúde, e o progresso começa a se alastrar para os moradores rurais. A escolaridade das populações urbanas começa a aumentar, e surgem cada vez mais sinais de uma riqueza incipiente, incluindo carros próprios, novos confortos no lar e viagens ao exterior para pessoas em faixas de renda mais altas. Novamente, alguns desse ganhos recentemente se embaralharam ou se inverteram, sobretudo na Ásia. Cedo ou tarde, chega o estágio do consumo em massa, com seus muitos confortos físicos e frequentes ostentações. Períodos mais longos de educação formal, alta mobilidade pessoal e aumentos nos gastos em lazer e saúde fazem parte dessa mudança.

358 Energia e Civilização: Uma História

Correlações dessa sequência com consumo médio de energia *per capita* se mostram inconfundíveis, mas geralmente aquilo que é comparado — consumo médio *per capita* calculado agregando-se o suprimento de energia primária de um país e dividindo pelo total da população — não é a melhor variável. O consumo médio *per capita* do suprimento de energia primária total nada nos diz sobre a composição do consumo (as Forças Armadas podem responder por uma quantia desproporcionalmente grande, como ocorria na URSS e como ainda ocorre na Coreia do Norte e no Paquistão) nem sobre a eficiência típica (ou média) de conversões de energia (mais altas no Japão e na Índia, gerando, portanto, mais serviços finais por unidade de energia bruta). *Insights* melhores podem vir da comparação das taxas médias de consumo residencial de energia, mas essa linha também dificilmente é perfeita: combustíveis e eletricidade consumidos por domicílios serão computados, mas insumos consideráveis de energia indireta (necessária para construir habitações ou para fabricar carros, aparelhos domésticos, eletrônicos e móveis) são excluídos.

Com isso em mente, e também percebendo que peculiaridades nacionais (que vão de singularidades climáticas a econômicas) impedem qualquer classificação simples, a relação entre uso de energia e qualidade de vida pode ser dividida em três categorias básicas. Nenhum país cujo consumo anual de energia primária comercial (deixando de lado biocombustíveis tradicionais) tem média inferior a 5 GJ/*capita* (ou seja, cerca de 120 kg de petróleo-equivalente) é capaz de assegurar sequer as necessidades básicas a todos os seus habitantes. Em 2010, a Etiópia ainda estava bem abaixo desse mínimo; Bangladesh, pouquíssimo acima; a China estava nesse nível em 1950, assim como grandes partes da Europa Ocidental antes de 1800.

Conforme a taxa de uso de energia comercial se aproxima de 1 t de petróleo-equivalente (42 GJ), a industrialização avança, a renda sobe e a qualidade de vida melhora perceptivelmente. A China dos anos 1980, o Japão dos 1930 e novamente dos 1950 e a Europa Ocidental e os Estados Unidos entre 1870 e 1890 são todos exemplos desse estágio de desenvolvimento. A riqueza incipiente requer, mesmo com um uso de energia bem eficiente, no mínimo 2 t de petróleo-equivalente (84 GJ) *per capita* ao ano. A França chegou lá durante os anos 1960; o Japão nos 1970. A China alcançou esse nível em 2012, mas sua taxa não é completamente comparável com as taxas ocidentais, pois uma parcela grande demais de sua energia é usada pela indústria (quase 30% em 2013), e não o suficiente para o uso discricionário e privado de energia (IEA, 2015a).

Contudo, os ganhos tanto franceses quanto chineses ilustram a velocidade das mudanças recentes. O censo francês de 1954 revelou deficiências espantosas na habitação: menos de 60% dos domicílios tinham água encanada, somente 25% tinham vaso sanitário interno e apenas 10% tinham um banheiro e aquecimento central (Prost, 1991). Já em meados dos anos 1970, as geladeiras estavam presen-

Capítulo 6 Civilização movida a combustíveis fósseis **359**

tes em quase 90% dos domicílios, sanitários internos em 75%, banheiros em 70% e cerca de 60% desfrutavam de calefação central e de máquina de lavar louça. Em 1990, todas essas posses se tornaram praticamente universais, e 75% de todas as famílias tinham carro próprio, comparadas a menos de 30% em 1960. Tamanho ganho de riqueza tinha de se refletir num aumento no uso de energia. Entre 1950 e 1960, o consumo médio de energia *per capita* na França aumentou em cerca de 25%, mas entre 1960 e 1974 deu um salto de 80%. E enquanto o suprimento *per capita* de todos os combustíveis tenha mais que dobrado entre 1950 e 1990, o consumo de gasolina deu um salto de quase seis vezes e o uso de eletricidade, mais de oito vezes (Smil, 2003).

Avanços ainda mais acelerados ocorreram na China. Em 1980, quando as reformas econômicas começaram (quatro anos após a morte de Mao), a média de consumo de energia *per capita* estava perto de 19 GJ; no ano 2000, era de quase 35 GJ; em 2010, depois de quadruplicar em três décadas, era próximo de 75 GJ; e em 2015 passou um pouco de 90 GJ (Smil, 1976; China Energy Group, 2015), um nível comparável à média espanhola no início dos anos 1980. Além do mais, fatias desproporcionais desses ganhos foram para o setor de construção. Nada indica isso melhor do que o seguinte fato: enquanto o consumo norte-americano de cimento aumentou em cerca de 4,5 Gt durante o século XX inteiro, a China usou mais do que isso (4,9 Gt) em seus novos projetos de construção em meros três anos, de 2008 a 2010 (Smil, 2014b). Não é de estranhar que o país tenha atualmente as maiores malhas ferroviárias modernas de alta velocidade e rodoviárias interprovinciais.

Nenhuma outra forma de energia exerceu um impacto mais abrangente na melhoria da qualidade de vida que o fornecimento de energia a baixo custo: no âmbito pessoal, os efeitos estiveram por toda parte e pela vida inteira (bebês prematuros são mantidos em incubadoras, vacinas para inoculá-los são guardadas em geladeiras, doenças perigosas são diagnosticadas por técnicas não invasivas a tempo de serem tratadas, os doentes críticos são ligados a monitores eletrônicos). Mas um dos impactos sociais mais consequentes da eletricidade foi facilitar muitos afazeres domésticos, beneficiando, portanto, desproporcionalmente as mulheres. Essa mudança foi bem recente, até mesmo no mundo ocidental.

Por gerações, um aumento no consumo de energia fazia pouca diferença para o cumprimento dos afazeres domésticos cotidianos. Às vezes até piorava. À medida que os padrões de higiene e as expectativas sociais cresceram com a maior escolaridade, o trabalho feminino em países ocidentais muitas vezes ficou mais árduo. Quer se tratasse de lavar louça, cozinhar e faxinar apartamentos ingleses atulhados (Spring-Rice, 1939) ou cumprir as lides diárias em fazendas norte-americanas, o trabalho feminino ainda era bastante árduo durante a década de 1930. A eletricidade acabou sendo a libertadora final. Independentemente da disponibili-

360 Energia e Civilização: Uma História

dade de outras formas de energia, foi somente o advento da eletricidade que deu fim à labuta exaustiva e muitas vezes perigosa (Caro 1982; Quadro 6.12).

Muitos eletrodomésticos já estavam disponíveis em 1900: durante os anos 1890, a General Electric estava vendendo ferros de passar elétricos, ventiladores e bobinas aquecedoras de imersão capazes de ferver meio litro d'água em 12 minutos (Electricity Council, 1973). O alto custo desses aparelhos, a limitada instalação elétrica nas residências e o lento progresso da eletrificação rural retardaram sua adoção disseminada, tanto na Europa quanto nos Estados Unidos, até os anos 1930. A refrigeração representou uma inovação mais importante que a preparação de comida a gás ou a eletricidade (Pentzer, 1966). As primeiras geladeiras domésticas foram vendidas pela Kelvinator Company em 1914. A posse desses aparelhos em lares norte-americanos só decolou nos anos 1940, e as geladeiras se tornaram comuns na Europa apenas a partir de 1960. A importância delas cresceu com a crescente dependência em relação às comidas rápidas. A refrigeração responde atualmente por até 10% de toda a eletricidade consumida por domicílios em países ricos.

A conquista da eletricidade sobre os serviços residenciais segue gerando economia de tempo e mão de obra em países ricos. Fornos autolimpantes, processadores de alimentos e cocção por micro-ondas (desenvolvida em 1945, mas introduzida em

---

QUADRO 6.12
A importância da eletricidade para facilitar o trabalho doméstico

Os efeitos libertadores da eletricidade foram inesquecivelmente ilustrados no primeiro volume da biografia de Lyndon Johnson, de autoria de Robert Caro (1982). Conforme Caro, não era a falta de energia que tornava tão difícil a vida no condado de Texas Hill (os domicílios dispunham de bastante lenha e querosene), e sim a ausência de eletricidade. Numa passagem tocante, quase dolorosa, Caro descreve a trabalheira, e o perigo, de passar a roupa a ferro com pesadas cunhas de metal aquecidas em fornos a lenha, o infindável bombeamento e transporte de água para cozinhar, lavar e matar a sede dos animais, a trituração da ração, o corte da madeira com serras. Esses fardos, que cabiam em grande parte às mulheres, eram muito mais árduos que as típicas exigências laborais em países pobres, já que os fazendeiros do condado Hill dos anos 1930 se empenhavam para manter um padrão de vida bem mais elevado e conduzir operações agropecuárias bem mais amplas que os camponeses na Ásia ou na América Latina. As necessidades hídricas, por exemplo, de uma família de cinco pessoas chegavam a quase 300 t/ano, e para supri-las era preciso um equivalente a mais de 60 turnos de oito horas e um deslocamento a pé por cerca de 2.500 km. Não chega a surpreender, portanto, que nada tenha sido tão revolucionário na vida dessas pessoas quanto a instalação das linhas de transmissão.

pequenos modelos domésticos somente no fim dos anos 1960) se tornaram comuns por todo o mundo abastado. A posse de geladeiras, lava-louças e micro-ondas também se aproximou de níveis de saturação entre faixas populacionais de maior renda na Ásia e na América Latina, o mesmo valendo para aparelhos de ar condicionado. Patenteado pela primeira vez por Willis Carrier (1876–1950) em 1902, o condicionador de ar ficou limitado por décadas a aplicações industriais. As primeiras unidades redimensionadas para uso residencial chegaram durante os anos 1950 nos Estados Unidos, e sua adoção disseminada permitiu que toda a tórrida porção sul do país passasse a receber migração em massa a partir de estados setentrionais, aumentando também a atratividade de destinos turísticos subtropicais e tropicais (Basile, 2014). Os aparelhos domésticos de ar condicionado estão atualmente bastante difundidos em áreas urbanas de países de clima quente, em sua maioria na forma de unidades de parede com capacidade para refrigerar um único recinto (Figura 6.19).

Sociedades modernas elevaram o crescimento econômico, e junto com ele o consumo de energia, a um nível de inquestionável desiderato, pressupondo im-

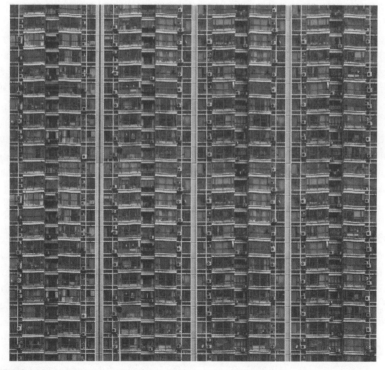

FIGURA 6.19
Um prédio alto de apartamentos em Xangai com aparelhos de ar condicionado em praticamente todos os recintos (Corbis).

362 Energia e Civilização: Uma História

plicitamente que aumentos sempre trarão benefícios. Contudo, o crescimento econômico e o aumento do consumo de energia deveriam ser encarados como os meios para assegurar melhor qualidade de vida, um conceito que inclui não apenas a satisfação das necessidades físicas básicas (saúde, nutrição), mas também o desenvolvimento do intelecto humano (da educação básica às liberdades individuais). Um conceito tão inerentemente multidimensional não pode ser compactado num único indicador representativo, mas na prática algumas variáveis esporádicas servem como seus marcadores sensíveis.

A mortalidade infantil (mortes/1.000 nascidos vivos) e a expectativa de vida ao nascer são dois indicadores óbvios e não ambíguos de qualidade de vida física. A mortalidade infantil é um representante excelente de condições que abrangem renda discricionária, qualidade habitacional, adequação nutritiva, nível de escolaridade e investimento estatal na saúde: pouquíssimos bebês morrem em locais onde suas famílias moram bem e onde seus pais bem escolarizados (e eles próprios bem nutridos) os alimentam apropriadamente e têm acesso a atendimento de saúde. E, naturalmente, a expectativa de vida quantifica os efeitos a longo prazo desses fatores cruciais. Dados sobre educação e alfabetização não são tão reveladores: taxas de matrículas nos informam sobre o acesso, mas não sobre a qualidade, e estudos detalhados sobre desempenho acadêmico (tal como o Programa Internacional de Avaliação de Alunos — Pisa, da OCDE) não estão disponíveis na maioria dos países. Outra opção é usar o Índice de Desenvolvimento Humano (IDH), do PNUD, que combina expectativa de vida ao nascer, alfabetização entre adultos, matrículas educacionais combinadas e PIB *per capita*.

A comparação desses parâmetros com o consumo médio de energia leva a algumas conclusões importantes. Algumas sociedades foram capazes de assegurar dietas adequadas, atendimento de saúde e escolarização básicos e uma qualidade de vida decente a partir de um consumo anual de energia inferior a 40–50 GJ/*capita*. Por sua vez, é preciso ao menos 60–65 GJ/*capita* para garantir mortalidades infantis relativamente baixas, menores que 20/1.000 recém-nascidos; expectativas de vida relativamente altas entre as mulheres, acima de 75 anos; e um IDH acima de 0,8. Já os melhores índices mundiais (mortalidade infantil abaixo de 10/1.000, expectativas de vida femininas acima de 80, IDH > 0,9) requerem ao menos 110 GJ/*capita*. Não há melhoria discernível na qualidade de vida fundamental acima desse nível.

Portanto, o consumo de energia está relacionado com a qualidade de vida de modo razoavelmente linear somente durante os estágios mais inferiores de desenvolvimento (partindo da qualidade de vida do Níger e chegando na qualidade de vida da Malásia). Plotando-se os valores, percebem-se distintas inflexões nas linhas mais encaixadas entre 50 e 70 GJ/*capita*, seguidas de retornos cada vez menores que acabam redundando em platôs acima de (dependendo da variável estudada de qualidade de vida) 100–120 GJ/*capita* (Figura 6.20). Isso significa

Capítulo 6 Civilização movida a combustíveis fósseis 363

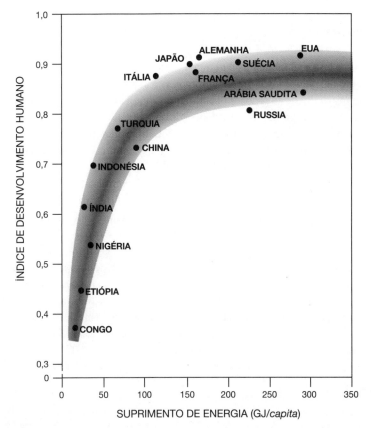

FIGURA 6.20
Consumo médio de energia *per capita* e o Índice de Desenvolvimento Humano em 2010. Plotado a partir de dados de UNDP (2015) e World Bank (2015a).

que o efeito do consumo de energia na melhoria da qualidade de vida — medida a partir de variáveis que realmente importam, e não por quantas pessoas possuem iate — chega a um nível de saturação bem abaixo das taxas de consumo predominantes em países abastados, com as economias da União Europeia e Japão em cerca de GJ/*capita*, Austrália em 230 GJ/*capita*, Estados Unidos em 300 GJ/*capita* e Canadá em cerca de 385 GJ/ *capita* em 2015 (BP, 2015). Aumentos adicionais em consumo discricionário de energia acabam indo para habitações ostentativas (mesmo com o tamanho médio das famílias tendo diminuído, o tamanho médio das casas norte-americanas mais que dobrou desde os anos 1950), para a aquisição de vários carros caros e para viagens frequentes de avião.

Para piorar, o elevado consumo de energia nos Estados Unidos foi acompanhado por indicadores de qualidade de vida que são inferiores não apenas ao

364 Energia e Civilização: Uma História

de países líderes da União Europeia e Japão (cujo consumo é apenas metade do norte-americano), mas também ao de muitos países com taxas intermediárias de consumo. Em 2013, os Estados Unidos, com 6,6 bebês a cada 1.000 nascidos vivos morrendo no primeiro ano de vida, figurava na 31ª posição mundial, abaixo não apenas de França (3,8), Alemanha (3,5) e Japão (2,6), mas também com o dobro de mortalidade infantil que a Grécia (CDC, 2015). E o que é ainda mais grave, em 2013 a expectativa de vida nos Estados Unidos aparecia na 36ª posição no ranking mundial, com uma média de 79,8 anos para ambos os sexos, o que fica pouquíssimo à frente da Cuba de Castro (79,4) e atrás da expectativa de vida de Grécia, Portugal e Coreia do Sul (WHO, 2015a).

Os desempenhos educacionais de alunos de países da OCDE são regularmente aferidos pelo Pisa, e os resultados mais recentes revelam os norte-americanos de 15 anos de idade figurando logo abaixo de adolescentes da Rússia, Eslováquia e Espanha e bem abaixo daqueles da Alemanha, Canadá e Japão (PISA, 2015). Nas ciências, as crianças norte-americanas ficaram logo atrás da média de pontuação da OCDE (497 *versus* 501), e em leitura ficaram pouco acima da média (498 *versus* 496), mas muito atrás de todos os países ocidentais abastados. O Pisa, assim como a maioria dos estudos do tipo, tem seus pontos fracos, mas as amplas diferenças nas posições relativas são claras: não existe a menor indicação de que o alto consumo de energia nos Estados Unidos tenha qualquer efeito benéfico sobre o desempenho acadêmico dos seus estudantes.

Implicações políticas

A dependência das sociedades modernas em relação a fornecimentos incessantes, confiáveis e baratos de combustíveis fósseis e eletricidade (satisfazendo demandas momentâneas, e hoje em dia invariavelmente massivas) acabou gerando uma infinidade de preocupações e reações políticas, internas e externas. A preocupação mais universal talvez seja a concentração de poder decisório resultante de altos níveis de integração, quer por parte do governo, de empresas ou das forças armadas. Conforme observou Adams (1975, p. 120–121), quando "processos e formas mais energéticos ingressam numa sociedade, o controle sobre eles acaba ficando concentrado desproporcionalmente nas mãos de poucos, de tal modo que menos decisões independentes são responsáveis por maiores liberações de energia".

Contudo, perigos bem mais graves surgem quando esses controles já concentrados se tornam superconcentrados num único indivíduo que decide usá-los de maneira agressiva e destrutiva. Seu uso inadvertido pode resultar em enorme sofrimento humano, em desperdício prodigioso de mão de obra e recursos, em danos ao meio ambiente e na destruição de uma herança cultural. Exemplos de tamanhas concentrações de controle para desencadear forças destrutivas vêm sendo um fenômeno recorrente na história; quando medidas apenas em vítimas humanas, então as decisões

Capítulo 6   Civilização movida a combustíveis fósseis   **365**

tomadas pelos reis espanhóis do século XVI, por Napoleão Bonaparte (1769–1821), pelo Kaiser Guilherme II (1859–1941) ou por Adolf Hitler (1889–1945) resultaram em milhões de mortes. A conquista espanhola das Américas acabou levando, diretamente (por baixas em batalhas e por escravização) e indiretamente (por doenças infecciosas e desnutrição), à morte de dezenas de milhões (López, 2014); as agressões em série de Napoleão custaram ao menos 2,5 milhões e até 5 milhões de vidas (Gates, 2011); a agressão prussiana foi a causa proximal de mais de 17 milhões de mortes na Primeira Guerra Mundial; e o total de mortos na Segunda Guerra, entre militares e civis, se aproximou de 50 milhões (War Chronicle, 2015).

Contudo, as decisões incontestes dos dois ditadores comunistas que conseguiram transformar suas manias em realidades terríveis mediante fluxos maiores de combustíveis fósseis e eletricidade são as epítomes insuperadas dos perigos do controle concentrado. Em 1953, o ano da morte de Stalin, o consumo de energia na URSS era mais de 25 vezes o total de 1921, quando o país emergiu de sua guerra civil (Clarke; Dubravko, 1983). Ainda assim, a paranoia do generalíssimo levou à morte dezenas de milhões em matanças descomunais, ao reassentamento de populações inteiras (tártaros da Crimeia, alemães do Volga, chechenos), ao império do Gulag e à prostração econômica do país potencialmente mais rico do mundo. O número total de mortos jamais será computado com precisão, mas fica ao menos na ordem de 15–20 milhões (Conquest 2007).

De modo similar, quando da morte de Mao Tsé-Tung em 1976, a produção de energia da China era mais de 20 vezes maior que a de 1949 (Smil, 1988). No entanto, os delírios do Grande Timoneiro redundaram em ondas sucessivas de mortes no Grande Salto à Frente, seguidas pela maior fome da história humana — entre 1959 e 1961, mais de 30 milhões de chineses morreram (Yang, 2012) — e em seguida veio a destruição da Revolução Cultural. Novamente, um total preciso jamais será conhecido, mas o total de mortes entre 1949 e 1976 pode ficar perto de 50 milhões (Dikötter, 2010). E embora a probabilidade da ameaça máxima — uma guerra termonuclear entre grandes potências — tenha amainado, graças à redução dos arsenais de ogivas entre Estados Unidos e Rússia, sua possibilidade persiste, e a decisão eventual de apertar o botão seria tomada, de qualquer dos lados, por um grupo bem reduzido de pessoas.

Jamais houve melhor exemplo das consequências políticas e econômicas globais dos controles concentrados de fluxos de energia do que as decisões tomadas pela Organização dos Países Exportadores de Petróleo desde 1973. Tendo em vista a importância do petróleo cru nas economias modernas e o domínio do mercado global de exportação por parte de poucos países do Oriente Médio, é inevitável que quaisquer decisões tomadas por meia dúzia de indivíduos, especialmente aqueles na Arábia Saudita, cuja enorme capacidade de produção de petróleo domina os rumos da Opep, venham a ter consequências profundas para a prosperidade global. A insatisfação da Opep com os baixos *royalties* pagos e sua

366 Energia e Civilização: Uma História

consequente quintuplicação dos preços do petróleo em 1973–1974, seguida de uma quase quadruplicação em 1979–1980, inaugurou, e depois recrudesceu, um período de deslocamento econômico mundial marcado por alta inflação e uma redução significativa do crescimento econômico (Smil, 1987; Yergin, 2008).

Em resposta, todos os principais importadores ocidentais e o Japão firmaram acordos de compartilhamento de energia coordenados pela Agência Internacional de Energia, determinaram o estabelecimento de reservas estratégicas de petróleo (alguns países também promoveram vínculos bilaterais mais íntimos com países da Opep) e subsidiaram a busca por autossuficiência doméstica de combustíveis ao promoverem fontes alternativas de energia. O desenvolvimento de eletricidade nuclear pela França e o esforço de conservação de energia pelo Japão foram especialmente notáveis e efetivos. Mas a rápida ascensão econômica da China — o país passou a ter um saldo líquido de importação em 1994 — e a queda de produção de campos de petróleo tradicionais, quer no Alasca ou no Mar do Norte, representaram motivos-chave por trás de outro aumento no preço mundial do petróleo a um nível recorde de US$ 145/barril em julho de 2008, uma tendência ascendente que só se encerrou com a crise econômica no segundo semestre de 2008, levando o preço para pouco acima de US$ 30/barril em dezembro de 2008.

À medida que as economias se recuperaram e com a demanda chinesa continuando a aumentar, os preços do petróleo voltaram a ultrapassar os US$ 100/barril em julho de 2014, mas então a queda da demanda e o suprimento crescente (sobretudo devido à reemergência dos Estados Unidos como o maior produtor mundial, graças a elevações aceleradas na produção de óleo de xisto mediante fraturamento hidráulico) levaram a uma aguda reversão. Mas dessa vez houve uma diferença crucial: a fim de proteger a fatia de mercado de seu país, os líderes sauditas decidiram seguir produzindo à capacidade máxima, em vez de, como no passado, diminuir a produção e jogar o preço artificialmente para cima. Novamente, as decisões tomadas por meia dúzia de homens têm consequências mundiais para a estabilidade política de países altamente dependentes de exportação de petróleo, bem como para os principais produtores que não pertencem à Opep, incluindo Estados Unidos e Canadá.

A queda dos preços do petróleo geraram mais uma vez expectativas sobre o eventual ocaso da Opep, mas as particularidades da distribuição altamente desigual das reservas de petróleo cru (uma preocupação estratégica-chave no século XX que não perdeu sua importância no XIX) seguem a favor dos produtores do Oriente Médio. A bacia do Golfo Pérsico é uma singularidade sem paralelo: possui 12 dos 15 maiores campos de petróleo do mundo, e em 2015 continha cerca de 65% das reservas globais de petróleo líquido (BP, 2015). Tamanhas riquezas explicam o interesse duradouro na estabilidade da região. Esse anseio é imensamente complicado pela turbulência quase crônica da área, que é composta por Estados artificiais separados por fronteiras arbitrárias que cortam através de grupos étnicos antigos e contendo inimizades religiosas complexas.

Capítulo 6   Civilização movida a combustíveis fósseis   **367**

Depois da Segunda Guerra, os envolvimentos externos na região começaram com a tentativa soviética de tomar o norte do Irã (1945–1946). Os norte-americanos haviam entrado duas vezes no Líbano, em 1958 e em 1962, quando sua convicção foi quebrada por um único bombardeio terrorista às casernas de Beirute em 1983 (Hammel, 1985). Países ocidentais armaram pesadamente o Irã (antes de 1979, durante a última década de reinado do xá Reza Pahlevi) e também a Arábia Saudita, e os soviéticos fizeram o mesmo com Egito, Síria e Iraque. O estímulo ocidental (armamento, inteligência e crédito) beneficiou o Iraque durante a Guerra Irã-Iraque (1980–1988). O padrão de intervenção culminou com as operações Escudo do Deserto e Tempestade no Deserto de 1990–1991, uma reação massiva liderada pelos Estados Unidos e sancionada pela ONU organizada para reverter a invasão iraquiana ao Kuwait (CMI, 2010).

Com aquele movimento, o Iraque havia duplicado as reservas de petróleo sob seu controle, fazendo o país dominar 20% do total global. O avanço iraquiano ameaçava seriamente os campos de petróleo dos vizinhos sauditas, e talvez até a própria existência da sua monarquia, que controlava um quarto das reservas petrolíferas mundiais. Mas depois de uma derrota acachapante, Saddam Hussein permaneceu no poder, e após os eventos do 11 de setembro, temores de novas agressões (equivocados, conforme comprovado mais tarde quando nenhuma arma de destruição em massa foi encontrada no Iraque) levaram os Estados Unidos a ocuparem o Iraque em março de 2003, o que foi seguido por anos de violência interna e pela perda derradeira de parte do país para o chamado Estado Islâmico. Contudo, mais adiante neste capítulo argumentarei, concordando com Lesser (1991), que objetivos relacionados a recursos naturais, aparentemente tão primordiais nos conflitos do Oriente Médio, são historicamente determinados por alvos estratégicos mais amplos, e não vice-versa. E o fracasso dos países árabes da Opep em transformar petróleo numa arma política (estabelecendo um embargo petrolífero contra Estados Unidos e Países Baixos na esteira da Guerra do Yom Kippur, entre árabes e israelenses, em outubro de 1973) não foi a primeira instância de uso de suprimento de energia para transmitir uma mensagem ideológica.

O poder simbólico da luz elétrica foi explorado por atores tão diversos quanto grandes empresas norte-americanas e o partido nazista alemão. Os industrialistas norte-americanos exibiram o poder da luz pela primeira vez em 1894 durante a Columbian Exposition em Chicago, e mais tarde ao inundarem os centros das grandes cidades com "caminhos iluminados" (Nye, 1992). Os nazistas usaram paredes luminosas para deslumbrar os participantes de enormes manifestações partidárias dos anos 1930 (Speer, 1970). A eletrificação passou a representar ideais políticos tão díspares quanto a busca de Lenin por um Estado comunista e o New Deal de Franklin Roosevelt. Lenin resumiu sua meta num *slogan* conciso: "Comunismo é igual a poder soviético mais eletrificação", e a preferência soviética por construir projetos hidrelétricos gigantescos foi mantida viva após a derrocada da

368　Energia e Civilização: Uma História

URSS na China pós-Mao. Roosevelt envolveu o governo na construção de represas e na eletrificação das localidades rurais como forma de recuperação econômica, em parte nas regiões mais desassistidas do país (Lilienthal, 1944).

Armas e guerras

A produção de armas se tornou uma das principais atividades industriais, embasada atualmente por pesquisas avançadas, e todas as grandes economias também se tornaram exportadoras de armamentos em larga escala. Somente uma fração desses gastos poderia ser justificada por necessidades reais de segurança, e desperdício e má alocação de investimentos e mão de obra qualificada — sobretudo para desenvolver armas irrelevantes frente a novas formas de conflitos bélicos (acumular tanques de guerra não parece ser a melhor resposta ao terrorismo jihadista) — marcam a história do aprovisionamento de armas. Não é de surpreender que muitos avanços técnicos impulsionados por novos combustíveis e novas forças motrizes tenham sido adotados para usos destrutivos. De início, eles aumentaram o poder e a efetividade das técnicas já existentes. Depois, permitiram conceber novas classes de armas com capacidades sem precedentes de alcance, velocidade e destruição.

O ponto culminante desses esforços foi a construção de enormes arsenais nucleares e a implementação de mísseis balísticos intercontinentais capazes de alcançar qualquer alvo na Terra. A destrutividade acelerada das armas modernas é bem ilustrada ao se contrastar os exemplos típicos de armas de meados do século XIX e meados do XX com seus predecessores de meio século antes. As duas classes principais de armas usadas durante a Guerra Civil Americana (1861–1865), mosquetes de infantaria e canhões de 12 libras (ambos carregados pela abertura frontal e com canos lisos), teriam parecido bem familiares aos veteranos das Guerras Napoleônicas (Mitchell, 1931). Em contraste, entre as armas que dominavam os campos de batalha da Segunda Guerra — tanques, aviões de caça e bombardeiros, aeronaves de carga e submarinos — somente os últimos já existiam, embora em estágios experimentais iniciais, durante os anos 1890. Uma maneira reveladora de ilustrar a dimensão energética desses desenvolvimentos é comparar o real poder cinético e explosivo de armas comumente usadas.

Como base para o primeiro tipo de comparação, vale relembrar (conforme mostrado no Capítulo 4) que a energia cinética das duas armas portáteis mais comuns da era pré-industrial, as flechas (disparadas por arcos) e as espadas, ficava meramente na ordem de 10^1 J (sobretudo entre 15 e 75 J), e que uma flecha disparada por uma balestra pesada pode atingir seu alvo com 100 J de energia cinética. Em contraste, projéteis disparados de mosquetes e de rifles teriam energias cinéticas da ordem de 10^3 J (10 a 100 vezes maior), enquanto balas disparadas de canhões modernos (incluindo aqueles instalados em tanques) giram em torno de 10^6 J. Os cálculos para meia dúzia de armas específicas são mostrados no Quadro

Capítulo 6   Civilização movida a combustíveis fósseis   **369**

6.13: os valores para as balas de canhão dizem respeito apenas às energias cinéticas dos próprios projéteis e excluem as energias dos explosivos que podem ou não acompanhá-las.

Foguetes e mísseis, propelidos por combustíveis sólidos ou líquidos, causam a maior parte de seu dano ao explodir sua ogiva junto ao alvo, e não por sua energia cinética, mas quando os primeiros mísseis V-1 alemães (não guiados) da Segunda Guerra deixavam de explodir, a energia cinética de seu impacto era de 15–18 MJ. E o exemplo recente mais famoso de uso de um objeto de alta energia cinética para infligir dano extraordinário foi o lançamento de grandes aeronaves Boeing (767 e 757) nos arranha-céus do World Trade Center por sequestradores jihadistas em 11 de setembro de 2001. As torres até tinham sido projetadas de modo a absorver o impacto de um jato comercial, mas somente de um Boeing 707 voando lentamente (80 m/s) que pudesse ter se perdido na sua aproximação aos aeroportos de Newark, La Guardia ou JFK. O Boeing 767–200 é apenas cerca de 15% mais pesado que um 707, mas como o avião atingiu a torre a no mínimo 200 m/s sua energia cinética era mais de sete vezes maior (aproximadamente 3,5 GJ *versus* 480 MJ).

Mesmo assim, as estruturas não foram derrubadas pelo impacto, já que os aviões agiram como balas atingindo uma árvore massiva: eles não tinham como empurrar a estrutura como um todo, mas penetraram nela destruindo primeiramente seus pilares exteriores. Karim e Fatt (2005) mostraram que 46% da energia cinética inicial da aeronave foram usados para danificar os pilares exteriores, e que eles não teriam sido destruídos se tivessem uma espessura mínima de 20 mm. O colapso das torres foi, portanto, causado pela queima do combustível (mais de 50 t de querosene, ou 2 TJ) e pelos materiais inflamáveis no interior dos edifícios, que causaram o enfraquecimento térmico da estrutura metálica e o aquecimento não uniforme das vigas que sustentavam os pavimentos, o que precipitou o co-

---

QUADRO 6.13
Energia cinética de projéteis propelidos por explosivos

Arma	Projétil	Energia cinética (J)
Mosquete da guerra civil	Bala pequena	1×10^3
Rifle de assalto (M16)	Bala pequena	2×10^3
Canhão do século XVIII	Bala de ferro	30×10^3
Artilharia da Segunda Guerra	Bala estilhaçável	1×10^6
Canhão AA pesado da Segunda Guerra	Bala altamente explosiva	6×10^6
Tanque Abrams M1A1	Bala de urânio empobrecido	6×10^6

370 Energia e Civilização: Uma História

lapso escalonado dos andares e levou à velocidade de queda livre, com as torres desabando em apenas 10 s aproximadamente (Eagar; Musso, 2001).

O poder explosivo das armas modernas começou a aumentar com a invenção de compostos mais poderosos que a pólvora: eles também são auto-oxidantes, mas suas velocidades de detonação criam uma onda de choque. Essa nova classe de substâncias químicas foi preparada pela nitração de compostos orgânicos como celulose, glicerina, fenol e tolueno (Urbanski, 1967). Ascanio Sobrero preparou nitroglicerina em 1846 e J. F. E. Schultze introduziu a nitrocelulose em 1865, mas o uso prático da nitroglicerina foi possibilitado somente a partir de duas invenções de Alfred Nobel: a mistura do composto com terra de diatomáceas (uma substância porosa inerte) a fim de criar dinamite e a introdução de um detonador prático, o ignitor de Nobel (Fant, 2014).

Dependendo da composição, a velocidade de detonação da pólvora pode ser de apenas algumas centenas de m/s, enquanto a da dinamite chega a 6.800 m/s. O trinitrotolueno (TNT) foi sintetizado por Joseph Wilbrand em 1863 e passou a ser usado como um explosivo (velocidade de detonação de 6.700 m/s) no fim do século XIX, enquanto o explosivo pré-nuclear mais poderoso, a ciclonita (ciclotrimetilenetrinetramina, ou RDX (Royal Demolition Explosive), com velocidade de detonação de 8.800 m/s) foi produzido pela primeira vez por Hans Henning em 1899. Desde então, esses explosivos vêm sendo usados em balas de artilharia, minas, torpedos e bombas, e nas últimas décadas presos aos corpos de terroristas suicidas. Mas muitos ataques terroristas usando carros e caminhões-bomba foram levados a cabo com apenas uma mistura de fertilizante comum (nitrato de amônia) e óleo combustível: essa mistura, conhecida pela sigla Anfo, consiste em 94% de NH_4NO_3 (como um agente oxidante) e 6% de óleo combustível, ambos ingredientes facilmente disponíveis cujo efeito resulta da massa usada de explosivo, e não de qualquer velocidade extraordinária de detonação (Quadro 6.14).

A combinação de propelentes melhores e aços de melhor qualidade aumentou a alcance de artilharia naval e de campo de menos de 2 km durante os anos

---

QUADRO 6.14
Energia cinética de dispositivos explosivos

Dispositivo explosivo	Explosivo	Energia cinética (J)
Granada de mão	TNT	2×10^6
Homem-bomba com cinto	RDX	100×10^6
Bala estilhaçável da Segunda Guerra	TNT	600×10^6
Caminhão-bomba (500 kg)	Anfo	2×10^9

Capítulo 6 Civilização movida a combustíveis fósseis **371**

1860 para mais de 30 km em 1900. A combinação de armas de longo alcance, armaduras pesadas e turbinas a vapor para propulsão naval permitiram construir novos navios de guerra pesados: o HMS *Dreadnought*, lançado em 1906, serviu de protótipo (Blyth; Lambert; Ruger, 2011). A embarcação era movida a turbinas a vapor (introduzidas pela Real Marinha Britânica em 1898), da mesma forma que os maiores navios de passageiros nos anos pré-Primeira Guerra, a partir de 1907 com o *Mauretania* e o *Lusitania*, e assim como ocorre hoje com os porta-aviões nucleares norte-americanos da classe Nimitz (Smil, 2005). Outras notáveis inovações pré-Primeira Guerra incluíam metralhadoras, submarinos e os primeiros protótipos de aviões militares. As horríveis estagnações bélicas em trincheiras da Primeira Guerra foram sustentadas pela mobilização massiva de artilharia de campo, metralhadoras e lançadores de morteiros. Nem os gases venenosos (usados pela primeira vez em 1915) nem o uso extensivo de caças e tanques (em 1916, mas em massa somente após 1918) foram capazes de quebrar o impasse do poder de fogo usado em ataques frontais (Bishop, 2014).

Os anos entre as guerras mundiais testemunharam o rápido desenvolvimento de tanques e aviões de caça e bombardeiros. Revestimentos totalmente metálicos substituíram os modelos anteriores de madeira, aramado e tecido, e os primeiros aviões de exclusivamente de carga apareceram em 1922 (Polmar, 2006). Esses armamentos lançaram as agressões da Segunda Guerra Mundial. Sucessos iniciais do lado alemão se deveram a penetrações rápidas lideradas por tanques, e o ataque-surpresa do Japão a Pearl Harbor em 7 de dezembro de 1941 só foi possível pelo uso de caças de longa autonomia (o Mitsubishi A6M2 Zero, com 1.867 km de autonomia) e bombardeiros (o Aichi 3A2, com 1.407 km de autonomia, e o Nakajima B5N2, com 1.093 km de autonomia) lançados de porta-aviões (Hoyt, 2000; National Geographic Society, 2001; Smith, 2015).

As mesmas classes de armamentos foram essenciais para derrotar as potências do Eixo. Para começar, foi uma combinação de excelentes aviões de caça (Spitfires Supermarine e Hurricanes Hawker) e da tecnologia de radar durante a Batalha da Grã-Bretanha em agosto e setembro de 1940 (Collier, 1962; Hough; Richards, 2007). Depois veio o uso efetivo de porta-aviões pelos Estados Unidos (começando pela decisiva Batalha de Midway em 1942) e a esmagadora superioridade soviética em termos de tanques (modelo T-42) durante a ofensiva do Exército Vermelho rumo a oeste. A corrida armamentista pós-guerra começou ainda durante o conflito, com o desenvolvimento de propulsão a jato, com disparos de mísseis balísticos pela Alemanha (o V2 foi usado pela primeira vez em 1944) e com a explosão das primeiras bombas nucleares, a Trinity, no Novo México, testada em 11 de julho, o bombardeiro de Hiroshima em 6 de agosto de 1945 e o bombardeio de Nagasaki três dias depois. A energia total liberada por essas primeiras bombas nucleares ficou ordens de magnitude acima de qualquer outra

372 Energia e Civilização: Uma História

arma explosiva anterior — mas também ordens de magnitude abaixo das subsequentes bombas de hidrogênio desenvolvidas.

O primeiro canhão de campo moderno, o francês *canon 75 mm modèle 1897*, disparava balas com quase 700 g de ácido pícrico, cuja energia explosiva alcançava 2,6 MJ (Benoît 1996). Talvez a arma mais conhecida da Segunda Guerra tenha sido a bateria antiaérea FlaK *(Flugzeugabwehrkanone)* 18, cuja variante também era usada nos tanques Tiger (Hogg 1997); disparava balas estilhaçáveis cuja energia explosiva era de 4 MJ. Mas os explosivos mais poderosos da Segunda Guerra eram as bombas massivas lançadas em cidades. A bomba mais poderosa carregada pelo Flying Fortress (Boeing B-17) tinha uma energia explosiva de 3,8 GJ. Contudo, o maior dano foi causado pelo lançamento de bombas incendiárias sobre Tóquio em 9–10 de março de 1945 (Quadro 6.15, Figura 6.21).

A bomba de Hiroshima liberou 63 TJ de energia, cerca de metade disso como onda de choque e 35% como radiação térmica (Malik, 1985). Esses dois efeitos causaram uma grande quantidade de mortes instantâneas, enquanto a radiação ionizante causou mortes tanto instantâneas quanto tardias. A bomba explodiu às

---

QUADRO 6.15
Bombardeiro incendiário de Tóquio, 9–10 de março de 1945

O ataque aéreo, o maior do tipo em toda história, envolveu 334 bombardeiros B-29 que despejaram suas bombas a baixa altitude (cerca de 600–750 m) (Caidin, 1960; Hoyt, 2000). A maioria delas era na forma de um conjunto de bombas aglomeradas de 230 kg, cada qual liberando 39 M-69 bombas incendiárias com napalm, uma mistura de poliestireno, benzeno e gasolina (Mushrush *et al.*, 2000); também foram usadas bombas de gasolina em gel e fósforo. Cerca de 1.500 t de compostos incendiários foram lançados sobre a cidade, e seu teor energético total (pressupondo uma densidade média de napalm de 42,8 GJ/t) totalizou cerca de 60 TJ, quase tanto quanto a bomba de Hiroshima.

Contudo, a energia liberada pela queima de napalm foi apenas uma fração do total liberado pelos prédios de madeira incinerados por toda a cidade. De acordo com o Departamento de Polícia Metropolitana de Tóquio, o incêndio destruiu 286.358 edificações e estruturas (U.S. Strategic Bombing Survey, 1947), e estimativas conservadoras (250 mil edificações de madeira, apenas 4 t de madeira por edificação, 18 GJ/t de toras secas) resultam em perto de 18 PJ de energia liberada pela combustão das habitações de madeira da cidade, duas ordens de magnitude maior (300 vezes) que a energia das próprias bombas incendiárias. A área destruída totalizou aproximadamente 4.100 ha, e ao menos 100 mil pessoas morreram. Como comparação, a área totalmente destruída em Hiroshima ficou em cerca de 800 ha, e a melhor estimativa de mortes imediatas é de 66 mil.

Capítulo 6   Civilização movida a combustíveis fósseis   **373**

FIGURA 6.21
Rescaldo do bombardeio de Tóquio em março de 1945 (Corbis).

8:15 da manhã de 7 de agosto de 1945, aproximadamente 580 m acima do solo; a temperatura no local da explosão foi de vários milhões de graus centígrados, comparados a 5.000 °C de explosivos convencionais. A bola de fogo se expandiu até seu tamanho máximo de 250 m em um segundo, a maior velocidade de explosão no hipocentro foi de 440 m/s e a pressão máxima alcançada foi de 3,5 kg/cm^2 (Committee for the Compilation of Materials, 1991). A bomba de Nagasaki liberou cerca de 92 TJ.

Essas armas parecem minúsculas comparadas à bomba termonuclear mais poderosa, testada na URSS sobre Novaya Zemlya em 30 de outubro de 1961: a bomba *tsar* liberou 209 PJ de energia (Khalturin *et al.*, 2005). Menos de 15 meses depois, Nikita Khrushchev revelou que cientistas soviéticos haviam construído uma bomba que era duas vezes mais poderosa. Comparações entre poderes explosivos costumam ser feitas não em joules, e sim em equivalentes a TNT (1 t de TNT = 4,184 GJ): a bomba de Hiroshima foi equivalente a 15 kt de TNT e a bomba *tsar* a 50 Mt de TNT. Ogivas típicas de mísseis intercontinentais têm um poder entre 100 kt e 1 Mt, mas até dez delas podem ser carregadas em mísseis como o norte-americano Poseidon, lançado de submarino, ou o russo SS-11. A fim de enfatizar as magnitudes de energia liberada, preferi não empregar notação científica (expoentes) na escada crescente de máxima destrutividade de armas explosivas (Quadro 6.16).

374 Energia e Civilização: Uma História

QUADRO 6.16
Energia máxima de armas explosivas

Ano	Arma	Energia (J)
1900	Bala pícrica do canhão francês 75 mm modèle 1897	2.600.000
1940	Bala estilhaçável com Amatol/TNT da alemã FlaK 88 mm	4.000.000
1944	A maior bomba levada pelo Boeing B-17	3.800.000.000
1945	Bomba de Hiroshima	63.000.000.000.000
1945	Bomba de Nagasaki	92.400.000.000.000
1961	Bomba soviética *tsar* testada em 1961	209.000.000.000.000.000

As duas superpotências nucleares acabaram acumulando 5 mil ogivas nucleares estratégicas (e um arsenal de mais de 15 mil outras ogivas nucleares em mísseis de menor alcance) com uma energia destrutiva agregada de cerca de 20 EJ. Isso era um excesso irracional. Como observou Victor Weisskopf (1983, p. 25): "Armas nucleares não são armas de guerra. O único propósito que elas podem ter é dissuadir seu uso pelo outro lado, e para esse propósito bem menos já seriam suficientes". Porém, esse excesso na verdade beneficiou o Ocidente também como uma poderosa arma de dissuasão que impediu uma guerra global termonuclear obviamente impossível de ganhar.

Mas o desenvolvimento de bombas nucleares atuou como um ralo significativo para os orçamento nacionais, já que exigiram investimentos enormes e imensas quantidades de energia, sobretudo para separar o isótopo fissível de urânio (Kesaris, 1977; WNA, 2015a). A difusão gasosa exigia cerca de 9 GJ/SWU (*separative work unit*, ou unidade de trabalho separativa), mas as usinas modernas com centrífugas a gás requerem apenas 180 MJ/ SWU, e com 227 SWU necessários para produzir um quilograma de urânio próprio para armas, esta última taxa fica em cerca de 41 GJ/kg. E a tríade de meios arregimentados para lançar ogivas nucleares — bombardeiros de longa autonomia, mísseis balísticos intercontinentais e submarinos nucleares — também consistia em forças motrizes (motores a jato e foguetes) e estruturas cuja produção e operação consumia vastas quantidade de energia.

A produção de armas convencionais também requer materiais intensivos em energia, e sua implementação é energizada por combustíveis fósseis secundários (gasolina, querosene, diesel) e eletricidade usados para acionar máquinas que as carregam e para equipar e abastecer os soldados que as operam. Ao passo que o aço comum podia ser feito a partir de minério de ferro e ferro-gusa com menos

Capítulo 6   Civilização movida a combustíveis fósseis   **375**

de 20 MJ/kg, aços especializados usados em equipamentos com armaduras pesadas exigem 40–50 MJ/kg, e o uso de urânio empobrecido (para balas capazes de perfurar armaduras e para proteção reforçada) consome ainda mais energia. Alumínio e titânio (e suas ligas), os principais materiais usados para construir aeronaves modernas, incorporam respectivamente entre 170 e 250 MJ/kg (alumínio) e 450 MJ/kg (titânio), enquanto fibras compósitas mais leves e resistentes exigem tipicamente entre 100 e 150 MJ/kg.

Máquinas de guerra modernas tão poderosas são obviamente projetadas para desempenho otimizado em combate, não para consumo minimizado de energia, e geram um consumo de energia extraordinário. O principal tanque de guerra norte-americano, por exemplo, o Abrams M1/A1 de 60 t é propelido por uma turbina a gás AGT-1500 Honeywell de 1,1 MW e consome (dependendo da missão, do terreno e do clima) 400–800 L/100 km (*Army Technology*, 2015). Com comparação, uma grande Mercedes S600 precisa de aproximadamente 15 L/100 km e um Honda Civic bebe apenas 8 L/100 km. E os voos a velocidades supersônicas (de até Mach 1,6–1,8) em aeronaves de combate altamente manobráveis como o F-16 Fighting Falcon da Lockheed e o F/A-18 McDonnell Douglas Hornet requerem tanto combustível de aviação que suas missões longas são possibilitadas apenas mediante reabastecimento em plano voo a partir de grandes aviões-tanque, como o KC-10, o KC-135 e o Boeing 767.

Outra característica dos conflitos armados modernos que demanda altos insumos de energia é o uso de armas em configurações massivas. O mais concentrado ataque por tanques durante 1918 envolveu quase 600 máquinas (à época modelos relativamente leves), mas quase 8 mil tanques, 11 mil aviões e mais de 50 mil armas e lançadores de foguetes foram mobilizados pelo Exército Vermelho durante seu assalto final a Berlim em abril de 1945 (Ziemke, 1968). Como exemplo da intensidade dos conflitos armados modernos, durante a Guerra do Golfo (Operação Tempestade no Deserto, entre janeiro e abril de 1991) e nos meses que a precederam (Operação Escudo do Deserto, entre agosto de 1990 e janeiro de 1991), cerca de 1.300 aeronaves fizeram mais de 116 mil ataques (Gulflink, 1991).

Ainda outro fenômeno que contribuiu bastante para os custos energéticos em geral foi a necessidade de incrementar a produção em massa de equipamentos militares em prazos curtíssimos. As duas guerras mundiais oferecem os melhores exemplos. Em agosto de 1914, a Grã-Bretanha dispunha de apenas 154 aviões militares, mas quatro anos depois as fábricas de aeronaves do país estavam empregando 350 mil pessoas e produzindo 30 mil aviões ao ano (Taylor, 1989). Quando os Estados Unidos declararam guerra à Alemanha em abril de 1917, o país tinha menos de 300 aviões de segunda classe, nenhum deles capaz de transportar metralhadoras ou bombas, mas três meses depois o Congresso norte-americano aprovou uma dotação sem precedentes no valor de US$ 640 milhões (o correspondente a quase US$ 12 bilhões em valores de 2015) a fim de construir 22.500

376 Energia e Civilização: Uma História

motores Liberty para novos caças (Dempsey, 2015). E a aceleração industrial norte-americana durante a Segunda Guerra foi ainda mais impressionante.

Durante o último trimestre de 1940, somente 514 aviões foram entregues à Força Aérea norte-americana. Em 1941, o total chegou a 8.723, em 1942 foi de 26.448, em 1943 o total ultrapassou 45 mil e em 1944 as fábricas norte-americanas completaram 51.547 novos aviões (Holley, 1964). A produção de aeronaves pelo país representava o maior setor fabril na economia em tempos de guerra: empregava 2 milhões de trabalhadores, respondia por quase um quarto de todos os gastos bélicos e produziu um total de 295.959 aviões, comparados a 117.479 pelos britânicos, 111.784 pelos alemães e 68.057 pelos japoneses (Army Air Forces, 1945; Yenne, 2006). Em última análise, as vitórias dos Aliados foram resultado de sua superioridade em arregimentar energia destrutiva. Em 1944, Estados Unidos, URSS, Reino Unido e Canadá estavam produzindo três vezes mais munições de combate que a Alemanha e o Japão (Goldsmith, 1946). A crescente destrutividade das armas e o lançamento mais concentrado de explosivos podem ser ilustrados pela comparação tanto entre eventos isolados quanto entre as vítimas em geral nos conflitos (Quadro 6.17).

QUADRO 6.17
Vítimas das guerras modernas

As vítimas de combate durante a Batalha de Somme (julho–novembro de 1916) totalizaram 1,043 milhão. Aquelas durante a Batalha de Stalingrado (de 23 de agosto de 1942 a 2 de fevereiro de 1943) ultrapassaram 2,1 milhões (Beevor, 1998). As taxas de mortalidade em batalha — expressas como óbitos por 1.000 homens de forças armadas em campo no início do conflito — ficaram abaixo de 200 durante as duas primeiras guerras modernas entre potências (a Guerra da Crimeia de 1853–1856 e a Guerra Franco-Prussiana de 1870–1871); elas ultrapassaram 1.500 durante a Primeira Guerra Mundial e 2.000 durante a Segunda Guerra, e ficaram acima de 4 mil para a Rússia (Singer; Small 1972). A Alemanha perdeu cerca de 27 mil combatentes por milhão de pessoas durante a Primeira Guerra, mas mais de 44 mil durante a Segunda Guerra.

As vítimas civis de conflitos armados modernos cresceram ainda mais depressa. Durante a Segunda Guerra, elas chegaram a cerca de 40 milhões, mais de 70% do total de 55 milhões de óbitos. O bombardeio de grandes cidades produziu perdas imensas em questão de dias ou de meras horas (Kloss, 1963; Levine, 1992). As vítimas alemãs de bombardeios alcançou perto de 600 mil mortos e quase 900 mil feridos. Cerca de 100 mil pessoas morreram durante os ataques aéreos noturnos com bombardeiros B-29, que arrasaram 83 km^2 das quatro principais cidades japonesas entre 10 e 20 de março de 1945. Os efeitos do bombardeio incendiário a Tóquio e do ataque nuclear a Hiroshima já foram descritos (vide Quadro 6.15).

Capítulo 6   Civilização movida a combustíveis fósseis   **377**

Para calcular o custo energético de grandes conflitos armados, é preciso fazer importantes delimitações arbitrárias do que deve ser incluído nesses totais. Afinal de contas, sociedades sob perigo mortal não operam dois setores civil e militar separados, já que a mobilização econômica em tempos de guerra afeta praticamente todas as atividades. Somatórios disponíveis situam o custo norte-americano de participação nos principais conflitos do século XX em cerca de US$ 334 bilhões na Primeira Guerra, US$ 4,1 trilhões na Segunda Guerra e US$ 748 bilhões na Guerra do Vietnã (1964–1972), com todos os valores expressos em dólares de 2011 (Daggett, 2010). Ao expressar esses custos em valores correntes corrigidos e ao multiplicar esses totais pelas médias ajustadas de intensidades energéticas predominantes do PIB do país, teríamos aproximações defensáveis dos custos energéticos mínimos desses conflitos.

Certos ajustes são necessários, já que a produção industrial e os transportes em tempo de guerra consumiam mais energia por unidade de produto do que a unidade média de PIB. Como aproximações, escolho os múltiplos respectivos de 1,5, 2 e 3 para os três conflitos. Resulta daí que a participação na Primeira Guerra exigiu cerca de 15% do consumo total de energia nos Estados Unidos em 1917 e 1918, e cerca de 40% durante a Segunda Guerra, mas não passou de 4% para os anos da Guerra do Vietnã. Os percentuais de pico foram obviamente mais altos, indo de 54% para os Estados Unidos em 1944 até 76% para a URSS em 1942, com um percentual similar para a Alemanha em 1943.

Não existe uma correlação óbvia entre o uso geral de energia e o sucesso ao travar conflitos modernos (ou ao preveni-los). O caso mais claro de uma correlação positiva entre gasto energético e vitória razoavelmente célere é a mobilização norte-americana para a Segunda Guerra, energizada por uma elevação de 46% no uso total de energia primária entre 1939 e 1944. Contudo, em termos convencionais, o país foi ainda mais dominante durante a Guerra do Vietnã — a quantidade de explosivos usados foi três vezes maior que a de todas as bombas lançadas pela Força Aérea norte-americana durante a Segunda Guerra Mundial sobre a Alemanha e o Japão, e os Estados Unidos contavam com os mais avançados caças a jato, bombardeiros, helicópteros, aviões-cargueiros e desfolhantes — mas ainda assim não conseguiu traduzir, por uma variedade de razões políticas e estratégicas, esse domínio em outra vitória.

E, é claro, a ausência de qualquer correlação entre energias despendidas e resultados alcançados é mais obviamente ilustrada por ataques terroristas. Revertendo por completo o paradigma da Guerra Fria, em que as armas eram extremamente caras de produzir e protegidas com cuidado pelas nações, terroristas usam armas que são baratas e amplamente disponíveis. Algumas centenas de quilos de Anfo (nitrato de amônia/óleo combustível) para um caminhão-bomba, algumas dezenas de quilos para um carro-bomba ou poucos quilos de altos explosivos (geralmente contendo pedaços de metal) atados aos corpos de homens-bomba já bastam para causar dezenas ou até centenas de mortes (em 1983 dois caminhões-

378 Energia e Civilização: Uma História

-bomba mataram 307 pessoas, sobretudo militares norte-americanos, em suas casernas em Beirute), deixando um número bem maior de feridos e aterrorizando a população-alvo.

Os 19 sequestradores do 11 de setembro usaram como armas nada mais do que alguns abridores de caixas de papelão, e a operação inteira, incluindo as aulas de voo, custou menos de US$ 500 mil (bin Laden, 2004, p. 3). Enquanto isso, a mais precisa estimativa de fardo financeiro (segundo relatório do Tesouro da cidade de Nova York divulgado um ano após o ataque) coloca os custos municipais diretos em US$ 95 bilhões, incluindo cerca de US$ 22 bilhões para substituir os prédios e as infraestruturas e US$ 17 bilhões em salários perdidos (Thompson, 2002). Já numa perspectiva nacional englobando PIB perdido, a queda nos preços das ações, perdas incorridas pelos setores aéreo e de turismo, taxas mais elevadas de seguros e fretes e gastos maiores em segurança e defesa, chega-se a um custo de mais de US$ 100 bilhões (Looney, 2002). Adicionando-se nem que seja um custo parcial da invasão e ocupação subsequentes do Iraque, o total subiria para bem mais que 1 trilhão de dólares. Contudo, como a experiência desde o ataque demostra, não existe uma solução militar fácil, já que tanto as poderosas armas clássicas quanto as mais recentes máquinas inteligentes são de uso limitado contra indivíduos ou grupos fanaticamente motivados e dispostos a morrer em ataques suicidas.

Não resta dúvida de que o conceito de destruição mutuamente assegurada vem sendo o fator de dissuasão das duas superpotências nucleares a travarem uma guerra termonuclear, mas ao mesmo tempo a magnitude dos arsenais nucleares acumulados pelos dois adversários, e, portanto, seu custo energético vinculado, ultrapassou qualquer nível racionalmente defensável de dissuasão. Uma imensa dose de energia é despendida em cada etapa para desenvolver, salvaguardar e manter ogivas nucleares e seus meios de lançamento (bombardeiros e mísseis balísticos intercontinentais, submarinos movidos a energia nuclear). Uma estimativa de ordem de magnitude é de que ao menos 5% de toda a energia comercial norte-americana e soviética que foi consumida entre 1950 e 1990 foram revertidos para desenvolver e acumular essas armas e seus meios de lançamento (Smil, 2004).

Mas mesmo se o fardo fosse duas vezes maior, poder-se-ia argumentar que o custo acaba sendo aceitável comparado ao preço de um embate termonuclear que, mesmo limitado, teria resultado em dezenas de milhões de vítimas dos efeitos diretos da explosão, do fogo e da radiação ionizante (Solomon; Marston, 1986). Um embate termonuclear entre Estados Unidos e URSS limitado a alvos em instalações estratégicas teria causado no mínimo 27 milhões e até 59 milhões de mortes durante os anos 1980 (von Hippel *et al.*, 1988). Uma possibilidade como essa serviu como forte dissuasão ao lançamento, e após os anos 1960 até a cogitação a sério, de um primeiro ataque.

Capítulo 6   Civilização movida a combustíveis fósseis   **379**

Infelizmente, o custo atribuível às armas nucleares não deixaria de existir mesmo que elas fossem abolidas de uma hora para outra: desarmá-las e a salvaguarda e limpeza de locais contaminados de produção continuaria por muitas décadas, e os custos estimados dos Estados Unidos com essas operações vêm crescendo. Sairia ainda mais caro limpar por completo os locais gravemente contaminados pelas armas nucleares nos países da ex-URSS. Felizmente, os custos de descomissionar ogivas nucleares pode ser bastante reduzido ao se reaproveitar o material físsil para geração de eletricidade (WNA, 2014).

Urânio altamente enriquecido (UAE, contendo no mínimo 20% e até 90% de U-235) é misturado com urânio empobrecido (sobretudo U-238), urânio natural (0,7% U-235) ou urânio parcialmente enriquecido para produzir urânio pouco enriquecido (<5% U-235), que pode ser usado em reatores nucleares. Em conformidade com um acordo de 1993 entre Estados Unidos e Rússia (Megatons por Megawatts), a Rússia converteu 500 t de UAE proveniente de suas ogivas e estoques estratégicos (equivalentes a cerca de 20 mil bombas nucleares) em combustível apto a ser usado em reatores (média aproximada de 4,4% U-235) e vendeu-o para usinas nucleares civis norte-americanas.

Não posso encerrar esta seção sobre energia e guerra sem fazer alguns comentários sobre a energia como *casus belli*. A crença nesse nexo é bastante comum, e sua mais recente instância foi a invasão do Iraque pelos Estados Unidos em 2003, motivada, segundo essa óptica, para tomar o petróleo iraniano. E para historiadores, o exemplo mais citado desse elo é o ataque japonês contra os Estados Unidos em dezembro de 1941. De início, em janeiro de 1940 o governo Roosevelt revogou o Tratado de Comércio e Navegação de 1911, depois, em julho de 1940, parou de licenciar a exportação de gasolina de aviação e máquinas-ferramenta, e logo em seguida baniu a exportação de sucata de ferro e aço em setembro de 1940. Segundo uma justificativa japonesa que ainda está longe de ser abandonada, isso deixou o país sem alternativa, a não ser de atacar os Estados Unidos a fim abrir espaço para invadir o Sudeste Asiático, com seus campos de petróleo em Sumatra e Bornéu.

No entanto, antes do ataque a Pearl Harbor já fazia quase uma década que o Japão perseguia um militarismo expansionista, iniciado pela conquista da Manchúria em 1933 e intensificado pelo ataque de 1937 à China. Na verdade, o Japão poderia ter assegurado acesso duradouro ao petróleo norte-americano se tivesse abandonado sua política chinesa agressiva (Ienaga, 1978). Nesse linha, Marius Jansen, um dos principais historiadores do Japão moderno, escreveu sobre a natureza peculiarmente autoinfligida da própria confrontação com os Estados Unidos (Jansen, 2000). E quem argumentaria que as agressões em série de Hitler — contra a Tchecoslováquia (em 1938 e 1939), Polônia (1939), Europa Ocidental (a partir de 1939) e URSS (1941) — e sua guerra genocida contra os judeus foram motivadas por uma busca por recursos energéticos?

380 Energia e Civilização: Uma História

Tampouco existiram motivos relacionados a energia para a Guerra da Coreia (iniciada por ordens de Stalin), para o conflito no Vietnã (os franceses lutando contra as guerrilhas comunistas até 1954, os Estados Unidos entre 1964 e 1972) a ocupação do Afeganistão pela URSS (1979–1989), a guerra norte-americana contra o Talibã (lançada em outubro de 2001), ou mesmo para conflitos fronteiriços do fim do século XX (China-Índia, diversas rodadas entre Índia-Paquistão, Eritreia-Etiópia, e muitos outros) e guerras civis (Angola, Uganda, Sri Lanka, Colômbia). E embora a guerra da Nigéria contra a secessionista Biafra (1967–1970) e a infindável guerra civil do Sudão (agora transformada no conflito Sudão-Sudão do Sul e em guerras tribais dentro do Sudão do Sul) tivessem um claro componente petrolífero, ambas nasceram primordialmente de inimizades religiosas e étnicas, e o conflito sul-sudanês começou em 1956, décadas antes de qualquer descoberta de petróleo.

Por fim, nos restam as duas guerras em que o petróleo foi amplamente percebido como a causa real. A invasão do Kuwait pelo Iraque em agosto de 1990 duplicou as reservas convencionais de petróleo cru sob o controle de Saddam Hussein e colocou sob risco os gigantescos campos sauditas vizinhos (Safania, Zuluf, Marjan e Manifa, em terra e no mar logo ao sul do Kuwait) e a sobrevivência da monarquia. Mas havia mais em jogo do que apenas petróleo, incluindo a busca iraquiana por armas nucleares e outras não convencionais (em 1990 ninguém duvidava disso) e os riscos de outra guerra entre árabes e israelenses (os ataques a mísseis do Iraque contra Israel foram praticados para provocar um conflito como esse). E se o controle de recursos petrolíferos foi mesmo o objetivo primordial da Guerra do Golfo de 1991, então por que o exército vitorioso recebeu ordens para interromper seu avanço irrestrito, e por que não ocupou ao menos os campos petrolíferos mais ricos no sul do Iraque?

Quais foram os resultados da invasão norte-americana de 2003 ao Iraque? Na verdade, as importações de petróleo iraquiano pelos Estados Unidos chegaram ao apogeu em 2001, quando Saddam Hussein ainda estava no controle, em cerca de 41 Mt. Depois da invasão, elas diminuíram constantemente, e em 2015 totalizaram menos de 12 Mt, ou seja, sequer 3% das importações norte-americanas (USEIA, 2016b). E essas cifras vêm, é claro, diminuindo ainda mais, conforme o fraturamento hidráulico acabou colocando o país novamente como o maior produtor mundial de petróleo cru e líquidos de gás natural (BP, 2016). O veredito é simples: os Estados Unidos não precisam do petróleo iraquiano, a Ásia Oriental vem sendo seu maior comprador — então os Estados Unidos invadiram o Iraque para assegurar suprimentos petrolíferos chineses? Mesmo tal caso que muitos enxergam como uma demonstração claríssima de guerra motivada por energia está muito longe disso! A conclusão é clara: metas estratégicas mais amplas, quer bem ou mal justificadas, e não a busca por recursos, levaram os Estados Unidos a seus conflitos pós-Segunda Guerra Mundial.

Capítulo 6 Civilização movida a combustíveis fósseis **381**

Mudanças ambientais

A provisão e o uso de combustíveis fósseis e eletricidade são as maiores causas de poluição antropogênica da atmosfera e de emissões de gases do efeito estufa e estão entre os principais contribuidores para a poluição das águas e mudanças no uso da terra. A queima de todos combustíveis fósseis envolve, é claro, rápida oxidação do carbono, o que produz crescentes emissões de CO_2, enquanto o metano (CH_4), um gás ainda mais causador de efeito estufa, é liberado durante a produção e transporte de gás natural; pequenos volumes de óxido nitroso (N_2O) também são liberados pela queima de combustíveis fósseis. A queima de carvão costumava ser uma grande fonte de matéria particulada e óxidos sulfurosos e nitrosos (SO_x e NO_x), mas atualmente as emissões estacionárias desses gases são em grande parte controladas por precipitadores eletrostáticos, dessulfurização e processos de remoção de NO_x (Smil, 2008a). Mesmo assim, as emissões pela queima de carvão continuam tendo impactos significativos sobre a saúde (Lockwood, 2012).

A poluição das águas advém principalmente de derramamentos de óleo (de oleodutos, vagões ferroviários, barcaças e petroleiros, refinarias) e da drenagem ácida de minas. As principais mudanças no uso da terra são causadas por mineração de carvão em superfície, por reservatórios criados por imensas represas hidrelétricas, por corredores de passagem de linhas de transmissão de alta tensão, pela extensiva construção de instalações de armazenamento, refino e distribuição de combustíveis líquidos e, mais recentemente, pela construção de grandes fazendas eólicas e solares. Indiretamente, combustíveis e eletricidade são responsáveis por muitos outros fluxos de poluição e degradações ecossistêmicas. As mais notáveis advêm da produção industrial (sobretudo de metalurgia não ferrosa e de sínteses químicas), de defensivos agrícolas, da urbanização e dos transportes. Esses impactos vêm piorando tanto em extensão quanto em intensidade e afetando o meio ambiente em escalas que vão do local ao regional. Seus custos vêm forçando todas as principais economias a dar cada vez mais atenção para a gestão ambiental.

Nos anos 1960, uma dessas degradações, a deposição ácida na Europa Central e Ocidental e no leste da América do Norte, criada sobretudo por emissões de SO_x e NO_x por grandes usinas de energia a carvão, mas também por emissões automotivas, alcançou uma escala semicontinental, e até meados dos anos 1980 era amplamente encarada como o problema ambiental mais premente enfrentado pelos países abastados (Smil, 1985; 1997). Uma combinação de medidas — a migração para carvão baixo em enxofre e gás natural livre de enxofre na geração de eletricidade, o uso de gasolina e diesel mais limpos e motores de carros mais eficientes, e a instalação de dessulfurização de efluentes gasosos em grandes fontes de poluição — não apenas interrompeu o processo de acidificação como inverteu sua tendência em 1990, e a precipitação na Europa e na América do Norte se tor-

382 Energia e Civilização: Uma História

nou menos ácida (Smil, 1997). No entanto, desde 1990 o problema voltou na Ásia Oriental, após o grande aumento na combustão de carvão pela China pós-1980.

A destruição parcial da camada de ozônio acima da Antártida e do oceano ao seu redor ganhou brevemente os holofotes entre as preocupações ambientais associadas ao uso de energia. A possibilidade de concentrações reduzidas de ozônio estratosférico protegendo o planeta contra um excesso de radiação ultravioleta foi previsto com precisão em 1974, e o fenômeno foi medido pela primeira vez acima da Antártida (Rowland, 1989). A perda de ozônio foi causada em grande parte por liberações de clorofluorcarbonos (CFCs, usados sobretudo para refrigeração), mas um tratado internacional efetivo, o Protocolo de Montreal, assinado em 1987, e uma migração para compostos menos danosos logo amenizaram os temores (Andersen; Sarma, 2002).

A ameaça ao ozônio estratosférico foi apenas a primeira dentre diversas novas preocupações com as consequências globais das mudanças ambientais (Turner *et al.*, 1990; McNeill, 2001; Freedman, 2014). Preocupações proeminentes vão da perda global de biodiversidade ao acúmulo de plásticos nos mares, mas um temor ambiental global se destaca desde o fim dos anos 1980: as emissões antropogênicas de gases do efeito estufa, causando mudanças ambientais relativamente aceleradas, sobretudo o aquecimento da troposfera e a acidificação e a elevação do nível dos oceanos. O comportamento dos gases do efeito estufa e seu provável efeito aquecedor já eram bem entendidos ao final do século XIX (Smil, 1997). O principal contribuinte antropogênico é o CO_2, o produto final da queima eficiente de todos os combustíveis fósseis e de biomassa, e a destruição das florestas (acima de tudo nos trópicos úmidos) e das pradarias vem sendo a segunda fonte mais importante de emissões de CO_2 (IPCC, 2015).

Desde 1850, quando era de apenas 54 Mt C (multiplicado por 3,667 para converter em CO_2), a geração antropogênica global de CO_2 vem aumentando exponencialmente com o maior consumo de combustíveis fósseis: como já mencionado, em 1900 ela havia subido para 534 Mt e em 2010 ultrapassou 9 Gt C (Boden; Andres, 2015). Em 1957, Hans Suess e Roger Revelle concluíram que:

> os seres humanos estão atualmente conduzindo um grande experimento geofísico de um tipo que não poderia ter acontecido no passado nem ser reproduzido no futuro. Em poucos séculos, estamos retornando à atmosfera e aos oceanos o carbono orgânico concentradamente armazenado em rochas sedimentares ao longo de centenas de milhões de anos. (Revelle; Suess, 1957, p. 19)

As primeiras medições sistemáticas de aumento dos níveis de fundo de CO_2, organizadas por Charles Keeling (1928–2005), tiveram início em 1958 perto do cume do Mauna Loa, no Havaí, e no Polo Sul (Keeling, 1998). As concentrações no Mauna Loa foram usadas como o marcador global de elevação troposférica de CO_2: sua média ficou em quase 316 ppm em 1959, ultrapassou 350 ppm em 1988 e chegou a 398,55 em 2014 (NOAA, 2015; Figura 6.22). Outros gases de efeito estufa são emitidos por atividades humanas em volumes bem menores que o CO_2, mas como suas moléculas absorvem relativamente mais da radiação infravermelha refletida (o metano absorve até 86 vezes mais ao longo de 20 anos, os óxidos nitrosos 268 vezes mais que o CO_2), sua contribuição combinada responde atualmente por cerca de 35% da captação radiativa antropogênica (Quadro 6.18).

A posição consensual é que, a fim de evitar as piores consequências do aquecimento global, a elevação média na temperatura deve ficar limitada a no máximo 2 °C. Isso, porém, exigiria uma redução imediata e substancial da queima de combustíveis fósseis e uma transição rápida para fontes de energia sem carbono, um desenvolvimento que, se não é impossível, é altamente improvável, dada a dominância dos combustíveis fósseis no sistema global de energia e as enormes demandas energéticas das sociedades de baixa renda. Parte dessas demandas novas e vastas pode ser suprida pela geração renovável de eletricidade, mas simplesmente não existem alternativas baratas e em larga escala aos combustíveis usados nos transportes, às matérias-primas industriais (amônia, plásticos) nem à fundição de minério de ferro.

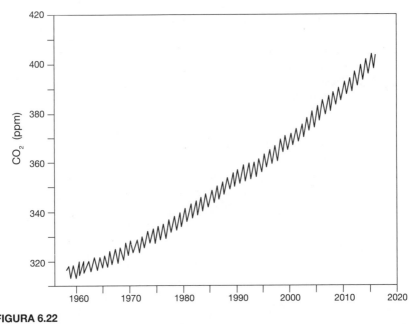

FIGURA 6.22
Gás carbônico atmosférico mensurado no Observatório de Mauna Loa, Havaí (NOAA, 2015).

384 Energia e Civilização: Uma História

QUADRO 6.18
Gases do efeito estufa e elevação da temperatura troposférica

Em 2014, a taxa global de captação radiativa antropogênica (capacidade dos gases do efeito estufa afetarem o equilíbrio energético do país) chegou a 2,936 W/m², com o CO_2 contribuindo com 65% desse total (Butler; Montzka, 2015). Quanto às suas fontes, os combustíveis fósseis respondem por mais de 60%, as mudanças no uso da terra (sobretudo o desmatamento) por 10% e as emissões de metano (sobretudo pela pecuária) por cerca de 20%. A elevação média global da temperatura superficial do planeta (dados combinados dos oceanos e massas continentais) exibe um aclive linear de 0,85°C (0,65–1,06°C) entre 1880 e 2012 (IPCC, 2015). Incertezas quanto ao nível futuro das emissões globais e a complexidade dos processos atmosféricos, hidrosféricos e biosféricos e interações que governam o ciclo global do carbono tornam impossível construir modelos mais confiáveis para prever as elevações de temperatura e do nível dos mares no ano 2100. A avaliação consensual mais recente mostra que (dependendo em grande parte das taxas futuras de emissão), ao final do século XIX (2081–2100), a temperatura global será no mínimo 0,3–1,7 °C mais alta que durante 1986– 2005, mas ela pode aumentar até 2,6–4,8 °C (IPCC, 2015).

Seja como for, o aquecimento da região ártica seguirá mais acelerado. Obviamente, seria mais fácil se adaptar às taxas mais baixas, ao passo que os aumentos mais acentuados imporiam problemas graves. A infinidade de mudanças atribuíveis ao aquecimento global incluem novos padrões de precipitação, inundações costeiras e deslocamentos das fronteiras entre ecossistemas, levando à disseminação de doenças carregadas por vetores de climas quentes. Mudanças na produtividade vegetal, perda de terrenos imobiliários perto do litoral, desemprego setorial e migração em larga escala para abandonar regiões afetadas seriam as consequências econômicas cruciais. Não existe uma solução fácil para as emissões antropogênicas de gases do efeito estufa — como exemplo, para serem efetivas, a captura de CO_2 do ar ou seu armazenamento subterrâneo exigiriam o processamento de mais de 10 Gt CO_2/ano a um custo razoável. A única abordagem com potencial de sucesso para lidar com essas mudanças é mediante uma cooperação internacional sem precedentes. Desse modo, esse desafio inquietante por tabela oferece também uma motivação fundamental para um reinício na gestão das questões humanas.

7

A energia na história mundial

Todos os processos naturais e todas as ações humanas são, no sentido físico mais fundamental, transformações de energia. Os avanços da civilização podem ser encarados como uma busca por maior uso de energia necessária para produzir safras mais generosas, para mobilizar uma geração maior e mais diversa de materiais, para produzir maior quantidade e variedade de mercadorias, para facilitar a mobilidade e para abrir acesso a uma quantidade praticamente ilimitada de informações. Essas conquistas resultaram em populações maiores organizadas sob maior complexidade social em Estados-nação e coletividades supranacionais, que desfrutam uma melhor qualidade de vida. Delinear os marcos dessa história em termos de fontes dominantes de energia e principais forças motrizes é, como espero que este livro sirva para demonstrar, algo bastante simples. Tampouco é difícil recontar as consequências socioeconômicas mais importantes dessas mudanças técnicas.

O que é bem mais desafiador é encontrar um equilíbrio sensato entre enxergar a história pelo prisma dos imperativos energéticos e dar a atenção apropriada à abundância de fatores não energéticos que sempre iniciaram, controlaram, moldaram e transformaram o uso humano da energia. Em termos ainda mais fundamentais, é necessário observar o paradoxo do papel da energia na evolução da vida em geral, e na história humana em particular. Todos os sistemas vivos são sustentados por importações incessantes de energia, e essa dependência necessariamente introduz inúmeras restrições fundamentais. Mas esses fluxos energéticos que sustentam a vida não podem explicar a existência em si dos organismos nem as complexidades específicas de sua organização.

Padrões gerais do uso de energia

A relação de longa data entre as conquistas humanas e as fontes dominantes de energia e forças motrizes diferentes talvez fique mais evidente ao ser encarada em termos de eras energéticas e transições. Essa abordagem precisa abster-se de rígidas periodizações (já que algumas transições transcorreram muito lentamente) e deve reconhecer que generalizações envolvendo períodos específicos devem levar

386 Energia e Civilização: Uma História

em conta diferenças no surgimento e no ritmo de processos subjacentes básicos. Talvez o melhor exemplo recente seja o desenvolvimento excepcionalmente acelerado da China a partir de 1990, conquistando numa única geração aquilo que levou três gerações para muitos países durante os estágios iniciais da industrialização. Existem também muitas peculiaridades nacionais e regionais que motivam e moldam tais mudanças complexas.

As uniformidades mais óbvias ditadas por eras energéticas específicas podiam ser vistas em atividades envolvendo extração, conversão e distribuição de energias. Músculos humanos e bois de tração impunham limites bastante similares à extensão de terra que podia ser plantada ou colhida em um dia, quer fosse no Punjab ou na Picardia; o rendimento de carvão vegetal a partir das tradicionais fogueiras em forma de torre em Tohoku (no norte de Honshu) pouco diferiam do rendimento em Yorkshire (norte da Inglaterra). Na civilização moderna global, essas comunalidades se tornaram identidades absolutas: as mesmas fontes de energia e as mesmas forças motrizes são atualmente administradas, exploradas e convertidas ao redor do planeta com os mesmos processos e máquinas, e eles costumam ser produzidos ou implementados por poucas empresas globalmente dominantes.

Exemplos de tais empresas incluem Schlumberger, Halliburton, Saipem, Transocean e Baker para serviços em campo de petróleo; Caterpillar, Komatsu, Volvo, Hitachi e Liebherr para maquinário pesado de construção; General Electric, Siemens, Alstom, Weir Allen e Elliott para grandes turbinas a vapor; e Boeing e Airbus para grandes jatos comerciais. À medida que o alcance dos serviços e produtos oferecidos por essas empresas se tornaram verdadeiramente globais, antigas diferenças internacionais em desempenho e confiabilidade foram em grande parte reduzidas ou mesmo eliminadas por completo, e em alguns casos aqueles que entraram mais recentemente no mercado abocanharam fatias maiores de técnicas avançadas que os industrializantes pioneiros. E apesar das grandes diferenças em ambientes culturais e políticos, há também um escopo surpreendentemente vasto para generalizações a respeito das consequências socioeconômicas dessas mudanças energéticas fundamentais.

Como a maior parte da exploração compensatória de fontes de energia e forças motrizes idênticas exige as mesmas técnicas, essa uniformidade também impõe muitos moldes idênticos, ou bastante similares, não apenas no cultivo de lavouras (levando à dominância de poucas variedades comerciais e à produção em massa de alimentos de origem animal), nas atividades industriais (levando à especialização, concentração e automação), na organização de cidades (levando ao surgimento de distritos comerciais no centro da cidade, suburbanização e, posteriormente, ao desejo de espaços verdes), e nos arranjos de transporte (manifestando-se nas grandes cidades com a necessidade de metrô, trens suburbanos, viagens diárias de carro e frotas de táxis), mas também nos padrões de consumo, nas atividades de lazer e nas aspirações intangíveis.

Capítulo 7   A energia na história mundial   **387**

Em todas as sociedades maduras de alta tecnologia, e nas áreas urbanas de muitas economias de crescimento ainda relativamente acelerado, mais de 90% dos lares possuem TV, geladeira e máquina de lavar, e outros itens bastante adquiridos incluem dispositivos eletrônicos pessoais, aparelhos de ar condicionado e veículos de passageiros. Tendências alimentares compartilhadas por todo o globo incluem a internacionalização dos paladares (com o *tikka masala* figurando como o item alimentar mais popular na Inglaterra, *kare raisu* no Japão), a popularização da *fast food* e a disponibilidade durante o ano inteiro de frutas e vegetais sazonais, uma conveniência paga pelo significativo custo energético dos fretes internacionais em contêineres refrigerados e transporte pelo ar. Dentre as atividades de lazer agora universais, estão as viagens aéreas para praias quentes, visitas a parques temáticos (antes restritas aos Estados Unidos, existem hoje Disneylândias na França, na China e no Japão) e viagens em cruzeiros (antigamente um passatempo europeu e norte-americano que agora tem crescimento recorde na Ásia). E, indo ainda mais longe, fontes energéticas compartilhadas acabam afetando muitas aspirações intangíveis, sobretudo para a educação avançada (e de elite).

Contudo, o que não deixa de se repetir é a enorme lacuna entre as sociedades de baixa renda (cujas fundações energéticas são um amálgama de combustíveis tradicionais de biomassa e forças motrizes inanimadas e parcelas crescentes de combustíveis fósseis e eletricidade) e os países de alta energia (industrializados ou pós-industriais) cujo consumo *per capita* de combustíveis fósseis e eletricidade já alcançou ou está bem próximo dos níveis de saturação. Essa lacuna pode ser vista em todos os níveis, quer se examine a produção econômica geral ou o padrão médio de vida, ou então a produtividade dos trabalhadores ou o acesso à educação. E essa lacuna está se tornando menos uma questão de disparidades internacionais e mais um fosso baseado em privilégio (acesso, educação, oportunidade), realidade essa mais bem ilustrada pela classe abastada na China e na Índia. Em 2013, um ramo do Clube dos Carros Esportivos da China passou a exigir que seus membros possuíssem um carro melhor que um Porsche Carrera GT de US$ 440 mil (Taylor, 2013), enquanto o prédio residencial privado mais caro da Ásia, o arranha-céu de 27 andares pertencente a Mukesh Ambani ao custo de US$ 2 bilhões, situado no centro de Bombaim, tem uma vista desimpedida para as favelas em expansão.

Eras energéticas e transições

Qualquer periodização realista do uso de energia pelo ser humano precisa levar em consideração tanto os combustíveis dominantes quanto as principais forças motrizes. Essa necessidade desqualifica as duas divisões conceitualmente atraentes da história em apenas duas eras energéticas distintas. Energia animada *versus* inanimada contrasta as sociedades tradicionais, em que os músculos humanos e animais eram as forças motrizes dominantes, com a civilização moderna, depen-

388 Energia e Civilização: Uma História

dente de máquinas movidas a combustível e eletricidade. Porém, essa divisão é enganosa tanto em relação ao passado quanto ao presente. Em várias das altas culturas antigas, duas classes de forças motrizes inanimadas, rodas d'água e moinhos de vento, já estavam fazendo diferenças cruciais séculos antes do advento das máquinas modernas.

E a ascensão do Ocidente deve muito a uma combinação poderosa de duas forças motrizes inanimadas: o aproveitamento efetivo do vento e a adoção da pólvora, materializados em barcos a vela oceânicos munidos de canhões pesados (McNeill, 1989). Além do mais, a segmentação entre forças motrizes animadas e inanimadas só ocorreu por completo entre a quinta parte mais rica da humanidade. Uma dependência substancial de mão de obra pesada humana e animal ainda é a norma nas áreas rurais mais pobres da África e da Ásia, e tarefas manuais exaustivas (e muitas vezes arriscadas) são praticadas diariamente por centenas de milhões de trabalhadores em muitas indústrias extrativas, processadoras e manufatureiras em países de baixa renda (que vão desde quebrar pedras para fazer brita até desmontar antigos navios petroleiros).

A segunda simplificação, o uso de fontes de energia renováveis *versus* não renováveis, capta a dicotomia básica entre o milênio dominado por forças motrizes animadas e combustíveis de biomassa e o passado mais recente, bastante dependente de combustíveis fósseis e eletricidade. Mais uma vez, os desenvolvimentos reais foram mais complexos que isso. O suprimento de biomassa em sociedades da era da madeira não foi uma questão de renovabilidade assegurada: a derrubada excessiva de árvores seguida pela erosão destrutiva do solo em barrancos vulneráveis eliminou as condições para crescimento florestal sustentável por grandes áreas no Velho Mundo, sobretudo em torno do Mediterrâneo e na China setentrional. E, no mundo atual dominado por combustíveis fósseis, a potência hídrica, uma fonte renovável, gera aproximadamente um sexto de toda a eletricidade, ao passo que, como recém observado, a maioria dos agricultores em países pobres ainda depende de mão de obra humana e animal para trabalho de campo e para a manutenção de sistemas de irrigação.

Divisões claras em eras energéticas específicas são pouco realistas não apenas devido às óbvias diferenças nacionais e regionais na época da inovação e da adoção disseminada de novos combustíveis e forças motrizes, mas também devido à natureza evolucionária das transições energéticas (Melosi, 1982; Smil, 2010a). Fontes e forças motrizes estabelecidas podem ser surpreendentemente persistentes, e novos suprimentos ou técnicas às vezes se tornam dominantes somente após longos períodos de difusão gradual. Uma combinação de funcionalidade, acessibilidade e custos explica a maior parte dessa inércia. Contanto que as fontes ou forças motrizes estabelecidas funcionem bem em dados ambientes, estejam prontamente disponíveis e sejam lucrativas, seus substitutos, mesmo aqueles com alguns atributos claramente superiores, avançarão bem lentamente. Economistas podem encarar

Capítulo 7 A energia na história mundial **389**

essas realidades como exemplos de entrave ou dependência de trajetória, conforme conceitualizado por David (1985), que baseou seu argumento na tentativa de substituição do teclado QWERTY pelo leiaute Dvorak, supostamente superior.

Mas não precisamos de nenhum outro rótulo questionável para descrever aquele que é um processo bastante comum de lenta progressão perceptível na evolução de organismos e em decisões pessoais, bem como em avanços técnicos e administração econômica. Exemplos da história da energia são abundantes. As rodas d'água romanas foram usadas pela primeira vez no século I a.C., mas só acabaram se difundindo de verdade uns 500 anos depois. E mesmo então seu uso ficava quase completamente limitado à moagem de grãos. Conforme observado por Finley (1965), a libertação de escravos e animais de seu árduo labor não era um incentivo forte o suficiente para a adoção rápida de rodas d'água. No fim do século XVI, a circum-navegação da Terra por barcos a vela se tornou quase lugar-comum — mas em 1571, na batalha de Lepanto, cada lado usou mais de 200 galés (a remo), em 1588 a Armada Espanhola decidida a invadir a Inglaterra ainda contava com quatro galés e quatro galeaças tripuladas por mais de 2 mil remadores condenados, e galés suecas munidas de canhões pesados foram usadas para destruir a frota russa em Svensksund em 1790 (Martin; Parker, 1988; Parker, 1996).

Animais de tração, potência hídrica e motores a vapor coexistiram durante a industrialização da Europa e da América do Norte por mais de um século. Com sua abundância de madeira, nos Estados Unidos o carvão suplantou a queima de lenha e o coque se tornou mais importante que o carvão vegetal somente nos anos 1880 (Smil, 2010a). A potência mecânica na agricultura suplantou a potência de cavalos e mulas somente no fim da década de 1920, ainda havia milhões de mulas no sul dos Estados Unidos no início dos anos 1950, e o Departamento de Agricultura do país só parou de contabilizar os animais de trabalho em 1963. E durante a Segunda Guerra Mundial, navios de produção em massa da classe Liberty (EC2), os cargueiros dominantes dos Estados Unidos, não eram movidos por novos e eficientes motores a diesel, mas pelos bons e velhos motores a vapor de três cilindros alimentados por caldeiras a óleo (Elphick, 2001).

Somente aproximações sugestivas são possíveis ao mapear padrões a longo prazo na mobilização de forças motrizes nas sociedades pré-industriais do Velho Mundo. Sua característica mais marcante é o longo domínio da mão de obra humana (Figura 7.1). Músculos humanos representaram a única fonte de energia mecânica desde o início da evolução dos hominídeos até a domesticação de animais de tração, que começou somente cerca de 10 mil anos atrás. A potência humana foi incrementada pelo uso crescente de mais e melhores ferramentas, enquanto o trabalho animal por todo o Velho Mundo permaneceu por milênios limitado pelo uso de arreios e rações inadequados, e as bestas de tração simplesmente não existiam nas Américas nem na Oceania. Músculos humanos, portanto, continuaram sendo forças motrizes indispensáveis em todas as sociedades pré-industriais.

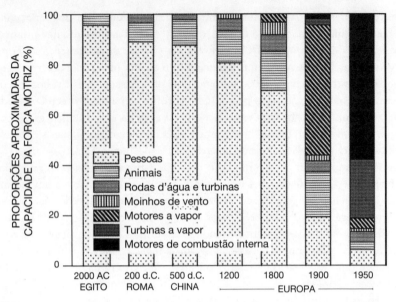

FIGURA 7.1
O domínio prolongado da mão de obra humana, a lenta difusão de máquinas movidas pela água e pelo vento e a adoção acelerada pós-1800 de motores e turbinas são as três características mais marcantes na história das forças motrizes. Taxas aproximadas são estimadas e calculadas a partir de uma ampla variedade de fontes citadas neste livro.

Uma notável dicotomia caracterizou o emprego de mão de obra humana em todas as civilizações antigas. Em contraste com sua massiva mobilização para alcançar feitos incríveis de construção pesada, altas culturas antigas, quer baseadas em mão de obra escrava, corveia ou trabalho quase todo livre, jamais tomaram medidas para realmente aumentar a escala da produção de mercadorias. A atomização da produção seguiu sendo a norma (Christ, 1984). A China Han dominou alguns métodos potencialmente de larga escala. Entre eles, o que talvez chame mais a atenção foi seu aperfeiçoamento da fundição de ferro de modo a produzir em massa múltiplas peças praticamente idênticas de pequenos artigos de metal a partir de um único despejo (Hua, 1983). Mas a maior fornalha Han já descoberta tinha apenas 3 m de largura e menos de 8 m de comprimento. Fora da Europa e da América do Norte, manufaturas artesanais em escala relativamente pequena continuaram sendo a norma até o século XX. A ausência de transporte barato por terra representou um entrave óbvio à produção em massa.

Os custos de distribuição para além de um raio relativamente pequeno acabariam suplantando quaisquer economias de escala obtidas pela fabricação centralizada. E, a bem da verdade, muitos projetos antigos de construção não chegaram a exigir insumos laborais verdadeiramente extraordinários. Algumas centenas a milhares de trabalhadores sob o sistema de corveia atuando por apenas dois a cinco meses a cada ano eram capazes de erigir enormes estruturas religiosas ou muralhas defensivas, de escavar longos canais de irrigação e transporte e de construir diques extensivos num período de meros 20–50 anos. Mas a construção de muitos projetos estupendos demorou períodos bem mais longos. O sistema de irrigação Kalawewa do Ceilão levou cerca de 1.400 anos para ser construído (Leach, 1959). Construções e reparos graduais na Grande Muralha da China se estenderam por um período ainda maior (Waldron, 1990). E um século ou dois não era um tempo excepcional para finalizar uma catedral.

As primeiras forças motrizes inanimadas começaram a fazer diferenças notáveis em algumas partes da Europa e da Ásia somente após 200 d.C. (rodas d'água) e 900 d.C. (moinhos de vento). Melhorias graduais nesses dispositivos acabaram tomando o lugar e acelerando muitas tarefas cansativas e repetitivas, mas a substituição do trabalho animal foi lenta e irregular (Figura 7.2). Mesmo assim, exceto pelo bombeamento de água, as rodas d'água e os moinhos de vento pouco podiam fazer para facilitar as lides do campo. É por isso que os cálculos aproximados de Fouquet (2008) para a Inglaterra mostram os esforços humanos e animais respondendo por 85% de toda a potência em 1500 e ainda por 87% em

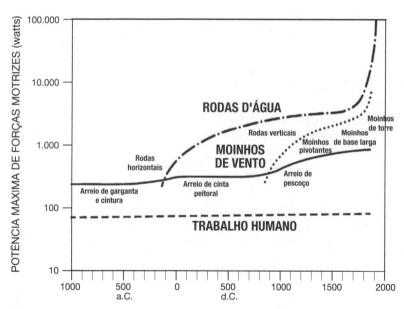

FIGURA 7.2
A potência unitária média de forças motrizes tradicionais permaneceu limitada mesmo após a adoção de grandes rodas d'água no início da Era Moderna. A mudança só se deu com os motores a vapor do século XIX. As capacidades máximas são plotadas a partir de fontes que lidam com forças motrizes específicas citadas neste livro.

392   Energia e Civilização: Uma História

1800 (quando a potência hídrica e eólica respondia por cerca de 12%) — mas por apenas 27% em 1900: nessa época, o vapor tinha passado a predominar nas indústrias. Mas mesmo durante a era do motor a vapor, o trabalho animado continuava sendo indispensável para extrair e distribuir combustíveis fósseis em inúmeras tarefas de fabricação; e na agropecuária, seguiu dominando as lides do campo por todo o século XIX (Quadro 7.1).

Mas bem antes que a potência máxima de animais de trabalho fosse em si triplicada (por cavalos mais possantes com arreios de pescoço), as rodas d'água já haviam se tornado as forças motrizes mais potentes. Seu desenvolvimento subsequente foi lento: o primeiro aumento de dez vezes nas capacidades máximas levou cerca de mil anos, o segundo, cerca de 800. Seu pico de potência unitária foi finalmente ultrapassado pelos motores a vapor do fim do século XVIII, mas sua dominância se encerrou apenas com a introdução e proliferação dos moto-

---

QUADRO 7.1
Persistência da potência animada

Nas Américas, grupos de cavalos, mulas e bois também convertiam a maior parte das terras cultivadas ao arar extensivamente as grandes planícies dos Estados Unidos, as pradarias do Canadá, o cerrado do Brasil e os pampas da Argentina durante as últimas décadas do século XIX e início do século XX. Foi somente em 1963, quando a potência norte-americana na forma de tratores era quase 12 vezes a capacidade registrada de tração animal de 1920, que o Departamento de Agricultura parou de contabilizar animais de tração.

No fim da era dinástica e início da republicana na China, a contribuição de moinhos de vento, moinhos hídricos e vapor continuava insignificante em comparação com a da mão de obra humana, cuja potência agregada também ultrapassava em muito aquela dos animais de tração. Minha melhor estimativa é que, ainda em 1970, a mão de obra humana na China contribuía com cerca de 200 PJ de energia útil, comparada a pouco mais de 90 PJ dos animais de tração do país (Smil, 1976).

O domínio dos músculos humanos limitava as unidades de trabalho mais comumente mobilizadas a 60–100 W de trabalho útil sustentado (ao longo de um dia). Isso significa que em todas exceto algumas circunstâncias excepcionais, as maiores concentrações de potência de mão de obra humana sob um único comando (centenas a milhares de trabalhadores em canteiros de obras) alcançava no máximo 10 mil a 100 mil W durante esforços sustentados, embora breves picos chegassem a múltiplos dessas taxas. Um tradicional mestre em arquitetura ou construtor de canais, controlava, portanto, fluxos de energia equivalentes a no máximo aqueles produzidos por um único motor que hoje propele máquinas de movimentação de solo.

Capítulo 7 A energia na história mundial **393**

res de combustão interna e das turbinas a vapor, que entraram em uso durante os anos 1880, passaram a dominar nos anos 1920 e seguem sendo as principais forças motrizes móveis e estacionárias, respectivamente, do início do século XIX.

Embora haja algumas diferenças continentais e regionais, níveis típicos de consumo de combustível e os modos predominantes de uso de forças motrizes em altas culturas antigas eram bastante similares. Se há uma sociedade antiga a ser destacada por seus avanços notáveis no uso de combustíveis e desenvolvimento de forças motrizes, é a China Han (207 a.C.–220 d.C.). Suas inovações foram adotadas em outros locais somente séculos, ou mesmo um milênio, depois. As contribuições mais notáveis dos chineses Han foram o uso de carvão para produzir ferro, perfurações para obter gás natural, a produção de aço a partir de ferro fundido, o uso difundido de arados com aivecas curvadas de ferro, a adoção inicial de arreios de pescoço e o uso de semeadeiras de tubos múltiplos. Por mais de um milênio, em nenhum outro lugar chegou a surgir um conjunto de avanços-chave similar a esse.

Em seus primórdios, o Islã trouxe projetos inovadores de máquinas de elevação hídrica e moinhos de vento, e o comércio marítimo de seus domínios se beneficiou do uso efetivo de velas triangulares. Mas o mundo islâmico não introduziu qualquer inovação radical em uso de combustível, metalurgia ou arreios de animais. Somente a Europa medieval, tomando emprestado ecleticamente dos feitos de chineses, indianos e muçulmanos, começou a inovar de diversas formas cruciais. O que realmente distinguiu as sociedades medievais europeias em termos de uso de energia foi sua crescente dependência em relação a energias cinéticas da água e do vento. Esses fluxos foram domados com máquinas cada vez mais complexas, gerando concentrações de potência sem precedentes para incontáveis aplicações. Na época das primeiras grandes catedrais góticas, as maiores rodas d'água produziam perto de 5 kW, um equivalente a mais de 60 homens. Bem antes da Renascimento, algumas regiões europeias se tornaram criticamente dependentes de água e vento, primeiramente para a moagem de grãos, depois para amaciar tecidos e metalurgia de ferro. E essa dependência também contribuiu para o aguçamento e difusão de muitas habilidades mecânicas.

A Europa do fim do medievo e início da modernidade foi, portanto, um local de amplificação de inovações, mas, como atestado por relatos de viajantes europeus da época admirando as riquezas do Reino Celestial, a destreza técnica geral da China contemporânea certamente era mais impressionante. Esses viajantes não tinham como saber que muito em breve o contrário passaria a ocorrer. Ao final do século XV, a Europa estava numa trajetória de acelerada inovação e expansão, enquanto a elaborada civilização chinesa estava prestes a iniciar uma longa e profunda involução técnica e social. A superioridade técnica ocidental não tardou muito em transformar as sociedades europeias e ampliar seu alcance a outros continentes.

394 Energia e Civilização: Uma História

Em 1700, os níveis chineses e europeus de consumo típico de energia e, portanto, de abastança material média, ainda eram similares em termos gerais. Em meados do século XVIII, as rendas reais dos trabalhadores em construção na China eram similares àqueles de partes menos desenvolvidas da Europa, mas ficavam para trás em relação aos das principais economias do continente (Allen *et al.*, 2011). Foi então que os avanços ocidentais ganharam velocidade. No âmbito da energia, eles se revelaram pela combinação de safras de maior rendimento, nova metalurgia baseada em coque, melhor navegação, novos *designs* de armamentos, uma avidez pelo comércio e uma busca pela experimentação. Pomeranz (2002) argumentou que essa decolagem teve menos a ver com instituições, atitudes ou demografia nas regiões econômicas centrais da Europa e da China do que com a fortuita localização de minas de carvão, e com os relacionamentos bem diferentes entre esses centros e suas respectivas periferias, bem como com o processo de invenção em si.

Outros enxergam que as fundações desse sucesso remontam à Idade Média. O efeito favorável da cristandade sobre avanços técnicos em geral (incluindo um conceito crucial de dignidade do trabalho braçal) e a busca monástica medieval por autossuficiência em particular foram ingredientes importantes nesse processo (White, 1978; Basalla, 1988). Até mesmo Ovitt (1987), que questiona a importância desses elos, reconhece que a tradição monástica, ao valorizar a dignidade fundamental e a utilidade espiritual do trabalho, foi um fator positivo. Seja como for, em 1850 as partes mais avançadas da China e da Europa pertenciam a dois mundos diferentes, e em 1900 estavam separados por uma enorme lacuna de desempenho: o uso de energia na Europa Ocidental era no mínimo quatro vezes maior que a média chinesa.

O período de avanços bem rápidos após 1700 foi desencadeado por engenhosos inovadores práticos. Mas seus maiores sucessos durante o século XIX foram impulsionados por retroalimentações diretas entre a ampliação do conhecimento científico e o projeto e comercialização de novas invenções (Rosenberg; Birdzell, 1986; Mokyr, 2002; Smil, 2005). Os alicerces energéticos dos avanços do século XIX incluíram o desenvolvimento de motores a vapor e sua adoção disseminada como forças motrizes estacionárias e móveis, a fundição de ferro com coque, a produção de aço em larga escala e a introdução de motores de combustão interna e de geração de eletricidade. A extensão e a velocidade dessas mudanças advieram de uma criativa combinação dessas inovações energéticas com novas sínteses químicas e com melhores maneiras de organizar a produção dentro das fábricas. O desenvolvimento agressivo de novos modos de transporte e telecomunicação também foi essencial, tanto para impulsionar a produção quanto para promover o comércio nacional e internacional.

Capítulo 7   A energia na história mundial   **395**

Em 1900, o acúmulo de inovações técnicas e organizacionais deu ao Ocidente, agora incluindo a nova potência dos Estados Unidos, domínio sobre uma parcela sem precedentes da energia global. Com apenas 30% da população mundial, os países ocidentais consumiam cerca de 95% dos combustíveis fósseis. Durante o século XX, o mundo Ocidental aumentou seu uso total de energia em quase 15 vezes. Inevitavelmente, sua parcela de uso global de energia diminuiu, mas ao final do século XX o Ocidente (União Europeia e América do Norte), com menos de 15% da população global, consumia quase 50% de toda a energia comercial primária. Europa e América do Norte continuam sendo os consumidores dominantes de combustíveis e eletricidade em termos *per capita* e retiveram a liderança técnica. O acelerado crescimento econômico da China modificou o ranking absoluto: o país se tornou o maior consumidor de energia do mundo em 2010, em 2015 estava quase 25% à frente dos Estados Unidos, mas seu uso de energia *per capita* era apenas um terço da média norte-americana (BP, 2016).

Somente aproximações grosseiras são possíveis ao apresentar padrões a longo prazo do consumo de energia primária do Velho Mundo (Figura 7.3). No Reino Unido, o carvão tomou o lugar da lenha já durante o século XVII; na França e na Alemanha, a lenha passou a rapidamente perder importância somente após 1850; e na Rússia, Itália e Espanha, as energias de biomassa continuaram dominantes no século XX a dentro (Gales *et al.*, 2007; Smil, 2010a). Assim que as estatísticas básicas ficam disponíveis, é possível quantificar as transições e discernir longas ondas de substituição (Smil, 2010a; Kander; Malanima; Warde, 2013). Em termos globais, isso pode ser feito com boa precisão desde meados do século XIX (Figura 7.3). As taxas de substituição se mostram lentas, mas, considerando a variedade de fatores intervenientes, elas revelam uma similaridade surpreendente.

Minha reconstrução das transições globais de energia mostram que o carvão (substituindo a lenha) alcançou 5% do mercado global em 1840, 10% em 1855, 15% em 1865, 20% em 1870, 25% em 1875, 33% em 1885, 40% em 1895 e 50% em 1990 (Smil, 2010a). A sequência de número de anos que foram necessários para alcançar esses marcos foi 15–25–30–35–45–55–60. Os intervalos até que o petróleo substituísse o carvão, com 5% do suprimento global alcançado em 1915, foram praticamente idênticos: 15–20–35–40–50–60 (o petróleo jamais alcançará 50%, e sua parcela vem diminuindo). O gás natural alcançou 5% do suprimento primário global em 1930 e 25% dele após 55 anos, levando um tempo significativamente maior para chegar a essa parcela que o carvão ou o petróleo.

O progresso similar das três transições globais — são necessárias duas ou três gerações, ou 50–75 anos, para que uma nova fonte capture uma grande parcela do mercado global de energia — é notável, já que os três combustíveis requerem diferentes técnicas de produção, distribuição e conversão e já que as escalas de

396 Energia e Civilização: Uma História

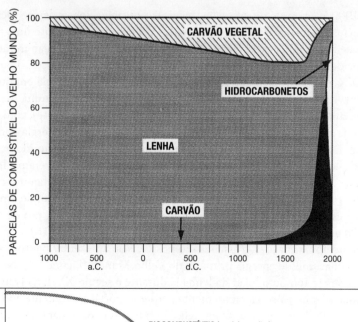

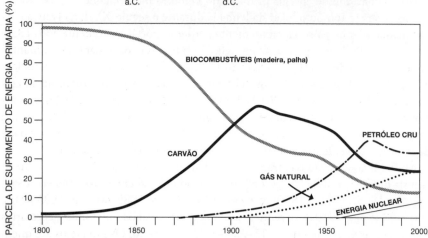

FIGURA 7.3
No alto, gráfico com estimativas aproximadas das parcelas geradas pelos principais combustíveis ao suprimento de energia primária do Velho Mundo nos últimos 3 mil anos. Embaixo, estatísticas razoavelmente precisas (exceto para o consumo de combustíveis tradicionais de biomassa) pós-1850 revelam ondas sucessivas de lentas transformações de energia: em 2010, o petróleo cru era o principal combustível fóssil, mas o carvão e o gás natural não ficavam muito para trás. Plotado a partir de UNO (1956) e Smil (2010a).

Capítulo 7   A energia na história mundial   **397**

substituições se mostraram bem diversas: para o carvão ir de 10% a 20%, foi preciso um aumento de menos de 4 EJ na produção anual do combustível, ao passo que para o gás natural ir de 10% a 20%, foi preciso um adicional aproximado de 55 EJ/ano (Smil, 2010a). Os dois fatores mais importantes que explicam as similaridades no ritmo das transições são os prerrequisitos para enormes investimentos estruturais e a inércia de sistemas de energia massivamente arraigados.

Embora a sequência de três substituições não signifique que a quarta transição, atualmente em seu estágio inicial (com os combustíveis fósseis sendo substituídos por novas conversões de fluxos energéticos renováveis), avançará no mesmo ritmo, as chances são altamente favoráveis a outro processo arrastado. Em 2015, as duas novas formas de geração de eletricidade, solar (em 0,4%) e eólica (em 1,4%), ainda estavam abaixo de 2% do suprimento mundial de energia primária (BP, 2016). Dois saltos iniciais seriam capazes de acelerar a transição: a rápida construção de novas usinas nucleares baseadas nos melhores projetos disponíveis e a disponibilidade de novas formas baratas de armazenar eletricidade solar e eólica em escalas massivas. E mesmo então, ainda enfrentaríamos os desafios de substituir bilhões de toneladas de combustíveis líquidos de alta densidade usados atualmente nos transportes e de produzir ferro-gusa, cimento, plásticos e amônia sem qualquer carbono fóssil.

Tendências a longo prazo e custos decrescentes

Transições seculares rumo a forças motrizes mais potentes podem ser traçadas com boa precisão tanto em termos de capacidades típicas e máximas (Figura 7.4). A curva agregada exponencial que conecta os picos de capacidade das forças motrizes partiu de aproximadamente 100 W de trabalho humano sustentado para a faixa de 300–400 W para animais de tração em algum momento durante o terceiro milênio a.C.; depois a linha subiu para cerca de 5.000 W (5 kW) para rodas d'água horizontais ao final do primeiro milênio da Era Comum. Em 1800, ultrapassou os 100.000 W (100 kW) em motores a vapor, e eles continuaram sendo de longe as unidades mais potentes até meados do século XIX, quando as turbinas hídricas ganharam uma breve primazia entre 1850 e 1910 (chegando a 10 MW). Posteriormente, as turbinas a vapor se tornaram as mais potentes forças motrizes isoladas, alcançando um platô em mais de 1.000.000.000 W (1 GW) nas maiores unidades instaladas pós 1960.

Uma perspectiva diferente é obtida ao se examinar as capacidades totais das forças motrizes. Após 1700, o padrão global básico pode ser razoavelmente apreciado, e estatísticas históricas precisas facilitam a retrospectiva para os Estados Unidos (Figura 7.5). Em 1850, o trabalho animado ainda respondia por mais de 80% da capacidade total de forças motrizes do mundo. Meio século depois, esse

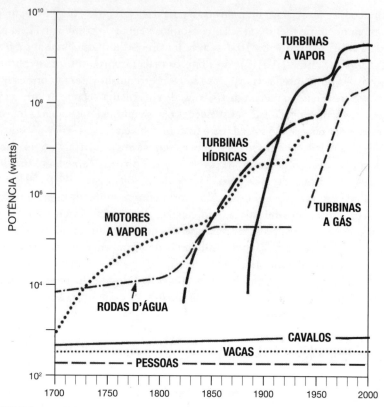

FIGURA 7.4
Capacidades máximas de forças motrizes anteriores a 1700 e aquelas introduzidas nos últimos três séculos. Os maiores turbogeradores são atualmente seis ordens de magnitude (quase dois milhões de vezes) mais potentes que cavalos pesados de tração, representando as forças motrizes animadas mais poderosas. As capacidades das rodas d'água foram ultrapassadas pelos motores a vapor antes de 1750, em 1850 as turbinas hídricas se tornaram por um período breve as forças motrizes mais poderosas, e as turbinas a vapor assumiram esse posto desde a segunda década do século XX. Plotado a partir de dados citados em seções abordando as forças motrizes específicas.

percentual era de uns 60%, com os motores a vapor suprindo cerca de um terço. No ano 2000, somente uma pequena fração da potência mundial disponível não estava instalada em motores de combustão interna e geradores de eletricidade. Nos Estados Unidos, as substituições de forças motrizes antecederam essas mudanças globais. Obviamente, motores de combustão interna (quer instalados em veículos, tratores, colheitadeiras ou bombas) são raramente mobilizados da mesma maneira sustentada que geradores de eletricidade. Automóveis e máquinas agrícolas geralmente ficam em operação menos de 500 horas por ano, compara-

Capítulo 7   A energia na história mundial   **399**

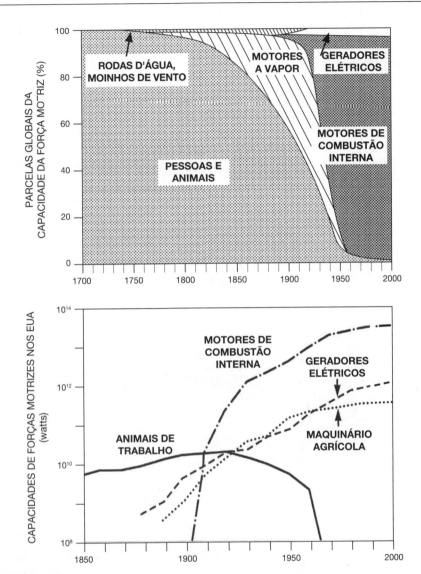

FIGURA 7.5
Os percentuais globais de forças motrizes em 1700 eram apenas marginalmente diferentes daqueles de 500 ou até 1000 anos atrás. Em contraste, em 1950 somente uma minúscula fração da potência mundial disponível não estava instalada em motores de combustão interna (sobretudo em carros de passageiros) e em turbinas hídricas e a vapor (em cima). Estatísticas norte-americanas desagregadas (embaixo) exibem essa rápida transformação em maior detalhe e precisão. As taxas globais foram estimadas e plotadas a partir de dados de UNO (1956), Smil (2010a) e Palgrave Macmillan (2013); o gráfico de baixo foi plotado a partir de dados de USBC (1975) e de publicações subsequentes de *The Statistical Abstract of the United States*.

das a mais de 5 mil horas no caso dos turbogeradores. Como consequência, em termos reais de produção energética, o quociente global entre motores de combustão interna e geradores de eletricidade fica atualmente perto de 2:1.

Duas tendências gerais importantes acompanharam o crescimento da potência unitária de forças motrizes inanimadas e o acúmulo de sua capacidade total: seus índices de massa/potência diminuíram (produzindo mais potência com unidades menores) e suas eficiências de conversão aumentaram (produzindo mais trabalho útil a partir da mesma quantidade de insumo energético inicial). A primeira tendência deu origem a conversores de combustível progressivamente mais leves e, portanto, mais versáteis (Figura 7.6) Os primeiros motores a vapor, embora bem mais potentes que cavalos, eram incrivelmente pesados e seu índice massa/po-

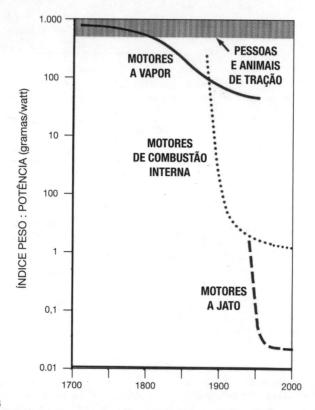

FIGURA 7.6
Todos os novos conversores inanimados de energia acabaram se tornando bem mais leves e eficientes. A queda constante do índice massa/potência das principais forças motrizes significa que os melhores motores de combustão interna atualmente pesam menos de 1/1.000 daquilo que animais de tração igualmente potentes ou os antigos motores a vapor pesavam. Plotado a partir de dados citados ao longo deste livro.

Capítulo 7   A energia na história mundial   **401**

tência ficava na mesma ordem de magnitude que o de animais de tração. Mais de dois séculos de desenvolvimento subsequente levaram à queda do índice massa/potência dos motores a vapor, para cerca de um décimo dos valores iniciais, ainda altos demais para que os motores atuassem nas estradas ou em voos.

O índice massa/potência dos motores de combustão interna (primeiro motores a gasolina, depois a diesel) diminuiu duas ordens de magnitude em menos de 50 anos após os primeiros modelos comerciais (motores horizontais movidos a gás de carvão) terem sido introduzidos nos anos 1860. Essa queda brusca abriu caminho para o barateamento da mecanização do transporte viário (carros ônibus, caminhões) e tornou a aviação possível. A partir dos anos 1930, tanto para uso estacionário quanto em voos, as turbinas a gás impulsionaram essas melhorias em quase outras duas ordens de magnitude, possibilitando as velocíssimas viagens aéreas a jato, a partir de 1958 e em escala massiva após a introdução de jatos de fuselagem larga, com o Boeing 747 na vanguarda em 1969. Simultaneamente, as turbinas a gás emergiram como uma das principais alternativas para a geração flexível e limpa de eletricidade.

As eficiências das forças motrizes são limitadas por considerações termodinâmicas fundamentais. Avanços técnicos vêm diminuindo as lacunas entre os melhores desempenhos e os máximos teóricos. As eficiências de máquinas movidas a vapor saíram de uma fração 1% nos motores primitivos de Savery para pouco mais de 40% no caso de grandes turbogeradores do início do século XXI. Somente melhorias marginais são agora possíveis para turbogeradores, quer movidos a vapor ou água, mas turbinas a gás de ciclo combinado podem chegar a eficiências de 60%. De modo similar, os melhores combustores chegaram atualmente a desempenhos próximos dos limites teóricos. Tanto as caldeiras de grande porte usadas em usinas de energia quanto as fornalhas domésticas de gás natural alcançaram os 97% de eficiência. Em contraste, os desempenhos cotidianos dos motores de combustão interna, as forças motrizes com a maior potência instalada agregada, ainda são bastante baixos. Motores de carro com má manutenção muitas vezes funcionam a um terço de seus máximos de fábrica. Aprimoramentos na eficiência luminosa foram ainda mais impressionantes (Quadro 7.2).

Forças motrizes mais potentes e ainda assim mais eficientes e leves elevaram as velocidades típicas das viagens de longa distância em mais de dez vezes por terra e água, e tornaram o voo possível (Figura 7.7). Em 1800, carruagens puxadas por cavalos geralmente chegavam a menos de 10 km/h, enquanto as carroças para cargas pesadas avançavam à metade dessa velocidade. No ano 2000, o trânsito pelas rodovias podia fluir a 100 km/h e trens de passageiros de alta velocidade chegavam ou até ultrapassavam os 300 km/h, enquanto as velocidades de cruzeiro comuns dos jatos comerciais é de 880–920 km/h a cerca de 11 km acima do

402 Energia e Civilização: Uma História

QUADRO 7.2
Eficiência e eficácia na iluminação

Velas convertem em luz entre 0,01% e 0,04% da energia química da queima da cera, sebo ou parafina. As primeiras lâmpadas elétricas de Edison, que empregavam laços ovais de papel carbonizado presos por grampos de platina a fios também de platina selados através do vidro, convertiam 0,2%, uma ordem de magnitude melhor que as velas, mas em nada melhor que as lamparinas a gás da época (0,15–0,3%). Filamentos de ósmio, introduzidos em 1898, convertiam quase 0,6% da energia elétrica em luz. Essa taxa foi mais do que dobrada a partir de 1905 com filamentos de tungstênio no vácuo, e depois dobrou novamente com gás inerte em bulbos. Em 1939, a primeira lâmpada fluorescente levou a eficiência acima de 7%, e as taxas subiram bem acima de 10% após a Segunda Guerra (Smil, 2006).

No entanto, a melhor maneira de apreciar esses ganhos é em termos de eficácia luminosa. Esse quociente entre os fluxos luminoso e radiante (expresso em lúmens por watt, lm/W) mede a eficiência com que uma fonte de energia radiante produz luz visível, e seu máximo é de 683 lm/W. Eis, em ordem crescente, as eficiências luminosas, todas em lm/W (Rea 2000): vela, 0,3; lamparina a gás, 1–2; primeiras lâmpadas incandescentes, menos de 5; lâmpadas incandescentes modernas, 10–15; lâmpadas fluorescentes, até 100. Lâmpadas de sódio de baixa pressão são atualmente a fonte de luz comercial mais eficiente (com máximos pouco acima de 200 lm/W), mas sua luz amarelada é usada apenas para iluminação de ruas. Diodos emissores de luz, adequados para aplicações em locais fechados, já produzem perto de 100 lm/W, e logo ultrapassarão os 150 lm/W (USDOE, 2013).

---

solo. O aumento das velocidades foi acompanhado por capacidades e autonomias crescentes no transporte de mercadorias e pessoas.

Por terra, essa evolução mecânica recentemente chegou ao seu pico no caso dos caminhões de múltiplos eixos, trens unitários (que transportam até 10 mil t de materiais a granel) e trens elétricos de passageiros de alta velocidade (para até mil pessoas). Pelo mar, os superpetroleiros transportam até 500 mil t de petróleo cru, ao passo que os maiores aviões de passageiros, o Boeing 747 e o Airbus 380, levam até 500 pessoas e o maior avião-cargueiro, o Antonov 225, suporta 250 t. O aumento de autonomia foi igualmente impressionante: a maior distância que pode ser cumprida por um carro de passageiros sem reabastecer é atualmente de mais de 2,6 mil km — recorde conquistado em 2012 com um Volkswagen Passat TDI a diesel (Quick, 2012) — e o Boeing 777–200LR pode voar por mais de 17.500 km.

O aumento da velocidade e da autonomia no transporte de passageiros e mercadorias também tem seu lado destrutivo no aumento da velocidade, autonomia

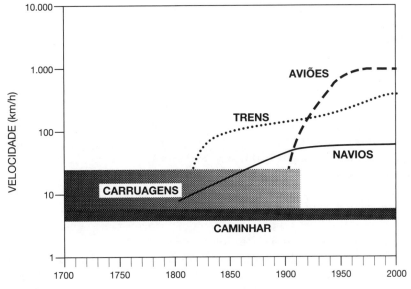

FIGURA 7.7
As velocidades máximas no transporte de passageiros subiram de menos de 20 km/h para carruagens da era pré-ferroviária para bem mais de 100 km/h poucas décadas depois, no caso dos melhores projetos de locomotivas. Trens rápidos modernos viajam normalmente a 200–300 km/h e jatos comerciais têm velocidades de cruzeiro pouco acima de 900 km/h. Plotado a partir de dados de inúmeras referências citadas nas seções deste livro que abordam os transportes.

e poder efetivo de projéteis lançados por armas. O alcance mortal de lanças era de poucas dezenas de metros; um especialista de campo no seu lançamento podia aumentar essa distância para mais de 60 m. Bons arcos de material compósito lançavam flechas perfurantes a até 500–700 m. Esse também era o alcance das balestras mais poderosas. Várias catapultas conseguiam arremessar pedras de 20–150 kg a 200–500 m. O alcance aumentou rapidamente quando músculos foram substituídos por pólvora. Pouco antes do ano 1500, os canhões mais pesados podiam disparar balas de ferro de 140 kg a cerca de 1.400 m e bolas de pedra mais leves pelo dobro dessa distância (Egg *et al.*, 1971).

No início do século XX, quando os alcances das grandes artilharias de campo tinham alcançado dezenas de quilômetros, os canhões perderam sua primazia na destruição a longa distância para os bombardeiros. Ao fim da Segunda Guerra, a autonomia dos bombardeiros passava de 6 mil km, com uma capacidade para lançar até 9 t de bombas, e eles, por sua vez, foram ultrapassados pelos mísseis balísticos (Spinardi, 2008). Desde o início dos anos 1960, esses mísseis podem lançar bombas nucleares mais poderosas com maior precisão, quer de silos em

404 Energia e Civilização: Uma História

terra ou de submarinos em qualquer lugar da Terra. O aumento do alcance desde os antigos arcos compósitos do Velho Mundo até os mísseis balísticos do século XX foi de cerca de 30 mil vezes, sendo que um míssil tem um poder destrutivo 16 ordens de magnitude maior que o de uma flecha.

Tendências a longo prazo no consumo, tanto em termos absolutos quanto relativos, se mostraram não menos impressionantes. Na escala global, fluxos totais de energia primária, incluindo combustíveis tradicionais de biomassa, alcançaram 20 EJ em 1800, quase 45 EJ em 1900, 100 EJ em 1950, pouco mais de 380 EJ no ano 2000 e mais de 550 EJ em 2015. Isso significa que a potência anualizada subiu de aproximadamente 650 W em 1800 para 12,2 TW em 2000, um aumento de quase 20 vezes em dois séculos, e em 2015 havia subido mais de 40%, para cerca de 17,5 TW. O aumento na extração de combustíveis fósseis entre 1800 e 2000 foi de quase 900 vezes, partindo de menos de 0,4 EJ para mais de 300 EJ. O uso crescente de energia transformou profundamente tanto os níveis absolutos quanto os relativos de consumo típico *per capita*.

As necessidades energéticas das sociedades de caçadores-coletores eram dominadas pela provisão de alimento, vestuário básico e abrigos temporários. Altas culturas antigas canalizaram um uso lentamente crescente de energia em abrigos permanentes, maior variedade de alimentos cultivados e processados, melhor vestuário e uma variedade de manufaturas (com o carvão vegetal como a fonte dominante de calor necessário para fundir minérios e cozer tijolos). As primeiras sociedades industriais — com maior quantidade de animais domésticos, com energia cinética advinda de rodas d'água e moinhos de vento e com a extração de carvão — facilmente dobraram o uso de energia *per capita* que predominava na Alta Idade Média.

Inicialmente, a maior parte desse aumento foi para novas manufaturas, construção e transporte (incluindo extensos desenvolvimentos de infraestrutura), mas a posterior ascensão do uso privado discricionário de energias não é captada pela divulgação padronizada de consumo por cada setor. Estatísticas da Agência Internacional de Energia, por exemplo, mostram que em 2013 somente 12% do uso de energia primária nos Estados Unidos foi residencial, enquanto a Agência de Informações Energéticas norte-americana situou esse valor (incluindo toda eletricidade e perdas em sua geração) em cerca de 22%, e o percentual real (incluindo grandes proporções de uso de energia catalogadas em categorias de comércio e transporte) fica bem acima dos 30%.

Como o suprimento de energia *per capita* nos Estados Unidos já era bem alto em 1900, sua taxa durante a primeira década do século XXI foi "apenas" 2,5 vezes maior (330 *versus* 132 GJ/*capita*), ao passo que o consumo *per capita* no Japão entre 1900 e 2015 aumentou em 15 vezes, e esse múltiplo foi de quase 10 na China. Devido à melhoria constante das eficiências médias de conversão, aumentos reais em consumo *per capita* de energia útil são bem maiores: dependendo do

Capítulo 7   A energia na história mundial   **405**

país, são de no mínimo quatro vezes e de até 50 vezes durante o século XX. Com uma eficiência energética geral abaixo de 20%, os Estados Unidos consumiam no máximo cerca de 25 GJ/t de energia útil em 1900, mas no ano 2000, com uma eficiência média de 40%, a taxa aproximada era de 150 G/*capita*, um aumento de sete vezes em um século. Meu melhor cálculo para a China mostra um aumento de 0,3 GJ/*capita* de energias úteis em 1950 para cerca de 15 GJ em 2000, um aumento de 50 vezes em apenas duas gerações.

Dados britânicos citados por Fouquet (2008) ilustram esses ganhos úteis nas principais categorias de consumo por 250 anos, entre 1750 e 2000. Para toda a potência industrial (em 1750, fornecida por trabalho animal, rodas d'água, moinhos de vento e alguns motores a vapor; em 2000, fornecida sobretudo por motores elétricos e de combustão interna) o múltiplo foi de 13 em 250 anos; para calefação, foi de 14; para todo o transporte de passageiros (em 1750, cavalos, carroças, carruagens, balsas e navios a vela; em 2000, veículos e navios movidos a motores de combustão interna e aviões quase todos a jato) foi de quase 900; e (como já mencionado) os ganhos em iluminação chegam em primeiro lugar, com o britânico médio consumindo cerca de 11 vezes mais luz em 2000 do que em 1750.

Esses múltiplos que rastreiam os ganhos de serviços de energia útil são o parâmetro energético mais revelador, já que explicam grandes saltos em capacidade produtiva, qualidade de vida, mobilidade sem precedentes e (se um extraterrestre sapiente fosse dar uma olhada) tanta luminosidade que imagens noturnas de satélite mostram vastas regiões da Europa, América do Norte e Ásia como manchas contínuas de brilho. Mas as eficiências energéticas mais elevadas mal dão conta da combinação de demanda ascendente e populações crescentes, e, embora a economia global tenha se tornado relativamente menos intensiva em energia, seu uso agregado de energia vem aumentando, e somente algumas das mais avançadas economias vêm revelando saturação da demanda média de energia *per capita* nas três últimas décadas.

Simultaneamente, a energia usada para satisfazer as necessidades físicas da vida foi aos poucos se tornando uma parte menor do consumo crescente, e atualmente a produção de uma enorme variedade de mercadorias, a prestação de incontáveis serviços e atividades de transporte e lazer respondem pelo grosso dos combustíveis e eletricidade em países abastados. O mesmo padrão se aplica para a quantidade crescente de moradores urbanos abastados em países populosos em franca modernização, acima de tudo na China, Índia e Brasil. E ganhos de eficiência a longo prazo vêm sendo a razão mais importante para quedas substanciais nos preços da energia (comparados em termos reais, ajustados pela inflação).

Kander (2013) mostrou que durante o século XX os preços reais da energia na Europa Ocidental baixaram 75%, incluindo uma queda de 80% no Reino Unido e de 33% na Itália. Algumas das tendências mais interessantes a longo prazo (comparadas apropriadamente em valores financeiros proporcionais ou por unidade

406 Energia e Civilização: Uma História

de desempenho específico ou serviço prestado) foram apresentadas por Fouquet (2008), que tirou proveito dos dados de preços na Inglaterra, que remontam até a Idade Média. Entre os anos 1500 e 2000, o custo da calefação doméstica diminuiu quase 90%, o custo da potência industrial 92%, o custo do frete por terra 95% e o custo do frete por mar 98%. Mas de longe a queda mais impressionante foi da iluminação.

O custo cada vez menor dos combustíveis usados para gerar luz diretamente ou via eletricidade e a melhoria da eficiência dos dispositivos luminosos se combinaram para produzir uma queda secular no custo dos serviços de iluminação (dinheiro corrigido/lúmens) que não é igualada por nenhum outro tipo de conversão energética. No ano 2000, um lúmen de luz no Reino Unido custava meramente 0,01% do que custava em 1500 e cerca de 1% do que custava em 1900 (Fouquet, 2008). E Nordhaus (1998) calculou que ao final do século XX o custo da iluminação nos Estados Unidos era quatro ordens de magnitude mais baixo (a fração real ficou em cerca de 0,0003) que em 1800. Preços reais da eletricidade caíram 97–98% durante o século XX tanto na Europa quanto nos Estados Unidos (Kander, 2013), e quando essa queda é combinada com uma elevação simultânea de cinco vezes na renda *per capita* disponível e um aumento de até uma ordem de magnitude na eficiência de conversão, isso significa que no ano 2000 uma unidade de serviço de eletricidade nos Estados Unidos era no mínimo 200 e até 600 vezes mais barata que em 1900 (Smil, 2008a). E desde o ano 2000 as despesas totais com energia por uma família norte-americana média é apenas 4-5% de sua renda disponível, uma bagatela considerando-se as típicas dimensões de um domicílio no país e sua intensidade nos transportes (USEIA, 2014).

Todos esses declínios seculares de preços retratam tendências irrefutáveis, mas ao mesmo tempo é preciso ter em mente que praticamente todas essas trajetórias seriam diferentes se os preços da energia refletissem por completo diversas externalidades, incluindo os impactos ambientais e de saúde associados a extração, transporte, processamento e queima de combustíveis, e às várias maneiras de geração de eletricidade. Esse cálculo jamais foi levado em conta em parte alguma. Algumas externalidades, incluindo a captura de matéria particulada e a dessulfurização de efluentes gasosos, já foram em grande parte internalizadas, enquanto outras seguem sendo ignoradas: acima de tudo, nenhum combustível fóssil arca com o custo do aquecimento global por emissão de CO_2. Além disso, em sua maioria os preços da energia — quer nas chamadas economias de livre mercado ou em Estados com políticas econômicas bastante dirigistas, e tanto em países de alta quanto de baixa renda — são subsidiados, às vezes pesadamente, sobretudo ao se ignorar as externalidades, ao incidir alíquotas fiscais baixas e mediante outros tratamento preferenciais (Quadro 7.3).

Capítulo 7 A energia na história mundial **407**

> **QUADRO 7.3**
> **Subsídios energéticos**
>
> O Fundo Monetário Internacional (IMF, 2015) mais que dobrou sua estimativa original de 2011 de US$ 2,0 trilhões de subsídios energéticos globais, para US$ 4,2 trilhões, e situou o total de 2015 em US$ 5,3 trilhões, ou cerca de 6,5% do produto econômico mundial. A maior parte desses subsídios deixa de cobrar por custos domésticos ambientais e de saúde e outras externalidades (incluindo congestão e acidentes de trânsito). A China, com sua queima massiva de carvão, é uma das principais subsidiadoras em termos absolutos (cerca de US$ 2,27 trilhões em 2015); os subsídios da Ucrânia responderam por 60% do PIB do país; e os subsídios *per capita* do Catar figuram no primeiro lugar, em cerca de US$ 6.000 por cada habitante. Uma nova onda de subsídios energéticos vem sendo aplicada para estabelecer e então ampliar a geração de eletricidade solar e eólica, as duas principais formas renováveis, bem como a fermentação de safras ricas em carboidratos para produzir etanol automotivo (Charles; Wooders, 2011; Alberici *et al.*, 2014; USEIA, 2015c).

O que não mudou?

Tendo em vista a natureza fundamental dos desenvolvimentos movidos a energia, essa é uma pergunta razoável de se fazer — e a resposta simples e óbvia só pode ser que a adoção e a difusão de novas fontes de energia e novas forças motrizes representaram as causas físicas fundamentais para mudanças econômicas, sociais e ambientais e que eles transformaram praticamente todas as facetas das sociedades modernas: o processo sempre nos acompanhou, mas seu ritmo vem se acelerando. Mudanças pré-históricas motivadas por melhores ferramentas, domínio do fogo e melhores estratégias de caça foram muitíssimo lentas, desenrolando-se ao longo de dezenas de milhares de anos. A adoção subsequente e a intensificação de plantações permanentes levou milênios. Sua consequência mais importante foi um grande aumento das densidades populacionais, levando a uma estratificação social, a uma especialização ocupacional e a uma urbanização incipiente. Sociedades de alta energia criadas pelo consumo crescente de combustíveis fósseis se tornaram os próprios símbolos da mudança, levando a uma obsessão disseminada com a necessidade de inovação constante.

As densidades das populações de caçadores-coletores abrangiam um amplo leque, mas, à exceção de algumas culturas marítimas, jamais ultrapassavam uma pessoa por quilômetro quadrado. Até mesmo a agricultura itinerante menos produtiva elevou essa taxa em no mínimo dez vezes. As plantações permanentes resultaram em outro aumento de dez vezes. A intensificação da agricultura tradicional passou a exigir insumos energéticos maiores. Enquanto o trabalho animado permaneceu

408 Energia e Civilização: Uma História

como a única força motriz no campo, o percentual da população envolvida no cultivo da lavoura e na pecuária precisou permanecer bastante alto, em mais de 80% e muitas vezes até 90%. Os retornos energéticos líquidos da agricultura intensiva envolvendo irrigação, terraceamento, lavouras múltiplas, rotação de culturas e adubação eram geralmente mais baixos que aqueles da agricultura extensiva, mas permitiram o desenvolvimento de densidades populacionais sem precedentes.

A agricultura tradicional mais intensiva — notavelmente nas multiculturas da Ásia, que sustentavam sobretudo dietas vegetarianas — costumava sustentar mais de cinco pessoas por hectare de terra cultivada. Tais densidades levaram à urbanização gradual, mas o crescimento das cidades, o comércio extensivo e a integração efetiva de impérios expansionistas foram limitados acima de tudo pelas baixas velocidades e capacidades do transporte por terra. Porém, em sociedades marítimas eles foram auxiliados pelas capacidades crescentes dos barcos a vela, usados tanto para comércio intercontinental lucrativo quanto para a projeção do poder a longas distâncias.

Em contraste com as transformações lentas e cumulativas das sociedades tradicionais, as consequências econômicas da industrialização à base de combustíveis fósseis foram quase instantâneas. A substituição dos combustíveis de biomassa pelos fósseis e, posteriormente, das energias animadas pela eletricidade e por motores de combustão interna criou um mundo novo em questão de poucas gerações (Smil, 2005). A experiência norte-americana representou um exemplo extremo dessas mudanças rápidas. Mais do que em qualquer outro país moderno, o poder e a influência dos Estados Unidos foram criados por seu uso extraordinariamente alto de energia (Schurr; Netschert, 1960; Jones, 1971; Jones, 2014; Smil, 2014b). Em 1850, o país era uma sociedade quase toda rural à base de madeira e com importações globais ínfimas. Um século depois — mais do que triplicando seu consumo *per capita* de energia útil e tornando-se ao mesmo tempo o maior produtor e o maior consumidor do mundo de combustíveis fósseis e um inovador técnico de destaque capaz de traduzir essas vantagens numa vitória completa na Segunda Guerra Mundial — tratava-se de uma superpotência econômica e militar e um dos maiores inovadores técnicos do mundo.

As transformações físicas mais óbvias do novo mundo à base de combustíveis fósseis foram criadas pelos processos entrelaçados de industrialização e urbanização. No nível mais fundamental, elas libertaram centenas de milhões de pessoas do trabalho braçal e geraram um suprimento crescente e uma maior variedade de alimentos e melhores condições habitacionais. A combinação de uma agropecuária mais produtiva e de novas oportunidades de trabalho em indústrias ascendentes levaram à migração em massa a partir de vilarejos e a uma cada vez maior urbanização em todos os continentes. Por sua vez, essas mudanças produziram uma enorme retroalimentação no uso global de energia. As exigências infraestruturais

Capítulo 7   A energia na história mundial   **409**

da vida urbana aumentaram o consumo médio de energia *per capita* bem acima das médias rurais mesmo em cidades que não eram altamente industrializadas. Essas demandas de densidade energética relativamente altas não tinham como ser satisfeitas sem meios baratos de transportar alimentos e combustíveis por longas distâncias, e mais tarde sem a transmissão de eletricidade.

A mecanização da produção fabril em massa energizada por combustíveis fósseis e eletricidade possibilitou a produção massiva de bens comuns, ampliando sua variedade e melhorando sua qualidade a preços acessíveis. Isso introduziu novos materiais (metais, plásticos, compósitos) e intensificou em muito o comércio, os transportes e as telecomunicações, a partir de então todos em âmbito global e acessíveis a qualquer indivíduo com razoáveis rendimentos discricionários (levando a aglomerações e à comodificação de experiências como consequências inevitáveis, evidenciadas pelos exércitos de turistas que sitiam todo e cada ponto arquitetônico ou vista panorâmica em busca de um vislumbre *pro forma* e de incontáveis *selfies*).

Esses desenvolvimentos também aceleraram todas a facetas de mudanças sociais. Eles quebraram a tradicional esfera de horizontes sociais e econômicos limitados, no primeiro caso (deixando de lado a inevitável relação inversa entre quantidade de comunicação e sua qualidade) materializando-se nos bilhões de usuários das "redes sociais", no segundo caso nas muitas vezes contraproducentes terceirizações e descentralizações de atividades industriais para outros países (gerando custos de transporte inerentemente mais elevados e perda de controle apropriado da qualidade). Eles geraram melhorias de saúde e prolongaram vidas, em benefícios quase universais (cujo anverso é o fardo de lidar com populações cada vez mais idosas). Eles disseminaram tanto a alfabetização básica quanto o ensino superior (embora a distribuição em massa de diplomas universitários tenha diminuído seu valor) e entregaram uma riqueza módica para uma parcela crescente da população mundial. Eles abriram mais espaço para a democracia e para os direitos humanos (mas certamente não tornaram o mundo verdadeiramente mais democrático).

A eletricidade deve ser destacada pelos muitos papéis singulares que ela cumpre. A confiança nesta que é a forma mais flexível e conveniente de energia rapidamente se desenvolveu numa dependência desmedida. Sem eletricidade, sociedades modernas não seriam capazes de cultivar a terra e se alimentar como hoje: a eletricidade é o que energiza os compressores tanto das usinas de amônia quanto das geladeiras domésticas. Elas não seriam capazes de prevenir doenças (hoje controladas com vacinas refrigeradas), de tratar os enfermos (com diagnósticos dependentes de máquinas a eletricidade, dos veneráveis aparelhos de raios X aos mais recentes de ressonância magnética, e com monitoramento em unidades de terapia intensiva), de controlar suas redes de transportes nem de lidar com seus volumes enormes de informações (com as centrais de dados se tornando alguns dos maiores consumidores pontuais de eletricidade) ou com o esgoto urbano.

410 Energia e Civilização: Uma História

E, é claro, sem eletricidade sociedades modernas não poderiam cooperar e gerir suas indústrias para produzir em massa uma gama crescente de bens de melhor qualidade a preços mais acessíveis. Essa produção acabou praticamente apagando a divisão antiga entre uma variedade admirável de bens refinados de luxo produzidos em pequenas quantidades para alguns poucos ricos e um sortimento limitado de manufaturas rústicas disponíveis para o público em geral. Uma parcela crescente desse avanço produtivo ganhou acesso ao mercado mundial. Em 2015, o comércio internacional respondia por cerca de 25% do produto econômico mundial bruto, comparados a menos de 5% em 1900 (World Bank, 2015c). Essa tendência se acelerou com métodos mais ágeis e mais confiáveis de transporte e com telecomunicação eletrônica instantânea. Os combustíveis fósseis e a eletricidade deslocaram o mundo de um mosaico de autarquias econômicas e horizontes culturais limitados para um todo cada vez mais interdependente.

Transformações não menos profundas da era dos combustíveis fósseis incluíram novas estruturas e relações sociais. Talvez a mais importante delas tenha sido um novo sistema de distribuição de riqueza. A mudança de *status* para contrato levou a uma maior independência pessoal e política. Essa transformação deu existência a novos regimes laborais (geralmente com carga horária fixa de trabalho e hierarquias organizacionais multicamadas) e a novos agrupamentos sociais com interesses especiais (sindicatos, gestores, investidores). Quase desde seu início, também introduziu novos desafios nacionais, acima de tudo a necessidade de lidar com extremos de rápido crescimento industrial regional e com declínio econômico crônico. Essa disparidade continua assolando até mesmo os países mais ricos. Novas tensões em relações internacionais foram causadas por barreiras comerciais, subsídios, tarifas e propriedades estrangeiras.

A introdução de novas fontes de energia primária e novas forças motrizes também teve impacto profundo sobre o crescimento econômico e ciclos de inovação técnica. Investimentos substanciais são necessários para desenvolver a infraestrutura extensiva obrigatória para extrair (ou aproveitar) novas formas de energia, para transportar (ou transmitir) combustíveis e eletricidade e para desenvolver em massa novas forças motrizes. Por sua vez, a introdução dessas novas fontes e forças motrizes dá origem a bolsões de aprimoramentos graduais e inovações técnicas fundamentais. A clássica análise de Schumpeter (1939) dos ciclos de negócios nos países ocidentais em industrialização mostrou a correlação inequívoca entre novas fontes de energia e forças motrizes, por um lado, e investimentos acelerados, do outro (Quadro 7.4, Figura 7.8)

Extensões subsequentes desses longos ciclos funcionam muito bem. O salto econômico pós-guerra esteve associado com a substituição global de carvão por hidrocarbonetos, com a ascensão da geração de eletricidade por todo o mundo (incluindo por fissão nuclear) e com a aquisição em massa de carros particulares

Capítulo 7   A energia na história mundial   **411**

QUADRO 7.4
Ciclos de negócios e energia

A primeira ascensão bem documentada (1787–1814) coincide com a disseminação da extração de carvão e com a introdução inicial de motores a vapor estacionários. A segunda onda de expansão (1843–1869) foi claramente motivada pela difusão dos motores a vapor móveis (em locomotivas e navios) e por avanços na metalurgia férrea. O terceiro salto (1898–1924) foi influenciado pelo advento da geração comercial de eletricidade e pela substituição acelerada de correias mecânicas por motores elétricos na produção dentro das fábricas. Os pontos centrais desses avanços apresentam intervalos aproximados de 55 anos. Pesquisas fascinantes pós-1945 ajudaram muito a corroborar a existência de pulsos a aproximadamente cada 50 anos nas questões humanas (Marchetti, 1986), bem como a recorrência dessas longas ondas na vida econômica e nas invenções técnicas em particular (van Duijn, 1983; Vasko; Ayers; Fontvieille, 1990; Allianz, 2010; Bernard *et al.*, 2013).

Tais estudos indicam que os estágios iniciais de adoção de novas energias primárias correlacionam-se significativamente com os inícios de grandes ondas de inovação. A história das inovações energéticas também confirma fortemente uma proposição ainda polêmica de que as depressões econômicas atuam como gatilhos para a atividade inovadora. Os pontos centrais dos três bolsões temporais de inovação identificados por Mensch (1979) recaem quase perfeitamente nos pontos intermediários das desacelerações schumpeterianas. O primeiro bolsão, com pico em 1828, está claramente associado ao desenvolvimento de motores a vapor estacionários e móveis, à substituição de carvão vegetal por coque e à geração de gás derivado de carvão. O segundo, com pico em 1880, inclui as inovações revolucionárias de geração de eletricidade, luz elétrica, telefone, turbina a vapor, produção eletrolítica de alumínio e motores de combustão interna. O terceiro, agrupado por volta de 1937, inclui a turbina a gás, o motor a jato, lâmpadas fluorescentes, radar e energia nuclear.

---

e subsídios energéticos extensivos na agricultura. Essa expansão foi interrompida pela quintuplicação dos preços do petróleo pela Opep em 1973. A última onda de inovações incluiu uma variedade de conversores de energia domésticos e industriais de alta eficiência e um progresso na ciência fotovoltaica. A difusão acelerada de microchips, avanços em computação, uma adoção disseminada de fibras ópticas, a introdução de novos materiais e novas formas de produção industrial e a automação e robotização onipresentes terão implicações energéticas ainda maiores.

As consequências econômicas do prodigioso uso de energia pelo mundo também se refletem no rol das maiores empresas do mundo (Forbes, 2015). Em 2015, cinco das 20 maiores corporações multinacionais não financeiras eram empresas

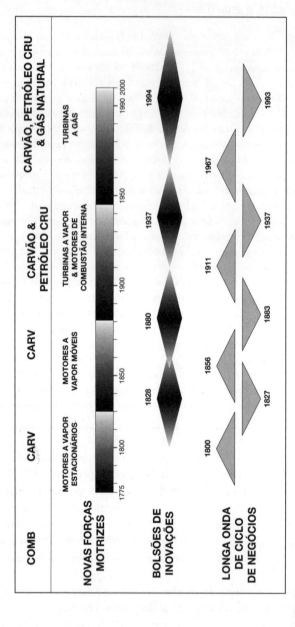

FIGURA 7.8
Comparação entre os inícios de importantes eras energéticas (identificadas por principais combustíveis fósseis e forças motrizes) e bolsões de inovação de acordo com Mensch (1979) e com as longas ondas de Schumpeter (1939) para os ciclos de negócios no Ocidente. Estendi ambas as ondas até os anos 2000.

Capítulo 7 A energia na história mundial **413**

petrolíferas — Exxon, PetroChina, Royal Dutch Shell, Chevron e Sinopec — e três eram fabricantes de carros e caminhões — Toyota, Volkswagen e Daimler. A intensificação da produção foi possibilitada por um suprimento confiável de energias baratas e acabou promovendo as economias de escala evidentes na concentração industrial. Praticamente todos os setores oferecem bons exemplos desse processo. Em 1900, os Estados Unidos tinham cerca de 200 empresas fabricantes de carros e a França tinha mais de 600 (Byrn, 1900). No ano 2000, restavam apenas três nos Estados Unidos, GM, Ford e Chrysler, e duas na França, Renault e Citroën-Peugeot. A quantidade de cervejarias britânicas caiu de mais de 6 mil em 1900 para apenas 142 em 1980 (Mark, 1985). Mas em diversos ramos (incluindo o das microcervejarias), um movimento inverso está acontecendo desde os anos 1970. Essa mudança é atribuível em grande parte à combinação de melhor comunicação, entregas mais rápidas e oportunidades de satisfazer demandas especializadas.

Em termos pessoais, de longe a consequência mais importante da era de alta energia é o grau sem precedentes de abastança e de melhoria da qualidade de vida. Mais fundamentalmente, essa conquista se baseia num fornecimento abundante e variado de comida. Habitantes de países ricos desfrutam de disponibilidades médias *per capita* bem acima de quaisquer necessidades realistas. Desnutrição persistente, até mesmo fome, em meio a esse excedente (em 2015, cerca de 45 milhões de norte-americanos estavam recebendo bolsa-refeição) representa uma questão de desigualdades distribucionais. Em termos físicos, a crescente abastança se manifesta de modo mais convincente em mortalidades infantis drasticamente mais baixas e em expectativas de vida mais longas. Intelectualmente, isso se reflete em taxas mais altas de alfabetização, mais anos de escolaridade e acesso facilitado a uma maior variedade de informações.

Outro ingrediente importante dessa abastança é o uso de energia para poupar tempo. Essas aplicações incluem uma preferência mais que disseminada por carros privados mais gastadores de energia, mas também mais rápidos, em oposição ao uso de transporte público. A refrigeração (que abole a necessidade de comprar comida todos os dias), fogões elétricos e a gás, fornos de micro-ondas e processadores de alimentos (que simplificam a preparação e o reaquecimento da comida) e o aquecimento central (que elimina a necessidade de acendimento repetido de fogueiras e o armazenamento de combustíveis) representaram todos eles excelentes técnicas para ganhar tempo, atualmente adotadas universalmente por todo o mundo abastado. Por sua vez, o tempo ganho com esses investimentos de energia é cada vez mais usado para lazer e passatempos, muitas vezes exigindo ainda mais insumos energéticos consideráveis.

Contudo, uma realidade fundamental não se alterou: todas essas tendências históricas claras e impressionantes acompanhando a ascensão de novas fontes, novos desempenhos superiores e ganhos de eficiência não significam que a humanidade

414 Energia e Civilização: Uma História

vem usando energia de uma maneira progressivamente mais racional. O uso de carros em deslocamentos urbanos, preferidos por muitos por sua suposta agilidade, é um exemplo perfeito de um uso irracional de energia. Após levar em conta o tempo necessário para ganhar dinheiro para comprar (ou financiar) o carro, abastecê-lo e pagar por seu seguro, a velocidade média de deslocamentos com carro nos Estados Unidos resultava em menos de 8 km/h no início dos anos 1970 (Illich, 1974) — e, com mais engarrafamentos, no início da década de 2000 a velocidade não passava de 5 km/h, comparável às velocidades alcançadas antes de 1900 com ônibus puxados por cavalos ou por simplesmente andar a pé. Além disso, com as eficiências entre o poço de petróleo e o ronco do motor bem abaixo de 10%, os carros seguem sendo uma das principais fontes de poluição ambiental; como já mencionado, eles também têm um custo considerável de mortos e feridos (WHO, 2015b).

Com demasiada frequência, combustíveis, eletricidade e conversores mais confiáveis, flexíveis e eficientes são usados de modo esbanjador, causando problemas ambientais enquanto proporcionam uma satisfação pessoal efêmera (ou ao menos uma alegação disso) como seu único benefício. Conforme Rose (1974, p. 359) concluiu: "Até aqui, quantidades cada vez maiores de energia foram usadas para transformar recursos em lixo, de cuja atividade derivamos benefício e prazer efêmeros; o histórico não é bom". Mas nada há de novo nos usos improdutivos de energia, e seu desperdício só poderia ser enxergado se as sociedades humanas fossem motivadas por um único objetivo subjacente: minimizar o uso da energia dedicada apenas a tarefas ou processos relevantes diretamente à sobrevivência da espécie.

Mas assim que nosso domínio do mundo físico começou a render modestos excedentes energéticos, a engenhosidade humana tirou proveito deles para criar um mundo antrópico de diversidade e (para alguns) lazer, muito embora mais energia pudesse ser usada para satisfazer necessidades físicas básicas. Um pilar de sustentação de peso poderia ser um simples cilindro liso de pedra ou um prisma alongado; jamais houve qualquer necessidade estrutural ou funcional para as três ordens de arquitetura antiga grega (dórica, jônica e coríntia). Um jantar farto não era o bastante: os banquetes romanos tinham que durar dias. Essa busca por distinção, novidade, variedade e diversidade alcançou uma nova ubiquidade (relativa) durante a Renascença e início da Era Moderna (1500–1800), mas mesmo naquela época suas amostras mais cativantes ainda eram raras e voltadas eminentemente ao consumo do público e para a posteridade.

Além do mais, é fácil concluir que as estruturas monumentais das sociedades pré--modernas não eram simplesmente repositórios desperdiçados de recursos escassos. Norenzayan (2013) argumentou que a crença em divindades julgadoras ("grandes deuses") foi decisiva para fomentar a cooperação necessária para construir e sustentar sociedades complexas e estruturas monumentais. Na condição de expressões materiais de tais crenças, elas contribuíam para a coesão social e despertavam admiração, respeito, humildade, contemplação e caridade. Seja como for, a intenção de posteridade muitas vezes funcionou à perfeição, como atestado pelas quantidades de visitantes que a cada ano viajam até a Basílica de São Pedro, em Roma, ou até o Taj Mahal, em Agra (Figura 7.9). Em comparação, será que o rótulo de distrações energéticas dispendiosas não se aplica bem melhor às estruturas extravagantes, e em sua maioria pouco inspiradoras, que construímos para gerir finanças ou para assistir a gladiadores modernos chutarem, arremessarem ou golpearem diversos tipos de bolas?

E o que é mais importante, as sociedades modernas levaram essa busca por variedade, passatempos ociosos, consumo ostentativo e diferenciação por meio de posses a níveis grotescos e o fizeram numa escala sem precedentes. Existem hoje centenas de milhões de pessoas cujos gastos anuais discricionários em itens não essenciais (incluindo uma parcela crescente de produtos de luxo) ultrapassa em muito a renda média de uma família ocidental de um século atrás. Exemplos dessas extravagâncias são abundantes. O tamanho das famílias em países ricos não para de encolher, mas o tamanho médio das casas construídas por encomenda nos Estados Unidos ultrapassou os 500 m^2; armadores navais têm listas de espera para iates com helipontos; muitos carros no mercado dispõem de tanta potência excedente que jamais poderão ser verdadeiramente testados em estradas públi-

FIGURA 7.9
Basílica de São Pedro, finalizada em 1626 (Corbis).

416 Energia e Civilização: Uma História

cas: o motor do Koenigsegg Regera sai de fábrica com 1,316 MW, enquanto uma Lamborghini e uma Mercedes-Benz de ponta vêm "apenas" com 1,176 MW, sendo que este último valor equivale a quase 1.600 hp, ou 11 vezes a potência de um carro pequeno, como de um Honda Civic, que eu dirijo.

Num nível mais mundano, dezenas de milhões de pessoas anualmente fazem voos intercontinentais até ilhas genéricas a fim de contrair câncer de pele mais depressa; a coorte cada vez menor de aficionados por música clássica pode escolher dentre mais de 100 gravações de *Quattro Stagioni* de Vivaldi; existem mais de 500 variedades de cereais matinais e mais de 700 modelos de carros de passageiros. Essa diversidade excessiva resulta em considerável malversação de energias, mas isso não parece estar perto do fim: o acesso eletrônico a uma seleção global de bens de consumo já multiplicou as alternativas disponíveis de encomendas pela internet, e a produção customizada de muitos itens de consumo (usando ajustes individuais de *designs* computacionais e fabricação aditiva) elevaria isso a um novo patamar de excesso. O mesmo vale para a velocidade: realmente precisamos que um pedaço de lixo efêmero feito na China seja entregue em poucas horas depois que um pedido é feito pelo computador? E (logo em breve) via drones, ainda por cima!

Mas quaisquer que sejam os indicadores usados, esses tipos de usos finais de energia dispendiosos, improdutivos e excessivos ainda representam uma minoria global. Examinando o suprimento médio de energia *per capita*, então somente um quinto, aproximadamente, dos 200 países do mundo concluíram a transição rumo a sociedades industriais abastadas e sustentadas pelo alto consumo de energia (>120 GJ/*capita*), e essa parcela é ainda menor em termos populacionais, em cerca de 18% (1,3 bilhão dentre 7,3 bilhões em 2015). A inclusão de lares ricos situados em países de renda baixa e intermediária como China, Índia, Indonésia e Brasil elevaria a fatia populacional apenas marginalmente, para cerca de 20%. A China, por exemplo, apresenta atualmente a quarta maior quantidade de famílias abastadas (atrás de Estados Unidos, Japão e Reino Unido), mas totalizando ainda menos de 5 milhões de tais famílias em 2015 (Atsmon; Dixit, 2009; Xie; Jin, 2015).

Como consequência, a difusão global do milagre ocidental de inovações técnicas aceleradas resultou numa preocupante divisão global, num nível sem precedentes de desigualdade econômica entre países. Em 2015, os 10% mais ricos da humanidade (vivendo em 25 países) responderam por cerca de 35% da energia mundial. Em termos pessoais, isso significa que uma semana de uso de energia *per capita* nos Estados Unidos equivale ao total anual de consumo de energia primária de um nigeriano médio ou a dois anos de suprimento anual de energia de um ugandense. Por outro lado, os 5% mais pobres da humanidade (vivendo em 15 países africanos) consomem no máximo 0,2% do suprimento comercial de energia primária do mundo.

Tais disparidades não são facilmente remediadas, e leva tempo para diminuir a lacuna, mesmo com um crescimento econômico extraordinariamente rápido:

Capítulo 7 A energia na história mundial **417**

durante 35 anos de modernização acelerada, de 1980 a 2015, a China quase quintuplicou seu consumo médio de energia *per capita*, chegando a pouco mais de 90 GJ/*capita*. Nesse processo, arcou com grandes custos ambientais e de saúde e tensionou o comércio global de energia, mais ainda se encontra 20–25% abaixo da taxa confortável de suprimento. Mais fundamentalmente, mesmo que os recursos necessários estivessem prontamente disponíveis, as consequências ambientais de elevar o restante do mundo até o patamar de consumo de energia primária do Ocidente seria inaceitável. Desde já, as preocupações quanto à integridade biosférica se tornaram considerações importantes ao contemplar o futuro da civilização de alta energia. Elas vão da preservação da biodiversidade às rápidas mudanças climáticas antropogênicas.

Entre determinismo e escolha

Muitos desenvolvimentos históricos são resultado de uma gama limitada de consequências do uso de energias específicas de certas maneiras. A dependência de diferentes energias primárias deixa marcas distintas no cotidiano laboral e de lazer. Passar a vida quebrando torrões com enxadas pesadas, transplantando mudas, agarrando punhados de talos para cortá-los a foice, catando palha para preparar comida ao fogo e moendo grãos braçalmente (tudo isso ainda bem comum na China rural do fim do século XIX) cria um mundo diferente daquele em que parelhas de cavalos puxam arados com aivecas encurvadas, semeadeiras mecânicas e colheitadeiras, em que um arvoredo rende lenha de sobra para grandes fornos e em que a farinha é moída por moinhos movidos por riachos (tudo isso comum nos Estados Unidos do fim do século XIX).

De modo similar, a dependência de diferentes forças motrizes determina escopos e ritmos distintos nas atividades do dia a dia. A trabalheira para arrear cavalos com bridão, focinheira, cabeçada, cataplasma, cinta dorsal e tirantes, a barulheira das ferraduras, o sacolejo das carruagens sem amortecimento, os focinhos dos animais em descanso enfiados em bornais, a varredura do esterco equestre das ruas municipais e seu transporte em carroças para nutrir jardins suburbanos — essas imagens evocam um ritmo de vida profundamente distinto daquele dominado por giros de chave na ignição, o guinchar dos pneus radiais, o passeio suave e ágil em sedãs e SUVs, as redes de postos de gasolina e a fácil disponibilidade de vegetais e frutas transportadas por procissões de caminhões pesados da Califórnia ou da Espanha — ou em contêineres refrigerados e em compartimentos de carga de aviões a jato oriundos de outros continentes.

O emprego da energia como um conceito analítico principal da história humana é, portanto, uma escolha óbvia, proveitosa e desejável. Porém, não devemos encará-lo como o principal fator explanatório. O poder explanatório da aborda-

418 Energia e Civilização: Uma História

gem energética para a história não deve ser exagerado. Alegações altamente generalizadas levam a conclusões indefensáveis. Generalizar, ao longo de milênios, que uma maior complexidade socioeconômica requer insumos de energia mais altos e usados com maior eficiência é descrever uma realidade indisputável. Concluir que todo e cada refinamento de fluxos de energia levaram a refinamentos em mecanismos culturais, como fez Fox (1988), é ignorar uma montanha de indícios históricos contraditórios.

A única maneira proveitosa e reveladora de aferir a importância da energia na história humana é evitando sucumbir a explicações determinísticas simplistas alicerçadas na recitação de incontáveis imperativos energéticos e evitando menosprezá-la ao reduzi-la a um papel secundário comparada a muitos outros fatores que moldam a história, quer sejam mudanças climáticas e epidemias ou caprichos e paixões humanas. A conversão de energia sempre é necessária para fazer as coisas acontecerem, mas nenhuma das conversões extrassomáticas iniciadas e controladas pelas pessoas é predestinada, e somente algumas delas surgem simplesmente do caos ou acidentalmente. Essa dicotomia é tão importante para interpretar o passado quanto para compreender as possibilidades futuras: elas tampouco são predestinadas, mas seu escopo é definitivamente restrito, e os fluxos de energia impõem os limites mais fundamentais.

Imperativos das necessidades e usos de energia

O papel essencial da energia no mundo físico e na manutenção da vida é necessariamente refletido em desenvolvimentos evolutivos e históricos. O desenvolvimento pré-histórico das sociedades humanas e a crescente complexidade das altas civilizações foram marcados por incontáveis imperativos energéticos. O limite físico mais fundamental é, obviamente, o influxo de radiação solar. Esse fluxo mantém as temperaturas do planeta dentro de uma faixa adequada para a vida à base de carbono e alimenta a circulação atmosférica e o ciclo das águas em todo o globo. Temperatura, precipitação e a disponibilidade de nutrientes são os determinantes-chave da produtividade vegetal, mas somente uma parte da biomassa recém-sintetizada é digerível. Essas realidades moldaram os modos existenciais básicos, as densidades populacionais e as complexidades sociais de todas as sociedades de caçadores-coletores. Na grande maioria dos casos, esses grupos precisavam ser onívoros. A maior parte de sua energia alimentar tinha de vir da coleta de sementes abundantes (combinando amidos com proteínas e óleos) e tubérculos (ricos em carboidratos).

A abundância concentrada e o fácil acesso a plantas coletáveis importavam mais que sua biomassa em geral e sua variedade. Pradarias e bosques ofereciam uma existência melhor que florestas densas. O abate de mamíferos grandes (carnudos e gordos) garantia altos retornos líquidos em energia, enquanto a caça de

Capítulo 7 A energia na história mundial **419**

espécies menores era quase sempre menos compensadora em termos energéticos que a coleta de plantas. Dentre os nutrientes mais desejáveis, os lipídios costumavam ser os mais escassos. Sua alta densidade energética fornecia uma sensação satisfatória de saciedade. Esses imperativos energéticos ditavam as estratégias de caça e coleta e contribuíram para o surgimento de complexidade social.

Enquanto os músculos humanos, e mais tarde animais, permaneceram como as únicas forças motrizes, todas as taxas de trabalho eram determinadas por imperativos metabólicos: pelo ritmo de digestão de alimento e ração, pelas exigências metabólicas basais e de crescimento de corpos homeotérmicos e pela eficiência mecânica de músculos. A geração sustentada de potência humana por adultos não tinha como ultrapassar cerca de 100 W. A eficiência da conversão de alimento em energia mecânica não tinha como superar 20–25%. Somente um agrupamento de pessoas ou animais de tração era capaz de superar esses limites, e, conforme atestado por estruturas monumentais pré-históricas e antigas, tamanhos feitos, exigindo controle efetivo e coordenado, foram manifestados por sociedades tão distintas quanto as construtoras de menires da Irlanda e da Bretanha, os egípcios das primeiras dinastias e uma pequena população na Ilha da Páscoa.

A agressão movida por músculos humanos precisava ser descarregada ou em combates corporais ou por um ataque lançado furtivamente a uma distância de no máximo poucas centenas de metros. Por milênios, matanças precisavam ser feitas bem de perto. A anatomia humana impossibilita que um arqueiro produza a força máxima quando um braço estendido e um braço flexionado estão separados a mais de uns 70 cm. Isso limita um disparo e, consequentemente, o alcance da flecha. Catapultas, tensionadas por muitas mãos, elevaram a massa dos projéteis, mas não aumentaram o alcance de ataque. O combate frente a frente sempre se seguia, com resultados individuais dependendo bastante da habilidade, experiência e sorte.

O deslocamento da caça e coleta para a agropecuária foi motivado por uma combinação de fatores relacionados a energia (ou seja, sobretudo a nutricional) e sociais, mas a intensificação subsequente da agropecuária sedentária pode ser explicada como um claro imperativo energético (Boserup, 1965; 1976). Quando um modo já existente de produção alimentar se aproxima dos limites físicos de seu desempenho, uma população pode ou estabilizar seu tamanho (controlando nascimentos ou por emigração) ou adotar um sistema mais produtivo de produção alimentar. O desencadear e a duração de etapas sucessivas de intensificação variaram muito ao redor do mundo, mas a fim de aproveitar melhor o potencial fotossintético local, cada avanço sempre demandou maiores insumos energéticos. Em compensação, safras maiores foram capazes de sustentar maiores densidades populacionais.

A intensificação da agropecuária também exigiu um maior investimento energético indireto no cruzamento e alimentação de animais de tração, no escambo ou compra de ferramentas e implementos cada vez mais complexos e em projetos infra-

420 Energia e Civilização: Uma História

estruturais de longo prazo, como terraceamento e construção de canais de irrigação, represamentos, silos e estradas. Por sua vez, essa intensificação levou a uma maior dependência de fontes de energia além dos músculos humanos. Arar solos mais duros é imensamente cansativo ou mesmo impossível sem animais de tração. A moagem manual de grãos é tão trabalhosa que animais, e mais tarde também potência hídrica e eólica, eram necessários para processar colheitas concentradas. O frete de grãos até cidades distantes precisava depender em grande parte de potência animal, às vezes também do vento. A fabricação de ferramentas e implementos de ferro mais duráveis e eficientes consumia carvão vegetal para a fundição de minérios.

Inúmeros imperativos energéticos específicos moldaram o universo das agriculturas tradicionais. Onde não havia pastagens disponíveis e onde toda a terra arável precisava ser usada para produzir alimento, as necessidades energéticas humanas estabeleciam os limites para a produção de ração e, consequentemente, para a quantidade de grandes animais de tração. Em todos os demais casos (exceto nas Américas e na Austrália), animais de tração foram sendo cada vez mais usados, mas muitas vezes se alimentavam exclusivamente de pastagens e de resíduos de lavoura. Conforme a disponibilidade de grãos *per capita* aumentava, uma área cultivável suficiente podia ser reservada para cultivar ração animal de boa qualidade: nos Estados Unidos, seu suprimento acabou respondendo por quase 25% das lavouras, enquanto nas planícies densamente povoadas da Ásia tradicional geralmente não passava de 5%.

A intensificação do cultivo, isto é, a densidade energética da produção alimentar, também teve seu impacto. Dificilmente sobrava algum espaço para grandes animais de pastoreio na agricultura intensiva (em barrancos terraceados) de campos alagáveis que produziam arroz na Ásia, e os búfalos asiáticos geralmente se alimentavam de gramas em torno das lavouras e até mesmo de plantas aquáticas submersas. Em contraste, a presença de grandes quantidades de vacas, cavalos e outros animais domésticos em regiões ricas em terras na Europa (e na América do Norte do século XIX) influenciou tanto a densidade das populações rurais quanto a organização dos assentamentos. Bastante espaço precisava ser dedicado a galpões e estábulos e ao armazenamento de esterco antes que fosse reciclado nos campos.

Os dois agroecossistemas que incorporaram esses extremos foram os multicultivos tradicionais dominados por arroz na China ao sul do rio Yang-Tzé e a agropecuária mista da Europa Ocidental com sua pesada dependência de animais tanto para alimentos (laticínios e carne) quanto para tração. Agriculturas pré-colombianas foram moldadas por imperativos energéticos diferentes. Tudo mais permanecendo igual, o milho, uma planta do tipo C_4, rende mais do que outros cereais de terras secas (trigo, cevada, centeio, todas plantas C_3), e essa vantagem fica ainda maior quando o milho é intercalado com espécies leguminosas: milho e feijão eram básicos na agricultura pré-colombiana por toda parte nas Américas,

Capítulo 7   A energia na história mundial   **421**

exceto nas regiões andinas de grande altitude, onde batatas e quinoa predominavam. Além disso, a ausência de animais domésticos nas Américas deixava mais energia e tempo para outras empreitadas.

Imperativos energéticos que moldaram atividades e estruturas não agrícolas de sociedades tradicionais iam de limites de localização aos desafios de uma administração efetiva. A fundição e forja de metais em maiores escalas só era possível pelo uso de potência hídrica, o que restringia a localização de fornalhas e forjas a áreas montanhosas mesmo se um transporte barato de minério e carvão vegetal fosse possível. Na verdade, a potência de animais de tração e más estradas limitavam bastante o raio de deslocamentos proveitosos por terra carregando materiais a granel; fluxos fluviais eram preferidos, e canais foram construídos. Métodos ineficientes de produção de carvão vegetal (com menos de 20% da energia lenhosa sendo convertida nesse combustível que não soltava fumaça) acarretavam um desmatamento extensivo.

A administração de territórios distantes e empreitadas comerciais e militares eram dificultadas não somente pela lentidão, mas também pela falta de confiança das viagens por terra e mar. Viagens a vela entre Roma e o Egito, o maior produtor de grãos excedentes do império, podiam levar desde uma semana até três meses ou mais (Duncan-Jones, 1990). Grande parte do fracasso da Armada Espanhola em desembarcar na Inglaterra em 1588 pode ser atribuído ao vento, quer por sua falta ou por sua direção indesejável (Martin; Parker, 1988). E ainda no ano de 1800, navios ingleses precisavam esperar, às vezes por semanas, até que o vento certo os conduzisse pela enseada de Plymouth (Chatterton, 1926).

Imperativos energéticos tiveram influência profunda nos destinos nacionais e regionais durante modernas transições energéticas. Países e regiões com acesso relativamente fácil a combustíveis que podiam ser produzidos e distribuídos com menos energia que a fonte anteriormente dominante desfrutaram de um crescimento econômico mais acelerado, com seus bem-vindos correlatos na forma de maior prosperidade e melhor qualidade de vida. O primeiro exemplo nacional dessa vantagem é a forte dependência dos holandeses em relação à turfa, que abriu caminho para a Era Dourada da república durante o século XVII. Embora Unger (1984) tenha questionado as estimativas De Zeeuw (1978) de alta extração anual de turfa, não há dúvida de que esse jovem combustível fóssil era na época a mais importante fonte de energia primária do país. Poucas gerações depois, uma vantagem desse tipo ainda mais abrangente foi demonstrada mediante a substituição quase completa da lenha e do carvão vegetal na Inglaterra por carvão betuminoso e coque (King, 2011). A partir de 1870, essa experiência foi ultrapassada de longe pela ascensão da economia norte-americana, impelida por carvões excelentes e mais tarde por hidrocarbonetos.

Sem dúvida, as posições sucessivas de liderança econômica e influência internacional da República dos Países Baixo, do Reino Unido e dos Estados Unidos apresentam uma relação íntima com suas explorações pioneiras de combustíveis extraíveis mediante uma quantia menor de investimento por unidade de energia útil, ou seja, com um maior retorno energético líquido. O domínio dos combustíveis fósseis e da eletricidade acabou criando um nível sem precedentes de uniformidade técnica e, por extensão gradual, também econômica e social (Figura 7.10). Até mesmo uma lista básica de infraestruturas universais de uma civilização de alta energia é bastante longa: minas de carvão, campos de petróleo e gás, usinas termelétricas, represas hidrelétricas, redes de oleodutos, portos, refinarias, metalúrgicas de ferro e aço, fundições de alumínio, usinas de fertilizantes, incontáveis empreendimentos de processamento, químicos e manufatureiros, ferrovias, autoestradas, aeroportos, centros urbanos dominados por arranha-céus e extensos subúrbios.

Como elas desempenham as mesmas funções, sua aparência externa acaba sendo idêntica ou bastante similar entre si, e a construção e gestão de muitos de seus componentes cabe cada vez mais a um número relativamente pequeno de empresas que atendem o mercado global com máquinas, processos e *know-how* cruciais. As duas consequências mais obviamente preocupantes da dependência de altos fluxos de energia são a restrição de escolhas (ou seja, a impossibilidade de

FIGURA 7.10
A maior megalópole do Brasil, São Paulo, fotografada em 2013. Megacidades são os exemplos mais primordiais de uniformidade global imposta por altos níveis de uso de combustíveis e eletricidade (Corbis).

Capítulo 7   A energia na história mundial   **423**

abandonar práticas já existentes sem causar inúmeros deslocamentos massivos) e a degradação do meio ambiente. O primeiro fenômeno talvez seja mais bem ilustrado pela impossibilidade de abolir subsídios na agropecuária moderna sem transformar profundamente a sociedade inteira.

A substituição, por exemplo, do maquinário existente hoje nos Estados Unidos por animais de tração exigiria manadas de cavalos e mulas no mínimo dez vezes maiores que a dos picos do início do século XX. Uns 300 Mha, ou o dobro da área arável total do país, seriam necessários apenas para alimentar os animais, e massas de urbanitas teriam de deixar as cidades rumo às fazendas. E países abastados não são os únicos que não podem retornar à agropecuária tradicional sem transformar o todo de acordo com a imagem pré-industrial: por apresentar a maior intensidade do mundo em fertilização e irrigação, a dependência da China em relação às energias fósseis para produção alimentar é ainda mais elevada.

A restrição de escolhas é um resultado paradoxal de um mundo dominado por aquilo que Jacques Ellul (1912–1994) chamou simples e abrangentemente de *la technique*, "a totalidade de métodos encontrados racionalmente e de eficiência absoluta (para um determinado estágio de desenvolvimento) em cada área de atividade humana" (Ellul 1954, p. xxv). Esse mundo nos fornece benefícios sem precedentes e liberdades quase mágicas, mas, em compensação, sociedades modernas precisam não apenas se adaptar, mas também se submeter a suas regras e restrições. Cada pessoa hoje depende dessas técnicas, mas nenhum indivíduo singular as compreende em sua totalidade; apenas seguimos suas imposições na vida cotidiana.

As consequências vão além da obediência ignorante, tendo em vista que o poder disseminante das técnicas já tornou uma grande parte da humanidade irrelevante para processos de produção, e apenas uma pequena parte da força de trabalho se faz atualmente necessária (com uma ajuda crescente dos computadores) para desenhar e produzir itens destinados ao consumo em massa. Como resultado, bem mais pessoas costumam estar empregadas hoje na venda de um produto do que no seu desenho, aprimoramento e confecção. Quando listadas pelo critério do tamanho de sua força de trabalho, em 1960, 11 das 15 maiores empresas norte-americanas (lideradas por GM, Ford, GE e United States Steel) eram produtoras de bens, empregando mais de 2,1 milhões de funcionários; em 2010, apenas duas fabricantes de bens, HP e GE, que empregavam cerca de 600 mil funcionários, estavam entre as 15 maiores, e o grupo hoje é dominado por varejistas e prestadoras de serviços (Walmart, UPS, McDonald's, Yum, Target).

O próximo passo lógico é enxergar essa realidade como parte do processo que levará cedo ou tarde à substituição da vida à base de carbono por máquinas (Wesley, 1974). Paralelos evolutivos entre as duas entidades são intrigantes. Termodinamicamente, pode-se dizer que as máquinas são vivas, e sua difusão

424 Energia e Civilização: Uma História

obedece a uma seleção natural: fracassos não se reproduzem, novas espécies se proliferam e elas tendem rumo a um máximo de massa suportável; gerações sucessivas também são progressivamente mais eficientes (lembre-se de todos aqueles impressionantes índices de massa/potência!), mais móveis e com maior vida útil. Esses paralelos podem ser refutados como meras biomorfizações intrigantes, mas a ascensão das máquinas representa um fato inegável.

Elas já substituíram áreas enormes de ecossistemas naturais com as infraestruturas necessárias para sua fabricação, movimentação e armazenamento (minas, ferrovias, estradas, fábricas, estacionamentos); o tempo dos humanos é cada vez mais alocado para atendê-las; os dejetos gerados por elas causam vasta degradação dos solos, das águas e da atmosfera; e por si só a massa global dos automóveis já é bem maior que a de toda a humanidade. A finitude dos recursos na forma de combustíveis fósseis talvez de pouco sirva para interromper a ascensão das máquinas. A curto prazo, elas podem se adaptar tornando-se mais eficientes; a longo prazo, podem passar a confiar em fluxos renováveis.

Seja como for, somente uma interpretação fundamentalmente equivocada de claras evidências geológicas poderia enxergar no uso crescente de combustíveis fósseis um motivo de preocupação quanto à sua exaustão precoce. As reservas de combustíveis fósseis são aquela pequena parte da base de recursos cuja distribuição espacial e cujos custos de extração (aos preços correntes e com as técnicas existentes) são conhecidos em suficiente detalhe para justificar sua exploração comercial. À medida que extraímos parcelas cada vez maiores das reservas originalmente disponíveis, a melhor medida de sua disponibilidade é o custo de produzir uma unidade marginal de um mineral. Essa abordagem leva em consideração melhorias em nossas técnicas exploratórias e nossa capacidade de pagar o preço da exploração. A partir de 2005, o crescimento impressionante da exploração de petróleo cru junto aos abundantes depósitos de xisto nos Estados Unidos — adotando uma combinação de perfuração horizontal e fraturamento hidráulico (Smil 2015a), e tornando o país novamente o maior produtor mundial de petróleo e gás — ilustra oportunidades enormes que ainda restam ser investigadas por completo.

A exaustão de recursos não é, portanto, uma questão de esgotamento físico real, e sim um fardo de aumentos de custos que acabam ficando insuportáveis. Deixando de lado algumas exceções notáveis (como o abandono holandês da mineração de carvão após a descoberta do campo supergigante de gás de Groningen), não existem esgotamentos abruptos, somente declínios prolongados, e mudanças graduais para novos planos de suprimento (com a mineração de carvão pelos britânicos servindo de ilustração perfeita desse processo). Essa compreensão é crucial para apreciar a ascensão e os potenciais da civilização movida a combustíveis fósseis. Só porque são recursos finitos, não quer dizer que há datas fixas

Capítulo 7 A energia na história mundial **425**

para a exaustão física dos carvões ou dos hidrocarbonetos, nem que os custos reais em breve ficarão insuportáveis para extrair esses recursos, gerando supostamente a necessidade de uma rápida transição para uma era pós-combustíveis fósseis.

Estimativas de reservas e aferições de recursos são bastam para especular quanto ao futuro dos combustíveis fósseis. A demanda global e a eficiência de uso são não menos importantes: a demanda (motivada pela combinação de crescimento econômico e populacional) pode estar aumentando previsivelmente, mas também é bastante modificável, e as eficiências de conversão de energia, mesmo após gerações de melhorias, continuam sendo muito aprimoráveis. Como consequência, não são preocupações com a exaustão precoce dos combustíveis fósseis — expressas acima de tudo por defensores de um iminente pico de petróleo (Deffeyes 2001) — e sim o impacto sobre a capacidade da biosfera (sobretudo pelas mudanças climáticas) que representa o temor mais importante a curto e longo prazos resultante da dependência do mundo em relação a carvões e hidrocarbonetos.

A importância dos controles

Adoções passadas de novas fontes de energia e novas forças motrizes jamais poderiam ter consequências tão abrangentes sem introduzir e aperfeiçoar novos modos de aproveitar tais energias e controlar sua conversão a fim de suprir serviços energéticos necessários (calor, luz, movimento) a custos desejáveis. Esses controles ou gatilhos podem abrir comportas até então cerradas e liberar novos fluxos de energia — ou podem aumentar os custos gerais de trabalho dos processos já estabelecidos, ou torná-los mais confiáveis ou mais eficientes. Podem ser simples dispositivos mecânicos (rodas d'água) ou então arranjos sofisticados que requerem eles próprios consideráveis insumos energéticos: microprocessadores em carros modernos são um exemplo excelente desta categoria. Ou podem se tratar apenas de conjuntos melhores de procedimentos gerenciais, mercados recém-identificados e desenvolvidos ou decisões políticas ou econômicas fundamentais.

Por mais que seja possante e capaz, um cavalo só se torna uma força motriz efetivamente controlada quando um bridão é inserido em sua boca e conectado a rédeas agarradas pelas mãos do cavaleiro; só é capaz de puxar uma carruagem de batalha com arreios bons e leves; pode ser usado em combate com armadura somente se encilhado e instalado com estribos; pode gerar boa tração apenas se receber boas ferraduras e um arreio de pescoço confortável; e pode formar uma parelha eficiente somente quando as tensões desiguais de animais de diferentes tamanhos são equalizadas com balancins.

A ausência de controles apropriados podem atravancar o desempenho de forças motrizes que de outro modo seriam admiráveis. O remédio muitas vezes mostra-se bastante lento para chegar. Talvez a melhor ilustração de tal fracasso tenha sido a incapacidade de determinar a longitude. No início do século XVIII, navios

426 Energia e Civilização: Uma História

bem equipados com velas eram conversores eficientes de energia eólica e serviam para a Europa como ferramentas poderosas de construção de impérios, mas seus capitães eram incapazes de encontrar sua longitude. Conforme resumido numa petição apresentada por capitães e mercadores ingleses ao Parlamento em 1714, uma quantidade enorme de navios se atrasava e muitos se perdiam. Como a rotação da Terra chega a cerca de 460 m/s no equador, para encontrar a longitude é preciso dispor de cronômetros aptos a atrasarem no máximo uma fração de um segundo por semana para que o navio seja posicionado com um erro menor que alguns quilômetros após uma jornada de dois ou três meses. Em 1714, uma lei do Parlamento britânico ofereceu até £20 mil por tal feito. A recompensa foi concedida por fim a John Harrison (1693–1776) em 1773 (Sobel, 1995).

Em termos de combustíveis, a história tomaria outro rumo se o carvão tivesse sido usado como um mero substituto à madeira em fogueiras abertas, ou se o uso de petróleo cru seguisse limitado à querosene para iluminação. Na maioria dos casos, não foi o acesso a recursos energéticos abundantes ou a forças motrizes específicas que fez a diferença a longo prazo. Os fatores decisivos foram, na verdade, a busca por inovação e o comprometimento em implementar e aperfeiçoar novos recursos e técnicas e em encontrar novas aplicações. A combinação desses fatores determinou as eficiências energéticas de economias inteiras e de processos específicos, bem como a segurança e a aceitabilidade de novas técnicas de conversão. Exemplos dessas contribuições às vezes chamativas, mas outras vezes sutis podem ser encontrados em todas as eras energéticas e para todos os combustíveis e forças motrizes.

Em sentido técnico estrito, a classe de controles mais importante inclui os dispositivos e sistemas de *feedback* (Doyle; Francis; Tannenbaum, 1990; Åström, Murray, 2009). Eles transferem as informações sobre um processo em particular de volta para o mecanismo de controle, que pode então ajustar a operação. A Europa do início da Era Moderna assumiu uma liderança decisiva no desenvolvimento desses *feedbacks*. Aplicações iniciais incluíram termostatos (pela primeira vez por volta de 1620, pelo engenheiro holandês Cornelis Drebbel), o ajuste automático de moinhos de vento por cata-ventos traseiros (patenteados em 1745 pelos ferreiro inglês Edmund Lee), boias em cisternas e em caldeiras a vapor (1746–1758) e o célebre limitador centrífugo de James Watt para regular a potência de motores a vapor (1789). Atualmente, os exemplos mais numerosos dessa categoria são os microprocessadores que controlam a operação de motores de carros e aviões a jato.

Uma classe indispensável de controles abrange as instruções que possibilitam duplicar a produção e os processos gerenciais e produzir bens e serviços padronizados. O desenvolvimento acelerado da imprensa na Europa do início da Era Moderna fez uma contribuição imensa nesse quesito. Em 1500, mais de 40 mil livros ou edições diferentes haviam sido publicados na Europa Ocidental em mais

Capítulo 7   A energia na história mundial   **427**

de 15 milhões de exemplares (Johnson, 1973). A introdução de gravuras detalhadas em cobre durante o século XVI e o desenvolvimento contemporâneo de várias projeções de mapas foram outros avanços iniciais notáveis. Outra inovação de destaque nessa classe foi um dispositivo de perfuração de cartões inventado por Joseph Marie Jacquard (1752–1834) em 1801 para controlar as operações de teares. Antes de 1900, cartões perfurados foram empregados nas máquinas de Herman Hollerith (1860–1929) usadas para processar dados censitários (Lubar, 1992). A partir de 1940, *inputs* em cartões perfurados passaram a controlar computadores primeiramente eletromecânicos e depois eletrônicos, o que acabou sendo suplantado pela armazenagem eletrônico de dados.

Até o fim do século XIX, os novos controles continuavam sendo em grande parte mecânicos. Durante o século XX, avanços impulsionados por matemática e física aplicadas, sobretudo o advento e difusão de aplicações de transistores, circuitos integrados e microprocessadores, criaram um novo e vasto campo de controle automático cada vez mais sofisticado usando dispositivos elétricos e eletrônicos. Inovações cruciais foram da implementação disseminada do radar (em controle de incêndios, bombardeios, orientação de mísseis e navegação por autopiloto) até uma profusão de controles à base de microchips em computação, produtos eletrônicos de consumo e processos industriais.

Num sentido mais amplo, certamente a consideração mais básica de controle é aquilo que as sociedades fazem com suas fontes de energia e forças motrizes. Como elas as repartem entre os usos produtivos e o consumo pessoal discricionário? Qual equilíbrio desejam alcançar, se é que desejam, entre as tensões contraditórias de autarquia e uma dependência extensiva de comércio exterior? O quanto desejam se manter abertas a mercadorias e a ideias? Qual preço estão dispostas a pagar por gastos militares? Até que ponto almejam exercer controle centralizado? Em todos esses aspectos, limitações, impulsos e pendores culturais, religiosos, ideológicos e políticos acabam sendo decisivos. Novamente, inúmeros exemplos podem ser selecionados de todas as eras energéticas. Dois contrastes marcantes são especialmente reveladores: o primeiro entre as viagens náuticas de descobertas pelo Ocidente e pela China, o outro entre as abordagens russa e japonesa à modernização econômica.

As viagens transoceânicas exigiam não apenas velas capazes de fazer os navios avançarem mais perto do vento contra, mas também cascos mais resistentes, bons lemes de cadaste e dispositivos de navegação confiáveis. Os chineses originaram a maioria desses avanços e os combinaram em suas grandes frotas Ming. Passado apenas um século do retorno de Marco Polo da China, essas frotas alcançaram mais rumo a oeste a partir da China do que qualquer europeu havia avançado rumo leste até então. Entre 1405 e 1433, navios chineses navegaram repetidamente pelas águas do Sudeste Asiático e pelo Oceano Índico e visitaram a costa

428 Energia e Civilização: Uma História

leste da África (Needham *et al.*, 1971). Então, uma involução abrupta do império centralmente governado tornou navegações subsequentes impossíveis.

Em contraste, navios europeus do final da Idade Média começaram sem dúvida com um *status* de forças motrizes inferiores, mas o empreendimento foi sustentado por uma combinação de atitudes inquisitivas, agressivas e zelosas de governantes e navegadores espanhóis e portugueses. Chegado o século XVII, iniciativas mercantes inglesas e holandesas ganharam proeminência: a Companhia das Índias Orientais foi estabelecida em Londres em 1600; a holandesa VOC (Vereenigde Oost-Indische Compagnie) foi comissionada em 1602 (Keay, 2010; Gaastra, 2007). Entre 1602 e 1796, navios da VOC fizeram quase 4.800 viagens às Índias Orientais, e a Companhia das Índias Orientais dominou vastas partes do subcontinente entre 1757 e 1858. Esse amálgama de aspirações econômicas, religiosas e políticas resultou no ulterior domínio europeu dos mares e no estabelecimento de enormes impérios.

Uma comparação entre os destinos econômicos de Rússia e Japão pós-1945 contrasta quantidade *versus* qualidade, autarquia *versus* comércio e o papel do Estado como o árbitro exclusivo *versus* o Estado como o principal catalisador da modernização. Os minguados recursos carboníferos do Japão, seu limitado potencial hidrelétrico e uma quase ausência de hidrocarbonetos forçaram o país a ser um grande importador de energia, e a fim de reduzir sua vulnerabilidade em relação a altos preços dos combustíveis e a interrupções nas importações, ele se tornou um dos mais eficientes usuários de energia do mundo (Nagata, 2014). Suas burocracias governantes promoveram uma cooperação estatal com as indústrias, inovação técnica e exportações de valor agregado.

Em contraste, graças a seu patrimônio mineral extremamente rico na Rússia Europeia, na Sibéria e na Ásia Central, a União Soviética tornou-se não apenas autossuficiente em todas as formas de energia, mas também um grande exportador de combustíveis. Porém, gerações de rígido planejamento centralizado, planos stalinistas autárquicos em ciclos de cinco anos, que continuaram por muito tempo após a morte do ditador, e uma militarização excessiva da economia transformaram o país no usuário menos eficiente de energia do mundo industrializado: nos últimos anos antes do colapso, a URSS era de longe o maior produtor mundial de petróleo cru (extraindo 66% a mais que a Arábia Saudita) e de gás natural (quase 50% mais que os Estados Unidos), mas seu PIB *per capita* era apenas 10% do norte-americano (Kushnirs, 2015).

Controles decisivos de fluxos cruciais de energia muitas vezes fogem do controle humano, ou acabam sendo usurpados, ou no mínimo altamente influenciados, por desvios parasíticos. McNeill (1980) conceitualizou essas noções em seu tratamento dual de micro e macroparasitismo. Microparasitas — bactérias, fungos, insetos — frustram os esforços humanos para assegurar energia alimentar

Capítulo 7 A energia na história mundial **429**

suficiente. Eles danificam ou destroem plantações e animais domésticos, ou impedem o uso eficiente de nutrientes digeridos ao invadir diretamente os corpos humanos, e sociedades modernas tiveram de dedicar uma grande dose de energia para limitar sua difusão pelos campos e entre populações humanas ao, acima de tudo, recorrer a pesticidas e antibióticos.

Já o macroparasitismo assume uma variedade de controles sociais de fluxos de energia recorrendo tanto à coerção — mediante escravidão, trabalho sob corveia e conquistas militares — quanto a relacionamentos complexos (e parcialmente voluntários) entre grupos desiguais de pessoas. Grupos de interesses especiais certamente se tornaram os macroparasitas mais importantes em países modernos abastados. Eles vão de diversas associações profissionais e sindicatos com ingressos restritos até cartéis de oligopólios industriais e lobistas. Ao moldar, e às vezes vetar ou desarticular, políticas governamentais e ao fixar preços, esses grupos atuam contra o uso otimizado de todos os recursos, e inevitavelmente exercem um efeito perceptível no desenvolvimento de recursos energéticos e na eficiência de seu aproveitamento. Eles estão por trás dos pesados subsídios que há décadas vão para os produtores de diversos combustíveis fósseis e de eletricidade nuclear, e agora estão por trás dos subsídios que fomentam a construção de painéis fotovoltaicos e turbinas eólicas (vide o Quadro 7.3).

Acertadamente, Olson (1982) chamou esses grupos de coalizões distributivas, e ressaltou que sociedades estáveis acabarão adotando uma maior quantidade de tais alianças. A aceitação desse argumento ajuda a explicar o declínio industrial britânico e norte-americano, bem como o sucesso pós-Segunda Guerra da Alemanha e do Japão. As organizações criadas por potências vitoriosas a partir de 1945 nos dois países derrotados eram muito mais inclusivas, e seu desempenho energético confirma essa opinião: as economias japonesa e alemã são claramente menos gastadoras de energia que a britânica e a norte-americana. Isso vale não apenas no agregado, mas também em praticamente todas as principais comparações setoriais.

Por outro lado, as ações de alguns grupos de interesse abriram novas comportas energéticas e aumentaram a eficiência de conversões. As habilidades dos emigrantes britânicos do século XIX eram desproporcionalmente maiores que sua representatividade numérica na população nativa. Seu influxo nos Estados Unidos foi obviamente um gatilho importante para fluxos energéticos maiores (Adams 1982), mas também, posteriormente, para notáveis economias de energia. Um processo similar vem ocorrendo desde os anos 1990 com a imigração em larga escala de engenheiros indianos para empresas de eletrônicos e da internet em geral e para o Vale do Silício em particular (Bapat, 2012). E, forçados a competir globalmente, empresas multinacionais empenham-se para reduzir a intensidade energética de sua produção, difundindo novas técnicas e fomentando melhores eficiências de conversão pelo mundo.

430 Energia e Civilização: Uma História

Os limites das explicações energéticas

A maioria dos historiadores não faz uso da energia como uma variável explanatória essencial. Nem mesmo Fernand Braudel (1902–1985), conhecido por sua insistência na importância do mundo material e de fatores econômicos, chega a mencionar energia em quaisquer de suas formas em sua longa definição de civilização:

> Uma civilização é antes de mais nada um espaço, uma "área cultural", como diriam os antropólogos, um lócus. Dentro do lócus [...] é preciso enquadrar uma grande variedade de "bens", de características culturais, que incluem o formato de suas casas, o material com que são construídas e seus telhados, habilidades como a colocação de penas em flechas, seu dialeto ou grupos de dialetos, paladares na culinária, tecnologias específicas, uma estrutura de crenças, um modo de fazer amor e até mesmo a bússola, o papel e a imprensa. (Braudel 1982, p. 202)

Até parece que materiais, casas, flechas e imprensas ganharam existência *ex nihilo*, sem qualquer gasto de energias! A omissão é indefensável caso se busque entender todos os fatores fundamentais que moldaram a história — mas é justificável caso se observe que os tipos de fontes energéticas e de forças motrizes e os níveis de uso de energia não determinam as aspirações e conquistas das sociedades humanas. Existem razões naturais inegáveis para essa realidade. Conversões energéticas, é claro, são absolutamente essenciais para a sobrevivência e evolução de todos os organismos — mas sua modificação e utilização diferencial são governadas por propriedades intrínsecas aos organismos.

Por mais fundamentais que sejam as leis da termodinâmica, a energia é determinante não apenas para a evolução da biosfera, ou para a vida em geral e as ações humanas em particular: a evolução é inevitavelmente entrópica, mas existem outros insumos que não podem ser nem substituídos nem reciclados. A Terra, banhada por radiação, não poderia hospedar vida à base de carbono sem uma disponibilidade adequada de elementos indispensáveis para conversões bioquímicas, incluindo fósforo no ATP, nitrogênio e enxofre nas proteínas, cobalto e molibdênio nas enzimas, silício nos caules de plantas e cálcio em conchas e ossos de animais. Informações epigenéticas canalizam energia para manutenção, crescimento, diferenciação e reprodução; essas transformações irreversíveis dissipam tanto matéria quanto energia e são afetadas pela disponibilidade de terra, água e nutrientes e pela necessidade de lidar com competição e predação interespécies.

Fluxos energéticos limitam, mas não determinam, a organização biosférica em escala alguma. De acordo com Brooks e Wiley (1986, p. 37–38):

> Fluxos energéticos não fornecem uma explicação de por que existem organismos, ou por que os organismos variam, ou por que existem diferentes espécies. [...] São as propriedades intrínsecas de um organismo que determinam como a energia acaba fluindo, e não o contrário. Se o fluxo de energia fosse determinístico para sistemas biológicos,

Capítulo 7   A energia na história mundial   **431**

seria impossível qualquer ser vivo morrer de fome. [...] Sugerimos que os organismos são sistemas físicos com características determinadas genética e epigeneticamente, que utilizam a energia que está fluindo através do ambiente de um modo relativamente estocástico.

No entanto, essas realidades fundamentais não justificam ignorar o papel da energia na história; na verdade, elas depõem a favor de sua inclusão apropriadamente qualificada. Em sociedades humanas modernas e complexas, o uso da energia é claramente uma questão bem mais de desejos e exibições do que de meras necessidades físicas. A quantidade de energia à disposição de uma sociedade impõe limites claros ao escopo geral de suas ações, mas pouco nos informa sobre os feitos econômicos básicos do grupo ou sobre seu espírito. Combustíveis e forças motrizes dominantes estão entre os mais importantes fatores a moldarem uma sociedade, mas não determinam as particularidades de seus sucessos ou fracassos. Isso fica especialmente claro ao se examinar a equação energia-civilização. Esse conceito, tão difundido na sociedade moderna, iguala alto uso de energia a um alto nível de civilização: basta lembrarmos da obra de Ostwald, ou da conclusão de Fox de que "um refinamento em mecanismos culturais ocorreu a cada refinamento no acoplamento de fluxos energéticos" (Fox, 1988, p. 166).

A gênese desse elo não chega a surpreender. Somente o aumento do consumo de combustíveis fósseis foi capaz de satisfazer os inúmeros desejos materiais numa escala tão vasta. Mais posses e confortos viraram sinônimo de avanços civilizacionais. Essa abordagem tendenciosa exclui todo o universo de conquistas criativas — morais, intelectuais e estéticas — que não têm conexão óbvia com quaisquer níveis ou modos específicos de uso de energia: jamais houve uma correlação óbvia entre os modos ou níveis de uso de energia e qualquer "refinamento em mecanismos culturais". Mas tal determinismo energético, assim como qualquer outra explicação reducionista, é altamente enganoso.

Georgescu-Roegen (1980, p. 264) sugeriu uma analogia sutil que também capta o desafio das explicações históricas: a geometria restringe o tamanho das diagonais de um quadrado, não sua cor, e "como um quadrado ocorre de ser 'verde', por exemplo, é uma questão diferente e quase impossível". Desse modo, o campo de ação física e de conquistas de cada sociedade é restrito pelos imperativos advindos da dependência em relação a certos fluxos energéticos e forças motrizes — mas mesmo campos pequenos podem oferecer tramas brilhantes cuja criação não é fácil de explicar. A reunião de provas históricas para essa conclusão é fácil, tanto em questões grandiosas quanto ínfimas.

Formulações de preceitos éticos universais e duradouros por pensadores e moralistas antigos e fundadores de religiões duráveis no Oriente Médio, Índia e China foram todas elaboradas em sociedades de baixa energia onde a maioria da população estava preocupada com a sobrevivência física básica. O cristianismo e

432 Energia e Civilização: Uma História

o islamismo, as duas crenças monoteístas dominantes que continuam a exercer imensa influência em assuntos modernos, surgiram, respectivamente, cerca de 20 e 13 séculos atrás, em ambientes áridos onde sociedades agrárias não dispunham de qualquer meio técnico para converter luz solar em energia útil. Os gregos da era clássica muitas vezes se referiam a seus escravos em termos que os colocavam claramente no nível dos animais de trabalho (chamando-os de *andrapoda*, com pés de homens, em oposição ao gado, *tetrapoda*) — mas eles nos deram as ideias fundamentais de liberdade individual e democracia. O avanço simultâneo da liberdade e da escravidão é um dos aspectos mais chamativos da história grega (Finley 1959), e o mesmo vale para a afirmação de igualdade humana e escravidão nos primórdios da república norte-americana.

Os Estados Unidos adotaram sua constituição visionária ("todos os homens são criados iguais") enquanto a sociedade era energizada principalmente por lenha e enquanto seu principal redator e o quarto presidente do país, James Madison (1751–1836), era dono de escravos, assim como o eram o primeiro e o terceiro presidentes, George Washington (1732–1799) e Thomas Jefferson (1743–1826). A Alemanha do fim do século XIX acolheu um militarismo agressivo e duas gerações depois o fascismo, ao se tornar o principal consumidor de energia da Europa continental — enquanto Itália e Espanha se tornaram ditaduras durante, respectivamente, os anos 1920 e 1930, quando seu consumo de energia *per capita* estava entre os mais baixos do continente, gerações atrás do consumo alemão.

E feitos artísticos tiveram pouca relação com qualquer nível específico de uso de energia ou qualquer tipo específico de energia empregada na época de sua origem: a criação de obras imortais de literatura, pintura, escultura, arquitetura ou música não exibem qualquer avanço correspondente com o nível médio de consumo energético de uma sociedade. Durante a primeira década do século XVI, alguém passeando pela Piazza della Signoria, em Florença, podia passar, em questão de dias, por Leonardo da Vinci, Rafael, Michelangelo e Botticelli, uma concatenação de talento criativo que é completamente inexplicável pela combustão de lenha e pelo arreio de animais de tração, as práticas comuns que podiam ser vistas em qualquer outra cidade contemporânea na Itália, na Europa ou na Ásia.

Nenhuma consideração energética é capaz de explicar a presença de Gluck, Haydn e Mozart no mesmo recinto na Viena de José II dos anos 1780, ou que nos anos 1890, na Paris do *fin de siècle*, alguém podia ler o mais recente romance de Émile Zola e logo em seguida ver as últimas telas de Claude Monet ou Camille Pissarro no mesmo dia em que Gustave Doret estava conduzindo *L'Apres-midi d'un faun*, de Claude Debussy (Figura 7.11). Além do mais, a arte não exibe qualquer progresso compatível com as eras energéticas: pinturas de animais em cavernas neolíticas do sul da França, as proporções dos templos clássicos da Grécia e sul da Itália e o som de cânticos medievais de claustros franceses são não menos agradáveis e cativantes, não menos modernos, que as composições coloridas de Joan Miró, as curvas amplas dos prédios de Kenzo Tange ou o ímpeto e a melancolia da música de Rachmaninov.

E durante o século XX, o nível de uso de energia pouco teve a ver com o desfrute de liberdades políticas e pessoais: elas foram ampliadas nos Estados Unidos ricos em energia assim como na Índia pobre em energia; foram restringidas na URSS rica em energia e ainda o são no Paquistão escasso em energia. Após a Segunda Guerra, a URSS stalinista e pós-stalinista e alguns países do antigo império soviético usaram mais energia que as democracias da Europa Ocidental — contudo, não foram capazes de oferecer a seu povo uma qualidade de vida comparável, um fator-chave que acabou resultando no fim do comunismo. E atualmente a Arábia Saudita rica em energia tem padrões de liberdade bem inferiores aos da Índia pobre em energia (Freedom House, 2015).

Tampouco existiram quaisquer vínculos fortes entre uso de energia *per capita* e sentimentos subjetivos de satisfação com a vida ou felicidade pessoal (Diener; Suh; Oishi, 1997; Layard, 2005; Bruni; Porta, 2005). Os 20 países com os

FIGURA 7.11
Camille Pissarro, *Le Boulevard de Montmartre, Matinée de Printemps*. Óleo sobre tela, pintado em 1897 (Google Art Project).

434 Energia e Civilização: Uma História

melhores índices de satisfação incluíam não apenas Suíça e Suécia, ambos ricos em energia, mas também usuários relativamente baixos de energia, como Butão, Costa Rica e Malásia, enquanto o Japão (na 90ª posição) encontra-se atrás do Uzbequistão e das Filipinas (White, 2007). E no Relatório de Felicidade Mundial (Helliwell; Layard; Sachs, 2015) figuram entre os 25 primeiros alguns países que são usuários relativamente moderados de energia, como México, Brasil, Venezuela e Panamá, todos eles à frente de Alemanha, França, Japão e Arábia Saudita.

A satisfação de necessidades humanas básicas requer um nível moderado de insumos energéticos, mas comparações internacionais mostram claramente que ganhos no nível de qualidade de vida chegam a um platô a partir de certo nível de consumo de energia. Sociedades mais focadas no bem-estar humano do que em consumo frívolo são capazes de alcançar maior qualidade de vida enquanto consomem uma fração dos combustíveis e da eletricidade usados por países mais gastadores. Contrastes entre Japão e Rússia, Costa Rica e México ou Israel e Arábia Saudita deixam isso óbvio. Em todos esses casos, as realidades externas de fluxos energéticos são de importância secundária para as motivações e decisões internas. Níveis bastante similares de uso de energia *per capita* (os de Rússia e Nova Zelândia, por exemplo) podem produzir resultados fundamentalmente diferentes, enquanto taxas bastante díspares resultaram em níveis surpreendentemente similares de qualidade de vida física: Coreia do Sul e Israel apresentam índices quase idênticos de desenvolvimento humano, mesmo que o uso de energia *per capita* da Coreia seja cerca de 80% mais alto.

A imagem de espírito por trás da fachada de realidade física é igualmente adequada ao se perceber o quanto são praticamente idênticas as estruturas e os processos de alta energia ao redor do mundo. Os imperativos universais de seus insumos de energia e materiais e exigências operacionais fazem com que os altos--fornos do meio-oeste dos Estados Unidos, de Ruhrgebiet na Alemanha, da região ucraniana de Donets, da província chinesa de Hebei, de Kyushu no Japão e de Bihar na Índia sejam quase idênticos — mas eles não são iguais quando encarados a partir de um contexto global. Sua distintividade diz respeito ao amálgama de ambientes culturais, políticos, sociais, econômicos e estratégicos em que se originaram e continuam a operar, bem como à destinação ulterior e à qualidade dos produtos finais feitos com o metal que eles fundem.

Outro elo crucial em que as explicações energéticas são de utilidade limitada é o efeito do suprimento de energia sobre o crescimento populacional. As reconstruções demográficas relativamente mais confiáveis a longo prazo, aquelas que englobam Europa e China, exibem longuíssimos períodos de crescimento lento compostos por ondas sucessivas de expansões e crises causadas por epidemias e guerras (Livi-Bacci, 2000; 2012). O total europeu durante a primeira metade do século XVIII foi cerca de três vezes aquele do início da Era Comum — mas em

Capítulo 7 A energia na história mundial **435**

1900 já havia mais que triplicado. Uma melhor nutrição deve ter sido um motivo importante para essa ascensão, mas apontar esse como o único fator subjacente (McKeown, 1976) não pode ser reconciliado com reconstruções cuidadosas de ingestão média de energia alimentar (Livi-Bacci, 1991).

E se fôssemos atribuir o crescimento populacional na Europa pós-1750 a um maior consumo de energia (traduzido em melhor habitação, higiene e cuidados de saúde), então como explicaríamos o simultâneo crescimento da população da China durante a dinastia Qing? Em 1700, a população total da China era apenas cerca de três vezes maior que o pico durante a dinastia Han no ano de 145 — mas em 1900 quase acompanhou o crescimento europeu ao triplicar para cerca de 475 milhões de pessoas. Contudo, durante aquele período não houve grandes migrações para novas fontes de energia ou forças motrizes, quase nenhum aumento no uso de energia *per capita* na forma de combustíveis de biomassa e carvão e nenhum grande salto no suprimento médio *per capita* de comida: na verdade, o período incluiu uma das piores fomes da China em 1876–1879.

Não é de surpreender que considerações energéticas pouco ajudem a explicar alguns dos enigmas mais recorrentes da história, o colapso de sociedades complexas. Investigações sobre esse desafio fascinante (Tainter, 1988; Ponting, 2007; Diamond, 2011; Faulseit, 2015) oferecem respostas simples somente quando seus autores estão dispostos a ignorar complexidades inconvenientes. As mais notáveis explicações relacionadas à energia incluem os efeitos da degradação ecossistêmica disseminada por métodos insustentáveis de agropecuária e por desmatamento extensivo e redução resultante na produção alimentar. A impossibilidade de integrar efetivamente vastos impérios por dificuldades no transporte por terra e o fardo crescente de recursos para proteger territórios distantes (a síndrome do expansão imperial insustentável) são outras explicações comuns.

Porém, conforme atestado por dezenas de diferentes razões oferecidas para explicar a queda do Império Romano — de longe o "colapso" mais estudado na história (Rollins, 1983; Smil, 2010c) — explicações que favorecem disfunção social, conflitos internos, invasões, epidemias ou mudanças climáticas são bem mais comuns. Um fato irrefutável é que muitas instâncias de colapso sociopolítico ocorreram sem qualquer indício persuasivo de bases energéticas fragilizadas. Tampouco a lenta desintegração do Império Romano Ocidental nem a queda abrupta de Teotihuacán podem ser vinculadas a uma grave degradação da capacidade de produção alimentar, a quaisquer mudanças perceptíveis nas forças motrizes dominantes ou a quaisquer alterações drásticas no uso de combustíveis de biomassa. Por outro lado, inúmeras consolidações e expansões de repercussões históricas — incluindo a ascensão gradual do Antigo Reino do Egito, a emergência da república romana como a potência dominante na Itália, a disseminação--relâmpago do Islã durante o século VII e as invasões mongóis durante o século

436 Energia e Civilização: Uma História

XIII — não podem ser conectadas a qualquer mudança importante no uso de forças motrizes e combustíveis.

Futuros extremos são fáceis de esboçar. Por um lado, é concebível que os conhecimentos hoje dominados pela civilização ocidental podem levá-la além de outras em seus padrões comportamentais básicos. A difusão desses conhecimentos podem criar uma verdadeira civilização mundial capaz de aprender a viver dentro dos limites biosféricos e de prosperar por milênios por vir. Em oposição direta a esse argumento, a biosfera já está sujeita a ações humanas que interferem em muitos processos sustentadores da vida e que até invadem os limites planetários que definem o espaço operacional seguro para a humanidade (Stockholm Resilience Center, 2015). Como consequência, é igualmente concebível — deixando de lado a possibilidade de uma guerra nuclear em escala total — que a civilização global de alta energia venha a colapsar antes de se aproximar dos limites de seus recursos. O vasto espaço entre esses dois extremos pode ser preenchido por cenários que vão de uma continuação temporária, ou um aprofundamento, da desigualdade global até um processo lento mas importante rumo a políticas nacionais e globais mais racionais.

Deixando de lado as possibilidades de impacto de um asteroide, megaerupções vulcânicas ou pandemias virais sem precedentes (para uma avaliação desse tema, vide Smil, 2008b), a dissipação gradual suscitada pela degradação da biosfera além da capacidade sustentável pareceria ter uma probabilidade maior do que um desaparecimento abrupto ao estilo Teotihuacán. Não oferecerei previsão alguma quanto às chances de disfunção social destrutiva, de guerras ou epidemias mundiais, apenas destaco a coexistência de duas expectativas contraditórias envolvendo a base energética da sociedade moderna: conservadorismo (falta de imaginação?) quanto ao poder da inovação técnica em oposição a alegações repetidamente exageradas em favor de novas fontes energéticas.

A lista de previsões técnicas fracassadas é longa (Gamarra, 1969; Pogue, 2012), e alguns dos itens preferidos envolvem o desenvolvimento e uso de conversões energéticas (Smil, 2003). Opiniões especializadas da época descartaram a possibilidade de iluminação a gás, navios a vapor, lâmpadas incandescentes, telefones, motores a gasolina, voo motorizado, corrente alternada, rádio, propulsão por foguetes, energia nuclear, satélites de comunicação e computação em massa. O conservadorismo muitas vezes perseverou mesmo após a introdução bem-sucedida de inovações. Viagens transatlânticas em navios a vapor não pareciam possíveis, pois acreditava-se que as embarcações não teriam como carregar combustível suficiente para deslocamentos tão longos. Em 1896, Lord Kelvin recusou-se a entrar para a Sociedade Aeronáutica Real: seu bilhete escrito à mão para Baden F.S. Baden-Powell, um entusiástico proponente da aviação militar, dizia que ele "não

Capítulo 7 A energia na história mundial **437**

tinha a menor molécula de fé na navegação aérea que não envolvesse o balonismo" (Thomson, 1896). Numa época em que montadoras de automóveis estavam produzindo carros mais eficientes e confiáveis, Byrn (1900, p. 271) acreditava que "não é provável que o homem jamais conseguirá viver sem o cavalo".

Não menos notável é a persistência de mitos envolvendo novas energias. De início, novas energias parecem trazer consigo poucos problemas, ou mesmo nenhum. Elas prometem suprimento abundante e barato, abrindo a possibilidade para mudanças sociais quase utópicas (Basalla, 1982; Smil, 2003; 2010a). Após milênios de dependência de combustíveis de biomassa, muitos escritores do século XIX encaravam o carvão como uma fonte energética ideal e o motor a vapor como uma força motriz quase milagrosa. Densa poluição do ar, destruição da terra, riscos à saúde, acidentes em minas e a necessidade de recorrer a reservas cada vez mais pobres ou profundas logo acabaram desfazendo o mito. A eletricidade foi a portadora seguinte de possibilidades ilimitadas, com poderes de tamanho alcance que poderiam curar a pobreza e as doenças (Quadro 7.5).

O que pode ser antevisto com grande certeza é que bem mais energia será necessária nas próximas gerações para estender uma vida decente para a maioria de uma população global ainda em crescimento, cujo acesso à energia encontra--se bem abaixo do mínimo compatível com uma qualidade de vida decente. Essa pode parecer uma tarefa descomunal, talvez até impossível. A civilização global de alta energia já sofre econômica e socialmente por sua própria expansão precipitada, e seu crescimento adicional ameaça a integridade biosférica da qual sua própria sobrevivência depende (Smil, 2013a; Rockström *et al.*, 2009).

Outra incerteza é a viabilidade a longo prazo da vida urbana. A coesão social e o cultivo familiar tão característicos da vida rural claramente não predominam nas cidades modernas. As tensões da vida urbana sobre populações que foram por tanto tempo rurais e gregárias se manifestam tanto em países ricos quanto pobres. As taxas gerais de criminalidade caíram em muitos países, mas partes de muitas das maiores cidades do mundo seguem sendo símbolos de violência, drogadição, falta de moradia, abandono infantil, prostituição e existência esquálida. Ainda assim, talvez mais do que nunca, os imperativos das economias modernas demandam estabilidade e continuidade de cooperação efetiva. As cidades sempre foram renovadas pela migração advinda de vilarejos — mas o que acontecerá com essa que já é uma civilização em grande parte urbana quando os vilarejos praticamente desaparecerem enquanto a estrutura social das cidades continuarem a se desintegrar?

Há, no entanto, sinais de esperança. Exatamente porque o uso bruto de energia não determina o curso da história, nosso comprometimento e nossa inventividade podem ajudar em muito a inicialmente enfraquecer e depois reverter o elo

438 Energia e Civilização: Uma História

QUADRO 7.5
As promessas infindáveis da eletricidade

A eletricidade é a forma mais versátil de energia, e sua promessa multifacetada inspirou inovadores — Edison, Westinghouse, Steinmetz, Ford — e também políticos, estes últimos muitas vezes em lados opostos do espectro de valor, como Lenin e Roosevelt. Ainda antes do fim da Guerra Civil Russa, Lenin (1920, p. 1) concluiu que o sucesso econômico "só pode ser assegurado quando o Estado proletário russo efetivamente controlar uma imensa máquina industrial baseada em tecnologia de ponta; isso significa eletrificação". O "carvão branco" da hidroeletricidade despertou um apelo especial entre os tecnocratas ocidentais até os anos 1950, quando foi ultrapassado pela promessa sem precedentes da energia nuclear.

Em 1954, Lewis L. Strauss (1896–1974), presidente do conselho da Comissão de Energia Atômica dos Estados Unidos (no cargo entre 1953 e 1958), afirmou à Associação Nacional de Escritores Científicos em Nova York:

> Nossos filhos desfrutarão em seus lares de energia elétrica barata demais para medir. Não é demais esperar que nossos filhos saberão sobre grandes fomes periódicas no mundo como acontecimentos históricos passados, viajarão sem esforço sobre e sob os mares e pelo ar com um mínimo de perigo e a grandes velocidades, e experimentarão uma expectativa de vida mais longa que a nossa, à medida que as doenças forem derrotadas e o homem venha a compreender o que o faz envelhecer. Essa é a previsão de uma era de paz. (Strauss, 1954, p. 5)

Em 1971, Glen Seaborg, também presidente do conselho da Comissão de Energia Atômica dos Estados Unidos, previu que no ano 2000, metade da capacidade de geração elétrica norte-americana viria de reatores nucleares não poluidores e seguros, e que naves especiais nucleares estariam levando e trazendo pessoas para Marte (Seaborg, 1972). Na realidade, os anos 1980 testemunharam uma quase completo fim das encomendas de novas usinas nucleares no Ocidente, e o futuro sombrio da fissão foi maculado ainda mais pelo acidente de Chernobyl em 1986 e pelas múltiplas explosões em Fukushima em 2011. Mas as turbinas eólicas e os painéis fotovoltaicos preencheram o vazio mítico criado pelo vácuo da fissão do Ocidente, dessa vez com a promessa de captar eletricidade tão fácil e barata que a geração descentralizada (eliminando a necessidade de usinas centrais) cairá como maná sobre o mundo moderno (uma visão que exige ignorar o fato de que a maior parte da população mundial logo estará vivendo em megacidades, dificilmente os melhores locais para geração descentralizada). E por fim existe, como sempre existiu desde 1945, a promessa suprema de eletricidade a partir da fusão nuclear (embora, em termos práticos, estejamos tão longe desse objetivo quanto estávamos uma geração atrás).

Capítulo 7   A energia na história mundial   **439**

evolutivo entre os avanços da civilização e a energia. Passamos a perceber que o aumento do uso de energia não pode ser igualado a adaptações efetivas e que devemos ser capazes de interromper e até inverter essa tendência, de modo a quebrar o que reza a lei da máxima energia de Lotka (1925). Isso deve ser facilitado pelas claras indicações de que é contraproducente maximizar a potência entregue para consumo.

Na verdade, por si só um maior uso de energia não garante a não ser maiores fardos ambientais (Smil, 1991). Os indícios históricos são claros. Um maior uso de energia não assegura um suprimento alimentar confiável (a Rússia czarista, que ainda queimava lenha, era uma grande exportadora de grãos; a URSS, uma superpotência dos hidrocarbonetos, precisava importar grãos); não confere segurança estratégica (os Estados Unidos eram sem dúvida mais seguros em 1915 do que em 2015); não sustenta uma estabilidade política firme (seja no Brasil, na Itália ou no Egito); não necessariamente leva a um governo mais esclarecido (conforme atestado por Coreia do Norte e Irã); e não distribui melhorias no padrão de vida de um país (como de fato deixou de ocorrer na Guatemala e na Nigéria).

Oportunidades para uma grande transição rumo a uma sociedade menos intensiva no uso de energia podem ser encontradas primordialmente entre os esbanjadores mais proeminentes do mundo em termos de energia e materiais: Europa Ocidental, América do Norte e Japão. Muitas dessas economias podem ser surpreendentemente fáceis de realizar. Nesse âmbito, concordo com Basalla (1980, p. 40) que:

> se a equação energia-civilização é inútil e potencialmente perigosa, deve ser exposta e descartada, já que fornece um argumento supostamente científico contra esforços para adotar um estilo de vida baseado em níveis mais baixos de consumo de energia. Caso se trate de uma generalização de grande verdade e riqueza intelectual, então merece uma abordagem mais sofisticada e rigorosa do que a que tem recebido de seus apoiadores até hoje.

Ciente das enormes ineficiências no uso de recursos, quer se tratem de energia, alimento, água ou metais, pela civilização moderna, sempre argumentei em prol de maneiras mais racionais de consumo. Essa trajetória teria consequências profundas para avaliar as perspectivas de uma civilização de alta energia — mas quaisquer sugestões de redução deliberada de certos usos de recursos são rejeitadas por quem acredita que avanços técnicos sem fim podem satisfazer uma demanda em constante expansão. Seja como for, a probabilidade de adoção de racionalidade, moderação e comedimento no consumo de recursos em geral e de energia em particular, e ainda mais a probabilidade de perseverar numa trajetória como essa, é impossível de quantificar.

440 Energia e Civilização: Uma História

As duas características cardinais da vida sempre foram a ampliação e o aumento da complexidade. Será que podemos reverter essas tendências fazendo um desvio para os usos de energia tecnicamente exequíveis e ambientalmente desejáveis? Poderemos dar seguimento à evolução humana ao nos concentrarmos somente naqueles aspectos que não requerem maximização de fluxos energéticos, poderemos criar uma civilização energeticamente inviável que viveria estritamente dentro dos seus limites solares/biosféricos? Uma mudança como essa poderia ser concretizada sem a conversão para uma economia sem crescimento e mediante a redução da atual população global? Para indivíduos, isso significaria um desacoplamento não menos revolucionário entre *status* social e consumo material. O estabelecimento de tais sociedades custaria caro especialmente para as primeiras gerações a fazer a transição. Num prazo mais longo, esses novos arranjos também eliminariam uma das molas propulsoras do progresso ocidental: a busca por mobilidade social e econômica. Ou será que novas revoluções técnicas permitirão que tiremos proveito, direta e indiretamente, de uma grande parcela da radiação incidente e seguirão garantindo nossa dependência de incontáveis confortos extrassomáticos?

Nosso atual sistema energético é autolimitante: mesmo numa escala temporal histórica, nossa civilização de alta energia, explorando o estoque acumulado de radiação antiga transformada em combustíveis, é um mero interlúdio, porque, mesmo se a queima desses combustíveis não tivesse impacto ambiental algum, eles não poderiam durar por milênios, ao contrário de seus predecessores, baseados na colheita de fluxos quase instantâneos de energia solar. Mas a exaustão total das energias fósseis é bastante improvável, já que a queima de carvão e hidrocarbonetos é a principal fonte de CO_2 antropogênico e a queima de recursos disponíveis na forma de combustíveis fósseis elevaria a temperatura troposférica o suficiente para eliminar a calota polar inteira da Antártica e gerar uma elevação de aproximadamente 58 m no nível dos oceanos (Winkelmann *et al.*, 2015).

Com a maior parte da população mundial vivendo em regiões litorâneas, tal elevação teria consequências profundas para a sobrevivência da civilização. Os fluxos disponíveis de energias renováveis são grandes o bastante para evitar tal destino — mas, a fim de manter os usos atuais de energia, e para aumentá-los para os bilhões que vivem em economias da baixa renda, teríamos que capturá--los, convertê-los e armazená-los em escalas ordens de magnitude maiores que as presentes hoje. A transição histórica do sistema global de energia dominado por combustíveis fósseis para um novo arranjo baseado exclusivamente em fluxos energéticos renováveis impõe um desafio enorme (e que não costuma ser apreciado o suficiente): a onipresença e a magnitude de nossa dependência em relação aos combustíveis fósseis, e a necessidade de aumentos adicionais no uso global de energia, significam que até mesmo a transição promovida mais vigorosamente só poderia ser concluída no curso de diversas gerações.

Capítulo 7 A energia na história mundial **441**

E a transição completa exigiria a substituição dos combustíveis fósseis não apenas como fornecedores dominantes de diferentes tipos de energias, mas também como fontes cruciais de matérias-primas: insumos para a síntese de amônia (cerca de 175 Mt/ano em 2015, sobretudo para suprir nitrogênio para as plantações) e outros fertilizantes e agroquímicos (herbicidas e pesticidas); insumos para os onipresentes plásticos usados hoje em dia (cuja produção total é de aproximadamente 300 Mt/ano); coque metalúrgico (atualmente exigindo ao ano cerca de 1 Gt de carvão para coquefação e usado não apenas como a fonte de energia para reduzir óxidos ferrosos, mas também por seu papel estrutural em apoio e fluxo de minério de ferro carregado em altos-fornos que produzem ao ano mais de 1 Gt de ferro); lubrificantes (essenciais para o funcionamento de máquinas estacionárias e de transporte); e materiais de pavimentação (asfalto de baixo custo).

Nossa incapacidade de compreender comportamentos complexos e interdependentes — as interações de processos biosféricos, uso de produção energética, atividades econômicas, avanços técnicos, mudanças sociais, desenvolvimentos políticos, agressão armada — torna qualquer profecia específica (tão comum nos dias de hoje) para futuros distantes mera especulação. Em contraste, delinear extremos é fácil, já que as visões de futuro vão de nefastas a extáticas. Georgescu-Roegen (1975, p. 379) não se mostrava esperançoso: "Talvez o destino do homem seja ter uma vida curta, mas ardente, emocionante e extravagante, em vez de uma existência longa, rotineira e vegetativa. Que outras espécies — as amebas, por exemplo — que não têm qualquer ambição espiritual, herdem a terra ainda banhada em bastante luz do Sol". Em contraste, tecno-otimistas veem um futuro de energia ilimitada, quer advinda de células fotovoltaicas ou de fusão nuclear, e de uma humanidade colonizando outros planetas transformados apropriadamente à imagem da Terra. Para o futuro vislumbrável (duas a quatro gerações, 50–100 anos), percebo visões tão vastas que mais parecem contos de fadas.

A única certeza é que as chances de sucesso na busca sem precedentes para criar um novo sistema energético compatível com a sobrevivência a longo prazo da civilização de alta energia continuam incertas. Tendo em vista nosso grau de conhecimentos, o desafio talvez não seja relativamente mais árduo do que a superação de inúmeros obstáculos que já vencemos no passado. Mas conhecimentos, por mais impressionantes que sejam, não bastarão. O que precisa haver é um compromisso com a mudança, de tal modo que possamos afirmar junto com Senancour (1770–1846):

> O homem é perecível. Pode até ser, mas pereçamos lutando; e se nada nos estiver reservado, não façamos como se isso fosse uma justiça merecida! (Senancour 1901 [1804], p. 2:187)

Adendos

Medidas básicas

Comprimento, massa, tempo e temperatura são as unidades básicas de contagens científicas. O metro (m) é a unidade básica de comprimento. Para pessoas de tamanho médio, é aproximadamente a distância entre a cintura e o chão. A maioria das pessoas tem entre 1,5 e 1,8 m de altura; os tetos das casas norte-americanas costuma ficar a 2,5 m de altura; uma pista olímpica tem 400 m de extensão, e uma pista de aeroporto em torno de 3.000 m. Prefixos gregos padronizados são usados para expressar múltiplos de unidades científicas. Quilo corresponde a 1.000, e, portanto, 3.000 m são 3 quilômetros (km). O percurso de uma maratona tem 42,195 km, um voo de um lado ao outro dos Estados Unidos cerca de 40.000 km, a circunferência equatorial aproximada é de 4.000 km, a luz viaja a 300.000 km a cada segundo e 150 milhões de km separam a Terra do Sol. Prefixos latinos padronizados são usados para unidades fracionais. Um centímetro é um centésimo de um metro. Um punho apoiado sobre uma mesa com o polegar junto aos dedos dobrados terá cerca de 10 cm (0,1 m). Lápis novos medem uns 20 cm (0,2 m), bebês recém-nascidos cerca de 50 cm (0,5 m).

As unidades de área comumente encontradas vão de cm^2 a km^2. Um porta-copos cobre cerca de 10 cm^2; uma cama, 2 m^2; as fundações de um pequeno bangalô norte-americano, uns 100 m^2. Essa última área (10 × 10 m) é chamada de **are**, e 100 (*hecto*) quadrados como esse somam um **hectare** (ha), a unidade métrica básica para medir terrenos agrícolas. Chineses ou bangladeshianos precisam para se alimentar cultivar menos de 0,1 ha/*capita*, enquanto os norte-americanos cultivam quase 1 ha/*capita*. Para além da agricultura, áreas maiores costumam ser expressas em quilômetros quadrados (km^2). Cidades da América do Norte com cerca de 1 milhão de habitantes costumam cobrir menos de 500 km^2; pequenos países europeus têm bem menos de 100.000 km^2; e os Estados Unidos abrangem quase 10 milhões de km^2.

Unidades básicas de massa podem ser facilmente derivadas preenchendo-se cubos com água. Um cubo minúsculo englobando 1 centímetro cúbico (cm^3) — seu lado terá a largura de uma unha pequena — pesará (ou, mais precisamente, terá a massa de) 1 grama (g) ao ser preenchido com água. Um cubo do tamanho aproximado de um punho terá 1.000 cm^3 (10 × 10 × 10 cm), ou um litro (L)

444 Adendos

de volume. Ao ser preenchido por água, terá uma massa de 1.000 gramas (g), ou 1 quilograma (kg). O quilograma é a unidade básica de massa. Latas de refrigerante pesam cerca de um terço de 1 quilograma (350 g), bebês recém-nascidos entre 3 e 4 kg, e a maioria dos adultos não americanos entre 50 e 90 kg. Carros compactos têm uma massa aproximada de 1.000 kg, ou uma tonelada (também chamada de tonelada métrica, t; a tonelada norte-americana tem apenas 907 kg). Um cavalo de grande porte pesa até 1 t; vagões ferroviários vão de 30 a 100 t, navios (totalmente carregados) vão de alguns milhares de toneladas a 500.000 t.

O segundo (s), uma duração temporal um pouco mais longa que um batimento cardíaco, é a unidade básica de tempo. Em repouso, inspiramos a cada quatro segundos, e levamos cerca de 10 segundos para beber um copo d'água. Unidades de tempo maiores são exceções dentro do sistema métrico de unidades científicas. Em vez de aumentarem com múltiplos de 10, elas obedecem ao antigo sistema de contagem sexagesimal (base 60) sumério-babilônio. Um sinal vermelho num cruzamento movimentado dura 60 segundos, ou um minuto. Leva 8 minutos para preparar um ovo cozido duro; uma obra média de sinfonia clássica leva 40 minutos. Uma gravidez normal dura 280 dias; cada ano não bissexto tem 365 dias, ou 31,566 milhões de segundos; a expectativa de vida média para mulheres em países ocidentais ultrapassou os 80 anos; a agricultura começou a se espalhar cerca de 10.000 anos atrás; os dinossauros abundavam 80 milhões de anos atrás; a Terra tem cerca de 4,5 bilhões de anos.

A escala científica para temperatura, em graus Kelvin, parte do zero absoluto. A escala Celsius (C) é mais comum: ela divide o intervalo entre os pontos de congelamento e de ebulição da água em 100 graus (°C). Nessa escala, o zero absoluto é –273,15 °C, a água congela a 0 °C, um agradável dia de primavera fica em torno de 20 °C e a temperatura normal humana é de 37 °C. A água ferve a 100 °C, papel pega fogo a 230 °C, o ferro derrete a 1.535 °C e as reações termonucleares do Sol ocorrem a 15 milhões °C.

Quase todas as unidades científicas podem ser derivadas de comprimento, massa, tempo e temperatura. No caso de energia e potência, as derivações são as seguintes. A força atuando numa massa de 1 kg de modo a gerar uma aceleração de 1 m/s^2 é igual a 1 newton (N). A força de 1 N aplicada por uma distância de 1 m equivale a um joule (J), a unidade básica de energia. Caloria, uma unidade de energia usada na literatura nutricional, é igual a 4,184 J. Nesses dois casos temos quantidades bem pequenas: o consumo alimentar diário de uma mulher adulta ativa será de 2.000 quilocalorias (2 Mcal), ou 8,36 MJ. Potência é energia vezes tempo; sendo assim, 1 J/s é igual a 1 watt (W). A seção "Potência na história", a seguir, lista uma ampla variedade de ações em ordem crescente de watts.

Muitas unidades, como aquelas para velocidade — metros por segundo (m/s) ou quilômetros por hora (km/h) — e produtividade — quilogramas ou toneladas por hora (kg/h, t/h) ou toneladas por ano (t/ano) — não levam qualquer nome especial. Cavalos de trabalho se movem a cerca de 1 m/s; a maioria dos limites de velocidade em estradas é de 100 km/h. Um escravo moendo grãos com uma mó manual produzia farinha a uma taxa de no máximo 4 kg/h; uma safra excelente de trigo do fim da Idade Média rendia 1 t/ha.

As poucas medias descritas aqui já dão conta da maior parte das menções ao longo do texto. Além das unidades de energia e potência, elas incluem as duas unidades físicas básicas de comprimento e massa (m e kg), duas medidas de área (ha e km^2) e os quatro marcadores de tempo (segundo, hora, dia e ano). A seguir é apresentada uma lista completa de prefixos, mas somente alguns deles (em ordem crescente: hecto, quilo, mega, giga; em ordem decrescente: milli, micro) são usados com frequência.

Unidades científicas e seus múltiplos e submúltiplos

Unidades básicas do SI

Quantidade	Nome	Símbolo
Comprimento	metro	m
Massa	quilograma	kg
Tempo	segundo	s
Corrente elétrica	Ampere	A
Temperatura	Kelvin	K
Quantidade de substância	mol	mol
Intensidade luminosa	candela	cd

Outras unidades usadas no texto

Quantidade	Nome	Símbolo
Área	hectare	ha
	metro quadrado	m^2
Potencial elétrico	Volt	V
Energia	Joule	J
Força	Newton	N
Massa	grama	g
	tonelada	t
Potência	Watt	W
Pressão	Pascal	Pa
Temperatura	grau Celsius	°C
Volume	metro cúbico	m^3

446 Adendos

Múltiplos usados no Sistema Internacional de Unidades

Prefixo	Abreviação	Notação científica
deca	da	10^1
hecto	h	10^2
quilo	k	10^3
mega	M	10^6
giga	G	10^9
tera	T	10^{12}
peta	P	10^{15}
exa	E	10^{18}
zeta	Z	10^{21}
iota	Y	10^{24}

Submúltiplos usados no Sistema Internacional de Unidades

Prefixo	Abreviação	Notação científica
deci	d	10^{-1}
centi	c	10^{-2}
milli	m	10^{-3}
micro	μ	10^{-6}
nano	n	10^{-9}
pico	p	10^{-12}
femto	f	10^{-15}
atto	a	10^{-18}
zepto	z	10^{-21}
iocto	y	10^{-24}

Cronologia de desenvolvimentos relacionados com energia

Esta lista é compilada a partir de uma ampla variedade de fontes citadas no texto e na bibliografia. Cronologias mais extensivas de avanços técnicos podem ser encontradas em Mumford (1934), Gille (1978), Taylor (1982), Williams (1987) e Bunch e Hellemans (1993), e leitores que desejaram examinar as cronologias mais extensivas de desenvolvimentos relacionados à energia (listadas por fontes, aplicações e impactos) devem consultar o volume de quase mil páginas de Cleveland e Morris (2014). Considerações de espaço restringem a lista a seguir sobretudo a avanços práticos (e alguns fracassos notáveis): ela exclui as contribuições subjacentes nos âmbitos intelectual, científico, político e econômico. Todas as datas mais antigas são inevitáveis aproximações, e diferentes fontes podem listar diferentes ordens cronológicas. Existem discrepâncias até mesmo no caso de avanços modernos: as datas podem fazer referência à ideia original, à patenteação, à primeira aplicação ou à comercialização bem-sucedida. Para problemas quanto à datação de invenções, ver Petroski (1993).

a.C.

1.700.000 +	Ferramentas de pedra olduvaienses (<0,5 m de gume/kg de pedra)
250.000 +	Ferramentas de pedra acheulianas
150.000 +	Ferramentas musterienses de lascas de pedra
50.000 +	Objetos de ossos
30.000 +	Ferramentas de pedra aurignacianas
	Arcos e flechas com ponta de pedra
15.000 +	Ferramentas de pedra magdalenianas (12 m gume/kg de pedra)
9.000 +	Ovelhas domesticadas no Oriente Médio
7.400 +	Milho no Vale de Oaxaca
7.000 +	Trigo na Mesopotâmia
	Porcos domesticados no Oriente Médio
6.500 +	Vacas domesticadas no Oriente Médio
6.000 +	Artefatos de cobre mais comuns no Oriente Médio
5.000 +	Cevada no Egito
	Milho na Bacia do México
4.400 +	Batatas nas serras do Peru e da Bolívia
4.000 +	Arados leves de madeira na Mesopotâmia
3.500 +	Asnos de carga no Oriente Médio
	Navios de madeira no Mediterrâneo
	Cerâmica e tijolos cozidos em olarias na Mesopotâmia
	Irrigação na Mesopotâmia
3.200 +	Veículos com rodas em Uruk
3.000 +	Vela quadrada no Egito
	Bois de tração na Mesopotâmia
	Camelos domesticados
	Roda de oleiro na Mesopotâmia
2.800 +	Construção de pirâmides no Egito
2.500 +	Bronze na Mesopotâmia
	Pequenos objetos de vidro no Egito
2.000 +	Roda com aros na Mesopotâmia
	Veículos puxados por cavalos no Egito
	Shaduf na Mesopotâmia
1.700 +	Montaria em cavalo

1.500 +	Cobre na China
	Plantação de arroz na China
	Lubrificantes de eixo no Oriente Médio
1.400 +	Ferro na Mesopotâmia
1.300 +	Semeadeira na Mesopotâmia
	Carruagens puxadas por cavalos na China
1.200 +	Ferro mais comum na Índia, Oriente Médio, Europa
800 +	Arqueiros montados nas estepes asiáticas
	Velas no Oriente Médio
600 +	Estanho na Grécia
	Navios *Penteconter* comuns na Grécia
	Parafuso de Arquimedes na irrigação egípcia
500 +	Sela para camelo no norte da Arábia
	Trirreme na Grécia
400 +	Balestra na China
432	Partenon concluído
300 +	Estribos na China
	Engrenagens no Egito e na Grécia
312	Via Appia e Aqua Appia completadas em Roma
200 +	Arreio de cinta peitoral na China
	Avanços navegação a vela contra o vento na China
	Velas reforçadas por ripas na China
	Perfuração por percussão em Sichuan
	Manivela na China
150 +	Arados com aivecas de ferro na China
100 +	Primórdios dos arreios de pescoço na China
	Calefação doméstica por carvão na China
	Rodas d'água na Grécia e em Roma
	Carrinho de mão na China
	Norias no Oriente Médio
80 +	Calefação por hipocausto em Roma

d.C.

300	O *cursus publicus* romano ultrapassa 80.000 km
600 +	Moinhos de vento (Irã)
850 +	Vela triangular no Mediterrâneo
900 +	Arreios de pescoço e ferraduras comuns na Europa
	Lanças flamejantes de bambu na China
980 +	Escusas em canais na China
1000 +	Adoção disseminada de rodas d'água na Europa Ocidental
1040	Instruções claras para preparação de pólvora na China
1100 +	Arco longo na Inglaterra
1150 +	Moinhos de vento se espalhando pela Europa Ocidental
1200 +	Construção de estradas incas
1280 +	Canhões na China
1300 +	Pólvora e canhões na Europa
1327	Grande Canal Pequim-Hangzhou (1.800 km de comprimento) completado
1350 +	Armas de fogo portáteis na Europa
1400 +	Cavalos pesados de tração na Europa
	Moinhos de vento de drenagem nos Países Baixos
	Altos-fornos na região do Reno
1420 +	Caravelas portuguesas fazem navegações mais longas
1492	Colombo navega através do Atlântico
1497	Vasco da Gama navega até a Índia
1519	A nau *Victoria* de Magalhães circum-navega a Terra
1550 +	Grandes navios a vela e com canhões na Europa Ocidental
1600 +	Rolamentos na Europa Ocidental
1640 +	A mineração de carvão se amplia na Inglaterra
1690	Experimentos com motor a vapor atmosférico (Denis Papin)
1698	Motor a vapor simples e pequeno (Thomas Savery)
1709	Coque feito com carvão betuminoso (Abraham Darby)
1712	Motor a vapor atmosférico (Thomas Newcomen)
1745	Cata-ventos traseiros para girar automaticamente moinhos de vento
1750 +	Construção intensiva de canais na Europa Ocidental
	O uso de coque se espalha pela Inglaterra para produção de ferro
	Motor de Newcomen mais comum nas minas inglesas de carvão
1757	Torno de bancada com corte de precisão (Henry Maudslay)
1769	James Watt patenteia um condensador separado para o motor a vapor

450 Adendos

Anos 1770	Fábricas movidas a rodas d'água
1775	Patente de Watt estendida até 1800
1782	Balão de ar quente (Joseph e Etienne Montgolfier)
1794	Lampiões com suportes de pavio e chaminés de vidro (Aimé Argand)
1800	Bateria elétrica (Alessandro Volta)
Anos 1800	Barcos a vapor (*Charlotte Dundas*, *Clermont*)
	Motores a vapor de alta pressão (R. Trevithick, O. Evans)
1805	Guindaste movido a vapor (John Rennie)
	Gás de carvão para iluminação na Inglaterra
1808	Lâmpada de arco elétrico (Humphrey Davy)
1809	Nitratos chilenos descobertos
1816	Lâmpada de segurança em minas (Humphrey Davy)
Anos 1820	Projetos de calculadoras mecânicas (Charles Babbage)
	Navios com casco de ferro
1820	Eletromagnetismo (Hans C. Oersted)
1823	Silício isolado (J. J. Berzelius)
1824	Cimento Portland (Joseph Aspdin)
	Alumínio isolado (Hans C. Oersted)
1825	Ferrovia Stockton-Darlington
1828	Alto-forno na siderurgia (James Neilson)
1829	Locomotiva *Rocket* (Robert Stephenson)
Anos 1830	Construção de ferrovias decola na Inglaterra
	Navios a vapor cruzam o Atlântico
	Ceifadeira mecânica de grãos (Cyrus McCormick, Obed Hussey)
1830	Termostato (Andrew Ure)
	Ferrovia Liverpool-Manchester
1832	Turbina hídrica (Benoît Fourneyron)
1833	Arado de aço (John Lane)
	Navio a vapor *Royal William* cruza de Quebec a Londres
1834	Fogão de cozinha como peça isolada (Philo P. Stewart)
1837	Telégrafo elétrico patenteado (William F. Cooke e Charles Wheatstone)
1838	Propulsão de navios a vapor por hélices (John Ericsson)
	Código telegráfico (Samuel Morse)
Anos 1840	Década de pico de caça de baleias nos Estados Unidos
1841	Máquina de debulha movida a vapor
	Thomas Cook passa a oferecer viagens de férias

Adendos **451**

1847	Turbina hídrica com fluxo para dentro (James B. Francis)
Anos 1850	Parafina feita de óleo para iluminação
	Veleiros rápidos em viagens longas
1852	Balão enchido com hidrogênio (Henri Giffard)
1854	Navio a vapor *Great Eastern* (Isambard K. Brunel)
1856	Conversor de aço (Henry Bessemer)
1858	Colheitadeira de grãos (C. W. e W. W. Marsh)
1859	Perfuração de poços de petróleo na Pensilvânia (E. L. Drake)
Anos 1860	Aragem a vapor em vastos campos norte-americanos
1860	Motor de combustão interna horizontal (J. J. E. Lenoir)
	Máquina ordenhadeira (L. O. Colvin)
1864	Processo de fornalha de soleira aberta (W. e F. Siemens)
1865	Nitrocelulose (J. F. E. Schultze)
1866	Bateria de carbono-zinco (Georges Leclanche)
	Cabo transatlântico em operação permanente
	Torpedo (Robert Whitehead)
1867	Vagões ferroviários refrigerados em serviço
1869	Canal de Suez completado
	Ferrovia transcontinental completada nos Estados Unidos
Anos 1870	Transporte refrigerado de carne em navios oceânicos
	Início da indústria de fertilizantes de fosfato
1871	Dínamo com armadura de bobina (Z. T. Gramme)
1875	Dinamite (Alfred Nobel)
1874	Filme fotográfico (George Eastman)
1876	Motor de combustão interna de quatro tempos (N. A. Otto)
	Telefone patenteado (Alexander Graham Bell, Elisha Gray)
1877	Fonógrafo (Thomas A. Edison)
1878	Motor de combustão interna de dois tempos (Dugald Clerk)
	Lâmpada de filamento (Joseph Swan)
	Atadeira de barbante para colheitadeira de grãos (John Appleby)
1879	Lâmpada com filamento de carbono (Thomas A. Edison)
Anos 1880	Colheitadeira de grãos integrada puxada por cavalo (Califórnia)
	Bicicletas modernas (J. K. Starley, William Sutton)
	Navios-petroleiros
	Explosivos militares de alta intensidade formulados
1882	Primeiras usinas geradoras de eletricidade de Edison

452 Adendos

1883	Turbina a vapor de impulso (Carl Gustaf de Laval)
	Motor de quatro tempos a combustível líquido (Gottlieb Daimler)
	Metralhadora (Hiram S. Maxim)
1884	Turbina a vapor (Charles Parsons)
1885	Transformador (William Stanley)
	Karl Benz constrói o primeiro carro de uso prático
1886	Concreto protendido (C. E. Dochring)
	Produção de alumínio (C. M. Hall e P. L. T. Héroult)
1887	Petróleo cru descoberto no Texas
	Geração de ondas eletromagnéticas (Heinrich Hertz)
1888	Motor de indução elétrica (Nikola Tesla)
	Gramofone (Emile Berliner)
	Pneu de borracha enchido com ar (John B. Dunlop)
1889	Fonógrafos tocadores de cilindros de cera (Thomas A. Edison)
	Turbina hídrica movida a jato (Lester A. Pelton)
Anos 1890	Pico na quantidade de cavalos nas cidades ocidentais
	Introdução de eletrodomésticos
1892	Motor a diesel (Rudolf Diesel)
1894	Poços de petróleo perfurados no mar a partir de molhes (Califórnia)
1895	Filmes em movimento (Louis e August Lumiére)
	Raios-X (Wilhelm K. Roentgen)
1897	Tubo de raios catódicos (Ferdinand Braun)
1898	Gravador de fita (Valdemar Poulsen)
1899	Sinais de rádio transmitidos através do Canal da Mancha (Guglielmo Marconi)
Anos 1900	Consumo de eletricidade dispara nos Estados Unidos e Reino Unido
	Início da produção de carros em grande volume
1900	Dirigível motorizado (Ferdinand von Zeppelin)
1901	Ar condicionado industrial (Willis H. Carrier)
	Perfuração rotativa (Spindletop, Texas)
	Sinais de rádio transmitidos através do Atlântico (Guglielmo Marconi)
1903	Voo motorizado, sustentado e controlado (Oliver e Wilbur Wright)
1904	Geração geotérmica de eletricidade (Lardarello, Italy)
	Diodo a vácuo (John A. Fleming)
1905	Célula fotoelétrica (Arthur Korn)
	Produção de tratores comerciais nos Estados Unidos
1906	Inauguração do encouraçado britânico a vapor *Dreadnought*
	Triodo a vácuo (Lee De Forest)

Adendos **453**

1908	Lâmpada com filamento de tungstênio
	Modelo T da Ford (fabricado até 1927)
1909	Broca giratória para perfurar rocha (Howard Hughes)
	Louis Bleriot voa através do Canal da Mancha
	Baquelite, o primeiro plástico importante (Leo Baekeland)
1910	Luz de neon (Georges Claude)
	Gás sintético a partir de carvão (Fischer-Tropsch, Alemanha)
1913	Linha móvel de produção (Ford Company)
	Canal do Panamá completado
	Síntese da amônia (Fritz Haber e Carl Bosch)
	Craqueamento de petróleo cru a alta pressão (W. M. Burton)
1914	Primeira Guerra Mundial (até 1918): guerra de trincheiras, gases venenosos, aviões, tanques
1919	Voo transatlântico sem escalas (J. Alcock e A. W. Brown)
	Serviço de voos de carreira (Paris-London)
Anos 1920	Caldeiras queimando carvão pulverizado
	Aviões de metal de fuselagem aerodinâmica
	Tocadores elétricos de discos
	Transmissão de rádio se espalha pelos Estados Unidos e Europa
	Liquefação do carvão (Friedrich Bergius)
1920	Turbina hídrica de fluxo axial (Viktor Kaplan)
1922	Porta-aviões *Hosho* lançado no Japão
1923	Tubo eletrônico de câmera (Vladimir Zworykin)
	Geladeiras elétricas pela Electrolux
1927	Borracha sintética (Buna)
	Voo solo transatlântico sem escalas (Charles A. Lindbergh)
	Petróleo cru descoberto em Kirkuk, Iraq
1928	Acrílico (W. Bauer)
1929	Transmissões experimentais de TV (Reino Unido)
Anos 1930	Craqueamento de petróleo cru catalítico (Eugene Houdry)
	Grandes usinas hidrelétricas (Estados Unidos e URSS)
	Bombardeiros de longa distância
	Clorofluorcarbonetos na refrigeração
1933	Polietileno (Imperial Chemical Industries)
1935	Lâmpada fluorescente (General Electric)
	Fita magnética de plástico (AEG Telefunken, I. G. Farben)
	Nailon (Wallace Carothers)
1936	Transmissões regulares de TV (BBC)
	Turbina a gás (Brown-Boveri)

454 Adendos

1937	Aeronave totalmente pressurizada (Lockheed XC-35)
1938	Protótipo de caça a jato (Hans Pabst von Ohain)
1939	Radar (Reino Unido)
	Segunda Guerra Mundial (até 1945): *Blitzkrieg*
Anos 1940	Aeronave militar a jato
	Computadores eletrônicos
1940	Helicóptero (Igor Sikorsky)
1942	Foguetes V-1 (Wernher von Braun)
	Produção industrial de silicone
	Reação em cadeia controlada (Enrico Fermi, Chicago)
1944	Foguetes V-2
	DDT chega ao mercado
1945	Bombas nucleares (teste de Trinity, Hiroshima e Nagasaki)
	Computador eletrônico (ENIAC, Estados Unidos)
	Primeiro herbicida (2,4-D) chega ao mercado
1947	Transistor (J. Bardeen, W. H. Brattan e W. B. Shockley)
	Plataformas de petróleo em alto-mar fora de vista a partir da costa (Louisiana)
	Voo pilotado quebra a barreira do som (Bell X-1)
1948	Fornalha siderúrgica à base de oxigênio (Linz-Donawitz)
	Descoberto o maior campo de petróleo do mundo (o saudita al-Ghawar)
1949	Primeira aeronave de passageiros a jato (De Havilland Comet)
Anos 1950	Crescimento acelerado no consumo mundial de petróleo cru
	Fundição contínua de aço
	Espalhamento por precipitadores eletrostáticos
	Computadores comerciais
	Gravações em estéreo
	Gravadores de videotape
1951	Montagem automática de motores (Ford Company)
	Transmissão de imagens coloridas na TV
	Bomba de hidrogênio (fusão)
1952	Jato de passageiros britânico Comet em serviço comercial
1953	Forno de micro-ondas (Raytheon Manufacturing Company)
1954	Submarino nuclear *Nautilus*, da marinha norte-americana, é lançado
1955	Rádio da Sony totalmente transistorizado
1956	Primeira usina nuclear de energia comercial (Calder Hall, Reino Unido)
	Cabo telefônico transatlântico
	Começa a construção da autoestrada interestadual nos Estados Unidos

Adendos **455**

1957	*Sputnik 1*, o primeiro satélite Terrestre artificial (URSS)
	Primeira usina norte-americana de energia nuclear (Shippingport, Pensilvânia)
1958	Circuito integrado (Texas Instruments)
	Jato de passageiros Boeing 707 norte-americano em serviço
Anos 1960	Plataformas semissubmersíveis para extração de petróleo no mar
	Satélites meteorológicos e de comunicação
	Navios-petroleiros de grande porte
	Mobilização em larga escala de mísseis balísticos intercontinentais (MBIs)
	Maiores bombas soviéticas de fusão testadas na atmosfera
	Difusão do uso de fertilizantes e pesticidas sintéticos
	Variedades de culturas agrícolas de alto rendimento
1960	Sistema norte-americano de MBI Minuteman testado
1961	Porta-aviões nuclear norte-americano *Enterprise* lançado
	Viagem especial tripulada (Yuri Gagarin)
1962	Retransmissão transatlântica de TV (Telstar)
1964	Shinkansen (sistema ferroviário japonês) começa a operar
1966	Jumbo norte-americano a jato Boeing 747 encomendado
1969	Aeronave supersônica franco-britânica Concorde decola
	Boeing 747 em serviço comercial
	Espaçonave norte-americana *Apollo 11* pousa na Lua
Anos 1970	Transmissão de rádio e televisão por satélite
	Preocupações com suprimento de combustíveis fósseis
	Chuva ácida sobre Europa e América do Norte
	Exportações de carros japoneses disparam
1971	Primeiros microprocessadores (Intel, Texas Instruments)
1973	Primeira rodada de aumentos de preços do petróleo cru pela Opep (até 1974)
1975	Brasil começa a produzir etanol automotivo a partir de cana-de-açúcar
1976	Concorde em serviço comercial
	Espaçonave norte-americana *Viking* não tripulada pousa em Marte
1977	Voo de propulsão humana do *Gossamer Condor*
1979	Segunda rodada de aumentos de preços do petróleo cru pela Opep (até 1981)
Anos 1980	Aquisições de computadores pessoais decolam
	Eletrodomésticos e carros mais eficientes
	Preocupações com mudanças ambientais globais
	Engenharia genética decola
1982	CD *player* (Philips, Sony)
1983	Trens franceses TGV começam a operar (Paris-Lyon)

456 Adendos

1985	Buraco na camada de ozônio na Antártica identificado
1986	Desastre com o reator nuclear de Chernobyl
1989	World Wide Web introduzida (Tim Berners-Lee)
1990	População global ultrapassa 5 bilhões
1994	Netscape lançado
1999	Começa a adoção em massa de telefones celulares
Anos 2000	Instalação disseminada de células fotovoltaicas
2000	Começa a *Energiewende* alemã
2003	Represa das Três Gargantas completada (rio Yangtzé, China)
2007	Fraturamento hidráulico dispara nos Estados Unidos
2009	China se torna o maior consumidor mundial de energia
2011	Tsunami e má gestão causam o desastre nuclear de Fukushima
	População global chega a 7 bilhões
2014	Estados Unidos voltam a ser o maior produtor mundial de gás natural
2015	Concentração média de CO_2 atmosférico chega a 400 ppm

Potência na história

Ações, forças motrizes, conversores	Potência (W)
Pequena vela de cera queimando (800 a.C.)	5
Garoto egípcio torcendo um parafuso de Arquimedes (500 a.C.)	25
Pequeno moinho de vento norte-americano girando (1880)	30
Mulher chinesa girando a manivela de uma máquina de joeiramento (100 a.C.)	50
Trabalho constante de polidores franceses de vidro (1700)	75
Homem forte caminhando vigorosamente numa roda de tração feita de madeira (1400)	200
Asno rodando um moinho romano em forma de ampulheta (100 a.C.)	300
Parelha chinesa de bois fracos arando (1900)	600
Bom cavalo inglês girando uma moenda (1770)	750
Roda de tração holandesa acionada por oito homens (1500)	800
Cavalo norte-americano bem possante puxando uma carroça (1890)	1.000
Corredor de fundo nos Jogos Olímpicos (600 a.C.)	1.400
Roda d'água vertical romana propelindo uma mó (100 d.C.)	1.800
Motor atmosférico de Newcomen bombeando água (1712)	3.750

Adendos **457**

Ações, forças motrizes, conversores	Potência (W)
Motor do automóvel Curved Dash, da Ransom Olds (1904)	5.200
Penteconter grego com 50 remadores a toda velocidade (600 a.C.)	6.000
Grande moinho de vento alemão de base larga moendo oleaginosas (1500)	6.500
Mensageiro romano galopando a cavalo (200 d.C.)	7.200
Grande moinho de vento holandês drenando um pôlder (1750)	12.000
Motor do Model T da Ford a toda velocidade (1908)	14.900
Trirreme grego com 170 remadores a toda velocidade (500 a.C.)	20.000
Motor a vapor de Watt para extração de carvão (1795)	20.000
Grupo de 40 cavalos puxando uma colheitadeira na Califórnia (1885)	28.000
Cascata de 16 rodas d'água romanas em Barbegal (350 d.C.)	30.000
Primeira turbina hídrica de Benoît Fourneyron (1832)	38.000
Bombas d'água para Versalhes em Marly (1685)	60.000
Motor de um Honda Civic GL (1985)	63.000
Turbina a vapor de Charles Parsons (1888)	75.000
Motor a vapor na usina de Edison na Pearl Street (1882)	93.200
O maior motor a vapor de Watt (1800)	100.000
Eletricidade usada por um supermercado norte-americano (1980)	200.000
Motor a diesel de um submarino alemão (1916)	400.000
Lady Isabella, a maior roda d'água do mundo (1854)	427.000
Grande locomotiva a vapor a toda velocidade (1890)	850.000
Turbina a vapor de Parsons na Elberfeld Station (1900)	1.000.000
Usina hídrica Shaw em Greenock, Escócia (1840)	1.500.000
Grande turbina eólica (2015)	4.000.000
Motor-foguete lançando um míssil V-2 (1944)	6.200.000
Turbina a gás acionando um compressor de tubulação (1970)	10.000.000
Motor a diesel de um navio mercante japonês (1960)	30.000.000
Quatro motores a jato de um Boeing 747 (1969)	60.000.000
Reator nuclear de Calder Hall (1956)	202.000.000
Turbogerador na usina de energia nuclear de Chooz (1990)	1.457.000.000
Motores-foguete lançando o Saturn C 5 (1969)	2.600.000.000
Usina de energia nuclear de Kashiwazaki-kariwa (1997)	8.212.000.000
Consumo de energia primária do Japão (2015)	63.200.000.000
Consumo de energia advinda de carvão e biomassa nos Estados Unidos (1850)	79.000.000.000
Consumo de energia comercial nos Estados Unidos (2010)	3.050.000.000.000
Consumo global de energia comercial (2015)	17.530.000.000.000

458 Adendos

Potência máxima de forças motrizes em trabalho de campo, 1700–2015

Ano	Ações, forças motrizes	Potência (W)
1700	Camponês chinês capinando uma plantação de repolho	50
1750	Camponês italiano rastelando com um velho boi cansado	200
1800	Agricultor inglês arando com dois cavalos pequenos	1.000
1870	Agricultor de Dakota do Norte arando com seis cavalos possantes	4.000
1900	Agricultor californiano usando 32 cavalos para puxar uma colheitadeira	22.000
1950	Agricultor francês colhendo com um pequeno trator	50.000
2015	Agricultor de Manitoba arando com um grande trator a diesel	298.000

Potência máxima de forças motrizes em transporte por terra, 1700–2015

Ano	Forças motrizes	Potência (W)
1700	Parelha de boi puxando uma carroça	700
1750	Quatro cavalos puxando uma carruagem	2.500
1850	Locomotiva a vapor inglesa	200.000
1900	A mais rápida locomotiva a vapor norte-americana	1.000.000
1950	Potente locomotiva a diesel alemã	2.000.000
2006	Trem francês TGV da Alstom	9.600.000
2015	Trem *shinkansen* Série N700 de alta velocidade	17.080.000

Consumo médio anual (GJ/*capita*) de energia primária

	1750	1800	1850	1900	1950	2000
China	10	10	10	<15	<20	40
Reino Unido	30	60	80	115	100	150
França	<20	20	25	55	65	180
Japão	10	10	10	10	25	170
EUA	<80	<100	105	135	245	345
Mundo	<20	20	25	35	40	65

Obs.: todas as taxas foram arredondadas para o 5 mais próximo e incluem toda a fitomassa (biocombustíveis tradicionais e modernos), combustíveis fósseis e eletricidade primária.

Notas bibliográficas

Avanços no uso de energia são descritos sistematicamente em histórias de múltiplos volumes sobre progresso técnico em Singer *et al.* (1954–1958), Forbes (1964–1972) e Needham *et al.* (1954–2015). Questões energéticas são abordadas em vários graus de detalhamento em muitos escritos que traçam a história de invenções e práticas de engenharia. Sua lista básica deve incluir obras de Byrn (1900), Abbott (1932), Mumford (1934), Usher (1954), Derry e Williams (1960), Burstall (1968), Kranzberg e Pursell (1967), Daumas (1969), Lindsay (1975), Gille (1978), L. White (1978), Landels (1980), Taylor (1982), Hill (1984), K. D. White (1984), Williams (1987), Basalla (1988), Pacey (1990), Finniston *et al.* (1992), Constable e Somerville (2003), Cleveland (2004), Smil (2005, 2006), McNeill *et al.* (2005), Billington e Billington (2006), Oleson (2008), Burke (2009), Weissenbacher (2009), Coopersmith (2010), Sørensen (2011) e Wei (2012).

As contribuições dos cavalos para a civilização podem ser apreciadas consultando-se Lefebvre des Noëttes (1924), Smythe (1967), Dent (1974), Silver (1976), Villiers (1976), Telleen (1977), Langdon (1986), Hyland (1990), Anthony (2007), McShane e Tarr (2007) e Oleson (2008). A longa história das rodas d'água, e sua importância durante o início da industrialização, pode ser traçada em volumes de Bresse (1876), Forbes (1965), Reynolds (1970), Hindle (1975), Reynolds (1983), Wikander (1983), Lewis (1997), Walton (2006), Malone (2009) e Mays (2010). A história dos moinhos de vento e sua importância econômica são bem examinadas em Wolff (1900), Skilton (1947), Freese (1957), Stockhuyzen (1963), Needham *et al.* (1965), Husslage (1965), Reynolds (1970), Wailes (1975), Torrey (1976), Harverson (1991) e Righter (2008). O desenvolvimento dos navios a vela é traçado abrangentemente em Chatterton (1914), Torr (1964), Armstrong (1969) e Chapelle (1988). Volumes sobre navios a remo incluem Morrison e Gardiner (1995) e Morrison, Coates e Rankov (2000).

Fontes indispensáveis à história dos motores a vapor e seus usos são Farey (1827), Fry (1896), Croil (1898), Dalby (1920), Dickinson (1939), Watkins (1967), Jones (1973), von Tunzelmann (1978), Hunter (1979), Ellis (1981), O'Brien (1983), Hills (1989) e Garrett e Wade-Matthews (2015). O desenvolvimento dos motores de combustão interna e das turbinas a gás é analisado em Diesel (1913), Constant (1981), Taylor (1984), Gunston (1986 e 1999), Cumps-

460 Notas bibliográficas

ty (2006) e Smil (2010b). Crônicas da era do automóvel são encontradas em Beaumont (1906), Kennedy (1941), Sittauer (1972), May(1975), Flower e Jones (1981), Flink (1988), Cummins (1989), Ling (1990), Womack, Jones e Roos (1990) e Maxton e Wormald (2004). A história da aviação pode ser acompanhada em Wright (1953), Constant (1981), Taylor (1989), Jakab (1990), Heppenheimer (1995), U.S. Centennial of Flight Commission (2003), Blériot (2015) e McCullough (2015).

As propriedades e usos de energias de biomassa são abordadas em Earl (1973), Smil (1983), Sieferle (2001) e Perlin (2005). Histórias da indústria carbonífera são apresentadas por Bald (1812), Jevons (1865), Nef (1932), Eavenson (1942), Flinn *et al.* (1984–1993), Church, Hall e Kanefsky (1986) e Thomson (2003). O desenvolvimento da indústria de petróleo e gás é abordado em Brantly (1971), Perrodon (1985), Yergin (2008) e Smil (2015a). As décadas de pioneirismo da indústria elétrica e sua subsequente expansão são rastreadas por Jehl (1937), MacLaren (1943), Lilienthal (1944), Josephson (1959), Dunsheath (1962), Electricity Council (1973), Hughes (1983), Cheney (1981), Friedel e Israel (1986), Schurr *et al.* (1990), Cantelon, Hewlett e Williams (1991), Nye (1992), Beauchamp (1997), Bowers (1998) e Hausman, Hertner e Wilkins (2008).

A literatura sobre a história das atividades produtivas humanas é bastante rica. Perspectivas sobre desenvolvimento agrícola, desde as suas origens até o século XX, podem ser encontradas em Bailey (1908), King (1927), Seebohm (1927), Buck (1930, 1937), Leser (1931), Lizerand (1942), Haudricourt e Delamarre (1955), Geertz (1963), Slicher van Bath (1963), Allan (1965), Boserup (1965, 1976), Perkins (1969), Titow (1969), Clark e Haswell (1970), White (1970), Fussell (1972), Ho (1975), Schlebecker (1975), Cohen (1977), Abel (1962), Xu e Dull (1980), Bray (1984), Rindos (1984), Mazoyer e Roudart (2006), Federico (2008) e Tauger (2010). Detalhes sobre a elevação de recursos hídricos e irrigação estão contidas em Ewbank (1870), Molenaar (1956), Needham *et al.* (1965), Butzer (1976), Oleson (1984, 2008) e Mays (2010). Os custos energéticos da agricultura moderna são revisados em Pimentel (1980), Fluck (1992) e Smil (2008a).

Análises interdisciplinares sobre as origens, processos e consequências da industrialização podem ser encontradas em Kay (1832), Clapham (1926), Ashton (1948), Landes (1969), Falkus (1972), Mokyr (1976, 2002), Clarkson (1985), Rosenberg e Birdzell (1986), Blumer (1990) e Stearns (2012). Muitos aspectos sobre atividades de construção são relatados e explicados por Ashby (1935), Fitchen (1961), Bandaranayke (1974), Baldwin (1977), Hodges (1989), Lepre (1990), Waldron (1990), Wilson (1990), Gies e Gies (1995), Lehner (1997) e Ching, Jarzombek e Prakash (2011). Contribuições à história dos transportes incluem livros de Savage (1959), Hadfield (1969), Sitwell (1981), Piggott (1983),

Ratcliffe (1985), Ville (1990), Gerhold (1993), Herlihy (2004), Levinson (2006) e Smil (2010b).

Processos metalúrgicos podem ser acompanhados em obras de Biringuccio (1959 [1540]), Agricola (1912 [1556]), Bell (1884), Greenwood (1907), King (1948), Needham (1964), Straker (1969), Hogan (1971), Hyde (1977), Gold *et al.* (1984), Haaland e Shinnie (1985), Harris (1988), Geerdes, Toxopeus e van der Vliet (2009) e Smil (2016). Armas dos tempos antigos e modernos, e seus efeitos sobre as sociedades, são revisadas em Mitchell (1932), Kloss (1963), Cipolla (1965), Ziemke (1968), Egg (1971), Singer e Small (1972), Kesaris (1977), McNeill (1989), Keegan (1994), Chase (2003), Parker (2005), Buchanan (2006) e Archer *et al.* (2008).

Escritos sobre implicações gerais envolvendo energia incluem livros de Ostwald (1912), Ellul (1964), Jones (1971), Odum (1971), Adams (1975, 1982), Smil (1991, 2008,) e Schobert (2014). Por fim, quem desejar estudar história a partir da evolução de ferramentas e máquinas deve consultar livros que são apropriadamente ilustrados. As duas obras clássicas ainda insuperadas são Ramelli (1976 [1588]) e Diderot e d'Alembert (1769–1772). Ardrey (1894), Abbott (1932), Hommel (1937), Burstall (1968), Hopfen (1969), Williams (1987), Basalla (1988), Finniston *et al.* (1992), Smil (2005, 2006) e DK Publishing (2012) estão entre as muitas contribuições modernas ao tema.

Referências

Abbate, J. 1999. *Inventing the Internet*. Cambridge, MA: MIT Press.

Abbott, C. G. 1932. *Great Inventions*. Washington, DC: Smithsonian Institution.

Abel, W. 1962. *Geschichte der deutschen Landwirtschaft von frühen Mittelalter bis zum 19 Jahrhundert*. Stuttgart: Ulmer.

Adam, J.-P. 1994. *Roman Building: Materials and Techniques*. London: Routledge.

Adams, R. N. 1975. *Energy and Structure: A Theory of Social Power*. Austin: University of Texas Press.

Adams, R. N. 1982. *Paradoxical Harvest: Energy and Explanation in British History, 1870–1914*. Cambridge: Cambridge University Press.

Adler, D. 2006. *Daimler & Benz: The Complete History: The Birth and Evolution of the Mercedes-Benz*. New York: Harper.

Adshead, S. A. M. 1992. *Salt and Civilization*. New York: St. Martin's Press.

Agricola, G. 1912 (1556). *De re metallica*. Trans. H. C. Hoover and L. H. Hoover. London: The Mining Magazine.

Aiello, L. C. 1996. Terrestriality, bipedalism and the origin of language. *Proceedings of the British Academy* 88:269–289.

Aiello, L. C., and J. C. K. Wells. 2002. Energetics and the evolution of the genus *Homo*. *Annual Review of Anthropology* 31:323–338.

Aiello, L. C., and P. Wheeler. 1995. The expensive-tissue hypothesis. *Current Anthropology* 36:199–221.

Alberici, S., et al. 2014. *Subsidies and Costs of EU Energy*. Brussels: EU Commission. https://ec.europa.eu/energy/sites/ener/files/documents/ECOFYS%202014%20Subsidies%20and%20costs%20of%20EU%20energy_11_Nov.pdf.

Aldrich, L. J. 2002. *Cyrus McCormick and the Mechanical Reaper*. Greensboro, NC: Morgan Reynolds.

Allan, W. 1965. *The African Husbandman*. Edinburgh: Oliver & Boyd.

464 Referências

Allen, R. 2003. *Farm to Factory: A Reinterpretation of the Soviet Industrial Revolution*. Princeton, NJ: Princeton University Press.

Allen, R. C. 2007. *How Prosperous Were the Romans? Evidence from Diocletian's Price Edict (301 AD)*. Oxford: Oxford University, Department of Economics.

Allen, R. C., et al. 2011. Wages, prices, and living standards in China, 1738–1925: In comparison with Europe, Japan, and India. *Economic History Review* 64 (S1): 8–38.

Allianz. 2010. *The Sixth Kondratieff: Long Waves of Prosperity*. Frankfurt am Main: Allianz. https://www.allianz.com/v_1339501901000/media/press/document/other/kondratieff_en.pdf.

Alvard, M. S., and L. Kuznar. 2001. Deferred harvests: The transition from hunting to animal husbandry. *American Anthropologist* 103:295–311.

Amitai, R., and M. Biran, eds. 2005. *Mongols, Turks, and Others: Eurasian Nomads and the Sedentary World*. Leiden: Brill.

Amontons, G. 1699. Moyen de substituer commodement l'action du feu, à la force des hommes et des chevaux pour mouvoir les machines. *Mémoires de l'Académie Royale* 1699:112–126.

Andersen, S. O., and K. M. Sarma. 2002. *Protecting the Ozone Layer*. London: Earthscan.

Anderson, B. D. 2003. *The Physics of Sailing Explained*. Dobbs Ferry, NY: Sheridan House.

Anderson, E. N. 1988. *The Food of China*. New Haven, CT: Yale University Press.

Anderson, M. S. 1988. *War and Society in Europe of the Old regime, 1618–1789*. New York: St. Martin's Press.

Anderson, R. 1926. *The Sailing Ship: Six Thousands Years of History*. London: George Harrap.

Anderson, R. C. 1962. *Oared Fighting Ships: From Classical Times to the Coming of Steam*. London: Percival Marshall.

Angelo, J. E. 2003. *Space Technology*. Westport, CT: Greenwood Press.

Anthony, D. W. 2007. *The Horse, the Wheel, and Language: How Bronze-Age Riders from the Eurasian Steppes Shaped the Modern World*. Princeton, NJ: Princeton University Press.

Anthony, D., D. Y. Telegin, and D. Brown. 1991. The origin of horseback riding. *Scientific American* 265 (6): 94–100.

Apt, J., and P. Jaramillo. 2014. *Variable Renewable Energy and the Electricity Grid*. Washington, DC: Resources for the Future.

Archer, C. I., et al. 2008. *World History of Warfare*. Lincoln: University of Nebraska Press.

Ardrey, L. R. 1894. *American Agricultural Implements*. Chicago: L. R. Ardrey.

Arellano, C. J., and R. Kram. 2014. Partitioning the metabolic cost of human running: A task-by-task approach. *Integrative and Comparative Biology* 54:1084–1098.

Armelagos, G. J., and K. N. Harper. 2005. Genomics at the origins of agriculture, part one. *Evolutionary Anthropology* 14:68–77.

Armstrong, R. 1969. *The Merchantmen*. London: Ernest Benn.

Army Air Forces. 1945. *Army Air Forces Statistical Digest, World War II*. http://www.afhra.af.mil/shared/media/document/AFD-090608-039.pdf.

Army Technology. 2015. M1A1/2 Abrams Main Battle Tank, United States of America. http://www.army-technology.com/projects/abrams.

Ashby, T. 1935. *The Aqueducts of Ancient Rome*. Oxford: Oxford University Press.

Ashton, Thomas S. 1948. *The Industrial Revolution, 1760–1830*. Oxford: Oxford University Press.

Astill, G., and J. Langdon, eds. 1997. *Medieval Farming and Technology: The Impact of Agricultural Change in Northwest Europe*. Leiden: Brill.

Åström, K. J., and R. M. Murray. 2009. *Feedback Systems: An Introduction for Scientists and Engineers*. Princeton, NJ: Princeton University Press; http://www.cds.caltech.edu/~murray/books/AM05/pdf/am08-complete_22Feb09.pdf.

Atalay, S., and C. A. Hastorf. 2006. Food, meals, and daily activities: Food *habitus* at Neolithic Çatalhöyük. *American Antiquity* 71:283–319.

Atkins, S. E. 2000. *Historical Encyclopedia of Atomic Energy*. Westport, CT: Greenwood Press.

Atsmon, Y., and V. Dixit. 2009. Understanding China's wealthy. *McKinsey Quarterly*. http://www.mckinsey.com/insights/marketing_sales/understanding_chinas_wealthy.

Atwater, W. O., and C. F. Langworthy. 1897. *A Digest of Metabolism Experiments in Which the Balance of Income and Outgo Was Determined*. Washington, DC: U.S. GPO.

Atwood, C. P. 2004. *Encyclopedia of Mongolia and the Mongol Empire*. New York: Facts on File.

Atwood, R. 2009. Maya roots. *Archaeology* 62:18–66. Augarten, S. 1984. *Bit by Bit*. Boston: Ticknor & Fields.

Axelsson, E., et al. 2013. The genomic signature of dog domestication reveals adaptation to a starch-rich diet. *Nature* 495:360–364.

466 Referências

Ayres, R. U. 2014. *The Bubble Economy: Is Sustainable Growth Possible?* Cambridge, MA: MIT Press.

Ayres, R. U., L. W. Ayres, and B. Warr. 2003. Exergy, power and work in the UA economy, 1900–1998. *Energy* 28:219–273.

Baars, C. 1973. *De Geschiedenis van de Landbouw in de Bayerlanden.* Wageningen: PUDOC (Centrum voor Landbouwpublicaties en Landbouwdocumentatie).

Bailey, L. H., ed. 1908. *Cyclopedia of American Agriculture.* New York: Macmillan.

Bailey, R. C., G. Head, M. Jenike, et al. 1989. Hunting and gathering in tropical rain forest: Is it possible? *American Anthropologist* 91:59–82.

Bailey, R. C., and T. N. Headland. 1991. The tropical rain forest: Is it a productive environment for human foragers? *Human Ecology* 19:261285.

Baines, D. 1991. *Emigration from Europe 1815–1930.* London: Macmillan.

Bairoch, P. 1988. *Cities and Economic Development: From the Dawn of History to the Present.* Chicago: University of Chicago Press.

Baker, T. L. 2006. *A Field Guide to America Windmills.* Tempe, AZ: ACMRS (Arizona Center for Medieval and Renaissance Studies), University of Arizona.

Bald, R. 1812. *A General View of the Coal Trade of Scotland, Chiefly that of the River Forth and Mid-Lothian. To Which is Added An Inquiry Into the Condition of the Women Who Carry Coals Under Ground in Scotland. Known by the Name of Bearers.* Edinburgh: Oliphant, Waugh and Innes.

Baldwin, G. C. 1977. *Pyramids of the New World.* New York: G. P. Putnam's Sons.

Bamford, P. W. 1974. *Fighting Ships and Prisons: The Mediterranean Galleys of France in the Age of Louis XIV.* Cambridge: Cambridge University Press.

Bandaranayke, S. 1974. *Sinhalese Monastic Architecture.* Leiden: E. J. Brill.

Bank of Nova Scotia. 2015. Global Auto Report. http://www.gbm.scotiabank.com/ English/bns_econ/bns_auto.pdf.

Bapat, N. 2012. How Indians defied gravity and achieved success in Silicon Valley. http://www.forbes.com/sites/singularity/2012/10/15/how-indians-defied-gravity-and-achieved--success-in-silicon-valley.

Bar-Yosef, O. 2002. The Upper Paleolithic revolution. *Annual Review of Anthropology* 31:363–393.

Bardeen, J., and W. H. Brattain. 1950. *Three-electron Circuit Element Utilizing Semiconductive Materials.* US Patent 2,524,035, October 3. Washington, DC: USPTO. http://www.uspto.gov.

Referências **467**

Barjot, D. 1991. *L'énergie aux XIXe et XXe siècles*. Paris: Presses de l'E.N.S.

Barker, A. V., and D. J. Pilbeam. 2007. *Handbook of Plant Nutrition*. Boca Raton, FL: CRC Press.

Barles, S. 2007. Feeding the city: Food consumption and flow of nitrogen, Paris, 1801–1914. *Science of the Total Environment* 375:48–58.

Barles, S., and L. Lestel. 2007. The nitrogen question: Urbanization, industrialization, and river quality in Paris 1830–1939. *Journal of Urban History* 33:794–812.

Barnes, B. R. 2014. Behavioural change, indoor air pollution and child respiratory health in developing countries: A review. *International Journal of Environmental Research and Public Health* 11:4607–4618.

Barro, R. J. 1997. *Determinants of Economic Growth: A Cross-Country Empirical Study*. Cambridge, MA: MIT Press.

Bartosiewicz, L. et al. 1997. *Draught Cattle: Their Osteological Identification and History*. Tervuren: Musée royal de l'Afrique central.

Basalla, G. 1980. Energy and civilization. In *Science, Technology and the Human Prospect*, ed. C. Starr and P. C. Ritterbusch, 39–52. Oxford: Pergamon Press.

Basalla, G. 1982. Some persistent energy myths. In *Energy and Transport*, ed. G. H. Daniels and M. H. Rose, 27–38. Beverley Hills, CA: Sage.

Basalla, G. 1988. *The Evolution of Technology*. Cambridge: Cambridge University Press.

Basile, S. 2014. *Cool: How Air Conditioning Changed Everything*. New York: Fordham University Press.

Basso, L. C., T. O. Basso, and S. N. Rocha. 2011. *Ethanol Production in Brazil: The Industrial Process and Its Impact on Yeast Fermentation, Biofuel Production: Recent Developments and Prospects*. http://cdn.intechopen.com/pdfs/20058/InTech-Ethanol_production_in_brazil_the_industrial_process_and_its_impact_on_yeast_fermentation.pdf.

Bayley, J., D. Dungworth, and S. Paynter. 2001. *Archaeometallurgy*. London: English Heritage.

Beauchamp, K. G. 1997. *Exhibiting Electricity*. London: Institution of Electrical Engineers.

Beaumont, W. W. 1902. *Motor Vehicles and Motors: Their Design, Construction and Working by Steam, Oil and Electricity*. Westminster: Archibald Constable and Company.

Beaumont, W. W. 1906. *Motor Vehicles and Motors: Their Design, Construction and Working by Steam, Oil and Electricity*. Westminster: Archibald Constable and Co.

Beevor, A. 1998. *Stalingrad*. London: Viking.

468 Referências

Behera, B., et al. 2015. Household collection and use of biomass energy sources in South Asia. *Energy* 85:468–480.

Bell, L. 1884. *Principles of the Manufacture of Iron and Steel*. London: George Routledge & Sons.

Bell System Memorial. 2011. Who really invented the transistor? http://www.porticus.org/bell/belllabs_transistor1.html.

Bennett, M. K. 1935. British wheat yield per acre for seven centuries. *Economy and History* 3:12–29.

Benoît, C. 1996. Le Canon de 75: Une gloire centenaire. Vincennes, France: Service Historique de l'Armée de Terre.

Benoit, F. 1940. L'usine de meunerie hydraulique de Barbegal (Arles). *Review of Archaeology* 15:19–80.

Beresford, M. W., and J. G. Hurst. 1971. *Deserted Medieval Villages*. London: Littleworth.

Berklian, Y. U., ed. 2008. *Crop Rotation*. New York: Nova Science Publishers.

Bernard, L., A. V. Gevorkyan, T. Palley, and W. Semmler. 2013. Time scales and mechanisms of economic cycles: A review of theories of long waves. Political Economy Research Institute Working Paper, no.337, 1–21. Amherst, MA: University of Massachusetts.

Bessemer, H. 1905. *Sir Henry Bessemer, F.R.S.: An Autobiography* . London: Offices of Engineering.

Bettencourt, L., and G. West. 2010. A unified theory of urban living. *Nature* 467:912–913.

Bettinger, R. L. 1991. *Hunter-Gatherers: Archaeological and Evolutionary Theory*. New York: Plenum Press.

Betz, A. 1926. *Wind-Energie und ihre Ausnutzung durch Windmühlen*. Göttingen: Bandenhoeck & Ruprecht.

Billington, D. P., and D. P. Billington, Jr. 2006. *Power, Speed, and Form: Engineers and the Making of the Twentieth Century*. Princeton, NJ: Princeton University Press.

bin Laden, U. 2004. Message to the American people. http://english.aljazeera.net/NR/exeres/79C6AF22-98FB-4A1C-B21F-2BC36E87F61F.htm.

Bird-David, N. 1992. Beyond "The Original Affluent Society." *Current Anthropology* 33:25–47.

Biringuccio, V. 1959 (1540). *De la pirotechnia [The pirotechnia]*. Trans. C. S. Smith and M. T. Gnudi. New York: Basic Books.

Referências **469**

Bishop, C. 2014. *The Illustrated Encyclopedia of Weapons of World War I: The Comprehensive Guide to Weapons Systems, Including Tanks, Small Arms, Warplanes, Artillery*. London: Amber.

Blériot, L. 2015. *Blériot: Flight into the XXth Century*. London: Austin Macauley.

Blumenschine, R. J., and J. A. Cavallo. 1992. Scavenging and human evolution. *Scientific American* 267 (4): 90–95.

Blumer, H. 1990. *Industrialization as an Agent of Social Change*. New York: Aldine de Gruyter.

Blyth, R. J., A. Lambert, and J. Ruger, eds. 2011. *The Dreadnought and the Edwardian Age*. Farnham: Ashgate.

Boden, T., and B. Andres. 2015. *Global CO2 Emissions from Fossil-Fuel Burning, Cement Manufacture, and Gas Flaring: 1751–2011*. Oak Ridge, TN: CDIAC (Carbon Dioxide Information Analysis Center), Oak Ridge National Laboratory. http://cdiac.ornl.gov/trends/emis/tre_glob_2011.html.

Boden. T., B. Andres, and G. Marland. 2016. Global CO2 emissions from fossil fuel burning, cement manufacture, and gas flaring: 1751–2013. http://cdiac.ornl.gov/ ftp/ndp030/global.1751_2013.ems.

Boeing. 2015. Boeing history. http://www.boeing.com/history.

Bogin, B. 2011. Kung nutritional status and the original "affluent society": A new analysis. *Anthropologischer Anzeiger* 68:349–366.

Bono, P., and C. Boni. 1996. Water supply of Rome in antiquity and today. *Environmental Geology* 27:126–134.

Boonenburg, K. 1952. *Windmills in Holland*. The Hague: Netherlands Government Information Service.

Borghese, A., ed. 2005. *Buffalo Production and Research*. Rome: FAO.

Bos, M. G. 2009. *Water Requirements for Irrigation and the Environment*. Dordrecht: Springer.

Bose, S., ed. 1991. *Shifting Agriculture in India*. Calcutta: Anthropological Survey of India.

Boserup, E. 1965. *The Conditions of Agricultural Growth: The Economics of Agrarian Change under Population Pressure*. Chicago: Aldine.

Boserup, E. 1976. Environment, population, and technology in primitive societies. *Population and Development Review* 2:21–36.

Bott, R. D. 2004. *Evolution of Canada's Oil and Gas Industry*. Calgary, AB: Canadian Centre for Energy Information.

470 Referências

Boulding, K. E. 1974. The social system and the energy crisis. *Science* 184:255–257.

Bowers, B. 1998. *Lengthening the Day: A History of Lighting Technology*. Oxford: Oxford University Press.

Bowers, B. 2001. *Sir Charles Wheatstone: 1802–1875*, 2nd ed. London: Institution of Engineering and Technology.

Boxer, C. R. 1969. *The Portuguese Seaborne Empire 1415–1825*. London: Hutchinson. BP (British Petroleum). 2016. *Statistical Review of World Energy 2016*. https://www.bp.com/content/dam/bp/pdf/energy-economics/statistical-review-2015/bp-statistical-review-of-world-energy-2015-full-report.pdf.

Bramanti, B., et al. 2009. Genetic discontinuity between local hunter-gatherers and Central Europe's first farmers. *Science* 326:137–140.

Bramble, D. M., and D. E. Lieberman. 2004. Endurance running and the evolution of *Homo. Nature* 432:345–352.

Brandstetter, T. 2005. "The most wonderful piece of machinery the world can boast of": The water-works at Marly, 1680–1830. *History and Technology* 21:205–220.

Brantly, J. E. 1971. *History of Oil Well Drilling*. Houston, TX: Gulf Publishing. Braudel, F. 1982. *On History*. Chicago: University of Chicago Press.

Braun, D. R., et al. 2010. Early hominin diet included diverse terrestrial and aquatic animals 1.95 Ma in East Turkana, Kenya. *Proceedings of the National Academy of Sciences of the United States of America* 107:10002–10007.

Braun, G. W., and D. R. Smith. 1992. Commercial wind power: Recent experience in the United States. *Annual Review of Energy and the Environment* 17:97–121.

Bray, F. 1984. *Science and Civilisation in China*. Vol. 6, Part II. *Agriculture*. Cambridge: Cambridge University Press.

Bresse, M. 1876. *Water-Wheels or Hydraulic Motors*. New York: John Wiley.

Brodhead, M. J. 2012. *The Panama Canal: Writings of the U. S. Army Corps of Engineers Officers Who Conceived and Built It*. Alexandria, VA: U.S. Army Corps of Engineers History Office.

Brody, S. 1945. *Bioenergetics and Growth*. New York: Reinhold.

Bronson, B. 1977. The earliest farming: Demography as cause and consequence. In *Origins of Agriculture* , ed. C. Reed, 23–48. The Hague: Mouton.

Brooks, D. R., and E. O. Wiley. 1986. *Evolution as Entropy*. Chicago: University of Chicago Press.

Brown, G. I. 1999. *Count Rumford: The Extraordinary Life of a Scientific Genius*. Stroud: Sutton Publishing.

Brown, K. S., et al. 2009. Fire as an engineering tool of early modern humans. *Science* 325:859–862.

Brown, K. S., et al. 2012. An early and enduring advanced technology originating 71,000 years ago in South Africa. *Nature* 491:590–593.

Brown, S., P. Schroeder, and R. Birdsey. 1997. Aboveground biomass distribution of US eastern hardwood forests and the use of large trees as an indicator of forest development. *Forest Ecology and Management* 96:31–47.

Bruce, A. W. 1952. *The Steam Locomotive in America*. New York: Norton.

Brunck, R. F. P. 1776. *Analecta Veterum Poetarum Graecorum*. Strasbourg: I. G. Bauer & Socium.

Bruni, L., and P. L. Porta. 2006. *Economics and Happiness*. New York: Oxford University Press.

Brunner, K. 1995. Continuity and discontinuity of Roman agricultural knowledge in the early Middle Ages. In *Agriculture in the Middle Ages*, ed. D. Sweeney, 21–39. Philadelphia: University of Pennsylvania Press.

Brunt, L. 1999. *Estimating English Wheat Production in the Industrial Revolution*. Oxford: University of Oxford. http://www.nuffield.ox.ac.uk/economics/history/paper35/dp35a4.pdf.

Buchanan, B. J., ed. 2006. *Gunpowder, Explosives and the State: A Technological History*. Aldershot: Ashgate.

Buck, J. L. 1930. *Chinese Farm Economy*. Nanking: University of Nanking. Buck, J. L. 1937. *Land Utilization in China*. Nanking: University of Nanking. Buckley, T. A. 1855. *The Works of Horace*. New York: Harper & Brothers.

Budge, E. A. W. 1920. *An Egyptian Hieroglyphic Dictionary*. London: John Murray.

Bulliet, R. W. 1975. *The Camel and the Wheel*. Cambridge, MA: Harvard University Press.

Bulliet, R. W. 2016. *The Wheel: Inventions and Reinventions*. New York: Columbia University Press.

Bunch, B. H., and A. Hellemans. 1993. *The Timetables of Technology: A Chronology of the Most Important People and Events in the History of Technology*. New York: Simon & Schuster.

Burke, E., III. 2009. Human history, energy regimes and the environment. In *The Environment and World History*, ed. E. Burke III and K. Pomeranz, 33–53. Berkeley: University of California Press.

472 Referências

Burstall, A. F. 1968. *Simple Working Models of Historic Machines*. Cambridge, MA: MIT Press.

Burton, R. F. 1880. *The Lusiads*. London: Tinsley Brothers.

Butler, J. H., and S. A. Montzka. 2015. The NOAA Annual Greenhouse Gas Index. Boulder, CO: NOAA. http://www.esrl.noaa.gov/gmd/aggi/aggi.html.

Butzer, K. W. 1976. *Early Hydraulic Civilization in Egypt*. Chicago: University of Chicago Press.

Butzer, K. W. 1984. Long-term Nile flood variation and political discontinuities in Pharaonic Egypt. In *From Hunters to Farmers*, ed. J. D. Clark and S. A. Brandt, 102–112. Berkeley: University of California Press.

Byrn, E. W. 1900. *The Progress of Invention in the Nineteenth Century*. New York: Munn & Co.

Caidin, M. 1960. *A Torch to the Enemy: The Fire Raid on Tokyo*. New York: Balantine Books.

Cairns, M. F., ed. 2015. *Shifting Cultivation and Environmental Change: Indigenous People, Agriculture and Forest Conservation*. London: Earthscan Routledge.

Cameron, R. 1982. The Industrial Revolution: A misnomer. *History Teacher* 15 (3): 377–384.

Cameron, R. 1985. A new view of European industrialization. *Economic History Review* 3:1–23.

Campbell, B. M. S., and M. Overton. 1993. A new perspective on medieval and early modern agriculture: Six centuries of Norfolk farming, *c.* 1250-*c.* 1850. *Past & Present* 141 (1): 38–105.

Campbell, H. R. 1907. *The Manufacture and Properties of Iron and Steel*. New York: Hill Publishing.

Cantelon, P. L., R. G. Hewlett, and R. C. Williams, eds. 1991. *The American Atom: A Documentary History of Nuclear Policies from the Discovery of Fission to the Present*. Philadelphia: University of Pennsylvania Press.

Capulli, M. 2003. *Le Navi della Serenissima: La Galea Veneziana di Lazise*. Venezia: Marsilio Editore.

Cardwell, D. S. L. 1971. *From Watt to Clausius: The Rise of Thermodynamics in the Early Industrial Age*. Ithaca, NY: Cornell University Press.

Caro, R. A. 1982. *The Years of Lyndon Johnson: The Path to Power*. New York: Knopf.

Caron, F. 2013. *Dynamics of Innovation: The Expansion of Technology in Modern Times*. New York: Berghahn.

Referências **473**

Carrier, D. R. 1984. The energetic paradox of human running and hominid evolution. *Current Anthropology* 25:483–495.

Carter, R. A. 2000. *Buffalo Bill Cody: The Man behind the Legend*. New York: John Wiley.

Carter, W. E. 1969. *New Lands and Old Traditions: Kekchi Cultivators in the Guatemala Lowlands*. Gainesville: University of Florida Press.

Casson, L. 1994. *Ships and Seafaring in Ancient Times*. Austin: University of Texas Press.

CDC (Centers for Disease Control and Prevention). 2015. Overweight & Obesity. http://www.cdc.gov/nchs/fastats/obesity-overweight.htm.

CDFA (Clean Diesel Fuel Alliance). 2015. Ultra Low Sulfur Diesel (ULSD). http:// www.clean-diesel.org/index.htm.

Centre des Recherches Historiques. 1965. *Villages Desertes et Histoire Economique*. Paris: SEVPEN.

Ceruzzi, P. E. 2003. *A History of Modern Computing*. Cambridge, MA: MIT Press.

CFM International. 2015. Discover CFM. http://www.cfmaeroengines.com/files/brochures/Brochure_CFM_2015.pdf.

Chandler, T. 1987. *Four Thousand Years of Urban Growth: An Historical Census*. Lewiston, NY: Edwin Mellen Press.

Chapelle, H. I. 1988. *The History of American Sailing Ships*. Modesto, CA: Bonanza Books.

Charette, R. N. 2009. This car runs on code. *IEEE Spectrum 2009* (February). http://spectrum.ieee.org/green-tech/advanced-cars/this-car-runs-on-code/0.

Charles, C., and P. Wooders. 2011. *Subsidies to Liquid Transport Fuels: A comparative review of estimates*. Geneva: IISD.

Chartrand, R. 2003. *Napoleon's Guns 1792–1815. Botley*. Osprey Publishing.

Chase, K. 2003. *Firearms: A Global History to 1700*. Cambridge: Cambridge University Press.

Chatterton, E. K. 1914. *Sailing Ships: The Story of Their Development from the Earliest Times to the Present Day*. London: Sidgwick & Jackson.

Chatterton, E. K. 1926. *The Ship Under Sail*. London: Fisher Unwin.

Chauvois, L. 1967. *Histoire merveilleuse de Zénobe Gramme*. Paris: Albert Blanchard.

Cheney, Margaret. 1981. *Tesla: Man out of Time*. New York: Dorset Press.

Chevedden, P. E., et al. 1995. The trebuchet. *Scientific American* 273 (1): 66–71.

474 Referências

China Energy Group. 2014. *Key China Energy Statistics 2014*. Berkeley, CA: Lawrence Berkeley National Laboratory.

Chincold. 2015. Three Gorges Project. http://www.chincold.org.cn/dams/rootfiles/2010/07/20/1279253974143251-1279253974145520.pdf.

Ching, F. D. K., M. Jarzombek, and V. Prakash. 2011. *A Global History of Architecture*. Hoboken, NJ: John Wiley & Sons.

Chorley, G. P. H. 1981. The agricultural revolution in Northern Europe, 1750–1880: Nitrogen, legumes, and crop productivity. *Economic History Review* 34 (1):71–93.

Choudhury, P. C. 1976. *Hastividyarnava*. Gauhati: Publication Board of Assam. Christ, K. 1984. *The Romans*. Berkeley: University of California Press.

Church, R., Hall, A. and J. Kanefsky. 1986. *History of the British Coal Industry*. Vol. 3, *Victorian Pre-Eminence*. Oxford: Oxford University Press.

Cipolla, C. M. 1965. *Guns, Sails and Empires: Technological Innovation and the Early Phases of European Expansion, 1400–1700*. New York: Pantheon Books.

City Population. 2015. Major agglomerations of the world. http://www.citypopulation.de/world/Agglomerations.html.

Clapham, J. H. 1926. *An Economic History of Modern Britain*. Cambridge: Cambridge University Press.

Clark, C., and M. Haswell. 1970. *The Economics of Subsistence Agriculture*. London: Macmillan.

Clark, G. 1987. Productivity growth without technical change in European agriculture before 1850. *Journal of Economic History* 47:419–432.

Clark, G. 1991. Yields per acre in English agriculture, 1250–1850: Evidence from labour inputs. *Economic History Review* 44:445–460.

Clark, G., M. Huberman, and P. H. Lindert. 1995. A British food puzzle, 1770–1850. *Economic History Review* 48:215–237.

Clarke, R., and M. Dubravko. 1983. *Soviet Economic Facts, 1917–1981*. London: Palgrave Macmillan.

Clarkson, L. A. 1985. *Proto-Industrialization: The First Phase of Industrialization?* London: Macmillan.

Clavering, E. 1995. The coal mills of Northeast England: The use of waterwheels for draining coal mines, 1600–1750. *Technology and Culture* 36:211–241.

Clerk, D. 1909. *The Gas, Petrol, and Oil Engine*. London: Longmans, Green and Co.

Cleveland, C. J., ed. 2004. *Encyclopedia of Energy*, 6 vols. Amsterdam: Elsevier.

Referências **475**

Cleveland, C. J., and C. Morris. 2014. *Handbook of Energy*. Vol. 2, *Chronologies, Top Ten Lists, and World Clouds*. Amsterdam: Elsevier.

CMI (Center for Military History). 2010. *War in the Persian Gulf: Operations Desert Shield and Desert Storm,* August 1990–March 1991. http://www.history.army.mil/html/books/070/70-117-1/cmh_70-117-1.pdf.

Coates, J. F. 1989. The trireme sails again. *Scientific American* 261 (4): 68–75.

Cobbett, J. P. 1824. *A Ride of Eight Hundred Miles in France*. London: Charles Clement.

Cochrane, W. W. 1993. *The Development of American Agriculture: A Historical Analysis*. Minneapolis: University of Minnesota Press.

Cockrill, W. R., ed. 1974. *The Husbandry and Health of the Domestic Buffalo*. Rome: FAO.

Cohen, B. 1990. *Benjamin Franklin's Science*. Cambridge, MA: Harvard University Press.

Cohen, N. M. 1977. *The Food Crisis in Prehistory*. New Haven, CT: Yale University Press.

Collier, B. 1962. *The Battle of Britain*. London: Batsford.

Collins, E. V., and A. B. Caine. 1926. *Testing Draft Horses. Iowa Experimental Station Bulletin* 240.

Coltman, J. W. 1988. The transformer. *Scientific American* 258 (1): 86–95.

Committee for the Compilation of Materials on Damage Caused by the Atomic bombs in Hiroshima and Nagasaki. 1991. *Hiroshima and Nagasaki: The Physical, Medical and Social Effects of the Atomic Bombing*. New York: Basic Books.

Conklin, H. C. 1957. *Hanunoo Agriculture*. Rome: FAO.

Conquest, Robert. 2007. *The Great Terror: A Reassessment*. 40th Anniversary Edition. Oxford: Oxford University Press.

Constable, G., and B. Somerville. 2003. *A Century of Innovation*. Washington, DC: Joseph Henry Press.

Constant, E. W. 1981. *The Origins of Turbojet Revolution*. Baltimore, MD: Johns Hopkins University Press.

Coomes, O. T., F. Grimard, and G. J. Burt. 2000. Tropical forests and shifting cultivation: Secondary forest fallow dynamics among traditional farmers of the Peruvian Amazon. *Ecological Economics* 32:109–124.

Coopersmith, J. 2010. *Energy, the Subtle Concept: The Discovery of Feynman's Blocks from Leibniz to Einstein*. Oxford: Oxford University Press.

Copley, Frank B. 1923. *Frederick W. Taylor: Father of Scientific Management*. New York: Harper & Brothers.

476 Referências

Cornways. 2015. Combine. http://www.cornways.de/hi_combine.html.

Cotterell, B., and J. Kamminga. 1990. *Machines of Pre-industrial Technology*. Cambridge: Cambridge University Press.

Coulomb, C. A. 1799. Résultat de plusieurs expériences destinées à déterminer la quantité d'action que les hommes peuvent fournir par leur travail journalier. ... *Mémoires de l'Institut national des sciences et arts—Sciences mathématiques et physique* 2:380–428.

Coulton, J. J. 1977. *Ancient Greek Architects at Work*. Ithaca, NY: Cornell University Press.

Cowan, R. 1990. Nuclear power reactors: A study in technological lock-in. *Journal of Economic History* 50:541–567.

Craddock, P. T. 1995. *Early Metal Mining and Production*. Edinburgh: Edinburgh University Press.

Crafts, N. F. R., and C. K. Harley. 1992. Output growth and the British Industrial Revolution. *Economic History Review* 45:703–730.

Crafts, N., and T. Mills. 2004. Was 19th century British growth steam-powered? The climacteric revisited. *Explorations in Economic History* 41:156–171.

Croil, J. 1898. *Steam Navigation*. Toronto: William Briggs.

Crossley, D. 1990. *Post-medieval Archaeology in Britain*. Leicester: Leicester University Press.

Cummins, C. L. 1989. *Internal Fire*. Warrendale, PA: Society of Automotive Engineers.

Cumpsty, N. 2006. *Jet Propulsion*. Cambridge: Cambridge University Press.

Cuomo, S. 2004. The sinews of war: Ancient catapults. *Science* 303:771–772.

Curtis, W. H. 1919. *Wood Ship Construction*. New York: McGraw-Hill.

Daggett, S. 2010. *Costs of Major U.S. Wars*. Washington, DC: Congressional Research Service. http://cironline.org/sites/default/files/legacy/files/June2010CRScostofuswars.pdf.

Dalby, W. E. 1920. *Steam Power*. London: Edward Arnold.

Darby, H. C. 1956. The clearing of the woodland of Europe. In *Man's Role in Changing the Face of the Earth*, ed. W. L. Thomas, 183–216. Chicago: University of Chicago Press.

Darling, K. 2004. *Concorde*. Marlborough: Crowood Press.

Daugherty, C. R. 1927. The development of horse-power equipment in the United States. In *Power Capacity and Production in the United States*, ed. C. R. Daugherty, A. H. Horton and R. W. Davenport, 5–112. Washington, DC: U.S. Geological Survey.

Daumas, M., ed. 1969. *A History of Technology and Invention*. New York: Crown Publishers.

Referências **477**

David, P. 1985. Clio and the economics of QWERTY. *American Economic Review* 75:332–337.

David, P. A. 1991. The hero and the herd in technological history: Reflections on Thomas Edison and the Battle of the Systems. In *Favorites of Fortune: Technology, Growth and Economic Development since the Industrial Revolution*, ed. P. Higonett, D. S. Landes and H. Rosovsky, 72–119. Cambridge, MA: Harvard University Press.

Davids, K. 2006. River control and the evolution of knowledge: A comparison between regions in China and Europe, c. 1400–1850. *Journal of Global History* 1:59–79.

Davies, N. 1987. *The Aztec Empire: The Toltec Resurgence*. Norman: University of Oklahoma Press.

Davis, M. 2001. *Late Victorian Holocausts*. New York: Verso.

de Beaune, S. A., and R. White. 1993. Ice age lamps. *Scientific American* 266 (3): 108–113.

de la Torre, I. 2011. The origins of stone tool technology in Africa: A historical perspective. *Philosophical Transactions of the Royal Society of London. Series B, Biological Sciences* 366 (1567): 1028–1037.

De Zeeuw, J. W. 1978. Peat and the Dutch Golden Age: The historical meaning of energy-attainability. *A.A.G. Bijdragen* 21:3–31.

Deffeyes, K. S. 2001. *Hubbert's Peak: The Impending World Oil Shortage*. Princeton, NJ: Princeton University Press.

Demarest, A. 2004. *Ancient Maya: The Rise and Fall of a Rainforest Civilization*. Cambridge: Cambridge University Press.

Dempsey, P. 2015. Notes on the Liberty aircraft engine. http://www.enginehistory.org/Before1925/Liberty/LibertyNotes.shtml.

Denevan, W. H. 1982. Hydraulic agriculture in the American tropics: Forms, measures, and recent research. In *Maya Subsistence*, ed. K. V. Flannery, 181–203. New York: Academic Press.

Denny, M. 2004. The efficiency of overshot and undershot waterwheels. *European Journal of Physics* 25:193–202.

Denny, M. 2007. *Ingenium: Five Machines That Changed the World*. Baltimore, MD: Johns Hopkins University Press.

Dent, A. 1974. *The Horse*. New York: Holt, Rinehart and Winston.

Department of Energy & Climate Change, UK Government. 2015. Historical coal data: Coal production, availability and consumption 1853 to 2014. https://www.gov.uk/government/statistical-data-sets/historical-coal-data-coal-production-availability-and-consumption-1853-to-2011.

478 Referências

Derry, T. K., and T. I. Williams. 1960. *A Short History of Technology*. Oxford: Oxford University Press.

Diamond, J. 2011. *Collapse: How Societies Choose to Fail or Succeed*. New York: Penguin Books.

Dickens, C. 1854. *Hard Times*. London: Bradbury & Evans.

Dickey, P. A. 1959. The first oil well. *Journal of Petroleum Technology* 59:14–25.

Dickinson, H. W. 1939. *A Short History of the Steam Engine*. Cambridge: Cambridge University Press.

Dickinson, H. W., and R. Jenkins. 1927. *James Watt and the Steam Engine*. Oxford: Oxford University Press.

Diderot, D., and J.L.R. D'Alembert. 1769–1772. *L'Encyclopedie ou dictionnaire raisonne des sciences des arts et des métiers*. Paris: Avec approbation et privilege du roy.

Dieffenbach, E. M., and R. B. Gray. 1960. The development of the tractor. In *Power to Produce: 1960 Yearbook of Agriculture* , 24–45. Washington, DC: U.S. Department of Agriculture.

Dien, A. 2000. The stirrup and its effect on Chinese military history. http://www.silk-road.com/artl/stirrup.shtml.

Diener, E., E. Suh, and S. Oishi. 1997. Recent findings on subjective well-being. *Indian Journal of Clinical Psychology* 24:25–41.

Diesel, E. 1937. *Diesel: Der Mensch, das Werk, das Schicksal*. Hamburg: Hanseatische Verlagsanstalt.

Diesel, R. 1893a. Arbeitsverfahren und Ausführungsart für Verbrennungskraftmaschinen. https://www.dhm.de/lemo/bestand/objekt/patentschrift-von-rudolf-diesel-1893.html.

Diesel, R. 1893b. *Theorie und Konstruktion eines rationellen Wärmemotors zum Ersatz der Dampfmaschinen und der heute bekannten Verbrennungsmotoren*. Berlin: Julius Springer.

Diesel, R. 1903. *Solidarismus: Natürliche wirtschaftliche Erlösung des Menschen*. Munich (repr., Augsburg: Maro Verlag, 2007).

Diesel, R. 1913. *Die Entstehung des Dieselmotors*. Berlin: Julius Springer.

Dikötter, F. 2010. *Mao's Great Famine: The History of China's Most Devastating Catastrophe, 1958–1962*. London: Walker Books.

DK Publishing. 2012. *Military History: The Definitive Visual Guide to the Objects of Warfare*. New York: DK Publishing.

Referências **479**

Domínguez-Rodrigo, M. 2002. Hunting and scavenging by early humans: The state of the debate. *Journal of World Prehistory* 16:1–54.

Donnelly, J. S. 2005. *The Great Irish Potato Famine*. Stroud: Sutton Publishing. Doorenbos, J., et al. 1979. *Yield Response to Water*. Rome: FAO.

Dowson, D. 1973. Tribology before Columbus. *Mechanical Engineering* 95 (4): 12–20.

Doyle, J., B. Francis, and A. Tannenbaum. 1990. *Feedback Control Theory*. London: Macmillan.

Drews, R. 2004. *Early Riders: The Beginnings of Mounted Warfare in Asia and Europe*. New York: Routledge.

Duby, G. 1968. *Rural Economy and Country Life in the Medieval West*. London: Edward Arnold.

Duby, G. 1998. *Rural Economy and Country Life in the Medieval West*. Philadelphia: University of Pennsylvania Press.

Dukes, J. S. 2003. Burning buried sunshine: Human consumption of ancient solar energy. *Climatic Change* 61:31–44.

Duncan-Jones, R. 1990. *Structure and Scale in the Roman Economy*. Cambridge: Cambridge University Press.

Dunsheath, P. 1962. *A History of Electrical Industry*. London: Faber and Faber.

Dupont, B., D. Keeling, and T. Weiss. 2012. Passenger fares for overseas travel in the 19th and 20th centuries. Paper presented at the Annual Meeting of the Economic History Association, Vancouver, BC, September 21–23. http://eh.net/eha/wp-content/uploads/2013/11/Weissetal.pdf.

Dyer, Frank L., and Thomas C. Martin. 1929. *Edison: His Life and Inventions*. New York: Harper & Brothers.

Eagar, T. W., and C. Musso. 2001. Why did the World Trade Center collapse? Science, engineering, and speculation. *JOM* 53:8–11. http://www.tms.org/pubs/journals/JOM/0112/Eagar/Eagar-0112.html.

Earl, D. 1973. *Charcoal and Forest Management*. Oxford: Oxford University Press.

Eavenson, H. N. 1942. *The First Century and a Quarter of American Coal Industry*. Pittsburgh, PA: Privately printed.

Eckermann, E. 2001. *World History of the Automobile*. Warrendale, PA: SAE Press. ECRI (Economic Cycle Research Institute). 2015. Economic cycles. https://www.businesscycle.com.

Eden, F. M. 1797. *The State of the Poor*. London: J. Davis.

480 Referências

Edison, T. A. 1880. Electric Light. Specification forming part of Letters Patent No. 227,229, dated May 4, 1880. Washington, DC: U.S. Patent Office. http://www.uspto.gov.

Edison, T. A. 1889. The dangers of electric lighting. *North American Review* 149:625–634.

Edgerton, D. 2007. *The Shock of the Old: Technology and Global History since 1900*. Oxford: Oxford University Press.

Edgerton, S. Y. 1961. Heat and style: Eighteenth-century house warming by stoves. *The Journal of the Society of Architectural Historians* 20:20–26.

Edwards, J. F. 2003. Building the Great Pyramid: Probable construction methods employed at Giza. *Technology and Culture* 44:340–354.

Egerton, W. 1896. *Indian and Oriental Armour*. London: W. H. Allen. Egg, E., et al. 1971. *Guns*. Greenwich, CT: New York Graphic Society.

Electricity Council. 1973. *Electricity Supply in Great Britain: A Chronology—From the Beginnings of the Industry to 31 December 1972*. London: Electricity Council.

Elliott, D. 2013. *Fukushima: Impacts and Implications*. Houndmills: Palgrave Macmillan.

Ellis, C. H. 1983. *The Lore of the Train*. New York: Crescent Books.

Ellison, R. 1981. Diet in Mesopotamia: The evidence of the barley ration texts. *Iraq* 45:35–45.

Ellul, J. 1954. *La Technique ou l'enjeu du siècle*. Paris: Armand Colin.

Elphick, P. 2001. *Liberty: The Ships That Won the War*. Annapolis, MD: Naval Institute Press.

Elton, A. 1958. Gas for light and heat. In *A History of Technology*, vol. 4, ed. C. Singer et al., 258–275. Oxford: Oxford University Press.

Engels, F. 1845. *Die Lage der arbeitenden Klasse in England*. Leipzig: Otto Wigand.

Erdkamp, P. 2005. *The Grain Market in the Roman Empire: A Social, Political and Economic Study*. Cambridge: Cambridge University Press.

Erickson, C. L. 1988. Raised field agriculture in the Lake Titicaca Basin. *Expedition* 30 (1): 8–16.

Erlande-Brandenburg, A. 1994. *The Cathedral: The Social and Architectural Dynamics of Construction*. Cambridge: Cambridge University Press.

Esmay, M. L., and C. W. Hall, eds. 1968. *Agricultural Mechanization in Developing Countries*. Tokyo: Shin-Norinsha.

Evangelou, P. 1984. *Livestock Development in Kenya's Maasailand*. Boulder, CO: Westview Press.

Referências **481**

Evans, O. 1795. *The Young Millwright and Miller's Guide*. Philadelphia: O. Evans.

Evelyn, J. 1607. *Silva*. London: R. Scott.

Ewbank, T. 1870. *A Descriptive and Historical Account of Hydraulic and Other Machines for Raising Water*. New York: Scribner.

Executive Office of the President. 2013. *Economic Benefits of Increasing Electric Grid Resilience to Weather Outages*. Washington, DC: The White House.

Fairlie, S. 2011. Notes on the history of the scythe and its manufacture. http://scytheassociation.org/history.

Faith, J. T. 2007. Eland, buffalo, and wild pigs: Were Middle Stone Age humans ineffective hunters? *Journal of Human Evolution* 55:24–36.

Falkenstein, A. 1939. *Zehnter vorläufiger Bericht über die von der Notgemeinschaft der deutschen Wissenschaft in Uruk-Warka unternommen Ausgrabungen*. Berlin: Verlag Akademie der Wissenschaften.

Falkus, M. E. 1972. *The Industrialization of Russia, 1700–1914*. London: Macmillan.

Fant, K. 2014. *Alfred Nobel: A Biography*. New York: Arcade Publishing.

FAO (Food and Agriculture Organization). 2004. *Human Energy Requirements. Report of a Joint FAO/WHO/UNU Consultation*. Rome: FAO.

FAO. 2015a. FAOSTAT. http://faostat3.fao.org/home/E.

FAO. 2015b. The state of food insecurity in the world 2015. http://www.fao.org/ hunger/ key-messages/en.

Faraday, M. 1832. Experimental researches in electricity. *Philosophical Transactions of the Royal Society of London* 122:125–162.

Farey, J. 1827. *A Treatise on the Steam Engine*. London: Longman, Rees, Orme, Brown and Green.

Faulseit, R. K., ed. 2015. *Beyond Collapse: Archaeological Perspectives on Resilience, Revitalization, and Transformation in Complex Societies*. Carbondale, IL: Southern Illinois University Press.

Federico, G. 2008. *Feeding the World: An Economic History of Agriculture, 1800–2000*. Princeton, NJ: Princeton University Press.

Ferguson, E. F. 1971. The measurement of the "man-day." *Scientific American* 225 (4): 96–103.

Fernández-Armesto, F. 1988. *The Spanish Armada: The Experience of War in 1588*. New York: Oxford University Press.

482 Referências

Feuerbach, A. 2006. Crucible Damascus steel: A fascination for almost 2,000 years. *Journal of Metals* (May): 48–50.

Feugang, J. M., P. Konarski, D. Zou, F. C. Stintzing, and C. Zou. 2006. Nutritional and medicinal use of cactus pear (*Opuntia* spp.) cladodes and fruits. *Frontiers in Bioscience* 11:2574–2589.

Feynman, R. 1988. *The Feynman Lectures on Physics*. Redwood City, CA: Addison-Wesley.

Fiedel, S., and G. Haynes. 2004. A premature burial: Comments on Grayson and Meltzer's "Requiem for overkill." *Journal of Archaeological Science* 31:121–131.

Figuier, L. 1888. *Les nouvelles conquêtes de la science: L'électricité*. Paris: Manpir Flammarion.

Finley, M. I. 1959. Was Greek civilization based on slave labour? *Historia. Einzelschriften* 1959:145–164.

Finley, M. I. 1965. Technical innovation and economic progress in the ancient world. *Economic History Review* 18:29–45.

Finniston, M. et al. 1992. *Oxford Illustrated Encyclopedia of Invention and Technology*. Oxford: Oxford University Press.

Fish, J. L., and C. A. Lockwood. 2003. Dietary constraints on encephalization in primates. *American Journal of Physical Anthropology* 120:171–181.

Fitchen, J. 1961. *The Construction of Gothic Cathedrals: A Study of Medieval Vault Erection*. Chicago: University of Chicago Press.

Fitzhugh, B., and J. Habu, eds. 2002. *Beyond Foraging and Collecting: Evolutionary Change in Hunter-Gatherer Settlement Systems*. Berlin: Springer.

Flannery. K.V., ed. 1982. *Maya Subsistence*. New York: Academic Press. Flink, J. J. 1988. *The Automobile Age*. Cambridge, MA: MIT Press.

Flinn, M. W. et al. 1984–1993. *History of the British Coal Industry*, 5 vols. Oxford: Oxford University Press.

Flower, R., and M. W. Jones. 1981. *100 Years of Motoring: An RAC Social History of Car*. Maidenhead: McGraw-Hill.

Fluck, R. C., ed. 1992. *Energy in Farm Production*. Amsterdam: Elsevier.

Fogel, R. W. 1991. The conquest of high mortality and hunger in Europe and America: Timing and mechanisms. In *Favorites of Fortune*, ed. P. Higgonet et al., 33–71. Cambridge, MA: Harvard University Press.

Foley, R. A., and P. C. Lee. 1991. Ecology and energetics of encephalization in hominid evolution. *Philosophical Transactions of the Royal Society of London* 334:223–232.

Fontana, D. 1590. Della trasportatione dell'obelisco Vaticano et delle fabriche di nostro signore Papa Sisto V. Roma: Domenico Basa. http://www.rarebookroom.org/Control/ftaobc/index.html.

Forbes, R. J. 1958. Power to 1850. In *A History of Technology*, vol. 4, ed. C. Singer et al., 148–167. Oxford: Oxford University Press.

Forbes, R. J. 1964–1972. *Studies in Ancient Technology*. 9 volumes. Leiden: E. J. Brill.

Forbes, R. J. 1964. Bitumen and petroleum in antiquity. In *Studies in Ancient Technology*. vol. 1, 1–124. Leiden: E. J. Brill.

Forbes, R. J. 1965. *Studies in Ancient Technology*, vol. 2. Leiden: E. J. Brill.

Forbes, R. J. 1966. Heat and heating. In *Studies in Ancient Technology*, vol. 6, 1–103. Leiden: E. J. Brill.

Forbes, R. 1972. Copper. In *Studies in Ancient Technology*, vol. 6, 1–133. Leiden: E. J. Brill.

Forbes. 2015. The world's biggest public companies. http://www.forbes.com/global2000/list/#tab:overall.

Fores, M. 1981. The Myth of a British Industrial Revolution. *History* 66:181–198.

Foster, D. R., and J. D. Aber. 2004. *Forests in Time: The Environmental Consequences of 1,000 Years of Change in New England*. New Haven, CT: Yale University Press.

Foster, N., and L. D. Cordell. 1992. *Chilies to Chocolate: Food the Americas Gave the World*. Tucson: University of Arizona Press.

Fouquet, R. 2008. *Heat, Power and Light: Revolutions in Energy Services*. London: Edward Elgar.

Fouquet, R. 2010. The slow search for solutions: Lessons from historical energy transitions by sector and service. *Energy Policy* 38:6586–6596.

Fouquet, R., and P. J. G. Pearson. 2006. Seven centuries of energy services: The price and use of light in the United Kingdom (1300–2000). *Energy Journal* 27:139–177.

Fox, R. F. 1988. *Energy and the Evolution of Life*. San Francisco: W. H. Freeman.

Francis, D. 1990. *The Great Chase: A History of World Whaling*. Toronto: Penguin Books.

Frankenfield, D. C., E. R. Muth, and W. A. Rowe. 1998. The Harris-Benedict studies of human basal metabolism: History and limitations. *Journal of the American Dietetic Association* 98:439–445.

FRED (Federal Reserve Economic Data). 2015. Real gross domestic product per capita. https://research.stlouisfed.org/fred2/series/A939RX0Q048SBEA.

484 Referências

Freedman, B. 2014. *Global Environmental Change*. Amsterdam: Springer Netherlands.

Freedom House. 2015. Freedom in the world 2015. https://freedomhouse.org/report/freedom-world/freedom-world-2015#.Vfcs74dRGM8.

Freese, S. 1957. *Windmills and Millwrighting*. Cambridge: Cambridge University Press.

French, J. C., and C. Collins. 2015. Upper Palaeolithic population histories of southwestern France: A comparison of the demographic signatures of 14C date distributions and archaeological site counts. *Journal of Archaeological Science* 55:122–134.

Friedel, R., and P. Israel. 1986. *Edison's Electric Light*. New Brunswick, NJ: Rutgers University Press.

Friedman, H. B. 1992. DDT (dichlorodiphenyltrichloroethane): A chemist's tale. *Journal of Chemical Education* 69:362–365.

Frison, G. C. 1987. Prehistoric hunting strategies. In *The Evolution of Human Hunting*, ed. M. H. Nitecki and D. V. Nitecki, 177–223. New York: Plenum Press.

Froment, A. 2001. Evolutionary biology and health of hunter-gatherer populations. In *Hunter-gatherers: An Interdisciplinary Perspective*, ed. C. Panter-Brick, R. Layton and P. Rowley-Conwy, 239–266. Cambridge: Cambridge University Press.

Fry, H. 1896. *History of North Atlantic Steam Navigation*. London: Sampson, Low, Marston & Company.

Fujimoto, T. 1999. *The Evolution of a Manufacturing System at Toyota*. New York: Oxford University Press.

Fussell, G. E. 1952. *The Farmer's Tools, 1500–1900*. London: A. Melrose.

Fussell, G. E. 1972. *The Classical Tradition in West European Farming*. Rutherford: Fairleigh Dickinson University Press.

Gaastra, F. S. 2007. *The Dutch East India Company*. Zutpen: Walburg Press.

Gaier, C. 1967. The origin of Mons Meg. *Journal of the Arms and Armour Society London* 5:425–431.

Galaty, J. G., and P. C. Salzman, eds. 1981. *Change and Development in Nomadic and Pastoral Societies*. Leiden: E. J. Brill.

Gales, B., et al. 2007. North versus South: Energy transition and energy intensity in Europe over 200 years. *European Review of Economic History* 2:219–253.

Galloway, J. A., D. Keene, and M. Murphy. 1996. Fuelling the city: Production and distribution of firewood and fuel in London's region, 1290–1400. *Economic History Review* 49:447–472.

Galor, O. 2005. *From Stagnation to Growth: Unified Growth Theory*. Amsterdam: Elsevier.

Gamarra, N. T. 1969. *Erroneous Predictions and Negative Comments*. Washington, DC: Library of Congress.

Gans, P. J. 2004. The medieval horse harness: Revolution or evolution? A case study in technological change. In *Villard's Legacy: Studies in Medieval Technology, Science and Art in Memory of Jean Gimpel*, ed. M.-T. Zenner, 175–187. London: Routledge.

Garcke, E. 1911. Electric lighting. In *Encyclopaedia Britannica*, 11th ed., vol. 9., 651– 673. Cambridge: Cambridge University Press.

Gardiner, R. 2000. *The Heyday of Sail: The Merchant Sailing Ship 1650–1830*. New York: Chartwell Books.

Gardner, J., ed. 2011. *Gilgamesh*. New York: Knopf Doubleday.

Garrett, C., and M. Wade-Matthews. 2015. *The Ultimate Encyclopedia of Steam and Rail*. London: Southwater Publishing.

Gartner. 2015. Gartner says Smartphone sales surpassed one billion units in 2014. http://www.gartner.com/newsroom/id/2996817.

Gaskell, E. 1855. *North and South*. London: Chapman & Hall.

Gates, D. 2011. *The Napoleonic Wars 1803–1815*. New York: Random House.

Geerdes, M., H. Toxopeus, and C. van der Vliet. 2009. *Modern Blast Furnace Ironmaking*. Amsterdam: IOS Press.

Geertz, C. 1963. *Agricultural Involution*. Berkeley: University of California Press.

Gehlsen, D. 2009. *Social Complexity and the Origins of Agriculture*. Saarbrücken: VDM Verlag.

Georgescu-Roegen, N. 1975. Energy and economic myths. *Ecologist* 5:164–174, 242–252.

Georgescu-Roegen, N. 1980. Afterword. In *Entropy: A New World View*, ed. J. Rifkin, 261–269. New York: Viking Press.

Geothermal Energy Association. 2014. *2014 Annual U.S. & Global Geothermal Power Production Report*. http://geo-energy.org/events/2014%20Annual%20US%20&%20 Global%20Geothermal%20Power%20Production%20Report%20Final.pdf.

Gerhold, D. 1993. *Road Transport before the Railways*. Cambridge: Cambridge University Press.

Gesner, J. M., ed. 1735. *Scriptores rei rusticae*. Leipzig: Fritsch.

Giampietro, M., and K. Mayumi. 2009. *The Biofuel Delusion*. London: Earthscan.

486 Referências

Gies, F., and J. Gies. 1995. *Cathedral Forge and Waterwheel: Technology and Invention in the Middle Ages*. New York: Harper.

Gill, R. B. 2000. *The Great Maya Droughts: Water, Life, and Death*. Albuquerque: University of New Mexico Press.

Gille, B. 1978. *Histoire des techniques*. Paris: Gallimard.

Gimpel, J. 1997. *The Medieval Machine*. New York: Penguin Books.

Ginouvès, R. 1962. *Balaneutikè: Recherches sur le bain dans l'antiquité grecque*. Paris: de Boccard.

Glaser, B. 2007. Prehistorically modified soils of central Amazonia: A model for sustainable agriculture in the twenty-first century. *Philosophical Transactions of the Royal Society of London. Series B, Biological Sciences* 362:187–196.

Global Wind Energy Council. 2015. Global wind statistics 2014. http://www.gwec.net/wp-content/uploads/2015/02/GWEC_GlobalWindStats2014_FINAL_10.2.2015.pdf.

Godfrey, F. P. 1982. *An International History of the Sewing Machine*. London: R. Hale.

Goe, M. R., and R. E. Dowell. 1980. *Animal Traction: Guidelines for Utilization*. Ithaca, NY: Cornell University, Department of Animal Science.

Gold, B., et al. 1984. *Technological Progress and Industrial Leadership: The Growth of the U.S. Steel Industry, 1900–1970*. Lexington, MA: D. C. Heath and Co.

Goldsmith. R. W. 1946. The power of Victory: Munitions output in World War II. *Military Affairs* 10:69–80.

Goldstein, D. B., S. Martinez, and R. Roy. 2011. Are there rebound effects from energy efficiency? An analysis of empirical data, internal consistency, and solutions. *Electricity Policy* 2011:1–18.

Gómez, J. J. H., V. Marquina, and R. W. Gómez. 2013. On the performance of Usain Bolt in the 100 m sprint. *European Journal of Phycology* 34:1227–1233.

Goren-Inbar, N., et al. 2004. Evidence of hominin control of fire at Gesher Benot Ya'aqov, Israel. *Science* 304:725–727.

Goudsblom, J. 1992. *Fire and Civilization*. London: Allen Lane.

Grayson, D. K., and F. Delpech. 2002. Specialized early Upper Paleolithic hunters in southwestern France? *Journal of Archaeological Science* 29:1439–1449.

Greene, A. N. 2008. *Horses at Work*. Cambridge, MA: Harvard University Press.

Greene, K. 2000. Technological innovation and economic progress in the ancient world: M. I. Finley re-considered. *Economic History Review* 53:29–59.

Greeno, F. L., ed. 1912. *Obed Hussey Who, of All Inventors, Made Bread Cheap*. Rochester, NY: Rochester Herald Publishing Co.

Greenwood, W. H. 1907. *Iron*. London: Cassell.

Griffiths, J. 1992. *The Third Man: The Life and Times of William Murdoch 1754–1839*. London: Andre Deutsch.

Grigg, D. B. 1974. *The Agricultural Systems of the World*. Cambridge: Cambridge University Press.

Grigg, D. B. 1992. *The Transformation of Agriculture in the West*. Oxford: Blackwell. Grimal, N. 1992. *A History of Ancient Egypt*. Oxford: Blackwell.

Gronow, P., and I. Saunio. 1999. *International History of the Recording Industry*. London: Bloomsbury Academic.

Grousset, R. 1938. *L'empire des steppes*. Paris: Payot.

Grousset, R. 1970. *The Epic of the Crusades*. New York: Orion Press.

GSI (Global Subsidies Initiative). 2015. Global Subsidies Initiative. https://www.iisd.org/gsi/fossil-fuel-subsidies.

Gulflink. 1991. Fast facts about operations Desert Shield/Desert Storm. http://www.gulflink.osd.mil/timeline/fast_facts.htm.

Gunston, B. 1986. *World Encyclopedia of Aero Engines*. Wellingborough: Patrick Stephens.

Gunston, B. 1999. *The Development of Piston Aero Engines*. Yeovil: Patrick Stephens.

Gunston, B. 2002. *Aviation: The First 100 Years*. Hauppauge, NY: Barron's Educational Series.

Haaland, R., and P. Shinnie, eds. 1985. *African Iron Working: Ancient and Traditional*. Oslo: Norwegian University Press.

Hadfield, C. 1969. *The Canal Age*. New York: Praeger.

Hadland, T., and H.-E. Lessing. 2014. *Bicycle Design: An Illustrated History*. Cambridge, MA: MIT Press.

Haile-Selassie, Y., et al. 2015. New species from Ethiopia further expands Middle Pliocene hominin diversity. *Nature* 521:483–488.

Hair, T. H. 1844. *Sketches of the Coal Mines in Northumberland and Durham*. London: J. Madden & Co.

Hammel, E. M. 1985. *The Root: The Marines in Beirut, August 1982–February 1984*. New York: Harcourt Brace Jovanovich.

488 Referências

Hansell, M. H. 2005. *Animal Architecture*. Oxford: Oxford University Press.

Hansen, P. V. 1992. Experimental reconstruction of the medieval trebuchet. *Acta Archaeologica* 63:189–208.

Hanson, N. 2011. *The Confident Hope of a Miracle: The True History of the Spanish Armada*. New York: Random House.

Harlan, J. R. 1975. *Crops and Man*. Madison, WI: American Society of Agronomy. Harlow, J. H. 2012. *Electric Power Transformer Engineering*. Boca Raton, FL: CRC Press.

Harmand, S., et al. 2015. 3.3-Million-year-old stone tools from Lomekwi 3, West Turkana, Kenya. *Nature* 521:310–315.

Harris, J. R. 1988. *The British Iron Industry 1700–1850*. London: Macmillan.

Harris, M. 1966. The cultural ecology of India's sacred cattle. *Current Anthropology* 7:51–66.

Harrison, P. D., and B. L. Turner, eds. 1978. *Pre-Hispanic Maya Agriculture*. Albuquerque: University of New Mexico Press.

Harris, J. A., and F. G. Benedict. 1919. *A Biometric Study of Basal Metabolism in Man*. Washington, DC: Carnegie Institution.

Hart, J. F. 2004. *The Changing Scale of American Agriculture*. Charlottesville: University of Virginia Press.

Hartmann, F. 1923. *L'agriculture dans l'ancienne Egypte*. Paris: Libraire-Imprimerie Réunies.

Harverson, M. 1991. *Persian Windmills*. The Hague: International Molinological Society.

Hashimoto, T., et al. 2013. Hand before foot? Cortical somatotopy suggests manual dexterity is primitive and evolved independently of bipedalism. *Philosophical Transactions B* 368 (1630): 1–12.

Hassan, F. A. 1984. Environment and subsistence in Predynastic Egypt. In *From Hunters to Farmers*, ed. J. D. Clark and S. A. Brandt, 57–64. Berkeley: University of California Press.

Haudricourt, A. G., and M. J. B. Delamarre. 1955. *L'Homme et la Charrue à travers le Monde*. Paris: Gallimard.

Haug, G. H., et al. 2003. Climate and collapse of Maya civilization. *Science* 299:1731–1735.

Haugaasen, J. M. T., et al. 2010. Seed dispersal of the Brazil nut tree (*Bertholletia excelsa*) by scatter-hoarding rodents in a central Amazonian forest. *Journal of Tropical Ecology* 26:251–262.

Hausman, W. J., P. Hertner, and M. Wilkins. 2008. *Global Electrification: Multinational Enterprise and International Finance in the History of Light and Power, 1878–2007*. Cambridge: Cambridge University Press.

Hawkes, K., J. F. O'Connell, and N. G. Blurton Jones. 2001. Hadza meat sharing. *Evolution and Human Behavior* 22:113–142.

Hayden, B. 1981. Subsistence and ecological adaptations of modern hunter/ gatherers. In *Omnivorous Primates*, ed. R. S. O. Harding and G. Teleki, 344–421. New York: Columbia University Press.

Haynie, D. 2001. *Biological Thermodynamics*. Cambridge: Cambridge University Press.

Headland, T. N., and L. A. Reid. 1989. Hunter-gatherers and their neighbors from prehistory to the present. *Current Anthropology* 30:43–66.

Heidenreich, C. 1971. *Huronia: A History and Geography of the Huron Indians*. Toronto: McClelland and Stewart.

Heinrich, B. 2001. *Racing the Antelope: What Animals Can Teach Us about Running and Life*. New York: HarperCollins.

Heizer, R. F. 1966. Ancient heavy transport, methods and achievements. *Science* 153:821–830.

Helland, J. 1980. *Five Essays on the Study of Pastoralists and the Development of Pastoralism*. Bergen: Universitet i Bergen.

Helliwell, J. F., R. Layard, and J. Sachs eds. 2015. *World Happiness Report 2015*. http://worldhappiness.report/wp-content/uploads/sites/2/2015/04/WHR15-Apr29-update.pdf.

Hemphill, R. 1990. Le transport de l'obélisque du Vatican. *Etudes Francaises* 26 (3): 111–116.

Henry, A. G., A. S. Brooks, and D. R. Piperno. 2014. Plant foods and the dietary ecology of Neanderthals and early modern humans. *Journal of Human Evolution* 69:44–54.

Heppenheimer, T. A. 1995. *Turbulent Skies: The History of Commercial Aviation*. New York: John Wiley.

Herlihy, D. V. 2004. *Bicycle: The History*. New Haven, CT: Yale University Press. Herodotus. n.d. *Book of Histories*. Excerpt at http://www.cheops-pyramide.ch/khufu-pyramid/herodotus.html.

Herring, H. 2004. Rebound effect in energy conservation. In *Encyclopedia of Energy*, ed. C. Cleveland et al., vol. 5, pp. 411–423. Amsterdam: Elsevier.

Herring, H. 2006. Energy efficiency: A critical view. *Energy* 31:10–20.

490 Referências

Heston, A. 1971. An approach to the sacred cow of India. *Current Anthropology* 12:191–209.

Heyne, E. G., ed. 1987. *Wheat and Wheat Improvement.* Madison, WI: American Society of Agronomy.

Hildinger, E. 1997. *Warriors of the Steppe: A Military History of Central Asia, 500 B.C. to A.D. 1700.* New York: Sarpedon Publishers.

Hill, A. V. 1922. The maximum work and mechanical efficiency of human muscles and their most economical speed. *Journal of Physiology* 56:19–41.

Hill, D. 1984. *A History of Engineering in Classical and Medieval Times.* La Salle, IL: Open Court Publishing.

Hills, R. 1989. *Power from Steam: A History of the Stationary Steam Engine.* Cambridge: Cambridge University Press.

Hindle, B., ed. 1975. *America's Wooden Age: Aspects of Its Early Technology.* Tarrytown, NY: Sleepy Hollow Restorations.

Hippisley, J. C. 1823. *Prison Treadmills.* London: W Nicol.

Hitchcock, R. K., and J. I. Ebert. 1984. Foraging and food production among Kalahari hunter/gatherers. In *From Hunters to Farmers,* ed. J. D. Clark and S. A. Brandt, 328–348. Berkeley: University of California Press.

Ho, P. 1975. *The Cradle of the East.* Hong Kong: Chinese University of Hong Kong Press.

Hodge, A. T. 1990. A Roman factory. *Scientific American* 263 (5): 106–111.

Hodge, A. T. 2001. *Roman Aqueducts & Water Supply.* London: Duckworth.

Hodges, P. 1989. *How the Pyramids Were Built.* Longmead: Element Books.

Hoffmann, H. 1953. *Die chemische Veredlung der Steinkohle durch Verkokung.* http://epic.awi.de/23532/1/Hof1953a.pdf.

Hogan, W. T. 1971. *Economic History of the Iron and Steel Industry in the United States.* 5 vols. Lexington, MA: Lexington Books.

Hogg, I. V. 1997. *German Artillery of World War Two.* Mechanicsville, PA: Stackpole Books.

Holley, I. B. 1964. *Buying Aircraft: Matériel Procurement for the Army Air Forces.* Washington, DC: Department of the Army.

Holliday, M. A. 1986. Body composition and energy needs during growth. In *Human Growth: A Comprehensive Treatise,* ed. F. Falkner and J. M. Tanner, vol. 2, 101–117. New York: Plenum Press.

Referências **491**

Holt, P. M. 2014. *The Age of the Crusades: The Near East from the Eleventh Century to 1517.* London: Routledge.

Holt, R. 1988. *The Mills of Medieval England.* Oxford: Oxford University Press.

Homewood, K. 2008. *Ecology of African Pastoralist Societies.* Oxford: James Curry.

Hommel, R. P. 1937. *China at Work.* Doylestown, PA: Bucks County Historical Society.

Hong, S. 2001. *Wireless: From Marconi's Black-Box to the Audio.* Cambridge, MA: MIT Press.

Hopfen, H. J. 1969. *Farm Implements for Arid and Tropical Regions.* Rome: FAO.

Hough, R. and D. Richards. 2007. *Battle of Britain.* Barnsley: Pen & Sword Aviation.

Hounshell, D. A. 1981. Two paths to the telephone. *Scientific American* 244 (1): 157–163.

Howell, J. M. 1987. Early farming in Northwestern Europe. *Scientific American* 257 (5): 118–126.

Howell, J. W., and H. Schroeder. 1927. *The History of the Incandescent Lamp.* Schenectady, NY: Maqua Co.

Hoyt, E. P. 2000. *Inferno: The Fire Bombing of Japan, March 9–August 15, 1945.* New York: Madison Books.

Hua, J. 1983. The mass production of iron castings in ancient China. *Scientific American* 248:120–128.

Huang, N. 1958. *China Will Overtake Britain.* Beijing: Foreign Languages Press.

Hubbard, F. H. 1981. *Encyclopedia of North American railroading: 150 years of railroading in the United States and Canada.* New York: McGraw-Hill.

Hublin, J.-J., and M. P. Richards, eds. 2009. *The Evolution of Hominin Diets: Integrating Approaches to the Study of Palaeolithic Subsistence.* Berlin: Springer.

Hudson, P. 1990. Proto-industrialisation. *Recent Findings of Research in Economics and Social History* 10:1–4.

Hughes, Thomas P. 1983. *Networks of Power.* Baltimore, MD: Johns Hopkins University Press.

Hugill, P. J. 1993. *World Trade Since 1431.* Baltimore, MD: Johns Hopkins University Press.

Humphrey, W. S., and J. Stanislaw. 1979. Economic growth and energy consumption in the UK, 1700–1975. *Energy Policy* 7:29–42.

Hunley, J. D. 1995. The Enigma of Robert H. Goddard. *Technology and Culture* 36:327–350.

492 Referências

Hunter, L. C. 1975. Water power in the century of steam. In *America's Wooden Age: Aspects of Its Early Technology*, ed. B. Hindle, 160–192. Tarrytown, PA: Sleepy Hollow Restorations.

Hunter, L. 1979. *A History of Industrial Power in the US, 1780–1930*, vol. 1. Charlottesville: University of Virginia Press.

Hunter, L. C., and L. Bryant. 1991. *A History of Industrial Power in the United States, 1780–1930*. Vol. 3, *The Transmission of Power*. Cambridge, MA: MIT Press.

Husslage, G. 1965. *Windmolens: Een overzicht van de verschillende molensoorten en hun werkwijze*. Amsterdam: Heijnis.

Huurdeman, A. A. 2003. *The Worldwide History of Telecommunications*. New York: John Wiley & Sons.

Hyde, C. K. 1977. *Technological Change and the British Iron Industry 1700–1870*. Princeton, NJ: Princeton University Press.

Hyland, A. 1990. *Equus: The Horse in the Roman World*. New Haven, CT: Yale University Press.

IBIS World. 2015. Bicycle manufacturing in China. http://www.ibisworld.com/industry/china/bicycle-manufacturing.html.

IEA (International Energy Agency). 2015a. *Energy Balances of Non-OECD Countries*. Paris: IEA.

IEA. 2015b. World balance. http://www.iea.org/sankey.

Ienaga, S. 1978. *The Pacific War, 1931–1945*. New York: Pantheon Books.

ICCT (International Council on Clean Transportation). 2014. *European Vehicle Market Statistics. Pocketbook 2014*. http://www.theicct.org/sites/default/files/publications/EU_pocketbook_2014.pdf.

IFIA (International Fertilizer Industry Association). 2015. Market outlook reports. http://www.fertilizer.org/MarketOutlooks.

Illich, I. 1974. *Energy and Equity*. New York: Harper and Row.

IMF (International Monetary Fund). 2015. Counting the cost of energy subsidies. http://www.imf.org/external/pubs/ft/survey/so/2015/new070215a.htm.

Intel. 2015. Moore's law and Intel innovation. http://www.intel.com/content/www/us/en/history/museum-gordon-moore-law.html.

International Labour Organization. 2015. Forced labour, human trafficking and slavery. http://www.ilo.org/global/topics/forced-labour/lang--en/index.htm.

Referências **493**

IPCC (Intergovernmental Panel on Climate Change). 2015. [*Synthesis Report Summary for Policymakers*. Geneva: IPCC.] *Climatic Change*:2014.

Irons, W., and N. Dyson-Hudson, eds. 1972. *Perspective on Nomadism*. Leiden: E. J. Brill.

IRRI (International Rice Research Institute). 2015. Rice milling. http://www.knowledgebank.irri.org/ericeproduction/PDF_&_Docs/Teaching_Manual_Rice_Milling.pdf.

Jakab, P. L. 1990. *Visions of a Flying Machine: The Wright Brothers and the Process of Invention*. Washington, DC: Smithsonian Institution Press.

Jamasmie, C. 2015. End of an era for UK coal mining: Last mines close up shop. http://www.mining.com/end-of-an-era-for-uk-coal-mining-last-mines-close-up-shop.

James, A. 2015. *Global PV Demand Outlook 2015–2020: Exploring Risk in Downstream Solar Markets*. GTM Research, June. http://www.greentechmedia.com/research/report/global-pv-demand-outlook-2015-2020.

Janick, J. 2002. Ancient Egyptian agriculture and the origins of horticulture. *Acta Horticulturae* 582:23–39.

Jansen, M. B. 2000. *The Making of Modern Japan*. Cambridge, MA: Belknap Press of Harvard University Press.

Jehl, F. 1937. *Menlo Park Reminiscences*. Dearborn, MI: Edison Institute.

Jenkins, B. 1993. *Properties of Biomass, Appendix to Biomass Energy Fundamentals*. Palo Alto, CA: EPRI.

Jenkins, R. 1936. *Links in the History of Engineering and Technology from Tudor Times*. Cambridge: Cambridge University Press.

Jensen, H. 1969. *Sign, Symbol and Script*. New York: G. P. Putnam's Sons.

Jevons, W. S. 1865. *The Coal Question: An Inquiry Concerning the Progress of the Nation, and the Probable Exhaustion of our Coal Mines*. London: Macmillan.

Jing, Y., and R. K. Flad. 2002. Pig domestication in ancient China. *Antiquity* 76:724–732.

Johannsen, O. 1953. *Geschichte des Eisens*. Dusseldorf: Verlag Stahleisen.

Johanson, D. 2006. How bipedalism arose. PBS, *Nova*, October 1. http://www.pbs.org/wgbh/nova/evolution/what-evidence-suggests.html.

Johnson, E. D. 1973. *Communication: An Introduction to the History of the Alphabet, Writing, Printing, Books, and Libraries*. Metuchen, NJ: Scarecrow Press.

Jones, C. F. 2014. *Routes of Power*. Cambridge, MA: Harvard University Press. Jones, H. M. 1971. *The Age of Energy*. New York: Viking Press.

Jones, H. 1973. *Steam Engines*. London: Ernest Benn.

494 Referências

Josephson, M. 1959. *Edison: A Biography*. New York: McGraw-Hill.

J.P. Morgan. 2015. *A Brave New World: Deep Decarbonization of Electricity Grids*. New York: J. P. Morgan.

Juleff, G. 2009. Technology and evolution: A root and branch view of Asian iron from first--millennium BC Sri Lanka to Japanese steel. *World Archaeology* 41:557–577.

Junqueira, A. B, G. H. Shepard, and C. R. Clement. 2010. Secondary forests on anthropogenic soils in Brazilian Amazonia conserve agrobiodiversity. *Biodiversity and Conservation* 19:1933–1961.

Kander, A. 2013. The second and third industrial revolutions. In *Power to the People: Energy in Europe Over the Last Five Centuries*, by A. Kander, P. Malanima, and P. Warde, 249–386. Princeton, NJ: Princeton University Press.

Kander, A., P. Malanima, and P. Warde. 2013. *Power to the People: Energy in Europe over the Last Five Centuries*. Princeton, NJ: Princeton University Press.

Kander, A., and P. Warde. 2011. Energy availability from livestock and agricultural productivity in Europe, 1815–1913: A new comparison. *The Economic History Review* 64:1–29.

Kanigel, R. 1997. *The One Best Way: Frederick Winslow Taylor and the Enigma of Efficiency*. New York: Viking.

Kaplan, D. 2000. The darker side of the "Original Affluent Society." *Journal of Anthropological Research* 56:301–324.

Karim, M. R., and M. S. H. Fatt. 2005. Impact of the Boeing 767 aircraft into the World Trade Center. *Journal of Engineering Mechanics* 131:1066–1072.

Karkanas, P., et al. 2007. Evidence for habitual use of fire at the end of the Lower Paleolithic: Site-formation processes at Qesem Cave, Israel. *Journal of Human Evolution* 53:197–212.

Kaufer, D. S., and K. M. Carley. 1993. *Communication at a Distance: The Influence of Print on Sociocultural Organization and Change*. Hillsdale, NJ: Lawrence Erlbaum Associates.

Kaufmann, R. K. 1992. A biophysical analysis of the energy/real GDP ratio: Implications for substitution and technical change. *Ecological Economics* 6:35–56.

Kay, J. P. 1832. *The Moral and Physical Condition of the Working Classes Employed in the Cotton Manufacture in Manchester*. London: Ridgway.

Keay, J. 2010. *The Honourable Company: A History of the English East India Company*. London: HarperCollins UK.

Keegan, J. 1994. *A History of Warfare*. New York: Vintage.

Keeling, C. D. 1998. Rewards and penalties of monitoring the Earth. *Annual Review of Energy and the Environment* 23: 25–82.

Kelly, R. L. 1983. Hunter-gatherer mobility strategies. *Journal of Anthropological Research* 39:277–306.

Kendall, A. 1973. *Everyday Life of Incas*. London: B. T. Batsford.

Kennedy, C. A., et al. 2015. Energy and material flows of megacities. *Proceedings of the National Academy of Sciences of the United States of America* 112:5985–5990.

Kennedy, E. 1941. *The Automobile Industry: The Coming of Age of Capitalism's Favorite Child*. New York: Reynal & Hitchcock.

Kesaris, P. 1977. *Manhattan Project: Official History and Documents*. Washington, DC: University Publications of America.

Khaira, G. 2009. Coal transportation logistics. Annual Community Coal Forum, Tumbler Ridge, BC.

Khalturin, V. I., et al. 2005. A review of nuclear testing by the Soviet Union at Novaya Zemlya, 1955–1990. *Science & Global Security* 13 (1): 1–42.

Khazanov, A. M. 1984. *Nomads and the Outside World*. Cambridge: Cambridge University Press.

Khazanov, A. M. 2001. *Nomads in the Sedentary World*. London: Curzon.

Kilby, Jack S. 1964. *Miniaturized Electronic Circuits*. U.S. Patent 3,138,743, June 23, 1964. Washington, DC: USPTO.

King, C. D. 1948. *Seventy-five Years of Progress in Iron and Steel*. New York: American Institute of Mining and Metallurgical Engineers.

King, F. H. 1927. *Farmers of Forty Centuries*. New York: Harcourt, Brace & Co.

King, P. 2011. The choice of fuel in the eighteenth century iron industry: The Coalbrookdale accounts reconsidered. *Economic History Review* 64:132–156.

King, R. 2000. *Brunelleschi's Dome: How a Renaissance Genius Reinvented Architecture*. London: Chatto & Windus.

King, P. 2005. The production and consumption of bar iron in early modern England and Wales. *Economic History Review* 58:1–33.

Kingdon, J. 2003. *Lowly Origin: Where, When, and Why Our Ancestors First Stood Up*. Princeton, NJ: Princeton University Press.

Klein, H. A. 1978. Pieter Bruegel the Elder as a guide to 16th-century technology. *Scientific American* 238 (3): 134–140.

496 Referências

Klima, B. 1954. Paleolithic huts at Dolni Vestonice, Czechoslovakia. *Antiquity* 28:4–14.

Kloss, E. 1963. *Der Luftkrieg über Deutschland, 1939–1945*. Munich: DTV.

Komlos, J. 1988. Agricultural productivity in America and Eastern Europe: A comment. *Journal of Economic History* 48:664–665.

Konrad, T. 2010. MV Mont, Knock Nevis, Jahre Viking—World's largest supertanker. *gCaptain* July 18,2020. http://gcaptain.com/mont-knock-nevis-jahre-viking-worlds-largest--tanker-ship/#.Vc3zB4dRGM8.

Kongshaug, G. 1998. *Energy Consumption and Greenhouse Gas Emissions in Fertilizer Production*. Paris: International Fertilizer Association.

Kopparapu, R. K., et al. 2014. Habitable zones around main sequence stars: Dependence on planetary mass. *Astrophysical Journal. Letters* 787:L29.

Kranzberg, M., and C. W. Pursell, eds. 1967. *Technology in Western Civilization*, vol. 1. New York: Oxford University Press.

Krausmann, F., and H. Haberl. 2002. The process of Industrialization from an energetic metabolism point of view: Socio-economic energy flows in Austria 1830–1995. *Ecological Economics* 41:177–201.

Kumar, S. N. 2004. Tanker transportation. In *Encyclopedia of Energy*, vol. 6, ed. C. Cleveland et al., 1–12. Amsterdam: Elsevier.

Kushnirs, I. 2015. Gross Domestic Product (GDP) in USSR. http://kushnirs.org/ macroeconomics/gdp/gdp_ussr.html#leader1.

Kuthan, J. and J. Royt. 2011. *Katedrála sv. Víta, Václava a Vojtěcha: Svatyně českých patronů a králů*. Praha: Nakladatelství Lidové noviny.

Kuthan, M., et al. 2003. Domestication of wild *Saccharomyces cerevisiae* is accompanied by changes in gene expression and colony morphology. *Molecular Microbiology* 47:745–754.

Kuznets, S. S. 1971. *Economic Growth of Nations: Total Output and Production Structure*. Cambridge, MA: Belknap Press of Harvard University Press.

Lacey, J. M. 1935. *A Comprehensive Treatise on Practical Mechanics*. London: Technical Press.

Laloux, R., et al. 1980. Nutrition and fertilization of wheat. In *Wheat*, 19–24. Basel: CIBA--Geigy.

Lancaster, L. C. 2005. *Concrete Vaulted Construction in Imperial Rome: Innovations in Context*. Cambridge: Cambridge University Press.

Landels, J. G. 1980. *Engineering in the Ancient World*. London: Chatto & Windus.

Landes, David. 1969. *The Unbound Prometheus: Technological Change and Industrial Development in Western Europe from 1750 to the Present*. Cambridge: Cambridge University Press.

Langdon, J. 1986. *Horses, Oxen, and Technological Innovation*. Cambridge: Cambridge University Press.

Lannoo, B. 2013. Energy consumption of ICT networks. Brussels: TREND Final Workshop. http://www.fp7-trend.eu/.../energyconsumptionincentives-energy-efficient-net.

Lardy, N. 1983. *Agriculture in China's Modern Economic Development*. Cambridge: Cambridge University Press.

Latimer, B. 2005. The perils of being bipedal. *Annals of Biomedical Engineering* 33:3–6.

Lawler, A. 2016. Megaproject asks: What drove the Vikings? *Science* 352:280–281.

Layard, A. H. 1853. *Discoveries among the Ruins of Nineveh and Babylon*. New York: G.P. Putnam & Company.

Layard, R. 2005. *Happiness: Lessons from a New Science*. New York: Penguin Press.

Layton, E. T. 1979. Scientific technology, 1845–1900: The hydraulic turbine and the origins of American industrial research. *Technology and Culture* 20:64–89.

Leach, E. R. 1959. Hydraulic society in Ceylon. *Past & Present* 15:2–26.

Lécuyer, C., and D. C. Brock. 2010. *Makers of the Microchip*. Cambridge, MA: MIT Press.

Lee, R. B., and R. Daly, eds. 1999. *The Cambridge Encyclopaedia of Hunters and Gatherers*. Cambridge: Cambridge University Press.

Lee, R. B., and I. DeVore, eds. 1968. *Man the Hunter*. New York: Aldine de Gruyter.

Lefebvre des Noëttes, R. 1924. *La Force Motrice animale à travers les Âges*. Paris: Berger--Levrault.

Legge, A. J., and P. A. Rowley-Conwy. 1987. Gazelle killing in Stone Age Syria. *Scientific American* 257 (2): 88–95.

Lehner, M. 1997. *The Complete Pyramids*. London: Thames and Hudson.

Lenin, V. I. 1920. Speech delivered to the Moscow Gubernia Conference of the R.C.P. (B.), November 21, 1920. https://www.marxists.org/archive/lenin/works/1920/nov/21.htm.

Lenstra, J. A., and D. G. Bradley. 1999. Systematics and phylogeny of cattle. In *The Genetics of Cattle*, ed. R. Fries and A. Ruvinsky, 1–14. Wallingford: CABI.

Leon, P. 1998. *The Discovery and Conquest of Peru, Chronicles of the New World Encounter*, ed. and trans. A. P. Cook and N. D. Cook. Durham, NC: Duke University Press.

498 Referências

Leonard, W. R., J. J. Snodgrass, and M. L. Robertson. 2007. Effects of brain evolution on human nutrition and metabolism. *Annual Review of Nutrition* 27:311–327.

Leonard, W. R., et al. 2003. Metabolic correlates of hominid brain evolution. *Comparative Biochemistry and Physiology Part A* 136:5–15.

Lepre, J. P. 1990. *The Egyptian Pyramids*. Jefferson, NC: McFarland & Co.

Lerche, G. 1994. *Ploughing Implements and Tillage Practices in Denmark from the Viking Period to about 1800: Experimentally Substantiated*. Herning: P. Kristensen.

Leser, P. 1931. *Entstehung und Verbreitung des Pfluges*. Münster: Aschendorff.

Lesser, I. O. 1991. *Oil, the Persian Gulf, and Grand Strategy*. Santa Monica, CA: Rand Corp.

Leveau, P. 2006. *Les moulins de Barbegal (1986–2006)* . http://traianus.rediris.es.

Levine, A. J. 1992. *The Strategic Bombing of Germany, 1940–1945*. London: Greenwood.

Levinson, M. 2006. *The Box: How the Shipping Container Made the World Smaller and the World Economy Bigger*. Princeton, NJ: Princeton University Press.

Levinson, M. 2012. *U.S. Manufacturing in International Perspective*. Washington, DC: Congressional Research Service; http://www.fas.org/sgp/crs/misc/R42135.pdf.

Lewin, R. 2004. *Human Evolution: An Illustrated Introduction*. Oxford: Wiley.

Lewis, M. J. T. 1993. The Greeks and the early windmill. *History and Technology* 15:141–189.

Lewis, M. J. T. 1994. The origins of the wheelbarrow. *Technology and Culture* 35:453–475.

Lewis, M. J. T. 1997. *Millstone and Hammer: The Origins of Water-Power*. Hull: University of Hull Press.

Li, L. 2007. *Fighting Famine in North China: State, Market, and Environmental Decline, 1690s-1990s*. Stanford, CA: Stanford University Press.

Liebenberg, L. 2006. Persistence hunting by modern hunter-gatherers. *Current Anthropology* 47:1017–1025.

Lighting Industry Association. 2009. Lamp history. http://www.thelia.org.uk/ lighting--guides/lamp-guide/lamp-history.

Lilienfeld, E. J. 1930. *Method and apparatus for controlling electric currents*. US Patent 1,745,175, January 28, 1930. Washington, DC: USPTO.

Lilienthal, D. E. 1944. *TVA: Democracy on the March*. New York: Harper and Brothers.

Lindgren, M. 1990. *Glory and Failure*. Cambridge, MA: MIT Press.

Referências **499**

Lindsay, R. B. 1975. *Energy: Historical Development of the Concept*. Stroudsburg, PA: Dowden, Hutchinson & Ross.

Ling, P. J. 1990. *America and the Automobile: Technology, Reform and Social Change*. Manchester: Manchester University Press.

Linsley, J. W., E. W. Rienstra, and J. A. Stiles. 2002. *Giant under the Hill: History of the Spindletop Oil Discovery at Beaumont, Texas, in 1901*. Austin: Texas State Historical Association.

Livi-Bacci, M. 1991. *Population and Nutrition*. Cambridge: Cambridge University Press.

Livi-Bacci, M. 2000. *The Population of Europe*. Oxford: Blackwell.

Livi-Bacci, M. 2012. *A Concise History of World Population*. Oxford: Wiley-Blackwell.

Lizerand, G. 1942. *Le régime rural de l'ancienne France*. Paris: Presses Universitaires. Lizot, J. 1977. Population, resources and warfare among the Yanomami. *Man* 12:497–517.

Lockwood, A. H. 2012. *The Silent Epidemic: Coal and the Hidden Threat to Health*. Cambridge, MA: MIT Press.

Looney, R. 2002. *Economic Costs to the United States Stemming from the 9/11 Attacks*. Monterey, CA: Center for Contemporary Conflict.

López, A. E. 2014. *La conquista de América*. Barcelona: RBA Libros.

Lotka, A. J. 1922. Contribution to the energetics of evolution. *Proceedings of the National Academy of Sciences of the United States of America* 8:147–151.

Lotka, A. 1925. *Elements of Physical Biology*. Baltimore, MD: Williams and Wilkins.

Lovejoy, C. O. 1988. Evolution of human walking. *Scientific American* 259 (5): 82–89.

Lowrance, R., et al., eds. 1984. *Agricultural Ecosystems*. New York: John Wiley.

Lubar, S. 1992. "Do not fold, spindle or mutilate": A cultural history of the punch card. *Journal of American Culture* 15 (4): 43–55.

Lucas, A. R. 2005. Industrial milling in the ancient and medieval Worlds. A survey of the evidence for an industrial revolution in medieval Europe. *Technology and Culture* 4: 1–30.

Lucassen, J., and R. W. Unger. 2011. Shipping, productivity and economic growth. In *Shipping Efficiency and Economic Growth 1350–1850*, ed. R. W. Unger, 3–44. Leiden: Brill.

Lucchini, F. 1996. *Pantheon*. Roma: Nova Italia Scientifica.

Luknatskii, N.N. 1936. Podnyatie Aleksandrovskoi kolonny v 1832. *Stroitel'naya Promyshlennost'* 1936 (13) :31–34.

500 Referências

Lüngen, H. B. 2013. Trends for reducing agents in blast furnace operation. http://www. dkg.de/akk-vortraege/2013-_-2rd_polnisch_deutsches_symposium/abstract-luengen_reducing-agents.pdf.

MacDonald, W. L. 1976. *The Pantheon Design, Meaning, and Progeny*. Cambridge, MA: Harvard University Press.

Macedo, I. C., M. R. L. V. Leal, and J. E. A. R. da Silva. 2004. *Assessment of Greenhouse Gas Emissions in the Production and Use of Fuel Ethanol in Brazil*. São Paulo: Government of the State of São Paulo; http://unica.com.br/i_pages/files/pdf_ingles.pdf.

Machiavello, C. M. 1991. *La construcción del sistema agrario en la civilización andina*. Lima: Editorial Econgraf.

MacLaren, M. 1943. *The Rise of the Electrical Industry During the Nineteenth Century*. Princeton, NJ: Princeton University Press.

Madden, J. 2015. How much software is in your car? From the 1977 Toronado to the Tesla P85D. http://www.qsm.com/blog/2015/how-much-software-your-car-1977-toronado--tesla-p85d.

Maddison Project. 2013. Maddison Project. http://www.ggdc.net/maddison/ maddison--project/home.htm.

Madureira, N. L. 2012. The iron industry energy transition. *Energy Policy* 50:24–34.

Magee, D. 2005. *The John Deere Way: Performance That Endures*. New York: Wiley.

Mak, S. 2010. *Rice Cultivation—The Traditional Way*. Solo, Java: CRBOM (Center for River Basin Organizations and Management).

Malanima, P. 2006. Energy crisis and growth 1650–1850: The European deviation in a comparative perspective. *Journal of Global History* 1:101–121.

Malanima, P. 2013a. Energy consumption in the Roman world. In *The Ancient Mediterranean Environment between Science and History*, ed. W. V. Harris, 13–36. Leiden: Brill.

Malanima, P. 2013b. Pre-industrial economies. In *Power to the People: Energy in Europe Over the Last Five Centuries*, ed. A. Kander, P. Malanima, and P. Warde, 35–127. Princeton, NJ: Princeton University Press.

Malik. J. 1985. *The Yields of Hiroshima and Nagasaki Explosions*. Los Alamos, NM: Los Alamos National Laboratory. http://atomicarchive.com/Docs/pdfs/00313791.pdf.

Malone, P. M. 2009. *Waterpower in Lowell: Engineering and Industry in Nineteenth-Century America*. Baltimore, MD: Johns Hopkins University Press.

Manx National Heritage. 2015. The Great Laxey Wheel. http://www.manxnationalheritage.im/attractions/laxey-wheel.

Marchetti, C. 1986. Fifty-year pulsation in human affairs. *Futures* 18:376–388.

Marder, T. A., and M. W. Jones. 2015. *The Pantheon: From Antiquity to the Present*. Cambridge: Cambridge University Press.

Mark, J. 1985. Changes in the British brewing industry in the twentieth century. In *Diet and Health in Modern Britain*, ed. D. J. Oddy and D. P. Miller, 81–101. London: Croom Helm.

Marlowe, F. W. 2005. Hunter-gatherers and human evolution. *Evolutionary Anthropology* 14:54–67.

Marshall, R. 1993. *Storm from the East: From Genghis Khan to Khublai Khan*. Berkeley: University of California Press.

Martin, C., and G. Parker. 1988. *The Spanish Armada*. London: Hamish Hamilton.

Martin, P. S. 1958. Pleistocene ecology and biogeography of North America. *Zoogeography* 151:375–420.

Martin, P. S. 2005. *Twilight of the Mammoths*. Berkeley: University of California Press.

Martin, T. C. 1922. *Forty Years of Edison Service, 1882–1922: Outlining the Growth and Development of the Edison System in New York City*. New York: New York Edison Company.

Mason, S. L. R. 2000. Fire and Mesolithic subsistence: Managing oaks for acorns in northwest Europe? *Palaeogeography, Palaeoclimatology, Palaeoecology* 164:139–150.

Mauthner, F., and W. Weiss. 2014. *Solar Heat Worldwide 2012*. Paris: IEA.

Maxton, G. P., and J. Wormald. 2004. *Time for a Model Change: Re-engineering the Global Automotive Industry*. Cambridge: Cambridge University Press.

Maxwell, J. C. 1865. A dynamical theory of the electromagnetic field. *Philosophical Transactions of the Royal Society of London* 155:459–512.

May, G. S. 1975. *A Most Unique Machine: The Michigan Origins of the American Automobile Industry*. Grand Rapids, MI: William B. Eerdmans Publishing.

May, T. 2013. *The Mongol Conquests in World History*. London: Reaktion Books.

Mayhew, H., and J. Binny. 1862. *The Criminal Prisons of London: And Scenes of Prison Life*. London: Griffin, Bohn, and Co.

Mays, L. W., ed. 2010. *Ancient Water Technologies*. Berlin: Springer.

Mays, L. W., and Y. Gorokhovich. 2010. Water technology in the ancient American societies. In *Ancient Water Technologies*, ed. L. W. Mays, 171–200. Berlin: Springer.

Mazoyer, M., and L. Roudart. 2006. *A History of World Agriculture: From the Neolithic Age to the Current Crisis*. New York: Monthly Review Press.

502 Referências

McCalley, B. 1994. *Model T Ford: The Car That Changed the World*. Iola, WI: Krause Publications.

McCartney, A. P., ed. 1995. *Hunting the Largest Animals: Native Whaling in the Western Arctic and Subarctic*. Studies in Whaling 3. Edmonton, AB: Canadian Circumpolar Institute.

McCloy, S. T. 1952. *French Inventions of the Eighteenth Century*. Lexington: University of Kentucky Press.

McCullough, D. 2015. *The Wright Brothers*. New York: Simon & Schuster.

McDougall, I., F. H. Brown, and J. G. Fleagle. 2005. Stratigraphic placement and age of modern humans from Kibish, Ethiopia. *Nature* 433:733–736.

McGranahan, G., and F. Murray, eds. 2003. *Air Pollution and Health in Rapidly Developing Countries*. London: Routledge.

McHenry, H. M., and K. Coffing. 2000. *Australopithecus* to *Homo*: Transformations in body and mind. *Annual Review of Anthropology* 29:125–146.

McKeown, T. 1976. *The Modern Rise of Population*. London: Arnold.

McNeill, J. R. 2001. *Something New Under the Sun: An Environmental History of the Twentieth-Century*. New York: W. W. Norton.

McNeill, W. H. 1980. *The Human Condition*. Princeton, NJ: Princeton University Press.

McNeill, W. H. 1989. *The Age of Gunpowder Empires, 1450–1800*. Washington, DC: American Historical Association.

McNeill, W. H. 2005. *Berkshire Encyclopedia of World History 5 Volumes*. Great Barrington, MA: Berkshire Publishing.

McShane, C., and J. A. Tarr. 2007. *The Horse in the City*. Baltimore, MD: Johns Hopkins University Press.

Medeiros, L. C., et al. 2001. *Nutritional Content of Game Meat*. Laramie: University of Wyoming. http://www.wyomingextension.org/agpubs/pubs/B920R.pdf.

Meldrum, R. A., and C. E. Hilton, eds. 2004. *From Biped to Strider: The Emergence of Modern Human Walking, Running, and Resource Transport*. Berlin: Springer.

Mellars, P. A. 1985. The ecological basis of social complexity in the Upper Paleolithic of Southwestern France. In *Prehistoric Hunter-Gatherers*, ed. T. D. Price and J. A. Brown, 271–297. Orlando, FL: Academic Press.

Mellars, P. 2006. Why did modern human populations disperse from Africa ca. 60000 years ago? A new model. *Proceedings of the National Academy of Sciences of the United States of America* 103:9381–9386.

Referências **503**

Melosi, M. V. 1982. Energy transition in the nineteenth-century economy. In *Energy and Transport*, ed. G. H. Daniels and M. H. Rose, 55–67. Beverly Hills, CA: Sage Publications.

Melville, H. 1851. *Moby-Dick or the Whale*. New York: Harper & Brothers.

Mendels, F. F. 1972. Proto-industrialization: The first phase of the industrialization process. *Journal of Economic History* 32:241–261.

Mendelssohn, K. 1974. *The Riddle of the Pyramids*. London: Thames and Hudson. Mensch, Gerhard. 1979. *Stalemate in Technology*. Cambridge, MA: Ballinger.

Mercer, D. 2006. *The Telephone: The Life Story of a Technology*. New York: Greenwood Publishing Group.

Merrill, A. L., and B. K. Watt. 1973. *Energy Value of Foods: Basis and Derivation*. Washington, DC: United States Department of Agriculture.

Meyer, J. H. 1975. *Kraft aus Wasser: Vom Wasserrad zur Pumpturbine*. Innertkirchen: Kraftwerke Oberhasli.

Mill, J. S. 1913. *The Panama Canal. A History and Description of the Enterprise*. New York: Sully & Kleinteich.

Minchinton, W. 1980. Wind power. *History Today* 30 (3): 31–36.

Minchinton, W., and P. Meigs. 1980. Power from the sea. *History Today* 30 (3): 42–46.

Minetti, A. E. 2003. Efficiency of equine express postal systems. *Nature* 426: 785–786.

Minetti, A. E., et al. 2002. Energy cost of walking and running at extreme uphill and downhill slopes. *Journal of Applied Physiology* 93:1039–1046.

Mir-Babaev, M. F. 2004. *Kratkaia khronologiia istorii azerbaidzhanskogo neftiianogo dela*. Baku: Sabakh.

Mitchell, W. A. 1931. *Outlines of the World's Military History*. Harrisburg, PA: Military Service Publishing.

mobiForge. 2015. Global mobile statistics 2014. https://mobiforge.com/research-analysis/global-mobile-statistics-2014-part-a-mobile-subscribers-handset-market-share-mobile--operators.

Mokyr, J. 1976. *Industrialization in the Low Countries, 1795–1850*. New Haven, CT: Yale University Press.

Mokyr, J. 2002. *The Gifts of Athena: Historical Origins of the Knowledge Economy*. Princeton, NJ: Princeton University Prss.

Mokyr, J. 2009. *The Enlightened Economy: An Economic History of Britain 1700–1850*. New Haven, CT: Yale University Press.

504 Referências

Molenaar, A. 1956. *Water Lifting Devices for Irrigation*. Rome: FAO.

Moore, G. 1965. Cramming more components onto integrated circuits. *Electronics* 38 (8): 114–117.

Moore, G. E. 1975. Progress in digital integrated electronics. *Technical Digest, IEEE International Electron Devices Meeting*, 11–13.

Morgan, R. 1984. *Farm Tools, Implements, and Machines in Britain: Pre-history to 1945*. Reading: University of Reading and the British Agricultural History Society.

Moritz, L. A. 1958. *Grain-Mills and Flour in Classical Antiquity*. Oxford: Clarendon Press.

Moritz, M. 1984. *The Little Kingdom: The Private Story of Apple Computer*. New York: W. Morrow.

Morrison, J. S., and J. F. Coates. 1986. *The Athenian Trireme*. Cambridge: Cambridge University Press.

Morrison, J. S., J. F. Coates, and B. Rankov. 2000. *The Athenian Trireme: The History and Reconstruction of an Ancient Greek Warship*. Cambridge: Cambridge University Press.

Morrison, J. S., and R. Gardiner, eds. 1995. *The Age of the Galley: Mediterranean Oared Vessels since Pre-Classical Times*. London: Conway Maritime.

Morton, H. 1975. *The Wind Commands: Sailors and Sailing Ships in the Pacific*. Vancouver: University of British Columbia Press.

Mozley, J. H. 1928. *Statius. Silvae: Thebaid I–IV*. London: William Heinemann.

Mukerji, C. 1981. *From Graven Images: Patterns of Modern Materialism*. New York: Columbia University Press.

Muldrew, C. 2011. *Food, Energy and the Creation of Industriousness: Work and Material Culture in Agrarian England, 1550–1780*. Cambridge: Cambridge University Press.

Muller, G., and K. Kauppert. 2004. Performance characteristics of water wheels. *Journal of Hydraulic Research* 42:451–460.

Müller, I. 2007. *A History of Thermodynamics: The Doctrine of Energy and Entropy*. Berlin: Springer.

Müller, W. 1939. *Die Wasserräder*. Detmold: Moritz Schäfer.

Mumford, L. 1934. *Technics and Civilization*. New York: Harcourt, Brace & Company.

Mumford, L. 1961. *The City in History: Its Origins, Its Transformations, and Its Prospects*. New York: Harcourt, Brace & World.

Mumford, L. 1967. *Technics and Human Development*. New York: Harcourt, Brace & World.

Mundlak, Y. 2005. Economic growth: Lessons from two centuries of American agriculture. *Journal of Economic Literature* 43:989–1024.

Murdock, G. P. 1967. Ethnographic atlas. *Ethnology* 6:109–236.

Murphy, D. J. 2007. *People, Plants, and Genes: The Story of Crops and Humanity*. Oxford: Oxford University Press.

Murphy, D. J., and C. A. S. Hall. 2010. EROI or energy return on (energy) invested. *Annals of the New York Academy of Sciences* 1185:102–118.

Murra, J. V. 1980. *The Economic Organization of the Inka State*. Greenwood, CT: JAO Press.

Mushet, D. 1804. Experiments on wootz or Indian steel. *Philosophical Transactions of the Royal Society of London. Series A, Mathematical and Physical Sciences* 95:175.

Mushrush, G. W., et al. 2000. Use of surplus napalm as an energy source. *Energy Sources* 22:147–155.

Mussatti, D. C. 1998. *Coke Ovens: Industry Profile*. Research Triangle Park, NC: U.S. Environmental Protection Agency.

Musson, A. E. 1978. *The Growth of British Industry*. New York: Holmes & Meier.

Nagata, T. 2014. *Japan's Policy on Energy Conservation*. Tokyo: Ministry of Economy, Trade and Industry. http://www.meti.go.jp/english/policy/energy_environment/.

Napier, J. R. 1970. *The Roots of Mankind*. Washington, DC: Smithsonian Institution Press.

National Coal Mining Museum. 2015. *National Coal Mining Museum for England*. https://www.ncm.org.uk.

National Geographic Society. 2001. Pearl Harbor ships and planes. http://www.nationalgeographic.com/pearlharbor/history/pearlharbor_facts.html.

Naville, E. 1908. *The Temple of Deir el Bahari. Part VI*. London: The Egyptian Exploration Fund.

Needham, J. 1964. *The Development of Iron and Steel in China*. London: The Newcomen Society.

Needham, J. 1965. *Science and Civilisation in China*. Vol. 4, Part II. *Physics and Physical Technology*. Cambridge: Cambridge University Press.

Needham, J. et al. 1954–2015. *Science and Civilisation in China*. 7 volumes. Cambridge: Cambridge University Press.

Needham, J., et al. 1971. *Science and Civilisation in China*. Vol. 4, Part III. *Civil Engineering and Nautics*. Cambridge: Cambridge University Press.

506 Referências

Needham, J., et al. 1986. *Science and Civilisation in China*. Vol. 5, Part VII. *Military Technology: The Gunpowder Epic*. Cambridge: Cambridge University Press.

Nef, J. U. 1932. *The Rise of the British Coal Industry*. London: G. Routledge.

Nelson, W. H. 1998. *Small Wonder: The Amazing Story of the Volkswagen Beetle*. Cambridge, MA: Robert Bentley.

Nesbitt, M., and G. Prance. 2005. *The Cultural History of Plants*. London: Taylor & Francis.

Newhall, B. 1982. *The History of Photography: From 1839 to the Present*. New York: Museum of Modern Art.

Newitt, M. 2005. *A History of Portuguese Overseas Expansion, 1400–1668*. London: Routledge.

Nicholson, J. 1825. *Operative Mechanic, and British Machinist*. London: Knight and Lacey.

Niel, F. 1961. *Dolmens et menhirs*. Paris: Presses Universitaires de France.

Nishiyama, M., and G. Groemer. 1997. *Edo Culture: Daily Life and Diversions in Urban Japan, 1600–1868*. Honolulu: University of Hawaii Press.

NOAA. 2015. Trends in atmospheric carbon dioxide. ftp://aftp.cmdl.noaa.gov/products/trends/co2/co2_annmean_mlo.txt.

Noelker, K., and J. Ruether. 2011. Low energy consumption ammonia production: Baseline energy consumption, options for energy optimization. Nitrogen + Syngas Conference 2011, Düsseldorf. http://www.thyssenkrupp-industrial-solutions.com/fileadmin/documents/publications/Nitrogen-Syngas-2011/Low_Energy_Consumption_Ammonia_Production_2011_paper.pdf.

Noguchi, Tatsuo, and Toshishige Fujii. 2000. Minimizing the effect of natural disasters. *Japan Railway & Transport Review* 23:52–59.

Nordhaus, W. D. 1998. *Do Real-Output and Real-Wage Measures Capture Reality? The History of Lighting Suggests Not*. New Haven, CT: Cowles Foundation for Research in Economics at Yale University.

Norenzayan, A. 2013. *Big Gods: How Religion Transformed Cooperation and Conflict*. Princeton, NJ: Princeton University Press.

Norgan, N. G., et al. 1974. The energy and nutrient intake and the energy expenditure of 204 New Guinean adults. *Philosophical Transactions of the Royal Society of London. Series B, Biological Sciences* 268:309–348.

Norris, J. 2003. *Early Gunpowder Artillery: 1300–1600*. Marlborough: Crowood Press.

Referências **507**

North American Electric Reliability Corporation. 2015. *State of Reliability 2015*. http://www.nerc.com/pa/RAPA/PA/Performance%20Analysis%20DL/2015%20 State%20of%20 Reliability.pdf.

Noyce, Robert N. 1961. *Semiconductor Device-and-Lead Structure*. U.S. Patent 2,981,877, April 25, 1961. Washington, DC: USPTO.

Nutrition Value. 2015. Nutrition value. http://www.nutritionvalue.org.

Nye, D. E. 1992. *Electrifying America: Social Meaning of a New Technology*. Cambridge, MA: MIT Press.

Nye, D. E. 2013. *America's Assembly Line*. Cambridge, MA: MIT Press.

Oberg, E., et al. 2012. *Machinery's Handbook*, 29th ed. South Norwalk, CT: Industrial Press.

O'Brien, P., ed. 1983. *Railways and the Economic Development of Western Europe, 1830–1914*. New York: St. Martin's Press.

Odend'hal, S. 1972. Energetics of Indian cattle in their environment. *Human Ecology* 1:3–22.

Odum, H. T. 1971. *Environment, Power, and Society*. New York: Wiley-Interscience.

Okigbo, B. N. 1984. *Improved Production Systems as an Alternative to Shifting Cultivation*. Rome: FAO.

Oklahoma State University. 2015. Horses. http://www.ansi.okstate.edu/breeds/horses.

Oleson, J. P. 1984. *Greek and Roman Mechanical Water-Lifting Devices: The History of a Technology*. Toronto: University of Toronto Press.

Oleson, J. P., ed. 2008. *The Oxford Handbook of Engineering and Technology in the Classical World*. Oxford: Oxford University Press.

Oliveira, A. R. E. 2014. *A History of the Work Concept: From Physics to Economics*. Dordrecht: Springer.

Olivier, J. G. J. 2014. *Trends in Global CO2 Emissions: 2014 Report*. The Hague: Netherlands Environmental Assessment Agency. http://edgar.jrc.ec.europa.eu/news_docs/ jrc-2014--trends-in-global-co2-emissions-2014-report-93171.pdf.

Olson, M. 1982. *The Rise and Fall of Nations*. New Haven, CT: Yale University Press.

Olsson, F. 2007. *Järnhanteringens dynamic: Produktion, lokalisering och agglomerationer i Bergslagen och Mellansverige 1368–1910*. Umeå: Umeå Studies in Economic History.

Olsson, M., and P. Svensson, eds. 2011. *Growth and Stagnation in European Historical Agriculture*. Turnhout: Brepols.

508 Referências

Ohno, T. 1988. *Toyota Production System: Beyond Large-Scale Production*. Cambridge, MA: Productivity Press.

OPEC (Organization of Petroleum Exporting Countries). 2015. Who gets what from imported oil? http://www.opec.org/opec_web/en/publications/341.htm.

Orme, B. 1977. The advantages of agriculture. In *Hunters, Gatherers and First Farmers beyond Europe*, ed. J. V. S. Megaw, 41–49. Leicester: Leicester University Press.

Orwell, G. 1937. *The Road to Wigan Pier*. London: Victor Gollancz.

Osirisnet. 2015. Djehutyhotep. http://www.osirisnet.net/tombes/el_bersheh/djehoutyhotep/e_djehoutyhotep_02.htm.

Ostwald, W. 1912. *Der energetische Imperativ* . Leipzing: Akademische Verlagsgesselschaft.

Outram, A. K., et al. 2009. The earliest horse harnessing and milking. *Science* 323:1332–1335.

Ovitt, G. 1987. *The Restoration of Perfection: Labor and Technology in Medieval Culture*. New Brunswick, NJ: Rutgers University Press.

Owen, D. 2004. *Copies in Seconds*. New York: Simon and Schuster.

Pacey, A. 1990. *Technology in World Civilization*. Cambridge, MA: MIT Press.

Palgrave Macmillan, ed. 2013. *International Historical Statistics*. London: Palgrave Macmillan; http://www.palgraveconnect.com/pc/connect/archives/ihs.html.

Pan, W., et al. 2013. Urban characteristics attributable to density-driven tie formation. *Nature Communications.* http://hdl.handle.net/1721.1/92362.

Park, J., and T. Rehren. 2011. Large-scale 2nd and 3rd century AD bloomery iron smelting in Korea. *Journal of Archaeological Science* 38:1180–1190.

Parker, G. 1996. *The Military Revolution: Military Innovation and the Rise of the West, 1500–1800*. Cambridge: Cambridge University Press.

Parker, G., ed. 2005. *The Cambridge History of Warfare*. Cambridge: Cambridge University Press.

Parris, H. S., M.-C. Daunay, and J. Janick. 2012. Occidental diffusion of cucumber (*Cucumis sativus*) 500–1300 CE: Two routes to Europe. *Annals of Botany* 109: 117–126.

Parrott, A. 1955. *The Tower of Babel*. London: SCM Press.

Parsons, J. T. 1976. The role of chinampa agriculture in the food supply of Aztec Tenochtitlan. In *Cultural Change and Continuity*, ed. C. Clelland, 233–257. New York: Academic Press.

Parsons, R. H. 1936. *The Development of Parsons Steam Turbine*. London: Constable & Co.

Patton, P. 2004. *Bug: The Strange Mutations of the World's Most Famous Automobile*. Cambridge, MA: Da Capo Press.

Patwhardan, S. 1973. *Change among India's Harijans*. New Delhi: Orient Longman.

Pearson, P. J. G., and T. J. Foxon. 2012. A low carbon industrial revolution? Insights and challenges from past technological and economic transformations. *Energy Policy* 50:117–127.

Pentzer, W. T. 1966. The giant job of refrigeration. In *USDA Yearbook*, 123–138. Washington, DC: USDA.

Perdue, P. C. 1987. *Exhausting the Earth: State and Peasant in Hunan, 1500–1850*. Cambridge, MA: Harvard University Press.

Perdue, P. C. 2005. *China Marches West: The Qing Conquest of Central Asia*. Cambridge, MA: Belknap Press of Harvard University Press.

Perkins, D. S. 1969. *Agricultural Development in China, 1368–1968*. Chicago: University of Chicago Press.

Perkins, S. 2013. Earth is only just within the Sun's habitable zone. *Nature*. doi:10.1038/nature.2013.14353.

Perlin, J. 2005. *Forest Journey: The Story of Wood and Civilization*. Woodstock, VT: Countryman Press.

Perrodon, A. 1985. *Histoire des Grandes Decouvertes Petrolieres*. Paris: Elf Aquitaine. Pessaroff, N. 2002. An electric idea. … Edison's electric pen. *Pen World International* 15 (5): 1–4.

Pétillon, J.-M., et al. 2011. Hard core and cutting edge: Experimental manufacture and use of Magdalenian composite projectile tips. *Journal of Archaeological Science* 38:1266–1283.

Petroski, H. 1993. On dating inventions. *American Scientist* 81:314–318. Petroski, H. 2011. Moving obelisks. *American Scientist* 99:448–451.

Pfau, T., et al. 2009. Modern riding style improves horse racing times. *Science* 325:289–291.

Phocaides, A. 2007. *Handbook on Pressurized Irrigation Techniques*. Rome: FAO. Piggott, S. 1983. *The Earliest Wheeled Transport*. Ithaca, NY: Cornell University Press.

Pimentel, D., ed. 1980. *Handbook of Energy Utilization in Agriculture*. Boca Raton, FL: CRC Press.

Pinhasi, R., J. Fort, and A. J. Ammerman. 2005. Tracing the origin and spread of agriculture in Europe. *PLoS Biology* 3:2220–2228.

PISA. 2015. PISA 2012 Results. http://www.oecd.org/pisa/keyfindings/pisa-2012-results.htm.

510 Referências

Plutarch. 1961. *Plutarch's Lives.* Trans. B. Perrin. Cambridge, MA: Harvard University Press.

Pobiner, B. L. 2015. New actualistic data on the ecology and energetics of hominin scavenging opportunities. *Journal of Human Evolution* 80:1–16.

Pogue, S. 2012. Use it better: The worst tech predictions of all time. *Scientific American* http://www.scientificamerican.com/article/pogue-all-time-worst-tech-predictions.

Polimeni, J. M., et al. 2008. *The Jevons Paradox and the Myth of Resource Efficiency Improvements.* London: Earthscan.

Polmar, N. 2006. *Aircraft Carriers: A History of Carrier Aviation and Its Influence on World Events.* Vol. 1., *1909–1945.* Lincoln, NB: Potomac Press.

Polmar, N., and T. B. Allen. 1982. *Rickover: Controversy and Genius.* New York: Simon and Schuster.

Pomeranz, K. 2002. Political economy and ecology on the eve of industrialization: Europe, China, and the global conjuncture. *American Historical Review* 107:425–446.

Ponting, C. 2007. *A New Green History of the World: The Environment and the Collapse of Great Civilizations.* New York: Penguin Books.

Pope, F. L. 1894. *Evolution of the Electric Incandescent Lamp.* New York: Boschen & Wefer.

Pope, S. T. 1923. A study of bows and arrows. *University of California Publications in American Archaeology and Ethnology* 13:329–414.

Prager, F. D., and G. Scaglia. 1970. *Brunelleschi: Studies of His Technology and Inventions.* Cambridge, MA: MIT Press.

Pratap, A., and J. Kumar. 2011. *Biology and Breeding of Food Legumes.* Wallingford: CAB.

Price, T. 1991. The Mesolithic of Northern Europe. *Annual Review of Anthropology* 20:211–233.

Price, T. D., and O. Bar-Yosef. 2011. The origins of agriculture: New data, new ideas. *Current Anthropology* 52 (Supplement): S163–S174.

Prigogine, I. 1947. *Étude thermodynamique des phenomenes irreversibles.* Paris: Dunod.

Prigogine, I. 1961. *Introduction to Thermodynamics of Irreversible Processes.* New York: Interscience.

Prost, Antoine. 1991. Public and private spheres in France. In *A History of Private Life,* vol. 5, ed. Antoine Prost and Gérard Vincent., 1–103. Cambridge, MA: Belknap Press of Harvard University Press.

Protzen, J.-P. 1993. *Inca Architecture and Construction at Ollantaytambo.* Oxford: Oxford University Press.

Referências **511**

Pryor, F. L. 1983. Causal theories about the origin of agriculture. *Research in Economic History* 8:93–124.

Pryor, A. J. E., et al. 2013. Plant foods in the Upper Palaeolithic at Dolní Vestonice? Parenchyma redux. *Antiquity* 87 (338): 971–984.

Quick, D. 2012. World record 1,626 miles on one tank of diesel. http://www.gizmag.com/tank-diesel-distance-world-record/22488.

Raepsaet, G. 2008. Land transport, part 2: Riding, harnesses, and vehicles. In *The Oxford Handbook of Engineering and Technology in the Classical World*, ed. J. P. Oleson, 580–605. Oxford: Oxford University Press.

Rafiqul, I., et al. 2005. Energy efficiency improvements in ammonia production: Perspectives and uncertainties. *Energy* 30:2487–2504.

Raghavan, B., and J. Ma. 2011. The energy and emergy of the Internet. *Hotnets '11*: 1–6. http://www1.icsi.berkeley.edu/~barath/papers/emergy-hotnets11.pdf.

Ramelli, A. 1976 (1588). *Le diverse et artificiose machine.* Trans. M. Teach Gnudi. Baltimore, MD: Johns Hopkins University Press.

Ranaweera, M. P. 2004. Ancient stupas in Sri Lanka: Largest brick structure sin the world. *Construction History Society Newsletter* 70:1–19.

Rankine, W. J. M. 1866. *Useful Rules and Tables Relating to Mensuration, Engineering Structures and Machines.* London: G. Griffin & Co.

Rapoport, B. I. 2010. Metabolic factors limiting performance in marathon runners. *PLoS Computational Biology* 6:1–13.

Rappaport, R. A. 1968. *Pigs for the Ancestors.* New Haven, CT: Yale University Press.

Ratcliffe, M. 1985. *Liquid Gold Ships: A History of the Tanker, 1859–1984.* London: Lloyd's of London Press.

Rea, M. S., ed. 2000. *IESNA Handbook.* New York: Illuminating Engineering Society of North America.

Reader, J. 2008. *Propitious Esculent: The Potato in World History.* New York: Random House.

Recht, R. 2008. *Believing and Seeing: The Art of Gothic Cathedrals.* Chicago: University of Chicago Press.

Reid, T. R. 2001. *The Chip: How Two Americans Invented the Microchip and Launched a Revolution.* New York: Simon and Schuster.

REN21. 2016. *Renewables 2016 Global Status Report.* Paris: REN21. http://www.ren21.net/wp-content/uploads/2016/06/GSR_2016_KeyFindings1.pdf.

512 Referências

Revel, J. 1979. Capital city's privileges: Food supply in early-modern Rome. In *Food and Drink in History*, ed. R. Foster and O. Ranum, 37–49. Baltimore, MD: Johns Hopkins University Press.

Revelle, R., and H. E. Suess. 1957. Carbon dioxide exchange between atmosphere and ocean and the question of an increase of atmospheric CO_2 during the past decades. *Tellus* 9:18–27.

Reynolds, J. 1970. *Windmills and Watermills*. London: Hugh Evelyn.

Reynolds, S. C., and A. Gallagher, eds. 2012. *African Genesis: Perspectives on Hominin Evolution*. Cambridge: Cambridge University Press.

Reynolds, T. S. 1979. Scientific influences on technology: The case of the overshot waterwheel, 1752–1754. *Technology and Culture* 20:270–295.

Reynolds, T. S. 1983. *Stronger Than a Hundred Men: A History of the Vertical Water Wheel*. Baltimore, MD: Johns Hopkins University Press.

Rhodes, J. A., and S. E. Churchill. 2009. Throwing in the Middle and Upper Paleolithic: inferences from an analysis of humeral retroversion. *Journal of Human Evolution* 56:1–10.

Ricci, M. 2014. *Il genio di Brunelleschi e la costruzione della Cupola di Santa Maria del Fiore*. Livorno: Casa Editrice Sillabe.

Richerson, P.J., R. Boyd, and R. L. Bettinger. 2001. Was agriculture impossible during the Pleistocene but mandatory during the Holocene? A climate change hypothesis. *American Antiquity* 66:387–411.

Richmond, B. G., et al. 2001. Origin of human bipedalism: The knuckle-walking hypothesis revisited. *Yearbook of Physical Anthropology* 44:71–105.

Rickman, G. E. 1980. The grain trade under the Roman Empire. *Memoirs from the American Academy in Rome* 36:261–276.

Riehl, S., M. Zeidi, and N. J. Conard. 2013. Emergence of agriculture in the foothills of the Zagros Mountains of Iran. *Science* 341:65–67.

Righter, R. W. 2008. *Wind Energy in America: A History*. Norman: University of Oklahoma Press.

Rindos, D. 1984. *The Origins of Agriculture: An Evolutionary Perspective*. Orlando, FL: Academic Press.

Robson, G. 1983. *Magnificent Mercedes: The History of the Marque*. New York: Bonanza Books.

Roche, D. 2000. *A History of Everyday Things: The Birth of Consumption in France, 1600–1800*. Cambridge: Cambridge University Press.

Referências **513**

Rockström, J., et al. 2009. A safe operating space for humanity. *Nature* 461:472– 475.

Rogin, L. 1931. *The Introduction of Farm Machinery*. Berkeley: University of California Press.

Rollins, A. 1983. *The Fall of Rome: A Reference Guide*. Jefferson, NC: McFarland & Co.

Rolt, L.T.C. 1963. *Thomas Newcomen: The Prehistory of the Steam Engine*. Dawlish: David and Charles.

Rose, D. J. 1974. Nuclear eclectic power. *Science* 184:351–359.

Rosen, W. 2012. *The Most Powerful Idea in the World: The Story of Steam, Industry, and Invention*. Chicago: University of Chicago Press.

Rosenberg, N. 1975. America's rise to woodworking leadership. In *America's Wooden Age: Aspects of Its Early Technology*, ed. B. Hindle, 37–62. Tarrytown, PA: Sleepy Hollow Restorations.

Rosenberg, N., and L. E. Birdzell. 1986. *How the West Grew Rich: The Economic Transformation of the Industrial World*. New York: Basic Books.

Rosenblum, N. 1997. *A World History of Photography*. New York: Abbeville Press.

Rostow, W. W. 1965. *The Stages of Economic Growth*. Cambridge: Cambridge University Press.

Rostow, W. W. 1971. *The Stages of Economic Growth: A Non-Communist Manifesto*. Cambridge: Cambridge University Press.

Rothenberg, B., and F. G. Palomero. 1986. The Rio Tinto enigma—no more. *IAMS* 8:1–6. https://www.ucl.ac.uk/iams/newsletter/accordion/journals/iams_08/iams_8_1986_rothenberg_palomero.

Rouse, J. E. 1970. *World Cattle*. Norman: University of Oklahoma Press.

Rousmaniere, P., and N. Raj. 2007. Shipbreaking in the developing world: Problems and prospects. *International Journal of Occupational and Environmental Health* 13:359–368.

Rowland, F. S. 1989. Chlorofluorocarbons and the depletion of stratospheric ozone. *American Scientist* 77:36–45.

Rubio, M., and M. Folchi. 2012. Will small energy consumers be faster in transition? Evidence form early shift from coal to oil in Latin America. *Energy Policy* 50:50–61.

Ruddle, K., and G. Zhong. 1988. *Integrated Agriculture-Aquaculture in South China*. Cambridge: Cambridge University Press.

514 Referências

Ruff, C. B., et al. 2015. Gradual decline in mobility with the adoption of food production in Europe. *Proceedings of the National Academy of Sciences of the United States of America* 112:7147–7152.

RWEDP (Regional Wood Energy Development Programme in Asia). 1997. *Regional Study of Wood Energy Today and Tomorrow*. Rome: FAO-RWEDP. http://www.rwedp.org/fd50.html.

Ryder, H. W., H. J. Carr, and P. Herget. 1976. Future performance in footracing. *Scientific American* 224 (6): 109–119.

Sagui, C. L. 1948. Le meunerie de Barbegal (France) et les roués hydrauliques les ancients et au moyen âge. *Isis* 38:225–231.

Sahlins, M. 1972. *Stone Age Economics*. Chicago: Aldine.

Salkield, L. U. 1970. Ancient slags in the wouth west of the Iberian Peninsula. Paper presented at the Sixth International Mining Congress, Madrid, June 1970.

Salzman, P. C. 2004. *Pastoralists: Equality, Hierarchy, and the State*. Boulder, CO: Westview Press.

Samedov, V. A. 1988. *Neft' i ekonomika Rossii: 80–90e gody XIX veka*. Baku: Elm.

Sanders, W. T., J. R. Parsons, and R. S. Santley. 1979. *The Basin of Mexico: Ecological Processes in the Evolution of a Civilization*. New York: Academic Press.

Sanz, M., J. Call, and C. Boesch, eds. 2013. *Tool Use in Animals: Cognition and Ecology*. Cambridge: Cambridge University Press.

Sarkar, D. 2015. *Thermal Power Plant: Design and Operation*. Amsterdam: Elsevier.

Sasada, T., and A. Chunag. 2014. Irom smelting in the nomadic empire of Xiongnu in ancient Mongolia. *ISIJ International* 54:1017–1023.

Savage, C. I. 1959. *An Economic History of Transport*. London: Hutchinson. Schlebecker, J. T. 1975. *Whereby We Thrive*. Ames: Iowa State University Press.

Schmidt, M. J. 1996. Working elephants. *Scientific American* 274 (1): 82–87.

Schmidt, P., and D. H. Avery. 1978. Complex iron smelting and prehistoric culture in Tanzania. *Science* 201:1085–1089.

Schobert, H. H. 2014. *Energy and Society: An Introduction*. Boca Raton, FL: CRC Press.

Schram, W. D. 2014. Greek and Roman Siphons. http://www.romanaqueducts.info/siphons/siphons.htm.

Schumpeter, J. A. 1939. *Business Cycle: A Theoretical and Statistical Analysis of the Capitalist Processes*. New York: McGraw-Hill.

Schurr, S. H., and B. C. Netschert. 1960. *Energy in the American Economy 1850–1975*. Baltimore, MD: Johns Hopkins University Press.

Schurr, S. H., et al. 1990. *Electricity in the American Economy: Agent of Technological Progress*. New York: Greenwood Press.

Schurz, W. L. 1939. *The Manila Galleon*. New York: E. P. Dutton.

Scott, D. A. 2002. *Copper and Bronze in Art: Corrosion, Colorants, Conservation*. Los Angeles: Getty Conservation Institute.

Scott, R. A. 2011. *Gothic Enterprise A Guide to Understanding the Medieval Cathedral*. Berkeley: University of California Press.

Seaborg, G. T. 1972. Opening Address. In *Peaceful Uses of Atomic Energy: Proceedings of the Fourth International Conference on the Peaceful Uses of Atomic Energy*, 29–35. New York: United Nations.

Seavoy, R. E. 1986. *Famine in Peasant Societies*. New York: Greenwood Press.

Seebohm, M. E. 1927. *The Evolution of the English Farm*. London: Allen & Unwin.

comte de Ségur, P.-P. 1825. *History of the Expedition to Russia, Undertaken by Emperor Napoleon, in the Year 1812*. London: Treuttel and Würtz.

Self. 2015. Nuts, brazilnuts. Dried, unblanched. Self.com. http://nutritiondata.self.com/facts/nut-and-seed-products/3091/2.

Sellin, H. J. 1983. The large Roman water mill at Barbégal (France). *History and Technology* 8:91–109.

Senancour, E. P. 1901 (1804). *Obermann*. Trans. J. D. Frothingham. Cambridge: Riverside Press.

Sexton, A. H. 1897. *Fuel and Refractory Materials*. London: Vlackie and Son.

Sharma, R. 2012. *Wheat Cultivation Practices: With Special Reference to Nitrogen and Weed Management*. Saarbrücken: LAP Lambert Academic Publishing.

Shannon, C. E. 1948. A mathematical theory of communication. *Bell System Technical Journal* 27:379–423, 623–656.

Sheehan, G. W. 1985. Whaling as an organizing focus in Northwestern Eskimo society. In *Prehistoric Hunter-Gatherers*, ed. T. D. Price and J. A. Brown, 123–154. Orlando, FL: Academic Press.

Sheldon, C. D. 1958. *The Rise of the Merchant Class in Tokugawa Japan, 1600–1868: An Introductory Survey*. New York: J. J. Augustin.

Shen, T. H. 1951. *Agricultural Resources of China*. Ithaca, NY: Cornell University Press.

516 Referências

Shift Project. 2015. Redesigning Economy to Achieve Carbon Transition. http:// www. theshiftproject.org.

Shockley, W. 1964. Transistor technology evokes new physics. In *Nobel Lectures: Physics 1942–1962*, 344–374. Amsterdam: Elsevier.

Shulman, P. A. 2015. *Coal and Empire: The Birth of Energy Security in Industrial America*. Baltimore, MD: Johns Hopkins University Press.

Sieferle, R. P. 2001. *The Subterranean Forest*. Cambridge: White Horse Press.

Siemens, C. W. 1882. Electric lighting, the transmission of force by electricity. *Nature* 27:67–71.

Sierra-Macías, M., et al. 2010. Caracterización agronómica, calidad industrial y nutricional de maíz para el trópico mexicano. *Agronomía Mesoamericana* 21:21–29.

Sillitoe, P. 2002. Always been farmer-foragers? Hunting and gathering in the Papua New Guinea Highlands. *Anthropological Forum* 12:45–76.

Silver, C. 1976. *Guide to the Horses of the World*. Oxford: Elsevier Phaidon.

Simons, G. 2014. *Comet! The World's First Jet Airliner*. Barnsley: Pen and Sword Books.

Singer, C. et al., eds. 1954–1958. *A History of Technology*. 5 volumes. Oxford: Oxford University Press.

Singer, J. D., and M. Small. 1972. *The Wages of War 1816–1965: A Statistical Handbook*. New York: John Wiley.

Sinor, D. 1999. The Mongols in the West. *Journal of Asian History* 33:1–44.

Sittauer, H. L. 1972. *Gebändigte Explosionen*. Berlin: Transpress Verlag für Verkehrswesen.

Sitwell, N. H. 1981. *Roman Roads of Europe*. New York: St. Martin's Press.

Siuru, B. 1989. Horsepower to the people. *Mechanical Engineering (New York)* 111 (2): 42–46.

Skilton, C. P. 1947. *British Windmills and Watermills*. London: Collins.

Slicher van Bath, B. H. 1963. *The Agrarian History of Western Europe, A.D. 500–1850*. London: Arnold.

Smeaton, J. 1759. An experimental enquiry concerning the natural power of water and wind to turn mills, and other machines, depending on a circular motion. *Philosophical Transactions of the Royal Society of London* 51:100–174.

Smil, V. 1976. *China's Energy*. New York: Praeger. Smil, V. 1981. China's food. *Food Policy* 6:67–77.

Referências **517**

Smil, V. 1983. *Biomass Energies*. New York: Plenum Press.

Smil, V. 1985. *Carbon Nitrogen Sulfur: Human Interference in Grand Biospheric Cycles*. New York: Plenum Press.

Smil, V. 1987. *Energy Food Environment*. Oxford: Oxford University Press.

Smil, V. 1988. *Energy in China's Modernization*. Armonk, NY: M. E. Sharpe.

Smil, V. 1991. *General Energetics*. New York: John Wiley.

Smil, V. 1994. *Energy in World History*. Boulder, CO: Westview.

Smil, V. 1997. *Cycles of Life*. New York: Scientific American Library.

Smil, V. 2000a. Energy in the twentieth century: Resources, conversions, costs, uses, and consequences. *Annual Review of Energy and the Environment* 25:21–51.

Smil, V. 2000b. *Feeding the World*. Cambridge, MA: MIT Press.

Smil, V. 2000c. Jumbo. *Nature* 406:239.

Smil, V. 2001. *Enriching the Earth: Fritz Haber, Carl Bosch and the Transformation of World Food Production*. Cambridge, MA: MIT Press.

Smil, V. 2003. *Energy at the Crossroads: Global Perspectives and Uncertainties*. Cambridge, MA: MIT Press.

Smil, V. 2004. War and energy. In *Encyclopedia of Energy*, ed. C. Cleveland et al., vol. 6, 363–371. Amsterdam: Elsevier.

Smil, V. 2005. *Creating the Twentieth Century: Technical Innovations of 1867–1914 and Their Lasting Impact*. New York: Oxford University Press.

Smil, V. 2006. *Transforming the Twentieth Century: Technical Innovations and Their Consequences*. New York: Oxford University Press.

Smil, V. 2008a. *Energy in Nature and Society: General Energetics of Complex Systems*. Cambridge, MA: MIT Press.

Smil, V. 2008b. *Global Catastrophes and Trends*. Cambridge, MA: MIT Press.

Smil, V. 2008c. *Oil*. Oxford: Oneworld Press.

Smil, V. 2010a. *Energy Transitions: History, Requirements, Prospects*. Santa Barbara, CA: Praeger.

Smil, V. 2010b. *Prime Movers of Globalization: The History and Impact of Diesel Engines and Gas Turbines*. Cambridge: MIT Press.

Smil, V. 2010c. *Why America Is Not a New Rome*. Cambridge, MA: MIT Press.

518 Referências

Smil, V. 2013a. *Harvesting the Biosphere: What We Have Taken from Nature*. Cambridge, MA: MIT Press.

Smil, V. 2013b. Just how polluted is China, anyway? *The American*, January 31, 2013. http://www.vaclavsmil.com/wp-content/uploads/smail-article-20130131.pdf.

Smil, V. 2013c. *Made in the USA: The Rise and Retreat of American Manufacturing*. Cambridge, MA: MIT Press.

Smil, V. 2013d. *Should We Eat Meat?* Chichester: Wiley Blackwell.

Smil, V. 2014a. Fifty years of the *Shinkansen*. *Asia-Pacific Journal: Japan Focus*, December 1, 2014. http://www.vaclavsmil.com/wp-content/uploads/shinkansen.pdf.

Smil, V. 2014b. *Making the Modern World: Materials and Dematerialization*. Chichester: Wiley.

Smil, V. 2015a. *Natural Gas: Fuel for the 21st Century*. Chichester: Wiley.

Smil, V. 2015b. *Power Density: A Key to Understanding Energy Sources and Uses*. Cambridge, MA: MIT Press.

Smil, V. 2015c. Real price of oil. *IEEE Spectrum* 26 (October). http://www.vaclavsmil.com/wp-content/uploads/10.OIL_.pdf.

Smil, V. 2016. *Still the Iron Age: Iron and Steel in the Modern World*. Amsterdam: Elsevier.

Smith, K. 2013. *Biofuels, Air Pollution, and Health: A Global Review*. Berlin: Springer.

Smith, K. P., and A. Anilkumar. 2012. *Rice Farming*. Saarbrücken: Lambert Academic Publishing.

Smith, N. 1980. The origins of the water turbine. *Scientific American* 242 (1): 138–148.

Smith, P. C. 2015. *Mitsubishi Zero: Japan's Legendary Fighter*. Barnsley: Pen & Sword Books.

Smith, N. 1978. Roman hydraulic technology. *Scientific American* 238:154–161.

Smythe, R. H. 1967. *The Structure of the Horse*. London: J. A. Allen & Co.

Sobel, D. 1995. *Longitude: The True Story of a Lone Genius Who Solved the Greatest Scientific Problem of His Time*. New York: Penguin.

Sockol, M. D., D. A. Raichlen, and H. Pontzer. 2007. Chimpanzee locomotor energetics and the origin of human bipedalism. *Proceedings of the National Academy of Sciences of the United States of America* 104:12265–12269.

Soddy, F. 1933. *Money versus Man: A Statement of the World Problem from the Standpoint of the New Economics*. New York: E. P. Dutton.

Soedel, W., and V. Foley. 1979. Ancient catapults. *Scientific American* 240 (3): 150–160.

Referências **519**

Solomon, B. D., J. R. Barnes, and K. E. Halvorsen. 2007. Grain and cellulosic ethanol: History, economics, and energy policy. *Biomass and Bioenergy* 31:416–425.

Solomon, F., and R. Q. Marston, eds. 1986. *The Medical Implications of Nuclear War*. Washington, DC: National Academies Press.

Sørensen, B. 2011. *History of Energy: Northern Europe from the Stone Age to the Present Day*. London: Routledge.

Speer, A. 1970. *Inside the Third Reich: Memoirs*. New York: Macmillan.

Spence, K. 2000. Ancient Egyptian chronology and the astronomical orientation of pyramids. *Nature* 408:320–324.

Spencer, J. E. 1966. *Shifting Cultivation in Southeastern Asia*. Berkeley: University of California Press.

Spinardi, G. 2008. *From Polaris to Trident: The Development of US Fleet Ballistic Missile Technology*. Cambridge: Cambridge University Press.

Sponheimer, M., et al. 2013. Isotopic evidence of early hominin diets. *Proceedings of the National Academy of Sciences of the United States of America* 110:10513–10518.

Sprague, G. F., and J. W. Dudley, eds. 1988. *Corn and Corn Improvement*. Madison, WI: American Society of Agronomy.

Spring-Rice, M. 1939. *Working-Class Wives*. Hardmonsworth: Penguin.

Spruytte, J. 19837. *Études expérimentales sur l'attelage: Contribution à l'histoire du cheval*. Paris: Crépin-Lebond.

Stanhill, G. 1976. Trends and deviations in the yield of the English wheat crop during the last 750 years. *Agro-ecosystems* 3:1–10.

Stanley, W. 1912. Alternating-current development in America. *Journal of the Franklin Institute* 173:561–580.

Starbuck, A. 1878. *History of the American Whale Fishery*. Waltham, MA: A. Starbuck.

Stearns, P. N. 2012. *The Industrial Revolution in World History*. Boulder, CO: Westview Press.

Stern, D. I. 2004. Economic growth and energy. In *Encyclopedia of Energy*, ed. C. Cleveland et al., vol. 2, 35–51. Amsterdam: Elsevier.

Stern, D. I. 2010. *The Role of Energy in Economic Growth*. Canberra: Australian National University.

520 Referências

Stewart, I., D. De, and A. Cole. 2015. Technology and people: The great job-creating machine. Deloitte. http://www2.deloitte.com/uk/en/pages/finance/articles/technology-and--people.html.

Stockholm Resilience Center. 2015. The nine planetary boundaries. http://www.stockholmresilience.org/research/planetary-boundaries/planetary-boundaries/about-the-research/the-nine-planetary-boundaries.html.

Stockhuyzen, F. 1963. *The Dutch Windmill*. New York: Universe Books.

Stoltzenberg, D. 2004. *Fritz Haber: Chemist, Nobel Laureate, German, Jew*. Philadelphia: Chemical Heritage Press.

Stopford, M. 2009. *Maritime Economics*. London: Routledge.

Straker, E. 1969. *Wealden Iron*. New York: Augustus M. Kelley.

Strauss, L. L. 1954. Speech to the National Association of Science Writers, New York City, September 16. Cited in *New York Times*, September 17, 5.

Stross, R. E. 1996. *The Microsoft Way: The Real Story of How the Company Outsmarts its Competition*. Reading, MA: Addison-Wesley.

Subcommittee on Horse Nutrition. 1978. *Nutrient Requirements of Horses*. Washington, DC: NAS.

Sullivan, R. J. 1990. The revolution of ideas: Widespread patenting and invention during the English Industrial Revolution. *Journal of Economic History* 50:349–362.

Swade, D. 1991. *Charles Babbage and His Calculating Engines*. London: Science Museum.

Taeuber, I. B. 1958. *The Population of Japan*. Princeton, NJ: Princeton University Press.

Tainter, J. A. 1988. *The Collapse of Complex Societies*. New York: Cambridge University Press.

Takamatsu, N., et al. 2014. Steel recycling circuit in the world. *Tetsu To Hagane* 100:740–749.

Tanaka, Y. 1998. The cyclical sensibility of Edo-period Japan. *Japan Echo* 25 (2): 12–16.

Tata Steel. 2011. Tata Steel announces completion of 100 years of its A-F Blast Furnace's existence. http://www.tatasteel.com/UserNewsRoom/usershowcontent.asp?id=785&type=PressRelease&REFERER=http://www.tatasteel.com/media/press-release.asp.

Tate, K. 2009. America's Moon Rocket Saturn V. http://www.space.com/18422-apollo--saturn-v-moon-rocket-nasa-infographic.html.

Tauger, M. B. 2010. *Agriculture in World History*. London: Routledge.

Taylor, A. 2013. A luxury car club is stirring up class conflict in China. http://www.businessinsider.com/chinas-sports-car-club-envy-2013-4.

Taylor, C. F. 1984. *The Internal-Combustion Engine in Theory and Practice*. Cambridge, MA: MIT Press.

Taylor, G. R., ed. 1982. *The Inventions That Changed the World*. London: Reader's Digest Association.

Taylor, M. J. H., ed. 1989. *Jane's Encyclopedia of Aviation*. New York: Portland House.

Taylor, F. S. 1972. *A History of Industrial Chemistry*. New York: Arno Press.

Taylor, F. W. 1911. *Principles of Scientific Management*. New York: Harper & Brothers.

Taylor, N. A. S. 2006. Ethnic differences in thermoregulation: Genotypic versus phenotypic heat adaptation. *Journal of Thermal Biology* 31:90–104.

Taylor, N. A. S., and C. A. Machado-Moreira. 2013. Regional variations in transepidermal water loss, eccrine sweat gland density, sweat secretion rates and electrolyte composition in resting and exercising humans. *Extreme Physiology & Medicine* 2:1–29.

Taylor, R. 2007. The polemics of eating fish in Tasmania: The historical evidence revisited. *Aboriginal History* 31:1–26.

Taylor, T. S. 2009. *Introduction to Rocket Science and Engineering*. Boca Raton, FL: CRC Press.

Telleen, M. 1977. *The Draft Horse Primer*. Emmaus, PA: Rodale Press.

Termuehlen, H. 2001. *100 Years of Power Plant Development*. New York: ASME Press.

Tesla, N. 1888. *Electro-magnetic Motor. Specification forming part of Letters Patent No. 391,968, dated May 1, 1888*. Washington, DC: U.S. Patent Office. http://www.uspto.gov.

Testart, A. 1982. The significance of food storage among hunter-gatherers: Residence patterns, population densities, and social inequalities. *Current Anthropology* 23:523–537.

Thieme, H. 1997. Lower Paleolithic hunting spears from Germany. *Nature* 385:807–810.

Thomas, B. 1986. Was there an energy crisis in Great Britain in the 17th century? *Explorations in Economic History* 23:124–152.

Thomas Edison Papers. 2015. Edison's patents. http://edison.rutgers.edu/patents.htm.

Thompson, W. C. 2002. *Thompson Releases Report on Fiscal Impact of 9/11 on New York City*. New York: NYC Comptroller.

Thomsen, C. J. 1836. *Ledetraad til nordisk oldkyndighed*. Copenhagen: L. Mellers. Thomson, K. S. 1987. How to sit on a horse. *American Scientist* 75:69–71.

522 Referências

Thomson, E. 2003. *The Chinese Coal Industry: An Economic History*. London: Routledge.

Thomson, W. 1896. Letter to Major Baden Baden-Powell, December 8, 1896. *Correspondence of Lord Kelvin*. http://zapatopi.net/kelvin/papers/letters.html#baden-powell.

Thoreau, H. D. 1906. *The Journal of Henry David Thoreau, 1837–1861*. Boston: Houghton--Mifflin.

Thrupp, L. A., et al. 1997. *The Diversity and Dynamics of Shifting Cultivation: Myths, Realities, and Policy Implications*. Washington, DC: World Resources Institute.

Thurston, R. H. 1878. *A History of the Growth of the Steam-Engine*. New York: D. Appleton Co.

Titow, J. Z. 1969. *English Rural Society, 1200–1350*. London: George Allen and Unwin.

Tomaselli, I. 2007. *Forests and Energy in Developing Countries*. Rome: FAO.

Tomlinson, R. 2002. The invention of e-mail just seemed like a neat idea. SAP INFO. http://www.sap.info.

Tompkins, P. 1971. *Secrets of the Great Pyramid*. New York: Harper & Row.

Tompkins, P. 1976. *Mysteries of Mexican Pyramids*. New York: Harper & Row.

Torii, M. 1995. Maximal sweating rate in humans. *Journal of Human Ergology* 24:137–152.

Torr, G. 1964. *Ancient Ships*. Chicago: Argonaut Publishers.

Torrey, V. 1976. *Wind-Catchers: American Windmills of Yesterday and Tomorrow*. Brattleboro, VT: Stephen Greene Press.

Tresemer, D. 1996. *The Scythe Book*. Chambersburg, PA: Alan C. Hood.

Trinkaus, E. 1987. Bodies, brawn, brains and noses: Human ancestors and human predation. In *The Evolution of Human Hunting*, ed. M. Nitecki and D. V. Nitecki, 107–145. New York: Plenum.

Trinkaus, E. 2005. Early modern humans. *Annual Review of Anthropology* 34:207–230.

TsSU (Tsentral'noie statisticheskoie upravlenie). 1977. *Narodnoie khoziaistvo SSSR za 60 let*. Moscow: Statistika.

Turner, B. L. 1990. The rise and fall of population and agriculture in the Central Maya Lowlands 300 B.C. to present. In *Hunger in History*, ed. L. F. Newman, 78–211. Oxford: Blackwell.

Tvengsberg, P. M. 1995. Rye and swidden cultivation. *Tools and Tillage* 7:131–146.

Tyne Built Ships. 2015. *Glückauf*. http://www.tynebuiltships.co.uk/G-Ships/gluckauf1886.html.

Referências **523**

UNDP (United Nations Development Programme). 2015. *Human Development Report 2015*. New York: UNDP.

UNESCO. 2015a. Head-Smashed-In Buffalo Jump. http://whc.unesco.org/en/list/158.

UNESCO. 2015b. Mount Qingcheng and Dujianyang Irrigation System. http://whc.unesco.org/en/list/1001.

Unger, R. 1984. Energy sources for the Dutch Golden Age. *Research in Economic History* 9:221–253.

United Nations Organization. 1956. World energy requirements in 1975 and 2000. In *Proceedings of the International Conference on the Peaceful Uses of Atomic Energy*, vol. 1, 3–33. New York: UNO.

Upham, C. W., ed. 1851. *The life of General Washington: First President of the United States*. vol. 2. London: National Illustrated Library.

Urbanski, T. 1967. *Chemistry and Technology of Explosives*. New York: Pergamon Press.

U.S. Strategic Bombing Survey. 1947. *Effects of Air Attack on Urban Complex Tokyo-Kawasaki-Yokohama*. Washington, DC: U.S. Strategic Bombing Survey.

USBC (U.S. Bureau of the Census). 1954. *U.S. Census of Manufacturers: 1954*. Washington, DC: U.S. GPO.

USBC. 1975. *Historical Statistics of the United States: Colonial Times to 1970*. Washington, DC: USBC.

U.S. Centennial of Flight Commission. 2003. *History of Flight*. Washington, DC.

U.S. Centennial of Flight Commission. http://www.centennialofflight.gov/hof/index.htm.

USDA (U.S. Department of Agriculture). 1959. *Changes in Farm Production and Efficiency*. Washington, DC: USDA.

USDA. 2011. *National Nutrient Database for Standard Reference* . http://ndb.nal.usda.gov.

USDA. 2014. *Multi-Cropping Practices: Recent Trends in Double Cropping*. Washington, DC: USDA.

USDOE (U.S. Department of Energy). 2011. *Biodiesel Basics*. http://www.afdc.energy.gov/pdfs/47504.pdf.

USDOE. 2013. Energy efficiency of LEDs. http://apps1.eere.energy.gov/buildings/publications/pdfs/ssl/led_energy_efficiency.pdf.

USDOL (U.S. Department of Labor). 2015. Employment by major industry sector. http://www.bls.gov/emp/ep_table_201.htm.

524 Referências

USEIA (U.S. Energy Information Agency). 2014. Consumer energy expenditures are roughly 5% of disposable income, below long-term average. http://www.eia.gov/todayinenergy/detail.cfm?id=18471.

USEIA. 2015a. *Annual Coal Report*. http://www.eia.gov/coal/annual.

USEIA. 2015b. China. http://www.eia.gov/beta/international/analysis.cfm?iso=CHN.

USEIA. 2015c. *Direct Federal Financial Interventions and Subsidies in Energy in Fiscal Year 2013*. Washington, DC: USEIA. http://www.eia.gov/analysis/requests/subsidy.

USEIA. 2015d. Energy intensity. http://www.eia.gov/cfapps/ipdbproject/iedindex3.cfm?tid=92&pid=46&aid=2.

USEIA. 2016a. Coal. http://www.eia.gov/coal.

USEIA. 2016b. U.S. imports from Iraq of crude oil and petroleum products. https:// www.eia.gov/dnav/pet/hist/LeafHandler.ashx?n=pet&s=mttimiz1&f=a.

USEPA (U.S. Environmental Protection Agency). 2004. Photochemical smog. http://www.epa.sa.gov.au/files/8238_info_photosmog.pd.

USEPA. 2015. *Light-Duty Automotive Technology, Carbon Dioxide Emissions, and Fuel Economy Trends: 1975 Through 2015*. https://www3.epa.gov/fueleconomy/fetrends/1975-2015/420r15016.pdf.

USGS (U.S. Geological Survey). 2015. Commodity statistics and information. http://minerals.usgs.gov/minerals/pubs/commodity.

Usher, A. P. 1954. *A History of Mechanical Inventions*. Cambridge, MA: Harvard University Press.

Utley, F. 1925. *Trade Guilds of the Later Roman Empire*. London: London School of Economics.

Van Beek, G. W. 1987. Arches and vaults in the ancient Near East. *Scientific American* 257 (2): 96–103.

van Duijn, J. J. 1983. *The Long Wave in Economic Life*. London: George Allen & Unwin.

Van Noten, F., and J. Raymaekers. 1988. Early iron smelting in Central Africa. *Scientific American* 258:104–111.

Varvoglis, H. 2014. *History and Evolution of Concepts in Physics*. Berlin: Springer.

Vasko, T., R. Ayres, and L. Fontvieille, eds. 1990. *Life Cycles and Long Waves*. Berlin: Springer-Verlag.

Vavilov, N. I. 1951. *Origin, Variation, Immunity and Breeding of Cultivated Plants*. Waltham, MA: Chronica Botanica.

Referências **525**

Veraverbeke, W. S., and J. A. Delcour. 2002. Wheat protein composition and properties of wheat glutenin in relation to breadmaking functionality. *Critical Reviews in Food Science and Nutrition* 42:179–208.

Versatile. 2015. Versatile. http://www.versatile-ag.ca.

Vikingeskibs Museet. 2016. Wool sailcloth. http://www.vikingeskibsmuseet.dk/en/professions/boatyard/experimental-archaeological-research/maritime-crafts/maritime-technology/woollen-sailcloth.

Ville, S. P. 1990. *Transport and the Development of European Economy, 1750–1918*. London: Macmillan.

Villiers, G. 1976. *The British Heavy Horse*. London: Barrie and Jenkins.

Vogel, H. U. 1993. The Great Wall of China. *Scientific American* 268 (6): 116–121.

Volkswagen, A. G. 2013. Ivan Hirst. http://www.volkswagenag.com/content/vwcorp/info_center/en/publications/2013/11/ivan_hirst.bin.html/binarystorageitem/file/VWAG_HN_4_Ivan-Hirst-eng_2013_10_18.pdf.

von Bertalanffy, L. 1968. *General System Theory*. New York: George Braziller.

von Braun, W., and F. I. Ordway. 1975. *History of Rocketry and Space Travel*. New York: Thomas Y. Crowell.

von Hippel, Frank, et al. 1988. Civilian casualties from counterforce attacks. *Scientific American* 259 (3): 36–42.

von Tunzelmann, G. N. 1978. *Steam Power and British Industrialization to 1860*. Oxford: Clarendon Press.

Wailes, R. 1975. *Windmills in England: A Study of Their Origin, Development and Future*. London: Architectural Press.

Waldron, A. 1990. *The Great Wall of China*. Cambridge: Cambridge University Press. Walther, R. 2007. *Pechelbronn: A la source du pétrole, 1735–1970*. Strasbourg: Hirlé.

Walton, S. A., ed. 2006. *Wind and Water in the Middle Ages: Fluid Technologies from Antiquity to the Renaissance*. Tempe: Arizona Center for Medieval and Renaissance Studies.

Walz, W., and H. Niemann. 1997. *Daimler-Benz: Wo das Auto Anfing*. Konstanz: Verlag Stadler.

Wang, Z. 1991. *A History of Chinese Firearms*. Beijing: Military Science Press.

War Chronicle. 2015. Estimated war dead World War II. http://warchronicle.com/numbers/WWII/deaths.htm.

Warburton, M. 2001. Barefoot running. *Sportscience* 5 (3): 1–4.

526 Referências

Warde, P. 2007. *Energy Consumption in England and Wales, 1560–2004*. Naples: Consiglio Nazionale della Ricerche.

Warde, P. 2013. The first industrial revolution. In *Power to the People: Energy in Europe Over the Last Five Centuries*, ed. A. Kander, P. Malanima, and P. Warde, 129–247. Princeton, NJ: Princeton University Press.

Washlaski, R. A. 2008. Manufacture of Coke at Salem No. 1 Mine Coke Works. http://patheoldminer.rootsweb.ancestry.com/coke2.html.

Waterbury, J. 1979. *Hydropolitics of the Nile Valley*. Syracuse, NY: Syracuse University Press.

Watkins, G. 1967. Steam power—an illustrated guide. *Industrial Archaeology* 4 (2): 81–110.

Watt, J. 1855 (1769). *Steam Engines, &c. 29 April 1769*. Patent reprint by G. E. Eyre and W. Spottiswoode. https://upload.wikimedia.org/wikipedia/commons/0/0d/James_Watt_Patent_1769_No_913.pdf.

Watters, R. F. 1971. *Shifting Cultivation in Latin America*. Rome: FAO.

Watts, P. 1905. *The Ships of the Royal Navy as They Existed at the Time of Trafalgar*. London: Institution of Naval Architects.

Wei, J. 2012. *Great Inventions that Changed the World*. Hoboken, NJ: Wiley.

Weissenbacher, M. 2009. *Sources of Power: How Energy Forges Human History*. Santa Barbara, CA: Praeger.

Weisskopf, V. F. 1983. Los Alamos anniversary: "We meant so well." *Bulletin of the Atomic Scientists*, August–September, 24–26.

Weller, J. A. 1999. Roman traction systems. http://www.humanist.de/rome/rts.

Welsch, R. L. 1980. No fuel like an old fuel. *Natural History* 89 (11): 76–81.

Wendel, J. F., et al. 1999. Genes, jeans, and genomes: Reconstructing the history of cotton. In *Seventh International Symposium of the International-Organization-of-Plant-Biosystematists*, ed. L. W. D. VanRaamsdonk and J. C. M. DenNijs, 133–159.

Wesley, J. P. 1974. *Ecophysics*. Springfield, IL: Charles C. Thomas.

Whaples, R. 2005. Child Labor in the United States. *EH.Net Encyclopedia* http://eh.net/encyclopedia/child-labor-in-the-united-states.

Wheat Foods Council. 2015. Wheat facts. http://www.wheatfoods.org/resources/72.

Whipp, B. J., and K. Wasserman. 1969. Efficiency of muscular work. *Journal of Applied Physiology* 26:644–648.

White, A. 2007. A global projection of subjective well-being: A challenge to positive psychology? *Psychtalk* 56:17–20.

Referências **527**

White, K. D. 1967. *Agricultural Implements of the Roman World*. Cambridge: Cambridge University Press.

White, K. D. 1970. *Roman Farming*. London: Thames & Hudson.

White, K. D. 1984. *Greek and Roman Technology*. Ithaca, NY: Cornell University Press.

White, L. A. 1943. Energy and the evolution of culture. *American Anthropologist* 45:335–356.

White, L. 1978. *Medieval Religion and Technology*. Berkeley: University of California Press.

White, P., and T. Denham, eds. 2006. *The Emergence of Agriculture: A Global View*. London: Routledge.

Whitmore, T. M., et al. 1990. Long-term population change. In *The Earth as Transformed by Human Action*, ed. B. L. Turner II et al., 25–39. Cambridge: Cambridge University Press.

WHO (World Health Organization). 2002. *Protein and Amino Acid Requirements in Human Nutrition*. Geneva: WHO.

WHO. 2015a. Life expectancy. http://apps.who.int/gho/data/node.main.688.

WHO. 2015b. Road traffic injuries. http://www.who.int/mediacentre/factsheets/ fs358/en.

Wier, S. K. 1996. Insight from geometry and physics into the construction of Egyptian Old Kingdom pyramids. *Cambridge Archaeological Journal* 6:150–163.

Wikander, Ö. 1983. *Exploitation of Water-Power or Technological Stagnation?* Lund: CWK Gleerup.

Wilkins, J., et al. 2012. Evidence for early hafted hunting technology. *Science* 338:942–946.

Williams, M. 2006. *Deforesting the Earth :From Prehistory to Global Crisis*. Chicago: Chicago University Press.

Williams, M. R. 1997. *History of Computing Technology*. Los Alamitos, CA: IEEE Computer Society.

Williams, T. 1987. *The History of Invention: From Stone Axes to Silicon Chips*. New York: Facts on File.

Wilson, A. M. 1999. Windmills, cattle and railroad: The settlement of the Llano Estacado. *Journal of the West* 38 (1): 62–67.

Wilson, A. M. et al. 2001. Horses damp the spring in their step. *Nature* 414:895–899.

Wilson, C. 1990. *The Gothic Cathedral: The Architecture of the Great Church 1130– 1530*. London: Thames and Hudson.

528 Referências

Wilson, C. 2012. Up-scaling, formative phases, and learning in the historical diffusion of energy technologies. *Energy Policy* 50:81–94.

Wilson, D. G. 2004. *Bicycling Science*. Cambridge, MA: MIT Press.

Winkelmann, R., et al. 2015. Combustion of available fossil fuel resources sufficient to eliminate the Antarctic Ice Sheet. *Science Advances* 1:e1500589.

Winter, T. N. 2007. *The Mechanical Problems in the Corpus Aristotle*. Lincoln:: University of Nebraska, Classics and Religious Studies Department.

Winterhalder, B., R. Larsen, and R. B. Thomas. 1974. Dung as an essential resurce in a highland Peruvian community. *Human Ecology* 2:89–104.

Wirfs-Brock, J. 2014. Explore 15 years of power outages. http://insideenergy.org/2014/08/18/data-explore-15-years-of-power-outages/.

WNA (World Nuclear Association). 2014. Decommissioning nuclear facilities. http://www.world-nuclear.org/info/nuclear-fuel-cycle/nuclear-wastes/decommissioning-nuclear--facilities.

WNA. 2015a. Uranium enrichment. http://www.world-nuclear.org/info/Nuclear-Fuel--Cycle/Conversion-Enrichment-and-Fabrication/Uranium-Enrichment.

WNA. 2015b. World nuclear power reactors & uranium requirements. http://www.world--nuclear.org/info/Facts-and-Figures/World-Nuclear-Power-Reactors-and-Uranium-Requirements.

Wolfe, D. A., and A. Bramwell. 2008. Innovation, creativity and governance: Social dynamics of economic performance in city-regions. *Innovation: Management. Policy & Practice* 10:170–182.

Wolff, A. R. 1900. *The Windmill as Prime Mover*. New York: John Wiley.

Wölfel, W. 1987. *Das Wasserrad: Technik und Kulturgeschichte*. Wiesbaden: U. Pfriemer.

Womack, J. P., D. T. Jones, and D. Roos. 1990. *The Machine that Changed the World: The Story of Lean Production*. New York: Simon and Schuster.

Wood, W. 1922. *All Afloat*. Toronto: Glasgow, Brook & Company.

Woodall, F. P. 1982. Water wheels for winding. *Industrial Archaeology* 16:333–338.

Woolfe, J. A. 1987. *The Potato in the Human Diet*. Cambridge: Cambridge University Press.

World Bank. 2015a. Energy use. http://data.worldbank.org/indicator/EG.USE.PCAP.KG.OE.

World Bank. 2015b. Motor vehicles (per 1,000 people). http://data.worldbank.org/indicator/IS.VEH.NVEH.P3.

Referências **529**

World Bank. 2015c. Trade. http://data.worldbank.org/indicator/NE.TRD.GNFS.ZS.

World Bank. 2015d. Urban population (% total). http://data.worldbank.org/ indicator/ SP.URB.TOTL.IN.ZS.

World Coal Association. 2015. Coal mining. http://www.worldcoal.org/coal/coal-mining.

World Digital Library. 2014. Telegram from Orville Wright in Kitty Hawk, North Carolina, to his father announcing four successful flights, 1903 December 17. http:// www.wdl.org/ en/item/11372.

World Economic Forum. 2012. Energy for economic growth. http://www3.weforum.org/ docs/WEF_EN_EnergyEconomicGrowth_IndustryAgenda_2012.pdf.

Wrangham, R. 2009. *Catching Fire: How Cooking Made Us Human.* New York: Basic Books.

Wright, O. 1953. *How We Invented the Airplane.* New York: David McKay.

Wrigley, E. A. 2002. The transition to an advanced organic economy: Half a millennium of English agriculture. *Economic History Review* 59:435–480.

Wrigley, E. A. 2006. The transition to an advanced organic economy: Half a millennium of English agriculture. *Economic History Review* 59:435–480.

Wrigley, E. A. 2010. *Energy and the English Industrial Revolution.* Cambridge: Cambridge University Press.

Wrigley, E. A. 2013. Energy and the English Industrial Revolution. *Philosophical Transactions of the Royal Society A* 371. doi:10.1098/rsta.2011.0568.

Wu, K. C. 1982. *The Chinese Heritage.* New York: Crown Publishers.

Wulff, H. E. 1966. *The Traditional Crafts of Persia.* Cambridge, MA: MIT Press.

Xie, Y., and Y. Jin. 2015. Household wealth in China. *China Sociological Review* 47: 203–229.

Xinhua. 2015. China boasts world's largest highspeed railway network. http://news.xinhuanet.com/english/photo/2015-01/30/c_133959250.htm.

Xu, Z., and J. L. Dull. 1980. *Han Agriculture: The Formation of Early Chinese Agrarian Economy, 206 B.C.–A.D. 220.* Seattle: University of Washington Press.

Yang, J. 2012 *Tombstone: The Great Chinese Famine, 1958–1962.* New York: Farrar, Straus and Giroux.

Yates, P. 2012. *Evaluation and Model of the Chinese Kang System.* Fort Collins, CO: University of Colorado.

Yates, R. S. 1990. War, food shortages, and relief measures in early China. In *Hunger in History*, ed. L. F. Newman, 147–177. Oxford: Basil Blackwell.

530 Referências

Yenne, B. 2006. *The American Aircraft Factory in World War II*. Minneapolis, MN: Zenith Press.

Yergin, D. 2008. *The Prize: The Epic Quest for Oil, Money, and Power*. New York: Simon and Schuster.

Yesner, D. R. 1980. Maritime hunter-gatherers: Ecology and prehistory. *Current Anthropology* 21:727–750.

Yonekura, S. 1994. *The Japanese Iron and Steel Industry, 1850–1990: Continuity and Discontinuity*. New York: St. Martin's Press.

Zaanse Schans. 2015. Zaanse Schans. http://www.dezaanseschans.nl/en.

Zeder, M. 2011. The origins of agriculture in the Near East. *Current Anthropology* 52 (Supplement): S221–S235.

Ziemke, E. F. 1968. *The Battle for Berlin: End of the Third Reich*. New York: Ballantine Books.

Índice onomástico

Amontons, Guillaume, 142
Ampère, André-Marie, 255
Apuleio, Lúcio, 144–145, 172
Arquimedes, 136
Auer von Welsbach, Carl, 232

Bauer, Andreas F., 335
Beau de Rochas, Alphonse, 249
Bell, Alexander G., 336
Benedict, Francis G., 144
Benz, Karl F., 249
Berliner, Emil, 337
Berners-Lee, Tim, 343
Bissell, George H., 246
Blériot, Louis C., 252
Bosch, Carl, 308–309
Boulton, Matthew, 238–239
Bradley, Charles S., 265
Brattain, Walter, 338–339
Braudel, Fernand, 430
Braun, Ferdinand, 337
Braun, Wernher von, 293
Bruegel, Pieter, 140
Brunelleschi, Filippo, 198
Buehler, Ernest, 336
Buz, Heinrich von, 254

Carrier, Willis, 361
Casement, Robert, 155
Charles IV, 205
Cody, William F., 179
Colombo, Cristóvão, 195
Cooke, Thomas, 326
Cooke, William, 336
Corliss, George H., 240
Coulomb, Charles-Augustin de, 144, 255
Cubbitt, William, 143

Daguerre, Louis J.-M., 337
Daimler, Gottlieb, 249–250
Daimler, Paul, 251
Darby, Abraham, 234
Debussy, Claude, 432
Deere, John, 106
De Forest, Lee, 337
De la Rue, Warren, 258
Diesel, Rudolf, 252–255
Diocleciano, 183
Dolivo-Dobrovolsky, Mikhail O., 267
Doret, Gustave, 432
Drake, Edwin, 246

532   Índice onomástico

Edison, Thomas A., 244, 258–259, 260–262, 264–266, 336–337, 402, 418
Elcano, Juan S., 195
Ellul, Jacques, 423
Evans, Oliver, 240

Faraday, Michael, 256–257, 263
Feynman, Richard, 3
Ford, Henry, 250, 285
Francis, James B., 157
Franklin, Benjamin, 174
Frisch, Otto, 282
Fulton, Richard, 240

Galvani, Luigi, 255
Gaulard, Lucien H. 267
Gibbs, John D., 267
Goddard, Robert H., 293
Grey, Elisha, 336
Gutenberg, Johannes, 335

Haber, Fritz, 308–309
Hall, Charles M., 323
Harrison, John, 426
Henning, Hans, 370
Heródoto, 201–203
Héroult, Paul L.-T., 323
Hertz, Heinrich, 337
Hill, Archibald V., 19
Hirst, Ivan, 330
Hitler, Adolf, 328, 330, 365, 379
Hollerith, Hermann, 427
Hughes, Howard, 276
Humphrey, Davy, 257–258
Hussein, Saddam, 367, 380
Hussey, Obed, 108

Jacquard, Jean M., 427
Jefferson, Thomas, 432
Jellinek, Emil, 250
Jevons, Stanley, 14
Jobs, Steven, 341
Joule, James P., 9

Kaplan, Viktor, 157
Keeling, Charles, 382
Kilby, Jack S., 339
Koenig, Friedrich, 335
Krupp, Friedrich A., 254

Lane, John, 106
Langley, Samuel P., 251
Lawes, John D., 308
Leakey, Richard, 21
Lee, Edmund, 426
Lefebvre des Noëttes, Richard, 71
Lenin, Vladimir I., 367, 436–437
Lenoir, Joseph E., 249
Leonardo da Vinci, 432
Levassor, Emile, 250
Lewis, Robert, 360
Licklider, J.C.R., 342
Liebig, Justus von, 307
Lilienfeld, Julius E., 338
Lotka, Alfred, 1–2
Lukas, Anthony F., 247

Madison, James, 432
Magellan, Ferdinand, 195
Manly, Charles, 251
Mao, Tsé-Tung, 275, 359, 365
Marconi, Guglielmo, 337–338
Marsh, C. W., 108
Maxwell, James C., 337–338
Maybach, Wilhelm, 249–251
McCormick, Cyrus, 108
Meitner, Lise, 282
Michelangelo, 204, 432
Monet, Claude, 432
Montferrand, Auguste de, 130–131
Moore, Gordon, 339, 341
Morse, Samuel, 336
Morton, Frederick, 118
Murdoch, William, 239

Napoleão, Bonaparte, 221–222, 364–365
Neubold, Charles, 106
Newcomen, Thomas, 236–238

Índice onomástico · **533**

Niépce, Nicéphore, 337
Nobel, Alfred, 247, 370
Noyce, Robert, 339–340

Obert, Hermann, 293
Odum, Howard, 2, 311
Ohain, Hans P. von, 290
Ørsted, Hans, 255–256
Orwell, George, 2–3
Ostwald, Wilhelm, 2–3
Otto, Nicolaus A., 249

Papin, Denis, 236
Parsons, Charles A., 244, 263
Pelton, Lester A., 157
Perkins, Jacob, 240
Pissarro, Camille, 432–433
Porsche, Ferdinand, 330

Rathenau, Emil, 262
Revelle, Roger, 382
Rickover, Hyman, 283
Roentgen, Wilhelm, K., 343
Roosevelt, Franklin D., 367

Savery, Thomas, 236
Scheutz, Edward, 337
Schlumberger, Conrad, 276
Seaborg, Glen, 438
Shannon, Claude, 339
Shockley, William, 339
Smeaton, John, 151, 154, 161, 237
Sobrero, Ascanio, 370
Soddy, Frederick, 344–345
Sprengel, Hermann, 258
Spruytte, Jean, 71
Stalin, Josef V., 365, 380

Stanley, William, 263–265
Stephenson, George, 241
Strauss, Lewis L., 438
Suess, Hans, 382
Swan, Joseph W., 258–260

Taylor, Charles, 251
Taylor, Frederick W., 317–318
Teal, Gordon W., 339
Tesla, Nikola, 265–267
Thompson, Benjamin, 174
Thomson, William (Lord Kelvin), 265, 436
Thoreau, Henry D., 166
Tomlinson, Ray, 342
Trevithick, Richard, 240–241
Tsiolkovsky, Konstantin E., 293

Vauban, Sebastien, 224
Verne, Jules, 257
Vivaldi, Antonio, 426
Volta, Alessandro, 255, 336

Washington, George, 245, 432
Watt, James, 9–11, 142, 213, 237–240, 242, 268, 426
Westinghouse, George, 265, 267
Wheatstone, Charles, 336
Whittle, Frank, 290
Wilbrand, Joseph, 370
Wilhelm II, 364
Wood, Jethro, 106
Woodard, Henry, 259
Wozniak, Steven, 341–342
Wright, Orville, 250–254
Wright, Wilbur, 250–254

Zola, Émile, 432

Índice

11 de setembro, custo de, 378

Acidentes, 136, 202, 284, 292, 304, 318, 327, 381, 418, 437
  de trânsito, 331, 407
Aço, 16, 126, 178, 187, 207, 214, 216–217, 235, 241–242, 247, 251, 277, 280–282, 306, 328, 331, 369, 379
  produção de, 254, 268, 275, 314–323, 375, 393–394, 422–423
  wootz, 314
Adubo, 65, 75, 83–84, 86, 93, 100, 104, 120–121, 417, 420
  verde, 84–85, 100, 121
África, 18, 21, 31, 45–46, 47, 54, 59, 65, 68, 121–122, 169–171, 195, 216, 269, 280, 286, 348, 354–357, 388, 416, 427
  do Sul, 24–25, 27, 163, 274, 278
  subsaariana, 122, 132, 164, 210, 285, 287, 351
Agricultura
  inovação na, 52, 55, 85, 87–88, 91, 99–100, 106–107, 112, 125
  intensificação da, 50–52, 65, 95, 98, 102, 105, 113–117, 121–122, 124, 126–217, 407, 419–420
  itinerante, 29, 44–45, 97–98, 120, 122–124, 407
  moderna, 306–313
  na China, 116, 121, 124–125
  na Europa, 63, 83–85, 99–106, 122–126
  na Mesoamérica, 97–99, 119
  nos EUA, 53, 75, 84, 88, 106–110, 114–115, 125–126
  retornos energéticos na, 15, 45, 50, 60, 74, 79, 81, 93–95, 97–98, 100, 104–105, 109–110, 113, 115, 120, 122
    insumos energéticos na, 126, 311–313
    mecanização da, 97, 307, 354
    origens da, 42–44
  romana, 53–55, 66, 70, 77, 84–85, 90–91, 99–101, 104–105, 115

  tradicional, 49–52, 419–421
  lides do campo, 53–57
  limites da, 110, 120–126
Airbus, 291, 333, 335, 386, 402
  modelos, 335
Alasca, 39, 278, 366
Alavancas, 6, 23, 26, 77, 128, 130, 133–35, 180, 202, 218–219, 245
Alberta, 33, 106, 247, 277
Alemanha, 24, 50, 68, 73, 102, 104–105, 124–125, 152, 155, 163, 191, 221, 227, 249–250, 258, 262–263, 266, 268, 274, 277, 280, 284, 287, 289–290, 293, 308, 324, 327–328, 330, 335, 346, 354, 375–377, 429, 432, 434
  consumo de energia na, 17, 166, 169, 272, 302, 321, 348–349, 363–364, 377, 395
Algodão, 87, 97, 145, 169, 232, 236, 252, 259
Alimento, 6, 12, 15, 17–18, 21, 28, 34, 39, 49, 62, 118–120, 133, 302, 306, 353, 360, 385, 387, 408–409, 413, 418–419, 423, 428, 435
  densidade energética de, 35, 37, 49
  suprimento de, 313, 331, 351–352, 357, 404, 420, 439
Alumínio, 320, 323–324
  custo energético do, 323, 375
  em carros, 250–51
  produção de, 320–321, 324, 411
Amazônia, 36, 43
Amônia, 84, 279, 308–311, 383, 397, 409, 441
  custo energético da síntese, 309–311
Animais, 27–29, 32, 35, 37–41, 45–47, 66–76, 111, 115, 392, 423
  de tração, 66–76, 101–103, 108, 110–111, 115, 120, 126, 131, 144–146, 149, 182, 185–186, 199, 219, 221, 236, 244, 254, 267–268, 278, 306–307, 389, 392, 397–398, 400–401, 419–421, 423, 425, 432
  arreios, 67–74, 91, 100, 128, 182, 272, 392–393, 417, 425

536 Índice

potência dos, 66–68, 70–71
na guerra, 219–222
alimentação de, 15, 18, 22, 50–51, 57, 70,
74–75, 83, 86, 91, 94, 101–103, 110–112,
115, 121, 126, 144–146, 164, 171, 186,
225, 313, 389, 419–420, 423
domesticação de, 21, 28, 42–43, 58, 66, 88,
91, 97, 145, 179, 389
Apple, 342
Aquecimento
global, 274, 296, 352, 382–384, 406
Aquecimento, 12–13, 208, 210, 229, 231,
234, 245, 281, 287, 353, 369
ambientes, 163–165, 168, 171, 174–175,
272, 276, 280, 288, 297, 299, 326, 355,
358–359, 405–406, 413
Aquedutos, 198, 205–207
romanos, 205–207
Arábia Saudita, 277, 279, 281, 298, 346, 351,
363, 365–367, 380, 428, 433–444
Arados, 51–55, 74, 87, 91, 102, 106, 108,
120, 125, 216–217, 244, 316, 393
aço, 54–55, 61, 106–107, 109, 115, 302
aiveca, 52, 54–55, 97, 102, 106–107, 115,
124, 393, 417
Aragem, 51–55, 57, 61, 64–67, 74–75,
82–83, 85, 88, 90, 94, 97, 100–102, 106,
108–109, 112, 115, 302, 392, 410
Arcos, 218–219, 368, 403
Armas
energia das, 369–370, 374
modernas, 296, 352, 367–380
nucleares, 283, 296, 368, 373–374, 378–
379
custo energético das, 374
tradicionais, 23, 26, 30, 32, 34, 36, 137,
208, 211–212, 217–218
Armas de fogo, 193–194, 210, 216–217,
221–224, 251, 368, 370–371, 375, 388, 403
Arreios, 67–74, 91, 100, 128, 182, 272, 393,
425
de pescoço, 70–71, 73, 91, 100, 128, 392–
393, 417, 425
Arroz, 43, 45, 57–59, 61–65, 74, 76, 82,
86–87, 90, 92–95, 97, 115–116, 119–120,
125, 145, 171, 222, 313, 420
Artilharia, 219, 221, 223–224, 319
Árvores, 13, 30–31, 44, 58, 87, 98, 165–166,
169, 197, 209, 214, 225, 285, 288, 425

Ásia, 18, 21, 45–47, 54–55, 57, 63–66,
68, 70, 74, 128, 132, 158, 164, 169–171,
174–175, 179, 191, 208, 221, 241, 290, 333,
347–348, 354–357, 379–380, 382, 387–388,
427, 432
agricultura na, 45–47, 54–55, 57, 63–65,
76–77, 83–84, 88, 113, 115, 119, 121–
122, 124, 145, 311, 408, 420
uso da energia na, 269, 272, 280, 285, 307,
321, 331, 355, 360–361, 391, 428
Astecas, 98–99
Austrália, 32, 36, 44, 108, 163, 241, 272,
274, 363, 420
Australopithecus, 21, 23
Aviões, 221, 252, 254, 290–292, 302, 320,
333–335, 369, 375–376, 401–403, 405. *Ver
também* Airbus; Boeing
comerciais a jato, 229, 303–304, 325,
332–333, 335, 341, 369, 417
militares, 375–376
velocidade dos, 333–334

Baku, 247
Baleias, caça de, 38–39, 177, 246
Balestras, 218, 223, 368, 402
Basarwa, 32, 36–37
Batata, 51, 57, 87, 121
Bélgica, 229, 235, 250, 315–316
Bicicletas, 187–188, 250
Biocombustíveis modernos, 285–286, 288,
299, 358, 396
Biodiesel, 17, 286
Bipedalismo, 22–23, 31–32
Boeing, 292, 333–335, 369, 401–402
Boeing 707, 292, 333–335, 369
Boeing 737, 292, 333, 335
Boeing 747, 292, 302, 334–335, 401–402
Boeing 767, 369
Boeing 787, 320, 325, 335
Bois, 65–67, 70–72, 79, 87, 89–91, 94, 100–
106, 108–111, 115, 135, 145, 183, 185, 190,
221–222, 386
arreios, 67–69
Bombas, 367–368, 370–379, 403
incendiárias, 372–373
nucleares, 283, 371–374, 378–379, 403
Bondes, 146, 187, 266
Brasil, 30–31, 278, 285–286, 326, 330–331,
335, 354, 392, 405, 416, 422, 434, 439

Índice 537

Bronze, 124, 179, 182, 188, 207, 210–211, 223

Cabrestantes, 11, 131, 137–139, 190, 198
Caça, 24, 26–34, 36–42, 88, 98, 407, 418–419
Caça e coleta, 6, 19, 21–22, 27–42, 44–46, 49, 52–53, 55, 57, 301–302, 404, 407, 411, 419
Caçadores, 29–34, 37–38, 40
   paleolíticos, 26, 27, 37–38, 40–41, 53, 176
Caldeiras
   para motores a vapor, 237, 239–242, 244, 426
   para turbinas a vapor, 281, 297, 316, 319, 389, 401
Califórnia, 108–109, 112, 189, 247, 276–277, 288, 340, 417
Caloria, 9–10, 227
Caminhar, 10, 22–23, 44, 79, 178–179, 181, 360, 403, 414
   custo energético de, 22
Caminhões, 126, 221, 255, 289, 328–329, 331, 401–402, 417
Canadá, 44, 246–247, 258, 270, 280, 284, 286, 338, 349–350, 363, 366, 376
Cana-de-açúcar, 22, 82, 145, 161, 169, 171, 285
Canais, 184, 190–191, 198, 205, 231, 239, 244, 278, 332, 391–392
   irrigação, 51, 74, 76, 79–81, 83–84, 88, 90, 92–93, 97–99, 420–421
Canhões, 223, 403
Carbono, 5, 21, 82, 165, 212, 216, 257–260, 284, 320–321, 335, 384, 418, 423, 430
   em combustíveis fósseis, 13, 166, 226, 234, 269–271, 274, 381–383, 397
Carbono, dióxido de (CO$_2$), 5, 41, 82, 92, 235, 269, 381–384, 406, 440
   emissões de, 269–270, 274, 322, 381–382
Cargas, 131, 133–134, 136, 145, 187, 199, 221–222
   puxadas, 71, 128, 181–182, 185, 190
   transporte de, 18, 132, 180–181, 231–232
Carne, 12, 16, 30–31, 33–34, 39, 42, 46, 101, 313, 420
   consumo, 23–24, 26–27, 40, 60, 75, 95, 105, 118–120, 309
   eficiência da produção, 313
Carne bovina, 177, 313

Carrinhos de mão, 57, 133–134, 145, 181, 184–185
Carros, 187, 249–250, 277, 289–290, 297, 304, 307, 325–326, 328–330, 345, 352, 358, 381, 399, 401, 413–416, 425, 437
   aquisição de, 327–329
   como máquinas mecatrônicas, 325
   demanda média de combustível, 345
   energia incorporada em, 344
   fabricação de, 413
   Mercedes, 250–251, 325, 330, 375, 416
   Modelo T, 250, 276, 289, 328, 371
   modelos populares de, 330
   potência de, 415–416
   Volkswagen, 290, 328, 330, 402, 413
Carvão mineral, 9, 17–18, 106, 110, 113, 165, 168, 171, 177, 211–212, 226, 227–229, 247, 270–271, 309, 345, 353, 393–397, 410–412, 421, 426, 428, 435, 437
   combustão de, 154–155, 242, 244, 249, 268, 281, 297, 299, 302, 314–315, 326, 381–382, 389, 401, 407, 440
   densidade energética do, 227
   na China, 274–275
   na geração de eletricidade, 9–10, 14, 261, 284, 305
   na Inglaterra, 228–234, 272–273, 298
   nos EUA, 164, 235, 271–272, 274, 316, 389
   produção, 2, 131–132, 144, 157, 164, 226, 230–234, 238, 240, 269, 271–275, 278, 297–298, 315–316, 321, 346, 404, 422, 424
   propriedades, 227
   transportadores de, 230–232
Carvão vegetal, 12–13, 16, 38, 126, 128, 130, 163–167, 169, 175–176, 198, 207, 208–216, 222, 225, 229, 233, 267–268, 285, 301, 306, 353, 388–389, 404, 411, 420–421
   na fundição de ferro, 211–216, 234–235
Casas, 37, 171, 175, 214, 358, 430
   de madeira, 28, 38, 176
   norte-americanas, 359, 363, 415
Catapultas, 132–133, 137, 189, 217–220, 222, 251, 403, 419
Cata-vento traseiro, 158, 426
Catedrais, 52, 140, 198–199, 204–205, 212, 391, 393
Cavalaria, 221, 223

538 Índice

Cavalos, 1–11, 65–68, 70–75, 83, 100–105, 108–111, 115, 129, 130, 144–145, 154, 161, 177, 179–180, 185, 190, 209, 219, 221–222, 230–231, 302, 307, 392, 398, 400, 405, 417, 420, 423, 425
  alimentação, 110–111, 423
  arreios, 70–73, 91, 100, 128, 392–393, 417, 425
  cavaleiros, 219, 221
  cavalgar, 179–180, 219, 221
  como forças motrizes industriais, 144–146
  custo energético dos, 75
  marchas, 179
  na guerra, 219, 221–223
  no transporte, 145, 182, 185–186, 190
  potência dos, 66–68, 146, 244, 302, 304, 398, 400
Cavalo-vapor, 9–10, 66, 70, 128, 142, 178, 236, 244
Ceifadeiras, 57, 61, 64, 68, 100, 106–108
Cereais. *Ver* Grãos
Cérebro, 22–23, 345
  necessidade energética do, 23, 345
Cevada, 42–43, 59, 62, 85–90, 94, 102, 104–105, 119
Chimpanzés, 6, 22–23, 28
China, 95–97, 171, 175, 187, 190–191, 193, 197, 211, 216, 219, 223, 226, 269–270, 280, 284–289, 305, 326–327, 329, 347–349, 354–359, 363, 367, 379, 380, 387–388, 390, 392–394, 404–405, 416–417, 420, 427, 431, 434
  agricultura, 50, 53, 57, 59, 63–64, 70, 74, 76–79, 86–97, 99, 100, 110–111, 115–119, 121, 124–125, 307, 309, 310, 312
  carvão na, 132, 164, 228, 234, 272–275, 298
  dinastias
    Han, 70, 91, 118, 134, 184, 190, 211–212, 216, 228–229, 245, 435
    Ming, 69, 78, 91, 95
    Qin, 110
    Qing, 81, 91, 93–96, 252, 435
    Sung, 189
    Tang, 352
    Yuan, 92
Ciclos
  lavoura, 44, 52–53, 62–65
  negócios, 346, 410–412
Cidades
  crescimento das, 352
  degradação ambiental em, 355

  densidade de potência em, 352–353
  modernas, 177, 185–187, 191, 255, 258, 267, 280–281, 304, 307, 328, 351, 354–355, 357, 367, 372, 376, 386, 409, 420–421, 437–438
  pré-modernas, 12–13, 52, 83–84, 93, 118, 145–146, 152, 164, 224, 315, 326, 353, 420
Cimento, 16, 204–205, 359, 397
Circuitos integrados, 339–340, 427
Civilização, 2, 20, 116, 225, 385, 418, 430–431, 439–441
  de alta energia, 8, 411, 417, 422, 437
  moderna, 18, 289, 295–296, 306, 321, 341, 386–387
  tradicional, 13, 51, 97, 99, 117, 174, 191, 393
Cobre, 16, 82, 203, 207–212, 216, 260, 264, 282, 321, 331
  fundição de, 208–209
Colheitadeiras, 61, 108–109, 306, 398
Combustão, 6–7, 18, 222, 372. *Ver também* Motores
  de combustíveis fósseis, 7, 18, 113, 198, 226–230, 234, 245, 272, 280, 349, 352–353, 381–383, 389, 406–407, 440
  de combustíveis de biomassa, 18, 44, 110, 128, 130, 164–166, 168–171, 175, 270, 285, 355, 389, 432
Combustíveis. *Ver* Carvão vegetal; Carvão mineral; Lenha; Gás natural; Petróleo cru; Lavouras, resíduos; Tufa; Madeira
Computadores, 304, 320, 324, 337, 339, 341–342, 416, 423, 427
  pessoais, 341–342
Construção, 64, 80, 83, 127, 130–131, 134–136, 140, 145, 166, 174, 177–178, 183–187, 191, 212, 216, 219, 236, 243, 316–317, 359, 386, 390–392
  de projetos energéticos, 263, 284, 286, 319, 368, 381, 397, 404, 426, 429
  no mundo pré-moderno, 197–207
Controles, 317, 319–329, 360–371, 409, 425–428
  de fluxos de energia, 1–2, 7, 26–27, 58, 67, 71, 86, 102, 108, 115, 166, 246, 251–253, 258, 267, 282–283, 296, 302–304, 319, 325, 338–339, 364–365, 367, 392, 419, 426–429
  eletrônicos, 304, 320, 324–325, 427
  feedback, 65, 394, 409, 426

Índice **539**

Coque, 15, 126, 213–215, 217, 226, 231, 234–235, 272, 276, 306, 308, 316, 321, 389, 394, 411, 421, 441
Correias, transmissão, 157, 236, 240, 243, 313, 317, 319
Corrida, 22, 31–32, 178–179
custo energético de, 178–179
potência da, 179
Crescimento, 62, 260, 295–296, 311, 314, 321, 354, 387, 394, 408, 430
de plantações, 27, 82, 93
de indústrias energéticas, 268, 277–278, 284, 287, 297, 304, 321, 332, 340, 400, 437
populações, 39, 41, 96, 284, 425, 434–435
econômico, 197, 229, 236, 242, 269, 274, 299, 306, 344–350, 356–357, 361–362, 366, 395, 410, 417, 421
de árvores, 12, 44, 214–215, 225, 388
corpo, 18, 20, 419
Cruzadas, 158, 221
Cruzamentos transatlânticos
por jatos comerciais, 334
por navios a vapor, 241, 324–325, 331–332

Degradação ambiental, 44, 116, 285, 296, 356, 381–384, 406, 423–424, 435
Densidade
de potência, 10, 12–13, 352–353
energética, 9–10, 12–13, 16–17, 27, 30, 34–35, 38–39, 49, 58–59, 165, 257, 407, 419–420
de combustíveis fósseis, 227, 234, 245, 248–249, 253, 397
populacional, 28, 39, 44, 85, 90, 95–97, 99–100, 117, 120–121, 124, 354, 407, 419
Derrubada e queimada (coivara). *Ver*
Agricultura, itinerante
Descarbonização, 270–271
Desnutrição, 111, 120–121, 413
Destruição mutuamente assegurada, 378
Dietas, 21, 23, 34, 40–41, 49, 57–60, 63, 85–86, 111, 116, 118–120, 122, 173, 309, 313, 353, 357, 362
vegetarianas, 49, 59–60, 75, 95, 119, 408
Dinamite, 224, 370
Drenagem, 62, 82, 88, 102, 113, 161, 163, 185, 381

Economia
consumo de petróleo, 345
intensidade energética da, 15, 209, 323, 348–350, 429
Educação, 314, 345, 349, 351, 355, 359, 362, 387, 409
Eficácia luminosa, 402
Eficiência, 12, 14, 18, 66–67, 127, 188, 196–198, 211, 228, 268–269, 287, 317, 319, 347, 349, 357–358
da iluminação, 14, 401–402, 406
de calefação, 174–175, 299
de carros, 345
de cavalos, 75
de irrigação, 76, 79–80, 93
de motores a vapor, 237, 242–243, 245
de motores de combustão interna, 249, 253–254, 306, 401
de rodas d'água, 147, 149, 151–155
de turbinas a gás, 14, 335
do preparo de alimentos, 26–27
do trabalho, 232
do uso de energia, 297, 323, 352, 404–405, 413, 423, 425–429
dos músculos, 19, 178, 419
Egito, 286, 367, 439
antigo, 41, 53, 63, 77, 79, 87–91, 95, 100, 117, 127, 130, 132, 170, 181–182, 185, 192, 208, 210–211, 218, 301, 367, 390, 419, 421, 436
agricultura no, 63, 87–91, 100
densidade populacional, 90, 117
pirâmides, 199–202
Elefantes, 145, 221
Eletricidade, 7, 9, 10, 14–15, 18, 126, 155, 157, 186, 225–229, 231, 243–245, 248, 254–265, 268–269, 272, 274–276, 280–284, 286–289, 309, 311, 317, 319–320, 336, 348–351, 353, 355–360, 365–366, 374, 398, 400, 404–411, 414, 422, 429, 434, 437–438
confiabilidade do suprimento, 283
em domicílios, 359–360
geotérmica, 288
geração de, 228–229, 245, 248, 258–259, 263, 269–272, 274, 276, 281–284, 286–289, 295–297, 299, 304–305, 323, 344, 379, 381, 383, 394, 397, 401, 404, 406–407, 410–411
história do desenvolvimento inicial, 254–267

540 Índice

hidro, 226, 286–288, 304
indução, 256–257, 263, 265, 276
nuclear, 282–284, 286–288
redes, 264, 270–271, 283, 287
sistema de Edison, 244, 259–262, 264–265
transmissão de, 258–260, 262–265, 267–268, 281–282, 317, 319, 360, 381, 409
  alta tensão (AT), 262–264, 268, 281, 381
  corrente alternada (CA), 263–265
  corrente contínua (CC), 263–266, 281
Eletrificação, 281, 317–319, 360, 367, 438
Eletrônica, 282–283, 304, 306, 320, 324–325, 377–378, 341, 343, 357–359, 387, 410, 416, 429
Encefalização, 23, 32
Energia
  animada, 132–146, 217–222 (ver também Animais, tração; Músculos)
  autossuficiência em, 366, 394, 428
  cinética (mecânica), 5, 7, 130, 132, 149, 152, 154, 160, 191, 217–218, 222, 226, 236, 286, 325, 368–370, 393, 404, 419
  como cassus belli, 379–380
  como variável explanatória, 417–425
  conceitos de, 8–9
  consumo de, 268–269, 299–300, 394–396, 404–405, 427
    previsões de, 269, 438
    desigualdade de, 119, 356–358, 413, 416–417, 436
    per capita, 3, 14, 27, 118, 122, 126, 168–169, 229, 285, 299, 301–302, 309, 313, 346–348, 353, 355–359, 363, 387, 395, 404–405, 408–409, 413, 416–417, 420, 432–435
  conversões de (ver Coque; Combustão; Eletricidade, geração de; Eletricidade, hidro; Eletricidade, nuclear
  definições de, 3
  e ciclos de negócios, 410–412
  e cultura, 2–3, 36, 125, 127, 132, 199, 315, 351, 364, 410, 418, 427, 430–431, 434
  e economia de tempo, 413
  e economia, 14–15, 209, 323, 344–350, 410–412, 429
  e guerra, 137, 208, 211–212, 217–224, 283, 296, 368, 373–374, 378–379
  e política, 364–368
  e qualidade de vida, 259, 295, 351, 355–359, 362–363, 385, 409–410, 413, 421, 433–434, 437

e riqueza, 242, 297, 302, 313, 347, 349–350, 356–359, 363, 405, 409, 413, 416
eficiência de uso (ver Eficiência)
em domicílios, 7, 49, 83, 119, 126, 161, 163, 169, 177, 216, 231, 263, 272, 274, 276, 280, 282, 285, 297, 299, 301–302, 341, 357–361, 387, 401, 411, 416
eólica, 128, 147, 157–163, 286–287
extrassomática, 6, 418, 440
geotérmica, 5, 228, 288, 305
hidroeletricidade, 226, 265, 270, 286–288, 304–305, 349, 367, 381, 428, 438
imperativos da, 418–425
leis, 2, 8–9
mensurações, 8, 10, 17–18
na agricultura moderna, 306–313
nuclear, 282–284, 286–288
preços da, 269, 272, 278, 281, 289, 296, 345–347, 366, 405–406, 411
renovável, 7–8, 50, 110, 196, 269, 271, 284–289, 295, 304, 383, 388, 397, 407, 424, 440.
retornos líquidos da, 14–15, 18, 45, 408
solar, 1, 4, 7, 13, 15, 17, 39, 50, 110, 225, 228, 230, 235, 270, 286–288, 295, 304–305, 311, 381, 397, 407, 418, 429
térmica, 5, 7–10, 228, 261, 269, 272, 274, 277, 282, 286, 297, 365, 372, 422
útil, 2, 8–9, 18–19, 26, 74–75, 142, 144, 149, 152, 155, 160, 168, 171–172, 196, 202–203, 225, 297, 299–301, 347, 392, 400, 404–405, 408, 422, 432
Entropia, 8–9, 12, 430
Eroi (retorno energético sobre o investimento), 16–17
Escravos, 172, 389, 432
Espadas, 210, 216–219, 314, 368
Estados Unidos, 9, 53, 154–155, 157, 214–215, 235, 240, 250, 258, 266, 268, 270, 289, 293, 299, 307, 316, 323–324, 338–339, 342–343, 351, 354, 417, 423, 429, 432–433
agricultura nos, 53, 84, 88, 106–110, 114–115, 120, 125–126, 307
aparelhos eletrônicos nos, 337–339, 342–343
carvão nos, 164, 235, 272, 274, 316, 389
e guerras, 375–380
eletricidade nos, 9, 258–268, 270, 272, 274, 284, 286, 288, 302
hidrocarbonetos nos, 246–247, 274, 277, 280–281, 366–367, 339, 342–343

Índice **541**

moinhos de vento nos, 161–163
potência hídrica nos, 155, 157, 163
uso de energia nos, 163–164, 269, 272,
274, 281, 302, 307, 323–324, 326, 347–
349, 358, 361, 363–364, 395, 405–406,
408, 416, 420
Estradas, 51, 102, 146, 178, 180, 182–185,
240, 325, 330, 401, 420–421, 424
romanas, 183–184
custo energético de, 183
Estribos, 180, 219, 221, 425
Etanol, 17, 285–286, 289, 293, 407
Etiópia, 21, 358, 363, 380
Europa
agricultura na, 43–44, 46, 50, 52–57, 59,
62, 63–75, 83–85, 87–89, 91, 93, 99–106,
111–113, 115, 117–119, 122–126
eletricidade na, 254, 258, 260, 262, 266,
270, 287, 360, 405–406
energias modernas, 250, 272, 277–278,
280, 289–290, 307–308, 326–327, 329,
331–333, 335, 351–352, 354, 357
energias tradicionais em, 128, 132, 134,
138, 140, 145, 147, 152–155, 158, 161,
164, 171–172, 174, 176–178, 180–187,
189–191, 193–198, 205, 208–209, 211–
212, 221, 223–224, 226
na pré-história, 21, 25–26, 28, 38, 40
transições energéticas na, 228–244, 314,
316, 389–391, 393–394, 409
uso de energia na, 302, 348, 358, 395, 420,
426, 432–435
Excremento animal, 104, 130, 163, 165–171,
197, 225, 301
seco, 169–170, 285
exploração, 276, 319
Explosivos, 16, 132, 217, 222–224, 304,
368–374, 376–377
energia cinética de, 370

Fabricação, 83, 127, 131, 155, 157, 168–169,
236, 238, 242–243, 255, 267, 314, 318–321,
324, 340, 348–349, 376, 388, 390, 392, 413,
416, 420, 422
linha de montagem em, 153, 320
produtividade da, 317–318
serviços em, 324
trabalho em, 320–321
Ferradura, 71–73, 100, 103, 128, 182, 212,
216, 417

Ferramentas, 6–7, 22–27, 35, 37, 44, 127,
133, 164, 169, 173, 197, 203, 205, 208, 212,
224, 242, 314, 316, 379, 389, 407, 428
agrícolas, 50–53, 55–57, 76, 79, 91, 110,
112, 124–127, 419–420
de pedra, 6–7, 24–26, 31, 40
Ferro, 15–16, 120, 126, 131, 135, 138, 143,
164, 166, 168, 173–174, 184, 207–208, 210–
217, 223–224, 229–232, 234–236, 245–246,
263, 272, 275, 335, 345, 369, 375, 379, 383,
390, 393–394, 397, 403, 411, 420, 422
forjado, 54, 106, 212, 216, 232, 242, 314
fundição de, 16, 128, 153, 211–214, 234–
235, 304, 316, 321–323, 345, 372, 434, 441
fundido (gusa), 55, 91, 106, 109, 152, 155,
178, 210, 212, 216, 234, 241, 246, 393
Ferrovias, 161–162, 180, 185, 191, 236, 241–
243, 245, 259, 276, 290, 316, 323, 325–326,
331, 336, 349, 359, 403, 411, 422, 424, 444
Fertilização, 51–52, 65, 82–86, 91, 94, 104,
121, 307, 311, 408, 423
retorno energético da, 94
Fertilizantes, 15, 65, 84, 88, 91, 94–95, 106,
125–126, 169, 235, 270, 306, 308–311, 370,
422, 441
nitrogênio, 309–310
sintéticos, 117, 126, 308–311
Filamentos, lâmpada, 9, 258–260, 402
Filipinas, 7, 195, 434
Finlândia, 122–123, 131
Fitomassa, 1, 3, 5, 12–13, 18, 27–29, 40, 50–
51, 128, 130, 163–164, 169, 215, 225–226,
228–229, 234, 267–268, 286, 295
densidade de potência da, 13
reciclagem de, 83–84
Flechas, 26, 217–219, 223, 368, 403, 430
Florestas, 29–30, 36, 44, 122, 164, 184, 209,
214–215, 233, 388
chuva tropical, 29–30, 37
Fogo, controle do, 7, 26–27, 33
Foguetes, 341, 343, 369, 374–375, 436
Foices, 52, 55–56, 61, 87, 89, 100–101, 106,
108–109, 169, 212, 417
Fomes, 35, 99, 104, 111, 120–122, 126, 234,
275, 365, 413, 435, 438
Forças motrizes, 6–9, 50–51, 65, 151,
155–157, 163, 217, 221, 226, 228–230, 237,
245, 258, 267, 269, 307, 314, 352–353, 368,
385–394, 397–401, 407, 410, 412, 417, 419,
425–428, 430–431, 435–436. *Ver também*
Animais; Motores; Máquinas; Velas; Turbinas

542 Índice

animadas, 50, 106, 110, 127–146, 243
capacidades das, 397–399, 402
índice massa/potência, 244–245, 250–251, 263, 289–291, 293, 400–401, 424
no transporte moderno, 289–293
potência das, 397–398
velocidade das, 401–403
Fornalhas
à base de oxigênio, 321–322
alto-forno, 16, 128, 153, 211–214, 234–235, 304, 316, 321–322, 345, 372, 434, 441
equilíbrio energético de, 321
arco elétrico, 320–322
soleira aberta, 54, 316, 322
Fornos, 7, 12, 18, 169, 171, 174–175, 196, 285, 297, 299, 360, 417
Forragem, 74, 104, 168, 302
Fosfatos, 308–309
Fotografia, 336
Fotossíntese, 5, 13, 82
França, 17, 26, 37–38, 84, 221, 223–224, 288, 312, 432
agricultura na, 104–105, 110, 114, 121–122, 134
consumo de energia na, 164, 215, 229, 232–233, 240, 246, 250, 258, 260, 269, 315, 324, 329, 348, 350, 358–359, 363–364, 395, 413, 434
energia nuclear na, 281, 284
Fraturamento hidráulico, 277, 280, 366, 380, 424

Gadanhas, 55–56, 87, 108, 111, 133
Galés, 189, 389
Gás
carvão, 177, 249, 401
efeito estufa, 381–384
natural, 14, 18, 164, 226–227, 245–247, 270, 272–274, 276, 279–281, 289, 297–299, 305, 309, 345, 380–381, 393, 395–397, 401, 412, 424, 428
natural liquefeito (GNL), 280–281
Gasolina, 168, 227, 229, 250, 252, 270, 277, 289–290, 297, 306, 327, 344, 353, 359, 372, 377, 379, 381
Golfo Pérsico, 278–280, 366
Gramofone, 337
Grande Muralha, 391

Grãos, 12, 31, 34, 40–41, 45, 49, 57–62, 75, 86–87, 89, 94–95, 103, 111, 119–121, 144–145, 153, 158, 171–173, 313, 420
densidade energética de, 49, 58–59
moagem de, 62, 146–147, 153, 158, 172–73
Gravidade, 4–5, 76, 79, 149, 151, 180, 218, 250
Guatemala, 45, 97, 439
Guerra, 8, 179, 217–224, 296, 368–380
custo energético das, 376
do Vietnã, 377
óbitos, 296, 364, 372, 376, 378
Primeira, 221, 244, 252, 268, 308, 365, 371, 376–377
Segunda, 222, 227, 268, 277, 281, 290, 293, 323, 330, 337, 365, 368–372, 376–377, 389, 403, 408
Guindastes, 127, 137, 142, 198–199, 243, 331

Havaí, 7, 382–383
Herbicidas, 311
Herbívoros, 29, 31, 33, 35–38
Hidrocarbonetos, 17–18, 225–227, 245, 274–280, 297, 410, 421, 424–425, 428, 440
Hipocausto, 175–176
história do desenvolvimento, 245–247
Hominídeos, 6, 21–24, 30, 40, 389
Homo, 21, 23, 25–26
erectus, 21, 23
sapiens, 21, 23, 26

IBM, 337, 342
IDH (Índice de Desenvolvimento Humano)
e consumo de energia, 362–363
Iluminação, 14, 176–177, 248, 257–262, 268, 297, 402, 411, 436
arco, 257–258
custo da, 406
eficiência da, 402
fluorescente, 14, 262, 402, 411
incandescente, 232, 258–262, 268, 297, 402, 436
Impérios, 130, 221, 316, 365, 393, 418, 428, 435
Austro-Húngaro, 250, 316
Britânico, 273, 426
Inca, 170
Qing, 110

Romano, 90–91, 100, 110, 149, 168, 172, 178, 245, 295, 301–302, 421, 435
Russo, 233
Soviético, 433
Turco, 314
Imprensa, 142, 333, 335–336, 341, 426–427, 430
Incas, 51, 57, 79, 84, 99, 170, 181, 184
Índia, 59–60, 64, 66, 74, 79, 95, 119, 121, 132, 142, 145, 169–170, 174, 191, 196, 233, 241, 269, 272, 274, 278, 284–286, 312, 314, 316, 326, 331, 349, 354, 363, 368, 380, 387, 405, 416, 431, 433–434
Índice massa/potência, 244–245, 250–251, 263, 289–291, 293, 400–401, 424
Industrialização, 12, 85, 127–128, 131, 153, 155, 235–236, 242–243, 275, 280, 286, 295, 306, 313–324, 354, 358, 386, 408
Informação, 6, 27, 94, 113, 118, 161, 196, 251, 283, 295, 306, 333–344, 385, 409, 413, 426, 430
Inglaterra, 13, 84, 126, 290, 302, 317, 386–387, 389, 391–392, 421
    agricultura na, 100–101, 104–106, 113, 118–119, 121
    carvão na, 228–229, 232–234, 236, 240
    energias tradicionais na, 128, 134, 147, 152–153, 157–158, 164, 169, 185, 214
Inovação
    na agricultura, 52, 55, 85, 87–88, 91, 99–100, 106–107, 112, 125
    técnica, 127, 139, 158, 172, 219, 223–224, 228, 234, 238–240, 258–259, 262, 267–269, 296, 323, 326, 335–336, 343, 351, 354, 360, 371, 388, 393–395, 407, 410–412, 416, 426–428, 436
Intel, 340–341
Intensidade
    energia, 15–16, 323, 349–350, 429
    lavoura, 50, 84, 93, 111, 420, 423
Irrigação, 51–52, 63–65, 74, 76–82, 86, 88, 90–93, 98–99, 116, 118, 124, 254, 306–307, 311, 388, 391, 408, 420, 423
    aparelhos, 76–81
        ascensor de balde, 76–77, 79–80
        escada d'água, 77, 79–81, 93
        noria (nora), 79–80

shaduf, 77, 80
    custo energético de, 81
    potência necessária para, 80–81
    retorno energético de, 93, 95
Japão, 60, 207, 314–315, 324, 327–329, 331, 343, 364, 376–377, 379, 387, 416, 429, 434, 439
    agricultura no, 95, 111, 115–116, 169
    uso de energia no, 272, 277–278, 280–281, 284, 290, 305, 321, 348–350, 358, 363–364, 366
Java, 50, 95, 115
Jornais, 336

Kuwait, 279, 367, 380

Lareiras, 7, 174–175, 426
Latão, 210–211
Lavouras, 42, 50, 52, 85–87, 94, 104–105, 121, 124, 217, 225, 306, 308–309, 311, 352, 386, 407, 420, 428, 441
    ciclos de, 62–65
    cultivo múltiplo, 50–52, 65, 86, 90, 124, 408, 420
    diversidade de, 85–87
    monoculturas, 85–86
    resíduos, 12, 44, 82–83, 98, 100, 163, 165, 169–160, 175, 225, 268, 285, 289, 301, 420
    rotações de, 12, 65, 85–86, 90, 102, 104–105, 113, 121, 408
Legumes, 45, 49, 58–59, 84–87, 95, 100, 111, 121
Lenha, 12–13, 164, 171, 209, 233, 285, 353, 389, 409, 417. *Ver também* Madeira
Levedura, 60
Locomotivas
    Diesel, 290
    vapor, 139, 161–162, 187, 240–242, 244, 255, 272, 298, 302–303, 316, 403
Londres, 152, 168, 229, 232, 239, 241, 258, 261, 265, 325, 333, 353–354, 428
    transporte em, 146, 186, 244
Longitude
    determinação da, 425–426
Lua, 293

544 Índice

Macronutrientes, 10, 40, 51, 82, 307
Madeira, 12–13, 18, 26–27, 44, 54, 110,
   130–131, 133–134, 136, 139–140, 142, 153,
   163–169, 175–176, 198, 208–209, 213–216,
   225, 228–230, 267–268, 273–274, 315, 323,
   331, 335, 371, 388–389
   consumo de, 166, 168–169, 274, 285, 299,
     301, 315, 353, 360, 395–396, 408, 417,
     421, 428, 432, 439
   densidade energética da, 165
   propriedades da, 165
Maias, 45, 82, 87, 97–98, 124
Mamutes, 27, 33–35, 37
Máquinas, 138, 151, 154, 157, 160, 187, 199,
   202, 235–239, 241–243, 249, 250–255, 258,
   263, 266–267, 290, 314–315, 337, 360, 371,
   375, 379, 438. *Ver também* Aviões; Carros;
   Motores
Martelos, 127–129, 132, 134, 156, 197–198,
   208, 216
   de pedra, 6, 24
Massai, 46–47
Materiais *Ver também* Alumínio; Cimento;
   Ferro; Metais; Aço; Pedras; Madeira
   construção, 133, 178, 183, 197, 203, 245
   intensidade energética de, 15–16
Mecanização, 94, 271, 307, 354, 401, 409
   na agricultura, 94, 111, 126, 254, 302,
     306–307, 354, 392, 398
Megafauna, 33, 37–38
   Pleistoceno, 33, 37
Mesoamérica, 45, 51, 57, 88
   agricultura na, 97–99, 119
Mesopotâmia, 43, 54, 67, 88, 118–119, 132,
   134, 197, 202, 205, 208, 211
Metais, 9, 16, 54, 70–71, 79, 84, 91, 106, 126,
   128, 129–140, 151–153, 158, 166, 168–169,
   179, 184, 222, 226, 241, 264, 272, 287,
   340–341, 349, 360, 371 377, 390, 393–394,
   409, 421, 434, 439, 441
   propriedade dos, 210
   produção de, 7, 15, 50, 153, 163, 207–217,
     229–230, 231, 234, 272, 306, 320–321,
     323, 383, 394, 404, 420–421
Metalurgia, 127, 130, 153, 168, 179, 207–
   217, 315, 323, 381, 393–394, 411
Metano (CH_4), 227, 270, 381, 383–384
México, 7, 9, 28, 32, 82, 97–99, 117, 121,
   247, 330, 354, 371, 434

Microprocessadores (*microchips*), 339–341,
   425–427
   Moore, lei de, 339, 341
Migrações, 39, 95, 124, 314, 354, 361, 384,
   408, 419, 429, 437
Milho, 10, 22, 43–45, 49, 51, 57, 59, 62–63,
   76, 79–80, 86–87, 91, 95, 97–99, 108, 110–
   111, 115, 119, 121, 285, 313, 420
Mísseis, 369, 371, 374, 378, 403
   balísticos intercontinentais, 293, 368,
     373–374
Moinhos de vento, 128, 147, 157–163
   na Europa, 158–163
   nos EUA, 161–163
   nos Países Baixos, 156, 161–163
   pivotantes, 158–159
   potência dos, 160–161, 163
Molinete, 127, 137–138, 198
Mongólia, 47, 179, 221, 436
Mortalidade infantil, 35, 362, 364
Mós, 146–147, 154, 158–159, 171–173, 258
Motores
   a jato (turbinas a gás), 268, 276, 290–291,
     293, 304, 320, 345, 411, 426
   combustão interna, 7, 14, 170, 186, 221,
     226, 229, 245, 248–254, 297, 306–307,
     327, 392, 394, 398–401, 405, 408, 411–
     412
     índice massa/potência, 250–251, 289–
       290, 401
   Diesel, 229, 245, 252–255, 272, 281,
     289–290, 302, 306–307, 311, 332, 389
   foguete, 268, 289, 293, 374, 436
   gasolina, 244, 249, 253, 327, 401, 436
   vapor, 9, 11, 14, 17, 110, 130, 139, 146,
     151, 154–155, 178, 185, 190, 213, 217,
     222, 224, 226, 229, 235–245, 247, 249,
     263, 265, 268, 313–314, 317, 319, 349,
     389, 390–392, 394, 397–401, 405, 411–
     412, 426, 437
     índice massa/potência do, 244–245, 263,
       400
     no Reino Unido, 236–238
     potência do, 242–244
Motores elétricos, 257–258, 261–262, 265–
   268, 272, 306, 313, 318–319, 405, 411
Mulas, 67, 110–111, 180, 190, 221, 307, 389,
   392

Índice 545

Músculos, 5–6, 24–25, 50, 52, 130, 153, 217, 221, 325, 387, 392, 403, 419
animais, 32, 50–72, 179, 387
humanos, 23, 76, 110, 127, 133, 140, 142, 218–219, 230, 316, 386–387, 389, 392, 419
na Rússia, 246–247

Navios, 7, 127, 136, 158, 187–196, 224, 229, 239, 246, 254–255, 272, 371, 387, 403
a remo, 133, 187–189
a vapor, 221, 236, 240–241, 243, 331–333, 411, 436
a vela, 7, 131–132, 133, 147, 177, 181, 191–196, 217, 388, 389, 393, 405, 408, 421, 425–426, 428
na história holandesa, 196
portugueses, 195
veleiros, 194, 196
viagens de descobertas, 195–196, 427–428
com canhões, 193, 224, 389
Nazismo, 367
Negentropia, 8
Nilo, 63, 87, 90, 136, 200
Nitrato
de amônia, 308, 370, 377
de potássio, 222
do Chile, 84, 308
Nitrogênio, 5, 44, 51, 82–86, 94, 120–121, 126, 279, 306, 308–310, 430, 441
no Canadá, 246–247
no Oriente Médio, 16–17, 245, 247, 345, 365–367
nos EUA, 246–247
Nova York, 130, 146, 186, 244, 247, 261, 267, 325, 332–333, 353
Nozes, 6, 24, 30–31, 34, 36, 171, 225
castanha-do-pará, 30–31
mongongo, 36
Nutrição, 5, 17, 35, 38, 58–60, 82, 111, 118–121, 145, 172, 306, 312–313, 419, 435

Obeliscos, 130–131, 201
Obesidade, 313, 351
Opep (Organização dos Países Exportadores de Petróleo), 269, 272, 278, 281, 289, 296, 345–347, 365–367, 411, 413
Opúncia, 9

Oriente Médio, 54, 169, 171–172, 176, 197, 431
agricultura no, 43, 46, 63, 68, 76–77, 87, 91, 99, 102
hidrocarbonetos no, 16–17, 245, 247, 345, 365–367
intervenções no, 366–367
Ossos, 21, 24, 32, 40–41, 44, 53, 430

Países
abastados, 14, 297, 302, 313, 331, 347, 349–350, 356, 358–359, 363–364, 381, 405, 415–416, 423, 429
de baixa renda, 18, 120, 229, 280, 285, 307, 309, 350, 356, 360, 388, 406, 416
Países Baixos, 187, 228, 280, 315, 367, 424
agricultura nos, 101, 104–105, 114, 312
energia eólica nos, 152, 157, 161, 163
Palha, 17–18, 71–72, 82–84, 89–90, 103, 110, 130, 164–165, 169–170, 175, 186, 197, 222, 396, 417
Panteão, 118, 178, 197, 203–204
Pão, 10, 60, 104, 119, 121, 154, 168, 171, 173
Papua Nova Guiné, 29, 44–45
Paradoxo, 14, 385
Jevons, 14
Parasitismo, 428–429
Paris, 83, 87, 122, 130, 205, 215, 244, 258, 262, 267, 333, 353, 432
Partenon, 178, 197, 203–204
Pás a vapor, 244
Pastoralismo, 27, 45–47
nomádico, 46–47
Pedras, 6, 24, 26–27, 132, 172, 219, 223, 403
moagem, 147, 158, 171, 173, 258
na construção, 130, 136, 140, 181, 183–184, 198–204, 263, 388
Pepino, 87
perfuração de poços, 241, 245–246, 393, 424
Pesticidas, 15, 306–307, 311, 429, 441
Petroleiros
GNL, 270, 280
petróleo, 254–255, 268, 277–278, 290, 381, 388, 402
Petróleo cru, 110, 226–227, 229, 245–248, 268, 270, 273–277, 286, 297–298, 314, 332, 344–346, 352, 365–366, 380, 396, 402, 412, 424, 426, 428

546 Índice

PIB (Produto Interno Bruto), 320, 345–350, 362, 377–378, 407, 428
  e energia, 346–350
  intensidade energética de, 349–350
  pico de produção do, 425
Pimentas, 87, 97
Pirâmides, 127, 136, 198–203, 205, 224
  custo energético de, 203
  Quéops (Grande), 134, 199–203, 224
Planos inclinados, 127, 130–131, 133–136, 140–141, 201
Plantações
  culturas, 91–92, 94, 97–100, 102, 104–105, 108, 161, 244, 309, 420, 429
    campos elevados, 51, 82, 97–99
    campos terraceados, 50–51, 92, 94, 97, 116, 430
    pousio, 44, 50, 100, 102, 104–105, 111, 122, 124
  hidrocarbonetos, 16–17, 246–247, 277–278, 316, 366–367, 379, 380, 422
Plantas, 5, 7, 21, 28–30, 34, 37, 40–42, 57, 59, 70, 83, 85, 93, 116, 121, 155, 164, 225, 311, 418, 420
  C_4, 21–22, 40
  domesticação de, 7, 21, 29, 41–42
Polias, 127, 130, 133–134, 136–137, 142, 173, 198
Poluição
  água, 351, 381
  ar, 227, 243, 270, 275, 280–281, 319, 331, 351, 381–382, 414, 437
Pólvora, 132, 217, 219, 222–223, 370, 388, 403
Pontes, 152, 184, 198, 205–207, 216
População, 1, 21, 27, 31, 33, 43, 49–50, 86, 88, 104, 110, 119, 121, 126, 168, 205, 217, 327, 348, 354, 407–408, 419, 425, 429, 431, 434–435
  crescimento, 39, 41, 96, 284, 425, 434–435
  densidade 28, 39, 44–47, 51–52, 58, 85, 90, 95–97, 99–100, 103, 105, 116–118, 120–121, 124, 354, 407, 419
  mundial, 295, 299, 306, 309, 311, 313, 353, 356, 395, 437–438, 440
Porco, carne de, 313
Potassa, 308–309

Potássio, 82, 168, 308, 321
Potência
  animada, 15, 18, 90, 106, 111–112, 127–128, 130, 132–146, 171, 187, 190, 217–222, 228–229, 267, 302, 325, 387–388, 391–392, 397–398, 405, 407–408, 419
  concentração de, 302–304
  definição de, 9
  eólica, 7, 17, 158–163, 228, 230, 270, 287, 429, 438
  hídrica, 146–157, 226, 265, 270, 286–288, 304–305, 349, 367, 381, 428, 438
  mensuração de, 10
  preços do, 269, 272, 278, 281, 289, 296, 345–347, 366, 411
Preparo de alimentos, 12–13, 18, 26–27, 62, 89, 163–165, 168–169, 171, 174–175, 203, 212, 229, 272, 280, 299, 315, 353, 359–360, 413, 417, 430
Primatas, 6, 21–24, 28
  produção de, 248, 268, 274–278, 286, 297–298, 352, 380, 396, 424, 428
Projéteis, 24, 217–219, 223–224, 368–369, 402, 419
  alcance dos, 402–404
  energia cinética dos, 368–369
Proteína, 5, 10, 17–18, 34, 36, 49, 58–60, 75, 82, 86, 121, 169, 308–309, 313, 418
  animal, 29, 31, 33, 40, 60, 118–119

Quênia, 24, 356

Radiação
  infravermelha, 383
  ionizante, 372, 378
  solar, 13, 15, 50, 225, 228, 235, 287–288, 295, 337, 418, 430, 440
  térmica, 372
  ultravioleta, 382
Rádio, 337, 436
Rampas, 33, 136, 181, 201
Rastelos, 54, 61, 65–66, 94, 101, 108–109
Reatores nucleares, 283–284, 438
Reciclagem de dejetos orgânicos, 75, 82–84, 100–111, 120
  refino de, 207, 226–227, 245–246, 248, 276–277, 314, 328, 345, 381, 422

Reino Unido, 105, 126, 163, 258–259, 265, 268, 284, 287, 293, 302, 315, 324, 326, 354, 376
  carvão no, 233–234, 272–274, 298
  consumo de energia no, 346, 350, 395, 405
Rendimentos
  culturas agrícolas, 22, 44, 49–50, 58, 60, 63–65, 79–80, 82, 83–85, 90, 92, 94–95, 97–100, 104–105, 111, 113, 116, 119–120, 125, 296, 306–308, 342–353, 394, 420
  trigo, 76, 81, 93, 97, 105, 109, 114–115, 312–313
Revolução
  agrícola, 71, 85
  Cultural, 234, 365
  industrial, 236, 315
  transporte, 327
Rio Tinto, 209
Roda, 54, 77, 79–80, 102, 106–107, 133–141, 146, 181–182, 185, 188, 249, 414
  grande, 138–140
Rodas d'água, 128, 130, 146–157, 161, 163, 171, 173, 209, 211–213, 216, 230, 236, 239, 258, 286, 314, 317, 388, 390–393, 397–399, 404–405, 425
  Barbegal, 153–154
  copeiras, 128, 150–152, 154–155, 213
  eficiência das, 151–52, 154–155
  em Londres, 152
  flutuantes, 152
  horizontais, 128, 147–148, 171, 173, 397
  Lady Isabella, 128, 155–156
  maremotoras, 152
  Marly, 153
  meocopeiras, 149, 151–152
  potência das, 151, 153, 155
  rasteiras, 149–152
Rodas de tração, 127, 133, 137, 140–143, 198
Rodovias, 328, 401
Roma, 90, 118, 130, 152, 185, 189, 204–207, 352, 390, 415, 421
Rússia, 122, 124, 130, 221–222, 258, 270, 281, 284, 293, 333, 335, 365, 373, 376–379, 389, 427–428, 434, 438–439
  petróleo na, 50, 228, 241, 246–247, 277, 316
  uso de energia na, 233, 272, 274, 298, 315–316, 363–364, 395
Santa Maria del Fiore, 198–199

São Pedro, Basílica de, 130, 204, 415
São Petersburgo, 130–131, 354
Sherpas, 180–181
Sifões, 198, 206–207
Smog fotoquímico, 331
Soja, 58–59, 86, 95, 286
Sol, 4–5, 89, 225
Subsídios, na produção de energia, 113, 126, 287, 306, 346, 407, 429
Sulfato de amônia, 87, 235, 308
Suor, 31–32

Tanques, 221, 368, 371–372, 375
Tanzânia, 21, 36
Telecomunicação, 287, 320, 336, 394, 409–410
Telefones, 336–337
  energia incorporada em, 343–344
  móveis, 341, 343–344, 357
Telégrafo, 336
Teotihuacan, 98, 200, 202, 435
Termorregulação, 32
Terra, 1, 4–5, 368, 389, 403, 430
  habitabilidade da, 4–5
Texas, 247–248, 276, 278, 360
Têxteis, 155, 157, 242, 314–315
Tijolos, 7, 16, 163, 166, 174–175, 199, 201, 231, 321, 404
  produção de, 197–198
TMB (taxa metabólica basal), 19, 144
TNT (trinitrotolueno), 370, 373–374
Tomates, 87, 97, 119
Toyota, 318, 320, 330, 414
Trabalho, 18–19, 36–37, 45, 50, 52, 58–61, 94, 101, 108–110, 127, 130–132, 171, 320, 324, 355, 360, 364, 387–392, 394, 397, 405, 407–408, 410, 419–420, 423
  custo energético de, 18–19, 58–60
  em massa, 127, 181, 390–391
  infantil, 131–132
  na agricultura, 64–65, 74, 94, 101, 104, 108–110, 112–115, 122, 125–126, 307
Trabucos, 217–219, 222
Transformadores, 241, 262–265, 282
Transições
  energia, 8, 175, 226, 228–230, 233–234, 267, 287, 289, 297, 383, 385, 387–397, 416, 421, 425, 439–441
  na agricultura, 41, 43, 49, 98, 100–103, 124

548 Índice

Transistores, 337–341, 427
Transporte
  moderno, 230, 241, 250, 252, 290, 324–334, 359, 401–403, 414
  tradicional, 177–197
Trato gastrointestinal, 23–24
Tratores, 111, 126, 254, 302, 306–307, 392, 398
Trens, 221, 272, 290, 304, 324, 326–327, 386, 401–403
  rápidos, 326–327
  shinkansen, 272, 304, 326–327
Trigo, 43, 62–63, 76, 81–82, 100–101, 105, 112
  custo energético do, 105
  na Europa, 100–101, 105, 113–114
  nos EUA, 108–110, 112–115
  rendimentos, 76, 81, 93, 97, 105, 109, 114–115, 312–313
  retornos energéticos, 113–115
Turbinas
  eólicas, 7, 17, 228, 230, 270, 287, 429, 438
  gás (motores a jato), 268, 276, 290–291, 293, 304, 320, 345, 411, 426
  hídricas, 156–157, 163, 286, 316, 319, 397–399
  vapor, 14, 226, 229, 244–245, 254, 262–263, 268, 281–282, 371, 386, 390, 393, 397–398, 411–412
Turbogeradores, 226, 241, 262–263, 281–282, 398, 400–401
Turfa, 12, 196, 225–226, 228, 421
  e a Era de Ouro Holandesa, 196, 228, 421

Urânio, 7, 374–375, 379
Urbanização, 225–236, 242, 295–296, 307, 314, 326, 328, 351–355, 381, 386, 407–408, 422
Ureia, 279, 309

URSS (União das Repúblicas Socialistas Soviéticas), 274, 286, 298, 358, 365, 367, 373, 376–389, 426, 433, 439

Velas (iluminação), 14, 174, 176–177, 402
Velas (navegação)
  moinho de vento, 128, 147, 157–158, 160–161
  navio, 7, 130, 191–196, 217, 393, 421, 427
  tipos de, 191–193
Velocidade, 153, 177–178, 185, 188, 195, 238, 267, 304, 314, 316–317, 324, 339, 368, 370, 394, 401–403
  da água, 149, 151, 154
  de animais, 67, 70, 102, 179, 190, 401
  de aviões, 252, 290, 333–334, 375, 401–403
  de caminhada, 10, 32, 178, 181, 403
  de carros, 230, 250, 330, 401, 414
  de corrida, 66, 178–179
  de ferrovias, 241, 326–327, 359, 401, 403
  de navios, 187, 191, 195–196, 403
  de trabalho, 142, 199
  do vento, 158, 160
Vento, 157–163, 177, 191–193, 196, 217, 225, 287–288, 295, 301, 304–305, 388, 392–393, 397, 407, 420–421, 425, 427
  energia, 160
  potência, 160–161, 163
Vida, qualidade de, 1, 259, 295, 351, 355–364, 405, 409–410, 413–414, 421, 433–434, 437
Voo, 250–253, 276, 291–292, 324–325, 333–334, 375, 378, 387, 401, 416, 436
  primeiro, 252

World Trade Center, ataque ao, 369–370

Xerox Alto, 341